AUTOMATIC
ELECTRO MAGNETIC
ELECTRONIC PRACTICE

NCS를 활용한

자동차전기 · 전자 실습

구민사

저자약력 | **윤재곤**
現 서영대학교 자동차과 교수
이영환
現 전남과학대학교 자동차학과 교수

NCS를 활용한 자동차 전기·전자 실습

초판 인쇄 | 2023년 2월 21일
초판 발행 | 2023년 2월 28일

저 자 | 윤재곤·이영환
발행인 | 조규백
발행처 | 도서출판 구민사
(07293) 서울특별시 영등포구 문래북로 116, 604호(문래동3가 46, 트리플렉스)
전화 | (02) 701-7421(~2)
팩스 | (02) 3273-9642
홈페이지 | www.kuhminsa.co.kr

신고번호 | 제2012-000055호 (1980년 2월 4일)
I S B N | 979-11-6875-210-8 93550

값 25,000원

PREFACE

머리말

최근의 자동차 전기·전자 분야에서는 전자공학의 발달로 첨단화가 가속화되면서 각종 첨단시스템의 도입이 일반화되고 있다. 따라서 기술 경쟁에서 뒤떨어지지 않기 위해서는 보다 더 많은 전자제어시스템의 기본적인 구조와 작동 원리를 이해하고 이러한 장치에서 발생할 수 있는 문제점에 대하여 기초적인 점검, 수리, 교환 등에 대한 작업을 수행하는 기술을 습득할 수 있어야 하기 때문에 본 책에서는 다음과 같이 기술하였다.

chapter 01. 충전장치 정비의 일반적인 사항과 구성부품의 역할을 이해하고 분해 조립 및 고장진단과 정비를 할 수 있게 상세히 설명하였다.

chapter 02. 시동장치 정비의 일반적인 사항과 구성부품의 역할을 이해하고 고장진단 방법에 대하여 설명하였다.

chapter 03. 냉·난방장치 정비의 일반적인 사항과 구성부품의 역할을 이해하고 부품의 측정방법에 대하여 설명하였다.

chapter 04. 전기·전자회로 분석의 일반적인 사항과 종류와 특징 및 구성부품, 고장진단방법에 대하여 설명하였다.

chapter 05. 등화장치 정비의 일반적인 사항과 종류와 특징 및 구성부품, 고장진단방법에 대하여 설명하였다.

chapter 06. 편의장치 정비의 기능 및 작동원리 및 제어와 경고등제어에 대하여 설명하였다.

chapter 07. 하이브리드 고전압장치 정비의 구조와 제어 및 고장진단에 대하여 설명하였다.

chapter 08. 네트워크 통신시스템의 구조와 제어 및 단품점검에 대하여 설명하였다.

내용 중에 오류가 있으면 독자 여러분이 지적해 주시고 이 책을 선택한 모든 독자들에 신기술에 대한 폭넓은 이해와 안목을 가질 수 있도록 조금이나마 부응하여 보다 충실한 교재가 될 수 있도록 수정, 보완을 약속하며 이 책의 출판을 위해 적극적으로 도움주신 도서출판 구민사 조규백 대표님과 직원 여러분께 깊은 감사를 드립니다.

저자

CONTENTS

차례

01 충전장치 정비

02 시동장치 정비

03 냉 · 난방장치 정비

04 전기 · 전자 회로분석

05 등화장치 정비

06 편의장치 정비

07 하이브리드 고전압장치 정비

08 네트워크 통신장치 정비

01 CHAPTER 충전장치 정비

Automotive Electric ●Electron Exercise

학 습 목 표

충전장치 정비는 차량에 안정된 전원을 공급하기 위하여 벨트의 장력 및 소손 상태와 축전지 및 발전기의 충전상태를 점검하여 이상 유・무를 정확하게 파악하고 문제의 부분을 수리, 교환하는 능력이다.

1. 충전장치 및 축전지의 구조와 작동원리를 파악할 수 있다.
2. 정비지침서에 따라 충전장치를 파악하고 관련 장치의 작동상태를 확인할 수 있다.
3. 정비지침서에 따라 충전장치의 고장원인을 분석할 수 있다.
4. 제조사별 충전장치 종류에 따라 규정값을 기준으로 점검·진단을 할 수 있다.
5. 정비지침서에 따라 충전장치의 세부점검목록을 확인하여 고장원인을 파악할 수 있다.
6. 정비지침서에 따라 고장 진단장비를 사용하여 충전장치의 고장원인을 분석할 수 있다.
7. 충전장치 관련 부품의 조정을 위해 관련 장비 및 공구를 선택 및 사용할 수 있다.
8. 정비지침서에 따른 교환・수리 가능여부를 확인하고 교환 및 수리 후 정상상태를 확인할 수 있다.
9. 정비지침서에 따른 관련부품을 분해・조립순서에 맞게 교환할 수 있다.
10. 정비지침서에 따라 벨트장력을 규정값으로 조정할 수 있다.
11. 정비지침서에 따라 충전장치의 전기흐름을 파악하여 수리할 수 있다.

1 충전장치의 개요

충전장치는 축전지, 레귤레이터가 내장된 알터네이터와 충전 경고등 및 와이어를 포함하는 일체를 말한다. 알터네이터(AC발전기)는 6개의 다이오드(3개의 (+)다이오드와 3개의 (-)다이오드)가 내장되어 있어 교류(AC)를 직류(DC)로 전파 정류하므로 AC발전기 "B" 단자에는 직류(DC)가 발생된다.

알터네이터(AC발전기)에서 발생되는 충전전압은 전압조정기에 의하여 조정되며, 알터네이터(AC발전기)는 로터(rotor), 스테이터(stator), 정류기, 브러시, 베어링, 벨트 풀리로 구성되어 있으며 브러시 홀더에는 IC형의 전압조정기가 부착되어 있다.

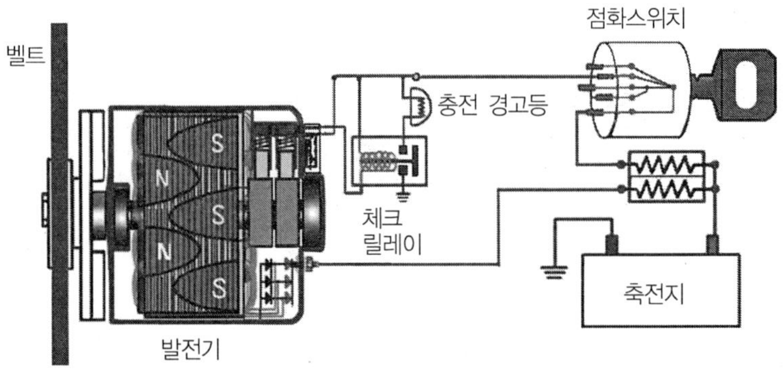

그림 1. 충전장치

1.1. 축전지(battery)

축전지는 2차 전지로 전류의 화학작용을 이용한 장치이며, 주로 납산축전지를 사용한다. 축전지는 화학적 에너지를 전기적 에너지로 꺼낼 수 있고(이를 방전이라 함), 또 전기적 에너지를 화학적 에너지로 저장(충전)할 수 있다.

1.1.1. 축전지의 기능

① 기동장치의 전기적 부하를 부담한다.

② 발전기가 고장일 경우 주행을 확보하기 위한 전원으로 작동한다.

③ 주행상태에 따른 발전기의 출력과 부하와의 불균형을 조정한다.

1.1.2. 납산축전지

[1] 극판

극판에는 양극판과 음극판이 있으며, 격자(grid)에 납 가루나 산화납을 묽은 황산으로 개어서 만든 반죽(paste)으로 충전하고 건조, 화성 등의 공정을 거쳐서 양극판은 과산화납(PbO_2), 음극판은 해면상납(Pb)으로 한 것이다.

[2] 격리판

격리판은 양극판과 음극판사이에 끼워져 양쪽 극판의 단락을 방지하는 일을 하며, 양쪽 극판이 단락 되면 축전지 내에 저장되어 있던 전기적 에너지가 소멸된다.

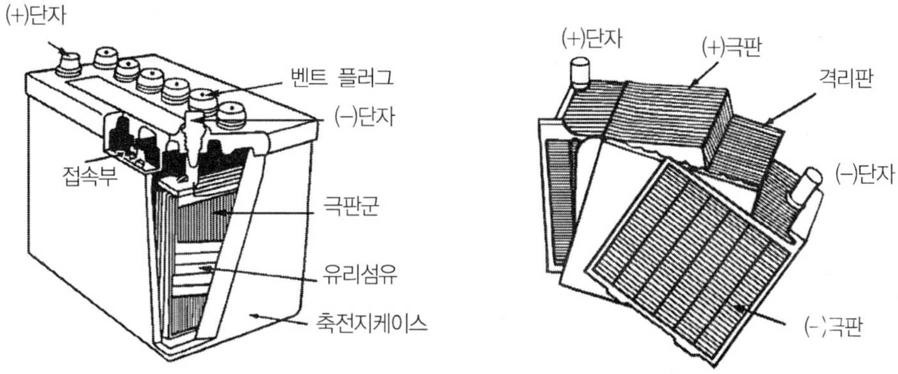

(a) 납산 축전지　　(b) 극판군

그림 2. 납산축전지의 구조

격리판은 합성수지로 가공한 강화 섬유 격리판, 고무를 주재료로 한 매우 작은 구멍을 지닌 고무 격리판 및 합성수지 격리판 등이 사용된다.

(1) 격리판의 구비조건

① 비 전도성일 것

② 구멍이 많아서 전해액의 확산이 잘 될 것

③ 기계적 강도가 있고, 전해액에 부식되지 않을 것

④ 극판이 좋지 못한 물질을 내 뿜지 않을 것

[3] 극판군

극판군은 몇 장의 극판을 조립하여 접속 편에 용접하여 1개의 단자기둥(terminal post)과 일체가 되도록 한 것이다. 이와 같이 하여 만든 극판군을 1셀(단전지)이라고 하며, 완전 충전되었을 때 약 2.1V의 기전력을 발생한다.

따라서 12V축전지의 경우에는 6개의 셀이 직렬로 연결되어 있다. 그리고 극판의 장수를 늘리면 극판의 대항 면적이 증가하므로, 축전지 용량이 증가하여 이용 전류가 많아진다.

[4] 케이스(case)

케이스는 합성수지로 제작하며, 12V축전지의 것은 6칸으로 나누어져 있다. 각 셀의 밑 부분에는 극판의 작용물질의 탈락이나 침전물 축적에 의한 단락을 방지하기 위한 엘리먼트 레스트(element rest)가 마련되어 있다. 축전지의 커버와 케이스의 청소는 탄산소다(탄산나트륨)와 물 또는 암모니아수로 한다.

[5] 커버와 벤트플러그(cover & vent plug)

커버는 합성수지로 제작하며, 커버와 케이스는 접착제로 접착되어 있으므로 기밀을 유지하고 있다. 또 커버의 가운데에는 전해액이나 증류수를 주입하거나, 비중계용 스포이드(spoid)나 온도계를 넣기 위한 구멍과 이것을 막아 두기 위한 벤트플러그가 있으며 이 플러그의 중앙이나 옆에는 작은 구멍이 있어 축전지 내부에서 발생한 산소와 수소가스를 방출한다.

[6] 단자기둥(terminal post)

단자기둥은 납 합금이며, 외부회로와 확실하게 접속되도록 하기 위해 테이퍼(taper)되어 있다. 양극판이 과산화납이므로 쉽게 산화가 발생되어 양극 단자기둥은 부식되기 쉽다. 만약 부식(녹)되었을 경우에는 깨끗이 세척한 후 그리스(greese)를 얇게 발라 준다. 그리고 양극과 음극 단자기둥에는 문자, 색깔 및 크기 등으로 표시하여 잘못 접속되는 것을 방지하고 있으며, 단자기둥의 식별방법은 다음과 같다.

① 양극 단자기둥은 (+), 음극 단자기둥은(−)의 부호로 분별한다.
② 양극 단자기둥은 적색, 음극 단자기둥은 흑색의 색깔로 분별한다.
③ 양극 단자기둥은 지름이 굵고, 음극 단자기둥은 가늘다.

(a) 음극기둥 (b) 양극기둥

그림 3. 단자기둥

④ 양극 단자기둥은 POS, 음극 단자기둥은 NEG의 문자가 표시된다.

⑤ 부식물이 많은 쪽이 양극 단자기둥이다.

또, 축전지 단자기둥으로부터 케이블을 분리할 경우에는 반드시 접지단자의 케이블을 먼저 분리하고, 설치할 경우에는 나중에 설치하여야 한다.

[7] 전해액(electrolyte)

전해액은 순도가 높은 묽은 황산(H_2SO_4)을 사용한다. 전해액은 극판과 접촉하여 충전을 할 때에는 전류를 저장하고, 방전될 때에는 전류를 발생시켜 주며, 셀 내부에서 전류를 전도하는 작용도 한다.

전해액의 비중은 20℃에서 완전 충전되었을 때 1.260~1.280이며. 이를 표준 비중이라고 한다. 전해액이 표준 비중일 때 황산의 도전성이 가장 높다. 또 완전 방전되었을 때에는 비중이 1.050 정도이다. 그리고 전해액은 온도가 상승하면 비중이 작아지고, 온도가 낮아지면 비중은 커진다. 전해액 비중은 온도 1℃ 변화에 대하여 0.0007이 변화한다.

$$S_{20} = St + 0.0007 \times (t - 20)$$

S_{20} : 표준온도 20℃로 환산한 비중
St : t℃에서 실제 측정한 비중　　　　t : 측정할 때 전해액 온도

1.1.3. 납산축전지의 화학작용

[1] 방전 중의 화학작용

양극판		전해액		음극판		양극판		전해액		음극판
PbO_2	+	$2H_2SO_4$	+	Pb	→	$PbSO_4$	+	$2H_2O$	+	$PbSO_4$
과산화납		묽은황산		해면상납		황산납		물		황산납

[2] 충전 중의 화학작용

양극판		전해액		음극판		양극판		전해액		음극판
$PbSO_4$	+	$2H_2O$	+	$PbSO_4$	→	PbO_2	+	$2H_2SO_4$	+	Pb
황산납		물		황산납		과산화납		묽은황산		해면상납

1.1.4. 납산축전지의 여러 가지 특성

[1] 납산축전지의 기전력

축전지의 셀당 기전력은 2.1V이며, 이것은 전해액의 비중, 온도, 방전 정도에 따라서 조금씩 다르다. 기전력은 전해액 온도 저하에 따라 낮아지며, 이것은 전해액의 온도가 낮아지면 축전지 내부의 화학반응이 늦어지고, 전해액의 고유 저항이 증가하기 때문이다. 또 전해액의 비중이 낮거나 방전량이 많은 경우에도 조금씩 기전력이 낮아진다.

[2] 방전 종지전압

방전 종지전압이란 축전지를 어떤 전압 이하로 방전해서는 안 되는 것을 말하며, 1셀당 1.7~1.8V이다.

[3] 납산축전지 용량

축전지 용량이란 완전 충전된 축전지를 일정한 전류로 연속 방전하여 방전중의 단자 전압이 규정의 방전 종지전압이 될 때까지 방전시킬 수 있는 용량이다. 축전지 용량의 단위는 암페어시 용량(AH : ampere hour)으로 표시하며 이것은 일정 방전전류(A)×방전 종지전압까지의 연속 방전시간(H)이다. 그리고 축전지 용량의 크기를 결정하는 요소에는 극판의 크기(또는 면적), 극판의 수, 전해액의 양 등이 있다. 축전지 용량을 표시하는 방법에는 20시간율, 25암페어율, 냉간율 등이 있다.

[4] 축전지 연결에 따른 용량과 전압의 변화

(1) 직렬연결의 경우

같은 전압, 같은 용량의 축전지 2개 이상을 (+)단자 기둥과 다른 축전지의 (−)단자 기둥에 서로 연결하는 방식이며, 전압은 연결한 개수만큼 증가되지만 용량은 1개일 때와 같다.

(2) 병렬연결의 경우

같은 전압, 같은 용량의 축전지 2개 이상을 (+)단자 기둥을 다른 축전지의 (+)단자 기둥에, (−)단자 기둥은 (−)단자 기둥에 접속하는 방식이다. 용량은 연결한 개수만큼 증가되지만 전압은 1개일 때와 같다.

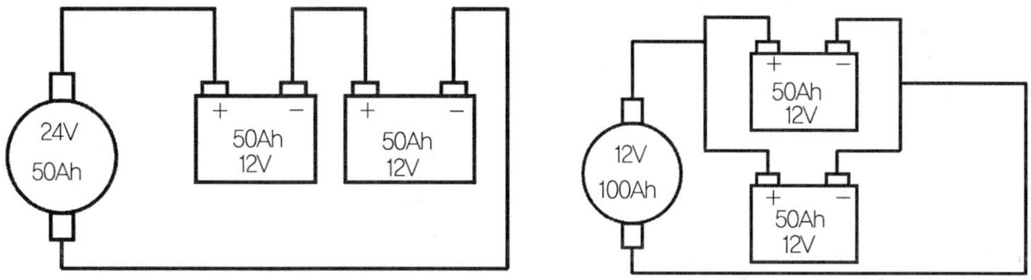

(a) 직렬연결방법　　(b) 병렬연결방법

그림 4. 축전지의 연결방법

1.1.5. 납산축전지의 자기방전

충전된 축전지를 사용하지 않고 방치해 두면 조금씩 자연 방전하여 용량이 감소되는 현상을 자기방전이라 한다.

[1] 자기방전의 원인

① 음극판의 작용물질(해면상납)이 황산과의 화학작용으로 황산납이 되면서 자기 방전되며 이때 수소가스를 발생시킨다. 음극판 구조상 부득이한 경우이다.

② 불순물이 유입되어 국부 전지가 형성되어 방전된다.

③ 탈락한 극판의 작용물질이 축전지 내부의 밑이나 옆에 퇴적되거나 격리판이 퇴적되어 양쪽 극판이 단락되어 방전된다.

④ 축전지 커버 위에 부착된 전해액이나 먼지 등에 의한 누전으로 방전된다.

1.1.6. 납산축전지의 충전

[1] 보충전

보충전이란 자기방전에 의하거나 또는 사용 중에 소비된 용량을 보충하기 위하여 실시하는 충전이다.

(1) 정전류 충전

충전의 시작에서 끝까지 전류를 일정하게 하고, 충전을 실시하는 방법이며, 충전을 할 때 전류는 다음과 같이 결정한다.

① 표준 충전전류 : 축전지 용량의 10%

② 최대 충전전류 : 축전지 용량의 20%

③ 최소 충전전류 : 축전지 용량의 5%

(2) 정전압 충전

충전의 전체 기간을 일정한 전압으로 충전하는 방법이다.

(3) 단별 전류충전

일정 전류 충전방법의 일종이며, 충전 중의 전류를 단계적으로 감소시키는 방법이다.

(4) 급속충전

급속충전기를 사용하여 시간적 여유가 없을 때 하는 충전이며, 충전전류는 축전지 용량의 50% 정도 한다.

1.1.7. 납산축전지를 충전할 때 주의사항

① 충전하는 장소는 반드시 환기장치를 하여야 한다.

② 축전지는 방전상태로 두지 말고 즉시 충전한다.

③ 충전 중 전해액의 온도를 45℃ 이상으로 상승시키지 않는다.

④ 충전 중인 축전지 근처에서 불꽃을 가까이해서는 안 된다(수소가스가 폭발성 가스이다).

⑤ 축전지를 과다 충전시켜서는 안 된다(양극판 격자의 산화가 촉진된다).

⑥ 축전지를 2개 이상 동시에 충전을 할 때에는 반드시 직렬 접속하여야 한다.

⑦ 축전지와 충전기를 서로 역 접속해서는 안 된다.

⑧ 암모니아수 및 탄산소다 등의 중화제를 준비해 둔다.

⑨ 축전지를 자동차에서 떼어내지 않고 급속충전을 할 경우에는 반드시 축전지에 연결된 케이블을 분리하여야 한다(이것은 발전기 다이오드 및 ECU 등 전자부품을 보호하기 위함이다).

⑩ 각 셀의 벤트 플러그를 열어 놓는다.

1.1.8. MF축전지(maintenance free battery)

MF축전지는 자기방전이나 화학반응을 할 때 발생하는 가스로 인한 전해액 감소를 방지하고, 축전지 점검·정비를 줄이기 위해 개발된 것이며 다음과 같은 특징이 있다.

① 증류수를 점검하거나 보충하지 않아도 된다.

② 자기방전 비율이 매우 적다.

③ 장기간 보관이 가능하다.

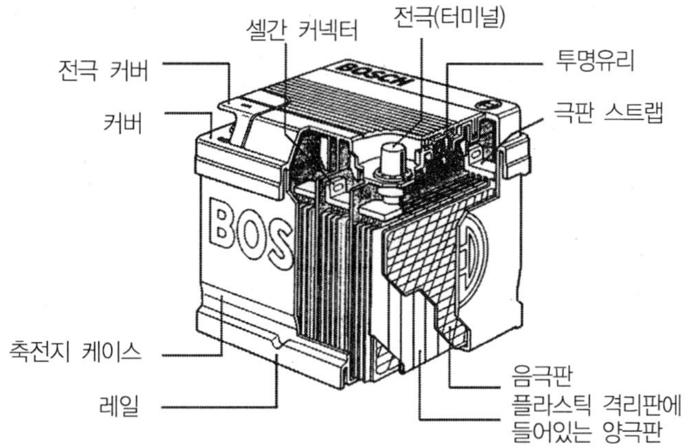

그림 5. MF축전지의 구조

1.2. 교류(AC)발전기(generator)

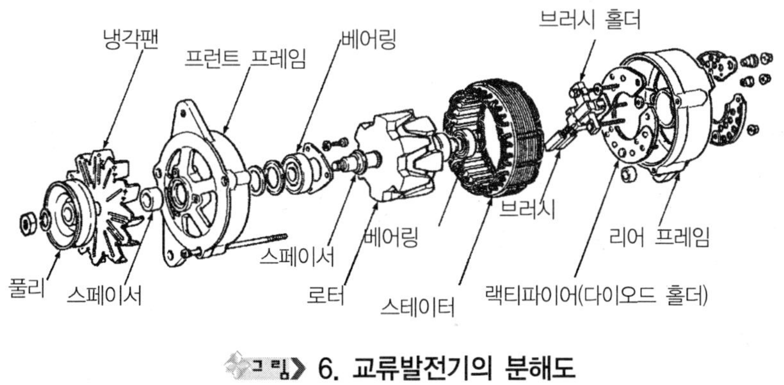

그림 6. 교류발전기의 분해도

1.2.1. 로터(rotor)

크랭크축 풀리와 V벨트로 연결되어 회전하는 부분으로 로터는 자장(磁場)을 발생한다.

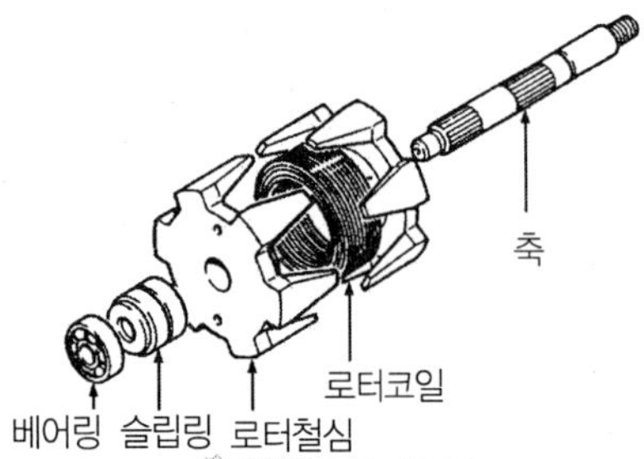

그림 7. 로터

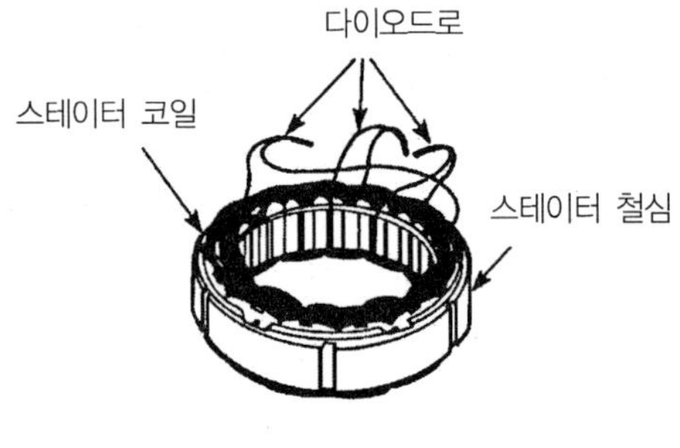

그림 8. 스테이터

1.2.2. 스테이터(stator)

스테이터는 스테이터 철심(core)과 스테이터 코일로 되어 있으며 고정되어 있기 때문에 층간 단락의 위험이 적고, 내구성이 좋으며, 고속에서 원심력을 받지 않는다. 일반적으로 스테이터 코일은 삼각(델타)결선과 Y(스타)결선 방식이 있고, 자동차용 교류발전기는 Y결선이 주로 사용된다.

1.2.3. 브러시(brush)

브러시는 로터의 슬립링에 접속이 되어 로터가 자장이 되도록 하며, 브러시 홀더는 수지 성형한 것이다. 최근에는 브러시 홀더와 전압조정기가 일체로 된 것이 많다.

1.2.4. 정류기(rectifier)

교류발전기에서는 실리콘 다이오드를 정류기로 사용한다. 교류발전기에서 다이오드의 기능은 스테이터 코일에서 발생한 교류를 직류로 정류하여 외부로 공급하고, 또 축전지에서 발전기로 전류가 역류하는 것을 방지한다.

1.2.5. 팬 및 풀리

냉각 팬은 정류기인 다이오드에 전류가 흘러 온도가 150℃ 이상 상승하면 정류 특성이 없어지므로 항상 로터와 함께 회전하여 냉각을 시켜준다.

1.2.6. 교류발전기 조정기

발전기의 출력은 스테이터 코일의 권수, 로터의 세기, 단위 시간당 자속을 자르는 횟수에 따라 결정된다. 따라서 기관의 회전속도가 증가하면 발전기의 발생전압과 전류가 모두 증가한다. 따라서 발전기 조정기가 필요하며, 교류발전기의 조정기는 전압조정기만 필요하다. 전압조정기는 발전기의 발생전압을 일정하게 유지하기 위한 장치이다.

1.2.7. 전압조정기 작용

[1] 시동 전 점화스위치(key) ON일 때의 작용

(1) 충전 경고등 점등 및 Tr 작동

① 축전지 → 충전 경고등 릴레이 → L 단자 → Tr2 베이스 전류 → 접지로 흐르면

② 축전지 → 충전 경고등 릴레이 → L 단자 → 로터 코일 → Tr2 이미터 전류 → 접지로 흐르게 되어 충전 경고등이 점등되며, Tr2가 작동된다.

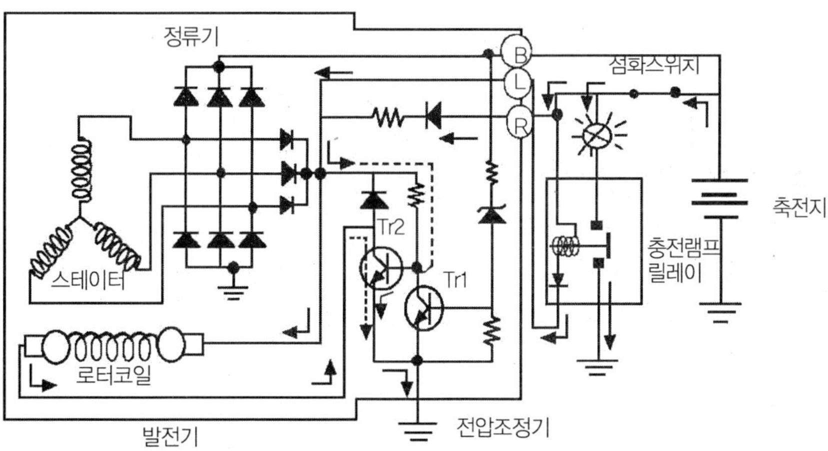

그림 9. 시동 전 점화스위치 ON일 때의 작용

(2) 로터코일의 작동(Tr2가 작동하게 되면)

축전지 → IG 스위치 → R단자 → 로터코일 → Tr2 이미터 전류 → 접지로 충분한 전류가 흐르게 된다.

[2] 기관 시동 후 발전기 출력이 정상상태일 때의 작용

기관이 시동되면 로터코일이 여자 되어있고, 발전기 전압은 축전지 전압보다 높아서 충전이 시작된다.

(1) 발전기 정상작동(경고등 소멸)

① 발전기 출력(트리오 다이오드)단자 → Tr2 베이스 단자 → 접지로 흐르면

② 출력(트리오 다이오드)단자 → 로터코일 → Tr2 이미터 단자로 흐른다.

③ 충전 경고등 릴레이에는 전류가 흐르지 않는다(IG 스위치와 L단자의 전위가 같음).

(2) 충전작용

발전기 출력 B단자 → 축전지

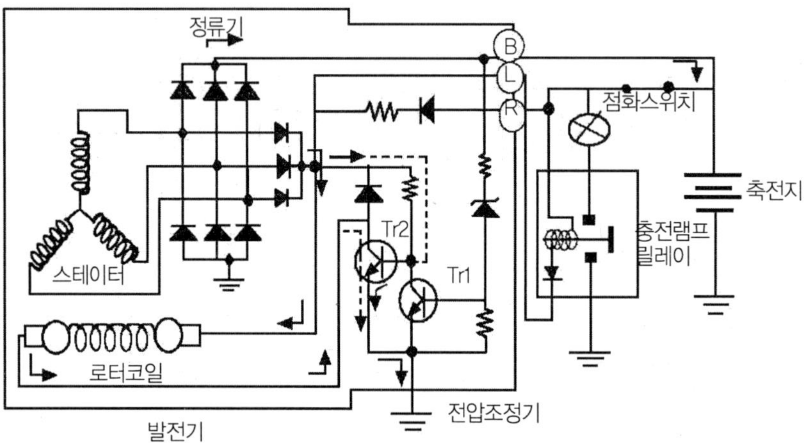

그림 10. 발전기 출력이 정상일 때의 작용

[3] 발전기 출력이 과대할 때의 작용(고속으로 주행할 때)

자동차가 고속으로 주행하면 발전기의 출력전압은 지나치게 높아지게 된다. 이것은 축전지의 과충전 상태를 유발시킬 수 있다.

(1) 제너 다이오드의 작용

발전기 출력전압이 지나치게 높으면 제너 다이오드의 한계 값보다 높아지게 되어

① 발전기 B단자 → 제너 다이오드 → Tr1 베이스 단자 → 접지로 흐르면

② 발전기 트리오 다이오드 단자 → Tr1 이미터 단자 → 접지로 흐른다.

(2) 로터코일 전류 차단(발전기 출력전압 감소)

① Tr1 이미터 전류가 흐르면 Tr2 베이스 전류는 흐르지 않는다(Tr2 베이스 입력단자의 전위가 0(zero)이 되기 때문).

② 로터코일의 전류가 차단되면 발전기 출력전압은 떨어지게 된다.

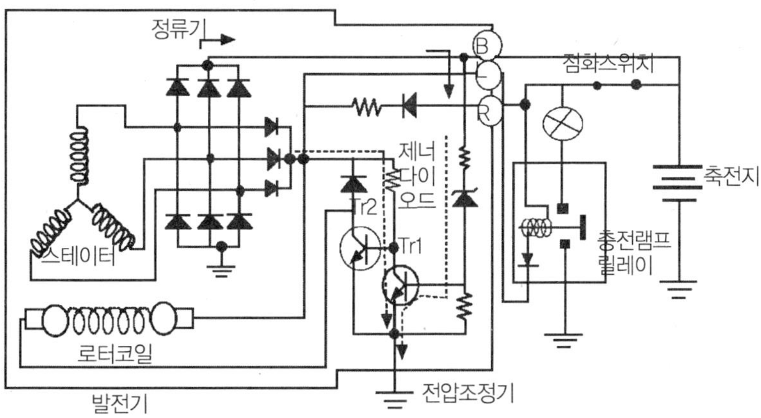

그림 11. 발전기 출력이 과대할 때의 작용

2 충전장치 정비

안전 및 준비사항

① 충전장치 정비 전 정비지침서를 숙지하여 실습순서를 정하고 공구 및 실습기기와 재료 등을 충분히 준비한다.

② 실습장 및 주위를 깨끗이 정리정돈 하고 유류 등의 인화성물질은 안전하게 별도로 보관하며 소화기를 비치하여 화재사고에 대비한다.

③ 충전장치 정비시작 전 안전교육을 실시한다.

④ 복잡한 부분을 분해할 경우에는 조립작업을 쉽게 하기 위하여 기능상이나 외관상 악영향이 없는 부분에 각인(刻印) 또는 조립 표시등을 하여 둔다.

⑤ 부품을 분해하면서 조립되었던 상태 · 변형 · 오작동부분 및 손상 등을 점검한다.

⑥ 분해한 부품은 순서대로 잘 정리하여야 하며 또 교환하여야 하는 부품과 다시 사용할 부품을 구분하여 정리하고 다시 사용할 부품은 충분히 청소 및 세척을 한다.

⑦ 정비시 부품을 떨어지지 않도록 하며 작업장 바닥에 이물질이 있으면 즉시 닦아낸다.

⑧ 볼트 및 너트 체결시 적절한 공구를 사용하며, 정비지침서에 규정된 토크로 조인다.

⑨ 축전지 전해액 취급시 흘리거나 옷이나 몸에 묻지 않도록 하고 흘리거나 몸에 묻었을 때는 즉시 닦아낸다.

⑩ 축전지 단자연결 시 불꽃이 발생하지 않도록 하고 축전지 단자 극성이 바뀌지 않도록 한다.

⑪ 실습종료 후 실습장 주위의 정리정돈을 깨끗이 한다.

실습기기 및 재료

공구 및 측정기기		실습 재료	기타
* 일반 공구세트 * 특수공구 * 작업등 * 에어공구 * 전동공구 * 토크렌치 * 납땜인두 * 비중계 * 전류계 * 멀티테스터 * 급속충전기 * 축전지 부하테스터 * 오실로스코프	* 종합 진단기 * 유리관 * 곧은자 * 안전보호구(방독면, 방진마스크, 보안경, 보호장갑, 방진 보호복, 작업복)	* 발전기 * 퓨즈 * 하네스(배선, 커넥터) * 축전지 * 벨트 * 걸레 * 황산 * 증류수 * 유리막대 * 와이어브러시 * 질그릇 또는 유리그릇 * 그리스 * 가솔린 또는 디젤기관 차량	정비지침서

2.1. 축전지의 점검 및 정비

2.1.1. 축전지의 외부점검

① 커버 및 케이스의 균열 및 오염상태 점검

② 벤트플러그 공기구멍의 막힘 상태 및 과충전에 의한 솟아오름 점검
③ 단자 및 케이블의 부식상태
④ 전해액 기준 높이

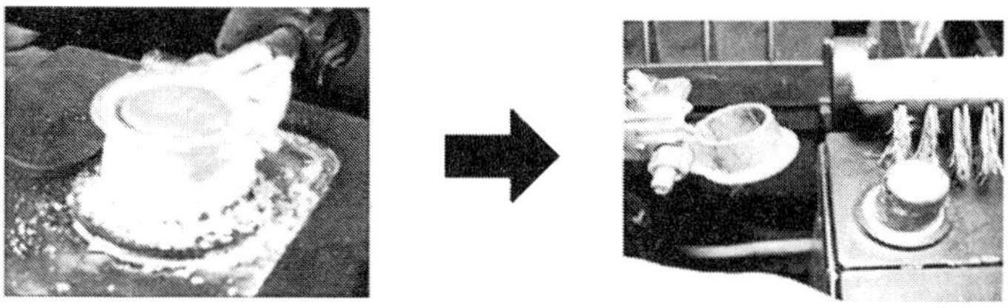

그림 12. 축전지 케이블 단자 부식상태 및 청소

2.1.2. 축전지 교환

① 차량을 평탄한 곳에 주차시키고 후드를 열어 놓는다.
② 모든 전기장치를 OFF하고 KEY를 제거한다. 전기장치 및 KEY 스위치가 OFF하지 않은 상태에서 축전지를 탈거하면 스파크가 발생하여 ECU를 포함한 전기·전자 장치에 손상될 수 있으므로 반드시 전원을 OFF시킨다.
③ 공구를 사용하여 축전지 (-)케이블을 탈거한다.
④ 공구를 사용하여 축전지 (+)케이블을 탈거한다.

그림 13. key 탈거

그림 14. (-)케이블 탈거

그림 15. (+)케이블 탈거

⑤ 공구를 사용하여 축전지 고정 브래킷 너트를 탈거한다.
⑥ 고정너트를 풀고 브래킷을 탈거한다.

그림 16. 고정 브래킷 너트 탈거

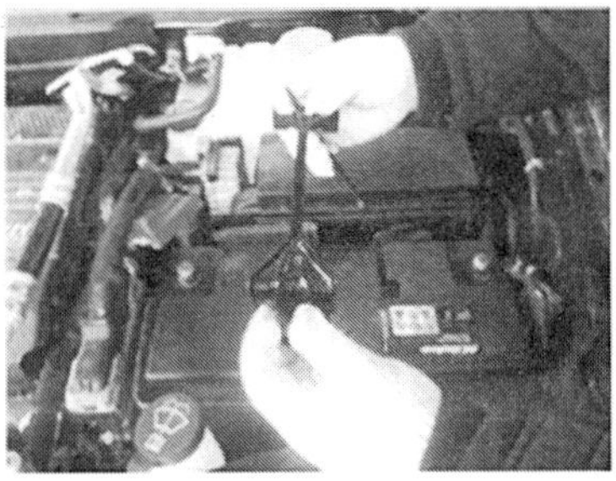

그림 17. 브래킷 탈거

⑦ 신품의 축전지로 교체하고 고정 브래킷을 끼우고 공구를 사용하여 고정한다.

⑧ 공구를 사용하여 축전지 (+)케이블을 접속한다. 단자기둥의 접촉을 향상시키기 위해 고무망치를 이용하여 단자부를 2~3회 두드리고 체결한다.

⑨ 공구를 사용하여 축전지 (-)케이블을 접속한다. 산화를 방지하기 위해 단자와 클램프에 그리스를 도포하여 준다.

⑩ 시동을 걸어 정상작동 유무를 확인한다.

2.1.3. 액 양 점검

[1] 육안점검

축전지 케이스에 표시된 최고선(up)과 최저선(low) 중간부분에 있으면 정상이며 벤트 플러그에 확산 링이 있는 경우에는 확산 링이 청색 또는 녹색이 보이면 정상이다.

(a) 정상 (b) 불량

그림 18. 확산 링에 의한 검사

[2] 측정기구에 의한 점검

전해액과 화학반응을 하지 않는 물질인 플라스틱 막대나 유리관을 이용하여 벤트플러그를 열고 전해액 주입구 내로 극판에 가볍게 닿을 때까지 넣었다가 꺼내어 액이 잠기었던 높이를 측정자로 측정한다. 유리관을 사용할 경우에는 전해액에 담근 후 위 부분의 구멍을 손가락으로 막고 조심스럽게 꺼낸 후 측정한다.

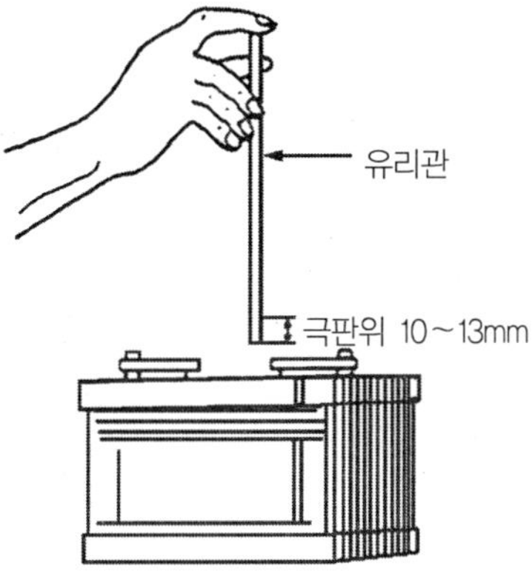

그림 19. 전해액 높이 측정

[3] 판정 및 조치

전해액 규정 높이는 약 10~13mm(대형 차량은 13~20mm) 정도이며, 부족하면 극판의 산화 및 용량 감소를 초래하고, 과다하면 전해액의 넘쳐흐름 및 자기 방전량이 증대된다.

2.1.4. 전해액 만들기

① 전해액은 묽은 황산(H_2SO_4)과 증류수(H_2O)를 적당한 비율로 혼합하여 20℃에서 1.260~1.280되게 혼합하여 사용한다.

② 혼합할 때 용기는 전해액에 화학적 또는 물리적으로 변화가 없는 질그릇 또는 유리그릇 등을 사용한다.

③ 반드시 증류수에 황산을 조금씩 부어 저으면서 혼합한다.

④ 혼합비율은 묽은 황산(비중 1.400, 원액은 1.835임) 35%, 증류수(비중 1) 65% 정도로 한다.

2.1.5. 전해액 비중측정

[1] 광학식 비중계

① 광선 굴절 덮개(커버 플레이트)를 열고, 덮개와 측정 유리면을 잘 닦는다.

② 계심봉으로 전해액을 찍어 측정 유리면(프리즘)에 충분히 바른다.

③ 광선 굴절 덮개를 닫고 가볍게 누른다.

④ 광선 굴절 덮개를 빛이 있는 곳을 향해서 측정을 한다.

⑤ 명암 경계선상에 보이는 일치된 왼쪽 눈금이 측정값이다.

⑥ 측정을 한 후 깨끗한 천으로 프리즘 표면을 닦아 건조시킨다.

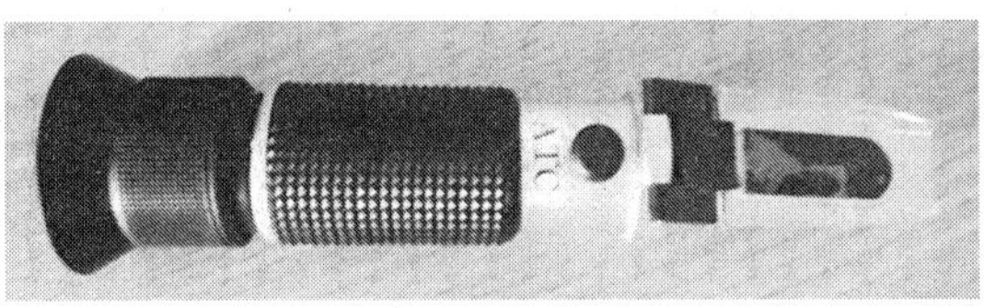

(a) 광학식비중계

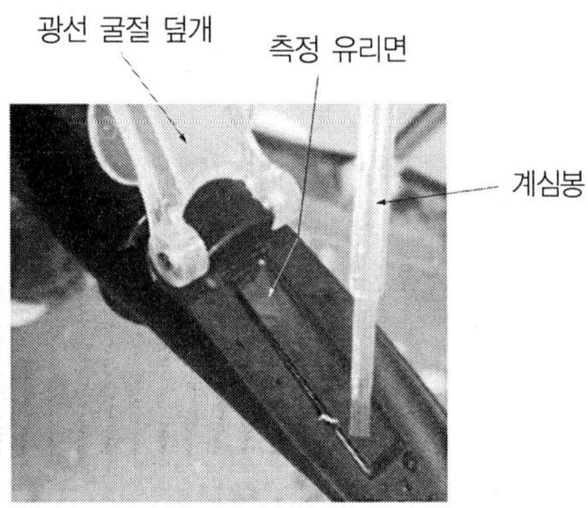

(b) 전해액 바르기

(c) 측정방법

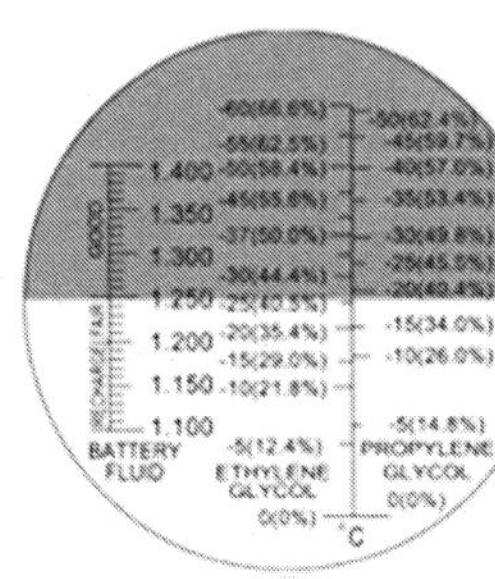

(d) 눈금 판독

그림 20. 광학식 비중계 측정 및 판독

[2] 흡입식 비중계

① 축전지의 벤트 플러그를 연다.

② 고무 벌브를 손으로 누르고 흡입구를 전해액 주입구에 넣는다.

③ 뜨개가 유리관의 중심부에 뜨도록 고무 벌브를 세운다.
④ 뜨개가 유리관에 닿지 않도록 똑바로 세운다.
⑤ 눈의 높이가 유리관 속의 전해액 높이가 평행이 되도록 하여 눈금을 읽는다.

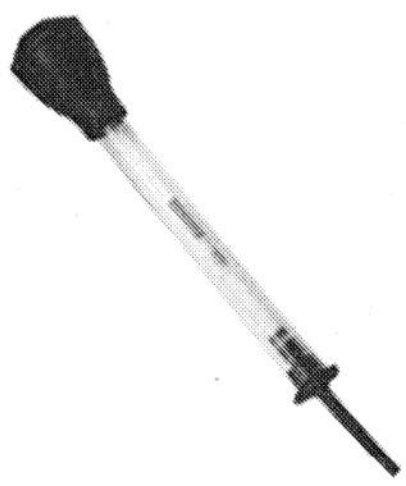

(a)

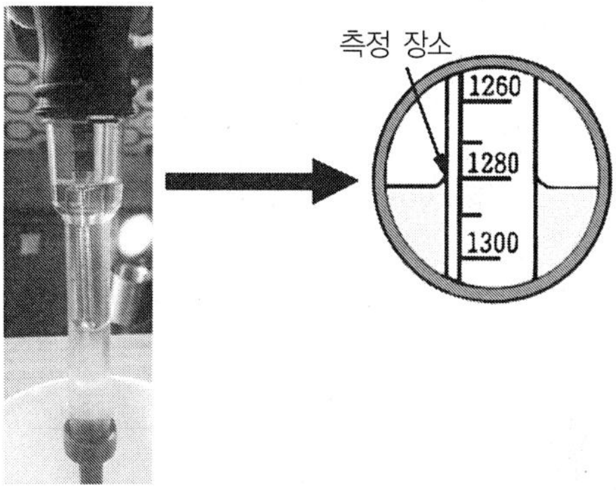

(b) 눈금 판독

그림 21. 흡입식 비중계

[3] 판정

① 판정 : 3/4충전(75%) 이하시에는 보충전을 실시한다.
② 비중값이 규정보다 높을 때에는 증류수를 보충하고, 낮을 때는 보충전을 실시하여 비중을 측정하며 충전 후에도 비중이 낮으면 황산을 넣어 규정의 비중으로 맞춘다.
③ 셀당 비중차이 : 셀당 비중차이는 0.0025 이내이어야 정상이며 이상일 때는 불량하므로 비중을 모두 같게 맞춘다.
④ 전해액의 비중이 1.200 이하이면 즉시 보충전을 실시한다.
⑤ 비중 환산식 S20 = St + 0.0007(t℃ - 20℃)

단자전압 (V)	셀당 전압	온도(20℃)		충전상태		결과 판정
		A	B			
12.6 이상	2.1V 이상	1.260	1.280	완전 충전	100%	정상(사용가)
12.0V	2.0V	1.210	1.230	3/4 충전	75%	양호(사용가)
11.7V	1.95V	1.160	1.180	1/2 충전	50%	불량(충전요)
11.1V	1.85V	1.110	1.130	1/4 충전	25%	불량(충전요)
10.5V	1.060V	1.060	1.080	완전 방전	0	불량(교환요)

2.1.6. 축전지 방전시 응급조치

① 점프 케이블을 연결할 수 있도록 전원 공급차를 이동시키고 시동을 건 상태로 놓아 둔다.

② 차대차 연결시 피 차량은 모든 전원스위치를 OFF상태에서 점프 케이블을 연결한다.

③ 축전지 (+)단자를 먼저 연결하고 나중에 (-)단자를 연결한다.

④ 점프 케이블 연결시 (+)와 (-)단자를 절대 접촉시키지 않도록 주의하고 극성이 바뀌지 않도록 확실하게 연결한다.

⑤ 시동이 걸린 후 점프 케이블을 연결한 역순으로 탈거한다.

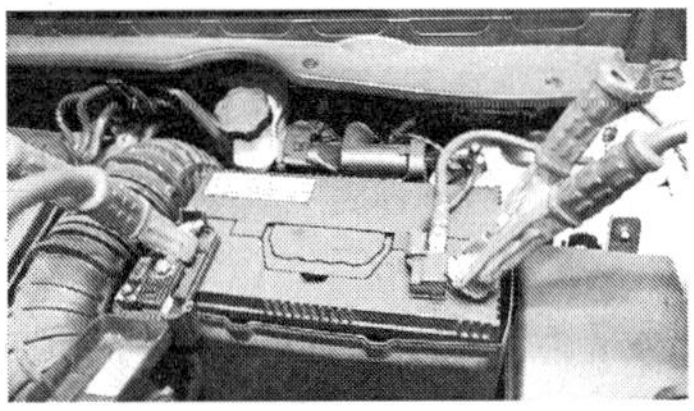

(a)

(b)

그림 22. 점프케이블의 연결

2.1.7. 단자 전압측정

① 멀티 테스터의 선택 레인지를 DC 20V에 선택한다.

② 멀티 테스터의 적색 리드선은 축전지의 (+)단자 기둥에, 흑색 리드선은 (-)단자 기둥에 접속한다.

③ 멀티 테스터의 눈금을 읽는다.

④ 최근에 사용되는 승용차용 12V 축전지의 경우 13.5~13.8V 정도이다.

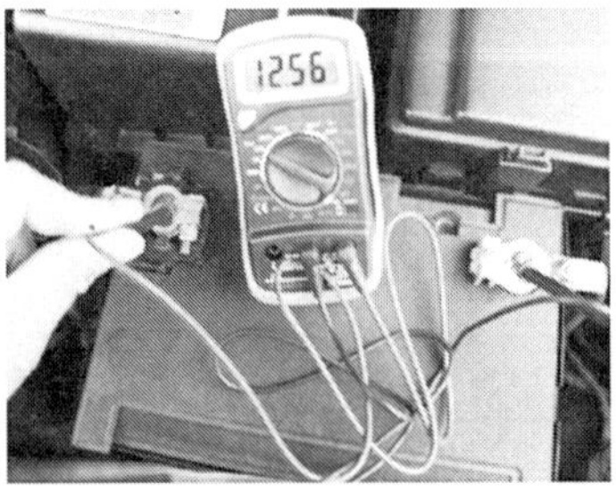

그림 23. 축전지 전압점검

2.1.8. 셀(cell) 전압측정

[1] 측정

① 멀티테시터의 셀렉터를 DC 2.5V로 선정한다.

② 축전지의 모든 벤트플러그를 연다.

③ 멀티테스터 리드선의 적색 프로브는 축전지 (+)단자에, 흑색 프로브는 각 셀의 전해액에 넣는다.

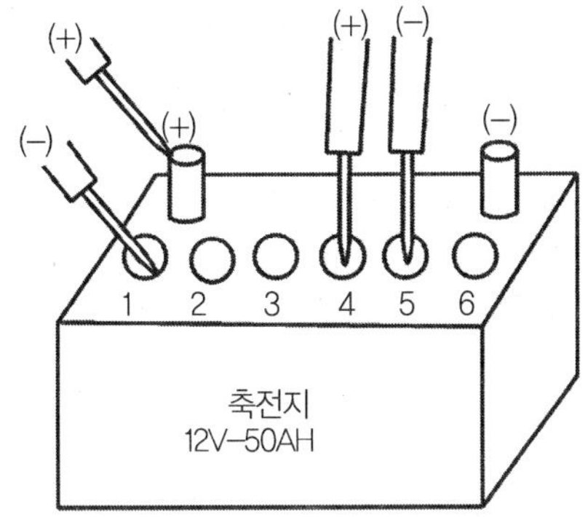

그림 24. 셀 전압 측정방법

[2] 판정

① 정상 : 셀당 전압이 1.95V 이상, 각 셀당 전압차이가 0.05V 이하

② 불량 : 셀당 전압이 1.95V 이하, 각 셀당 전압차이가 0.05V 이상

③ 불량하면 비중을 조정한 후 다시 측정하였을 때 이상이 있으면 축전지를 교환한다.

2.1.9. 축전지 용량테스터

[1] 축전지 용량테스터 사용방법

① 전해액의 높이가 규정인가를 점검한다. 부족하면 보충한다.

② 비중이 1.220 이상인가를 점검한다.

③ 테스터 리드선의 적색 클립을 축전지 (+)단자에, 흑색 클립을 (-)단자에 연결한다.

④ 용량선택 스위치로 시험 축전지의 용량을 확인하여 조정한다.

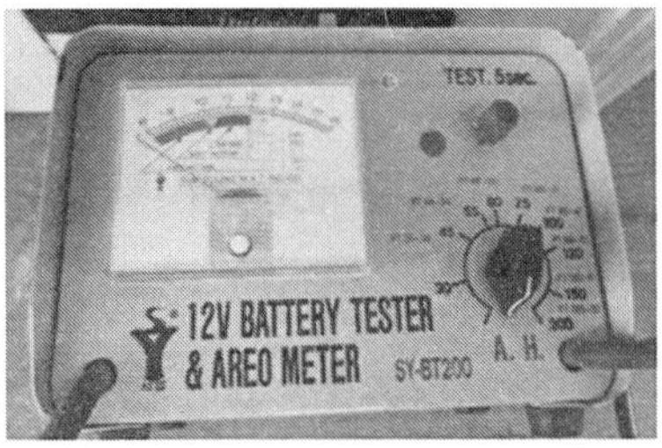

(a) 테스터

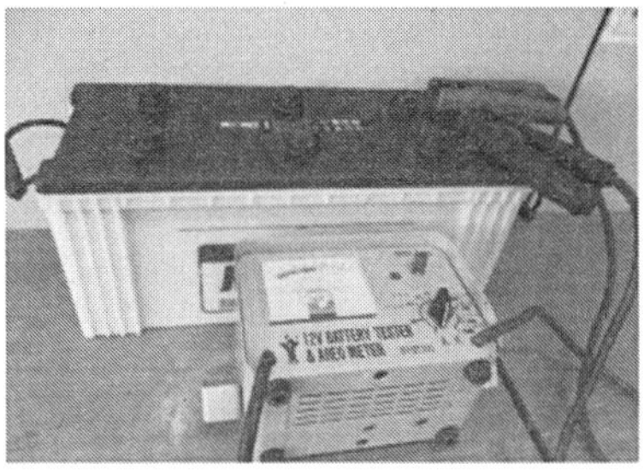

(b) 테스터 리드선 연결

(c) 용량선택 스위치 조정

(d) 테스트 버튼 누름

(e) 테스터 눈금 확인

그림 25. 용량시험 테스터기

⑤ 시험기의 테스트 버튼을 5초간 누르고 시험기의 지침이 지시하는 값을 판독한다.

[2] 판정

녹색 범위	비중 1.250~1.280	양호
황색 범위	비중 1.215	요 충전
적색 범위	비중 1.140~1.185	불량

2.1.10. 축전지의 충전방법

그림 26. 계기판

그림 27. 급속충전기 및 설치상태

[1] 축전지를 충전할 때 연결방법

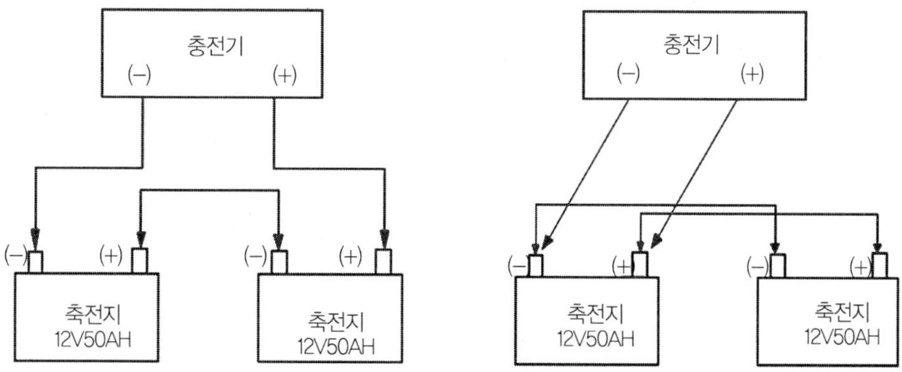

(a) 직렬충전(24V 50AH)　　(b) 병렬충전(12V 100AH)

그림 28. 축전지를 충전할 때 연결방법

[2] 충전기 계기판 설명

① 볼트미터 : DC출력 전압계로 시동 및 충전시 DC 전압을 지시하고, 선택스위치 시험위치시 급속충전시간 및 축전지 전압상태를 지시

② 암페어미터 : DC출력 전류계로 시동 및 충전시 DC 전류를 지시

③ 전원스위치 : 전원 개폐 스위치로 과부하 시 자동 전원 차단스위치의 기능

④ 선택스위치

㉮ OFF 위치는 모든 기기 작동 중지

㉯ 시동 위치는 차량 시동시 사용하는 스위치

㉰ 충전위치는 축전지를 충전하기 위한 스위치

⑤ 위치스위치

㉮ OFF위치는 출력전압 OFF

㉯ 12V, 24V 위치는 시동 및 충전시 출력전압(DC 12V, DC 24V)

㉰ 시험위치는 축전지 시험위치(충전할 축전지를 측정할 때 사용)

⑥ 전압 정밀 조정자 : 시동 및 충전시 12V, 24V 전압 정밀 조정자로 정확한 DC 전압 조정

⑦ 충전시간 조정자

㉮ 자동위치 : 충전시간 자동조정자 0~60분까지 조정(충전완료시 충전완료 멜로디 및 자동으로 OFF)

㉯ 수동위치 : 수동 충전시 축전지의 정전류 충전시나 계속 사용하고자할 때 위치

⑧ 램프

㉮ 전원램프 : 전원 표시램프

㉯ 기타 : 12V 또는 24V 램프는 위치하는 곳에 램프가 점등된다.

[3] 충전시 유의사항

① 충전시 축전지 온도상승에 유의한다.

② 용량이 다른 축전지의 동시 충전시 충전전류는 용량이 적은 축전지의 충전전류를 기준한다.

③ 직렬접속 충전법은 축전지 용량이 서로 다를 때도 동시 충전이 가능하나, 병렬접속 충전방법은 축전지 용량이 동일한 경우에만 가능하다(단, 가변저항 사용 시의 병렬접속 충전방법은 용량이 다른 축전지나 방전량이 다른 다수의 축전지를 동시에 충전할 수 있다).

[4] 보충전(정전류 충전)

자기방전 또는 소비된 축전지 용량의 보충전시 충전방법으로, 충전전압은 축전지 전압보다 1~2V 높게 선택하고 보통 4시간 정도 또는 밤샘 충전을 실시한다.

① 축전지 벤트플러그를 전부 연다.

② 전해액량을 확인한다(부족시 보충).

③ 전원스위치 OFF상태로 한다.

④ 충전기의 리드선을 접속한다(적색 → 축전지 (+)단자, 흑색 → 축전지 (-)단자).

⑤ 충전기의 전원 코드선을 연결한다.

⑥ 전원스위치를 ON시킨다.

⑦ 충전 정도를 확인하기 위해 위치스위치를 시험위치로 선택하고 축전지 충전상태를 확인하고 12V, 24V를 축전지에 맞게 선택한다.

⑧ 선택스위치를 충전에 위치한다.

⑨ 충전시간 조정스위치를 수동(연속)위치로 선택한다.

⑩ 전압 정밀 조정스위치를 축전지 용량의 1/10에 선택한다(예: 45AH 1/10= 4.5A).

[5] 급속충전

충전시간의 여유가 없을 때 급속히 충전하는 응급처치 충전방법으로 충전전류는 축전지 용량의 1/2, 충전전압은 축전지 전압보다 1~2V 높다.

① 충전할 축전지의 벤트플러그를 모두 푼다(전해액을 점검하여 부족한 경우 보충한다).

② 충전기의 전원스위치, 선택스위치, 위치스위치, 전압 정밀 조정기, 충전시간 조절기를 모두 OFF시킨다.

③ 충전기의 AC 전원케이블을 AC 전원플러그에 연결한다.

④ 충전기의 축전지 연결케이블의 적색클립은 축전지 (+)단자기둥에, 흑색클립은 (-)단자기둥에 접속한다.

⑤ 전원스위치를 ON시킨다.

⑥ 선택스위치를 시험 위치에 셀렉터를 선정하여 전압계의 지침 중 6, 5, 4, 3, 2, 1 (노란색 바탕)의 지시 눈금에 ×10을 하여 충전시간 조정 셀렉터를 충전시간에 선정한 다음 위치 스위치(12V, 24V)를 축전지에 맞게 선정한다.

⑦ 선택스위치 셀렉터를 충전에 위치시킨다.

⑧ 전압 정밀조정 셀렉터를 사용하여 전류계를 보면서 충전기의 출력 전류를 축전지 용량의 50%가 되도록 조절한다(예 : 60Ah인 축전지의 충전전류는 30A).

⑨ 충전이 완료되면 멜로디가 울린다.

⑩ 멜로디가 울리면 모든 스위치를 OFF시킨다.

⑪ 전원케이블 및 축전지 연결케이블을 분리한다.

⑫ 축전지의 전해액 양을 확인한 후 벤트플러그를 닫는다.

2.2. 발전기의 탈 · 부착 및 벨트 장력조정

① 차량의 후드를 열고 축전지 (-)케이블을 탈거한다.

② 에어컨벨트 텐션의 고정 볼트를 이완시키고, 에어컨벨트 장력 조정볼트를 돌려 벨트 장력을 느슨하게 한 후 에어컨벨트를 탈거한다.

그림 29. (-)케이블 탈거

그림 30. 에어컨벨트 탈거

③ 발전기 B단자 보호 커버를 열고 공구를 사용하여 B단자를 탈거한다.

④ 발전기 커넥터를 탈거한다.

그림 31. B단자 탈거

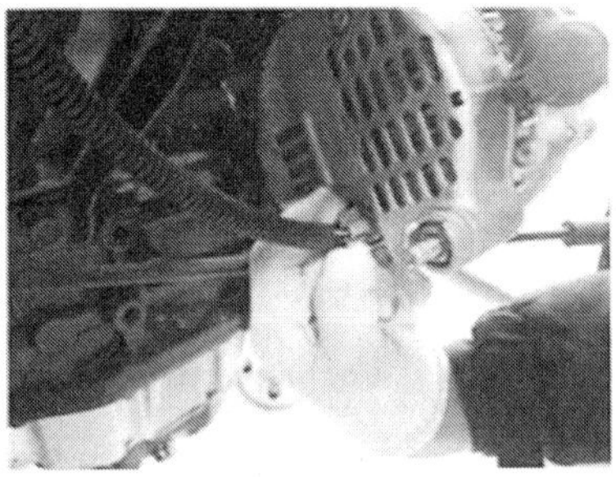

그림 32. 발전기 커넥터 탈거

⑤ 발전기 고정 관통볼트의 너트를 공구를 사용하여 이완시킨다.

⑥ 벨트장력 고정 볼트를 이완시킨다.

그림 33. 관통볼트의 너트 이완

그림 34. 벨트장력 고정 볼트 이완

⑦ 벨트장력 조정볼트를 풀어 벨트 장력이 느슨해지도록 풀어준다.

⑧ 발전기를 기관 몸체방향으로 들어 올리고 벨트를 탈거한다.

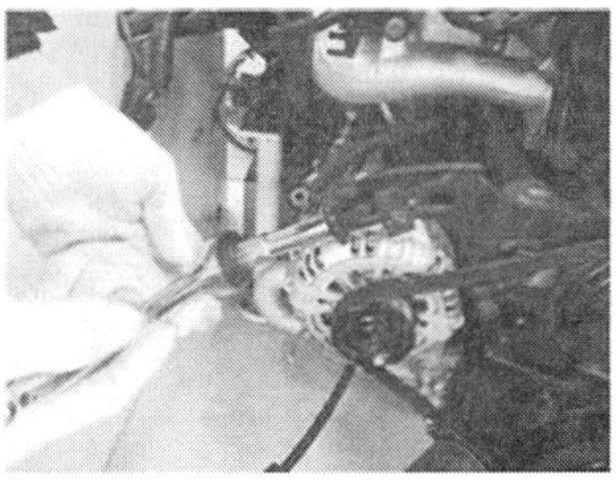

그림 35. 벨트장력 조정볼트로 장력이완

그림 36. 벨트 탈거

⑨ 발전기 벨트장력 고정 볼트를 풀어 탈거한다.

⑩ 발전기 고정 관통볼트의 너트를 풀고 관통볼트를 탈거하고 발전기를 탈거한다.

그림 37. 고정 볼트 탈거

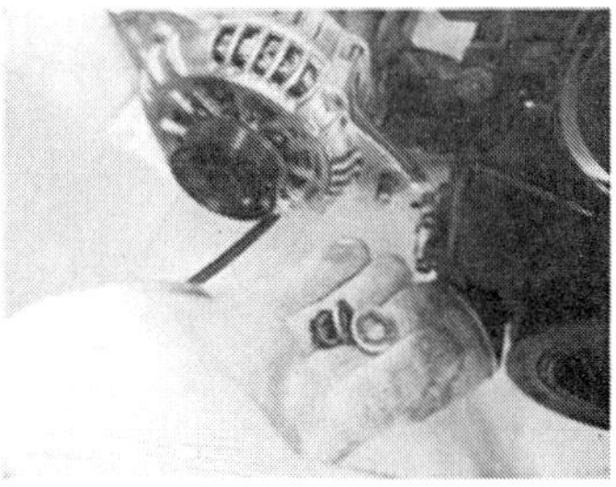

그림 38. 관통볼트를 탈거

⑪ 신품의 발전기에 관통볼트를 체결한다. 장착시 반드시 평 와셔와 스프링 와셔를 장착한다.

⑫ 발전기 벨트를 장착한다.

⑬ 벨트 장력조정 고정 볼트를 체결한다. 완전히 조이는 것이 아니고, 벨트 장력을 조정한 후에 규정의 토크로 조인다.

⑭ 벨트 장력 조정볼트를 돌려 벨트의 장력을 조정한다.

⑮ 물펌프와 발전기 중간에서 벨트를 눌렀을 때 10mm 정도의 헐거움이면 적당하다.

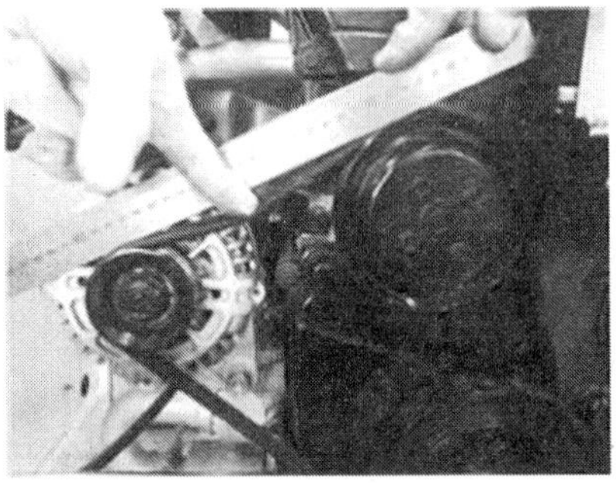

그림› 39. 장력점검

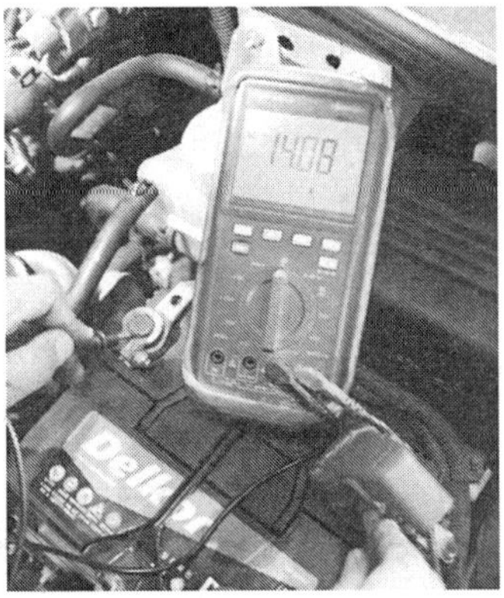

그림› 40. 발전기 출력전압 점검

⑯ 장력조정이 끝나면 관통볼트의 너트 및 발전기 장력조정 고정너트를 공구를 사용하여 조인다.

⑰ 발전기 커넥터 및 발전기 B단자를 공구를 사용하여 고정한다.

⑱ 축전지 (-)케이블을 연결한 후 기관시동을 걸고 발전기 출력전압(13.8~14.8V)을 확인한다.

2.3. 발전기의 분해 · 조립 및 점검

2.3.1. 분해

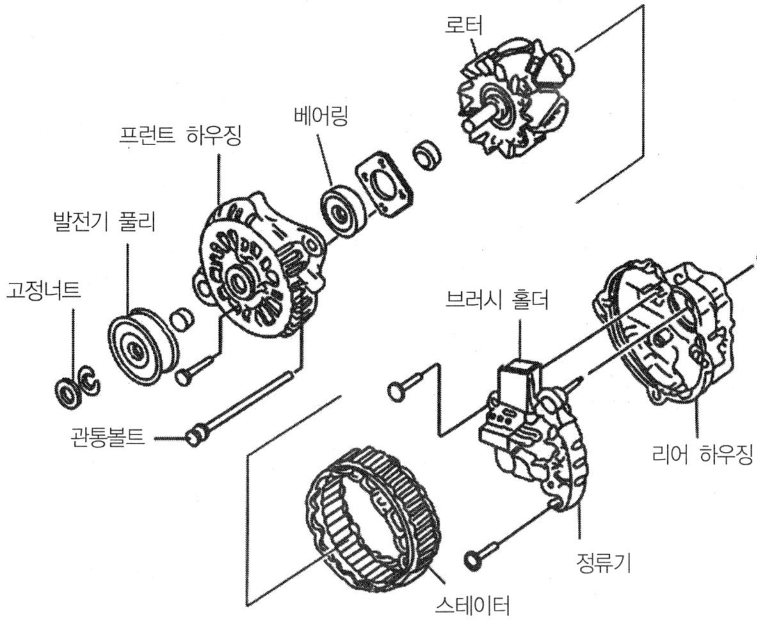

그림 41. 발전기 분해도

① 관통볼트를 푼 다음 그림 43과 같이 프런트 하우징과 스테이터사이에 드라이버를 넣고 분리한다. 이때 스테이터 코일을 손상시킬 염려가 있으므로 드라이버를 너무 깊게 넣지 않도록 한다.

그림 42. 관통볼트 탈거

그림 43. 프런트 하우징과 스테이터 분리하기

② 로터를 바이스에 물린 후 고정 너트를 풀고 풀리를 분리한다. 이때 로터에는 헝겊이 나 구리판 등을 대고 바이스에 물리도록 한다. 또한 불필요한 경우에는 풀리의 분해는 생략한다.

그림 44. 풀리 탈거

그림 45. 로터 탈거

③ 스테이터와 다이오드 접합 납땜부분을 분리한다.

④ 스테이터를 분리한다.

그림 46. 스테이터와 다이오드 접합 납땜부분을 분리

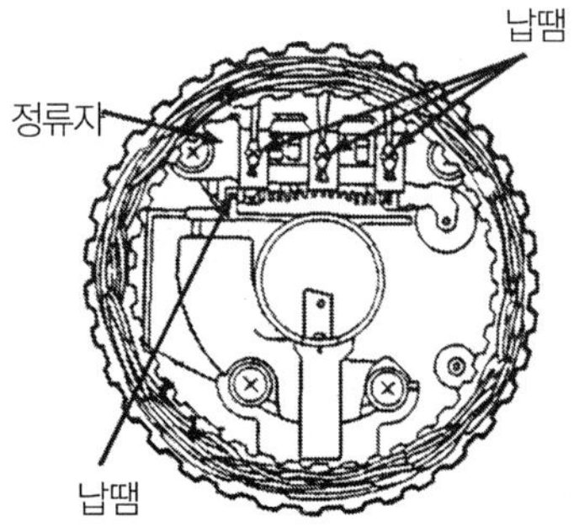

그림 47. 다이오드 납땜부분

⑤ 전압조정기 및 다이오드 고정용 볼트를 푼다.

⑥ 전압조정기를 분리한 후 단자 L, B 접합 납땜부분을 분리한다.

그림 48. 전압조정기 분리

그림 49. L, B 접합 납땜부분 분리

2.3.2. 조립

조립은 분해의 역순으로 시행하되 다음 사항을 주의한다.

① 로터를 리어 하우징에 설치하기에 앞서 철사를 리어 하우징의 작은 구멍에 넣어 브러시를 잡아준다.

② 로터를 조립한 후에는 철사를 빼낸다.

(a) 브러시를 누르고 철사삽입　　(b) 조립 후 철사를 뺀다.

그림 50. 철사를 끼운 상태

2.3.3. 스테이터 및 로터코일 점검

[1] 스테이터 코일점검

① 스테이터 코일의 통전 여부를 점검한다. - 코일과 코일사이가 통전되는가를 점검하여 통전이 되지 않으면 스테이터 어셈블리를 교환한다.

② 스테이터 코일의 접지를 점검한다. - 코일과 스테이터 철심사이의 통전 여부를 점검하여 통전이 되면 스테이터 어셈블리를 교환한다.

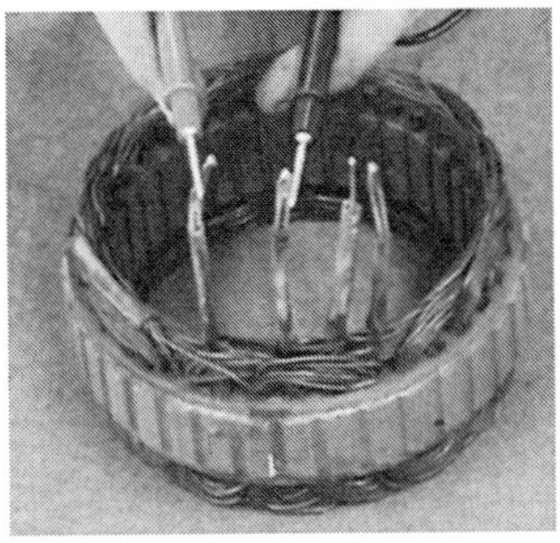

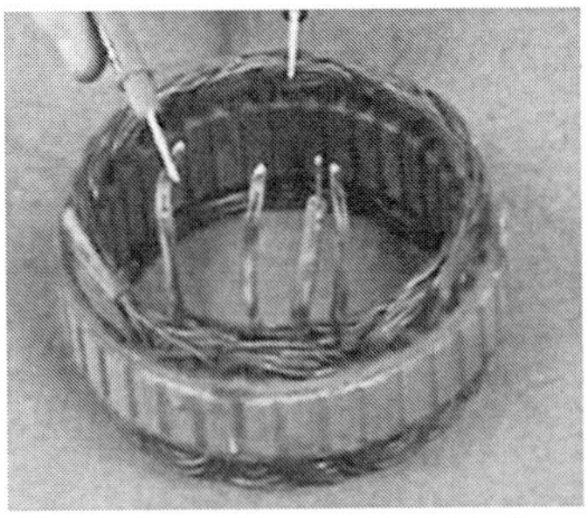

(a) 단선점검　　　　(b) 접지시험

그림 51. 스테이터 코일점검

[2] 로터코일 점검

① 로터코일의 통전여부를 점검한다. - 로터코일과 슬립링사이가 통전되는가를 점검하여 저항 값이 너무 낮으면 회로가 단락된 상태이며, 저항 값이 너무 높으면 회로가 개방된 상태이므로 로터 어셈블리를 교환한다.

② 로터코일의 접지를 점검한다. - 슬립링과 로터 철심사이의 통전 여부를 점검하여 통전이 되면 로터 어셈블리를 교환한다.

(a) 단선시험　　　　(b) 접지시험

그림 52. 로터코일 점검

2.3.4. 다이오드 점검

[1] 교류(AC)발전기의 정류기 구성 및 점검

① (+)다이오드 : 발전기의 출력 (B)단자인 축전지의 (+)단자 쪽에 연결되어 있다.

② (−) 다이오드 : 접지 쪽에 연결되어 있다.

③ 다이오드 트리오 : 보조 출력장치로서 충전 경고등 L단자에 연결되어 있다.

[2] (+)다이오드 점검

멀티테스터로 (+)다이오드 히트싱크와 스테이터 코일 연결단자사이의 통전을 점검하였을 때 멀티테스터의 바늘이 한쪽방향에서만 통전되어야 한다. 만약 양쪽방향으로 모두 통전되거나 통전이 안 되면 다이오드가 단락 또는 단선된 상태이므로 다이오드를 교환 한다.

[3] (-)다이오드 점검

멀티테스터로 (−)다이오드 히트싱크와 스테이터 코일 연결단자사이의 통전을 점검하였을 때 멀티테스터의 바늘이 한쪽방향에서만 통전되어야 한다. 만약 양쪽방향으로 모두 통전되거나 통전이 안되면 다이오드가 단락 또는 단선된 상태이므로 다이오드를 교환하여야 한다.

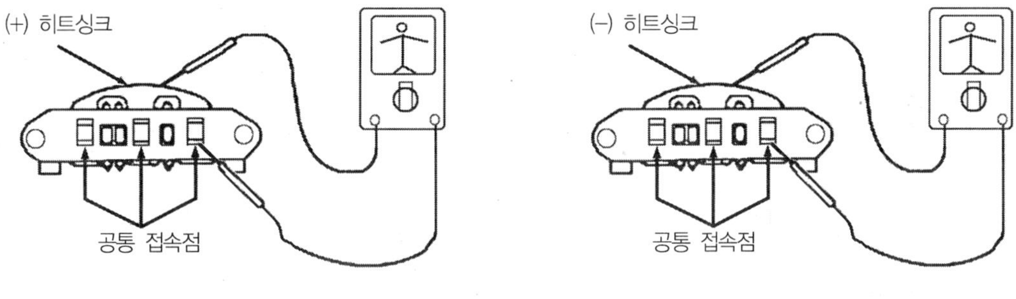

(a) (+)다이오드 (b) (−)다이오드

그림 53. 다이오드 점검

[4] 트리오 다이오드 시험

3개의 다이오드사이에 멀티테스터를 연결하여 통전을 점검하였을 때 멀티테스터의 바늘이 한쪽 방향에서만 통전되어야 한다. 만약 양쪽 방향으로 모두 통전되거나 통전이 안 되면 다이오드가 손상된 상태이므로 다이오드 어셈블리를 교환하여야 한다.

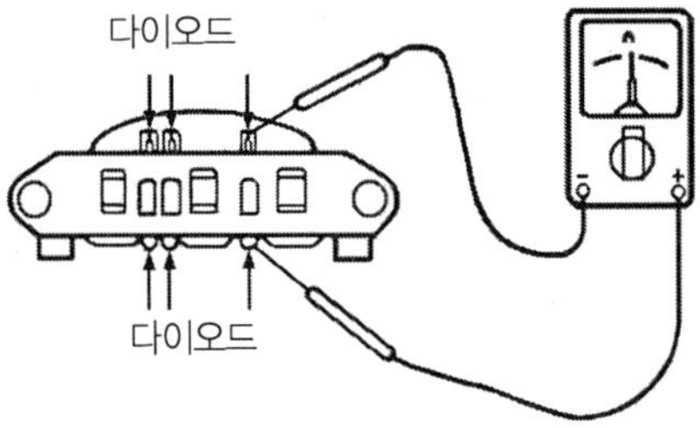

그림 54. 트리오 다이오드 점검

2.3.5. 브러시점검

브러시 길이를 점검하여 마모 한계선까지 마모되었으면 다음 순서로 브러시를 교환한다.

① 브러시 홀더에서 피그 테일(pig tail)의 납땜부분을 분리하고 구품 브러시와 스프링을 떼어낸다.

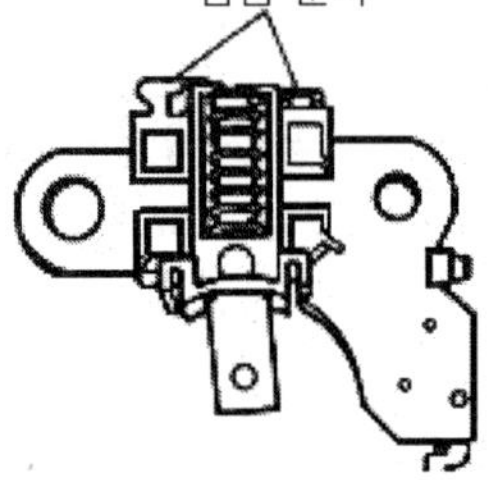

그림 55. 전압조정기(브러시 부착)

② 브러시 홀더에 신품 브러시와 스프링을 설치한다.

③ 마모 한계선과 브러시 홀더 끝과의 간격이 2~3mm가 되도록 브러시를 끼운다.

④ 브러시 홀더에 피그 테일을 납땜한다.

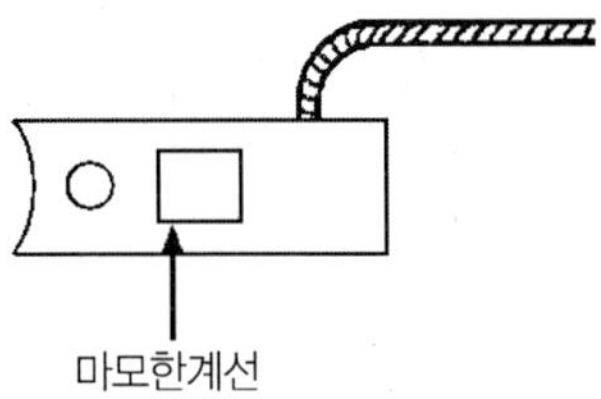

그림 56. 브러시 마모 한계선

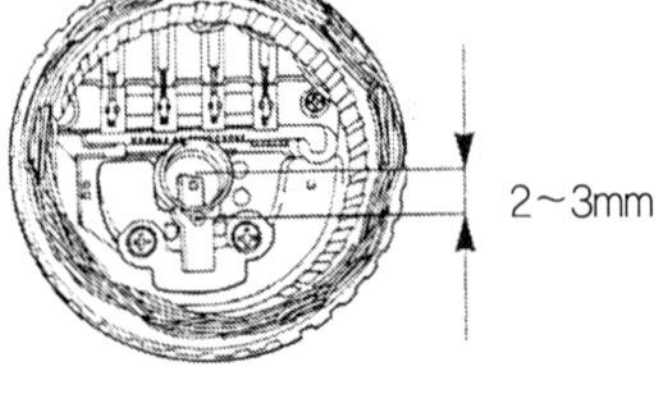

그림 57. 조립된 브러시상태

2.4. 발전기의 충전전류와 전압측정

2.4.1. 발전기 출력 배선의 전압 강하시험

이 시험은 발전기 B단자와 축전지 (+)단자사이의 배선이 정확히 연결되어있고 과열로 인한 하니스의 변색 등을 점검할 때 실시한다.

발전기 출력배선의 전압강하 점검은 먼저 점화스위치를 OFF시킨 후 축전지 (+)단자와 발전기 B단자의 체결상태를 확인하고 전압계를 이용하여 축전지 (+)단자와 발전기 B단자의 전압을 측정하여 전압 수치가 일반적으로 0.2V이내의 차이를 보이면 정상이고 전압 수치가 0.2V 이상이면 배선 불량으로 판단한다.

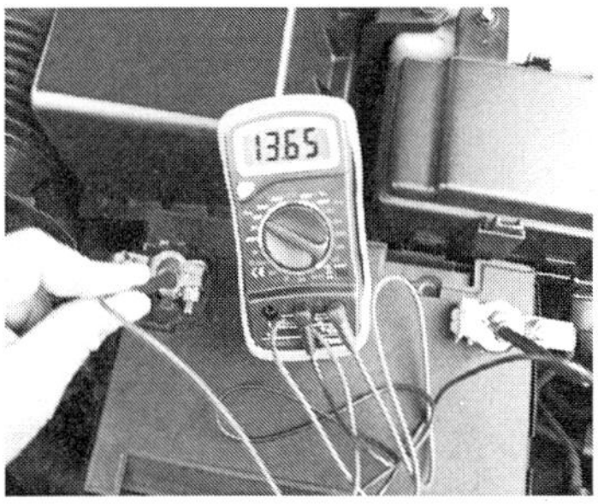

(a) 축전지 (+)단자 전압측정

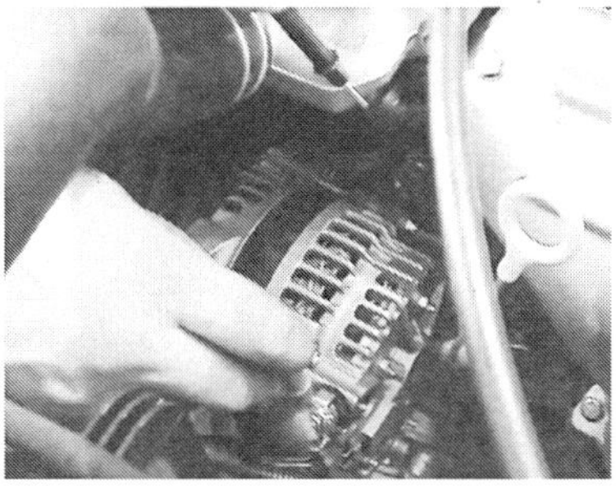

(b) 발전기 B단자 전압측정

그림》 58. 발전기 출력배선의 전압 강하시험

2.4.2. 발전기의 출력(충전) 전압시험

① 아날로그 전압 테스터 또는 디지털 전압 테스터를 DC V에 선정한다.

② 테스터 전압계 (+)리드선을 발전기 B단자에 연결한다.

(a) 발전기 B단자에서 측정

(b) 축전지에서 측정

그림》 59. 전압측정

③ 테스터 전압계 (-)리드선을 차체에 접지 또는 축전지 (-)단자에 연결한다.

④ 테스터를 발전기 B단자에 접속하기 어려우면 축전지에 설치한다.

⑤ 기관을 시동한 후 출력전압을 판독한다.

2.4.3. 발전기의 출력(충전) 전류시험

① 발전기의 출력용량을 확인한다.

② 축전지 전압을 측정한다. 충전전류를 측정할 때에는 약간 방전된 축전지를 사용하는 것이 좋다.

③ 전류계를 DC A레인지에 설정하고 0점 조정버튼 으로 0점을 조정한다.

④ 발전기 B단자에 최대한 가까이 전류계를 설치한다. 발전기 B단자에 설치가 안 될 때는 축전지 (+)단자에서 발전기로 가는 배선에 설치한다.

⑤ 전조등 스위치를 ON으로 하여 3분 정도 방전시킨다.

⑥ 기관을 시동한다. 이때 에어컨이나 히터 송풍기를 High로 켠다.

⑦ 기관의 회전속도를 2000~2500rpm으로 높인다.

⑧ 전류계의 눈금을 판독한다.

⑨ 측정 후 모든 상태를 원위치 시킨다.

⑩ 충전 전류는 발전기 정격 전류의 70% 이상이면 정상이다.

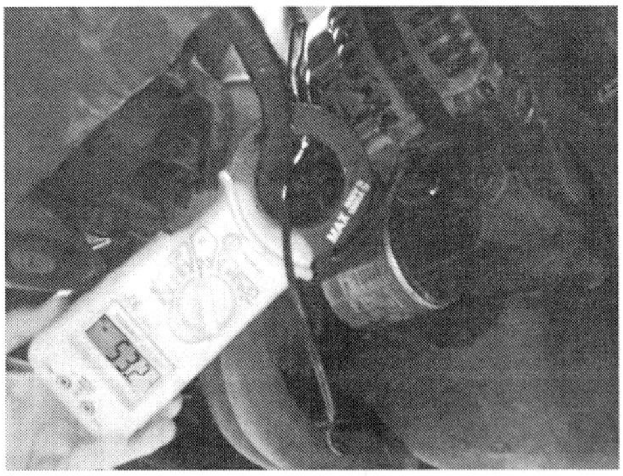

그림 60. 전류측정

[차종별 발전기 출력전압]

차 종	정격 전류(A)	정격 전압(V)	회전수(rpm)
엘란트라	85	13.5	2500
아반떼 XG	80	13.5	1000~18000
엑센트	75	13.5	1000~18000
EF 쏘나타	95	13.5	1000~18000
쏘나타	90	13.5	1000~18000
베르나	75	13.5	1000~18000
뉴 세피아	70	12	2500~3000
스포티지	70	12	2500~3000
에스페로	70	12	2000
투스카나 2.0	90	13.5	1000~18000
프라이드	50	12	2000~3000

2.5. 발전기의 출력 파형분석

2.5.1. 충전전류 파형측정

① HI-DS 초기 화면에서 차종을 선택하여 차량제원을 설정한 후 확인 버튼을 누른다.

② 오실로스코프를 선택한다.

③ 1개의 채널을 선택한다.

④ Ch1번을 발전기의 B단자에 연결한다.

⑤ 모든 부하를 제거하고, 시동을 걸어 기관이 안정화될 때까지 기다린다.

그림 61. Ch1번을 발전기의 B단자에 연결

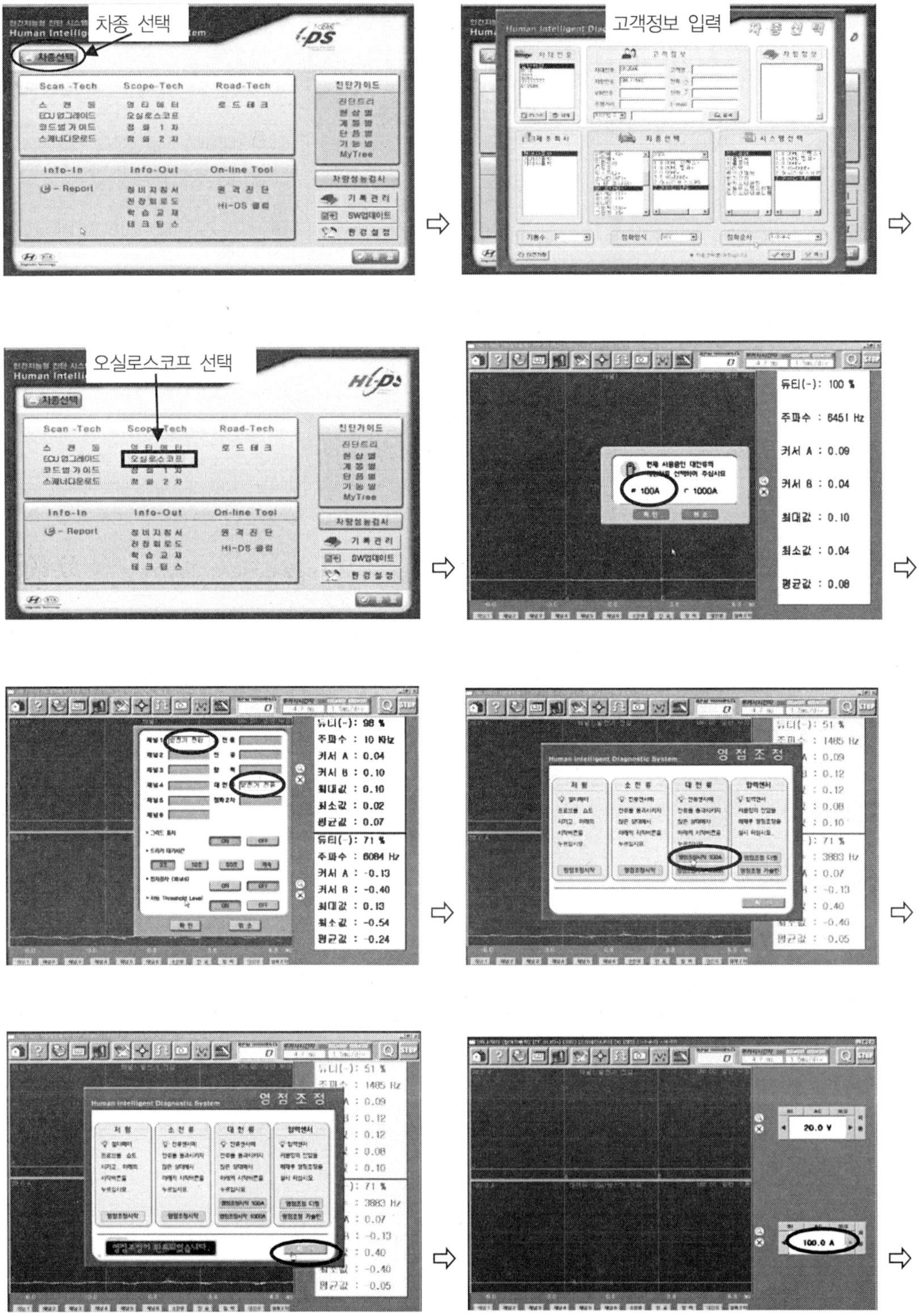

그림 62. 충전전류 측정순서

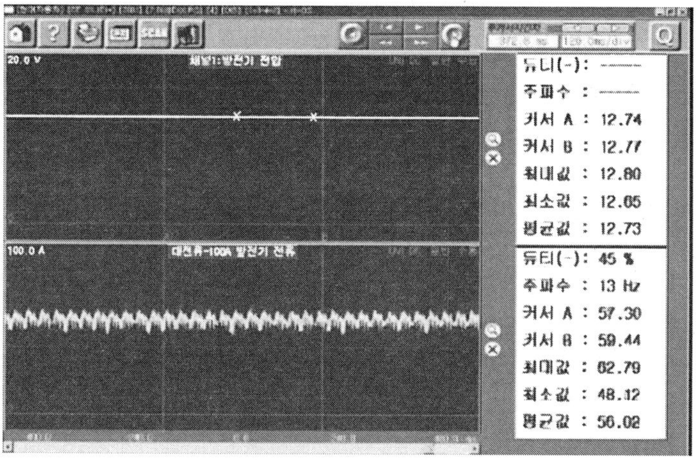

그림 63. 충전전류 파형

2.5.2. 정상 파형해석

① 충전 전압(①) : 13.8~14.8V의 충전전압을 나타내고 있으며 일직선으로 나타내야 한다. 노이즈가 상당히 심하면 슬립링의 오염을 예상할 수 있다.

② 피크전압(②) : 산과 골사이의 출력전압의 P-P 값이 500mV 이하이어야 정상이다. 만약 500mV 이상이면 전압조정기 제너다이오드 이상으로 판정한다. 파형의 이가 빠지거나 하면 정류다이오드의 파손을 예상할 수 있다.

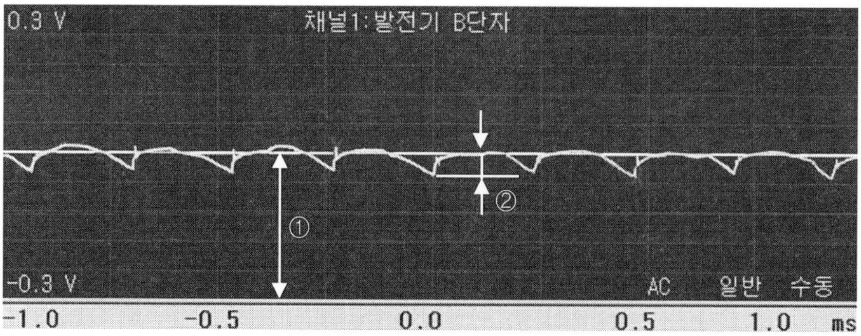

그림 64. 발전기의 출력파형

2.5.3. 비정상 파형

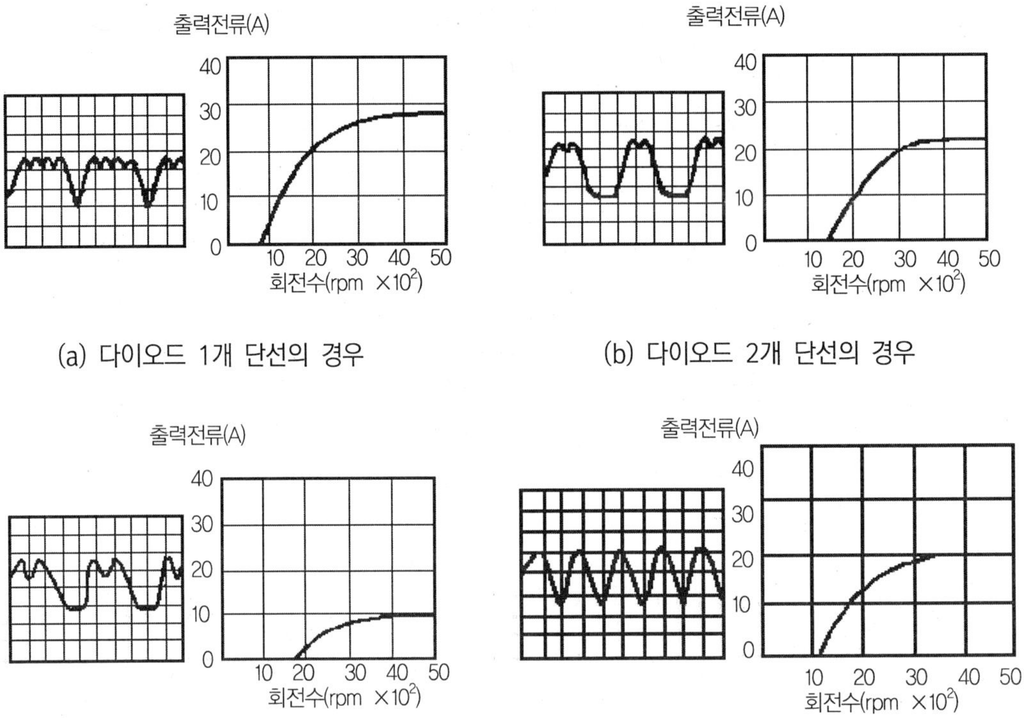

(a) 다이오드 1개 단선의 경우

(b) 다이오드 2개 단선의 경우

(c) 다이오드 1개 단락의 경우

(d) 스테이터 코일 1상 단선의 경우

그림 65. 발전기 비정상 출력파형

[1] 출력파형 그래프 해석

① 다이오드 1개 단선 : 출력전압이 주기적으로 떨어지고, 출력전류의 최고값이 정상파형보다 20% 정도 떨어진다.

② 다이오드 2개 단선 : 출력전압의 불균형 변화가 주기적으로 발생하고, 출력전류의 최대값이 더욱 떨어진다.

③ 다이오드 1개 단락 : 출력전압의 불균형 변화가 찌그러져 있고, 출력전류는 급격하게 떨어진다.

④ 스테이터 코일 1상 단선 : 출력전압의 변화 폭과 주기가 정상파형보다 매우 증가하고, 출력전류는 많이 감소한다.

3 충전장치의 점검 및 수리방법

3.1. 단품점검

[1] 주어진 발전기를 분해하고 부품 명칭 및 부품 상태를 기록하고 조립하시오.

부품 명칭	부품 상태	지도교수 확 인

[2] 축전지 비중 및 전압을 측정하고 판정 및 정비(또는 조치)사항을 기록하시오.

기관번호 :			비번호		지도 교수 확 인	
측정항목	① 측정(또는 점검)		② 판정 및 정비(또는 조치)사항			득 점
	측정값	규정(정비한계)값	판정(□에 "✔" 표)	정비 및 조치 사항		
전해액 비중			□ 양호 □ 불량			
축전지 전압						

[3] 발전기 출력배선 전압강하, 발전기 충전 전압, 충전전류를 측정하고 판정 및 정비(또는 조치)사항을 기록하시오.

기관번호 :			비번호		지도 교수 확 인	
측정항목	① 측정(또는 점검)		② 판정 및 정비(또는 조치)사항			득 점
	측정값	규정(정비한계)값	판정(□에 "✔" 표)	정비 및 조치 사항		
배선 전압강하			□ 양호 □ 불량			
충전 전압						
충전 전류						

[4] 발전기 다이오드 및 로터코일과 브러시 마모 상태를 측정하고 판정 및 정비(또는 조치)사항을 기록하시오.

자동차 번호 :	비번호		지도교수 확 인	

측정 항목	① 측정(또는 점검)		② 판정 및 정비(또는 조치)사항		득점
	측정값	규정(정비한계)값	판정(□에 "✔" 표)	정비 및 조치할 사항	
(+)다이오드	(양: 개), (부: 개)		□ 양호 □ 불량		
(–)다이오드	(양: 개), (부: 개)				
트리오다이오드	(양: 개), (부: 개)				
브러시					
로터코일저항					

[5] 주어진 차량에서 발전기 충전전류 파형을 측정 및 파형상태를 기록하시오.

기관 번호 :	비번호		지도교수 확 인	

측정 항목	파형 상태	득점
파형측정	요구사항 조건에 맞는 파형을 프린트하여 아래사항을 분석 후 뒷면에 첨부 ① 출력된 파형에 불량요소가 있는 경우에는 반드시 표기 및 설명 되어야 함. ② 파형의 주요 특징에 대하여 표기 및 설명 되어야 함.	

3.2. 고장증상 점검 및 수리방법

[1] 축전지가 방전되어 충전전압을 측정해보니 충전전압이 불량하여 발전기를 정품으로 교환한 후 4~6개월 후에 주행 중 전조등 불빛이 약해져서 축전지에서 충전전압을 측정해보니 충전전압이 불량하였으나 발전기 B단자 에서 점검해보니 발전기 충전전압은 정상이었다.

(1) 위 사항과 같은 고장증상이 발생되면 고장증상을 확인하고 고장증상에 대한 확인방법을 작성하시오.

고장증상	고장증상 확인방법	확 인

(2) 고장부위 고장원인 및 점검방법을 작성하시오.

고장 부위	고장 원인	점검방법	확 인

(3) 고장부분을 정비지침서 또는 관련 자료를 참고하여 수리하고 수리방법과 수리절차를 작성하시오.

수리방법	수리절차	확 인

[2] 축전지가 부풀어 올라있고 기관 시동시나 주행시 황산냄새가 난다.

(1) 위 사항과 같은 고장증상이 발생되면 고장증상을 확인하고 고장증상에 대한 확인방법을 작성하시오.

고장증상	고장증상 확인방법	확 인

(2) 고장부위 고장원인 및 점검방법을 작성하시오.

고장 부위	고장 원인	점검방법	확 인

(3) 고장부분을 정비지침서 또는 관련 자료를 참고하여 수리하고 수리방법과 수리절차를 작성하시오.

수리방법	수리절차	확 인

[3] 기관 시동을 끄고 점화스위치를 ON 위치에 놓았는데도 충전경고등이 점등되지 않는다.

(1) 위 사항과 같은 고장증상이 발생되면 고장증상을 확인하고 고장증상에 대한 확인방법을 작성하시오.

고장증상	고장증상 확인방법	확 인

(2) 고장부위 고장원인 및 점검방법을 작성하시오.

고장 부위	고장 원인	점검방법	확 인

(3) 고장부분을 정비지침서 또는 관련 자료를 참고하여 수리하고 수리방법과 수리절차를 작성하시오.

수리방법	수리절차	확 인

[4] 기관 시동이 걸렸는데 충전 경고등이 소등되지 않는다.

(1) 위 사항과 같은 고장증상이 발생되면 고장증상을 확인하고 고장증상에 대한 확인방법을 작성하시오.

고장증상	고장증상 확인방법	확 인

(2) 고장부위 고장원인 및 점검방법을 작성하시오.

고장 부위	고장 원인	점검방법	확 인

(3) 고장부분을 정비지침서 또는 관련 자료를 참고하여 수리하고 수리방법과 수리절차를 작성하시오.

수리방법	수리절차	확 인

[5] 기관 시동을 걸었을 때 발전기에서 소음이 발생한다.

(1) 위 사항과 같은 고장증상이 발생되면 고장증상을 확인하고 고장증상에 대한 확인방법을 작성하시오.

고장증상	고장증상 확인방법	확 인

(2) 고장부위 고장원인 및 점검방법을 작성하시오.

고장 부위	고장 원인	점검방법	확 인

(3) 고장부분을 정비지침서 또는 관련 자료를 참고하여 수리하고 수리방법과 수리절차를 작성하시오.

수리방법	수리절차	확 인

[6] 야간주행 중 계기판 불빛이 약해지고 전조등 불빛이 약해진다.

(1) 위 사항과 같은 고장증상이 발생되면 고장증상을 확인하고 고장증상에 대한 확인방법을 작성하시오.

고장증상	고장증상 확인방법	확 인

(2) 고장부위 고장원인 및 점검방법을 작성하시오.

고장 부위	고장 원인	점검방법	확 인

(3) 고장부분을 정비지침서 또는 관련 자료를 참고하여 수리하고 수리방법과 수리절차를 작성하시오.

수리방법	수리절차	확 인

충전장치 정비 자기진단 [1506030101_14v2]

진단영역	진 단 문 항	매우 미흡	미흡	보통	우수	매우 우수
충전장치 점검 · 진단하기	1. 나는 정비지침서에 따라 충전장치를 숙지하여 작동상태를 파악할 수 있다.	①	②	③	④	⑤
	2. 나는 제조사의 정비지침서에 따라 충전장치를 점검할 수 있다.	①	②	③	④	⑤
	3. 나는 정비지침서에 따라 충전장치의 세부점검 목록을 확인하여 고장원인을 파악할 수 있다.	①	②	③	④	⑤
	4. 나는 정비지침서에 따라 진단장비를 사용하여 고장원인을 분석할 수 있다.	①	②	③	④	⑤
	5. 나는 정비지침서에 따라 벨트장력을 규정값으로 조정할 수 있다.	①	②	③	④	⑤
충전장치 교환하기	1. 나는 충전장치의 점검 · 진단결과에 따라 부품 교환 여부를 결정할 수 있다.	①	②	③	④	⑤
	2. 나는 정비지침서에 따라 탈거조립절차 계획을 수립하여 장비 · 공구를 준비할 수 있다.	①	②	③	④	⑤
	3. 나는 정비지침서에 따라 충전장치를 교환할 수 있다.	①	②	③	④	⑤
충전장치 수리하기	1. 나는 충전장치회로도에 따라 전기의 흐름을 파악하여 수리할 수 있다.	①	②	③	④	⑤
	2. 나는 정비지침서에 따라 교환 · 수리가능여부를 판단하여 수리가 필요부품을 확인할 수 있다.	①	②	③	④	⑤
	3. 나는 충전장치에 관련된 진단내용에 따라 충전장치를 수리할 수 있다.	①	②	③	④	⑤
충전장치 검사하기	1. 나는 정비지침서에 따라 진단장비를 활용하여 충전장치를 검사하고 양 · 부 판단을 할 수 있다.	①	②	③	④	⑤
	2. 나는 정비지침서에 따라 자동차를 시운전하고 충전장치를 재점검하여 정비결과를 확인할 수 있다.	①	②	③	④	⑤
	3. 나는 정비지침서에 따라 작업 후 충전장치의 작동상태와 성능검사를 수행할 수 있다.	①	②	③	④	⑤

[진단결과]

진단영역	문항 수	점 수	점수 ÷ 문항 수
충전장치 점검 · 진단하기	5		
충전장치 교환하기	3		
충전장치 수리하기	3		
충전장치 검사하기	3		
합 계	14		

☞ 자신의 점수를 문항 수로 나눈 값이 '3점' 이하에 해당하는 영역은 업무를 성공적으로 수행하는데 요구는 능력이 부족한 것으로 교육훈련이나 개인학습을 통한 개발이 필요함.

실험실습 보고서

<table>
<tr><td colspan="4">실험실습일지</td></tr>
<tr><td>과 목 명</td><td></td><td>학년- 반</td><td>-</td></tr>
<tr><td>학 번</td><td></td><td>성 명</td><td></td></tr>
<tr><td>실험실습
주 제</td><td colspan="3"></td></tr>
<tr><td colspan="4"></td></tr>
<tr><td>비 고</td><td colspan="3"></td></tr>
</table>

02 CHAPTER 시동장치 정비

Automotive Electric ● Electron Exercise

학습목표

시동장치 정비는 차량의 정상적인 기관시동을 위하여 시동장치의 관련회로와 시동전동기의 상태를 점검하여 이상 유·무를 정확하게 파악하고 문제의 부분을 수리, 교환하는 능력이다.

1. 시동장치의 구조와 작동원리를 파악할 수 있다.
2. 정비지침서에 따라 시동장치를 파악하고 관련 장치의 작동상태를 확인할 수 있다.
3. 정비지침서에 따라 시동장치의 고장원인을 분석할 수 있다.
4. 제조사별 시동장치 종류에 따라 규정값을 기준으로 점검 · 진단을 할 수 있다.
5. 정비지침서에 따라 시동장치의 세부점검목록을 확인하여 고장원인을 파악할 수 있다.
6. 정비지침서에 따라 고장 진단장비를 사용하여 시동장치의 고장원인을 분석할 수 있다.
7. 시동장치 관련 부품의 조정을 위해 관련 장비 및 공구를 선택 및 사용할 수 있다.
8. 정비지침서에 따른 교환·수리 가능여부를 확인하고 교환 및 수리 후 정상상태를 확인할 수 있다.
9. 정비지침서에 따른 관련부품을 차량에서 탈 · 부착 및 분해 · 조립순서에 맞게 교환할 수 있다.
10. 정비지침서에 따라 시동장치의 전기흐름 및 릴레이, 스위치 점검방법에 관한 지식 및 유무선 통신 시동장치를 파악하여 수리할 수 있다.

1 시동장치의 개요

자력으로 내연기관은 회전할 수 없다. 그러므로 시동시에는 외부로부터 회전을 시켜야 하기 때문에 시동전동기를 사용한다. 시동전동기는 시동 시 점화스위치 ST위치에서 시동전동기의 피니언이 플라이휠의 링기어와 물려 모터의 힘에 의해 크랭크축을 회전 시켜 기관을 시동시킨다.

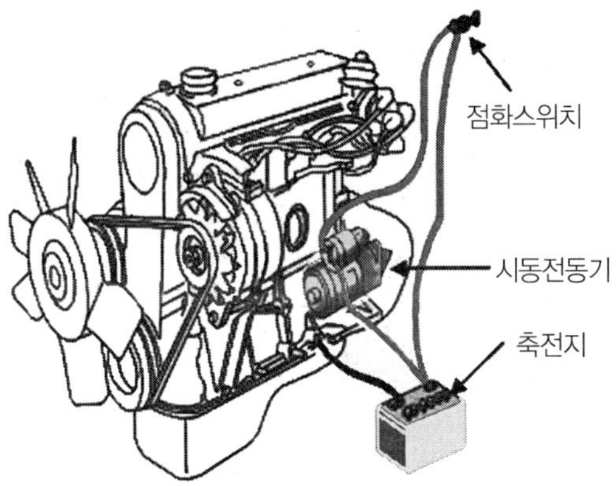

그림 1. 시동장치의 구조

1.1. 시동전동기의 원리

시동전동기의 원리는 계자철심 내에 설치된 전기자코일에 전류를 공급하면 전기자 코일은 플레밍의 왼손법칙에 따르는 방향의 힘을 받는다. 이 원리에 따라 전기자 코일에 전류를 흐르게 하면 전기자코일 양쪽의 전류방향이 역으로 되므로 회전력이 작용하여 회전운동을 발생시킨다.

그림 2. 시동전동기

1.2. 시동전동기의 구조와 기능

전동기부분은 회전운동을 하는 부분(전기자와 정류자)과 고정되어 있는 부분(계자코일, 계자철심, 브러시)으로 구성되어 있다.

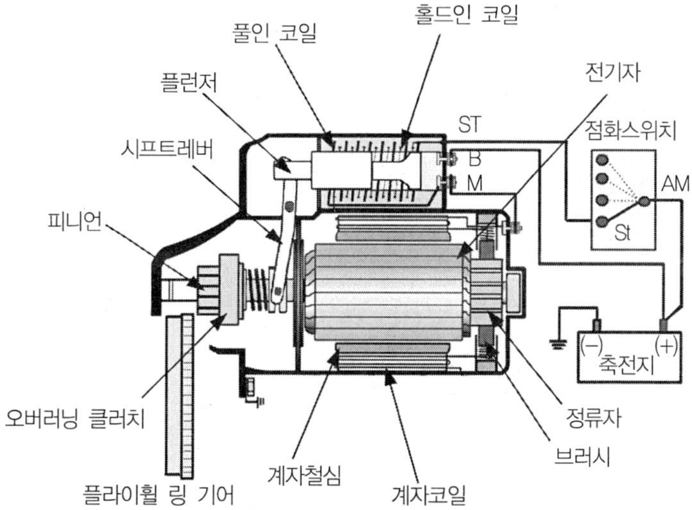

그림 3. 시동전동기의 구조

1.2.1. 전기자(armature)

전기자는 회전부분으로 전기자 축, 철심, 절연되어 감겨있는 전기자코일 등으로 구성되어 있으며, 전기자 축 앞쪽의 피니언 미끄럼 운동부에는 스플라인이 파져 있다.

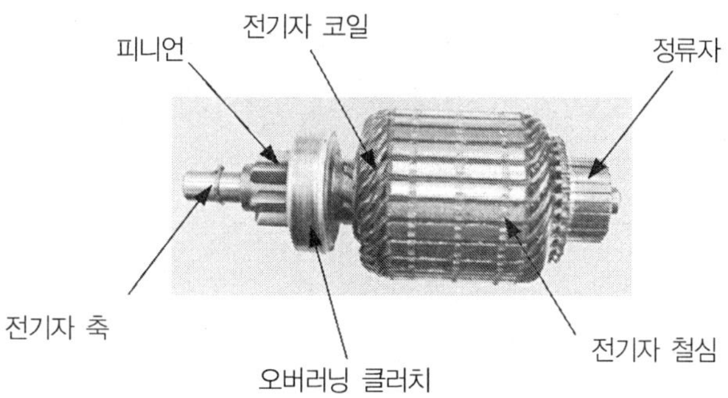

그림 4. 전기자의 구조

1.2.2. 정류자(commutator)

경동(硬銅)으로 된 정류자편을 각각 절연하여 원형으로 결합한 것이며 원심력에 의해 튀어 나오지 않도록 V링 및 V형 운모로 고정되어 있다. 운모의 돌출로 인한 브러시와의 접촉불량을 방지하기 위하여 정류자 편의 표면보다 0.5~0.8mm 낮게 파져 있다.

1.2.3. 계철과 계자철심(yoke & pole core)

계철은 자력선의 통로와 시동전동기의 틀로 안쪽 면에는 계자코일을 지지하여 자극이 되는 계자철심이 나사로 고정되어 있다.

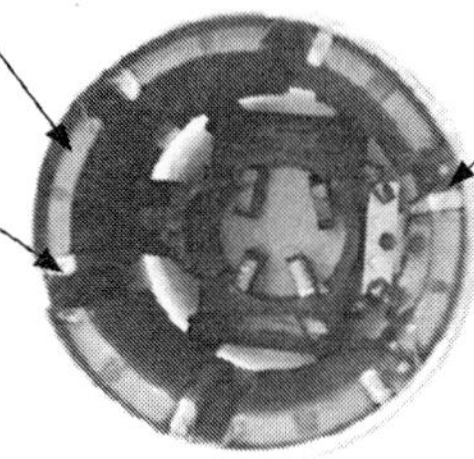

그림 5. 계철과 계자철심

1.2.4. 계자코일(field coil)

이 코일은 계자철심에 감겨져 자력을 발생시키는 것이며, 큰 전류가 흐르므로 평각 구리선을 사용한다. 코일의 바깥쪽은 테이프를 감거나 합성수지 등에 담궈 막을 만든다.

1.2.5. 브러시와 브러시 홀더(brush & brush holder)

브러시는 정류자를 통하여 전기자 코일에 전류를 출입시키는 일을 하며, 재질은 금속 흑연계열로 직육면체로서 브러시 홀더에 끼워져 홀더 스프링의 장력(0.5~1.0kgf/ cm^2)에 의해 정류자 편에 접촉, 밀착된다. 브러시는 정류자를 거쳐 전기자 코일에 전류를 공급하며 2개의 절연브러시와 2개 또는 1개의 접지브러시로 구성되어 있다. 또 브러시가 표준 길이에서 1/3 정도 마멸되면 교환하여야 한다.

그림 6. 브러시와 브러시 홀더

1.2.6. 솔레노이드스위치

솔레노이드스위치는 마그넷 스위치라고도 부르며 전자력으로 작동하는 시동전동기용 스위치이다. 구조는 가운데가 비어 있는 철심, 철심 위에 감겨져 있는 풀인 코일과 홀드인 코일, 플런저, 접촉판, 2개의 접점(B단자와 M단자)으로 되어 있다.

풀인 코일은 솔레노이드 스위치 ST단자(시동 단자)에서 감기 시작하여 M단자(전동기 단자)에 접속되어 있고, 홀드인 코일은 ST단자에서 감기 시작하여 솔레노이드스위치 몸체에 접지되어 있다. 풀인 코일은 축전지와 직렬로 접속되며, 홀드 인 코일은 병렬로 연결되어 있다.

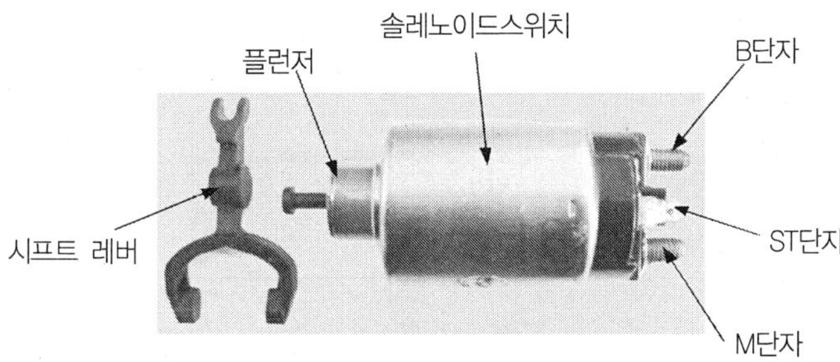

그림 7. 솔레노이드스위치

1.2.7. 전자 피니언 섭동식의 작동

점화스위치(시동 키)를 시동(start)위치로 하면 솔레노이드스위치의 풀인 코일이 축전지에서의 전류로 강력한 전자석이 되어 플런저를 잡아당긴다.

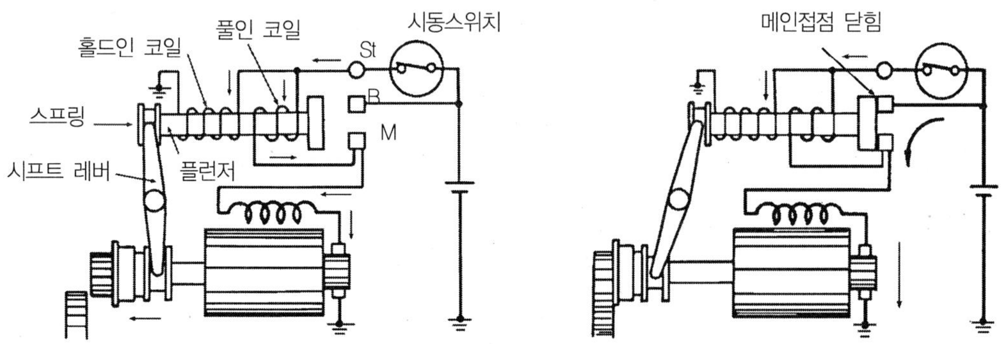

(a) 풀인 코일작동 (b) 홀드인 코일작동

그림 8. 작동회로

플런저는 시프트 레버를 잡아당겨 피니언을 플라이 휠 링 기어에 물린다. 이 물림이 완료되는 순간부터 시동전동기 스위치(솔레노이드스위치의 B단자와 M단자)가 닫히면 풀인 코일에 흐르던 전류는 끊기고 동시에 홀드인 코일이 작동하여 플런저가 당긴 상태를 유지할 때 시동전동기에 축전지 전류가 흘러 강력한 회전을 시작하여 기관을 크랭킹시킨다.

1.2.8. 오버 러닝 클러치(over running clutch)

오버 러닝 클러치란 기관이 시동된 후 피니언과 플라이휠 링 기어가 물린 상태이므로 이번엔 반대로 기관에 의해 시동전동기가 고속으로 구동되어 전동기가 손상된다. 이를 방지하기 위해 기관이 시동된 후 피니언이 공전하여 시동전동기가 구동되지 않도록 하는 장치를 말한다. 종류에는 롤러형식, 스프래그형식, 다판 클러치형식 등이 있다.

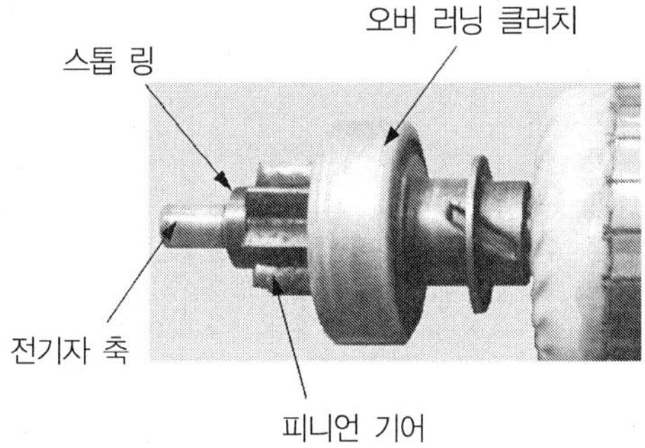

그림 9. 오버러닝 클러치

1.2.9. 시동회로 전류의 흐름

① 축전지(+) → 퓨저블 링크(30A) → 점화스위치 AM단자 → 실내정션박스 → 인히비터 스위치 → 시동 릴레이 B6단자 → 접지 G15

② 퓨즈블 링크 30A → 시동 릴레이 → 시동전동기 ST단자 → 접지

③ 축전지(+) → 시동전동기 B단자 → 접지

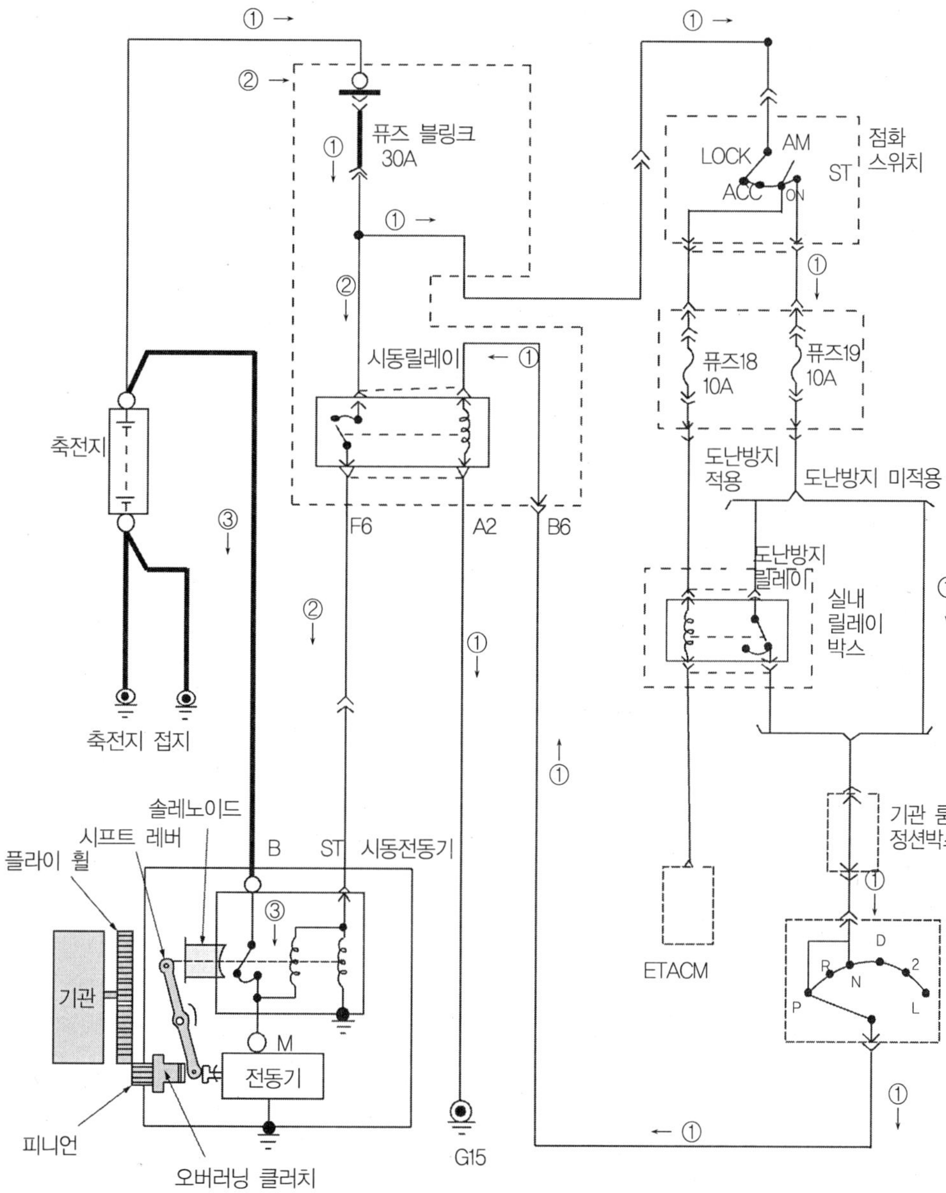

그림 10. 시동회로도(A/T).

1.2.10. 리모컨 스타터(remote starter)

리모컨 스타터는 리모컨으로 차량의 시동을 거는 것을 말한다. 이러한 원격 시동은 반드시 경계상태에서만 가능하다.

사용자가 리모컨의 시동 버튼을 누르면 5초 동안 시동 허가 타이머가 작동한다. 이때 리모컨의 록 버튼을 누르면 즉시 원격시동 데이터가 송신한다. 전장제어 ECU에서 시동 데이터가 수신되면 원격 시동조건 확인 후 이상이 없으면 IG1 릴레이를 구동시키고 4초 후 시동 릴레이를 구동한다. 만약 시동이 걸리지 않을 경우에는 3번에 걸쳐 재시동 출력을 낸다.

시동릴레이 구동 중 발전기 "L" 단자 출력이 나오면 출력을 멈춘다. 그리고 시동이 걸린 후 30초 후 IG2 릴레이를 구동시켜 공조장치 가동을 가능하게 한다. 비상등 램프는 시동 데이터 수신 이후부터 시동이 걸릴 때까지 0.6초 주기 50% 듀티로 구동시키고 시동 이후 3초 ON, 1초 OFF로 구동된다. 다음 다섯 가지 경우에는 기관 시동이 금지된다.

첫째 원격 시동 중 또는 시동 후에 리모컨에 의한 기관 정지 데이터가 출력된 경우 즉, 기관 버튼 누르고 5초 이내에 언록 버튼을 누른 경우이다. 둘째는 원격 시동 후 10분이 경과하면 원격 시동은 해제된다. 셋째는 원격 시동 후에 도어를 연 경우이다. 즉 리모컨에 의하여 언록 된 이 후 운전자에 의하여 문이 열리면 IG2 릴레이를 OFF한다. 여기서 30초가 경과되면 리모트 스타트 기능을 해제 한다.

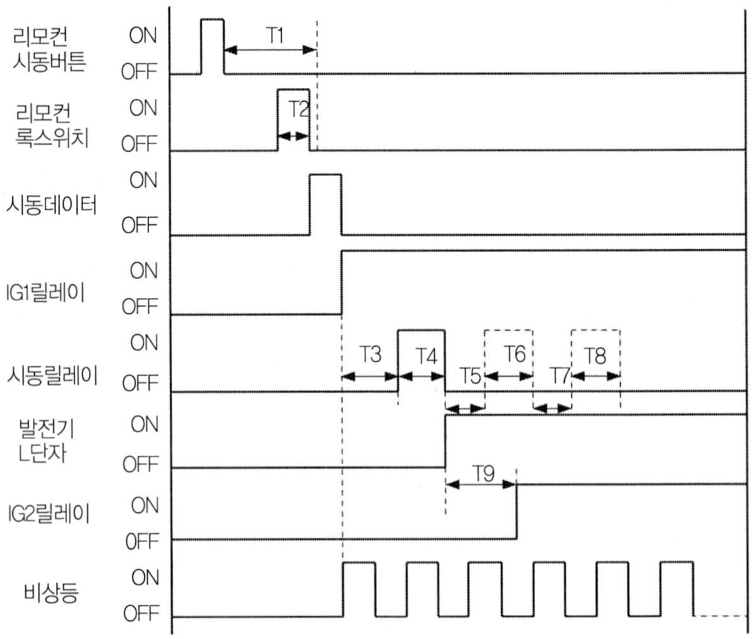

그림 11. 리모컨 스타터의 타임차트

[리모컨 스타터의 차종별 제어시간]

차 종	제어시간	차 종	제어시간
아반떼 XD	T1 : 5±0.5초 T2 : 1초 이상 T3 : 4±0.2초 T4 : 1초 T5 : 2±0.2초 T6 : 1.5초 T7 : 2±0.2초 T8 : 2초 T9 : 30±3초	그랜저 XG	T1 : 5±0.5초 T2 : 1초 이상 T3 : 4±0.2초 T4 : 2±0.2초 T5 : 2±0.2초 T6 : 2.5±0.2초 T7 : 2±0.2초 T8 : 3±0.3초 T9 : 30±3초

만약 30초 이전이라도 IG2 전원이 ETACS로 입력되면 리모트 스타트기능을 해제 한다. 넷째는 원격시동으로 시동이 걸린 후 4초 후 "기관 체크램프" 가 점등되어 있으면 시동기능을 해제 한다. 단 기관 경고등 점등시 크랭킹은 가능하다. 다섯째는 원격시동 중 혹은 시동 후 경보조건에 돌입하거나 변속레버 "P" 위치, 주차 브레이크 OFF 등의 경우에도 리모트 스타트 기능을 해제한다.

1.2.11. 점화스위치

[1] 점화스위치 위치 기능

① LOCK : 점화스위치의 키를 삽입하거나 뽑는 위치이다.

② ACC : 기관 시동을 걸지 않고도 전기장치(라디오, 시가라이터 등)의 일부를 사용할 수 있다.

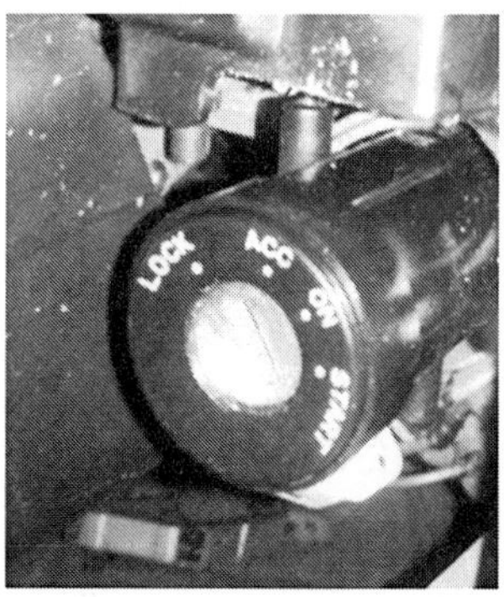

그림 12. 점화스위치

③ ON : 기관이 작동하기 전, 후에 모든 전기장치를 사용할 수 있는 위치이다.

④ START : 기관 시동을 거는 위치이다. 시동이 걸려서 손을 떼면 ON위치로 되돌아간다.

[2] 시동방법

① 주차브레이크를 당긴다.

② 변속기를 중립에 놓는다(자동변속기는 P 또는 N 위치로 한다).

③ 점화스위치를 START 위치로 하여 시동을 건다.

1.2.12. 시동전동기 고장원인 및 정비

[1] 시동전동기가 회전되지 않는다.

① 축전지 충전전압이 낮다 - 축전지 충전 또는 축전지 교환

② 축전지 케이블단자 느슨해짐 또는 부식 - 케이블 단자 조임 또는 교환

③ 자동변속기 인히비터 스위치 불량 - 인히비터 스위치 조정 또는 교환

④ 수동변속기 클러치 페달 스위치 불량 - 클러치 페달 스위치 교환

⑤ 퓨즈블 링크 불량 - 퓨즈블 링크 교환

⑥ 기관에서 차체로 연결된 접지선 접촉 불량 - 접지선 수리 또는 교환

⑦ 점화스위치 불량 - 점화스위치 교환

⑧ 시동전동기 불량 - 시동전동기 수리 또는 교환

⑨ 시동 릴레이 불량 - 시동 릴레이 교환

[2] 시동전동기 회전이 느리다.

① 축전지 전압이 낮다 - 축전지 충전 또는 교환

② 축전지 케이블의 조립 불량 - 케이블 조임 또는 교환

③ 시동전동기 불량 - 시동전동기 수리 또는 교환

[3] 시동전동기가 멈추지 않고 계속 회전한다.

① 시동전동기 불량 - 시동전동기 수리 또는 교환

② 점화스위치 불량 - 점화스위치 교환

[4] 시동전동기는 회전하나 기관이 회전하지 않는다.

① 배선의 단락 - 배선 수리 또는 교환

② 피니언이 부러졌거나 전동기의 결함 - 시동 전동기 교환

③ 링기어의 기어가 부러짐 - 플라이휠 링기어 또는 토크컨버터 교환

[5] 시동시 시동전동기에서 “딸깍” 하는 소리만 나고 크랭킹이 안 된다.

① 축전지 전압이 낮다 - 축전지 충전 또는 교환

② 시동에 연결된 B단자 헐거움 - B단자 조임

③ 기관에서 차체로 연결된 접지선 접촉 불량 - 접지선 수리 또는 교환

④ 점화스위치 ST단자와 시동모터 ST단자 간 배선불량 - 배선 수리 또는 교환

2 시동장치 정비

안전 및 준비사항

① 시동장치 정비 전 정비 지침서를 숙지하여 실습순서를 정하고 공구 및 실습기기와 재료 등을 충분히 준비한다.

② 실습장 및 주위를 깨끗이 정리정돈하고 유류 등의 인화성물질은 안전하게 별도로 보관하며 소화기를 비치하여 화재사고에 대비한다.

③ 시동장치 정비 시작 전 안전교육을 실시한다.

④ 복잡한 부분을 분해할 경우에는 조립작업을 쉽게 하기 위하여 기능상이나 외관상 악영향이 없는 부분에 각인(刻印) 또는 조립 표시등을 하여 둔다.

⑤ 부품을 분해하면서 조립되었던 상태·변형·오작동부분 및 손상 등을 점검한다.

⑥ 분해한 부품은 순서대로 잘 정리하여야 하며 또 교환하여야 하는 부품과 다시 사용할 부품을 구분하여 정리하고 다시 사용할 부품은 충분히 청소 및 세척을 한다.

⑦ 정비시 부품을 떨어지지 않도록 하며 작업장 바닥에 이물질이 있으면 즉시 닦아낸다.

⑧ 볼트 및 너트 체결시 적절한 공구를 사용하며, 정비지침서에 규정된 토크로 조인다.

⑨ 축전지단자 연결시 불꽃이 발생하지 않도록 한다.

⑩ 전류측정 시 단자방향에 주의한다.

⑪ 시동전동기 점검시 시험기가 손상되지 않도록 주의하고 시험기 리드선 극성을 정확히 연결한다.
⑫ 시동전동기 회전 시 접촉이 되지 않도록 주의한다.
⑬ 무부하 및 부하시험을 할 경우 모든 점검은 짧은 시간(15초)에 완료한다.
⑭ 시동전동기를 차량에서 탈・부착시 이물질이 눈에 들어가지 않도록 주의한다.
⑮ 실습 종료 후 실습장 주위의 정리정돈을 깨끗이 한다.

실습기기 및 재료

공구 및 측정기기		실습 재료	기 타
* 일반 공구세트 * 특수공구 * 작업등 * 에어공구 * 전동공구 * 토크렌치 * 납땜인두 * 비중계 * 전류계 * 전압계 * 그로울러 테스터 * 버니어캘리퍼스	* 회전계 * 오실로스코프 * 종합진단기 * 스프링 저울 * 곧은자 * 안전보호구(방독면, 방진마스크, 보안경, 보호 장갑, 방진 보호복, 작업복)	* 시동전동기 * 퓨즈 * 하니스(배선, 커넥터) * 축전지 * 시동릴레이 * 걸레 * 점화스위치 * 인히비터 스위치 * 브러시 * 브러시 스프링 * 샌드 페이퍼 * 가솔린 또는 디젤기관 차량	정비지침서

2.1. 시동전동기의 탈・부착

① 차량을 리프트에 진입시키고 후드를 열어 축전지 (-)케이블을 공구를 사용하여 탈거한다.

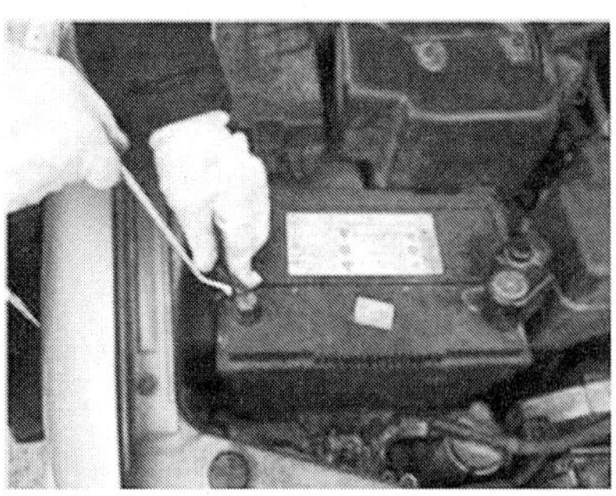

그림 13. (-)케이블 탈거

그림 14. B단자 탈거

② 축전지 본선과 연결된 시동전동기 B단자를 공구를 사용하여 탈거한다.
③ 시동전동기의 ST단자 커넥터를 탈거한다.

그림 15. ST단자 탈거

그림 16. 고정 볼트 탈거

④ 시동전동기 고정 볼트를 공구를 사용하여 탈거한다.
⑤ 신품의 시동전동기를 조립한다. 차종에 따라 체결볼트에 접지단자가 체결되는 경우가 있으므로 주의하며, 볼트는 2~3회 나누어 체결한다.
⑥ 시동전동기 B단자와 ST단자 커넥터를 연결한다. B단자 체결시 단자보호 및 전기적 손상을 방지하도록 단자보호 덮개는 반드시 씌운다.
⑦ 축전지 (-)케이블을 연결하고 기관 시동을 2~3회 연속적으로 걸어 정상 작동상태를 확인한다.

2.2. 시동전동기의 분해 · 조립

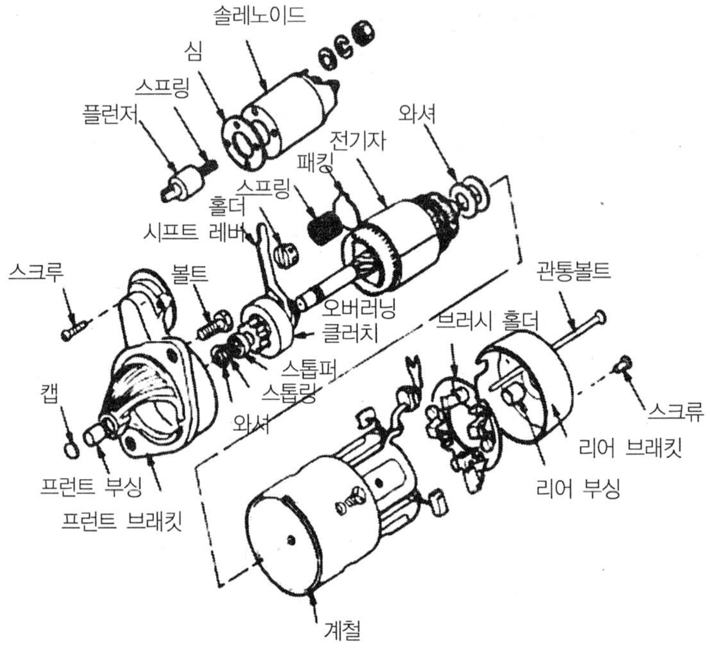

그림 17. 시동모터의 분해도

① 솔레노이드스위치 M단자(또는 F단자라고도 함)의 커넥터를 분리한 후, 고정 스크루를 풀고 솔레노이드스위치를 분리한다.

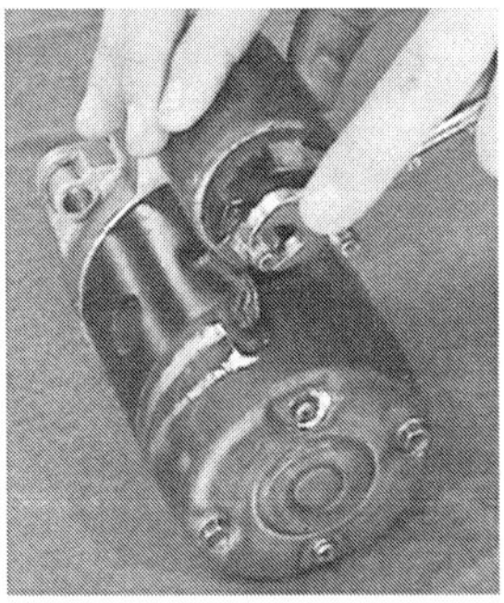

그림 18. M단자 분리

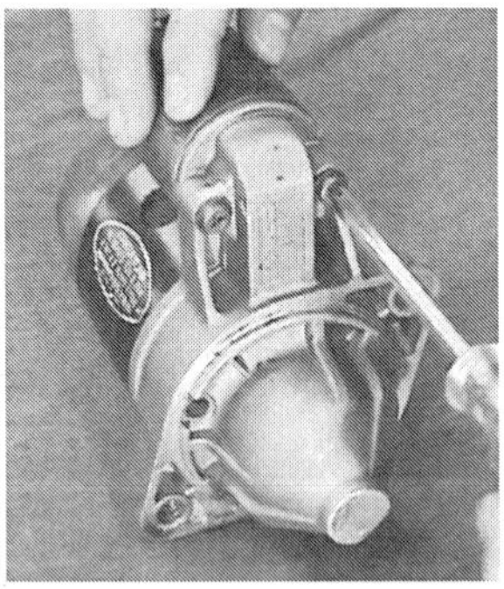

그림 19. 솔레노이드스위치 분리

② 관통볼트(2개)를 풀고 계철을 분리한다.

그림 20. 관통볼트 탈거

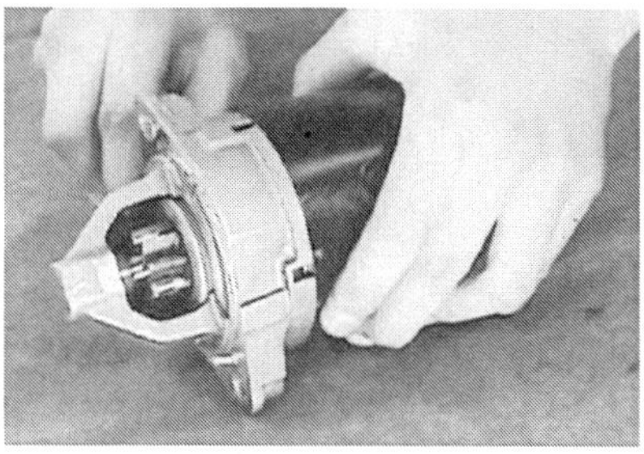

그림 21. 프런트 하우징 탈거

③ 시프트 레버와 전기자 어셈블리를 분리한다.

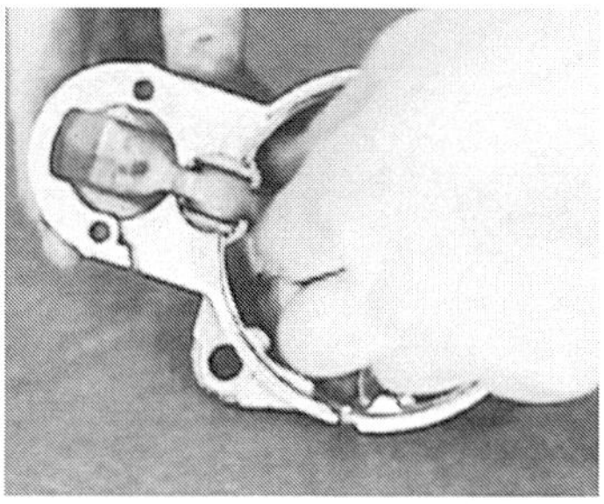

그림 22. 시프트 레버 탈거

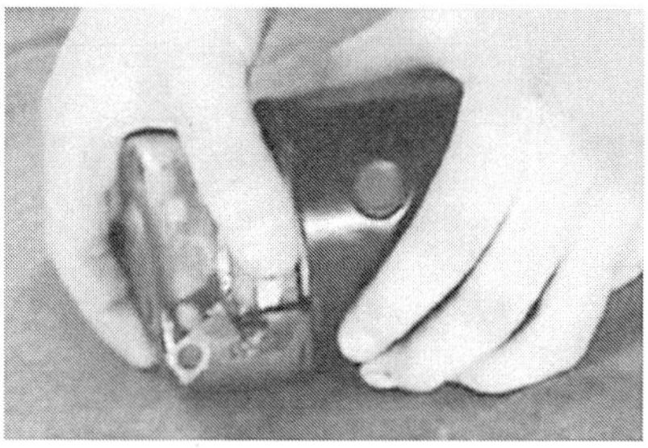

그림 23. 리어 브래킷 탈거

④ 계철 뒤쪽에서 접지 스크류를 풀고 리어 브래킷을 분리한다.

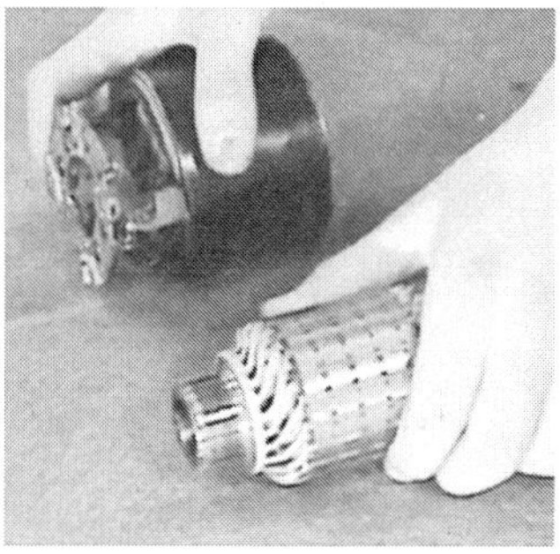

그림 24. 계철과 전기자 분리

그림 25. 브러시 탈거

⑤ 브러시 홀더에서 브러시를 분리한다.

⑥ 조립은 분해의 역순으로 작업한다.

2.3. 전기자 및 정류자 점검

2.3.1. 그로울러 시험기로 전기자 코일점검

전기자코일은 그로울러 시험기로 점검한다.

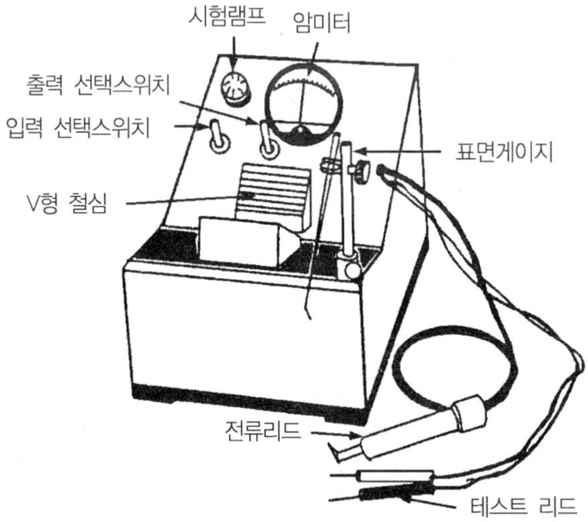

그림 26. 그로울러 시험기의 구조

[1] 전기자코일의 단선(개회로)시험

① 전원스위치를 OFF로 한 상태에서 그로울러 테스터의 V형 철심 위에 전기자를 올려 놓는다.

② 전원스위치를 ON으로 한 다음 출력 및 입력 선택스위치를 모두 H쪽으로 한다.

③ 테스터의 리드선을 서로 접속시켜 그로울러 테스터의 램프에 점등이 되는지 점검한다.

④ 테스터 리드선의 프로브를 정류자 편에 각각 접속하여 테스터의 램프에서 점등 여부를 점검한다.

⑤ 이때 테스터 램프가 점등되면 정상이고, 점등되지 않으면 단선된 상태이다.

[2] 전기자의 단락시험

① 그로울러 테스터의 V형 철심 위에 전기자를 올려놓는다.

② 전원 스위치를 ON으로 한 다음 출력 및 입력 선택 스위치를 모두 H쪽으로 한다.

③ 얇은 철판을 전기자 철심 위에 평행하게 댄 다음 전기자를 천천히 회전시키면서 철판이 흡입되거나 진동 여부를 점검한다.

④ 흡입 또는 진동이 없으면 정상이다.

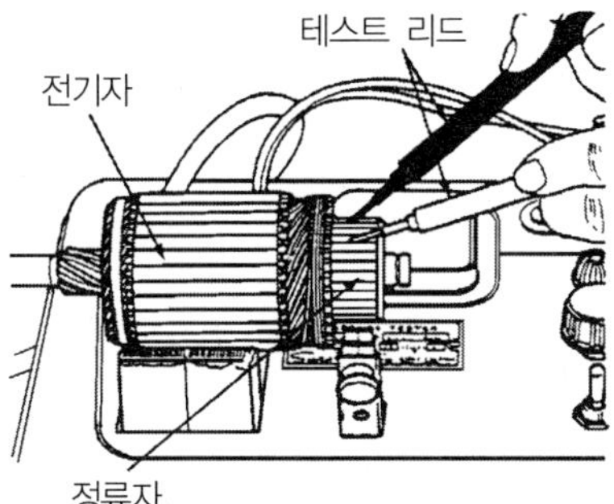

그림 27. 전기자코일 단선시험

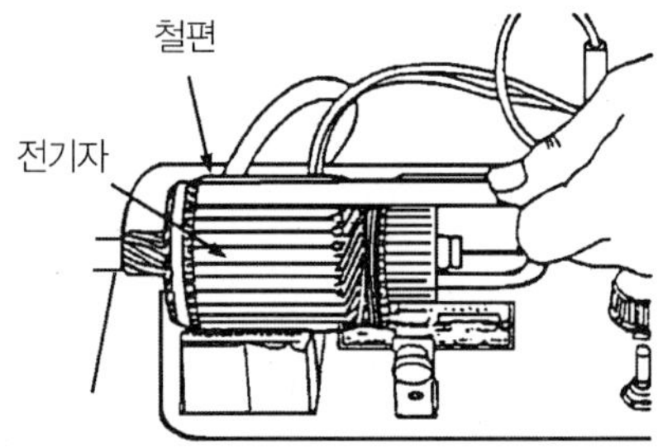

그림 28. 전기자 단락시험

[3] 전기자의 접지시험

① 그로울러 테스터의 V형 철심 위에 전기자를 올려놓는다.

② 전원 스위치를 ON으로 한 다음 출력 및 입력 선택 스위치를 모두 H쪽으로 한다.

③ 테스터의 리드선을 서로 접속시켜 그로울러 테스터의 램프에 점등이 되는지 점검한다.

④ 테스터 리드선의 프로브를 전기자 철심과 정류자 편에 접속하였을 때 테스터 램프에 점등이 되지 않으면 정상이다.

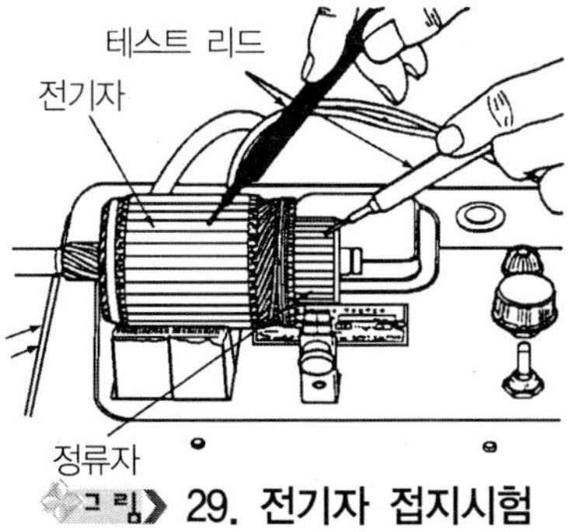

그림 29. 전기자 접지시험

2.3.2. 멀티테스터로 전기자, 정류자, 계철 점검

[1] 전기자 코일 단선시험(통전시험)

① 멀티테스터의 셀렉터를 저항 ×1Ω 레인지에 설정한다.

② 멀티테스터의 (+)단자를 전기자의 정류자 편에 연결한다.

③ 멀티테스터의 (-) 단자를 전기자 정류자 다른 편에 연결한다.

④ 눈금판에 나타나는 저항값을 기록한다.

⑤ 전기자를 회전(360° 회전)시키면서 각 정류자 편 사이의 저항을 측정한다.

⑥ 판정 : 0Ω 이 나오면 정상이다.

[2] 전기자 코일 접지시험

① 멀티테스터의 셀렉터를 저항 ×1Ω 레인지에 설정한다.

② 멀티테스터의 (+)단자를 전기자의 정류자 편에 연결한다.

③ 멀티테스터의 (-)단자를 전기자 몸체에 연결한다.

④ 눈금판에 나타나는 저항 값을 기록한다.

⑤ 전기자를 회전(360° 회전)시키면서 각 정류자 편과 전기자 몸체사이의 저항을 측정한다.

⑥ 판정 : ∞Ω 이 나오면 정상이다.

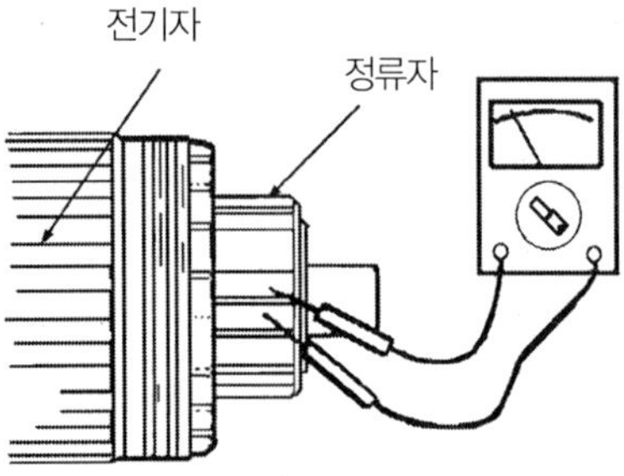

그림 30. 전기자 코일의 단선시험

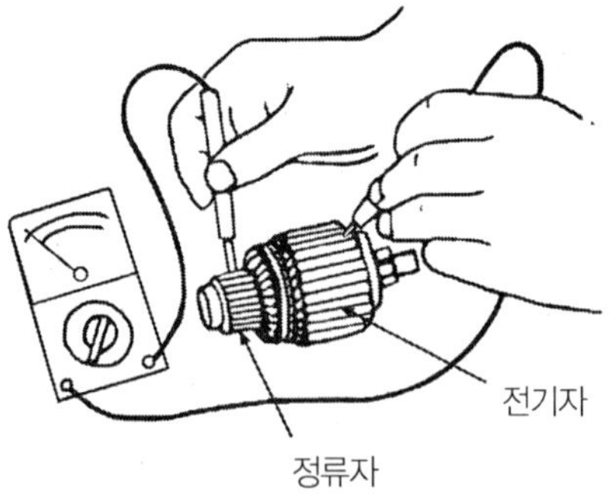

그림 31. 전기자 코일의 접지시험

[3] 정류자 세그먼트 홈 깊이(언더컷)

정류자 세그먼트 사이의 몰드 깊이가 한계 값 이하이면 교환한다.

① 표준 깊이 : 0.5~0.8mm

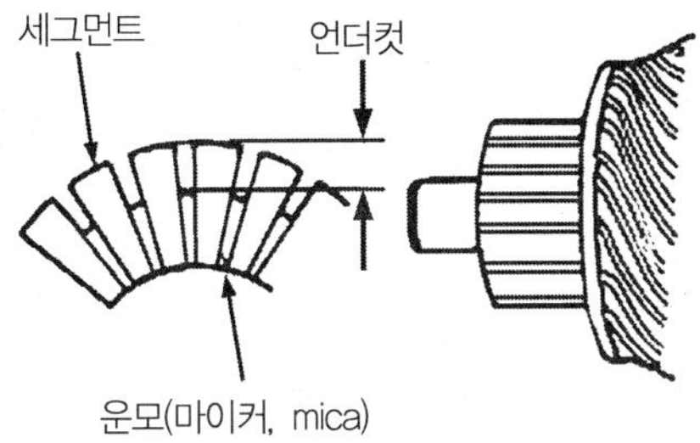

그림 32. 정류자 세그먼트 홈 깊이 점검

② 한계 값 : 0.2mm

[4] 계자코일 단선시험(도통시험)

① 멀티테스터의 셀렉터를 저항 ×1Ω 레인지에 설정한다.
② 멀티테스터의 (+)단자를 계자코일의 한 선에 연결한다.
③ 멀티테스터의 (-)단자를 계자코일의 다른 선에 연결한다.
④ 눈금판에 나타나는 저항 값을 기록한다.
⑤ 계자코일의 각 선 사이의 저항을 돌아가면서 측정한다.
⑥ 판정 : 0Ω 이 나오면 정상이다.

[5] 계자코일 접지시험

① 멀티테스터의 셀렉터를 저항 ×1Ω 레인지에 설정한다.
② 멀티테스터의 (+)단자를 계자코일의 한 선에 연결한다.

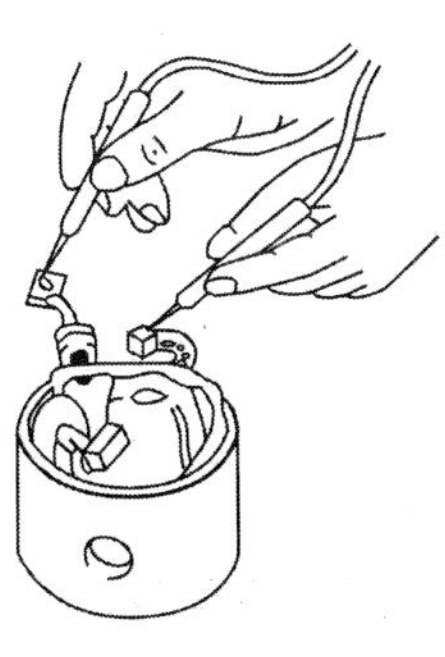

그림 33. 계자코일 단선시험

그림 34. 계자코일 접지시험

③ 멀티테스터의 (−)단자를 계자코일의 몸체에 연결한다.

④ 눈금판에 나타나는 저항값을 기록한다.

⑤ 계자코일의 각 선과 몸체 사이의 저항을 돌아가면서 측정한다.

⑥ 판정 : ∞Ω (무한대)이 나오면 정상이다.

2.4. 브러시점검 및 교환

2.4.1. 브러시 길이 점검

브러시 길이는 버니어캘리퍼스나 곧은 자를 이용하여 측정하며 표준 길이의 1/3 이상 마멸된 경우에는 교환한다.

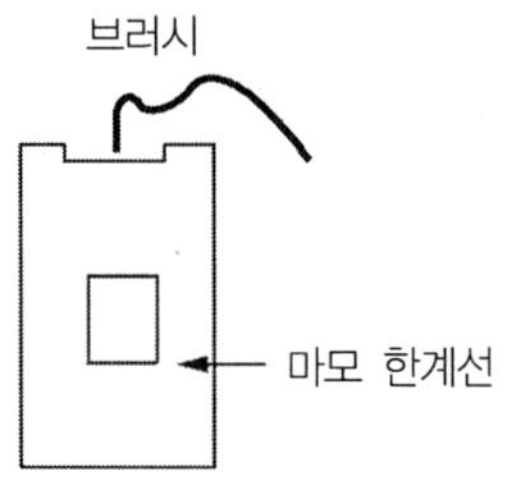

그림 35. 브러시 마모 한계선

2.4.2. 브러시와 브러시 홀더 점검

멀티테스터로 (+)측 브러시와 브러시 홀더사이의 통전을 점검하여 도통되면 홀더 어셈블리를 교환한다.

2.4.3. 브러시 스프링장력 점검

① 스프링 저울을 준비한다.

② 스프링 저울의 훅을 브러시 스프링에 건다.

③ 브러시 스프링의 중심부분을 고정시킨다.

④ 스프링 저울을 위로 잡아당긴다.

⑤ 브러시 스프링이 움직이는 시점에서의 값을 기록한다.

⑥ 판정 : 스프링 장력은 0.5~1.0kgf/cm^2 정도이며, 규정 장력의 60~70% 정도이면 정상이다.

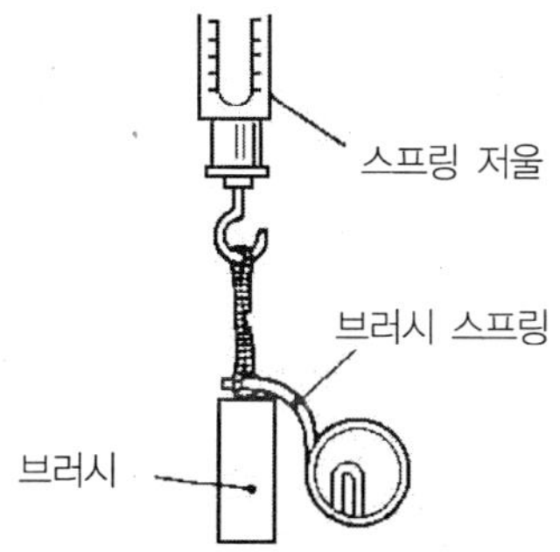

그림 36. 브러시 스프링장력 점검

2.4.4. 브러시 교환방법

① 계자코일 브러시를 교환할 경우에는 피그테일(pig tail)이 손상되지 않도록 마멸된 브러시를 빼낸다.

② 납땜이 잘되도록 피그테일 끝을 샌드페이퍼로 가공한다.

③ 피그 테일 끝을 납땜한다.

④ 접지 브러시를 교환할 경우에는 리테이너링 스프링 뒤를 지지하고 있는 브러시를 밀어서 빼낸다.

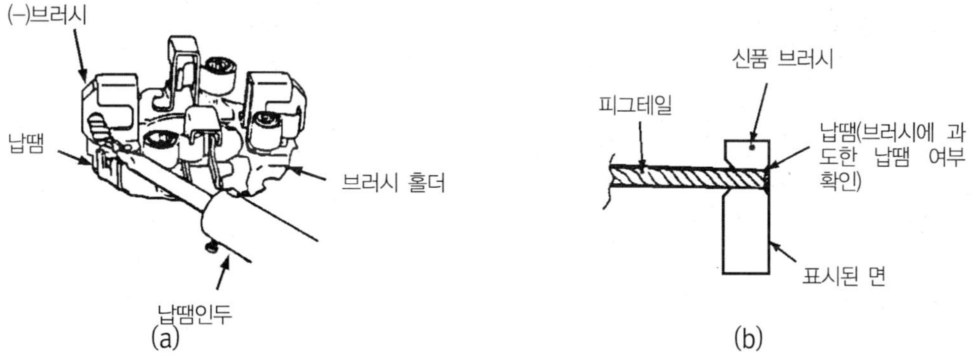

그림 37. 브러시 교환방법

2.5. 솔레노이드스위치 점검

2.5.1. 멀티테스터로 점검

[1] 풀인 코일 점검

① 멀티테스터의 셀렉터를 저항 ×1Ω 레인지에 설정한다.

② 멀티테스터의 (+)단자를 솔레노이드 스위치 ST단자에 연결한다.

③ 멀티테스터의 (-)단자를 솔레노이드 스위치의 M단자에 연결한다.

④ 눈금판에 나타나는 저항 값을 측정한다.

⑤ 판정 : 5Ω 이하가 나오면 정상이다.

[2] 홀드인 코일 점검

① 멀티테스터의 셀렉터를 저항 ×1Ω 레인지에 설정한다.

② 멀티테스터의 (+)단자를 솔레노이드 스위치의 ST단자에 연결한다.

③ 멀티테스터의 (-)단자를 솔레노이드 스위치의 몸체에 연결한다.

④ 눈금판에 나타난 저항 값을 기록한다.

⑤ 판정 : 3Ω 이하가 나오면 정상이다.

그림 38. 풀인코일 저항시험

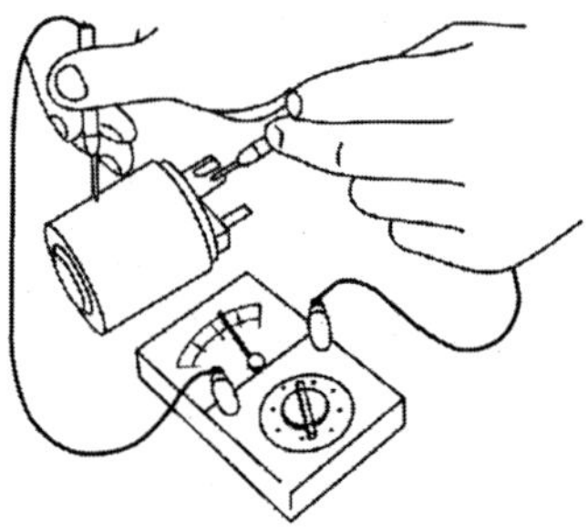

그림 39. 홀드인 코일시험

[3] 솔레노이드스위치 단락시험

① 멀티테스터의 셀렉터를 저항 ×1Ω 레인지에 설정한다.

② 멀티테스터의 (+)단자를 M단자에 연결한다.

③ 멀티테스터의 (-)단자를 B단자에 연결하여 도통시험을 한다.

④ 판정 : 도통되면 불량이다.

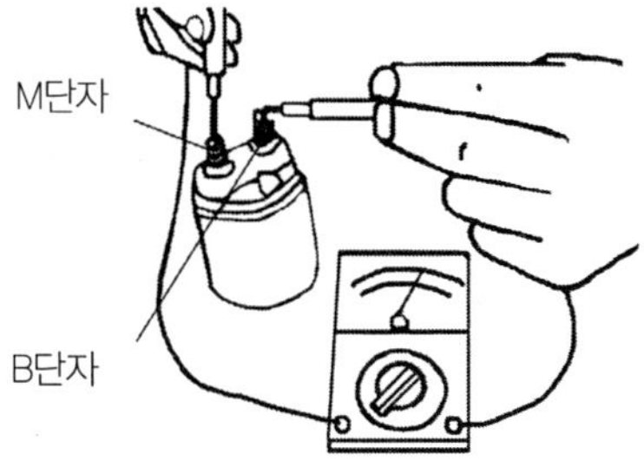

그림 40. B-M단자 단락시험

2.5.2. 솔레노이드스위치의 작동점검

[1] 풀인시험(pull - in test)

① 솔레노이드스위치 M단자에서 배선을 분리한다.

② 솔레노이드스위치 ST단자와 M단자사이에 12V 축전지를 연결한다. 이때 시험은 10초 이내로 하여야 한다.

③ 피니언이 밖으로 움직이면 풀인 코일은 양호한 것이며 움직이지 않으면 솔레노이드 스위치를 교환한다.

[2] 홀드인시험(hold - in test)

① 솔레노이드스위치 M단자에서 커넥터 배선을 분리한다.

② 솔레노이드스위치 ST단자에 (+)를 M단자와 보디에 (-)를 접속한다. 그 후에 피니언이 전진한 상태에서 M단자를 떼어냈을 때 피니언이 바깥쪽에 유지되면 정상이다. 이때 시험은 10초 이내로 실시한다.

③ 피니언이 안쪽으로 이동을 하면 회로가 개방된 것이다. 이때는 솔레노이드 스위치를 교환한다.

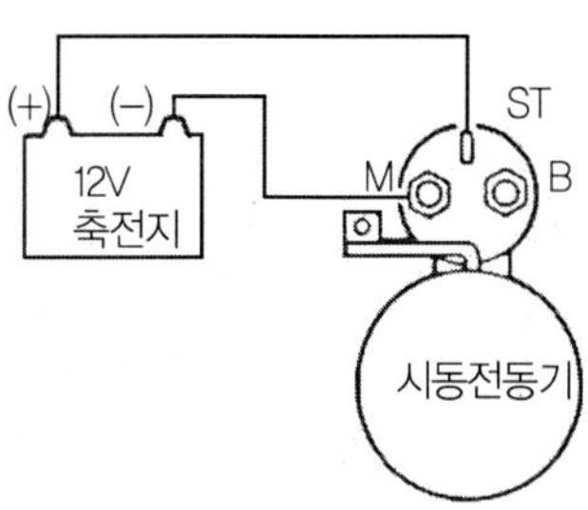

그림 41. 풀인시험

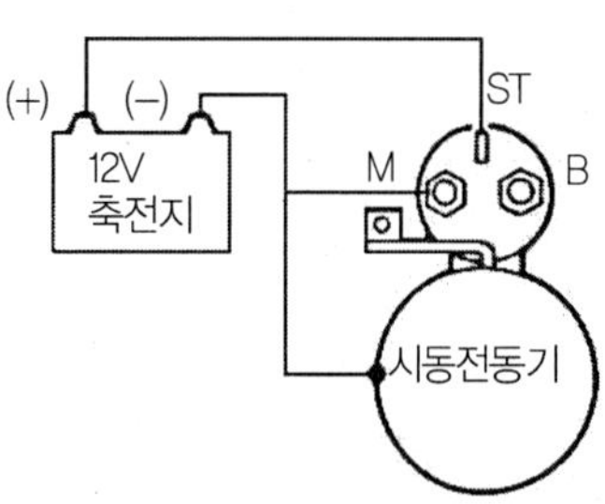

그림 42. 홀드인시험

[3] 솔레노이드스위치 복원시험

① 솔레노이드스위치 M단자에서 커넥터 배선을 분리한다.

② 솔레노이드스위치 ST단자와 보디 사이에 12V 축전지 전압을 연결한다. 이때 시험은 10초 이내로 실시하여야 한다.

③ 피니언을 밖으로 당겼다가 놓았을 때 피니언이 원위치로 빨리 복원하면 정상이며, 그렇지 못한 경우에는 솔레노이드 스위치를 교환하여야 한다.

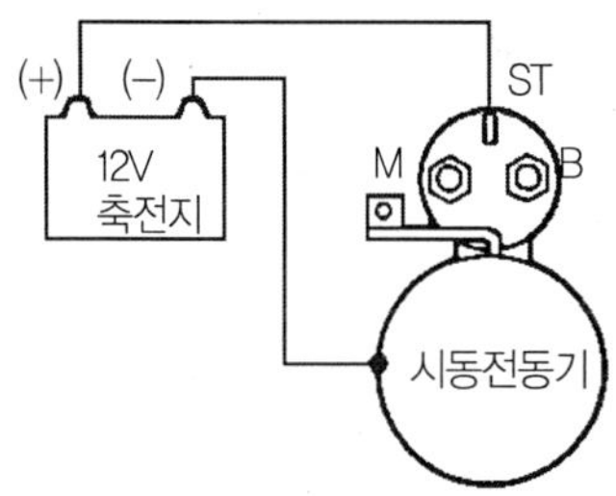

그림 43. 솔레노이드스위치 복원시험

2.6. 시동전동기의 작동시험

2.6.1. 시동전동기 무부하 시험

[1] 시동전동기의 전압시험

① 시동전동기의 B 단자를 축전지 (+)단자에 연결한다.

② 시동전동기 몸체를 축전지 (−)단자에 연결한다.

③ 멀티테스터의 셀렉터를 DC 50V 레인지에 설정한다.

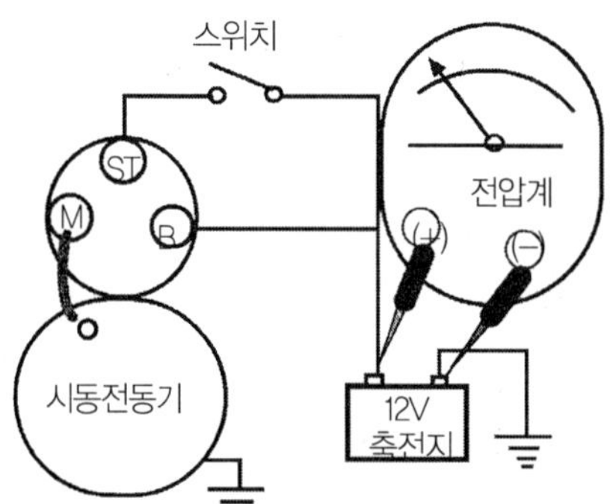

그림 44. 시동전동기 무부하 전압시험

④ 시동전동기를 작동시키기 전에 축전지 전압을 측정한다.
⑤ 멀티테스터의 (+), (-)측정 프로브를 축전지의 (+), (-)단자에 연결한다.
⑥ 시동전동기의 ST단자와 B단자사이의 스위치를 연결한다(시동전동기 구동).
⑦ 시동전동기가 작동하는 동안 멀티테스터에 나타나는 안정된 전압을 측정한다.
⑧ 시동전동기 작동시간은 10초 이하로 할 것
⑨ 크랭킹 전압이 낮은 경우 배선 접촉 불량, 축전지 성능저하, 시동전동기 불량 등을 점검한다.

[2] 시동전동기 무부하 전류시험

① 시동전동기 무부하 전류시험을 할 때 흐르는 전류는 50A 이상이다. 따라서 무부하 상태에서 전류를 측정하기 위해서는 클램프 형식의 전류계를 사용한다.
② 회로의 구성은 전압시험과 같다.
③ 전류계의 측정범위를 100A 영역에 두고, 영점 조정을 한 후 전류 흐름방향과 일치되도록 멀티테스터의 클램프를 축전지 (+)출력단자 선에 설치한다.
④ 점화스위치를 작동시키고, 그때의 전류 값을 기록한다.
⑤ 전류 값이 규정 값보다 너무 높으면, 시동전동기의 잦은 사용에 의한 코일의 노후로 인한 내부저항이 증가된 결과이다(불량).

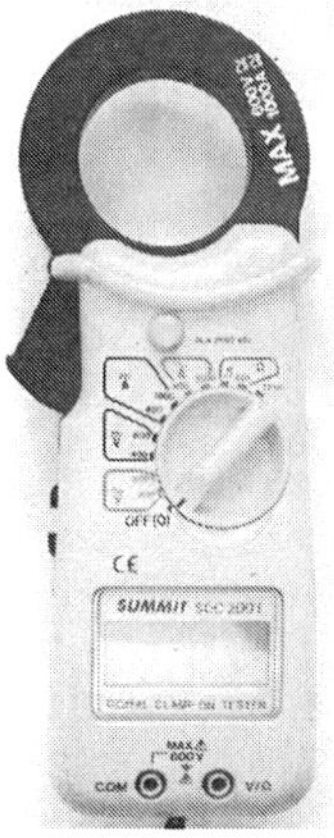

그림 45. 클램프형식 시험기

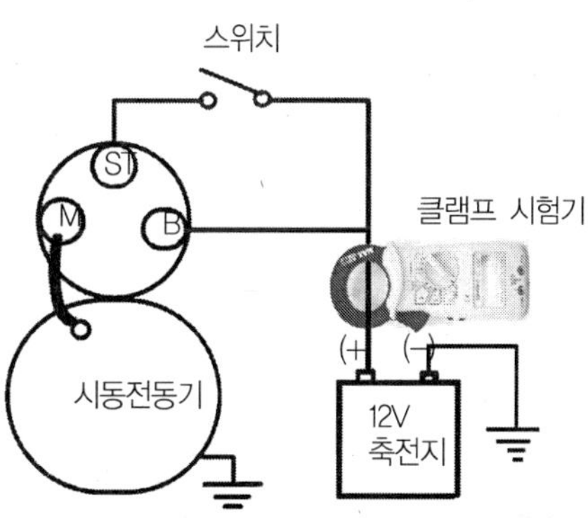

그림 46. 시동전동기의 무부하 전류시험

2.6.2. 시동전동기의 부하시험

[1] 시동모터 크랭킹 전압 강하시험

(1) 시험(측정)방법

① 기관이 시동되지 않도록 점화 1차회로(점화코일, 파워 TR, 배전기 CAS, #1 TDC센서) 커넥터를 탈거한다.

② 연료가 분사되지 않도록 인젝터 커넥터 또는 ECU 퓨즈를 탈거한다.

③ 축전지와 시동전동기의 배선 접속이 확실한가를 점검한다.

④ 축전지가 완전 충전되었는지 점검한다.

⑤ 멀티테스터의 셀렉터를 DC V에 선정한 후 적색 리드선은 시동전동기 B단자 또는 축전지 (+)단자에, 흑색 리드선은 기관 본체 또는 축전지 (-)단자에 접지 시킨다.

⑥ 크랭킹하면서 전압계에 나타난 값을 점검한다. 크랭킹시간은 10초 이상을 넘지 않도록 한다.

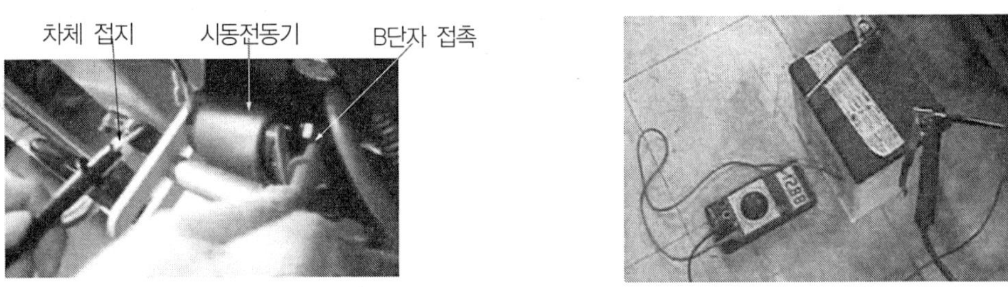

(a) 시동전동기에서 측정 (b) 축전지에서 측정

그림》 47. 테스터 설치

그림》 48. 전압강하 측정

(2) 결과 판정

결과 판정	불량시 예상되는 증상
크랭킹 전압이 낮은 경우	·배선접촉 불량 ·축전지 성능 저하 ·시동전동기 불량

[2] 시동전동기의 전류 소모시험

(1) 측정방법

① 기관이 시동되지 않도록 점화 1차회로(점화코일, 파워 TR, 배전기 CAS, #1 TDC센서) 커넥터를 탈거한다.

② 연료가 분사되지 않도록 인젝터 커넥터 또는 ECU 퓨즈를 탈거한다.

③ 축전지와 시동전동기의 배선접속이 확실한가를 점검한다.

④ 축전지가 완전충전되었는지 점검한다.

⑤ 테스터의 스위치를 교류 400A에 선정한다.

⑥ REL을 눌러 0점 조정(0점 조정기 있는 타입은 0점 조정기로 0점 조정)한다.

⑦ 클램프(훅) 미터를 시동전동기 B단자로 들어가는 축전지선(굵은 붉은선으로 시동 전동기 B단자에 가깝게)에 걸은 다음(클램프의 화살표방향이 전류의 흐르는 방향이 되도록) 크랭킹하면서 소모전류를 점검한다.

⑧ 크랭킹 시간은 10초 이상을 넘지 않도록 한다.

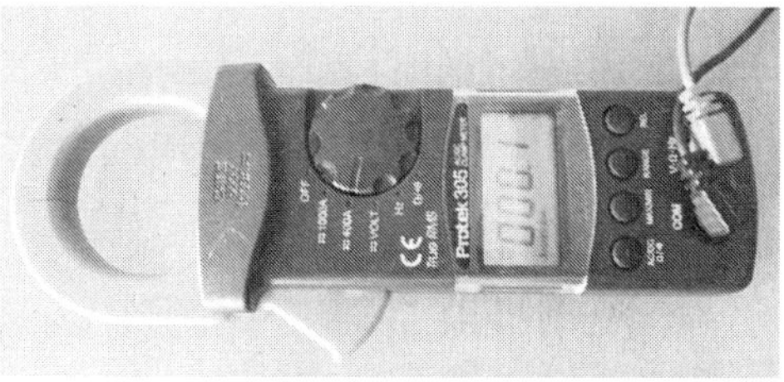

그림 49. 클램프(훅)미터

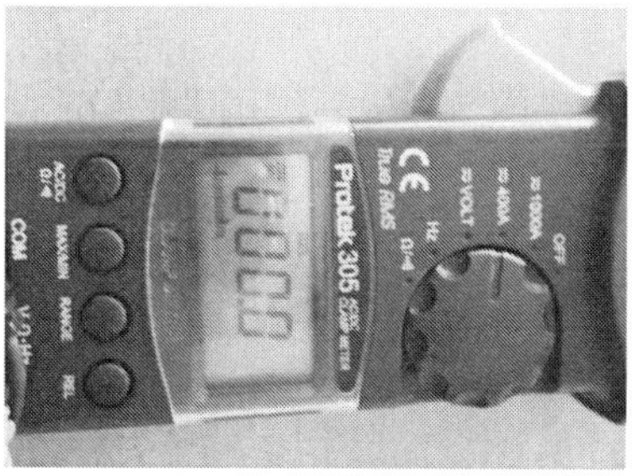

그림 50. 스위치 400A선정 및 0점 조정

(a) 클램프를 벌린다.

(b) 클램프 설치

그림 51. 클램프 설치

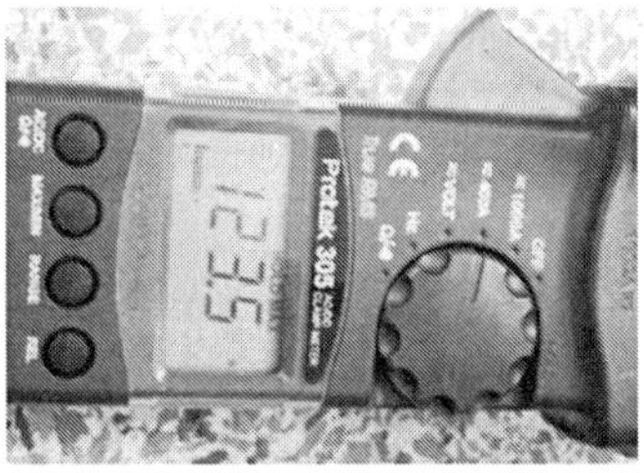

그림 52. 측정값 판독

(2) 결과 판정

결과 판정	예상되는 증상
높은 전류 지시	·브러시와 정류자 또는 납땜부분의 접촉 불량 ·회로의 개방 ·전기자 코일 단락, 접지불량, 계자코일 접지 불량, 브러시 마모

[시동전동기의 특성]

시험 특성	시험 항목	규정값	비 고
무부하 특성	전압(V)	축전지 전압의 10% 이상	12V-50AH 축전지 : 10.8V 이상
	전류(A)	축전지 용량의 10% 이하	12V-50AH 축전지 : 45~55A 이하
부하 특성	전압(V)	축전지 전압의 20% 이상	12V-50AH 축전지 : 9.6V 이상
	전류(A)	축전지 용량의 3배 이하	12V-50AH 축전지 : 150A 이하

2.7. 점화 로크스위치 점검

점화 로크스위치란 기관을 시동할 때 운전자의 부주의에 의해 발생하는 사고를 방지 위해 클러치 페달을 밟아야만 시동이 걸리도록 한 장치이다. 점검방법은 다음과 같다.

① 스위치가 “ON” 되었을 때(클러치 페달을 밟았을 때) 단자사이가 도통되면 정상이다.

② 스위치가 “OFF” 되었을 때 단자사이가 도통되면 불량이다.

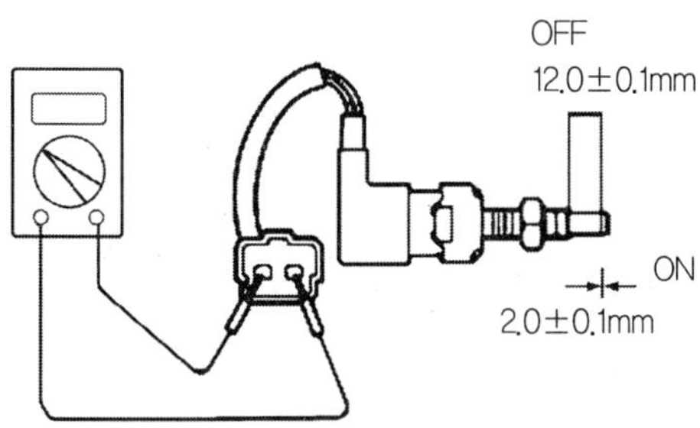

그림 53. 점화 로크 스위치

2.8. 이모빌라이저 키 입력방법

차종 선택		20/83
01. 아토스	11. 스쿠프	
02. 뉴-클릭	12. 라비타	
03 클릭	13. i30(GD)	
04. 베르나(MC)	14. i30(FD)	
05. 뉴 베르나	15. i40(VF)	16~
06. 베르나	16. i40(VF)	
07. 벨로스터	17. 아반떼쿠페(JK)	
08. 엑센트(RB)	18. 아반떼(MD)	
09. 엑센트	19. 아반떼(HD HEV)	
10. 엑셀	20. 아반떼(HD)	

그림 54. 차종 선택

제어장치 선택	11/11
차종 : 아반떼(HD)	
04. 제동제어	
05. 에어백	
06. 오토에어콘	
07. 파워스티어링	
08. 바디컨트롤모듈(BCM)	
09. 트랜스미터코드등록	
10. 스마트키(버튼시동)	
11. 이모빌라이져	

그림 55. 이모빌라이져 선택

진단기능 선택 3/5

차 종 : 아반떼(HD)
제어장치 : 이모빌라이져
사 양 : 가솔린

01. 키등록정보
02. 패스워드 등록/변경
03. 키등록
04. EMS 초기화
05. 림폼 모드

그림 56. 키 등록 선택

사양 선택

차 종 : 아반떼(HD)
제어장치 : 이모빌라이져
상 태 : LEARNT

6자리 핀 코드를 입력하신 후,
[ENTER]키를 누르십시오.

CODE | 1 | 2 | 3 | 4 | 5 | 6 |

그림 57. 핀코드 입력

사양 선택

차 종 : 아반떼(HD)
제어장치 : 이모빌라이져
상 태 : LEARNT

첫 번째 키를 등록합니다.
등록하시겠습니까? [ENT/ESC]

CODE | 1 | 2 | 3 | 4 | 5 | 6 |

그림 58. 키 등록

사양 선택

차 종 : 아반떼(HD)
제어장치 : 이모빌라이져
상 태 : LEARNT

두번째 키를 등록합니다.
등록하시겠습니까? [ENT/ESC]

CODE | 1 | 2 | 3 | 4 | 5 | 6 |

그림 59. 키를 한 개 이상 등록시

3 시동장치의 점검 및 수리방법

3.1. 단품점검

[1] 주어진 시동전동기를 분해하고 부품 명칭 및 부품 상태를 기록하고 조립하시오.

부품 명칭	부품 상태	지도교수 확인

[2] 전기자 및 솔레노이드를 측정하고 판정 및 정비(또는 조치)사항을 기록하시오.

<table>
<tr><td colspan="3">자동차 번호 :</td><td>비번호</td><td></td><td>지도교수
확　　인</td><td></td></tr>
<tr><td colspan="2" rowspan="2">측정 항목</td><td rowspan="2">① 측정(또는 점검)상태</td><td colspan="3">② 판정 및 정비(또는 조치)사항</td><td rowspan="2">득점</td></tr>
<tr><td>판 정(□에 “✔” 표)</td><td colspan="2">정비 및 조치할 사항</td></tr>
<tr><td colspan="2">전기자코일(단선, 단락, 접지)</td><td>□ 양호
□ 불량</td><td rowspan="3">□ 양호
□ 불량</td><td colspan="2" rowspan="3"></td><td rowspan="3"></td></tr>
<tr><td rowspan="2">솔레
노이드</td><td>풀인</td><td>□ 양호
□ 불량</td></tr>
<tr><td>홀드인</td><td>□ 양호
□ 불량</td></tr>
</table>

[3] 계자코일 및 브러시를 측정하고 판정 및 정비(또는 조치)사항을 기록하시오.

자동차 번호 :			비번호		지도교수 확 인
측정 항목	① 측정(또는 점검)상태		② 판정 및 정비(또는 조치)사항		득 점
	측정값	규정값	판정(□에 "✔" 표)	정비 및 조치할 사항	
계자코일 단선			□ 양호 □ 불량		
계자코일 접지					
브러시 길이					
브러시 장력					

[4] 브러시를 탈거한 후 신품으로 교환하시오.

[5] 시동전동기 무부하 시험을 하여 전류소모 및 전압강하를 측정하고 판정 및 정비(또는 조치)사항을 기록하시오.

자동차 번호 :			비번호		지도교수 확 인
측정 항목	① 측정(또는 점검)		② 판정 및 정비(또는 조치)사항		득 점
	측정값	규정(정비한계)값	판정(□에 "✔" 표)	정비 및 조치할 사항	
전압강하			□ 양호 □ 불량		
소모전류					

[6] 시동전동기 크랭킹시 전류소모 및 전압강하를 측정하고 판정 및 정비(또는 조치)사항을 기록하시오.

자동차 번호 :			비번호		지도교수 확 인
측정 항목	① 측정(또는 점검)		② 판정 및 정비(또는 조치)사항		득 점
	측정값	규정(정비한계)값	판정(□에 "✔" 표)	정비 및 조치할 사항	
전압강하			□ 양호 □ 불량		
소모전류					

[7] 점화 로크스위치를 측정하고 판정 및 정비(또는 조치)사항을 기록하시오.

자동차 번호 :			비번호		지도교수 확 인
측정 항목	① 측정(또는 점검)		② 판정 및 정비(또는 조치)사항		득 점
	측정값		판정(□에 "✔" 표)	정비 및 조치할 사항	
점화로크 스위치	ON	□ 도통 □ 비도통	□ 양호 □ 불량		
	OFF	□ 도통 □ 비도통			

[8] 이모빌라이저 키를 교환하고 입력하시오.

3.2. 고장증상 점검 및 수리방법

[1] 축전지 상태는 정상이나 크랭킹이 되지 않는다.

(1) 위 사항과 같은 고장증상이 발생되면 고장증상을 확인하고 고장증상에 대한 확인방법을 작성하시오.

고장증상	고장증상 확인방법	확 인

(2) 고장 부위 고장원인 및 점검방법을 작성하시오.

고장 부위	고장 원인	점검방법	확 인

(3) 고장부분을 정비지침서 또는 관련 자료를 참고하여 수리하고 수리방법과 수리절차를 작성하시오.

수리방법	수리절차	확 인

[2] 크랭킹시 크랭킹 속도가 느리다.

(1) 위 사항과 같은 고장증상이 발생되면 고장증상을 확인하고 고장증상에 대한 확인방법을 작성하시오.

고장증상	고장증상 확인방법	확 인

(2) 고장부위 고장원인 및 점검방법을 작성하시오.

고장부위	고장원인	점검방법	확 인

(3) 고장부분을 정비지침서 또는 관련 자료를 참고하여 수리하고 수리방법과 수리절차를 작성하시오.

수리방법	수리절차	확 인

[3] 시동전동기는 회전을 하는데 기관은 크랭킹을 하지 않는다.

(1) 위 사항과 같은 고장증상이 발생되면 고장증상을 확인하고 고장증상에 대한 확인방법을 작성하시오.

고장증상	고장증상 확인방법	확 인

(2) 고장부위 고장원인 및 점검방법을 작성하시오.

고장부위	고장원인	점검방법	확 인

(3) 고장부분을 정비지침서 또는 관련 자료를 참고하여 수리하고 수리방법과 수리절차를 작성하시오.

수리방법	수리절차	확 인

[4] 점화스위치가 ON에 있어도 시동전동기가 계속 회전한다.

(1) 위 사항과 같은 고장증상이 발생되면 고장증상을 확인하고 고장증상에 대한 확인방법을 작성하시오.

고장증상	고장증상 확인방법	확 인

(2) 고장부위 고장원인 및 점검방법을 작성하시오.

고장부위	고장원인	점검방법	확 인

(3) 고장부분을 정비지침서 또는 관련 자료를 참고하여 수리하고 수리방법과 수리절차를 작성하시오.

수리방법	수리절차	확 인

[5] 점화스위치가 ST에 있어도 "딸깍" 소리만 나고 크랭킹이 안된다.

(1) 위 사항과 같은 고장증상이 발생되면 고장증상을 확인하고 고장증상에 대한 확인방법을 작성하시오.

고장증상	고장증상 확인방법	확 인

(2) 고장부위 고장원인 및 점검방법을 작성하시오.

고장부위	고장원인	점검방법	확 인

(3) 고장부분을 정비지침서 또는 관련 자료를 참고하여 수리하고 수리방법과 수리절차를 작성하시오.

수리방법	수리절차	확 인

[6] 크랭킹할 때 “끼리릭” 소리만 나고 크랭킹이 안된다.

(1) 위 사항과 같은 고장증상이 발생되면 고장증상을 확인하고 고장증상에 대한 확인방법을 작성하시오.

고장증상	고장증상 확인방법	확 인

(2) 고장부위 고장원인 및 점검방법을 작성하시오.

고장부위	고장원인	점검방법	확 인

(3) 고장부분을 정비지침서 또는 관련 자료를 참고하여 수리하고 수리방법과 수리절차를 작성하시오.

수리방법	수리절차	확 인

시동장치 정비 자기진단 [1506030102_14v2]

진단영역	진 단 문 항	매우 미흡	미흡	보통	우수	매우 우수
시동장치 점검 · 진단하기	1. 나는 정비지침서에 따라 시동장치의 작동상태를 파악할 수 있다.	①	②	③	④	⑤
	2. 나는 정비지침서에 따라 시동장치를 점검할 수 있다.	①	②	③	④	⑤
	3. 나는 정비지침서에 따라 시동장치의 세부점검목록을 확인하여 고장원인을 파악할 수 있다.	①	②	③	④	⑤
	4. 나는 시동장치에 대한 지식을 바탕으로 진단장비를 사용하여 고장원인을 분석할 수 있다.	①	②	③	④	⑤
시동장치 교환하기	1. 나는 시동장치 관련 부품들의 점검진단결과에 따라 부품 교환 여부를 판단할 수 있다.	①	②	③	④	⑤
	2. 나는 정비지침서에 따라 탈거조립절차 계획을 수립하여 제조사의 장비 · 공구를 준비할 수 있다.	①	②	③	④	⑤
	3. 나는 정비지침서에 따라 시동장치를 교환할 수 있다.	①	②	③	④	⑤
시동장치 수리하기	1. 나는 시동장치 회로도에 따라 전기의 흐름을 파악하여 수리할 수 있다.	①	②	③	④	⑤
	2. 나는 정비지침서에 따라 교환 · 수리가능여부를 판단하여 수리부품을 확인할 수 있다.	①	②	③	④	⑤
	3. 나는 시동장치 진단결과에 따라 시동장치를 수리할 수 있다.	①	②	③	④	⑤
시동장치 검사하기	1. 나는 정비지침서에 따라 시동장치를 검사하고 양 · 부 판단을 할 수 있다.	①	②	③	④	⑤
	2. 나는 정비지침서에 따라 자동차를 시운전하고 시동장치를 재점검하여 정비결과를 확인할 수 있다.	①	②	③	④	⑤
	3. 나는 정비지침서에 따라 수리 후 시동장치의 작동상태와 성능검사를 절차대로 검사할 수 있다.	①	②	③	④	⑤

[진단결과]

진단영역	문항 수	점 수	점수 ÷ 문항 수
시동장치 점검 · 진단하기	4		
시동장치 교환하기	3		
시동장치 수리하기	3		
시동장치 검사하기	3		
합 계	13		

☞ 자신의 점수를 문항 수로 나눈 값이 '3점' 이하에 해당하는 영역은 업무를 성공적으로 수행하는데 요구는 능력이 부족한 것으로 교육훈련이나 개인학습을 통한 개발이 필요함.

실험실습 보고서

<table>
<tr><td colspan="4">실험실습일지</td></tr>
<tr><td>과 목 명</td><td></td><td>학년- 반</td><td>-</td></tr>
<tr><td>학 번</td><td></td><td>성 명</td><td></td></tr>
<tr><td>실험실습
주 제</td><td colspan="3"></td></tr>
<tr><td colspan="4"></td></tr>
<tr><td>비 고</td><td colspan="3"></td></tr>
</table>

03 CHAPTER 냉·난방장치 정비

Automotive Electric · Electron Exercise

학습목표

냉·난방장치 정비란 모든 기후와 주행조건에서 최적의 실내적정온도를 유지하기 위하여 냉·난방장치의 각 센서와 액추에이터의 작동상태 및 흡입 및 토출압력을 측정하여 이상 유·무를 정확하게 파악하고 냉·난방장치를 수리, 조정, 교환하는 능력이다.

1. 냉·난방장치의 구조와 작동원리 및 냉매에 대한 화학적 성질을 이해할 수 있다.
2. 정비지침서에 따라 냉·난방장치를 파악하고 관련 장치의 작동상태를 확인할 수 있다.
3. 정비지침서에 따라 냉·난방장치의 고장원인을 분석할 수 있다.
4. 제조사별 냉·난방장치 종류에 따라 규정값을 기준으로 점검·진단을 할 수 있다.
5. 정비지침서에 따라 냉·난방장치의 세부점검목록을 확인하여 고장원인을 파악할 수 있다.
6. 정비지침서에 따라 고장 진단장비를 사용하여 냉·난방장치의 고장원인을 분석할 수 있다.
7. 냉·난방장치 관련 부품의 조정을 위해 관련 장비 및 공구를 선택 및 사용할 수 있다.
8. 정비지침서에 따른 교환·수리 가능여부를 확인하고 교환 및 수리 후 정상상태를 확인할 수 있다.
9. 에어컨의 냉매압력을 측정하고 교환할 수 있다.
10. 냉·난방장치의 냉각수 및 냉매유출을 검사할 수 있다.
11. 센서 입·출력 데이터를 통한 고장진단을 할 수 있다.
12. 정비지침서에 따른 관련부품을 차량에서 탈·부착 및 분해·조립순서에 맞게 교환할 수 있다.
13. 정비지침서에 따라 냉·난방장치의 전기흐름을 파악하여 수리할 수 있다.

1 냉·난방장치의 개요

자동차 공기조화에는 온도, 습도 및 풍속을 쾌적 감각의 3요소라고 하며, 이 3요소를 제어하여 안전하고 쾌적한 자동차 운전을 확보하기 위해 설치한 장치를 냉·난방장치라고 한다.

1.1. 난방장치(heating system)

자동차에서 사용하는 난방장치는 실내를 따뜻하게 하고 동시에 앞면 창유리가 흐려지는 것을 방지하는 장치(디프로스터 : defroster)도 겸하게 되어 있다. 난방장치는 주로 온수(溫水)난방을 사용하며 자동차의 특성과 필요에 따라 연소식 히터나 보조 히터를 사용하고 있다.

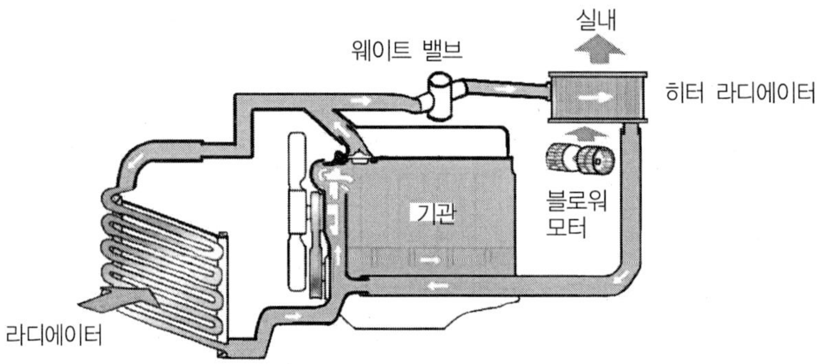

그림 1. 온수식 난방장치

1.1.1. 온수식 히터(warm water heater)

온수식 히터는 수냉식 기관의 냉각수온도를 열원으로 하여 찬 공기를 히터 라디에이터로 보내어 더운 공기로 만든 후 송풍기에 의해 실내로 불어내는 방식으로 실내의 온도 조절은 공기믹서의 댐퍼에 의해서 열 교환기를 통과하는 공기량을 조절하는 방법과 송풍기 모터의 회전을 조절하여 난방시 풍량을 가감하는 방법 또는 웨이트밸브에 의해서 열 교환기에 흐르는 냉각수 양을 가감하는 방법을 각각 조합시켜 온도의 조절이 이루어지며, 히터 유닛, 송풍기, 물호스, 공기통로 및 각종 밸브와 스위치 등으로 구성되어 있다.

1.1.2. 연료 연소식 히터(fuel fired heater)

연료 연소식 히터는 기관에서 나오는 기관 냉각수를 연료 연소열로 가열하여 실내 히터 코어로 보내주어 실내 난방성능을 향상시키는 장치이다.

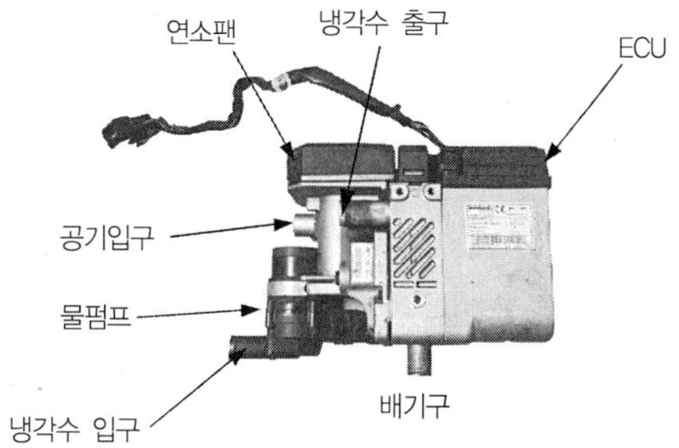

그림 2. 연료 연소식 히터

[1] 연료펌프

연소식 히터에 연료를 공급하는 연료펌프는 다른 명칭으로 "도우징 펌프" 라고도 한다. 이 연료펌프는 연소식 히터 ECU로부터 펄스신호를 입력받고 한선은 차체에 접지되어 작동한다.

[2] 외기온도센서

외기 스위치는 바이메탈방식으로 되어있으며, 외기온도는 2℃(+3℃, -2℃)에서 스위치가 ON되며, 8℃(+2℃, -3℃)에서 스위치가 OFF된다. 이 스위치의 단자는 2단자로 구성되어 있고 한 단자는 발전기에서 신호를 받으며, 나머지 한 단자는 연소식 히터로 신호가 입력된다. 즉, 기관 시동을 걸고 난 뒤 연소식 히터가 작동한다는 것을 의미한다.

[3] 점화플러그(프레임센서)

점화플러그는 연소식 히터 내부에 설치되어 있고 연소를 위해 불꽃을 붙여주는 역할을 한다. 또한 점화가 된 다음에는 연소실 내부의 불꽃 유무 감지를 하는 "프레임센서" 로 전환된다.

[4] 수온센서

연소식 히터 내부로 흐르는 냉각수 온도를 감지해 히터의 작동유무를 결정하는 센서이다. 수온센서는 냉각수와 직접 접촉하는 것이 아니라, 연소식 히터 몸체에 닿아 있어 실제 냉각수온도보다 약 5~7℃ 정도 낮게 측정이 된다.

[5] 작동조건

① 기관을 가동할 때

② 외기온도가 약 2℃보다 낮은 경우(겨울철 조건)

③ 기관 냉각수 온도가 64℃보다 낮은 경우

[6] 작동중지

① 기관시동(OFF)

② 냉각수 온도(78℃ 이상)

1.1.3. 가열플러그 히터

가열플러그 히터는 냉각수 라인(히터) 내에 예열플러그가 설치되어 있으며 냉각수 온도가 0℃ 이하이면 일정시간 동안 작동시켜 기관에서 히터로 유입되는 냉각수의 온도를 높여줌으로 써 히터의 난방성능을 향상시킨다.

그림 3. 가열플러그 히터

1.1.4. PTC 히터(positive temperature coefficient heater)

PTC히터는 가열플러그방식이나 연소식 히터와 같이 기관 냉간시 냉각수 온도를 높이는 장치가 아니라 PTC(정특성 서미스터)소자를 이용한 전기히터를 사용하여 직접 실내로 유입되는 공기의 온도를 높이는 보조히터 시스템이다.

1.2. 냉방장치

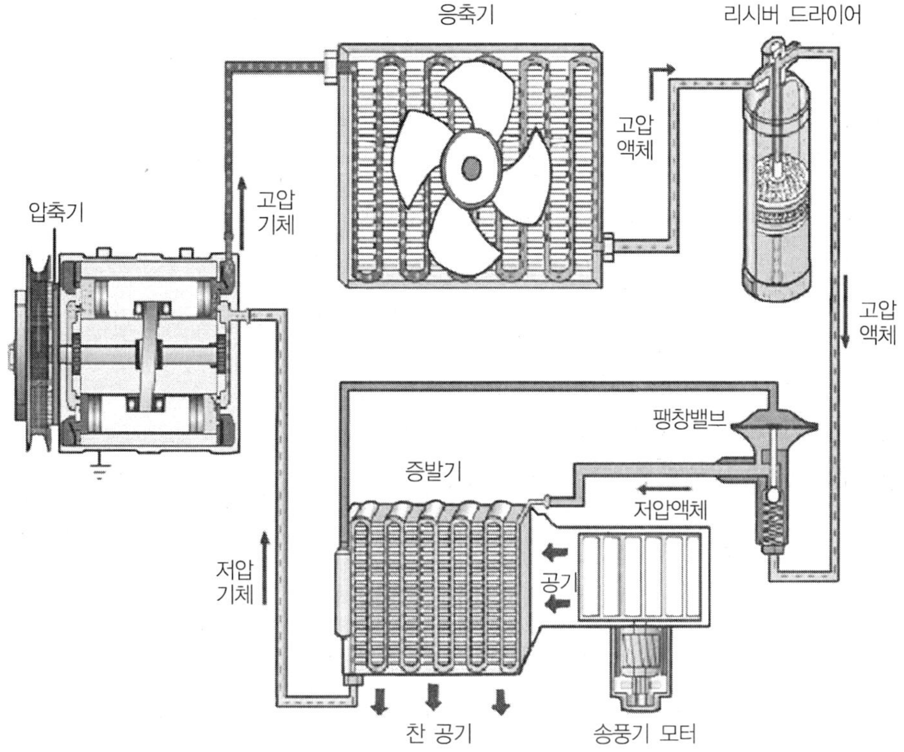

그림 4. 에어컨의 구성

1.2.1. 압축기(compressor)

압축기는 기관에 의해 V벨트로 구동되어 열을 흡수해 저온의 저압기체 냉매를 고온의 고압기체로 만들어 응축기로 보낸다.

그림 5. 압축기

그림 6. 응축기

1.2.2. 응축기(condenser)

라디에이터 앞에 설치되어 차량 주행속도와 냉각팬에 의해 압축기에서 보내온 고온 고압의 기체상태의 냉매를 응축시켜 고온 고압의 액상 냉매로 만든다.

1.2.3. 리시버 드라이어(receiver drier)

냉매 속에 포함되어 있는 수분을 흡수하며 냉매를 원활하게 공급할 수 있도록 맥동적인 냉매를 저장한다. 건조기의 기능은 냉매저장 기능, 기포분리 기능, 수분제거 기능 등이 있으며 냉매를 팽창밸브로 공급하며 응축기와 일체형으로 되어 있는 것도 있다.

1.2.4. 팽창밸브(expansion valve)

고온·고압의 액체 냉매를 급속팽창시켜 저온의 저압기체가 되게 한다. 증발기의 부하에 따라 냉매 공급량도 조절하는 기능을 한다. 감온통의 온도가 낮으면 감온통의 압력도 낮아져 스프링 힘에 의해 볼이 밸브를 닫는 방향으로 작동되어 냉매 량이 적어지고 감은통 온도가 높아지면 감온통의 압력도 올라가 볼이 밸브를 여는 방향으로 작동되어 냉매량이 많아진다.

1.2.5. 증발기(evaporator)

안개 상태의 냉매가 기체로 변하는 동안 냉각팬의 작동으로 증발기판을 통과하는 공기중의 열을 빼앗아 증발기 튜브 핀이 차갑게 되므로 실내 공기는 차갑게 된다.

그림 7. 리시버 드라이어

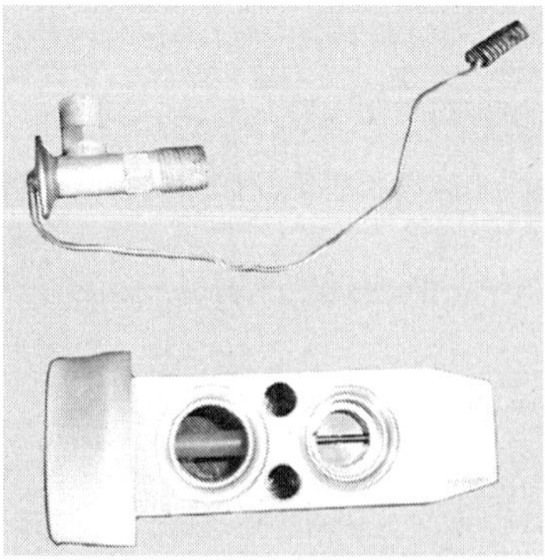

그림 8. 팽창밸브

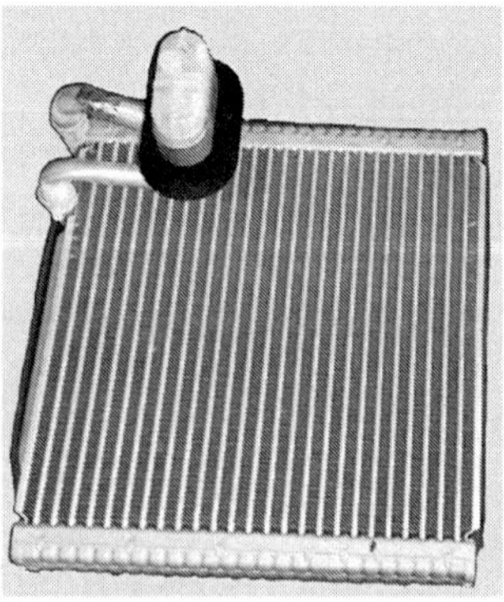

그림 9. 증발기

1.2.6. 냉매

지구의 환경을 보호하기 위해 R-12(구냉매) 냉매의 사용 및 생산을 규제하고 신 냉매인 HFC-134a를 대체 적용하고 있다. HFC-134a는 증발잠열이 큰 만큼 냉매유량이 작아도 되지만 가스비 체적이 크다. HFC-134a는 R-12에 비해 기존의 압축기 오일(광물유)과 용해가 안되며, 수분을 잘 흡수하고, seal재와 호스 재질에 대한 팽윤성과 투과성이 크다.

1.3. 자동 에어컨장치

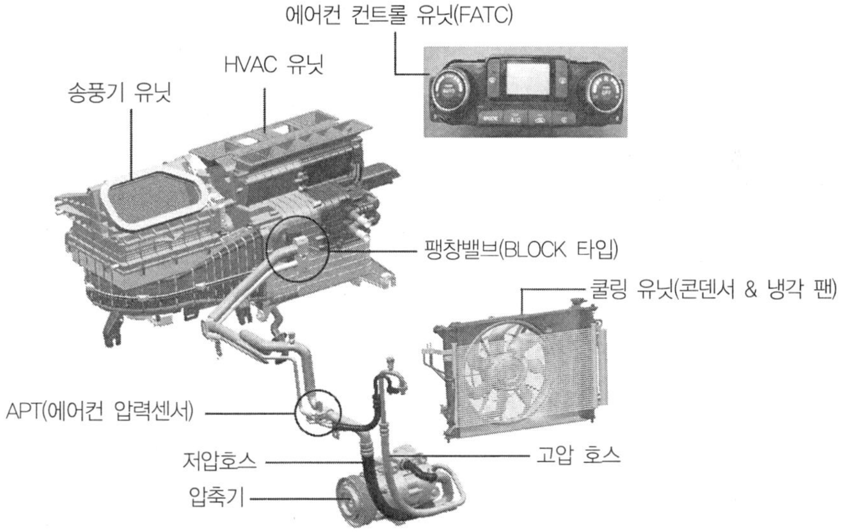

그림 10. 자동 에어컨의 구성도

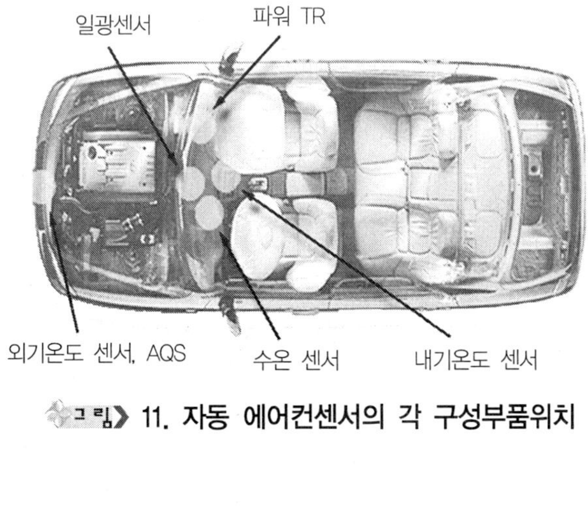

그림 11. 자동 에어컨센서의 각 구성부품위치

1.3.1. FATC(전자동 에어컨장치)

공기조화의 제어 역시 마이크로컴퓨터를 사용하여 차량실내 외부에 설치된 각종 온도센서와 컨트롤 패널의 신호를 입력하면 컴퓨터는 온도 밸런스의 연산을 행한 후 흡입교체 댐퍼, 배출교체 댐퍼, 믹싱댐퍼, 히터밸브, 히터 릴레이, 송풍기 모터 등을 제어하여 차량실내의 온도를 최적으로 유지하도록 한다. 또 컨트롤 패널 상에 제어상태를 표시하기도 하며 외기온도가 비교적 낮을 때는 압축기를 차단하여 연료를 절약할 수도 있다.

전자동 에어컨의 구성은 컴퓨터를 비롯하여 파워 트랜지스터, 고속 송풍기 릴레이, 블랜드 도어 액추에이터, 토출모드 도어 제어용 액추에이터, 흡입모드 제어용 액추에이터, 실내 온도센서, 외기 온도센서, 일사량 센서, 습도센서, 핀 서모센서, 에어컨 압축기 제어용 저압 및 고압스위치, 수온센서 등으로 되어 있다.

1.3.2. 전자동 에어컨의 입력과 출력

입력부		제어부		출력부
센서입력 핀서모 센서 일사량 센서 실내 온도센서 외기 온도센서 수온센서 습도센서 **스위치 입력** Auto스위치 OFF스위치 온도 Up/DOWN스위치 에어컨스위치 모드 스위치 AMB스위치 MODE스위치 REC스위치 열선스위치 **기타신호** 파워 TR 컬렉터 전압 축전지 12V 접지	➜	에어컨 ECU	➜	압축기 ON/OFF 고속 송풍기 릴레이 파워 TR 베이스 전류 온도조절 액추에이터 풍량조절 액추에이터 (모드도어) 내・외기 전환 액추에이터 송풍기 모터(파워 TR) 부저(Buzzer) 센서 전원(5V)

그림 12. 전자동 에어컨의 입력과 출력 다이어그램

1.3.3. 외기 온도센서(amblent sensor)

외기 온도센서는 라디에이터 앞쪽에 장착되어 있으며 외부공기의 온도를 감지하여 FATC ECU로 입력시키는 역할을 하며, 외기 온도센서는 실내 온도센서와 마찬가지로 부특성 서미스터소자로 되어 있어 감지온도와 출력전압이 반비례하는 특성을 가진다. 외기 온도센서가 온도를 감지하여 에어컨 ECU에 전달되면 ECU는 토출온도와 풍량이 운전자가 선택한 온도에 근접하도록 보정을 해 준다.

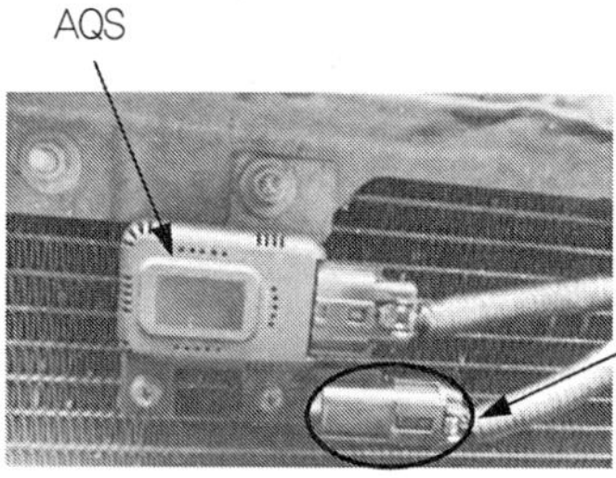

(a)

(b)

그림 13. AQS와 외기 온도센서

1.3.4. 실내 온도센서(인 카센서 : incar sensor)

실내 온도센서는 현재 차량 실내의 온도를 감지하여 ECU로 입력시키는 역할을 하며, ECU는 이 값을 입력 받아 AUTO 모드시 송풍기 모터 속도, 온도조절 액추에이터 및 내, 외기 전환 액추에이터 위치를 보정해 준다. 실내 온도센서는 조향핸들 하단 언더커버 안쪽 또는 에어컨 컨트롤러에 장착되어 있으며, 실내공기 흡입을 위한 그릴이 커버에 가공되어 있다. 실내온도센서는 실내 온도센서 뿐만 아니라 습도센서, 공기흡입용 소형 DC 모터가 어셈블리로 제작되어 있는 것도 있다.

(a) 설치위치

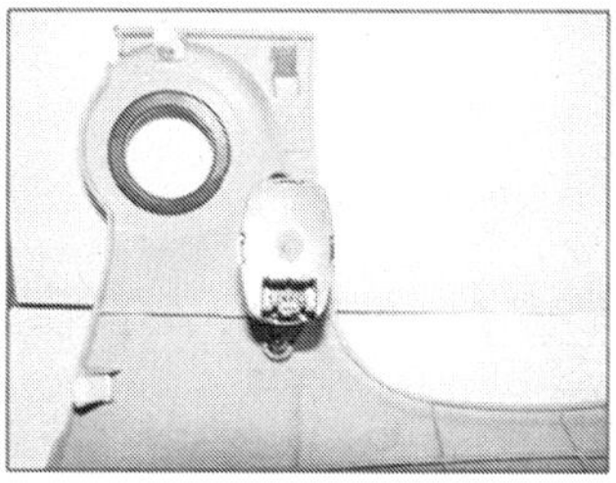

(b) 설치상태

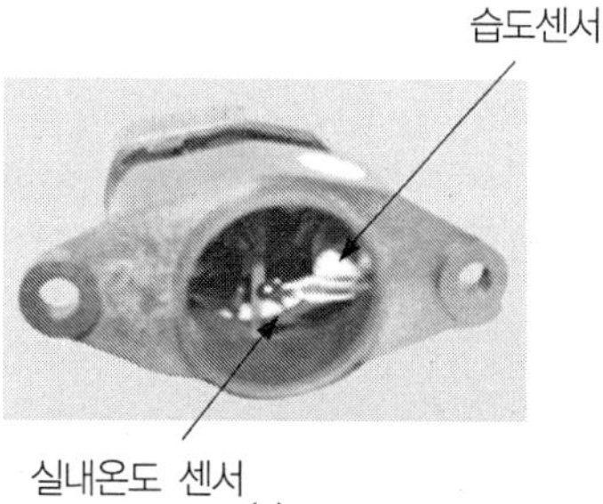

(c)

그림 14. 실내 온도센서

1.3.5. AQS(air quality sensor)

AQS는 외기온도센서와 일체로 제작되어 있으며, 프론트 범퍼 뒤측에 장착된다. AQS는 배기가스를 비롯하여 대기 중에 함유되어 있는 유해 및 악취가스를 감지하여 운전 중의 피로, 졸음, 두통, 무기력의 원인이 되는 유해가스의 유입을 차단하고 청정공기만 유입시켜 탑승자의 건강을 보호하며 청정지역에서는 외기를 유입하여 차량 밀폐로 인한 산소결핍 등의 현상을 막아 공기청정도 및 환기상태를 최적으로 유지시키는 기능을 한다.

(a) 설치위치

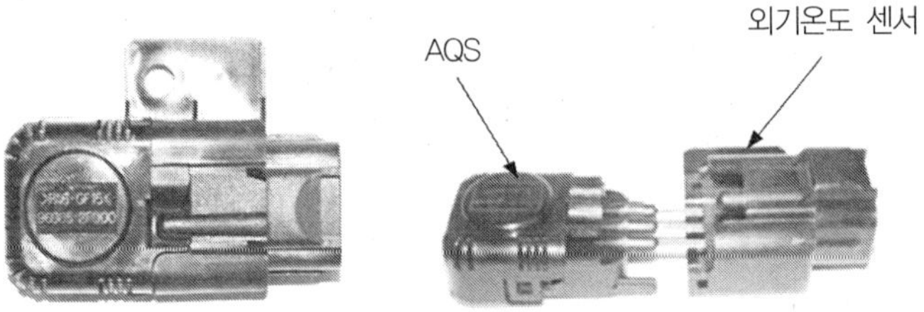

(b) AQS

그림 15. AQS(외기 온도센서 일체식)

1.3.6. 핀 서머센서

핀 서머 센서는 증발기 코어의 온도를 감지하여 증발기의 결빙을 방지할 목적으로 증발기 코어 부위에 장착된다. 센서는 부특성 서미스터로 만들어져 온도가 낮아지면 저항값은 높아지고, 온도가 높아지면 저항값은 낮아지는 반비례 특성을 가진다.

(a) 설치위치

(b) 장착위치

그림 16. 핀 서머센서

1.3.7. 일사량 센서(sun sensor, 포토센서 : photo sensor)

차량의 전면부 조수석 측 크래쉬 패드에 장착되어, 태양의 일사량을 감지하여 전류로 변환 후 에어컨 ECU로 보내면 ECU는 일사량에 따른 온도보상을 하여 토출온도와 풍량이 운전자가 선택한 온도에 근접할 수 있도록 한다.

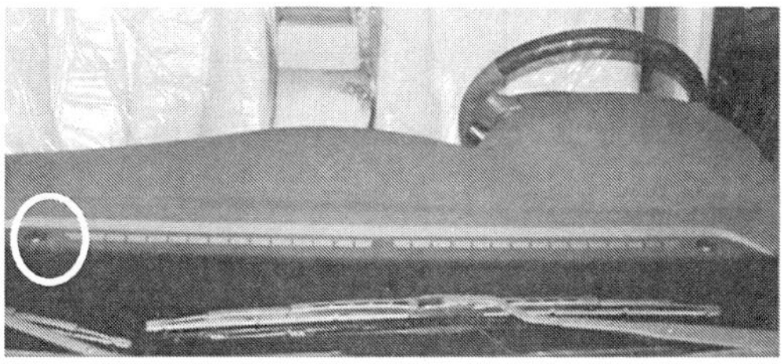

(a) 설치위치

(b) 일사량 센서

그림 17. 일사량 센서

1.3.8. 수온센서(water sensor)

수온센서는 히터 유닛에 장착되어 있으며, 히터 코어에 흐르는 냉각수온도를 감지하여 에어컨 ECU로 전송하면 ECU는 설정온도와 실내온도 & 외기온도와의 차이를 비교하여 난방기동 제어 실행 여부를 결정하게 된다.

그림 18. 수온센서

1.3.9. 습도센서(humidity sensor)

습도센서는 실내온도센서와 어셈블리로 제작되며, 장착위치도 동일하다. 습도센서는 상대습도를 측정하여 전기적 신호로 변환 후 에어컨 ECU로 신호를 보내어 승차 공간 내부를 최적으로 쾌적한 습도를 유지시키며, 강우 중 또는 저온에서 차량 유리에 발생되는 성애 및 습기로 인한 운전 장애 문제를 제거한다.

1.3.10. 고 · 저압 스위치(H · P, L · P switch)

고 · 저압 스위치는 압축기 내 서비스 포트에 접속되어 냉매 압력에 이상이 발생시 자동적으로 압축기를 정지시킴으로 냉매 라인 보호를 하며 이때 컨트롤 판넬의 트러블램프(trouble lamp)가 점등됨으로 압력 이상 유·무를 판정할 수 있다.

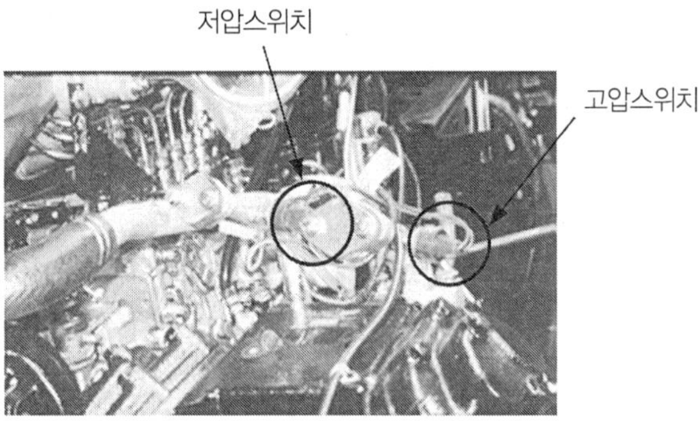

그림 19. 고 · 저압스위치

1.3.11. 에어컨 냉매 압력검출

[1] 트리플 스위치(triple switch)

트리플 스위치는 기존 듀얼 압력스위치에 고압스위치와 동일한 역할을 하는 MIDDLE스위치를 포함하는 방식으로 고압측 냉매 압력 상승시 MIDDLE스위치 접점이 ON되어 기관 ECU로 작동신호가 입력되면 기관 ECU는 라디에이터 팬 및 응축기 팬을 고속으로 작동시켜 냉매의 압력 상승을 방지한다.

[2] APT(automotive pressure transducer)센서

에어컨 냉매압력을 연속적으로 감지하여 기관 ECU가 냉매압력에 따른 압축기, 냉각팬 등을 최적의 제어를 하기 위하여 기관 ECU에 입력된다.

그림 20. 트리플 스위치

그림 21. APT센서

1.3.12. 전기식 액추에이터

[1] 내·외기 전환 액추에이터(Intake actuator)

송풍기 유닛의 내·외기 도입부 덕트에 부착되어 있으며, 내·외기 선택스위치 조작에 의해 내·외기 도어를 구동시킨다.

(a) 내·외기 전환 액추에이터

(b) 온도 조절 액추에이터

(c) 풍향 조절 액추에이터

그림 22. 전기식 액추에이터

[2] 온도 조절 액추에이터(temp door actuator)

에어컨 ECU로부터 신호를 받아 DC모터로 온도조절 도어를 조절하며, 액추에이터 내에 도어 위치센서가 온도조절 도어의 현재 위치를 에어컨 ECU로 피드백시켜 ECU가 요구하는 위치에 도달했을 때 액추에이터의 DC모터가 작동을 멈추도록 신호를 차단하여 냉풍과 온풍의 믹싱이 이루어지고 토출온도의 변화가 생긴다. 액추에이터 위치를 감지하지 못하면 현재 토출온도를 감지하지 못함은 물론 설정온도 변화에 상응하는 액추에이터 동작을 제어하지 못한다.

[3] 풍향 조절 액추에이터(mode door actuator)

히터 유닛에 위치하며, 점화스위치를 ON했을 때 모드 스위치를 선택하면 에어컨 ECU로부터 신호를 받아 동작하는 소형 DC모터로 VENT → B/L → FLOOR → MIX순으로 순차적으로 작동한다. DEF모드는 DEF스위치를 선택하면 순서와 상관없이 DEF 모드로 작동한다. 액추에이터 내의 전위차계는 MODE DOOR의 현재 위치를 에어컨 ECU로 피드백시켜 ECU가 요구하는 위치에 도달했을 때 액추에이터의 소형 DC모터가 멈추도록 ECU로부터 나가는 신호를 OFF시킨다.

1.3.13. 송풍기 유닛(blower unit)

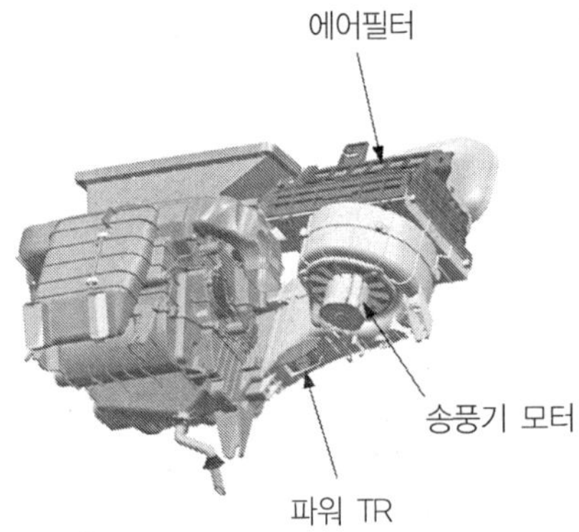

그림 23. 송풍기 유닛

[1] 에어 필터(air filter)

차량 실내 먼지 및 이물질을 제거하여 항상 쾌적한 실내환경을 유지시켜 주며, 필터의 교환주기는 5,000~12,000km이나, 대기오염이 심한지역이나 도로조건이 나빠 먼지 매연 등이 많이 발생하는 지역운행 시는 수시점검 및 교환해 주어야 한다.

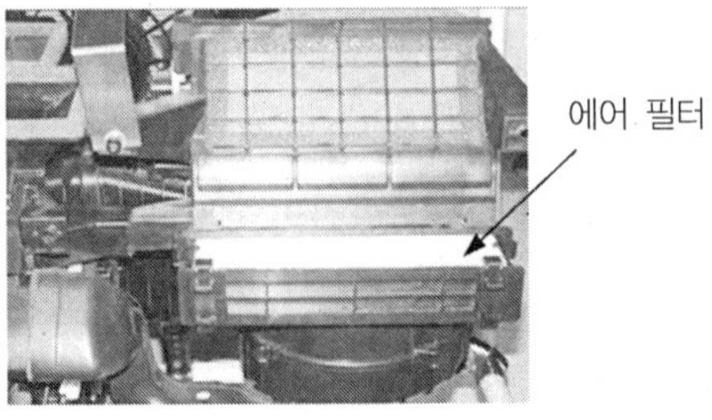

그림 24. 에어 필터

[2] 송풍기 저항기

저항기는 송풍기 유닛에 장착되어 있으며 송풍기 모터의 회전수를 조절하는 역할을 하며, 저항기는 몇 개의 저항으로 회로를 구성하여 보통 풍량을 1~4단으로 변환할 수 있다.

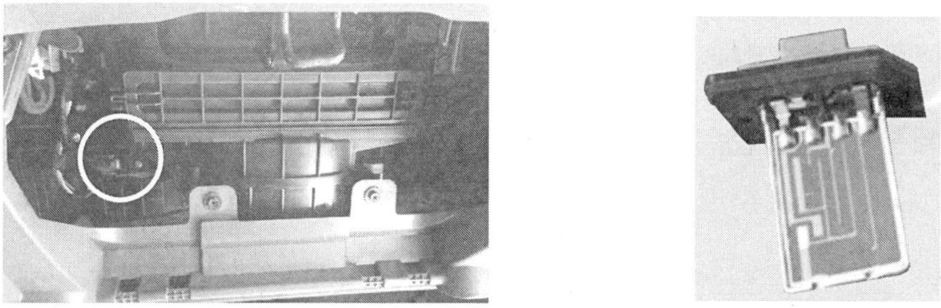

(a) 설치위치　　(b) 저항기

그림 25. 송풍기 저항기

[3] 파워 TR

파워 TR은 TR작동 중 열이 많이 발생되기 때문에 송풍기 유닛 케이스 내측에 설치되어 송풍기 모터가 송출하는 바람에 의해 냉각되도록 되어 있다. FATC 장착 차량은 송풍기 모터의 속도가 수동으로는 7단 정도의 변화가 가능하고 특히, AUTO모드로 동작시에는 차량 실내외의 냉난방 부하를 FATC 컨트롤 유닛이 각종 센서를 통해 종합적으로 판단하여 최적의 송풍기 모터 회전속도를 제어하기 때문에 특정단이 없이 무단 제어가 이루어진다. 송풍기 모터의 무단 제어는 저항기로는 불가능하기 때문에 트랜지스터를 이용해 송풍기 모터의 작동 전류를 정밀 제어하게 된다.

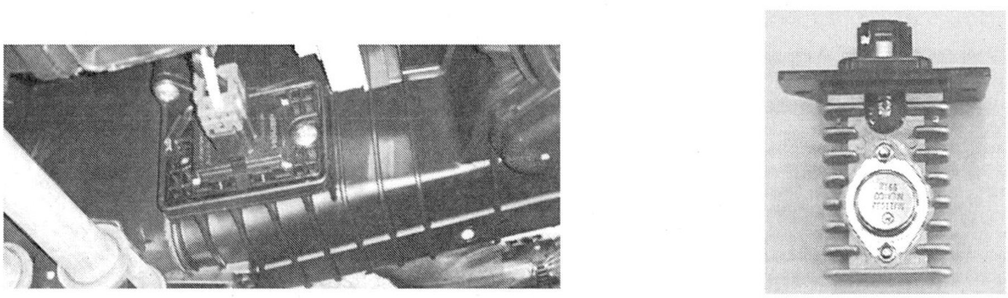

(a) 설치위치　　(b) 파워 TR

그림 26. 파워 TR

[4] 고속 송풍기 릴레이

고속 송풍기 릴레이는 송풍기 속도를 최대 단으로 선택했을 때 FATC ECU가 작동시켜 주게 되는데, 이때, 송풍기 모터 작동전류는 파워 TR을 통하지 않고 고속 송풍기 릴레이를 통해 직접 차체 접지로 흐르게 된다. 고속 송풍기 릴레이 동작특성은 송풍기 속도를 최대 단으로 선택했을 때, 설정온도를 17℃(최대 냉방)로 선택했을 때 작동된다.

[5] 송풍기 모터

송풍기 모터는 공기를 증발기 또는 히터 코어의 핀 사이로 통과시켜 냉각 또는 가열한 후 자동차의 실내로 공기를 불어내기 위해 사용되는 DC모터이다.

그림 27. 고속 송풍기 릴레이

그림 28. 송풍기 모터

2 냉·난방장치 정비

안전 및 준비사항

① 냉·난방장치 정비 전 정비지침서를 숙지하여 실습순서를 정하고 공구 및 실습 기기와 재료 등을 충분히 준비한다.

② 실습장 및 주위를 깨끗이 정리정돈하고 유류 등의 인화성물질은 안전하게 별도로 보관하며 소화기를 비치하여 화재사고에 대비한다.

③ 냉·난방장치 정비시작 전 안전교육을 실시한다.

④ 복잡한 부분을 분해할 경우에는 조립작업을 쉽게 하기 위하여 기능상이나 외관상 악영향이 없는 부분에 각인(刻印) 또는 조립 표시등을 하여 둔다.

⑤ 부품을 분해하면서 조립되었던 상태·변형·오작동부분 및 손상 등을 점검한다.

⑥ 분해한 부품은 순서대로 잘 정리하여야 하며 또 교환하여야 하는 부품과 다시 사용할 부품을 구분하여 정리하고 다시 사용할 부품은 충분히 청소 및 세척을 한다.
⑦ 정비시 부품을 떨어지지 않도록 하며 작업장 바닥에 이물질이 있으면 즉시 닦아낸다.
⑧ 볼트 및 너트 체결시 적절한 공구를 사용하며, 정비지침서에 규정된 토크로 조인다.
⑨ 냉매 취급시 냉매가 눈에 들어가지 않도록 주의한다.
⑩ 냉매 용기는 직사광선이 비치는 곳에 방치하지 않는다.
⑪ 실습 종료 후 실습장 주위의 정리정돈을 깨끗이 한다.

실습기기 및 재료

공구 및 측정기기		실습재료	기 타
* 일반 공구세트 * 특수공구 * 작업등 * 에어공구 * 전동공구 * 토크렌치 * 납땜인두 * 온도계 * 전류계 * 전압계	* 에어컨 충전기 * A/C가스 누설탐지기 * 냉매주입기 * 진공 및 압축펌프 * 종합진단기 * 오실로스코프 * 안전보호구(방독면, 방진마스크, 보안경, 보호장갑, 방진 보호복, 작업복)	* 퓨즈 * 하니스(배선, 커넥터) * 축전지 * 냉·난방장치 관련 부품 * 걸레 * 에어컨 냉매 * 에어컨 냉동유 * 에어컨 항균필터 * 가솔린 또는 디젤기관 차량(A/C 장착 차량)	정비지침서

2.1. 에어컨라인의 냉매 압력점검

매니폴드 게이지의 저압호스는 저압 정비구에 고압호스는 고압 정비구에 연결하고, 게이지 너트를 손으로 조인 다음 에어컨을 작동시키고 에어컨라인의 압력을 점검한다.

그림 29. 매니폴드 게이지 설치

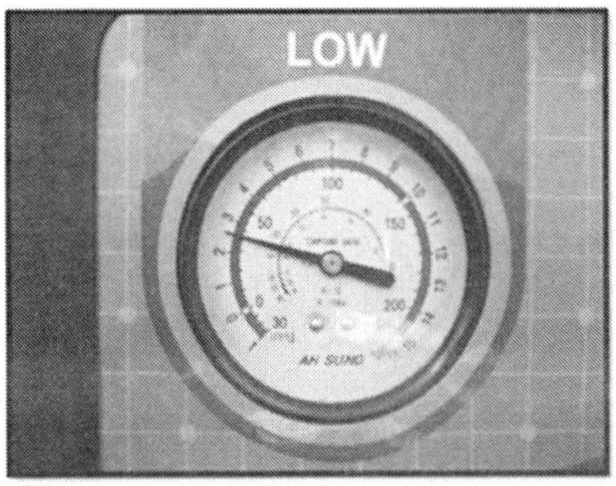

(a) 저압

(b) 고압

그림 30. 에어컨라인 압력

[에어컨라인 압력 규정값]

차 종	고압(kgf/cm^2)		저압(kgf/cm^2)	
	ON	OFF	ON	OFF
엑셀	15~18		2~4	
베르나	32.0	26.0	2.0	2.25
아반떼 XD	32.0	26.0	2.0	2.25
EF 쏘나타	32.0±2.0		2.0±0.2	
NF 쏘나타	14~18		1.5~2.5	
그랜저 XG	32.0±2.0	26.0±2.0	2.0±0.2	2.3±0.25

[1] 에어컨라인 압력에 따른 고장진단

고 장 원 인	현 상	조 치
① 정상시 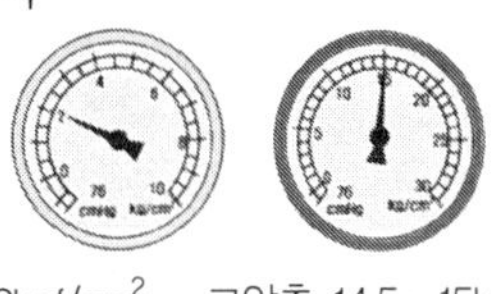 저압측 $2kgf/cm^2$ 고압측 $14.5\sim15kgf/cm^2$	① 저압측 압력: 약 $1.5\sim2.0kgf/cm^2$ ② 고압측 압력: 약 $14.5\sim15.0kgf/cm^2$ ③ 사이드글라스 투명하다	조치 필요 없음
② 냉매충진 부족시(시스템 내 가스 누설개소 있다) 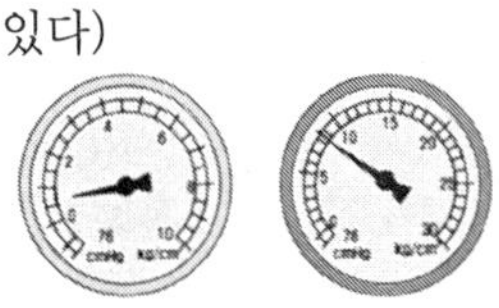 저압측 $0.8kgf/cm^2$ 고압측 $8\sim9kgf/cm^2$	① 저압 · 고압측 모두 압력이 낮다. ② 사이드 글라스에 기포가 보인다. ③ 흡 • 출구 공기가 약간 차다. ④ 사이드 글라스에 항상 기포의 흐름이 보인다.	① 누설점검, 누설시 수리 ② 냉매 보충

고 장 원 인	현 상	조 치
③ 냉매 충진과다, 응축기 냉각 부족시 (과충진으로 냉각불량, 응축기 팬 작동불량) 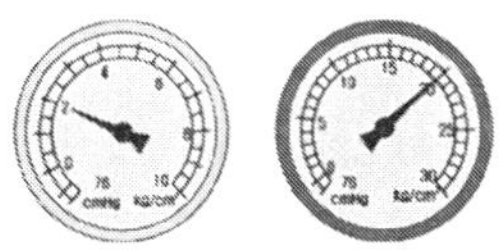 저압측 2.5kgf/cm² 고압측 20kgf/cm²	저압 · 고압측 모두 압력이 높다.	① 냉매 적정량 조정 ② 응축기 청소 ③ 응축기 팬 수리
④ 사이클 내 공기 혼입시(팽창 밸브 너무 열림, 감열통의 취부 불량) 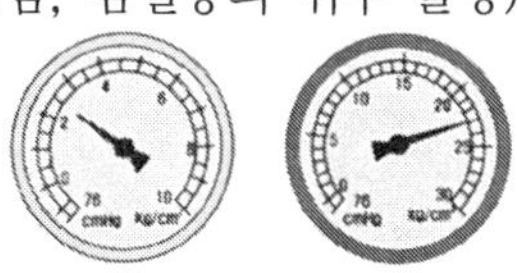 저압측 2.5kgf/cm² 고압측 19~23kgf/cm²	① 저압 · 고압측 모두 압력이 높다. ② 저압배관에 서리나 이슬이 다량으로 부착 ③ 저압배관이 차갑게 느껴지지 않는다.	① 감열통의 취부 상태를 확인한다. ② 리시버의 드라이어를 교환한다.
⑤ 사이클 내 수분이 혼입시 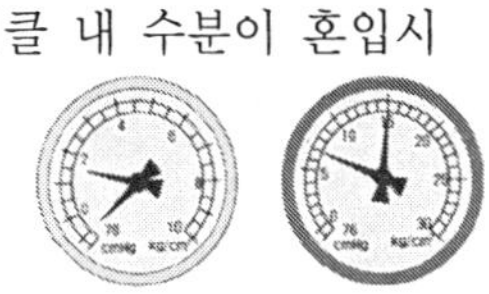 저압측 50cmHg~1.5kgf/cm² 고압측 7~15kgf/cm²	① 운전 중 저압압력이 부압(진공)으로 되기도 하고 정상으로 되기도 한다. ② 혼입된 수분이 팽창밸브에서 동결하고 일시적으로 폐쇄 상태로 된다.	리시버 드라이어를 교환 진공작업을 실시한다.
⑥ 냉매가 순환하지 않는다. 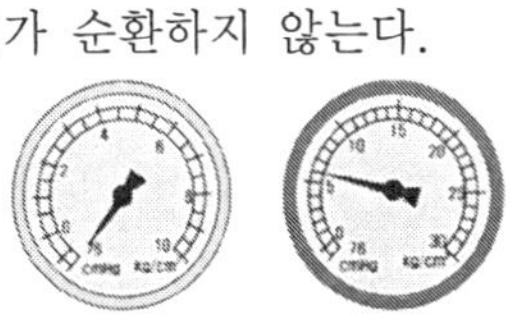 저압측 76cmHg 고압측 6kgf/cm² 저압측 2.5kgf/cm² 고압측 19~23kgf/cm²	① 저압은 부압을, 고압은 낮은 압력을 지시한다. ② 리시버 드라이어 또는 팽창밸브의 전 · 후 배관에 서리 또는 이슬이 부착된다. ③ 먼지 · 수분이 팽창밸브에 부착되거나 동결되어 냉매 흐름방해 ④ 감열통의 가스 누설 차갑게 느껴지지 않는다	① 리시버 드라이어 또는 팽창밸브 교환 ② 감열통 불량시 팽창밸브 교환

2.2. 에어컨 냉매회수 및 주입

① 차량을 평탄한 곳에 주차시키고 본넷을 들어 올린다.

② 고압측 캡을 열고 고압 어댑터를 연결한다. 에어컨 저 · 고압 어댑터는 2중 물림 체결방식으로 체결 및 분리시 주의하며 작업한다.

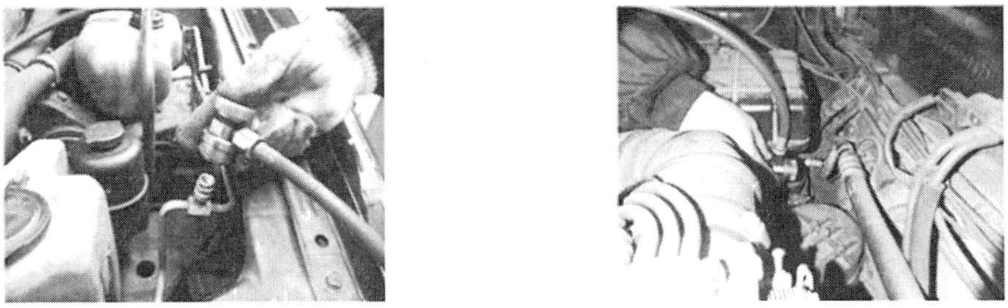

(a) 고압 어뎁터　　　　　(b) 저압 어뎁터

그림 31. 어뎁터 연결

③ 저압측 캡을 열고 저압 어뎁터를 연결한다.

④ 에어컨 냉매 주입기 전원을 작동시키고 회수버튼을 누른다.

그림 32. 냉매 회수중

그림 33. 진공시간 입력

⑤ 냉매 회수가 끝나면 진공 버튼을 누르고 진공시간을 숫자 키를 눌러 입력한다. 진공시간은 부품 교환시 15분 정도, 기타 5~10분 정도 실시한다.

⑥ 진공시간을 입력하고 시작버튼을 누르면 진공유지시간 입력화면으로 바뀌고, 진공유지시간을 숫자 키를 눌러 입력한다. 일반적으로 진공유지시간은 5분 정도 실시한다.

그림 34. 진공유지 시간 입력

그림 35. 오일 주입량 입력

⑦ 진공유지시간을 입력하고 시작버튼을 누르면 오일주입량 입력화면으로 바뀌고, 오일 주입량을 숫자 키를 눌러 입력한다. 차종별로 오일주입량이 다르므로 정비지침서를 참조하여 주입한다.

⑧ 오일주입량을 입력하고 시작버튼을 누르면 진공작업이 시작된다.

그림 36. 진공시작

그림 37. 냉매량 입력

⑨ 진공작업이 끝나면 주입버튼을 누른다.

⑩ 주입버튼을 누르고 시작버튼을 누르면 냉매량 입력화면으로 바뀌고, 냉매량을 숫자 키를 눌러 입력한다. 차종별로 냉매량이 다르므로 정비지침서를 참조하여 주입한다.

⑪ 냉매량을 입력하고 시작버튼을 누르면 냉매가 주입된다.

그림 38. 냉매 주입시작

그림 39. 냉매 주입완료

⑫ 냉매주입이 완료된 후 압력게이지를 확인하고 정상 압력이면 시작버튼을 누른다.

⑬ 아래 화면이 뜨면 고압측 호스를 탈거하고 기관 시동을 걸어 에어컨을 작동시킨다.

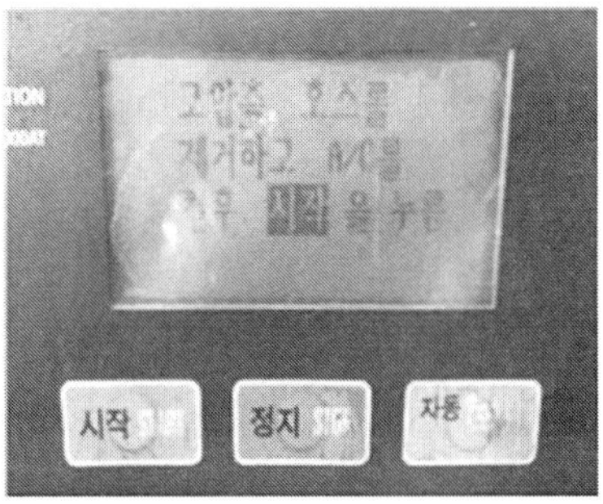

그림》 40. 고압측 호스제거 화면

그림》 41. 고압측 호스탈거

⑭ 고압측 어뎁터를 탈거하고 시작버튼을 누른다.

⑮ 저압측 압력이 최저가 되면 정지버튼을 누른다.

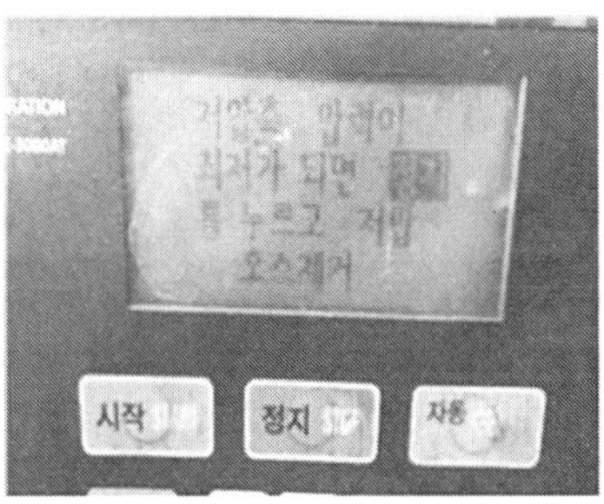

그림》 42. 저압 호스제거 화면

그림》 43. 정지버튼 작동

⑯ 본 화면에서 다시 한번 정지버튼을 누른다.

⑰ 저압측 어뎁터를 탈거한다.

⑱ 저압 및 고압측 어뎁터 연결부 캡을 닫는다.

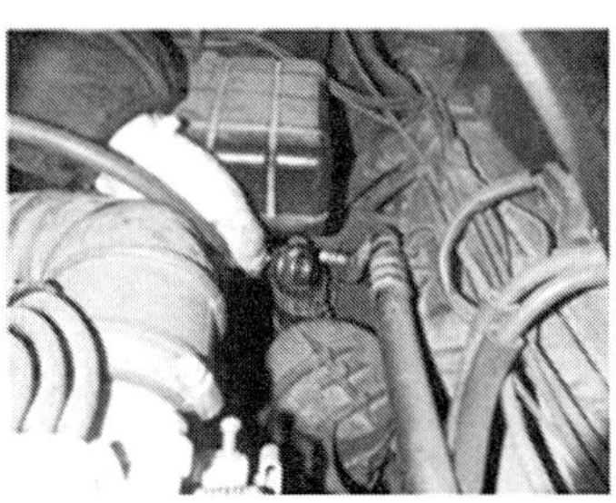

그림》 44. 저압호스 탈거

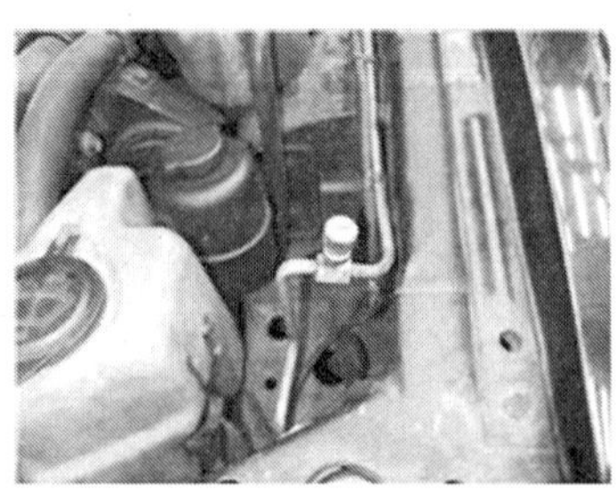

그림》 45. 어뎁터 캡 조립

2.3. 에어컨 압축기 탈·부착

① 에어컨 냉매를 회수한다.

② 압축기 벨트를 탈거한다.

③ 압축기 커넥터를 탈거한다.

그림 46. 냉매 회수

그림 47. 압축기 벨트 탈거

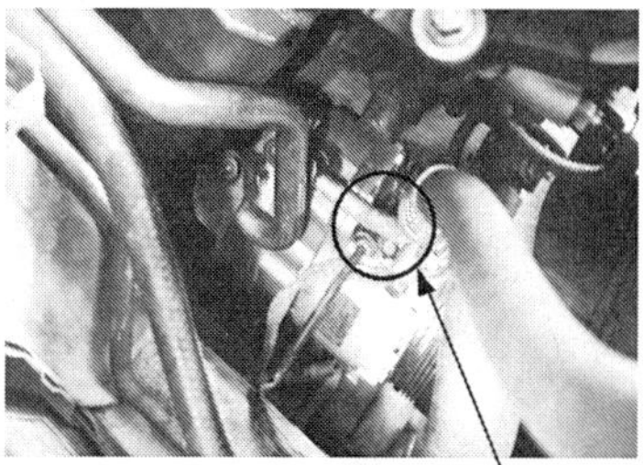

그림 48. 압축기 커넥터 탈거

④ 고압 및 저압파이프를 탈거한다.

⑤ 압축기 고정볼트를 탈거한다.

⑥ 조립은 탈거의 역순으로 한다.

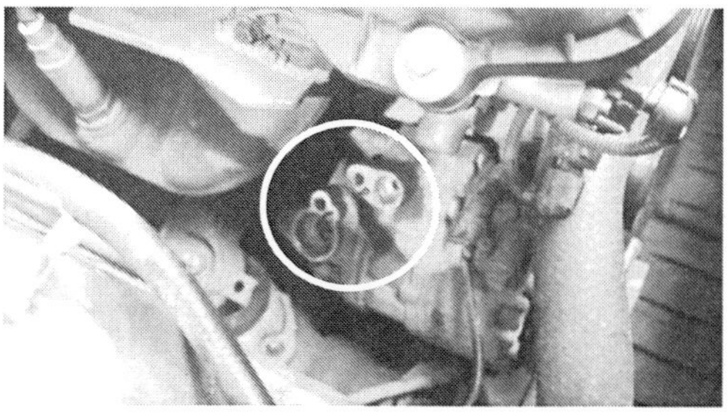

그림 49. 고압 및 저압파이프 탈거

그림 50. 고정볼트 탈거

2.4. 송풍기 모터 교환

① 차량을 평탄한 곳에 주차시키고 조수석 도어를 열어 놓는다.

② 글로브(glove)박스 좌우 고정 스톱퍼를 탈거한다.

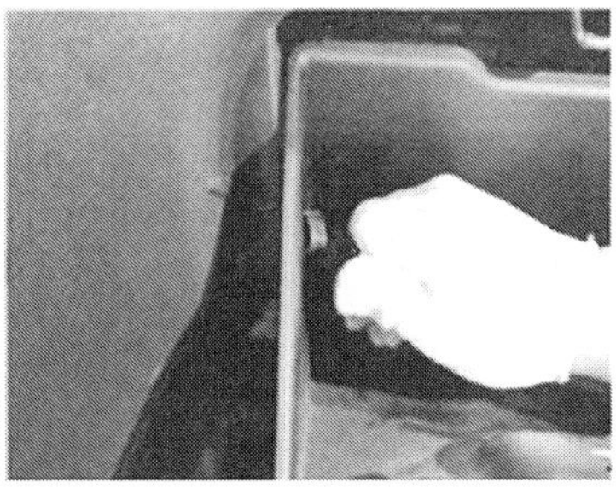

그림 51. 스톱퍼 탈거

그림 52. 글로브박스 탈거

③ 글로브박스 하단의 고정 홈을 이격시켜 탈거한다.

④ 송풍기(blower) 모터 커넥터를 탈거한다.

⑤ (+)드라이버를 사용하여 송풍기 모터 고정 피스를 탈거한다.

⑥ 송풍기 모터를 탈거한 후 신품으로 교환한다.

그림 53. 커넥터 탈거

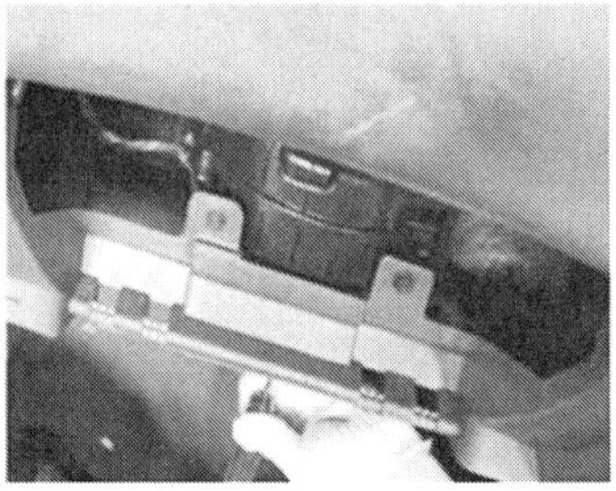

그림 54. 고정피스 탈거

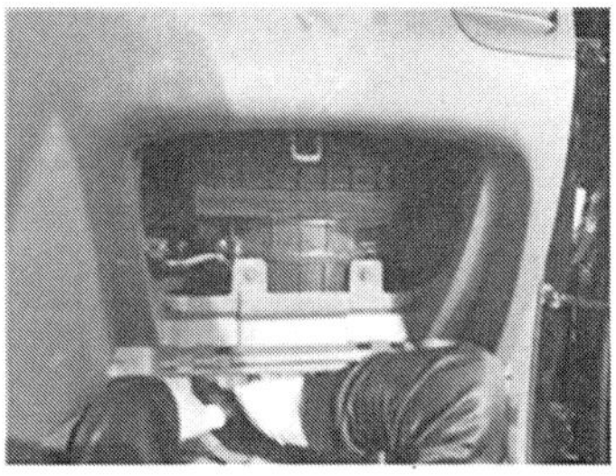

그림 55. 송풍기 모터 교환

⑦ 송풍기 모터 커넥터를 연결한다.

⑧ 점화스위치를 ON으로 위치시키고 히터를 구동시켜 송풍기 모터의 작동 상태를 확인한다.

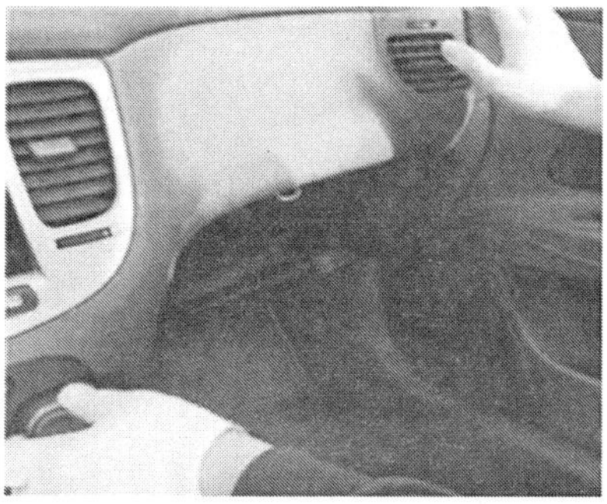

그림 56. 송풍기 모터 작동여부 점검

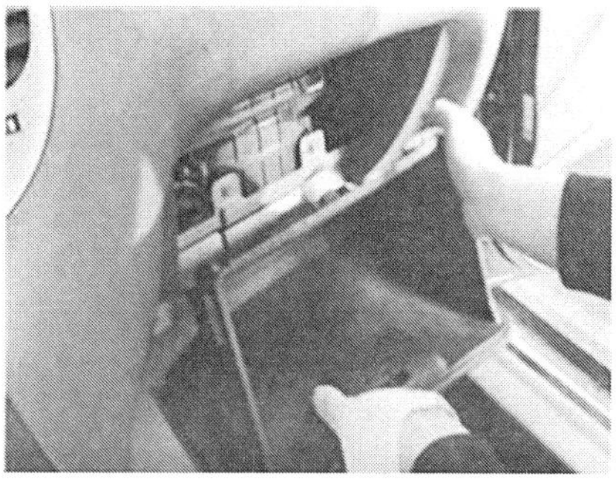

그림 57. 글로브박스 조립

⑨ 글로브박스 하단의 키 홈을 일치시켜 눌러 끼운다.

⑩ 글로브박스 좌우 고정 스톱퍼를 체결한다.

2.5. 항균필터(에어 필터) 교환

① 조수석 앞의 글로브(glove)박스를 연다.

② 글로브박스 고정장치를 돌려 탈거한다. 글로브박스 고정장치는 차량별로 다양하게 구성되어 있으며, 좌우측에 각각 1개씩 설치되어 있다.

③ 글로브박스 속도조절 피스톤을 탈거하다.

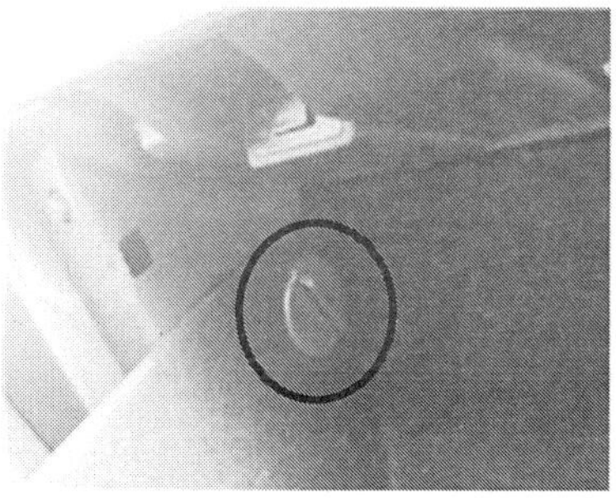

그림 58. 고정장치 탈거

그림 59. 속도조절 피스톤 탈거

④ 상하방향으로 누른 후 당겨서 항균필터 커버를 탈거한다.

⑤ 항균필터를 탈거한다.

그림 60. 커버 탈거

그림 61. 항균필터 탈거

⑥ 송풍방향을 반드시 확인하고 찌그러지지 않도록 신품의 항균필터를 조립한다.

⑦ 1번을 먼저 좌측으로 밀면서 끼우고 2번 부위를 눌러 항균필터의 커버를 조립한다.

그림 62. 항균필터 조립

그림 63. 커버 조립

⑧ 글로브박스 속도조절 피스톤을 조립한다.

⑨ 글로브박스 고정장치를 돌려 조립하고 글로브박스를 닫는다.

그림 64. 속도조절 피스톤 조립

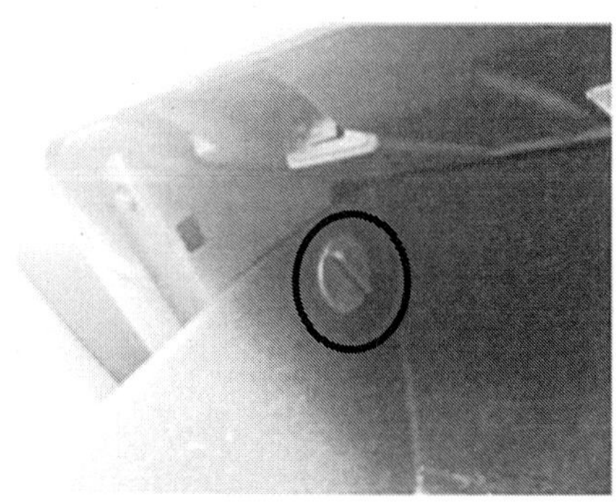

그림 65. 고정장치 조립

2.6. FATC자기진단

그림 66. FATC

[1] 현대 FATC진단방법

① 점화스위치를 ON 한다.

② AUTO스위치를 누른 상태에서 AMB스위치를 2초 이내에 4회 이상 누른다(EF소나타, 트라제, 테라칸).

③ AUTO스위치를 누른 상태에서 OFF스위치를 2초 이내에 4회 이상 누른다(투산).

④ AUTO스위치를 누른 상태에서 OUT SIDE스위치를 2초 이내에 4회 이상 누른다(아반떼 XD, 투스카니).

⑤ OFF스위치를 누른 상태에서 MODE 스위치를 2초 이내에 4회 이상 누른다(아반떼, 베르나, 소나타).

⑥ 고장코드 : 0(정상), 11(실내 온도센서 단선), 12(실내 온도센서 단락), 13(외기 온도센서 단선), 14(외기 온도센서 단락),15(수온센서 단선), 16(수온센서 단락), 17(핀서모센서 단선), 18(핀서모센서 단락), 19(TEMP 액추에이터 위치센서 단선, 단락), 20(TEMP 액추에이터 구동계통 불량)

[2] 대우 FATC진단방법

자동온도 조절장치에 결함이 발생하였을 경우 컨트롤러 온도표시부 내의 숫자를 점멸하여 고장발생을 알려준다. 온도다이얼을 사용하여 설정온도를 26도에 세팅한 후 3초 이내에 AUTO스위치와 OFF스위치를 동시에 3회 이상 누른다. 이때 고장코드가 점멸되지 않는다면 ECU고장이다. 결함코드는 0(정상), 1(내기온도), 2(외기온도), 3(수온센서), 4(믹스도어), 5(일사센서), 6(송풍기 파워 TR), 7(최대 풍량(HI릴레이))이다.

[3] 기아 FATC진단방법

점화스위치 ON상태에서 온도설정을 25도로 하고 A/C스위치를 누른 상태로 모드스위치를 5초 내에 3회 누른다. LCD표시부 점멸 0.5초 간격으로 7회 점멸한다. 표시부는 0.5초 간격으로 ON, OFF 12초간 점멸하고 2개 이상 고장코드시 해당코드를 2회 반복점멸하고 자기진단 이전 상태로 복귀한다. 결함코드는 00(정상), 01(실내센서), 02(실외센서), 03(핀서모센서(템프센서)), 05(일사센서), 06(믹스도어)이다.

[4] 쌍용자동차(무쏘, 코란도)

점화스위치 ON상태에서 AUTO스위치를 누른 상태에서 내·외기 스위치를 2초 이내에 4회 이상 누르면 표시부에 점등된 후 자기진단 항목점검 후 설정온도 표시부(VFD)에 고장코드가 표시된다. 이때 OFF스위치를 누르면 자기진단 기능 해제된다.

고장코드는 00(정상), 11(내기 온도센서 단선), 12(내기 온도센서 단락), 13(외기 온도센서 단선), 14(외기 온도센서 단락), 15(수온센서 단선), 16(수온센서 단락), 17(온도조절 액추에이터(에어믹스도어)단선/단락), 18(온도조절 액추에이터(에어믹스도어)구동계 불량)

그림》 67. 고장코드

2.7. 에어컨의 점검 및 정비

2.7.1. 클러치 마그네틱

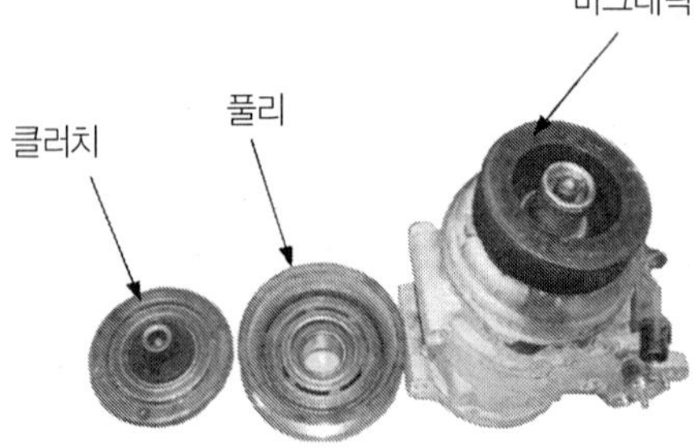

그림》 68. 클러치 마그네틱 탈거

① 멀티테스터를 사용하여 마그네틱 본선과 압축기 몸체 또는 접지선에서 저항을 측정하여 2.5~4Ω 정도이면 정상이다.

② 축전지 (+)단자를 마그네틱 본선에 (-)단자를 압축기 몸체 또는 접지선에 접촉했을 때 클러치가 흡입이 되며 풀리와 접촉이 이루어지고 클러치가 풀리와 함께 저항을 느끼며 회전하면 정상이다.

(a) 저항점검 (b) 축전지로 점검

그림 69. 클러치 마그네틱 점검

2.7.2. 송풍기 모터

송풍기 모터 작동여부는 송풍기 모터 커넥터단자에 축전지 (+)와 (-)단자를 접촉하였을 때 저항없이 부드럽게 송풍기 모터가 회전하면 정상이다.

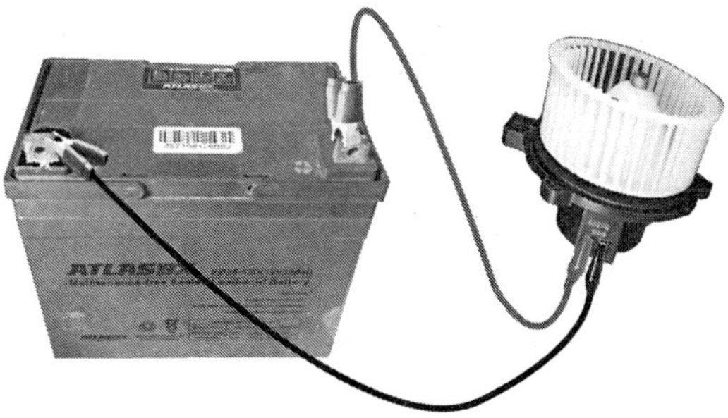

그림 70. 송풍기 모터 점검

2.7.3. 송풍기 저항기

멀티테스터를 이용하여 단자간 저항을 측정하여 표준값에 들어오는지 확인한다.

측정부위	저 항
단자 HI-MH(3단)	0.35Ω ±5%
단자 HI-ML(2단)	0.65Ω ±5%
단자 HI-LO(1단)	1.30Ω ±5%

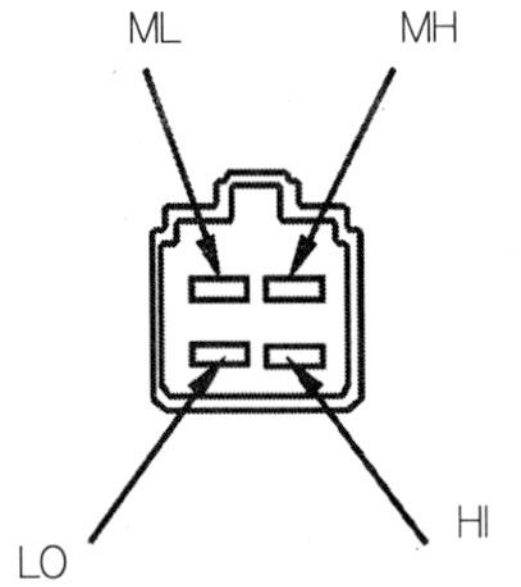

(a) 단자구성

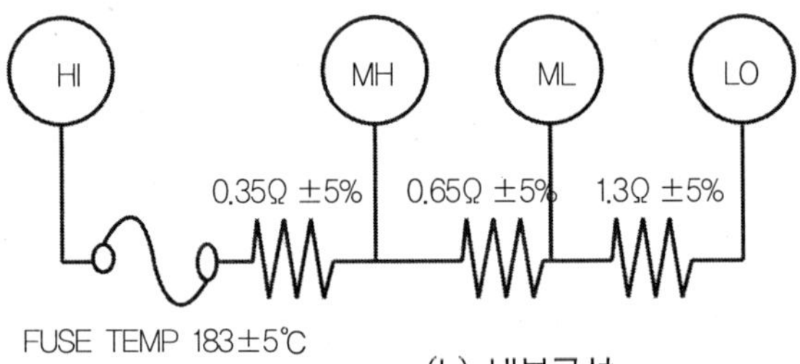

(b) 내부구성

그림 71. 송풍기 저항기의 구성

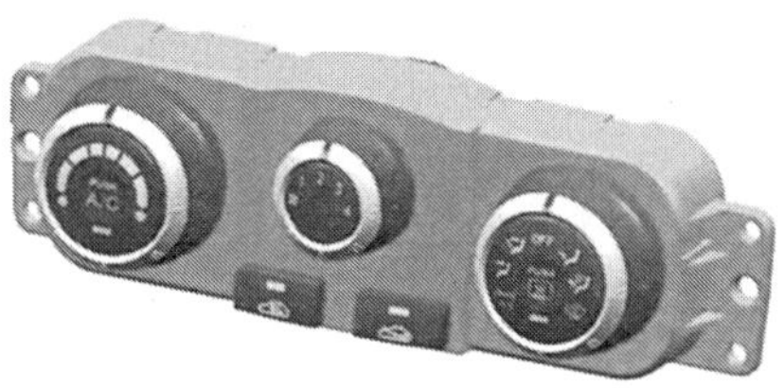

핀번호	핀 기능
A-2	송풍기 스위치(2단)
A-3	송풍기 스위치(3단)
A-4	송풍기 스위치(4단)
A-5	송풍기 스위치(1단)
B-12	송풍기 NO신호입력

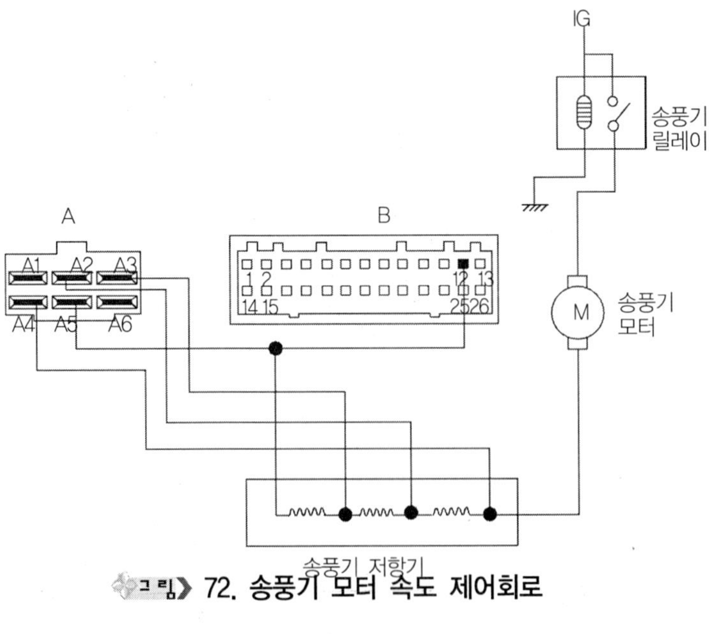

그림 72. 송풍기 모터 속도 제어회로

2.7.4. 파워 트랜지스터(FATC사양)

① 멀티테스터를 이용하여 송풍기 회전속도가 각 단별로 송풍기 모터 공급 전압을 측정하여 표준값에 들어오는지 확인한다.

송풍기 회전속도	전압값(V)±0.5
1단	4.0V
2단	5.3V
3단	6.6V
4단	8.1V
5단	9.2V
6단	10.8V
7단	B(+)

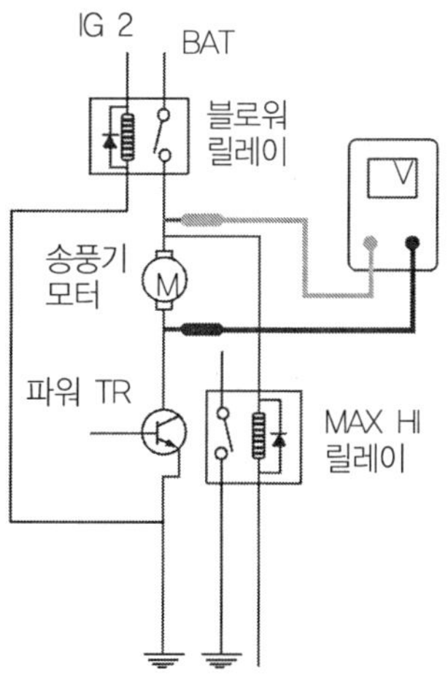

(a) 회로도

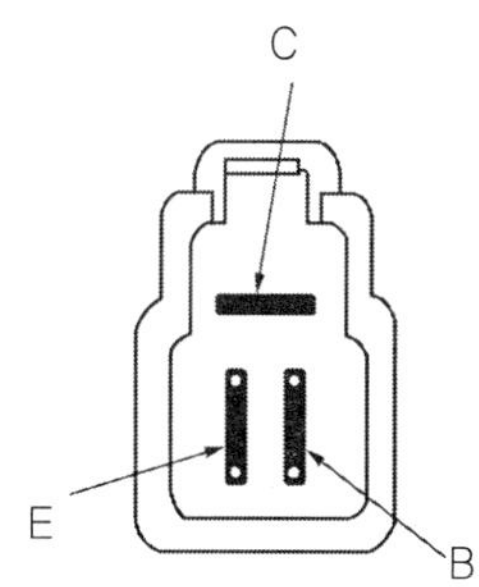

(b) 커넥터

그림 73. 파워 TR 커넥터

② MANUAL 7단 상태에서 UP 또는 MANUAL 1단 상태에서 DOWN 조작시 0.1초 간격으로 3회 작동음이 발생한다.

③ MANUAL 6단 → 7단, 2단 → 1단 으로 변경시 0.1초 간격으로 3회 작동음이 발생한다.

④ 입력은 CONTROL에서 출력은 MOTOR에서 출력한다.

핀번호	핀 기능
B-9	파워 TR베이스(1~2.5V)
B-10	파워 TR 컬렉터 전압 피드백
B-11	송풍기 모터 전압 피드백

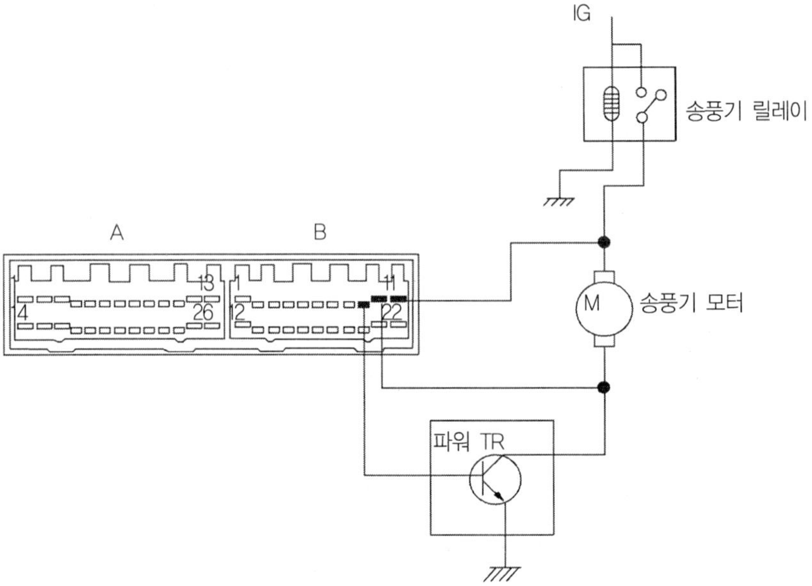

그림 74. POWER TR 제어회로

2.7.5. 내・외기 액추에이터

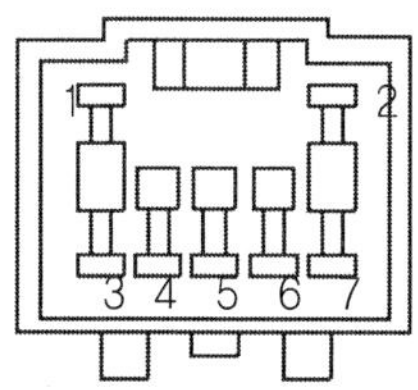

핀 단자	기 능
1	–
2	–
3	MODE ACT′ R(REC)
4	MODE ACT′ R(FRE)
5	SENSOR GND
6	MODE ACT′ R F/B
7	SENSOR REF(+5V)

(a) 핀 배열 및 단자기능

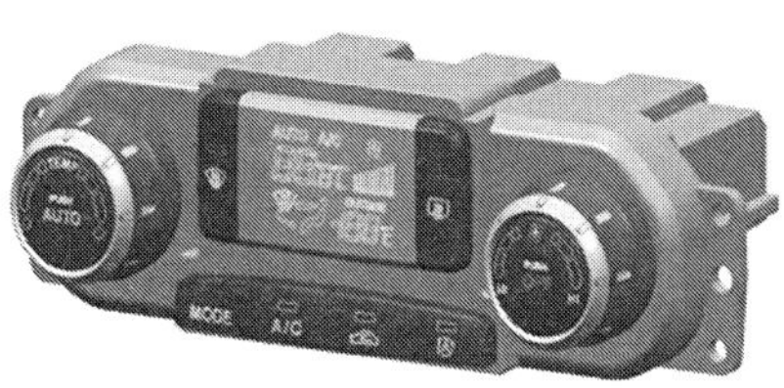

핀번호	핀 기능
B-1	센서전원(5V)
B-12	센서 접지
A-24	센서 피드백 신호
A-23	내기 액추에이터
A-22	외기 액추에이터

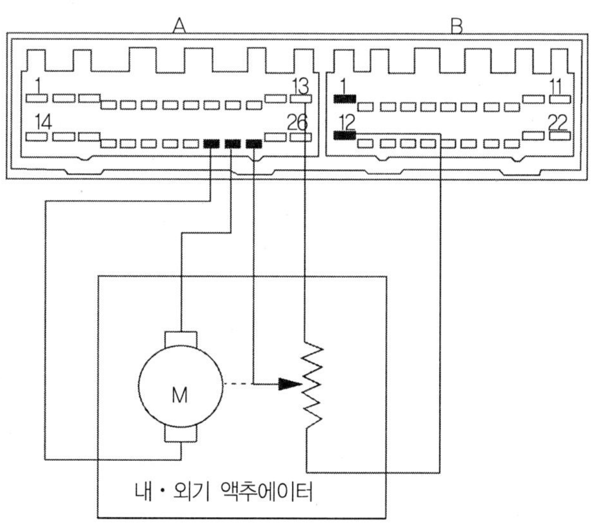

(b) 제어회로

그림 75. 내・외기 액추에이터

2.7.6. 온도조절 액추에이터

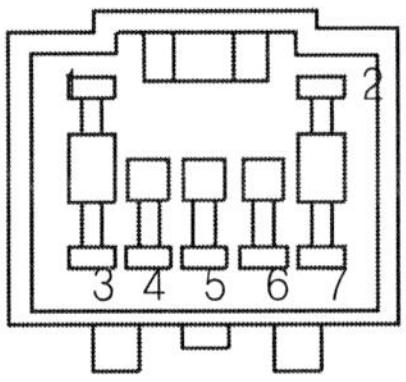

핀 단자	기 능
1	−
2	−
3	MODE ACT′ R(WARM)
4	MODE ACT′ R(COOL)
5	SENSOR GND
6	MODE ACT′ R F/B
7	SENSOR REF(+5V)

(a) 핀 배열 및 단자 기능

핀번호	핀 기능
B-1	센서전원(5V)
B-12	센서 접지
A-18	센서 피드백 신호
A-17	TEMP 액추에이터(난방)
A-16	TEMP 액추에이터(냉방)

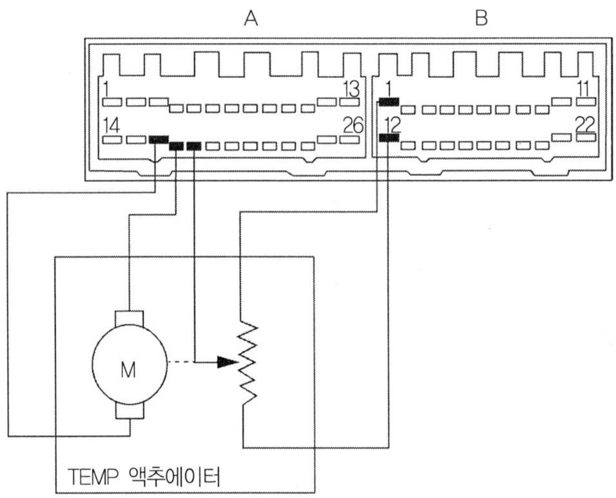

(b) 제어회로

그림 76. 온도조절 액추에이터

2.7.7. 풍향조절 액추에이터

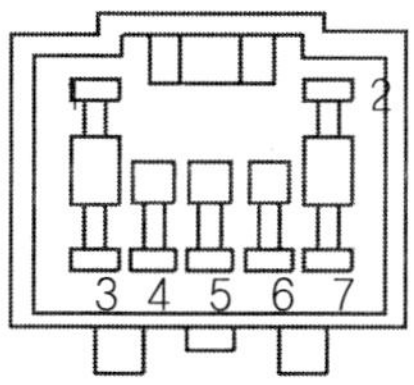

핀 단자	기 능
1	–
2	–
3	MODE ACT′ R(DEF)
4	MODE ACT′ R(VENT)
5	SENSOR GND
6	MODE ACT′ R F/B
7	SENSOR REF(+5V)

(a) 핀 배열 및 단자 기능

핀번호	핀 기능
B-1	센서전원(5V)
B-12	센서 접지
A-21	센서 피드백 신호
A-20	모드 액추에이터(DEF)
A-19	모드 액추에이터(VENT)

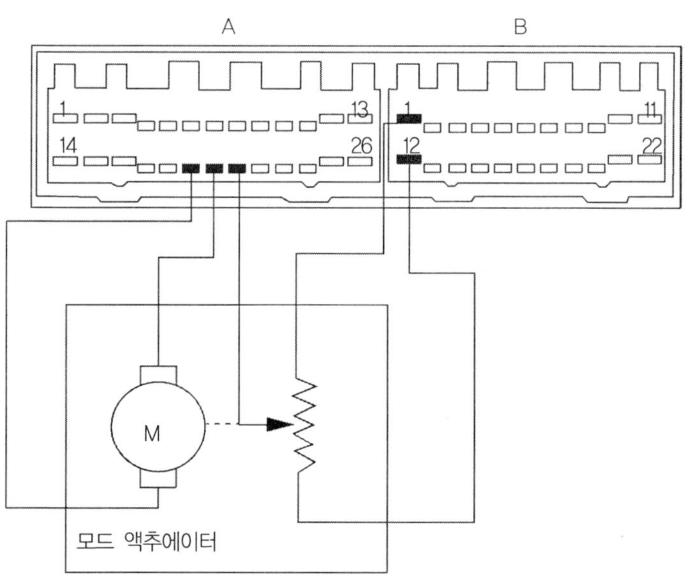

(b) 제어회로

그 림〉 77. 모드 액추에이터 제어회로

2.7.8. 핀 서모센서(증발기센서)

[1] 핀 서모센서 단자

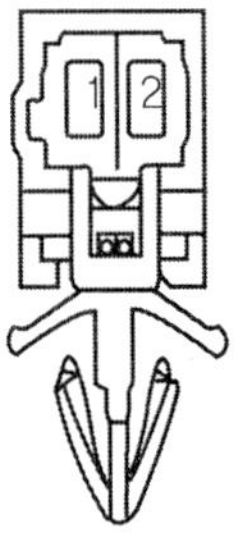

핀 번호	핀 기능
1	증발기센서(+)
2	센서접지

(a) 핀 배열 및 단자기능

(b) 커넥터 장착 위치

그림 78. 핀 서모센서

[2] 핀 서모센서의 온도-저항특성

온 도(℃)	저 항(kΩ)
-30	176.34
-20	97.75
-10	55.85
0	32.91
20	12.51
40	5.31
60	2.48
80	1.25

[3] 핀 서모센서 입력회로

핀 번호	핀 기능
B-6	센서 전원(5V)
B-12	센서접지

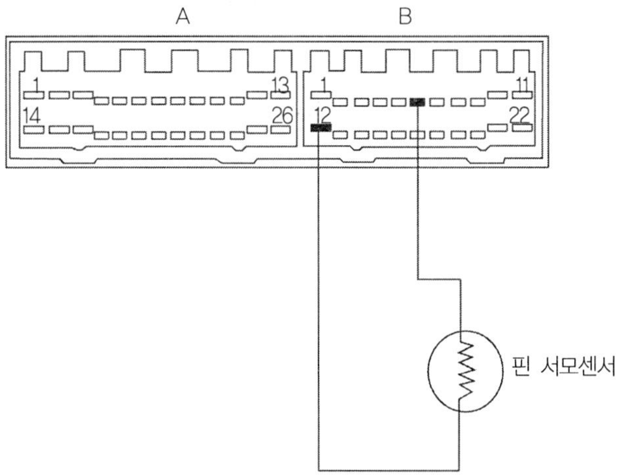

그림 79. 핀 서모센서 입력회로

2.7.9. 실내 온도센서

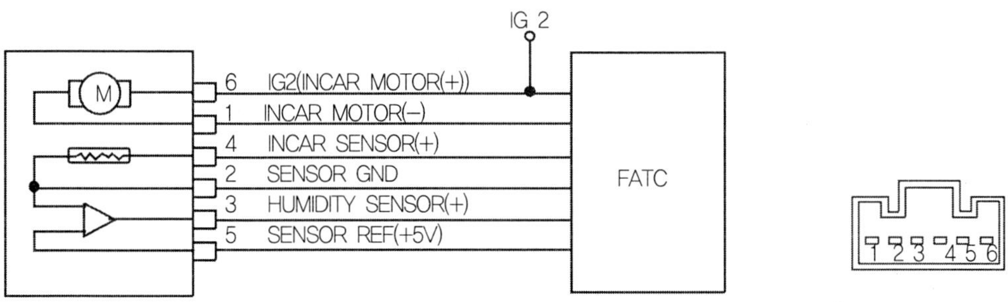

핀 단자	기 능
1	INCAR MOTOR(–)
2	SENSOR GND
3	HUMIDITY SENSOR(+)
4	INCAR SENSOR(+)
5	SENSOR REF(+5V)
6	IG2(INCAR MOTOR(+))

그림 80. 실내 온도센서 핀 배열 및 단자기능

핀 번호	핀 기능
B-5	센서 전원(5V)
B-12	센서접지
B-17	공기흡입 모터 접지

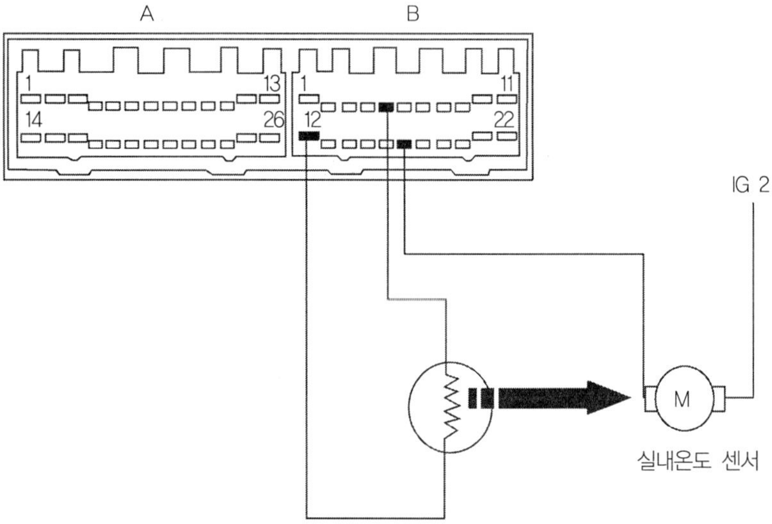

그림》 81. 실내 온도센서 입력회로

2.7.10. 습도센서

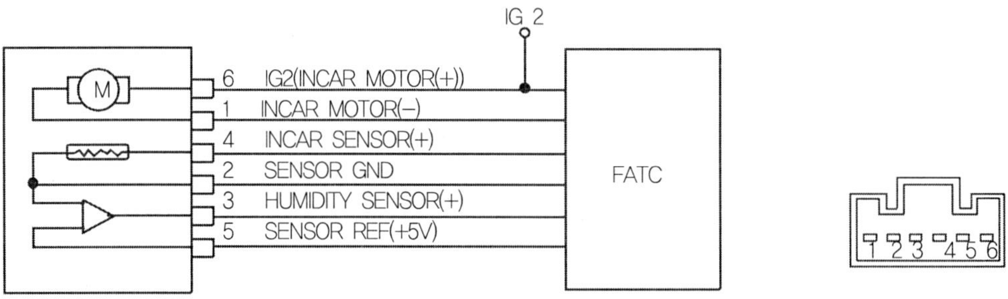

핀 단자	기 능
1	INCAR MOTOR(–)
2	SENSOR GND
3	HUMIDITY SENSOR(+)
4	INCAR SENSOR(+)
5	SENSOR REF(+5V)
6	IG2(INCAR MOTOR(+))

그림》 82. 습도센서 핀 배열 및 단자기능

핀 번호	핀 기능
B-5	센서 전원(5V)
B-4	센서 입력(5~10Hz)
B-12	센서 접지

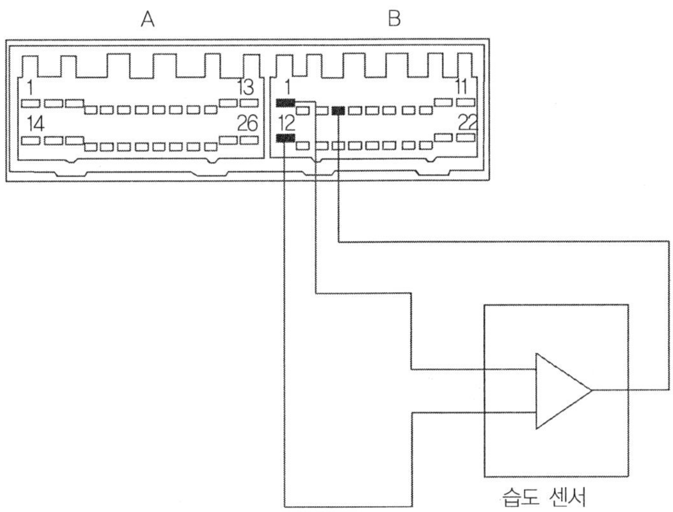

그림 83. 습도센서 입력회로

2.7.11. 외기 온도센서

[1] 핀 배열 및 단자기능

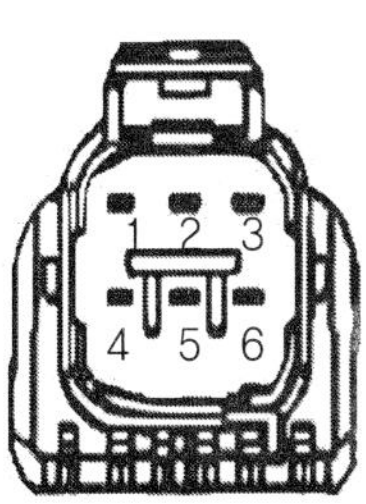

핀 단자	핀 기능	
	AQS & AMP	AMB ONLY
1	AMB SENSOR(+)	AMB SENSOR(+)
2	SENSOR GND	SENSOR GND
3	–	–
4	AQS SIGNAL INPUT	–
5	GND	–
6	IG 2	–

그림 84. 외기 온도센서 핀 배열 및 단자기능

[2] 온도-저항특성

온도(℃)	R min(㏀)	R mid(㏀)	R max(㏀)
−20	280.25	290.17	300.39
0	95.52	97.83	100.18
25	29.64	30.00	30.36
50	10.58	10.82	11.06
80	3.66	3.78	3.91

[3] 입력회로

핀 번호	핀 기능
B-3	센서 전원(5V)
B-12	센서 접지

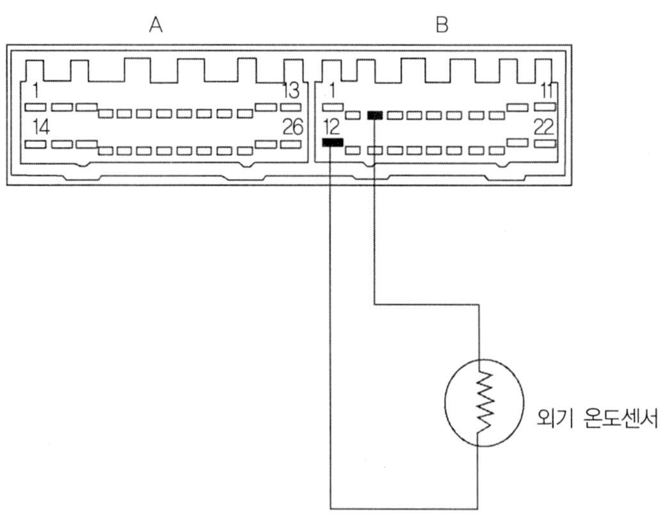

그림 85. 외기 온도센서의 입력회로

2.7.12. AQS

[1] 핀 배열 및 단자기능

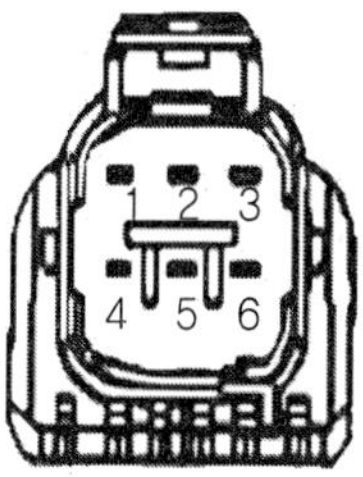

핀 단자	핀 기 능	
	AQS & AMP	AMB ONLY
1	AMB SENSOR(+)	AMB SENSOR(+)
2	SENSOR GND	SENSOR GND
3	–	–
4	AQS SIGNAL INPUT	–
5	GND	–
6	IG 2	–

그림 86. AQS 핀 배열 및 단자기능

[2] 감지대상 가스

① 디젤기관 배기가스 : NO, NO_2, SO_2

② 가솔린 및 LPG기관 배기가스 : CxHY, CO

[3] 출력신호 사양

	Volt
FRE	4.3±0.3
REC	0.9±0.3
예열	2.5±0.3
IG	9~16

[4] AQS 입·출력 다이어그램

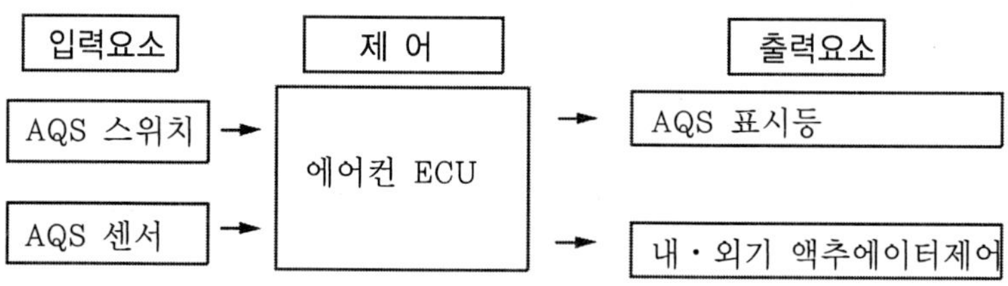

[5] AQS센서 입력회로

핀 번호	핀 기능
B-2	센서 시그널 전원(5V)

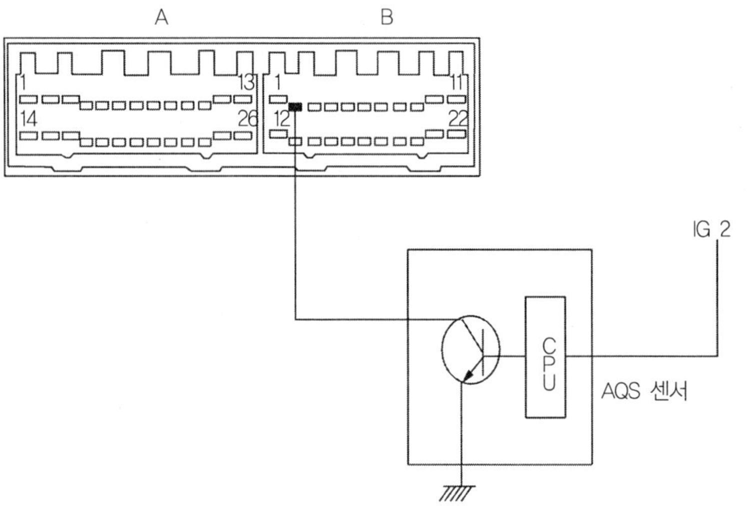

그림》 87. AQS 입력회로

2.7.13. 일사량센서(선 센서)

핀 번호	핀 기능
1	포토센서(+)
2	포토센서(−)

그림》 88. 일사량 센서 핀 배열 및 단자기능

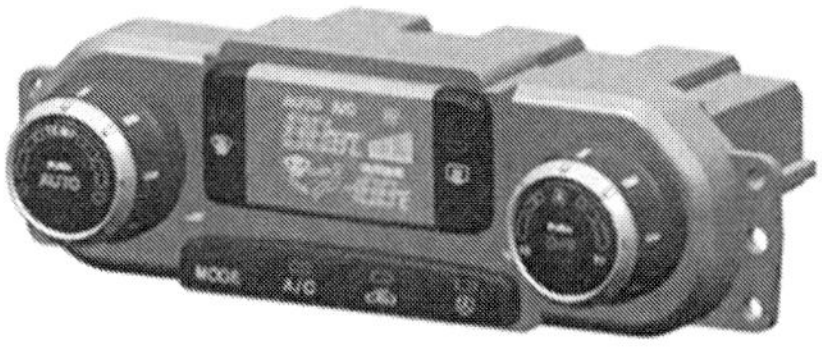

핀 번호	핀 기능
B-1	센서 전원(5V)
B-15	센서 접지

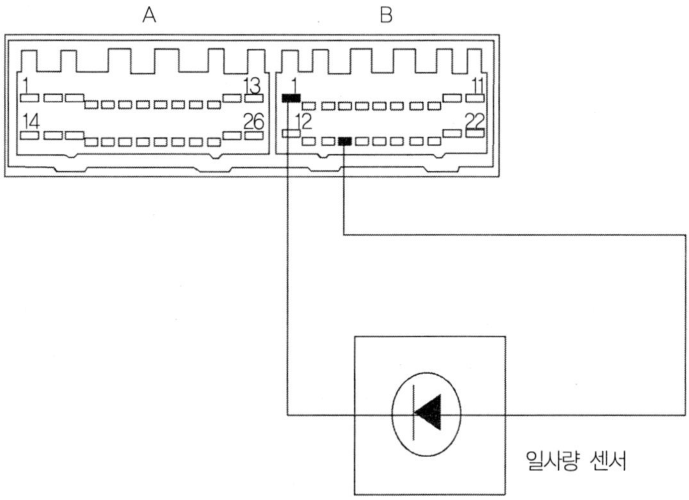

그림 89. 일사량 센서 입력회로

2.7.14. APT

[1] 냉매압력에 따른 출력 전압값

압력(PSI)	14.7	56.7	250	439.7	465
실측치(V)	0.203	0.629	2.633	4.649	4.86

[2] APT센서 입력회로

핀 번호	핀 기능
A-3	에어컨 구동신호 출력(12V)
A-4	에어컨 스위치 신호 출력(12V)

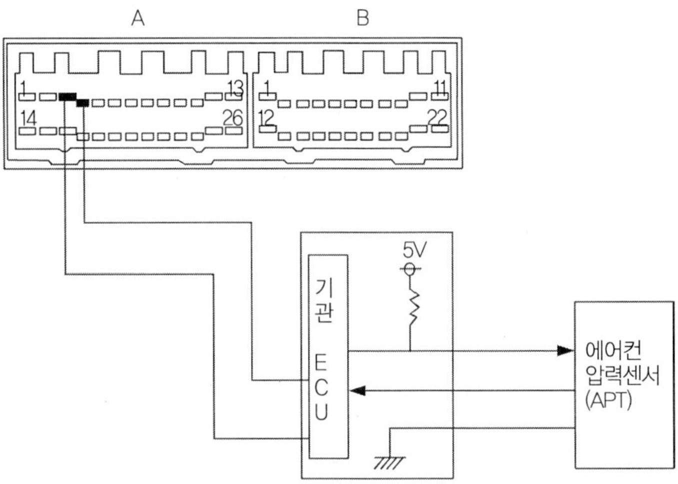

그림 90. APT센서 입력회로

2.7.15. 트리플스위치

① 고압스위치 : 과도 압력시 차단(455PSI)

② 저압스위치 : 냉매량 부족시 차단(28PSI)

③ 미들스위치 : 응축기 팬 고속 작동조건 감지(220PSI)

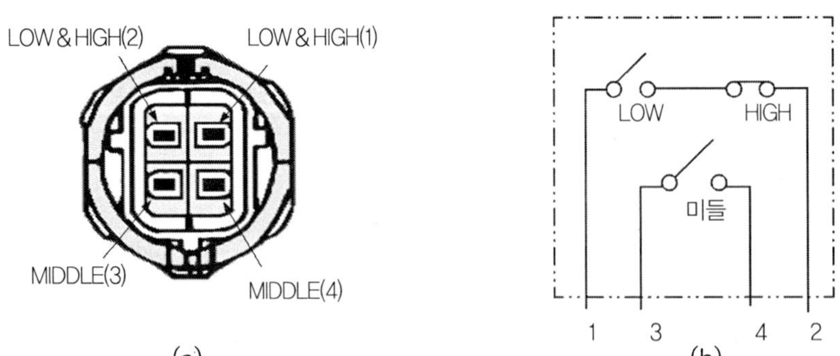

그림 91. 트리플스위치 커넥터 핀 배열 및 스위치 회로도

2.7.16. 수온센서

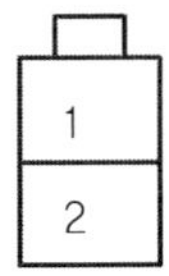

핀 번호	핀 기능
1	수온센서(+)
2	센서 GND

(a) 핀 배열 및 단자기능

핀 번호	핀 기능
B-7	센서 전원(5V)
B-12	센서 접지

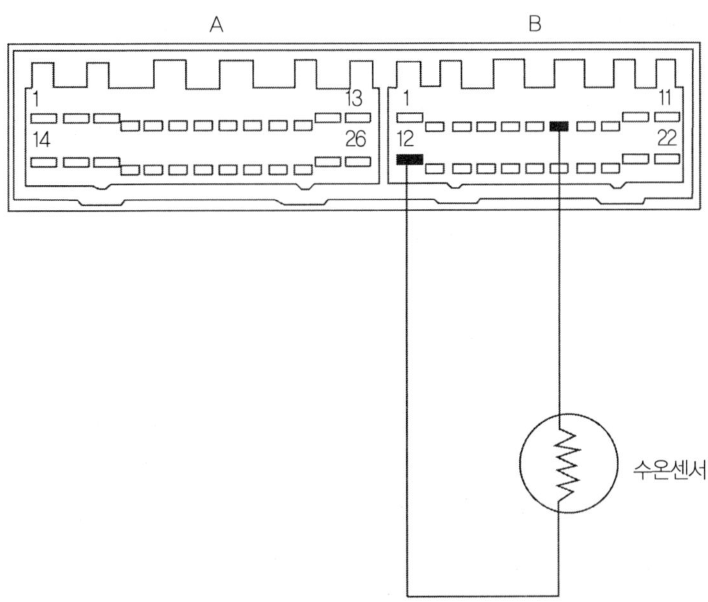

(b) 입력회로

그림 92. 수온센서

2.8. 스캐너를 이용한 고장진단

스캐너장비를 이용하여 FATC의 자기진단, 서비스데이터 및 액추에이터 구동 테스터 등의 여러 가지 기능을 수행할 수 있다.

2.8.1. 자기진단

차종 선택			1/42
01.	NF	11.	스쿠프
02.	JM	12.	라비타
03	TG	13.	뉴-아반떼 XD
04.	에쿠스	14.	아반떼 XD
05.	아토스	15.	아반떼
06.	클릭	16.	엘란트라
07.	뉴 베르나	17.	티뷰론
08.	베르나	18.	투스카니
09.	엑센트	19.	뉴-EF소나타
10.	엑셀	20.	EF소나타

그림〉 93. 차종선택

제어장치 선택	5/10
차종 : NF	
01.	기관제어 가솔린
02.	자동변속
03.	제동제어
04.	에어백
05.	오토 에어컨
06.	파워 스티어링
07.	현가장치
08	바디 컨트롤 모듈(ECM)

그림〉 94. 오토에어컨 선택

제어장치 선택	5/10
차 종 : NF	
제어장치 : 오토 에어컨	
01.	자기진단
02.	센서출력
03.	액추에이터 검사
04.	시스템 사양정보
05.	센서출력 & 자기진단
06.	센서출력 & 액추에이터
07.	센서출력 & 미터/출력

그림〉 95. 자기진단선택

자기진단	
B1200	습도센서-단선
B1202	히터온도센서-단선
B1234	실내온도센서-단선
B1238	외기온도센서 단선-신호값 높음
B1242	증발센서-단선
B1245	에어믹스스위치센서-단선(운전석)
B1249	토출구 위치센서-단선(운전석)
B1208	흡기 위치개방 - 신호 낮음
B1257	AQS센서 개방
고장코드 갯수 : 9 개	
소거	도움

그림〉 96. 고장코드

2.8.2. 센서출력

전단기능 선택	2/9

차　　종 : NF
제어장치 : 오토 에어컨

01. 자기진단
02. 센서출력
03. 액추에이터 검사
04. 시스템 사양정보
05. 센서출력 & 자기진단
06. 센서출력 & 액추에이터
07. 센서출력 & 미터/출력

그림 97. 센서출력 선택

자기진단	
히터수온센서	-2.0℃
실내온도센서	25.0℃
외기온도센서	20.0℃
증발센서	-2.0℃
일사량센서-운전석	2.8V
에어믹스 위치센서-운전석	90.2%
토출구 위치센서-운전석	6.3%
습도센서	10.0%

[소거] [분할] [전체] [파형] [기록] [도움]

그림 98. 센서출력

2.8.3. 액추에이터 검사

① 자동에어컨에서 제공하는 약 15가지의 강제구동 항목을 통하여 출력요소의 각 항목별로 강제구동 테스트 할 수 있다.

② 액추에이터 검사를 이용하여 액추에이터 및 ECU/배선 등의 상태 등을 점검할 수 있다.

전단기능 선택	3/9

차　　종 : NF
제어장치 : 오토 에어컨

01. 자기진단
02. 센서출력
03. 액추에이터 검사
04. 시스템 사양정보
05. 센서출력 & 자기진단
06. 센서출력 & 액추에이터
07. 센서출력 & 미터/출력

그림 99. 액추에이터 검사선택

액추에이터	1/15

압축기 - ON

구동시간	[정지]버튼 선택시 정지
검사방법	강제구동
검사조건	강제구동 중 ! 강제정지 중 !

준비되면 [시작] 키를 누르시오.

[시작] [정지]

그림 100. 압축기-ON 강제구동

액추에이터 2/15

압축기 - OFF

구동시간	[정지]버튼 선택시 정지
검사방법	강제구동
검사조건	강제구동 중 ! 강제정지 중 !

준비되면 [시작] 키를 누르시오.

[시작] [정지]

그림 101. 압축기-OFF 강제구동

액추에이터 3/15

송풍기 팬 모터 - OFF

구동시간	[정지]버튼 선택시 정지
검사방법	강제구동
검사조건	강제구동 중 ! 강제정지 중 !

준비되면 [시작] 키를 누르시오.

[시작] [정지]

그림 102. 송풍기 팬 모터-OFF 강제구동

액추에이터 4/15

송풍기 팬 모터 - 저속

구동시간	[정지]버튼 선택시 정지
검사방법	강제구동
검사조건	강제구동 중 ! 강제정지 중 !

준비되면 [시작] 키를 누르시오.

[시작] [정지]

그림 103. 송풍기 팬 모터-저속 강제구동

액추에이터 5/15

송풍기 팬 모터 - 중속

구동시간	[정지]버튼 선택시 정지
검사방법	강제구동
검사조건	강제구동 중 ! 강제정지 중 !

준비되면 [시작] 키를 누르시오.

[시작] [정지]

그림 104. 송풍기 팬 모터-중속 강제구동

액추에이터 6/15

송풍기 팬 모터 - 고속

구동시간	[정지]버튼 선택시 정지
검사방법	강제구동
검사조건	강제구동 중 ! 강제정지 중 !

준비되면 [시작] 키를 누르시오.

시작 정지

그림 105. 송풍기 팬 모터-고속 강제구동

액추에이터 7/15

에어믹스도어(운전석) - 0%(최대 냉방)

구동시간	[정지]버튼 선택시 정지
검사방법	강제구동
검사조건	강제구동 중 ! 강제정지 중 !

준비되면 [시작] 키를 누르시오.

시작 정지

그림 106. 에어믹스도어(운전석)-최대 냉방 강제구동

액추에이터 8/15

에어믹스도어(운전석) - 50%(중온)

구동시간	[정지]버튼 선택시 정지
검사방법	강제구동
검사조건	강제구동 중 ! 강제정지 중 !

준비되면 [시작] 키를 누르시오.

시작 정지

그림 107. 에어믹스도어(운전석)-중온 강제구동

액추에이터 9/15

에어믹스도어(운전석)-100%(최대 난방)

구동시간	[정지]버튼 선택시 정지
검사방법	강제구동
검사조건	강제구동 중 ! 강제정지 중 !

준비되면 [시작] 키를 누르시오.

시작 정지

그림 108. 에어믹스도어(운전석)-최대난방 강제구동

액추에이터 10/15

모드선택(운전석) – VENT

구동시간	[정지]버튼 선택시 정지
검사방법	강제구동
검사조건	강제구동 중 ! 강제정지 중 !

준비되면 [시작] 키를 누르시오.

[시작] [정지]

그림 109. 모드선택(운전석)–VENT 강제구동

액추에이터 11/15

모드선택(운전석) – FLOOR

구동시간	[정지]버튼 선택시 정지
검사방법	강제구동
검사조건	강제구동 중 ! 강제정지 중 !

준비되면 [시작] 키를 누르시오.

[시작] [정지]

그림 110. 모드선택(운전석)–FLOOR 강제구동

액추에이터 12/15

모드선택(운전석) – DEF

구동시간	[정지]버튼 선택시 정지
검사방법	강제구동
검사조건	강제구동 중 ! 강제정지 중 !

준비되면 [시작] 키를 누르시오.

[시작] [정지]

그림 111. 모드선택(운전석)–DEF 강제구동

액추에이터 13/15

내 · 외기 도어 – FRESH

구동시간	[정지]버튼 선택시 정지
검사방법	강제구동
검사조건	강제구동 중 ! 강제정지 중 !

준비되면 [시작] 키를 누르시오.

[시작] [정지]

그림 112. 내 · 외기 도어–FRESH 강제구동

액추에이터	12/15
내・외기 도어 - REC IRC	
구동시간	[정지]버튼 선택시 정지
검사방법	강제구동
검사조건	강제구동 중 ! 강제정지 중 !
준비되면 [시작] 키를 누르시오.	
시작 정지	

그림 113. 내・외기 도어-RECIRC 강제구동

액추에이터	13/15
PTC 히터 릴레이 - ON	
구동시간	[정지]버튼 선택시 정지
검사방법	강제구동
검사조건	강제구동 중 ! 강제정지 중 !
준비되면 [시작] 키를 누르시오.	
시작 정지	

그림 114. PTC 히터릴레이-ON 강제구동

2.9. 압력검사(질소주입)

고압펌프를 이용하여 고압공기를 에어컨 라인에 주입하여 누설 부위를 점검할 수 있으나 공기 중에는 수분이 함유되어 있으므로 질소가스를 이용하면 질소가스는 수분을 함유하고 있지 않으므로 에어컨라인에 수분유입이 방지된다.

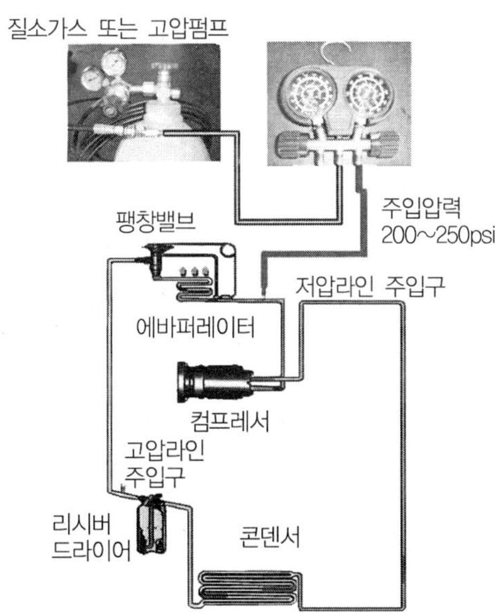

그림 115. 압력검사

질소가스 또는 고압펌프를 이용하여 고압공기를 고압게이지로 차량 저압라인으로 200~250psi 정도 주입하여 비눗물 등으로 누설부위를 검사한다. 높은 고압 주입시 부품이 손상 되므로 250psi 이상 주입을 하지 말아야 한다.

2.10. 정비사례 및 고장진단

<table>
<tr><th colspan="2">이상내용 및 진단</th><th>대 책</th></tr>
<tr><td rowspan="4">저압이 낮고,
고압이 낮다</td><td>압축기의 밸브가 파손 되었다.</td><td>압축기를 수리 또는 교환한다.</td></tr>
<tr><td>압축기의 실린더헤드의 개스킷이 파손되었다.</td><td>압축기를 수리 또는 교환한다.</td></tr>
<tr><td>냉매량이 절대적으로 부족하다.</td><td>누설에 의한 경우가 많으므로 누설의 원인을 찾아 수리한 후 진공을 하고 냉매를 충전한다.</td></tr>
<tr><td>팽창밸브의 감온통의 접촉 불량</td><td>팽창밸브의 감온통은 파이프와 밀착이 잘되어 있어야 하며 공기와의 접촉은 피하는 것이 좋다. 밀착이 불량하면 파이프와 완전히 밀착이 되도록 하고 팽창밸브가 고장일 경우에는 팽창밸브를 교환한다.</td></tr>
<tr><td rowspan="4">바람이 약하다</td><td>송풍기 모터가 돋지 않는다.</td><td>① 퓨즈 단선 여부를 확인한다. 퓨즈를 교환한다.
② 릴레이의 작동 여부를 확인한다. 불량일 때 릴레이를 교환한다.
③ 송풍기 모터를 점검하고 불량시 교환한다.</td></tr>
<tr><td>에어필터가 막혔다</td><td>에어필터를 교환한다.</td></tr>
<tr><td>증발기 팬의 모드가 저단이다</td><td>컨트롤 판넬에서 풍량을 HIGH로 한다.</td></tr>
<tr><td>증발기 코일이 막혔다.</td><td>코일의 핀이 휘거나 손상되지 않도록 조심하여 에어컨을 정지시킨 후 냉방기 운전시의 공기 흐름 방향과 반대 방향으로 물로 불어 내거나 압축공기를 이용하여 청소한다. 오염이 심할 경우 부드러운 솔로 중성세제를 녹인 너무 뜨겁지 않은 온수를 묻혀 코일에 문질러 세정한다.</td></tr>
<tr><td rowspan="2">고압이 높고,
저압도 높다</td><td>냉매의 과 충전</td><td>냉매의 적정량을 빼 준다.</td></tr>
<tr><td>응축기 팬이 돌지 않는다.</td><td>① 배선의 연결상태를 확인한다. 접속 불량시 접속을 정확히 한다.
② 퓨즈 단선 여부를 확인한다. 단선시 교환한다.
③ 릴레이 작동 여부를 확인한다. 불량시 교환한다.
④ 팬을 단품 점검하여 불량시 교환한다.</td></tr>
</table>

이상내용 및 진단		대 책
고압이 높고, 저압도 높다	응축기 코어가 막혔다	코일의 핀이 휘거나 손상되지 않도록 조심하여 에어컨을 정지시킨 후 냉방기 운전시의 공기흐름 방향과 반대 방향으로 물로 불어 내거나 압축공기를 이용하여 청소한다. 오염이 심할 경우 부드러운 솔로 중성세제를 녹인 너무 뜨겁지 않은 온수를 묻혀 코일에 문질러 세정한다.
	배관 내에 공기 등이 과다 혼입되었다	장치내의 냉매를 회수한 후 누설 여부를 확인한다. 누설이 있으면 누설개소를 수리하고 진공을 한 후 냉매를 재충전하고 누설이 없을 경우에 진공을 한 후 냉매를 재충전 한다.
	실외 공기가 너무 높다	통풍이 잘 되도록 하고 밀폐 된 공간 내에서 장시간 운전을 피한다.
고압이 낮고, 저압이 높다	압축기의 밸브가 파손 되었다.	압축기를 수리 또는 교환한다.
	압축기의 실린더 헤드의 개스킷이 파손되었다.	압축기를 수리 또는 교환한다.
	팽창밸브가 너무 많이 열려있다.	팽창밸브를 수리 또는 교환한다.
	팽창밸브의 감온통의 접촉 불량	팽창밸브의 감온통은 파이프와 밀착이 잘되어 있어야 하며 공기와의 접촉은 피하는 것이 좋다. 밀착이 불량하면 파이프와 완전히 밀착이 되도록 하고 팽창밸브가 고장일 경우에는 팽창밸브를 교환한다.

2.11. 에어컨 회로점검

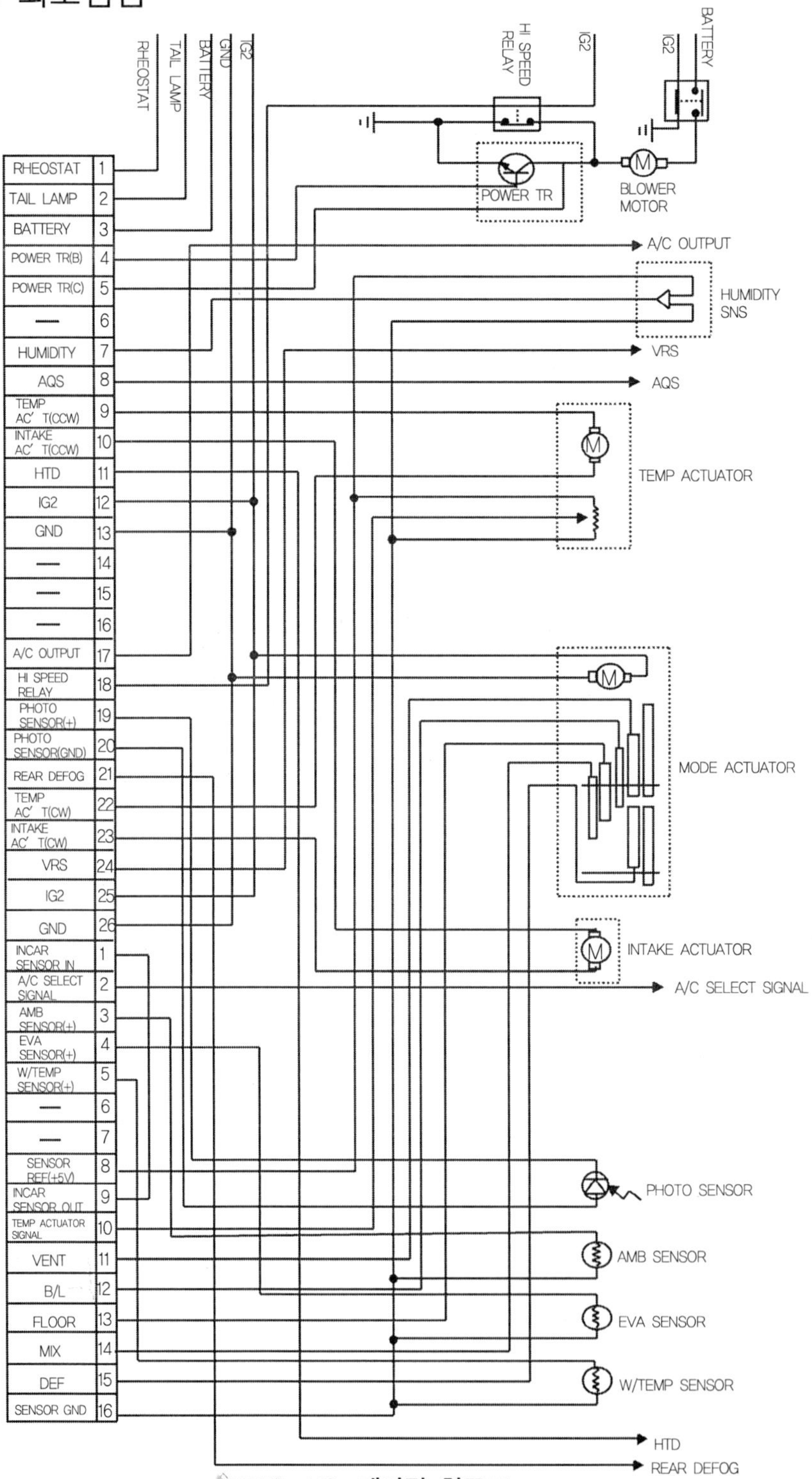

그림 116. 에어컨 회로도

① 축전지 충전상태 및 터미널 연결상태를 점검한다.

② 에어컨 냉매를 점검한다.

③ 메인퓨즈 및 에어컨 관련 퓨즈를 점검한다.

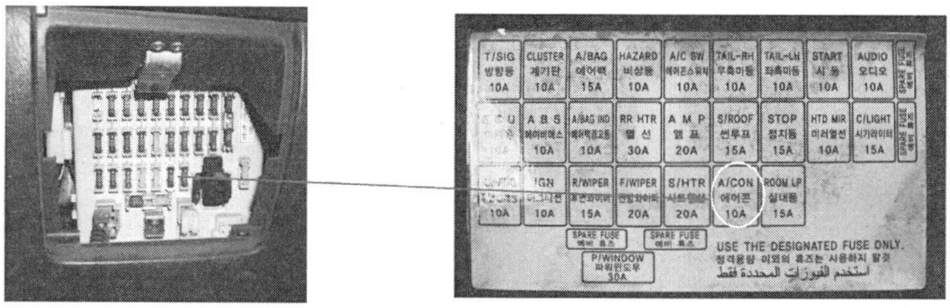

그림 117. 실내 정션 퓨즈박스에서 에어컨 관련 퓨즈위치

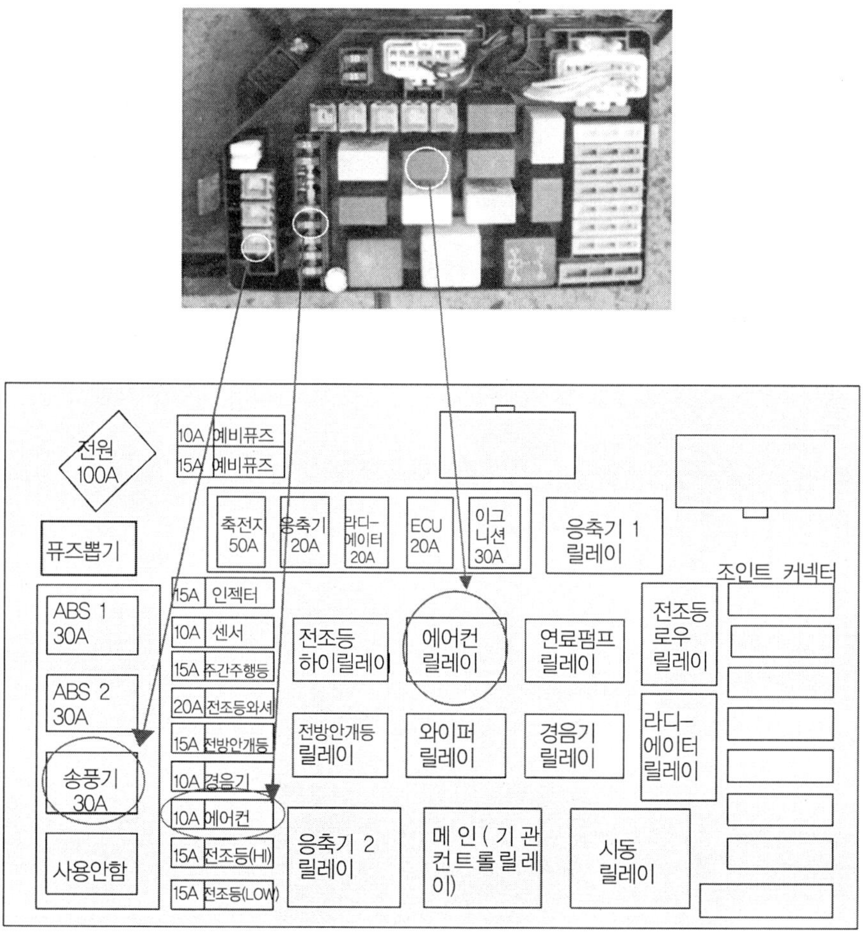

그림 118. 기관 룸 퓨즈박스에서 에어컨 관련 퓨즈 및 릴레이 위치

④ 송풍기 퓨즈를 점검한다.

⑤ 송풍기 모터 및 송풍기 스위치를 점검한다.

⑥ 에어컨 릴레이를 점검한다.

⑦ 에어컨 스위치를 점검한다.

⑧ 에어컨 압축기를 점검한다.

그림 119. 에어컨스위치 점검

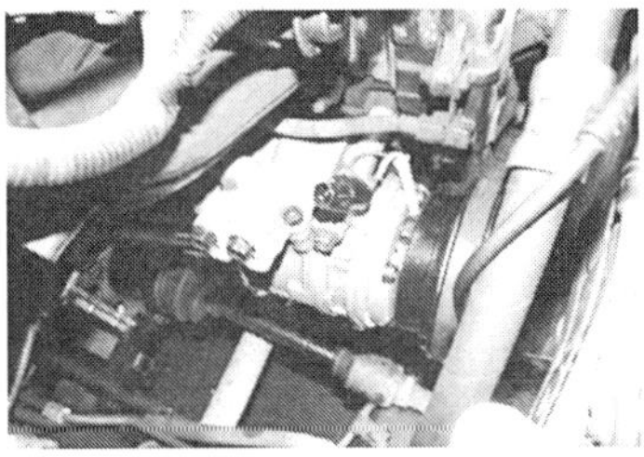

그림 120. 에어컨 압축기 점검

⑨ 압력스위치를 점검한다.

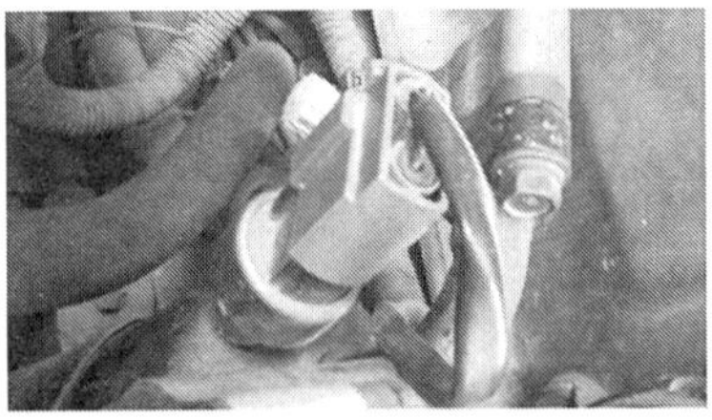

(a)

(b)

그림 121. 압력스위치 점검

⑩ 핀센서(서미스터 센서) 및 파워 트랜지스터를 점검한다.

그림 122. 핀센서 및 파워 트랜지스터 점검

3 냉 · 난방장치의 점검 및 수리방법

3.1. 단품점검

[1] 에어컨 냉매 압력을 측정하고 판정 및 정비(또는 조치)사항을 기록하시오.

자동차 번호 :			비번호		지도교수 확 인	
측정 항목	① 측정(또는 점검)		② 판정 및 정비(또는 조치)사항		득 점	
	측정값	규정(정비한계)값	판정(□에 "✔" 표)	정비 및 조치할 사항		
고압			□ 양호 □ 불량			
저압						

[2] 에어컨 압축기를 교환하고 에어컨 냉매를 규정으로 주입하시오.

[3] 송풍기 모터 및 항균필터를 교환하시오.

[4] FATC 자기진단 측정하고 판정 및 정비(또는 조치)사항을 기록하시오.

자동차 번호 :			비번호		지도교수 확 인	
고장 항목	① 측정(또는 점검)		② 판정 및 정비(또는 조치)사항		득 점	
	측정값	규정(정비한계)값	판정(□에 "✔" 표)	정비 및 조치할 사항		
			□ 양호 □ 불량			

[5] 에어컨 압축기 클러치 및 마그네틱을 탈거하고 마그네틱을 측정하고 판정 및 정비(또는 조치)사항을 기록 후 조립하시오.

자동차 번호 :			비번호		지도교수 확 인	
측정 항목	① 측정(또는 점검)		② 판정 및 정비(또는 조치)사항		득 점	
	측정값	규정(정비한계)값	판정(□에 "✔" 표)	정비 및 조치할 사항		
마그네틱			□ 양호 □ 불량			

[6] 에어컨 송풍기의 저항기를 탈거하고 저항기를 측정하고 판정 및 정비(또는 조치)사항을 기록하시오.

자동차 번호 :			비번호		지도교수 확 인	
측정 항목	① 측정(또는 점검)		② 판정 및 정비(또는 조치)사항		득 점
	측정값	규정(정비한계)값	판정(□에 "✔" 표)	정비 및 조치할 사항	
레지스터			□ 양호 □ 불량		

[7] FATC 파워 TR을 탈거하고 파워 TR을 측정하고 판정 및 정비(또는 조치)사항을 기록 후 조립하시오.

자동차 번호 :			비번호		지도교수 확 인	
측정 항목	① 측정(또는 점검)		② 판정 및 정비(또는 조치)사항		득 점
	측정값	규정(정비한계)값	판정(□에 "✔" 표)	정비 및 조치할 사항	
파워 TR			□ 양호 □ 불량		

[8] FATC 다음 항목을 측정하고 판정 및 정비(또는 조치)사항을 기록하시오.

자동차 번호 :			비번호		지도교수 확 인	
측정 항목	① 측정(또는 점검)		② 판정 및 정비(또는 조치)사항		득 점
	측정값	규정(정비한계)값	판정(□에 "✔" 표)	정비 및 조치할 사항	
핀 서모센서			□ 양호 □ 불량		
외기 온도센서			□ 양호 □ 불량		
실내 온도센서			□ 양호 □ 불량		
일사량센서			□ 양호 □ 불량		
습도센서			□ 양호 □ 불량		
AQS			□ 양호 □ 불량		
APT			□ 양호 □ 불량		

[9] 스캐너를 이용하여 에어컨시스템을 자기진단 측정하고 판정 및 정비(또는 조치)사항을 기록하시오.

자동차 번호 :			비번호		지도교수 확 인	
고장 항목	① 측정(또는 점검)		② 판정 및 정비(또는 조치)사항			득 점
	측정값	규정(정비한계)값	판정(□에 "✔" 표)	정비 및 조치할 사항		
			□ 양호 □ 불량			

[10] 에어컨 라인을 압력검사를 하고 누설 부위를 측정하고 판정 및 정비(또는 조치)사항을 기록하시오.

자동차 번호 :		비번호		지도교수 확 인	
측정 항목	① 측정(또는 점검)	② 판정 및 정비(또는 조치)사항			득 점
		판정(□에 "✔" 표)	정비 및 조치할 사항		
누설부위		□ 양호 □ 불량			

3.2. 고장증상 점검 및 수리방법

[1] 히터와 에어컨이 송풍기 모터 최고단수에서만 작동을 한다.

(1) 위 사항과 같은 고장증상이 발생되면 고장증상을 확인하고 고장증상에 대한 확인방법을 작성하시오.

고장증상	고장증상 확인방법	확 인

(2) 고장부위 고장원인 및 점검방법을 작성하시오.

고장부위	고장원인	점검방법	확 인

(3) 고장부분을 정비지침서 또는 관련 자료를 참고하여 수리하고 수리방법과 수리절차를 작성하시오.

수리방법	수리절차	확 인

[2] FATC 차량에 풍량 조절이 안 되고 BLOW MOTOR도 미작동하나 에어컨은 제대로 작동된다.

(1) 위 사항과 같은 고장증상이 발생되면 고장증상을 확인하고 고장증상에 대한 확인방법을 작성하시오.

고장증상	고장증상 확인방법	확 인

(2) 고장부위 고장원인 및 점검방법을 작성하시오.

고장 부위	고장 원인	점검방법	확 인

(3) 고장부분을 정비지침서 또는 관련 자료를 참고하여 수리하고 수리방법과 수리절차를 작성하시오.

수리방법	수리절차	확 인

[3] 송풍기 모터 작동시 모터에서 "끼리리릭" 하는 잡음이 난다.

(1) 위 사항과 같은 고장증상이 발생되면 고장증상을 확인하고 고장증상에 대한 확인방법을 작성하시오.

고장증상	고장증상 확인방법	확 인

(2) 고장부위 고장원인 및 점검방법을 작성하시오.

고장 부위	고장 원인	점검방법	확 인

(3) 고장부분을 정비지침서 또는 관련 자료를 참고하여 수리하고 수리방법과 수리절차를 작성하시오.

수리방법	수리절차	확 인

[4] 에어컨 작동시 조수석 실내로 물이 들어온다.

(1) 위 사항과 같은 고장증상이 발생되면 고장증상을 확인하고 고장증상에 대한 확인방법을 작성하시오.

고장증상	고장증상 확인방법	확 인

(2) 고장부위 고장원인 및 점검방법을 작성하시오.

고장부위	고장원인	점검방법	확 인

(3) 고장부분을 정비지침서 또는 관련 자료를 참고하여 수리하고 수리방법과 수리절차를 작성하시오.

수리방법	수리절차	확 인

[5] 에어컨 작동시 압축기에서 "탁탁" 소음과 함께 찬바람이 나오지 않는다.

(1) 위 사항과 같은 고장증상이 발생되면 고장증상을 확인하고 고장증상에 대한 확인방법을 작성하시오.

고장증상	고장증상 확인방법	확 인

(2) 고장부위 고장원인 및 점검방법을 작성하시오.

고장부위	고장원인	점검방법	확 인

(3) 고장부분을 정비지침서 또는 관련 자료를 참고하여 수리하고 수리방법과 수리절차를 작성하시오.

수리방법	수리절차	확 인

[6] 에어컨 바람이 시원하게 잘나오다가 20~30분이 지나면 바람세기도 약해지고 더운 바람이 나온다.

(1) 위 사항과 같은 고장증상이 발생되면 고장증상을 확인하고 고장증상에 대한 확인방법을 작성하시오.

고장증상	고장증상 확인방법	확 인

(2) 고장부위 고장원인 및 점검방법을 작성하시오.

고장부위	고장원인	점검방법	확 인

(3) 고장부분을 정비지침서 또는 관련 자료를 참고하여 수리하고 수리방법과 수리절차를 작성하시오.

수리방법	수리절차	확 인

[7] 히터는 작동하는데 에어컨이 작동되지 않는다.

(1) 위 사항과 같은 고장증상이 발생되면 고장증상을 확인하고 고장증상에 대한 확인방법을 작성하시오.

고장증상	고장증상 확인방법	확 인

(2) 고장부위 고장원인 및 점검방법을 작성하시오.

고장부위	고장원인	점검방법	확 인

(3) 고장부분을 정비지침서 또는 관련 자료를 참고하여 수리하고 수리방법과 수리절차를 작성하시오.

수리방법	수리절차	확 인

[8] 겨울에 더운 바람이 늦게 나오며 주행 중에는 더운 바람이 나오지 않는다.

(1) 위 사항과 같은 고장증상이 발생되면 고장증상을 확인하고 고장증상에 대한 확인방법을 작성하시오.

고장증상	고장증상 확인방법	확 인

(2) 고장부위 고장원인 및 점검방법을 작성하시오.

고장부위	고장원인	점검방법	확 인

(3) 고장부분을 정비지침서 또는 관련 자료를 참고하여 수리하고 수리방법과 수리절차를 작성하시오.

수리방법	수리절차	확 인

[9] 언제부턴가 에어컨 작동버튼을 누르면 "그르르륵" 소리만나고 에어컨 최저 온도로 해도 선풍기 바람처럼 나온다. 본넷을 열고 에어컨파이프 확인시 하얀 성애가 끼어있다.

(1) 위 사항과 같은 고장증상이 발생되면 고장증상을 확인하고 고장증상에 대한 확인방법을 작성하시오.

고장증상	고장증상 확인방법	확 인

(2) 고장부위 고장원인 및 점검방법을 작성하시오.

고장부위	고장원인	점검방법	확 인

(3) 고장부분을 정비지침서 또는 관련 자료를 참고하여 수리하고 수리방법과 수리절차를 작성하시오.

수리방법	수리절차	확 인

[10] 에어컨을 켜도 시원한 바람은 나오지 않고 더운 바람만 나와 차량 실내 에어컨 토출구 온도를 재어 보니 16℃ 정도이었다. 에어컨 압축기가 작동해도 응축기 팬은 회전하지 않고 공전시 에어컨압력은 고압이 400psi 이상, 저압은 65psi 이상이었고 그 상태에서도 계속압력이 상승하고 있었다.

에어컨 팽창밸브가 열린 채로 고착이 되어도 에어컨압력이 계속 상승하기는 하는데 팽창밸브 결함은 기계적 노화 정도로 보이고 고장현상의 주요 원인은 에어컨가스 냉각장치(응축기 팬) 결함으로 보인다. 응축기 팬 회로에서 직접 전압을 인가하여보니 응축기 팬이 정상 작동하였고 응축기 팬 릴레이 스위치단자에 전압을 인가하여 보니 응축기 팬이 작동하지 않았다. 차량의 전기회로 노화가 많이 진행된 듯싶다.

(1) 위 사항과 같은 고장증상이 발생되면 고장증상을 확인하고 고장증상에 대한 확인방법을 작성하시오.

고장증상	고장증상 확인방법	확 인

(2) 고장부위 고장원인 및 점검방법을 작성하시오.

고장부위	고장원인	점검방법	확 인

(3) 고장부분을 정비지침서 또는 관련 자료를 참고하여 수리하고 수리방법과 수리절차를 작성하시오.

수리방법	수리절차	확 인

냉 · 난방장치 정비 자기진단 [1506030103_14v2]

진단영역	진 단 문 항	매우 미흡	미흡	보통	우수	매우 우수
냉 · 난방장치 점검 · 진단하기	1. 나는 정비지침서에 따라 냉 · 난방장치를 점검 · 진단하여 이상유무를 판단할 수 있다.	①	②	③	④	⑤
	2. 나는 정비지침서에 따라 진단장비를 사용하여 냉 · 난방장치의 고장원인을 진단할 수 있다.	①	②	③	④	⑤
	3. 나는 정비지침서에 따라 냉 · 난방장치의 고장원인에 대한 작업계획을 세울 수 있다.	①	②	③	④	⑤
냉 · 난방장치 교환하기	1. 나는 정비지침서에 따라 진단장비를 사용하여 수리 · 교환여부를 판단할 수 있다.	①	②	③	④	⑤
	2. 나는 정비지침서에 따라 냉 · 난방장치를 교환할 수 있다.	①	②	③	④	⑤
	3. 나는 대기환경보존법에 따라 수리 · 교환 작업을 실행할 수 있다.	①	②	③	④	⑤
냉 · 난방장치 수리하기	1. 나는 정비지침서에 따라 냉 · 난방장치를 분석할 수 있다.	①	②	③	④	⑤
	2. 나는 정비지침서에 따라 냉 · 난방장치를 정상상태로 수리할 수 있다.	①	②	③	④	⑤
	3. 나는 정비지침서에 따라 교환 · 수리 후 정상 작동 상태를 확인할 수 있다.	①	②	③	④	⑤
냉 · 난방장치 검사하기	1. 나는 정비지침서에 따라 수리 후 냉 · 난방장치를 검사하여 작동상태를 확인할 수 있다.	①	②	③	④	⑤
	2. 나는 정비지침서에 따라 냉 · 난방장치의 성능에 대해 검사를 할 수 있다.	①	②	③	④	⑤
	3. 나는 정비지침서에 따라 냉 · 난방장치에 대한 검사 후 결과를 보고할 수 있다.	①	②	③	④	⑤

[진단결과]

진단영역	문항 수	점 수	점수 ÷ 문항 수
냉 · 난방장치 점검 · 진단하기	3		
냉 · 난방장치 교환하기	3		
냉 · 난방장치 수리하기	3		
냉 · 난방장치 검사하기	3		
합 계	12		

☞ 자신의 점수를 문항 수로 나눈 값이 '3점' 이하에 해당하는 영역은 업무를 성공적으로 수행하는데 요구는 능력이 부족한 것으로 교육훈련이나 개인학습을 통한 개발이 필요함.

실험실습 보고서

<table>
<tr><td colspan="4">실험실습일지</td></tr>
<tr><td>과 목 명</td><td></td><td>학년- 반</td><td>-</td></tr>
<tr><td>학 번</td><td></td><td>성 명</td><td></td></tr>
<tr><td>실험실습
주 제</td><td colspan="3"></td></tr>
<tr><td colspan="4"></td></tr>
<tr><td>비 고</td><td colspan="3"></td></tr>
</table>

04 CHAPTER 전기 · 전자 회로분석

Automotive Electric · Electron Exercise

학습목표

전기 · 전자회로 분석이란 전기 · 전자회로장치의 정상적인 작동을 위하여 전기 회로도를 이해하고 관련부품을 점검하여 이상 유무를 정확하게 파악하고 전기 · 전자장치를 수리 조정 교환하는 능력이다.

1. 전기 · 전자회로의 판독 및 특성에 대해 파악할 수 있다.
2. 정비지침서에 따라 전기 · 전자회로를 파악하고 관련 장치의 작동상태를 확인할 수 있다.
3. 정비지침서에 따라 전기 · 전자회로의 고장원인을 분석할 수 있다.
4. 제조사별 전기 · 전자회로의 규정값을 기준으로 점검 · 진단을 할 수 있다.
5. 정비지침서에 따라 전기 · 전자회로의 세부점검목록을 확인하여 고장원인을 파악할 수 있다.
6. 정비지침서에 따라 고장 진단장비를 사용하여 전기 · 전자회로의 고장원인을 분석할 수 있다.
7. 전기 · 전자회로의 조정을 위해 관련 장비 및 공구를 선택 및 사용할 수 있다.
8. 정비지침서에 따른 교환 · 수리 가능여부를 확인하고 교환 및 수리 후 정상상태를 확인할 수 있다.
9. 정비지침서에 따른 관련부품을 차량에서 탈 · 부착 및 분해 · 조립순서에 맞게 교환할 수 있다.

1 전기 · 전자회로

1.1. 전기회로

모든 물질은 분자로 구성되어 있으며, 분자는 원자의 집합체로 구성되어 있다. 전자론에 의하면 원자는 양(+)전기를 띤 양자와 중성자로 구성된 원자핵과 음(-)전기를 띤 전자로 구성된다. 이와 같이 물질에 존재하는 전자가 전기의 본질이며, 원자핵과 거리가 멀어서 결합력이 약하고 외부의 영향을 가장 쉽게 받아 궤도를 이탈하는 전자를 자유전자라고 한다.

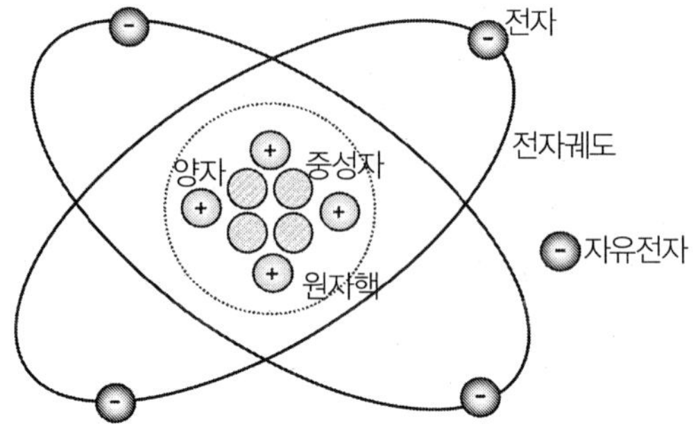

그림 1. 원자의 구조

1.1.1. 전류

전류란 (+)대전체와 (−)대전체 사이를 도체로 연결하면 (+)쪽에서는 도체 내의 전자를 흡인하고, (−)쪽에서는 전자가 반발 당하여 도체 내부로 들어가므로 도체 내에 있는 전자는 (−)쪽에서 (+)쪽으로 이동한다. 이때 전자는 중화되며 전자의 이동을 전류라 한다.

전류의 측정단위는 암페어(A : ampere)이며 1A는 도체 단면의 임의의 한 점을 매초 1 쿨롱(coulomb)의 전하가 이동하고 있을 때의 전류의 크기를 말한다. 전류는 발열작용, 화학작용, 자기작용 등 3대 작용을 한다.

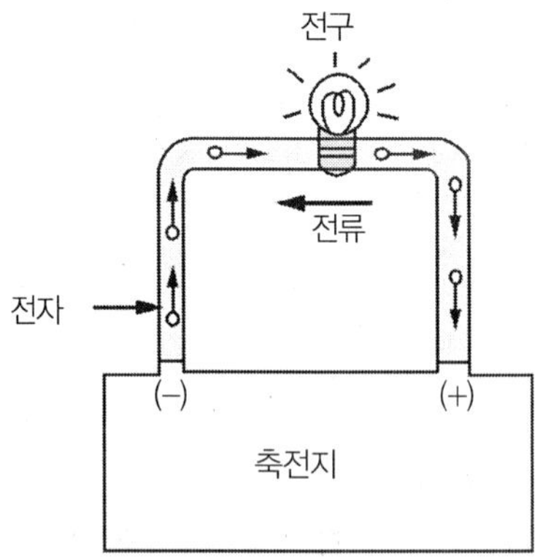

그림 2. 전자와 전류의 흐름

1.1.2. 전압(전위차)

전압이란 전기적인 압력을 말하며, 측정단위는 볼트(V : voltage)이다. 1V란 1옴(Ω)의 도체에 1A의 전류를 흐르게 할 수 있는 전기적인 압력을 말한다.

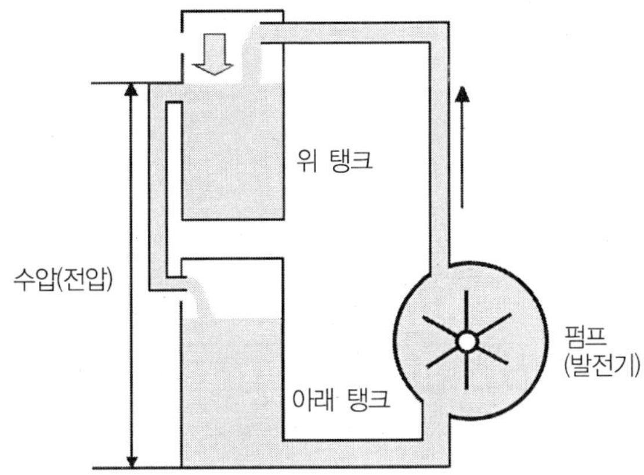

그림 3. 수압과 전압

1.1.3. 저항

저항이란 물질 속을 전류가 흐르기 쉬운가, 또는 어려운가를 표시하는 것이며, 측정단위는 옴(ohm : Ω)이다. 1옴(Ω)이란 1A의 전류를 흐르게 할 때 1V의 전압을 필요로 하는 도체의 저항으로 표시하며, 물질의 저항값을 결정하는 요소는 다음과 같다.

① 물질 : 낮은 압력에서도 비교적 전자의 이동이 활발한 물질일수록 저항이 작다.
② 길이 : 길이가 길어질수록 전자의 이동통로가 길어지므로 저항이 증가한다.
③ 단면적 : 단면적이 커질수록 전자의 이동통로가 커지므로 저항이 감소한다.

[도체의 고유저항]

금속 명칭	고유저항 (μΩ cm)20℃	금속 명칭	고유저항 (μΩ cm)20℃
은	1.62	니 켈	6.90
구 리	1.69	철	10.0
금	2.40	강	20.6
알루미늄	2.62	주 철	57～114
황 동	5.70	니켈-크롬	100～110

④ 온도 : 온도가 증가할수록 내부 입자들의 운동이 활발하여 전자의 자유로운 이동을 방해하므로 저항이 증가한다.

[저항코드]

색	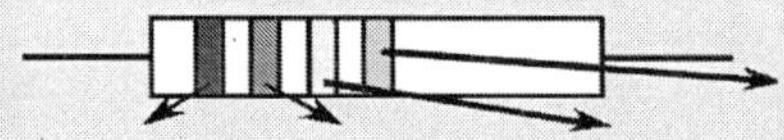			허용오차
	1색대	2색대	3색대	
은색	–	–	10^{-2}	±10%
금색	–	–	10^{-1}	±5%
검정	–	0	10^{0}	–
갈색	1	1	10^{1}	±1%
적색	2	2	10^{2}	±2%
오랜지색	3	3	10^{3}	–
황색	4	4	10^{4}	–
녹색	5	5	10^{5}	±0.5%
청색	6	6	10^{6}	–
보라색	7	7	10^{7}	–
회색	8	8	10^{8}	–
백색	9	9	10^{9}	–

[1] 저항 직렬 접속방법

이 접속방법은 몇 개의 저항을 한 줄로 연결하는 방법이며, 다음과 같은 특징이 있다.

① 어느 저항에서나 똑같은 전류가 흐른다.

② 전압이 나누어져 저항 속을 흐른다.

③ 각 저항에 가해지는 전압의 합은 전원 전압의 합과 같다.

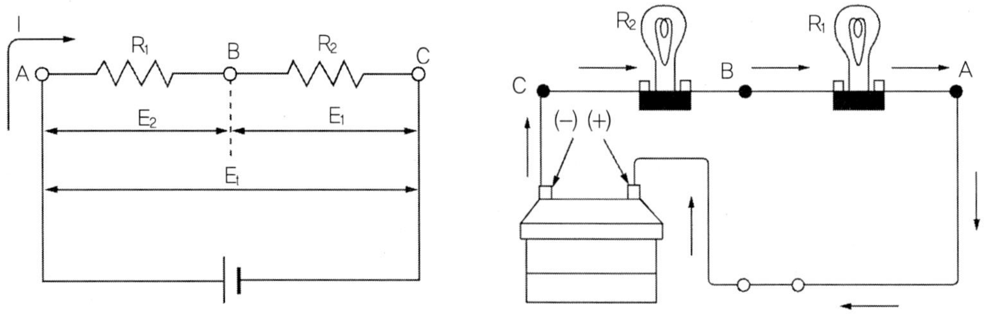

(a) (b)

그림 4. 저항의 직렬 접속방법

[2] 저항 병렬 접속방법

이 접속방법은 모든 저항을 두 단자에 공통으로 연결하는 방법이며, 작은 저항을 얻고자 할 때 사용하는 것으로 다음과 같은 특징이 있다.

① 어느 저항에서나 똑같은 전압이 작용한다.

② 합성저항은 각 저항의 어느 것보다도 적다.

③ 저항이 감소하는 것은 전류가 나누어져 저항 속을 흐르기 때문이다.

④ 전원에서의 전류는 각 전장부품을 흐르는 전류의 합이 되므로 병렬접속을 하는 전장부품이 많을 경우에는 전류용량이 큰 전원을 사용하여야 한다.

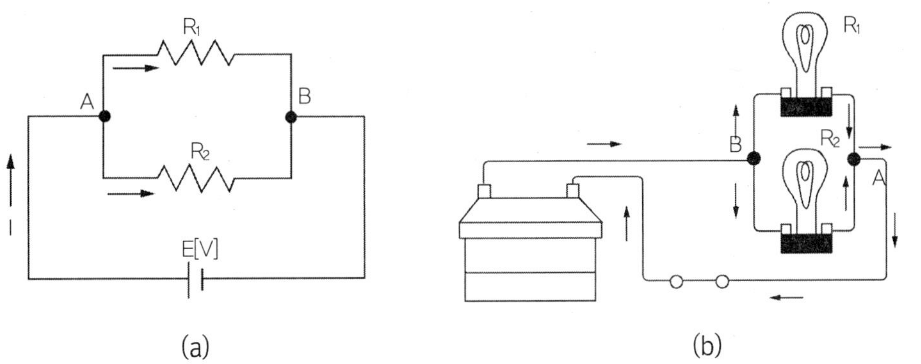

그림 5. 저항의 병렬 접속방법

1.1.4. 옴의 법칙(ohm's law)

전압에 의하여 전류가 흐르며, 저항은 전류의 흐름을 방해하므로 전류, 전압 및 저항 사이에는 밀접한 관계가 있다. 즉, 도체에 흐르는 전류(I)는 전압(E)에 정비례하고, 그 도체의 저항(R)에는 반비례한다.

1.1.5. 키르히호프의 법칙(kirchhoff's law)

[1] 키르히호프의 제1법칙

전류의 법칙으로 회로 내의 "어떤 한 점에 들어온 전류의 총합과 나간 전류의 총합은 같다"는 법칙이다.

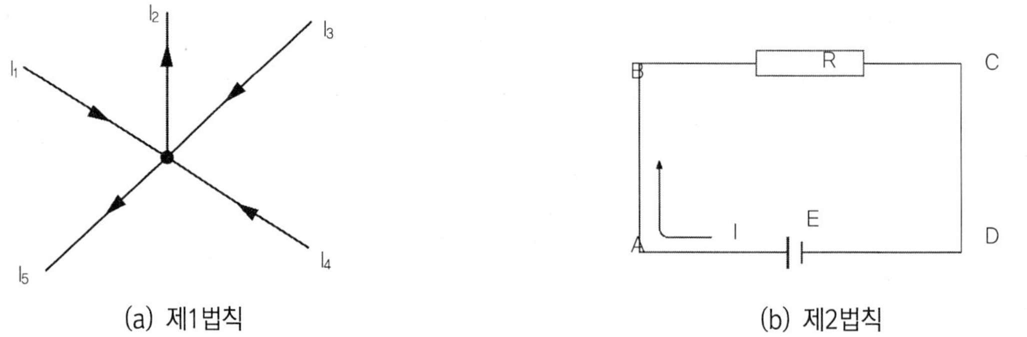

그림 6. 키르히호프법칙

[2] 키르히호프의 제2법칙

전압의 법칙으로 "임의의 폐회로에 있어서 기전력의 총합과 저항에 의한 전압강하의 총합은 같다" 아래 그림의 A에서 B → C → D를 흐르고 A로 되돌아간 경우에는 기전력과 전압강하가 동등하게 된 전위차는 0 즉, 기전력 − 전압강하 = 0이다.

1.1.6. 전력

전력이란 전기가 단위시간 동안에 한 일의 양이며 전등, 전동기 등에 전압을 가하여 전류를 흐르게 하면 열이 나고 기계적 에너지를 발생시켜 여러 가지 일을 할 수 있는 것을 말한다. 즉, 전류가 흐르며 전동기를 회전시킬 때 전동기를 직접 회전시키는 일을 하며 일은 전류(I)가 하지만 전류가 흐르며 일을 하도록 압력을 가하는 것은 전압(E)이다.

이와 같이 전력(P)은 전압(E)과 전류(I)를 곱한 것이고, 전력의 단위는 와트(W : watt)를 사용한다.

1.1.7. 전력량

전력량이란 전류가 어떤 시간 동안에 한 일의 총량을 말하며, 전력량은 전력에 사용한 시간을 곱한 것으로 나타낸다. 따라서 전력(P)을 t초 동안에 사용하였을 때 전력량은 $W = P \times t$로 표시된다. I(A)의 전류가 R(Ω)의 저항 속을 t초 동안 흐를 경우에는 $W = I^2Rt$로 표시한다. 그리고 전력량의 측정단위로는 WS 또는 kW/h이다.

1.1.8. 줄의 법칙(joule′s law)

이 법칙은 저항에 의하여 발생되는 열량은 전류의 2승과 저항을 곱한 것에 비례한다. 즉, 저항 R(Ω)의 도체에 전류 I(A)를 흐를 때 1초마다 소비되는 에너지 I^2R(W)은 모두 열이 된다. 이때의 열을 줄 열이라고 하며 $H= 0.24I^2Rt$의 관계식으로 표시한다.

1.2. 전자회로

1.2.1. 진성 반도체

다이오드나 트랜지스터 등을 제작하는 게르마늄이나 실리콘의 결정에는 같은 수의 전자와 홀(정공(+)전기가 남아 있는 빈자리)이 있는 반도체이며 절연체에 가깝다.

1.2.2. 불순물 반도체

[1] P(positive)형 반도체

실리콘의 결정(4가)에 3가(가장 바깥 궤도에 3개의 전자가 있는 것)의 원소인 붕소(B), 알루미늄(Al)이나 인듐(In)과 같은 물질을 매우 작은 양으로 혼합하면 공유결합을 하게 되는데 이 과정에서 실리콘의 4가 전자 내에 알루미늄이나 인듐의 3가의 원자가 끼어들어 전자가 없는 부분이 발생한다.

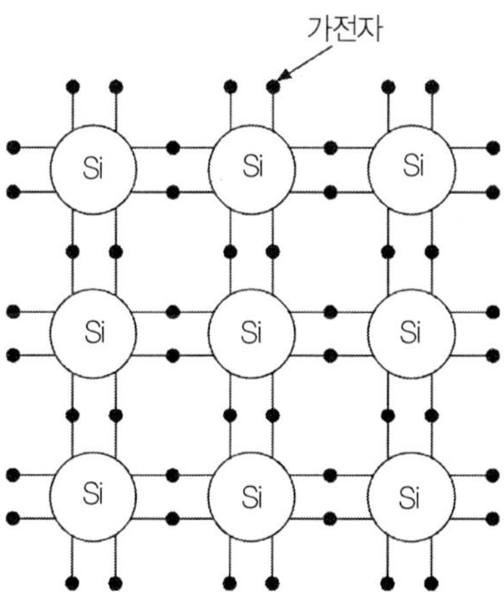

그림 7. 실리콘의 공유결합

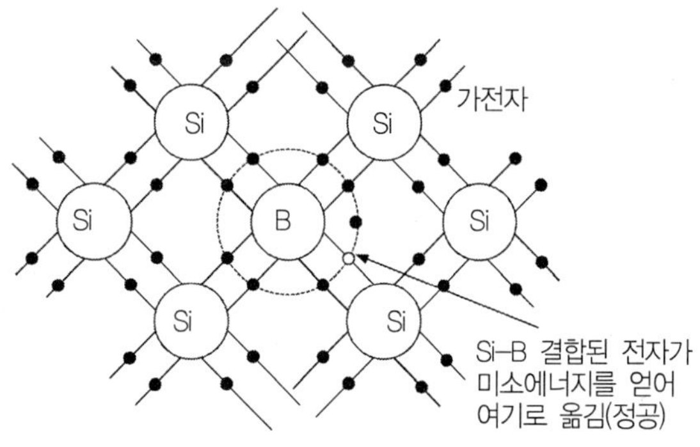

그림 8. P형 반도체

이와 같이 전자가 없는 부분을 홀(hole : 정공)이라고 하며 이 상태에서 전압을 가하면 홀의 (+)에 의해 전자가 흡인되어 홀로 이동하게 되는데 이때 홀의 움직임은 전자의 이동 방향과 정반대로 된다. 1개의 전자가 부족한 홀도 자유롭게 이동할 수 있으므로 전기를 운반(carrier)하게 되는 반도체를 P형 반도체라고 하며, 홀을 만들어 주는 불순물 원자를 억셉터(acceptor)라고 한다.

[2] N(negative)형 반도체

실리콘에 5가의 원소인 비소(As), 안티몬(Sb), 인(P) 등의 원소를 조금 섞으면 5가의 원자가 실리콘 원자 1개를 밀어내고 그 자리에 들어가 실리콘 원자와 공유결합을 한다. 이때 5가의 원자에서는 전자 1개가 남게 되며 이 경우 전기의 운반자(carrier)가 전자이므로 (−)라는 의미에서 N형 반도체라고 하며 잉여 전자를 만들어 주는 불순물 원자를 도너(donor)라 한다.

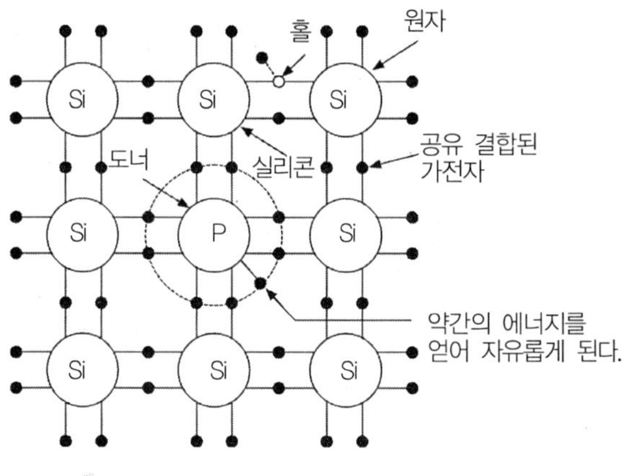

그림》 9. N형 반도체

1.2.3. 반도체의 장 · 단점

[1] 반도체의 장점

① 매우 소형이고, 가볍다.

② 내부 전력손실이 매우 적다.

③ 예열시간을 요하지 않고 곧 작동한다.

④ 기계적으로 강하고, 수명이 길다.

[2] 반도체의 단점

① 온도가 상승하면 그 특성이 매우 나빠진다(게르마늄은 85℃, 실리콘은 150℃ 이상 되면 파손되기 쉽다).

② 역 내압이 매우 낮다.

③ 정격값 이상 되면 파괴되기 쉽다.

1.2.4. 반도체의 응용

[1] 다이오드(diode)

다이오드는 P형 반도체와 N형 반도체를 마주 대고 접합한 것이며, PN접합(PN junction)이라고도 하며 정류작용(整流 作用)을 한다.

(1) 다이오드에 전압을 가하지 않았을 때

이때 P형 반도체에는 홀(정공)이 N형 반도체에는 자유전자가 존재한다.

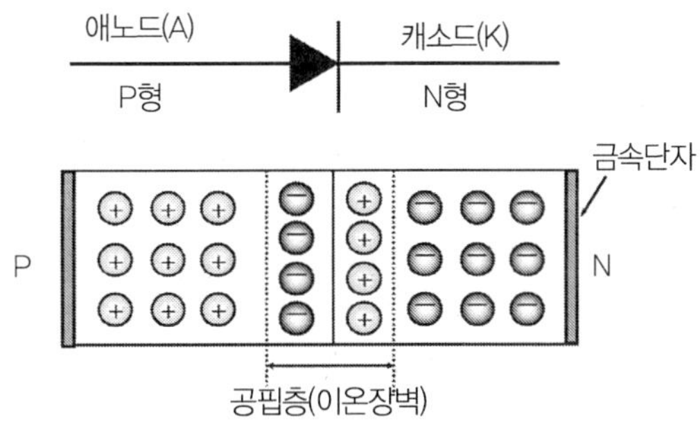

그림 10. 다이오드 구성

(2) 순방향 특성(forward bias)

전원을 P형에는 (+)을, N형에는 (−)을 접속하면 P형의 홀은 (+)극에 반발하여 N형으로 유입되고, N형의 전자는 (−)극에 반발하여 P형 속으로 유입된다. 이에 따라 다이오드에는 전류가 흐르며 이러한 상태를 순방향 특성이라 한다.

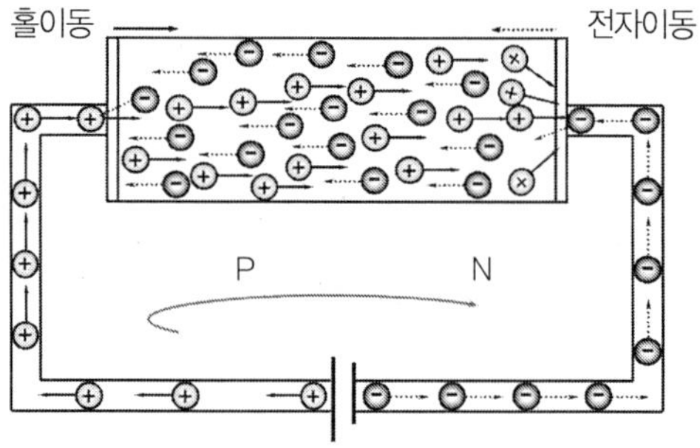

그림 11. 순방향(전류가 흐를 때)특성

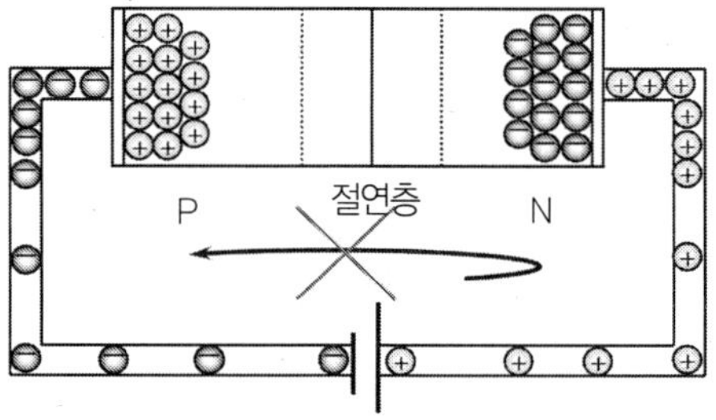

그림 12. 역방향(전류가 흐르지 않을 때)특성

(3) 역방향 특성(reverse bias)

전원을 P형에는 (−)을, N형에는 (+)를 접속하면 P형의 홀은 (−)극 쪽으로, N형의 전자는 (+)극 쪽으로 이동하여 P형과 N형의 경계에는 홀이나 전자가 거의 없어져 매우 큰 저항이 발생하게 된다. 이에 따라 다이오드에는 전류가 흐르지 못한다. 이러한 상태를 역방향 특성이라 한다.

위에서 설명한 바와 같이 순방향에서는 전류가 흐르고, 역방향으로는 전류가 흐르지 않는데 이 작용을 정류작용이라고 한다.

[2] 제너 다이오드(zener diode)

제너 다이오드는 실리콘 다이오드의 일종이며, 어떤 역방향 전압에 도달하면 역방향으로 전류가 통할 수 있도록 제작한 것이다. 즉, 역방향으로 가해지는 전압이 어떤 값에 도달하면 순방향 특성과 같이 급격히 전류를 흐르게 한다. 이때의 전압을 제너전압(항복전압 또는 브레이크다운 전압)이라고 부른다.

또 역방향 전압이 점차 감소하여 제너전압 이하가 되면 역방향 전류가 흐르지 못한다. 이 제너 전압은 온도 및 사용에 의한 변화가 적으며, 교류발전기의 전압조정기 전압 검출이나 정전압 회로에서 사용하고 있다.

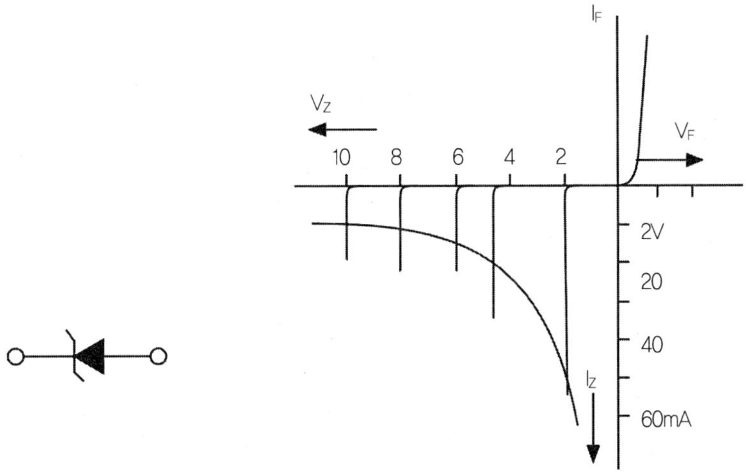

(a) 기호 (b) 특성

그림 13. 제너 다이오드

[3] 발광 다이오드(LED : light emission diode)

발광 다이오드는 순방향으로 전류를 흐르게 하면 빛이 발생되는 다이오드이며, 가시광선으로부터 적외선까지 다양한 빛을 발생한다. 발광(發光)될 때에는 순방향으로 10mA 정도의 전류가 필요하며, PN형 접합면에 순방향 전압을 가하여 전류를 흐르게 하면 캐리어(carrier)가 가지고 있는 에너지 일부가 빛으로 변화하여 외부로 방사(放射)시킨다. 용도는 각종 파일럿램프 등에서 사용한다.

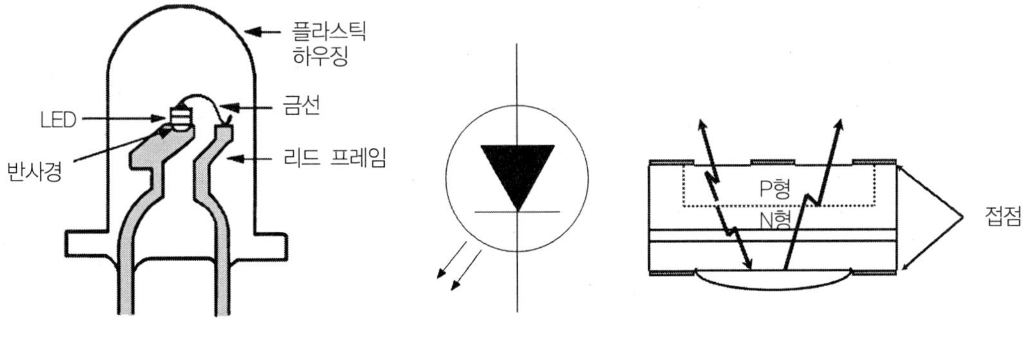

(a) 외관 (b) 기호 (c)

그림 14. 발광 다이오드

[4] 포토 다이오드(photo diode)

포토 다이오드는 PN형을 접합한 게르마늄(Ge)판에 입사광선이 없을 경우에는 N형에 일정 전압이 가해져 있으므로 역방향 특성으로 되어 전류는 흐르지 않게 된다. 그러나 입사광선을 접합부에 쪼이면 빛에 의해 전자가 궤도를 이탈하여 자유전자가 되어 역방향으로 전류가 흐르게 된다. 따라서 입사광선이 강할수록 자유전자 수도 증가하여 더욱 많은 전류가 흐른다.

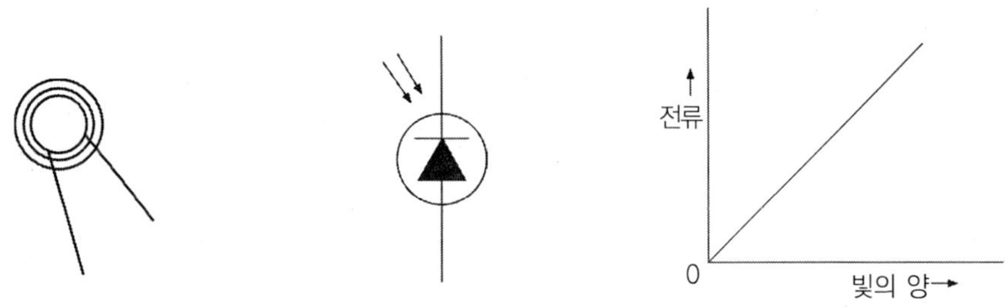

(a) 외관 (b) 기호 (c) 곡선

그림 15. 포토 다이오드

[5] 콘덴서(condenser)

마주 놓인 두 전극 사이에 유전체를 끼워 만들어진 것으로 축전기라고도 한다. 콘덴서는 전하를 충전할 수 있는 기능을 하며 직류는 흐르지 못하게 하지만 교류는 통하게 하며 용량이 클수록, 그리고 주파수가 높을수록 잘 통하게 된다.

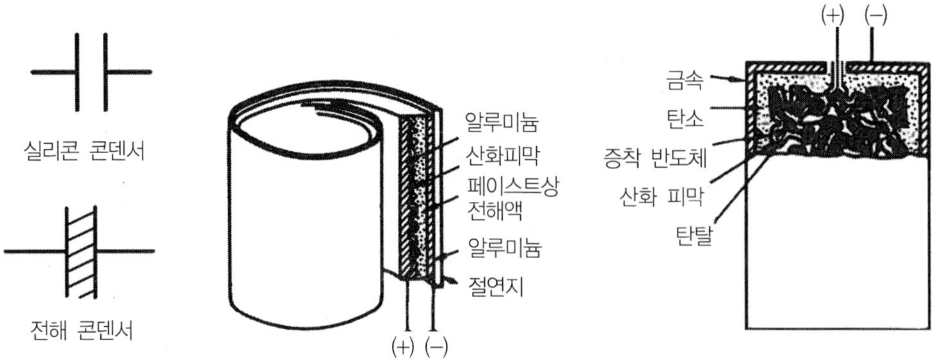

(a) 기호 (b) 알루미늄 박형 (c) 탄탈의 소결형

그림 16. 콘덴서

용량단위는 F(패럿)이지만 그 단위가 너무 커서 pF(피코패럿), uF(마이크로패럿)의 단위를 주로 쓴다. 자동차에서는 지연회로(타이머 회로)나 회로의 전기적인 노이즈(잡음)를 방지 하는데 주로 사용한다.

[6] 트랜지스터(transistor)

트랜지스터는 PN형 다이오드의 N형쪽에 P형을 덧붙인 PNP형과, P형쪽에 N형을 덧붙인 NPN형이 있으며, 3개의 단자부분에는 리드선이 붙어 있다. 중앙부분을 베이스(B : base), 양쪽의 P형 또는 N형을 각각 이미터(E : emitter) 및 컬렉터(C : collector)라고 한다. 트랜지스터의 대표적인 작용으로는 스위칭작용, 증폭작용 및 발진작용이 있다.

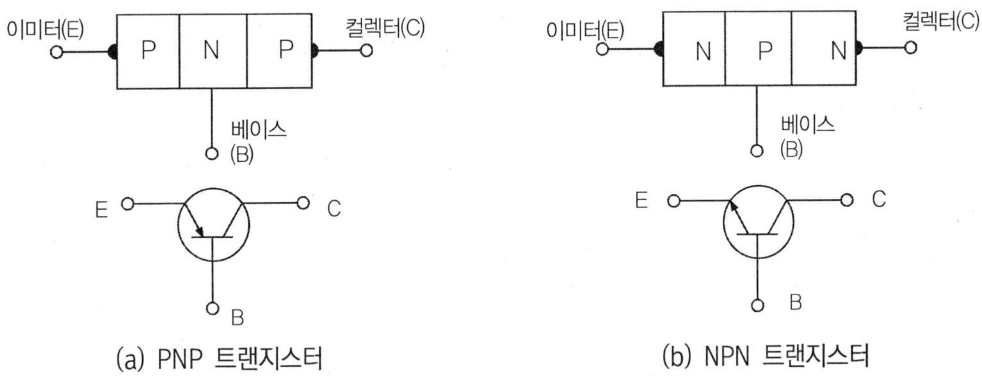

그림 17. 트랜지스터의 구조

[7] 포토 트랜지스터(photo transistor)

이것은 PN접합부에 빛을 쪼이면 빛 에너지에 의해 발생한 전자와 홀이 외부로 흐른다. 입사광선에 의해 전자와 홀이 발생하면 역전류가 증가하고, 입사광선에 대응하는 출력 전류가 얻어지는데 이를 광전류라고 한다.

포토 트랜지스터에는 PN접합의 2극 소자형과 NPN의 3극 소자형이 있으며, 빛이 베이스 전류 대용으로 사용되므로 전극이 없고 빛을 받아서 컬렉터 전류를 조절한다. 특징은 다음과 같다.

① 광 출력 전류가 매우 크다.

② 내구성과 신호 성능이 풍부하다.

③ 소형이고, 취급이 쉽다.

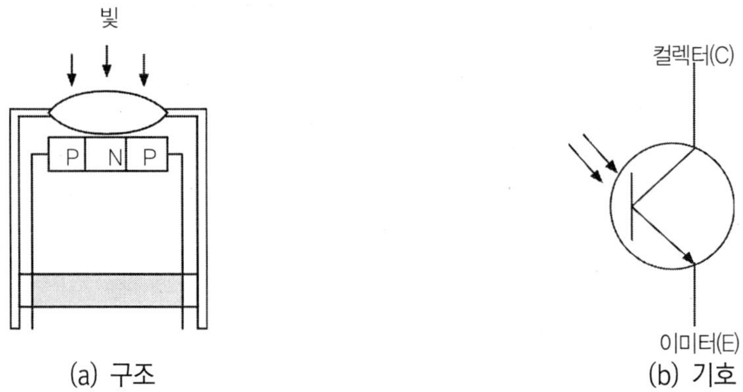

그림 18. 포토 트랜지스터의 구조

[8] 서미스터(thermistor)

이것은 니켈, 구리, 망간, 아연, 마그네슘 등의 금속 산화물을 적당히 혼합하여 1,000 ℃ 이상에서 소결시켜 제작한 것이다. 온도가 상승하면 저항값이 감소하는 부특성(NTC) 서미스터와 온도가 상승하면 저항값도 증가하는 정특성(PTC) 서미스터가 있다. 일반적으로 서미스터라고 함은 부특성 서미스터를 의미하며, 용도는 전자회로의 온도 보상과 수온 센서 등에서 사용된다.

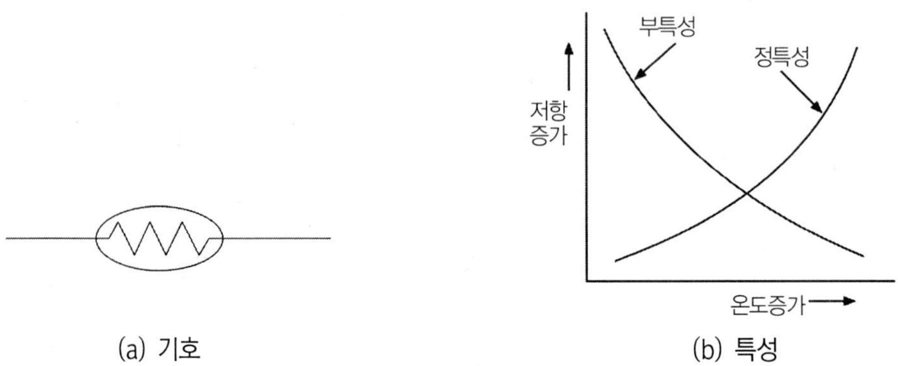

그림 19. 서미스터의 특성

[9] 컴퓨터의 입・출력장치

(1) 입력장치

이 장치는 각종 센서로부터 검출된 신호를 받아들이는 장치이며, 센서에서의 신호를 처리하여 컴퓨터에 전달한다.

(2) 출력장치

이 장치는 산술 및 논리 연산된 데이터를 액추에이터(인젝터, 공전조절 서보, 에어컨 릴레이 등)에 제어신호로 보내는 장치이다. 즉 컴퓨터의 전기신호로 액추에이터를 작동시키는 신호로 변화시킨다.

(3) A/D컨버터(analog to digital convertor)

이 장치는 아날로그신호를 중앙처리장치(CPU)에 의해서 디지털신호로 변환시키는 장치이다.

(4) 컴퓨터의 연산부분

중앙 처리장치 내에서 연산이 중심이 되는 가장 중요한 부분으로 컴퓨터의 연산은 출력이 되는 다른 것과 비교하여 결론을 내리는 방식이다. 즉 스위치의 ON, OFF을 0 또는 1로 나타내는 2진법과 0~9까지의 수치로 나타내는 10진법으로 계산한다.

[10] 논리회로

(1) OR회로(논리화회로)

① 2개의 A, B스위치를 병렬로 접속한 회로이다.
② 입력 A가 1이고 입력 B가 0이면 출력도 1이 된다.
③ 입력 A가 0이고 입력 B가 1이면 출력도 1이 된다.
④ 입력 A와 B가 모두 1이면 출력도 1이 된다.
⑤ 입력 A와 B가 모두 0이면 출력도 0이 된다.

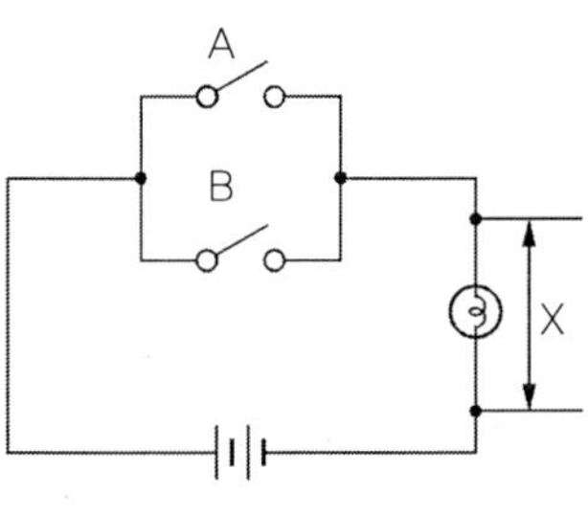

(a) 논리회로

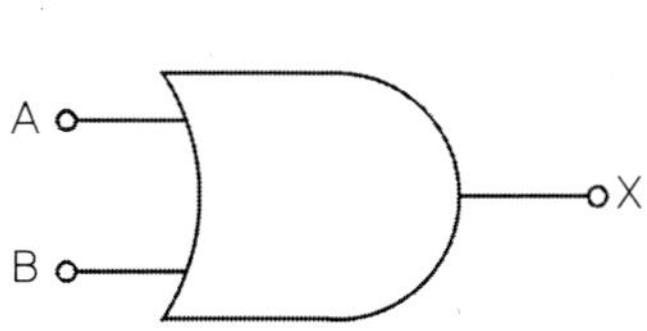

(b) 논리기호

A	B	X
0	0	0
0	1	1
1	0	1
1	1	1

(c) 진리표

그림 20. OR회로

(2) AND회로(논리적회로)

① 2개의 스위치 A, B를 직렬로 접속한 회로이다.

② 입력 A와 B가 모두 1이면 출력도 1이 된다.

③ 입력 A가 1이고 입력 B가 0이면 출력은 0이 된다.

④ 입력 A가 0이고 입력 B가 1이면 출력은 0이 된다.

⑤ 입력 A와 B가 모두 0이면 출력도 0이 된다.

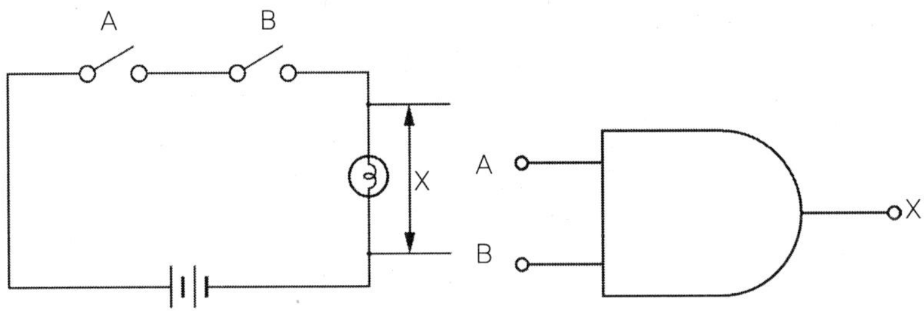

A	B	X
0	0	0
0	1	0
1	0	0
1	1	1

(a) 논리회로 (b) 논리기호 (c) 진리표

그림 21. AND회로

(3) NOT회로(부정회로)

① NOT 회로는 인버터(inverter)라고도 부른다.

② 입력이 1이면 출력은 0이 된다.

③ 입력이 0이면 출력은 1이 된다.

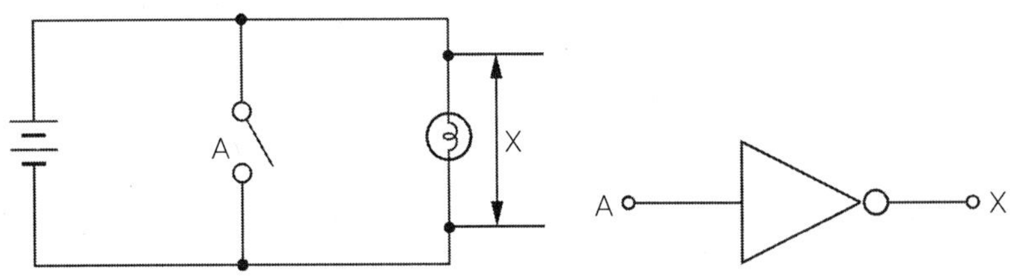

A	X
0	1
1	0

(a) 논리회로 (b) 논리기호 (c) 진리표

그림 22. NOT회로

(4) NOR회로(부정 논리화회로)

① OR회로 뒤에 NOT회로를 접속한 것이다.

② 입력 A가 1이고 입력 B가 0이면 출력은 0이 된다.

③ 입력 A가 0이고 입력 B가 1이면 출력은 0이 된다.

④ 입력 A와 B가 모두 1이면 출력은 0이 된다.

⑤ 입력 A와 B가 모두 0이면 출력은 1이 된다.

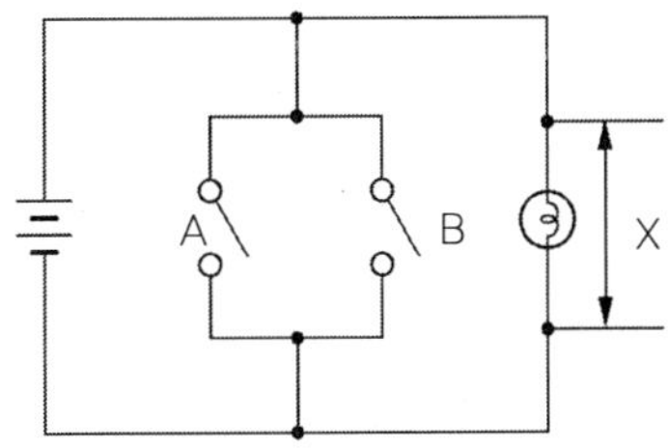

(a) 논리회로

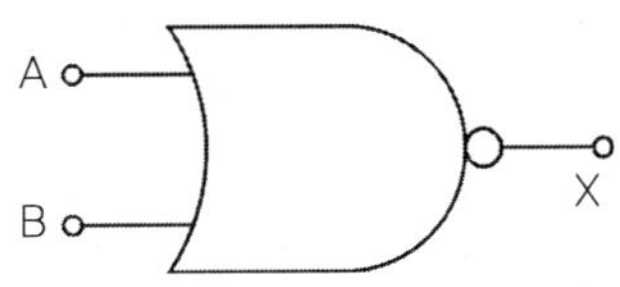

(b) 논리기호

A	B	X
0	0	1
0	1	0
1	0	0
1	1	0

(c) 진리표

그림 23. NOR회로

(5) NAND회로(부정 논리적회로)

① AND회로 뒤에 NOT회로를 접속한 것이다.

② 입력 A가 1이고 입력 B가 0이면 출력도 1이 된다.

③ 입력 A가 0이고 입력 B가 1이면 출력도 1이 된다.

④ 입력 A와 B가 모두 0이면 출력은 1이 된다.

⑤ 입력 A와 B가 모두 1이면 출력은 0이 된다.

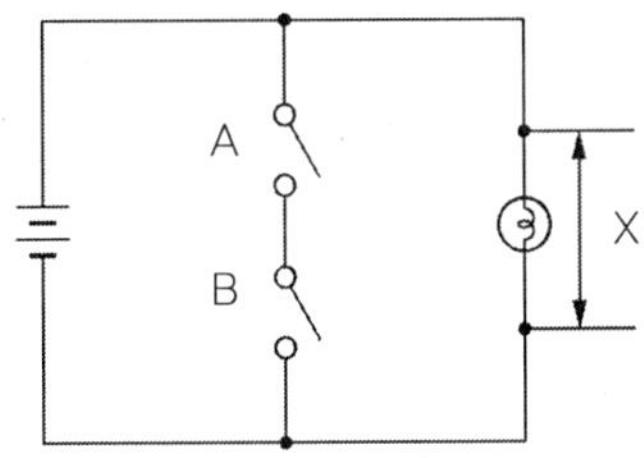

(a) 논리회로

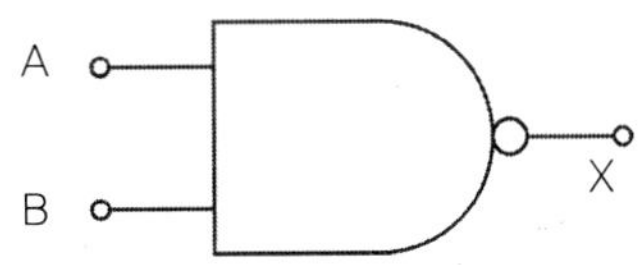

(b) 논리기호

A	B	X
0	0	1
0	1	1
1	0	1
1	1	0

(c) 진리표

그림 24. NAND회로

1.3. 커넥터 및 와이어링(배선) 하니스

1.3.1. 커넥터 종류 및 커넥터 핀 넘버링

[1] 커넥터의 종류

커넥터는 크게 암 커넥터와 수 커넥터로 구분할 수 있으며 수 커넥터는 커넥터 내부에 핀이 돌출되어 있으며 암 커넥터는 수 커넥터의 핀이 꽂혀질 수 있도록 구조가 되어 있다.

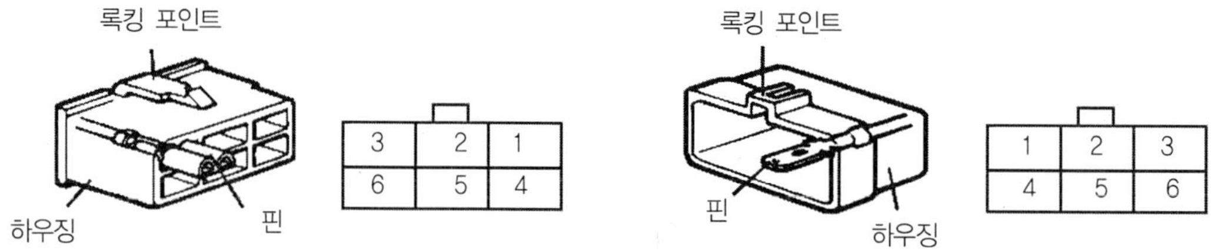

(a) 암 커넥터　　　(b) 수 커넥터

그림 25. 커넥터의 종류

[2] 넘버링

(1) 암 커넥터

암 커넥터는 오른쪽 상단이 1번으로 되어 있고 그림과 같이 번호가 붙여지고 왼쪽 하단이 마지막 번호가 된다.

(2) 수 커넥터

수 커넥터는 왼쪽 상단이 1번으로 되어 있고 그림과 같이 번호가 붙여져서 오른쪽 하단이 마지막 번호이다.

(a) 암 커넥터　　　(b) 수 커넥터

그림 26. 커넥터의 넘버링

1.3.2. 와이어링 하니스(wiring harness)

자동차의 WIRE 배선을 SET화 한 것을 WIRING HARNESS라 한다. 와이어링 하니스의 역할은 자동차에서 각각의 전기장치에 동력 및 신호를 전달하는 역할을 한다.

[1] 와이어링 종류

(1) 메인 와이어링 하니스

실내 C/PAD에 장착되며 실내 및 트렁크까지의 전원공급 및 오디오 클러스터, 각종 UNIT의 작동 지원을 한다.

(2) 프런트 와이어링 하니스

기관 룸 전방에 위치하며 차량의 모든 전원공급 및 각종 램프나 차량 냉각성능 작동 지원을 한다.

(3) 플로워 L/H 와이어링 하니스

실내 운전석 카페트 밑에 배선되며 트렁크 및 리어 도어 측에 장착되는 전장품을 동작 지원한다.

(4) 플로워 R/H 와이어링 하니스

실내 조수석 카페트 밑에 배선되며 트렁크 및 리어 도어 측에 장착되는 전장품을 동작 지원한다.

(5) 컨트롤 와이어링 하니스

기관 룸 중 기관 및 변속기에 배선되며 기관 가동과 관련된 각종센서 및 ECU/TCU측을 동작 지원한다.

(6) 에어백 와이어링 하니스

실내 및 기관 룸에 장착된 에어백 관련센서 및 UNIT 위 동작 지원을 한다. 노란색으로 MARKING(SAFETY 부품)되어 있다.

(7) 루프 와이어링 하니스

ROOF에 배선되며 SUNROOF 및 각종 실내 LP 동작 지원을 한다.

(8) 트렁크 리드 와이어링 하니스

TRUNK OPEN 관련 차체에 배선되며 TAIL/STOP/RR FOG LP 등의 동작 지원을 한다.

(9) 도어 와이어링 하니스

차량 도어에 장착되며 P/WDW, DR LOCK, O/S MIRROR 등과 같은 전장품의 동작 지원을 한다.

[2] 와이어링의 구성

(1) 도체

도체는 순도 99.9% 이상의 전기용 황 인동선을 가공한 전기용 연동선이나 주석도금 연동선을 주로 사용한다.

(2) 절연체

사용 환경 및 특성에 맞는 재질을 도체 위에 동심원상으로 피복한다.

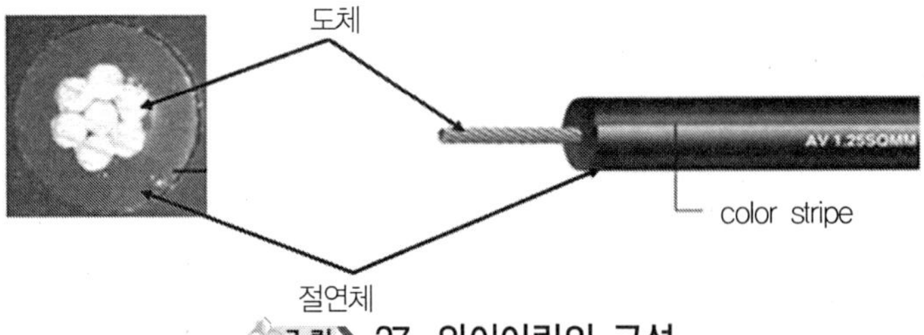

그림 27. 와이어링의 구성

(3) 와이어링 색깔

전선은 조립 및 식별을 용이하게 하기 위해 절연체에 BASE COLOR와 SUB COLOR가 표시되며, 표시는 BASE COLOR를 앞에 SUB COLOR를 뒤에 표시한다.

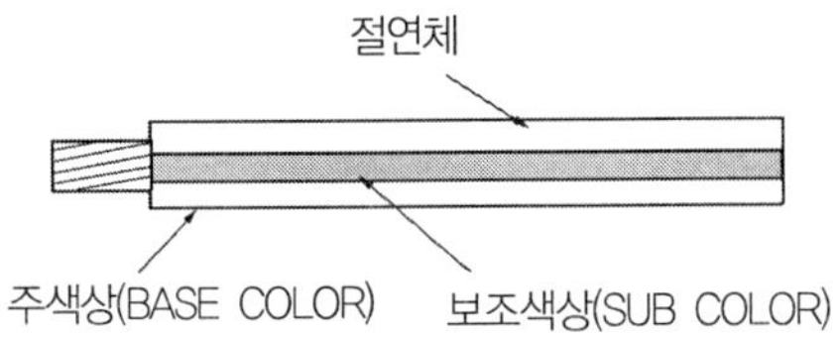

그림 28. 와이어링 색깔

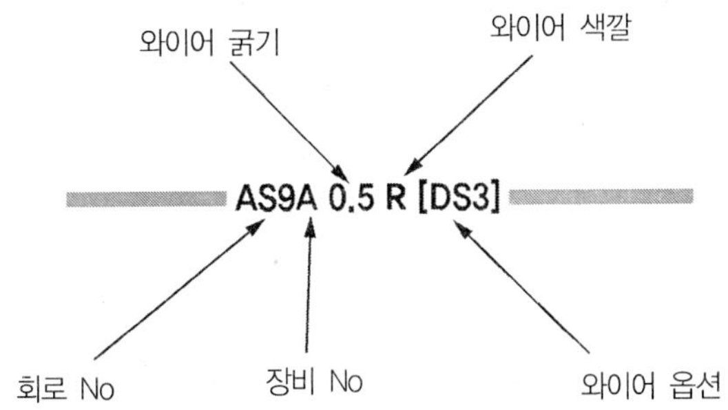

그림 29. 와이어링 표시

[색깔 및 약어]

약어	B	Br	G	Gr	L	O	P	R	W	Y
칼라	BLACK	BRAWN	GREEN	GRAY	BLUE	ORANGE	PINK	RED	WHITE	YELLOW

(4) 특수 와이어링

① 차폐전선(실드와이어) : 센서 및 비디오 신호등의 미세신호 NOISE 차폐용에 사용

② TWIST 전선 : 스피커신호등의 "+", "-" 신호 NOISE 차폐용에 사용

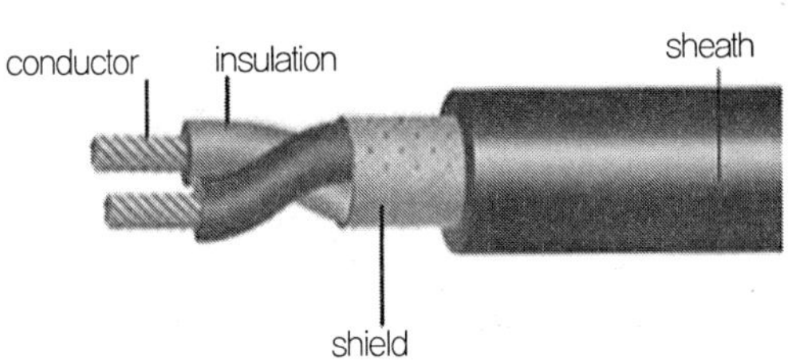

그림 30. 차폐전선

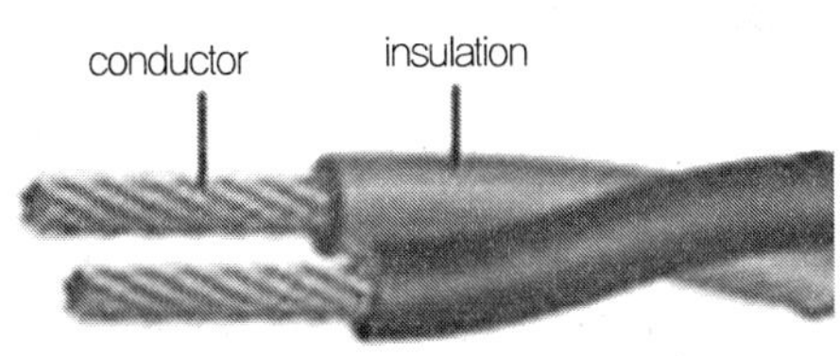

그림 31. TWIST전선

1.4. 전기회로도 기호

1.4.1. 구성부품

기 호	내 용	기 호	내 용
	전체 해당 구성부품	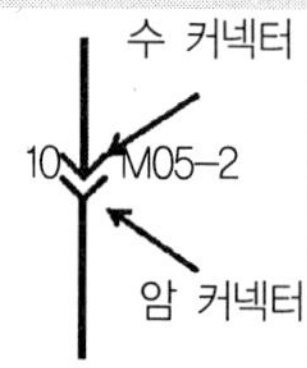	커넥터 이름(M05-2)
	부분 구성부품		단자의 핀 번호(10)
	구성부품의 명칭을 우측 상단에 나타낸다.	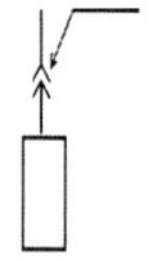	커넥터가 구성부품과 배선으로 연결되었다.
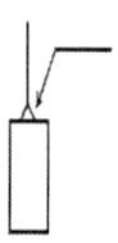	구성부품에 커넥터가 붙여있다.	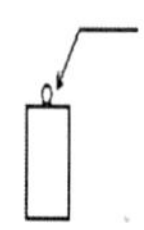	구성부품 자체의 스크루 단자를 의미한다.

[1] 다이오드

[2] 퓨즈 및 퓨즈블 링크

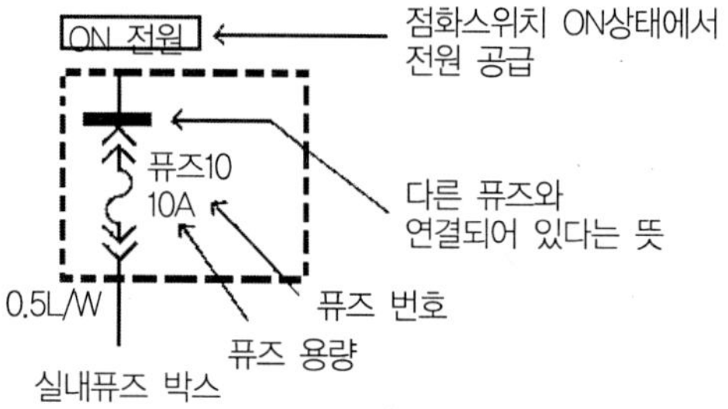

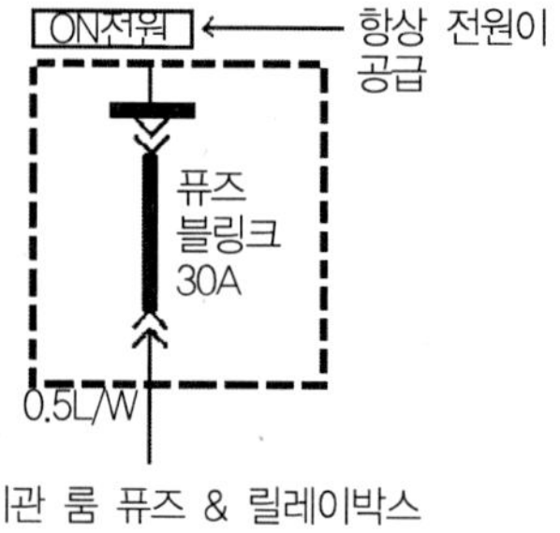

[3] 와이어

기 호	내 용	기 호	내 용
	물결무늬 선은 끊어져 있지만 이전 또는 다음 페이지에 연결되어 계속된다.		배선색깔(Y/R), 배선 굵기(0.5)를 의미한다.
	같은 문자를 가진 배선에 연결한다.	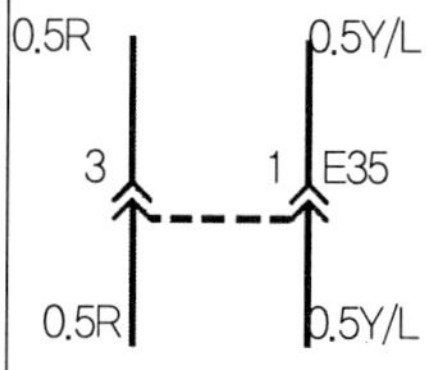	같은 커넥터(E35)에 1번 핀과 3번 핀이 접속된다.
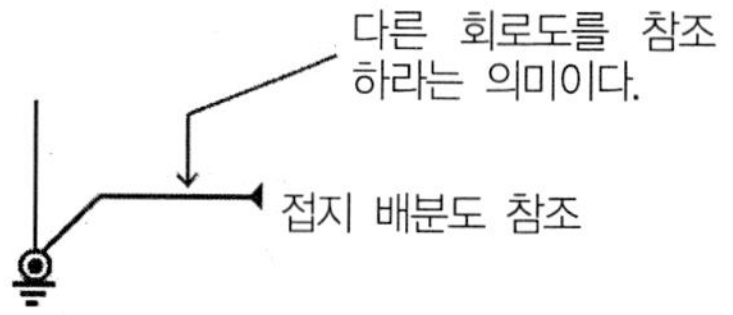			차종이 다른 경우에 구분하기 위해서 사용한다.
	화살표가 지시하는 회로를 참조한다.	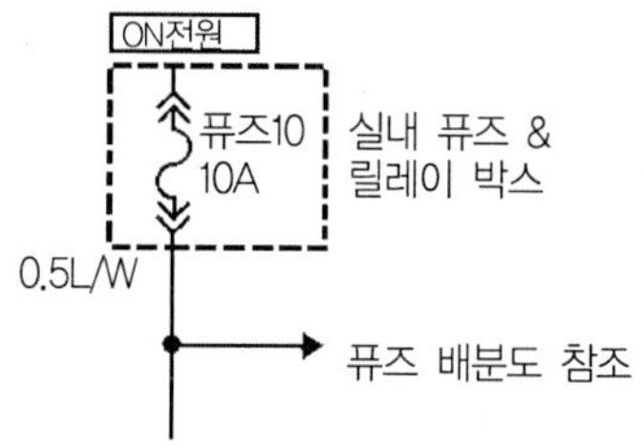	

[4] 조인트

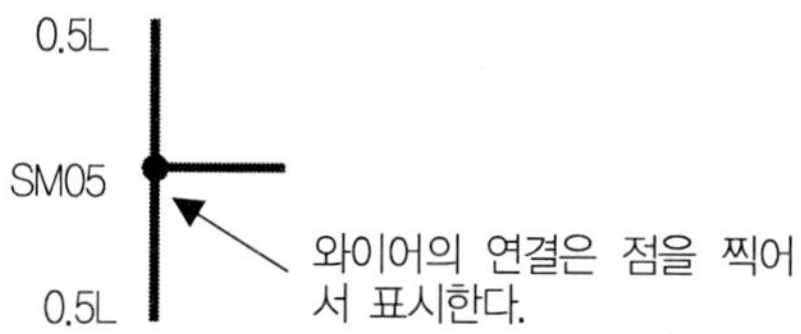

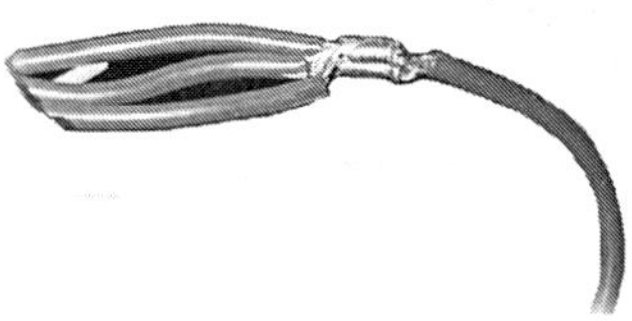

[5] 접지 G

기 호	내 용	기 호	내 용
	차체에 접지됨 위치는 G06번이다.	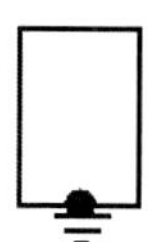	부품이 차체에 접지되어 있다.

[6] 실드 와이어

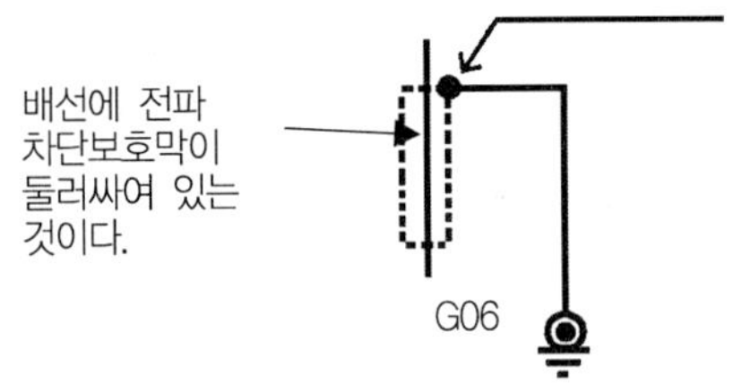

[7] 스위치

두 개의 스위치가 동시에 작동한다.

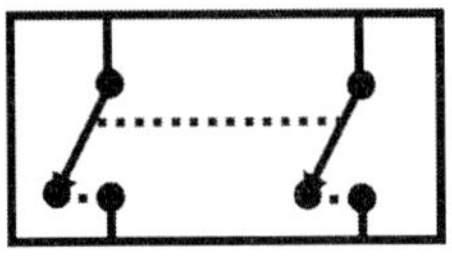

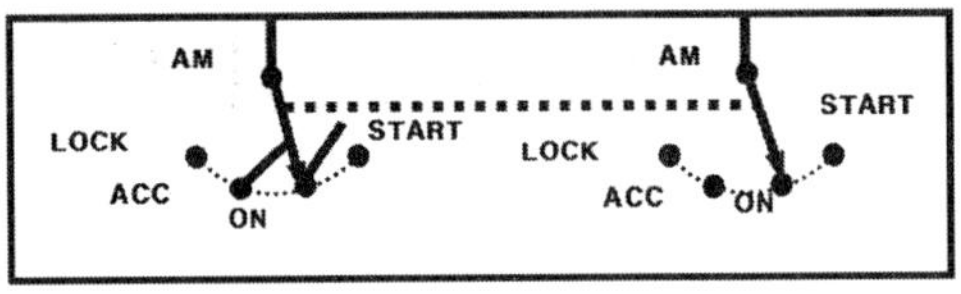

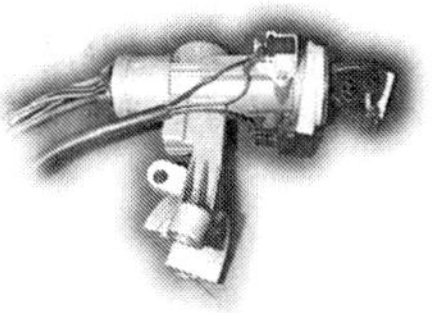

[8] 릴레이

코일에 전류가 흐르면 스위치는 A에 붙는다.

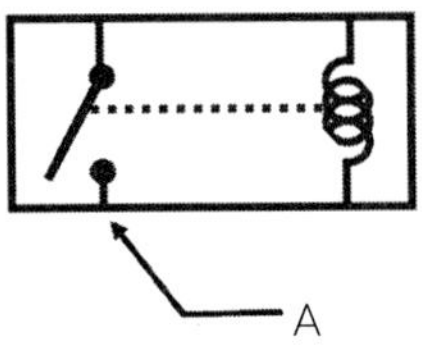

[9] 조인트 커넥터

와이어가 커넥터 내부에서 연결된다.

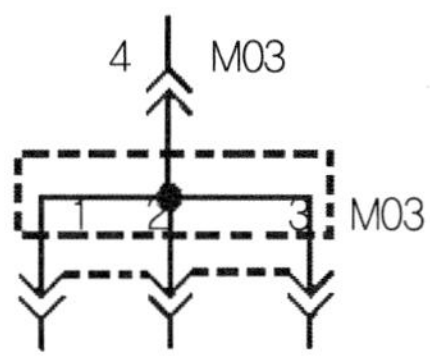

[10] 경고등

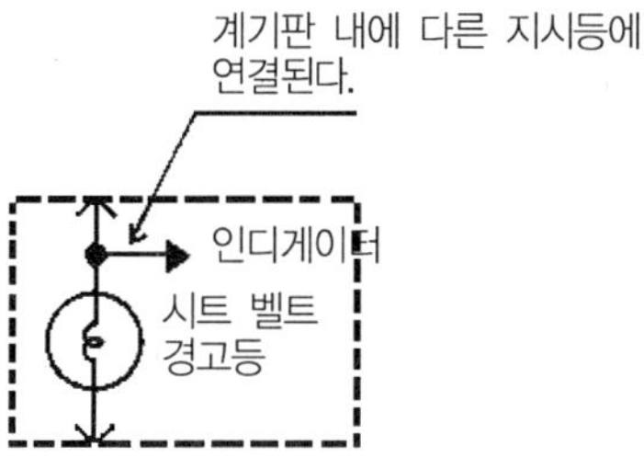

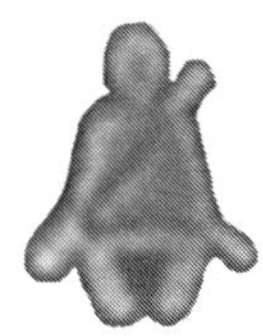

1.4.2. 커넥터의 식별

[1] 부품과 와이어의 연결

커넥터 식별기호는 다음과 같이 표시한다.

C 10 -1

C	컨트롤 하니스 심벌
10	메인 커넥터 일련번호
-1	보조 커넥터 일련번호

[2] 와이어 간의 연결

와이어와 와이어의 연결 커넥터는 아래의 심벌로 나타낸다.

M R 01

M	메인 와이어 하니스 심벌
R	리어 와이어 하니스 심벌
01	커넥터 일련번호

[3] 정션박스와의 연결

정션박스 커넥터는 아래의 심벌과 같이 된다.

I/P -A

I/P 실내 정션박스를 나타내는 약어

-A 실내 정션박스 내의 커넥터 명칭

J M 01

J 정션박스를 나타내는 약어

M 메인 와이어 하니스 심벌

01 커넥터 일련번호

1.5. 회로의 구성 및 종류

1.5.1. 회로의 개요

전기회로란 전류가 흐를 수 있도록 전지, 도선, 스위치, 부하 등을 연결해 놓은 전기적 통로를 말한다. 따라서 전기회로는 전류의 순환회로를 의미하며 단순히 회로라고도 한다. 이러한 전기회로를 기호로 나타낸 것을 전기회로도이다.

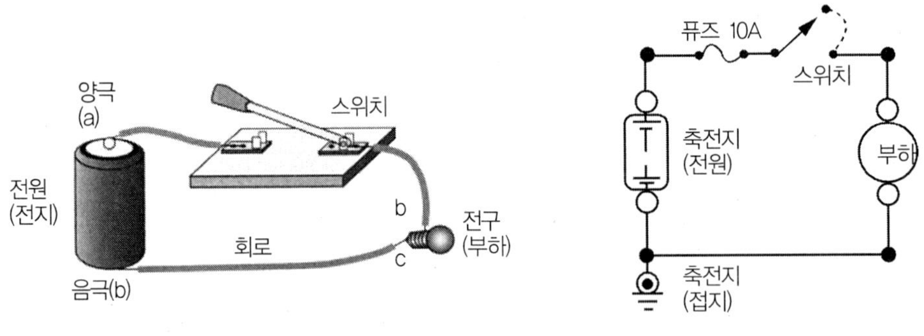

(a) 회로 (b) 회로도

그림 32. 전기회로 및 전기회로도

1.5.2. 회로의 구성

전기회로의 구성은 크게 전원, 제어, 부하부분으로 구분할 수 있다. 전원은 회로가 작동될 수 있는 에너지를 공급을 하고 제어는 필요에 따라 부하를 ON/OFF하는 기능을 수행한다. 또 회로에서 전류의 공급에 의해 어떤 일을 수행하는 부품을 전기부하라 하는데 이렇게 일을 수행하는 부분을 작동부분이라 한다. 이 외에도 전기회로는 회로를 보호하기 위한 퓨즈와 각 구성품을 연결하는 와이어로 구성된다.

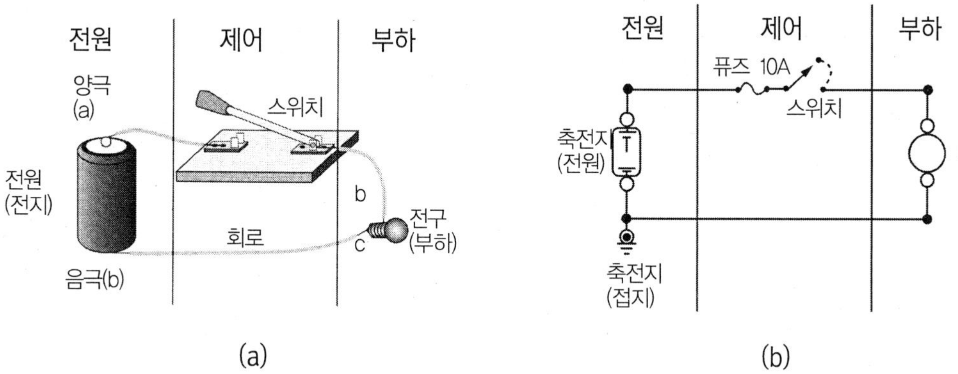

그림 33. 전기회로의 구성

[1] 부하

전기회로에서 부하란 넓은 의미에서 전류의 흐름을 방해하는 모든 요소를 말한다. 그러나 보편적으로는 전류가 흐를 때 어떤 일을 수행하는 각종 전기부품을 말한다.

[자동차에서 사용되는 부하]

램 프	모 터	전열기	기 타
싱글전구 더블전구 헤드램프 미등 계기판 전구 LED	와이퍼 모터 도어 액추에이터 스타트모터 파워 윈도우 모터	시거라이터 열선 시트히터	사이렌 솔레노이드 릴레이 시계 ECU 배선의 접촉저항

1.5.3. 회로의 종류

회로는 직렬회로, 병렬회로, 직·병렬회로가 있으며 자동차의 대부분 회로는 직·병렬회로로 구성되어 있다. 직렬회로는 전류가 흐르는 길이 하나의 통로로만 이루어져 있는 회로이다. 이 회로는 모든 전기기구를 한꺼번에 통제할 수 있다는 장점을 가지고 있으나 각 부하에 작용되는 전압이 분배되므로 한 곳이 끊어지면 모두 작동하지 않는다는 단점을 가지고 있다.

병렬회로는 전류가 흐르는 길이 여러 통로로 나누어졌다가 다시 하나로 모이는 회로이다. 이 회로는 각 전기기구를 한 회로 상에서 따로 통제할 수 있다는 장점을 가지고 있으나 전선이 많이 들고, 회로는 검사가 복잡하다는 단점을 가지고 있다. 직·병렬회로는 직렬회로와 병렬회로를 합한 것으로 자동차의 대부분은 직·병렬회로로 구성되어 있다.

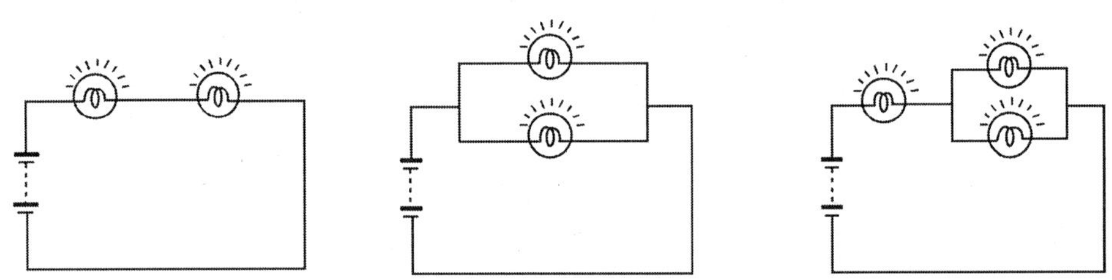

(a) 직렬회로 (b) 병렬회로 (c) 직·병렬회로

그림 34. 회로의 종류

1.6. 회로에 사용되는 기호

전기회로도는 전기회로에 사용되는 각종 부품을 기호로 표현한다.

심 벌	부품명	심 벌	부품명
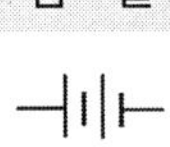	축전지	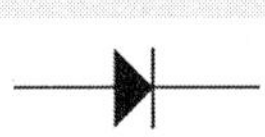	다이오드
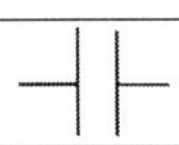	콘덴서	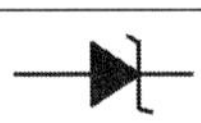	제너다이오드
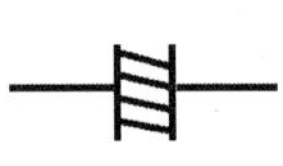	전해 콘덴서	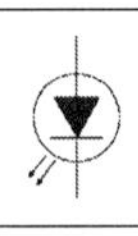	발광 다이오드
	저항		NPN TR

심 벌	부품명	심 벌	부품명
	가변저항		PNP TR
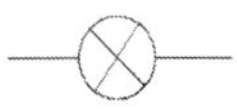	전구	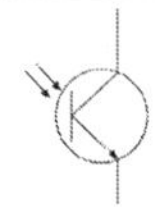	포토트랜지스터
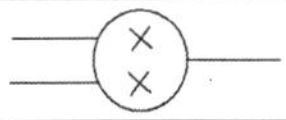	더블 전구		접속, 비접속
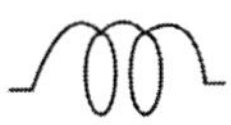	코일	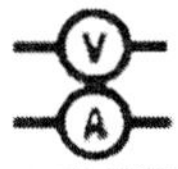	전압계, 전류계
	스위치		사이리스터
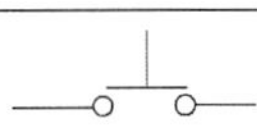	NO스위치 (노멀 열림스위치)	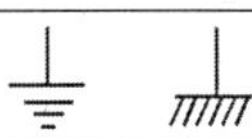	접지(어스)
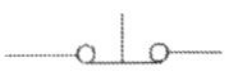	NC스위치 (노멀 닫힘스위치)		퓨즈
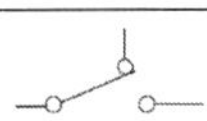	이중 스위치	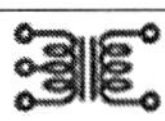	트랜스
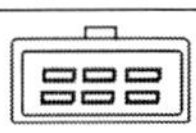	소켓, 커넥터	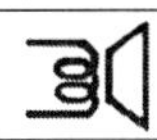	스피커
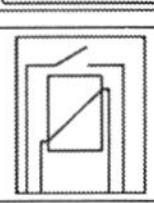	릴레이	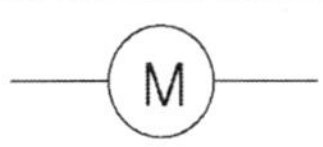	전동기

2 전기 · 전자회로 정비

안전 및 준비사항

① 전기 · 전자회로 정비 전 정비지침서를 숙지하여 실습순서를 정하고 공구 및 실습 기기와 재료 등을 충분히 준비한다.

② 실습장 및 주위를 깨끗이 정리정돈 하고 유류 등의 인화성물질은 안전하게 별도로 보관하며 소화기를 비치하여 화재사고에 대비한다.

③ 전기 · 전자회로 정비 시작 전 안전교육을 실시한다.

④ 복잡한 부분을 분해할 경우에는 조립작업을 쉽게 하기 위하여 기능상이나 외관상 악영향이 없는 부분에 각인(刻印) 또는 조립 표시등을 하여 둔다.

⑤ 부품을 분해하면서 조립되었던 상태 · 변형 · 오작동부분 및 손상 등을 점검한다.

⑥ 분해한 부품은 순서대로 잘 정리하여야 하며 또 교환하여야 하는 부품과 다시 사용할 부품을 구분하여 정리하고 다시 사용할 부품은 충분히 청소 및 세척을 한다.

⑦ 정비시 부품을 떨어지지 않도록 하며 작업장 바닥에 이물질이 있으면 즉시 닦아낸다.

⑧ (+), (−)극성에 주의하여 극성을 역으로 연결하지 않도록 한다.

⑨ 축전지 단자에 케이블을 연결 시 불꽃이 발생하지 않도록 한다.

⑩ 반도체에 과다한 전류가 인가되지 않도록 한다.

⑪ 실습 종료 후 실습장 주위의 정리정돈을 깨끗이 한다.

실습기기 및 재료

공구 및 측정기기		실습재료	기 타
* 일반 공구세트 * 특수공구 * 작업등 * 에어공구 * 전동공구 * 토크렌치 * 납땜인두	* 전류계 * 전압계 * 종합진단기 * 오실로스코프	* 퓨즈 * 하니스(배선, 커넥터) * 축전지 * 릴레이 * 걸레 * 액추에이터 * 가솔린 또는 디젤기관 차량	정비지침서

2.1. 커넥터 점검절차

2.1.1. 커넥터 취급방법

① 커넥터를 분리할 때 커넥터를 당겨서 분리하도록 하고, 배선 하니스를 당기지 않도록 한다.

② 로크(lock)가 부착된 커넥터를 분리할 때 로크 레버를 누르거나 당긴다.

그림 35. 커넥터 분리방법

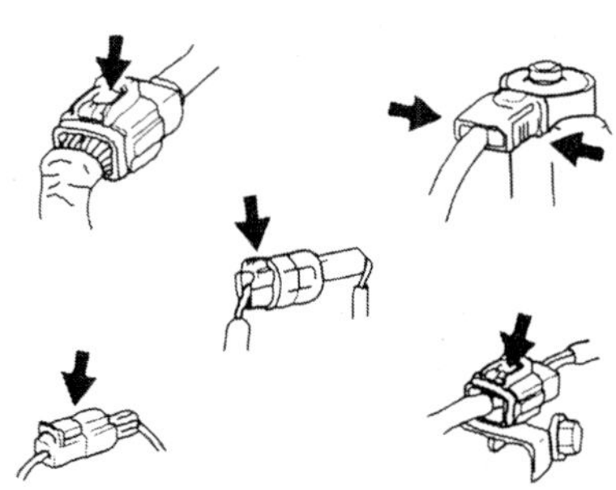

그림 36. 로크가 부착된 커넥터 분리방법

③ 커넥터를 연결할 때에는 장착하는 소리(“딸깍”)가 들리는지 확인한다.

④ 통전상태 점검이나 전압을 측정할 때에는 항상 테스터 프로브를 배선 하니스쪽에 끼우도록 한다.

⑤ 방수처리가 된 커넥터의 경우에는 배선 하니스쪽이 아닌 커넥터단자 쪽을 이용한다.

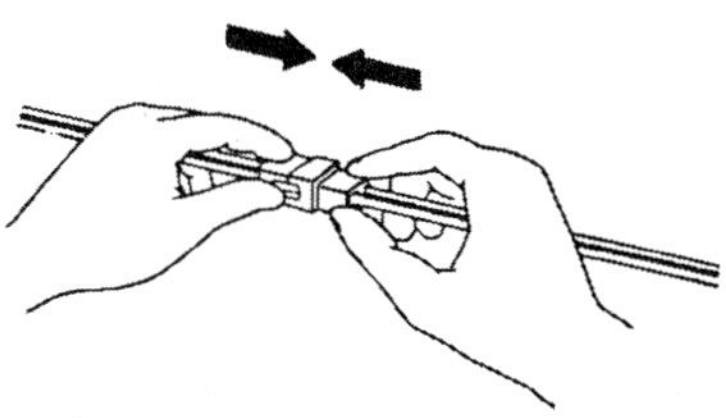

그림 37. 커넥터 연결방법

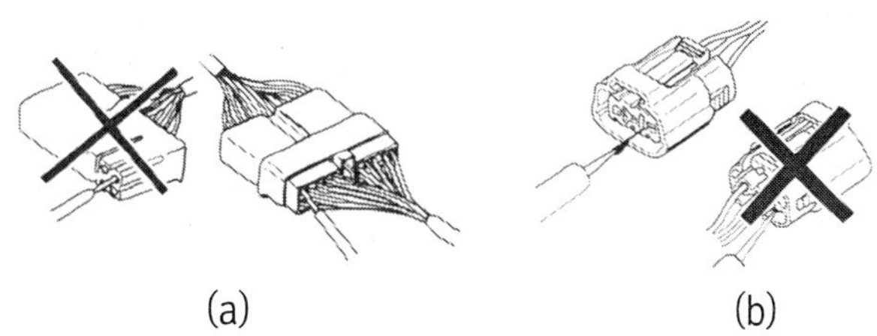

그림 38. 테스터 프로브 삽입방향

2.1.2. 커넥터 점검 포인트

① 커넥터가 연결되어 있을 때 : 커넥터 연결상태 및 잠김(lock) 상태

② 커넥터가 분리되어 있을 때 : 배선 하니스를 가볍게 당겨서 단자의 유실, 주름 또는 내부 와이어 손상에 대해 점검한다. 그리고 녹 발생 여부, 오염, 변형 및 구부러짐 등을 확인한다.

③ 단자 체결상태 : 암 단자()와 수 단자()사이의 체결상태를 점검한다.

④ 각 와이어를 적당한 힘으로 당겨서 연결상태를 점검하다.

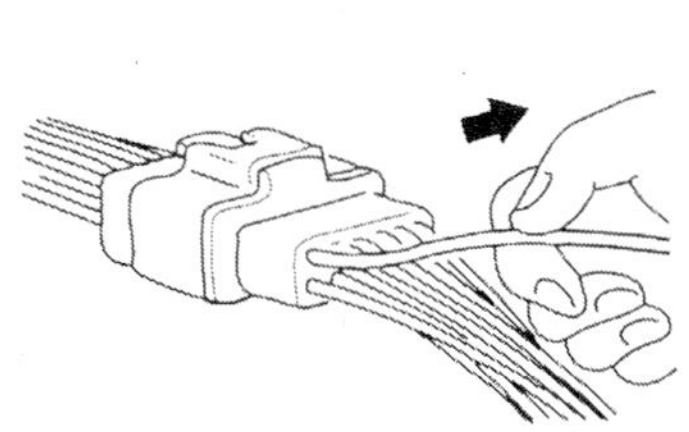

그림 39. 와이어연결 상태 점검방법

2.1.3. 커넥터 단자수리

① 커넥터 단자 연결부분을 에어건(air gun)이나 헝겊으로 세척한다.

② 커넥터사이의 체결력이 부족하면 암 단자()를 수리 또는 교환한다.

2.2. 와이어 하니스 점검순서

① 와이어 하니스를 점검하기 전에 와이어 하니스의 설치 위치를 확인하여 다시 설치하거나 교환할 때 활용한다.

② 꼬임, 늘어짐, 느슨해짐에 대해 점검한다.

③ 와이어 하니스의 온도가 비정상적으로 높지는 않은지 점검한다.

④ 회전운동, 왕복운동 또는 진동을 유발하는 부분이 와이어 하니스와 간섭하지는 않는지 점검한다.

⑤ 와이어 하니스와 단품의 연결상태를 확인한다.

⑥ 와이어 하니스의 피복상태를 점검한다.

2.2.1. 단선회로

[1] 단선회로 점검방법

단선회로 발생부분은 통전 점검방법이나 전압 점검방법으로 고장부위를 찾을 수 있다.

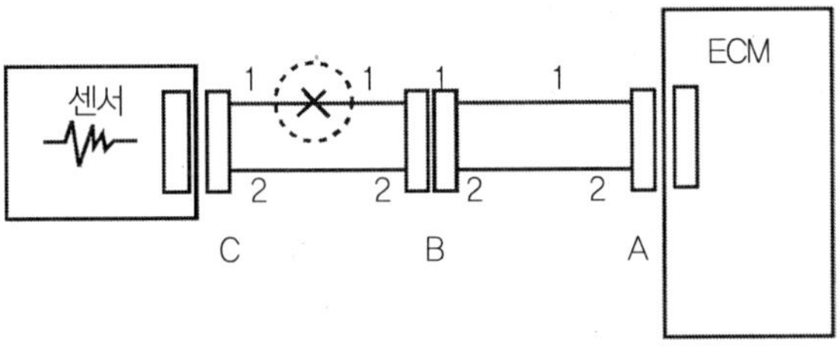

그림 40. 단선회로 점검방법

[2] 통전 점검방법

① 저항 기준값 : 1Ω 이하이면 정상회로, 1MΩ 이상이면 단선회로이다.

커넥터 A와 커넥터 C를 분리하고, 커넥터 A와 C사이의 저항을 측정한다. 라인 1의 저항 측정값이 1MΩ 이상이고, 라인 2의 저항 측정값이 1Ω 이하라면 라인 1은 단선회로이다(라인 2는 정상). 정확한 단선부위를 찾기 위해서 라인 1의 보조라인을 점검한다.

커넥터 B를 분리하고, 커넥터 C와 B1, 커넥터 B2와 A사이의 저항을 측정한다. 커넥터 C와 B1사이의 저항 측정값이 1MΩ 이상이고, 커넥터 B2와 A사이의 저항 측정값이 1Ω 이하라면 커넥터 C의 1번 단자와 커넥터 B1의 1번 단자사이가 단선회로이다.

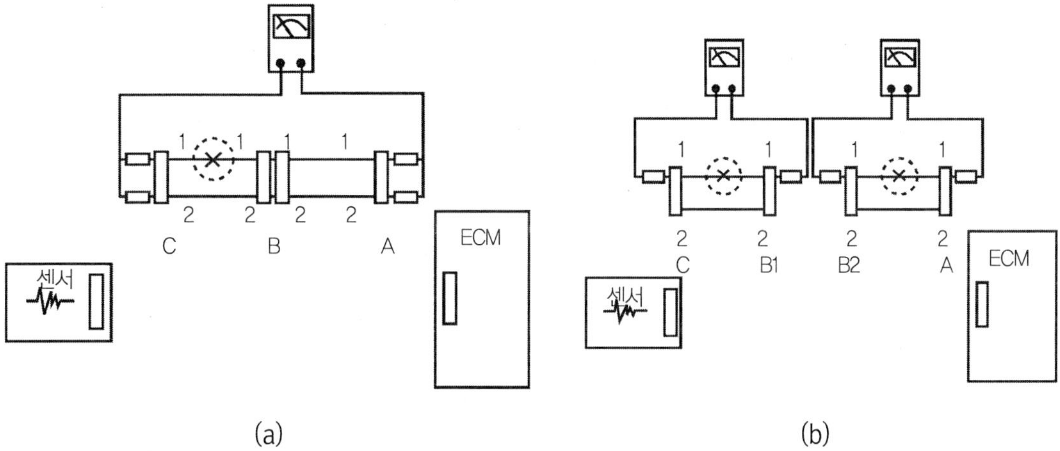

그림 41. 통전 점검방법

[3] 전압 점검방법

모든 커넥터가 연결된 상태에서 각 커넥터 A, B, C의 1번 단자와 접지사이의 전압을 측정한다. 그림에서 전압 측정값이 각각 5V, 5V, 0V라면 C와 B사이의 회로가 단선되었다.

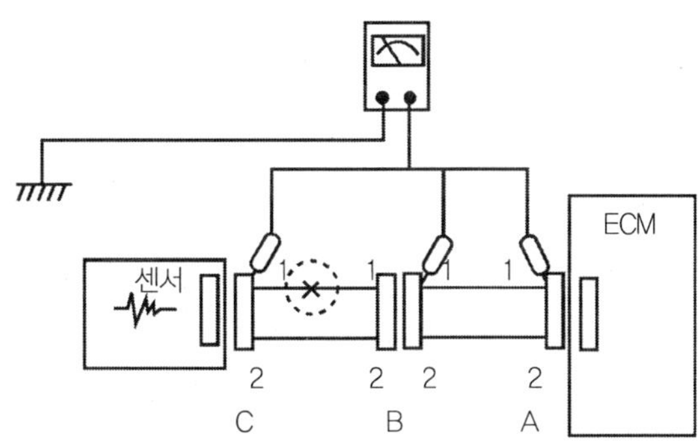

그림 42. 전압 점검방법

2.2.2. 단락회로

[1] 단락(접지)회로 점검방법

단락(접지)회로 발생부분은 접지와 통전 점검방법으로 고장부위를 찾을 수 있다.

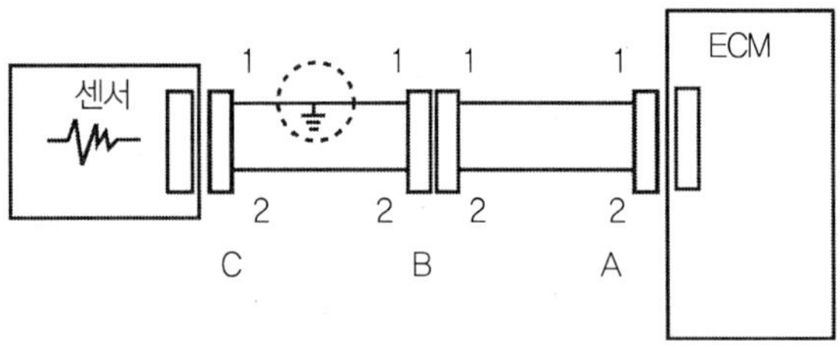

그림 43. 단락회로 점검방법

[2] 접지와의 통전 점검방법

① 저항 기준값 : 1Ω 이하이면 단락(접지)회로, 1MΩ 이상이면 정상회로이다.

커넥터 A와 커넥터 C를 분리하고, 커넥터 A와 접지사이의 저항을 측정한다. 라인 1의 저항 측정값이 1Ω 이하이고, 라인 2의 저항 측정값이 1MΩ 이상이면 라인 1이 단락된 회로이다(라인 2는 정상). 정확한 단락부위를 찾기 위해서 라인 1의 보조라인을 점검한다.

커넥터 B를 분리하고, 커넥터 A와 접지, 커넥터 B1과 접지사이의 저항을 측정한다. 커넥터 B1과 접지사이의 저항 측정값이 1Ω 이하이고, 커넥터 A와 접지사이의 저항 측정값이 1MΩ 이상이라면 커넥터 B1의 1번 단자와 커넥터 C의 1번 단자사이가 단락(접지)회로이다.

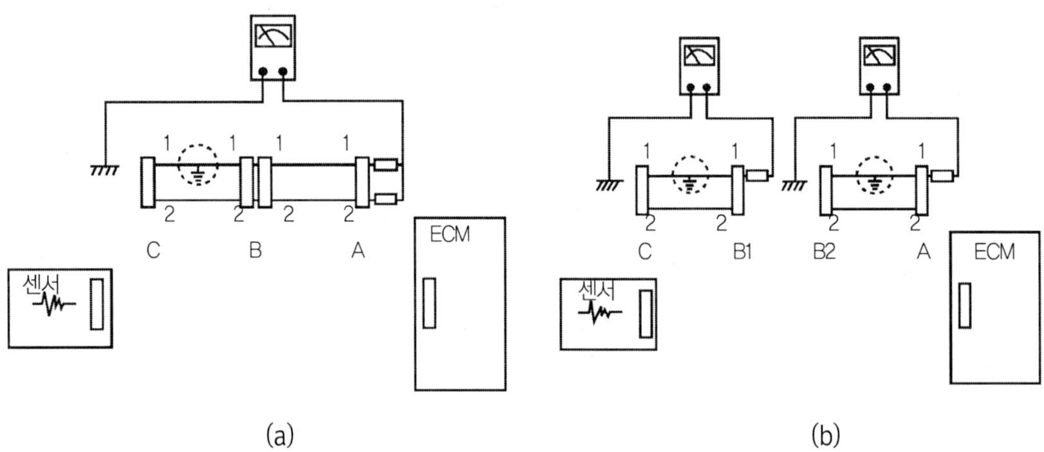

그림 44. 접지와의 통전 점검방법

2.3. 멀티테스터(회로시험기) 사용법

2.3.1. 디지털 멀티테스터

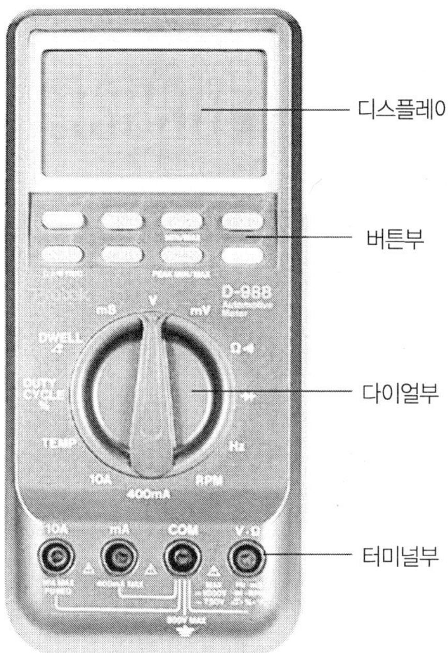

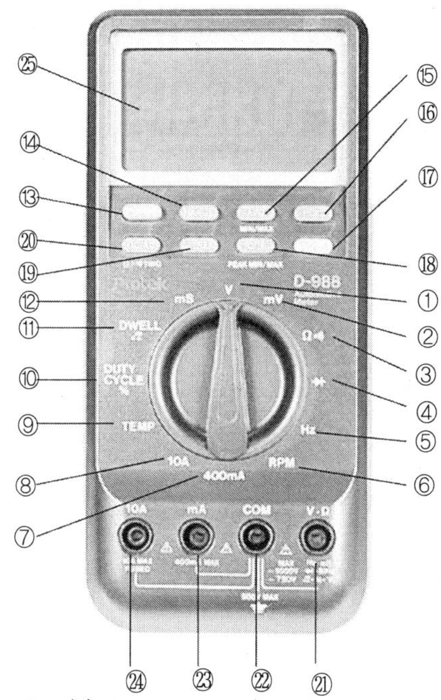

① V : 전압측정 ② mV : 전압측정 ③ Ω •)) : 저항도통체크 ④ ─▶├─ 다이오드 테스트
⑤ Hz : 주파수 측정 ⑥ RPM : 기관회전수 측정 ⑦ 400mA : 전류측정 ⑧ 10A : 전류측정 ⑨ 온도측정
⑩ DUTY CYCLE(%) 측정 ⑪ DWELL각 측정 ⑫ 펄스 측정 ⑬ 파워버튼 ⑭ 레인지 버튼
⑮ 에버리지 버튼 ⑯ 홀드버튼 ⑰ 백라이트 버튼 ⑱ 온도(℃/℉) 선택버튼 ⑲ ⊿REL(레러티브)버튼
⑳ DC/AC 선택버튼 ㉑ V. Ω 단자(+) ㉒ 콤(COM) 단자 ㉓ mA 단자 ㉔ 10A 단자 ㉕ LCD 화면

(a) 외관(ADM 406) (b) 각부명칭

그림 45. 디지털 멀티테스터의 외관 및 명칭

[1] 버튼부의 기능과 작동요령

① 레인지(range)버튼 : 자동 · 수동모드 설정

② 파워(power)버튼 : 전원스위치

③ 직류, 교류(DC, AC)버튼 : 직류, 교류 및 (+), (-)극성 선택

④ 상대측정(⊿REL)버튼 : 기준값과 상대 측정값과의 차이

⑤ 에버리지(AVG)버튼 : 최소 최대 평균값의 변화 순간 측정

⑥ 홀드(hold)버튼 : 측정값 상태 유지

⑦ 백라이트(light)버튼 : LCD 자판 조명

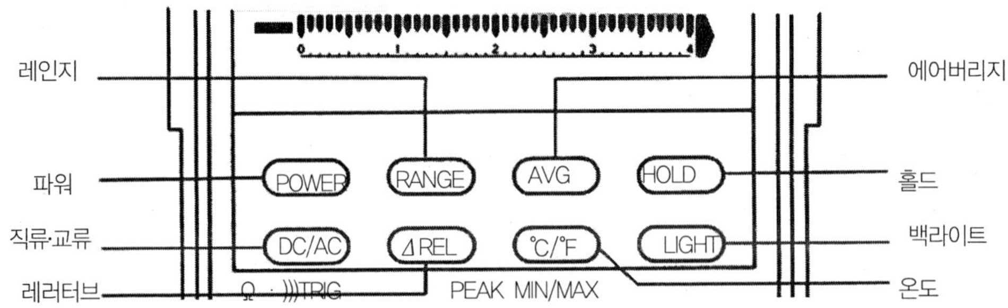

그림 46. 버튼부 상세도

⑧ 온도(℃/℉)버튼 : 섭씨, 화씨 온도변환 및 펄스폭 측정

(1) 파워(power) 버튼

로크 버튼스위치로서 누르면 전원이 ON, 다시 누르면 OFF가 된다. AUTO OFF(자동꺼짐) 상태에서는 적은 전류로 건전지의 소모가 있으므로 장시간 보존시 파워버튼(전원스위치)를 OFF하여야 한다.

(2) 레인지 버튼

이 버튼은 자동 레인지를 취소하고 원하는 레인지를 수동 설정할 때 사용된다.

① 파워 버튼이 ON되면 자동적으로 오토 레인지가 설정된다.

② 이 버튼을 일단 누르면 그 모드가 자동(AUTO)으로부터 수동(MANUAL)으로 전환되며 현재 레인지로 정해진다.

③ 버튼을 누를 때마다 상위 레인지로 단계별 전환되고 최상위 레인지에 도달하면 최저 레인지에서 단계별로 상위 레인지로 전환된다.

④ 드웰각 측정에서는 실린더 수, RPM 측정에서는 사이클 수를 확인해야한다.

⑤ 만일 어떤 고정된 범위에서 큰 입력신호가 들어가면 그 디스플레이는 오버(over)로 나타나는데 이때 레인지를 높여서 한다.

⑥ 수동을 자동으로 바꾸려면 1초 이상 스위치를 눌러 주어야 한다.

⑦ 이 버튼이 눌려 있는 동안에 파워가 ON으로 된다면 주파수, 드웰각, 듀티 사이클 %, 펄스 폭, RPM이 초당 5번의 빠른 변화로 디스플레이 된다.

(3) 에버리지(AVG)버튼

① 이 버튼을 누를 때마다 아래에 열거된 순서대로 선택된다.

* * → 기록(REC) → 최소(MIN)값 → 최대(MAX)값 → 평균(AVG)값 → * *

② 기록(REC) 표시가 ON되어 있는 동안에는 변화하는 MIN/MAX/AVG값이 순간적으로 안정되게 측정하는 것이 가능하다. 단, 이 모드는 1초 이상동안 눌러야만 취소된다.

③ PEAK MIN, MAX(℃/℉) 버튼을 눌러서 1mS에서의 PEAK MIN/MAX값을 측정할 수 있다.

(4) 홀드(hold)버튼

홀드 또는 홀드 취소는 이 버튼을 누를 때마다 작동된다. 단, 홀드 모드에서도 도통체크와 오버레인지가 될 때는 부저가 울린다.

(5) 백라이트(light)버튼

① 이 버튼을 누르면 LCD 조명은 ON이 되며 다시 누르면 OFF가 된다.

② 이 불빛은 자동적으로 꺼지게 된다. 즉, 다른 스위치나 버튼을 작동하지 않는 상태에서 약 134초 후에 자동으로 꺼진다.

(6) 온도(℃/℉)버튼

온도 측정을 하려면 이 버튼을 누름으로써 섭씨(℃), 화씨(℉)가 선택된다.

(7) 상대측정(⊿REL)버튼

① 이 버튼을 누르면 상대측정을 할 수 있다.

② 이 모드일 때 바로 앞에 디스플레이 된 값은 기준값과 비교가 되어 그 차이 값이 디스플레이 된다.

③ 다시 누르면 상대 측정(⊿REL) 모드가 취소된다.

④ 레인지 초과됐을 때의 바 그래프 디스플레이는 차이값이 아닌 원래의 측정값으로 표시된다.

⑤ ΔREL 버튼은 낮은 저항측정을 할 때에는 제로(0) 오프셋이 되어 절대오차를 제거함으로써 정확한 측정을 가능하게 한다.

(8) 직류, 교류버튼

① DC/AC기능을 선택할 때마다 버튼을 누른다.

② 이 모드 선택에 따라 트리거(TRIG) (+), (-)극성선택을 할 수 있고, 저항-부저기능도 선택하게 된다.

[2] 단자의 기능 및 프로브 연결방법

① 볼트, 옴(V,Ω)단자 : (+)입력 단자(전류측정 제외)

② 공통(COM)단자 : 접지, 그라운드 연결 입력단자

③ 밀리암페어(mA)단자 : 최대 400mA까지의 전류측정 입력단자

④ 암페어(10A)단자 : 최대 10A까지의 전류측정 입력단자

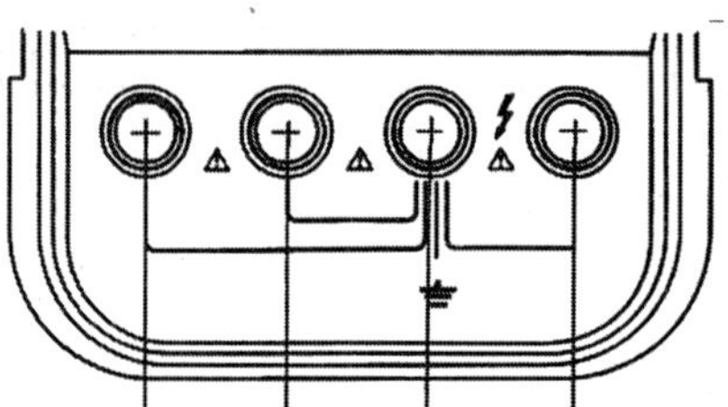

그림 47. 단자 상세도

[3] 디스플레이의 기능 및 코드 해독요령

(1) 디스플레이(LCD) 화면

파워 버튼이 ON되면 읽을 수 있는 모든 항목이 영상 형태로 동시에 나타난다. 측정 데이터와 더불어 바 그래프를 나타낸다. 그리고 단위 또는 디스플레이 되는 내용이 한 화면상에 나타난다.

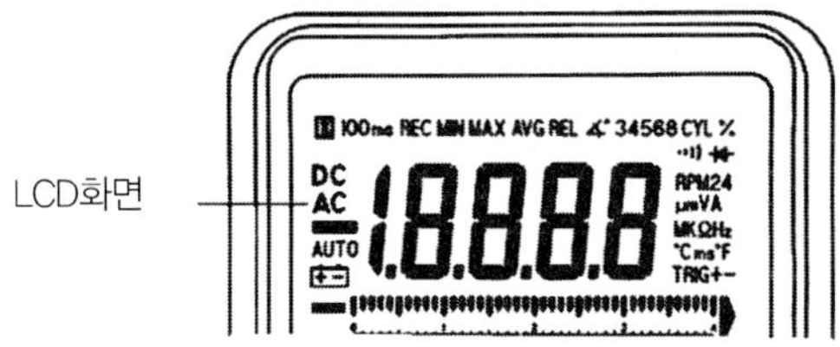

그림 48. 디스플레이 상세도

(2) 디스플레이 표지, 기호 및 단위 설명

디스플레이 상부부터 시계방향으로

- H : 데이터 홀드
- 100ms : 1∼100ms, PEAK MIN/MAX
- REC : 기록
- MIN : 최소값
- MAX : 최대값
- AVG : 평균값
- REL : 상대 측정값
- ∡° : 드웰각 측정단위(3, 4, 5, 6, 8실린더)
- % : 듀티사이클 측정단위
- •)) : 도통 체크
- ─▶├─ : 다이오드 테스트
- RPM 2, 4 : 기관 회전수, 2.4 행정 모드
- μ mVA : 전압 측정단위(mV, V), 전류 측정단위(μA, mA, A)
- MKΩ Hz : 저항 측정단위(MΩ, KΩ), 주파수 측정단위(MHz, kHz)
- ℃ ms ℉ : 온도와 펄스폭 측정단위
- TRIG (+), (-) : 펄스 트리거 극성
- ▮▮▮▶: 바 그래프, 초당 20회 응답(1세그먼트= 100단위)
- [+−]: 건전지 소모표지
- AUTO : 자동 레인지 전환모드
- - : DC모드의 (-)표시
- AC : AC모드(AC 전압과 전류)
- DC : DC모드(DC 전압과 전류)

[4] 다이얼의 기능과 작동요령

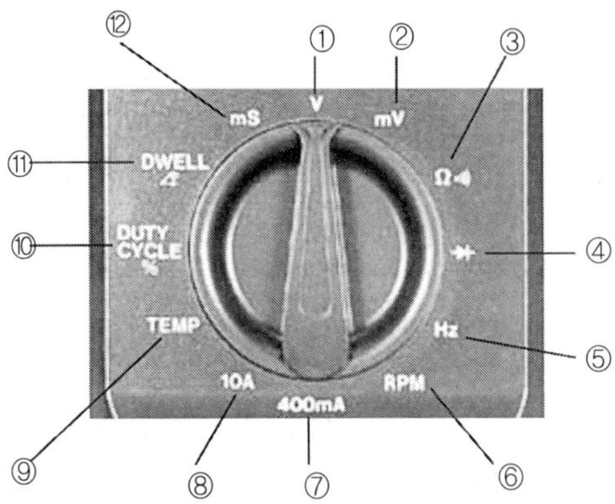

① 볼트(V) : 전압측정
② 밀리볼트(mV) : 전압측정
③ 옴(Ω •))) : 저항도통 체크
④ 다이오드(—▶|—) : 다이오드 테스트
⑤ 주파수(Hz) : 주파수 측정
⑥ 회전수(RPM) : 기관회전수 측정
⑦ 미리암페어(400mA) : 전류측정
⑧ 암페어(10A) : 전류측정
⑨ 온도(TEMP) : 온도측정
⑩ 듀티 사이클(DUTY CYCLE %) : 듀티 사이클 측정
⑪ 드웰(DWELL)각 : CAM 각도 측정
⑫ 밀리세컨드(mS) : 연료 분사시간 측정

그림> 49. 다이얼 상세도

(1) 전압(V)의 측정

① 다이얼(selector dial)을 V모드에 맞추고 DC/AC 버튼(20)을 누른다(자동 측정상태). 필요하다면 레인지 버튼(14)을 눌러 수동측정상태로 만든다.

② 빨간 테스트선은 VΩ (21)에 연결하고, 검정 테스트선은 COM(22)에 연결한다.

③ 프로브를 측정할 부위에 연결해서 디스플레이 값을 읽는다.

④ 주의사항 : 초과 레인지 경고는 1000V 레인지에서는 나타나지 않는다.

㉮ 개방회로에서 테스트선이 연결되지 않으면 0표시가 나타난다.

㉯ 프로브와 회로사이의 접촉 부위가 깨끗한가를 확인한다. 먼지나 이물질 등이 측정에 상당한 영향을 줄 수 있다.

⑤ 일반적으로 V모드에서는 자동차 축전지 전압, 각 회로의 전압 및 센서의 입력, 출력 전압 등 여러 부분을 점검할 수 있다.

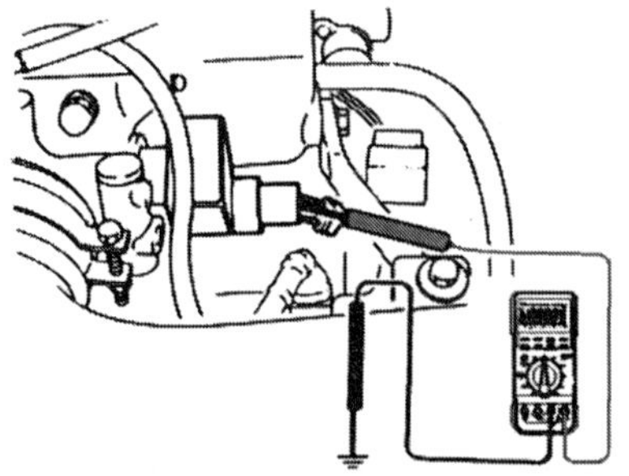

그림> 50. 스로틀 포지션센서(TPS)의 전압측정 예

(2) 미세한 전압(밀리볼트, mV)의 측정

① 다이얼을 mV모드에 놓는다.

② 빨간 테스트선은 V.Ω (21)에 연결하고, 검정 테스트선은 COM(22)에 연결한다.

③ 프로브를 측정할 부위에 연결해서 디스플레이 값을 읽는다.

(3) 저항(Ω), •)))측정과 컨덕턴스의 점검

① 다이얼을 Ω , •)))에 맞추어 놓고 필요한 버튼을 지정한다.

② 빨간 테스트선은 V.Ω (21)에 연결하고, 검정 테스트선은 COM(22)에 연결한다.

③ 프로브를 점검하고자 하는 포인트에 연결한다.

④ 저항측정에 대해서는 테스트선을 측정되어야 할 부위에 꽂고 그것이 안정되면 디스플레이 값을 읽는다.

⑤ 4MΩ , 40MΩ 입력 임피던스는 아주 높고 쉽게 노이즈 방해를 받는다. 그래서 가능한 한 짧은 연결선(리드 와이어)을 만들거나 점검 포인트를 입력 잭에 직접 연결해야 한다.

⑥ 도통 측정을 할 때 부저소리가 울린다.

⑦ 낮은 저항 범위에서 REL키가 0세팅을 만들 수 있다. 특히, 이 모드에서는 각 회로의 단선, 단락, 접속저항, 케이블 저항 등 전기회로에서 나타나는 여러 가지 문제점을 알아내는 데 편리하게 사용된다.

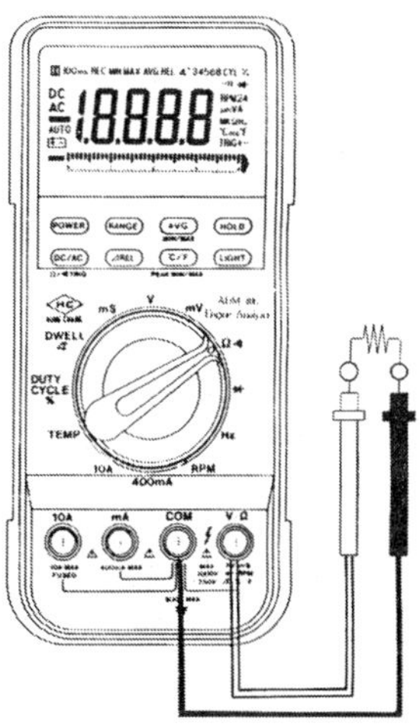

그림 51. 저항측정

(4) 다이오드(—▶|—)의 점검

① 다이얼을 —▶|—에 맞추어 놓는다.

② 빨간 테스트선은 V.Ω (21)단자에 연결하여 애노드쪽에 적용되고, 검정 테스트선은 COM(22)단자와 연결되어 순방향(포워드) 전압측정을 위해서 역방향(캐소드)쪽에 적용된다.

③ 빨간 프로브를 다이오드 (+)에 연결하고 검정 프로브를 다이오드 (−)에 연결한다. 일반적으로 자동차의 AC발전기 내부 다이오드 및 각 부분 다이오드의 점검에 사용된다.

④ 다이오드의 전압은 0.400에서 0.900으로 나타나며 손상 또는 단락되었을 경우에는 0.000으로 나타나고 개방회로로 되었으면 3.100~3.500을 보여준다. 다이오드를 역방향으로 점검할 때 다이오드가 정상이면 약 2.500~3.500의 값이 나타나며 다이오드가 손상되었으면 6.000이나 다른 값으로 나타난다.

⑤ 다이오드 점검을 하려고 준비가 되었으면 약 3.00V가 디스플레이 된다.

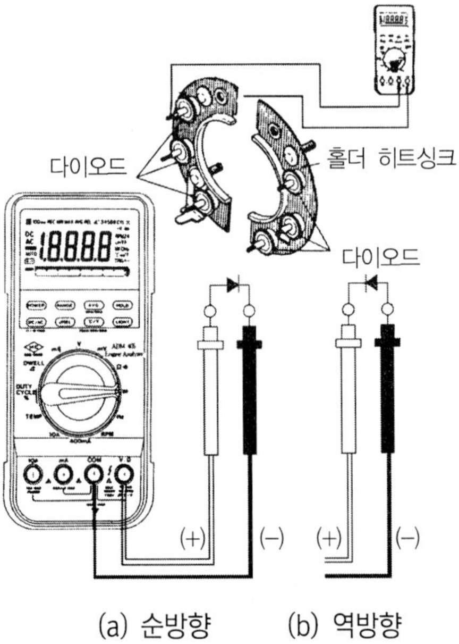

그림 52. 다이오드측정

(5) 주파수(Hz)의 측정

① 다이얼을 Hz(5)에 맞춘다.

② 빨간 테스트선은 V.Ω (21)단자에 연결하고, 검정 테스트선은 COM(22)단자에 연결한다.

③ 검정 테스트선이 그라운드(접지)선에 접촉하고, 빨간 테스트선을 M/C 솔레노이드 검정선(주파수 출력선)에 연결한다.

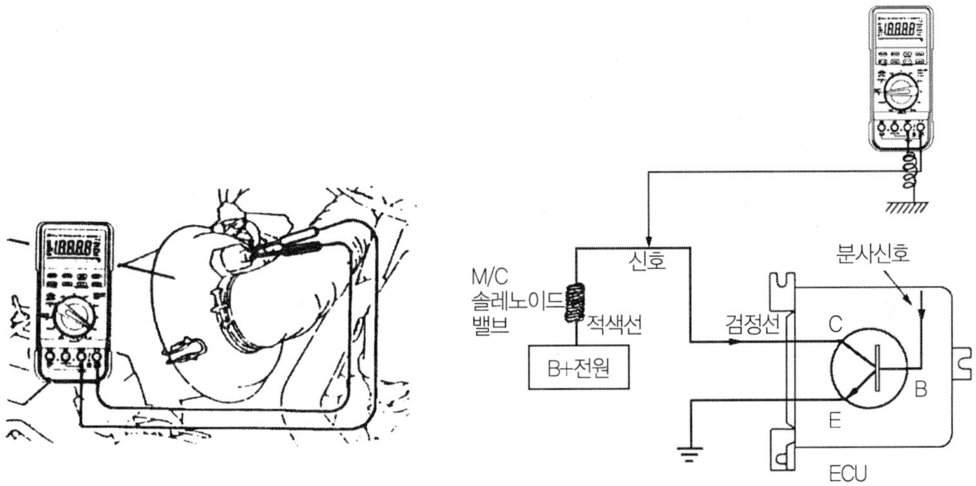

(a) (b)

그림 53. AFS 주파수 측정

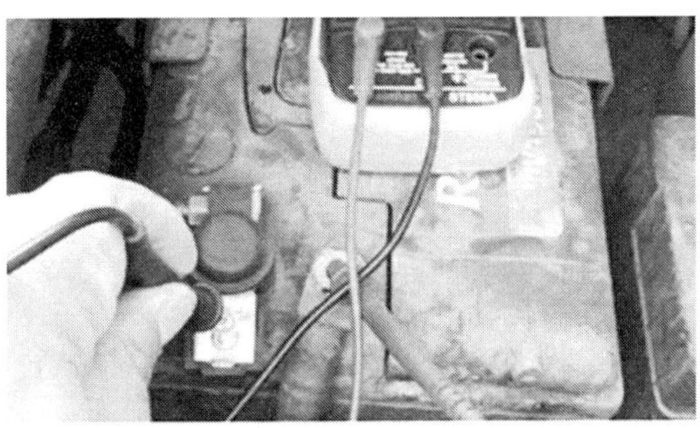

그림 54. 미소 전류측정

(6) 전류(10A 이하)의 측정

① 다이얼을 10A(8)에 세팅을 한다.

② 버튼(20)을 눌러 측정할 AC나 DC로 선정한다.

③ 빨간 테스트선은 10A 단자에 연결하고 검정 테스트선은 COM단자에 연결한다.

④ 측정 출력단자를 분리해서 양단에(빨간) 10A 테스트선과 COM 테스트선을 연결한다. 이 때 나오는 값이 측정전류이다.

⑤ 축전지 (+), (−)단자에 직접 연결하거나 측정전류가 10A 이상이면 기기가 파손된다.

(7) 미소전류(400mA 이하)의 측정

① 다이얼을 400mA(7)에 맞추어 놓는다.

② 버튼 (20)을 눌러 적절한 AC나 DC로 선정한다.

③ 빨간 테스트선은 축전지에서 분리한 차량의 (−)단자에 접속하고 검정 테스트선은 축전지 (−)단자에 연결한다.

④ 400mA(7)를 측정하려면 빨간 테스트선은 mA(23)단자에 연결하고, 검정 테스트선은 COM(22)단자에 연결한다.

(8) 듀티 사이클의 측정

ECU에 의해 듀티 제어되는 각종 솔레노이드밸브 측정에 사용된다.

① 다이얼 DUTY CYCLE %(10) 위치에 맞춘다.

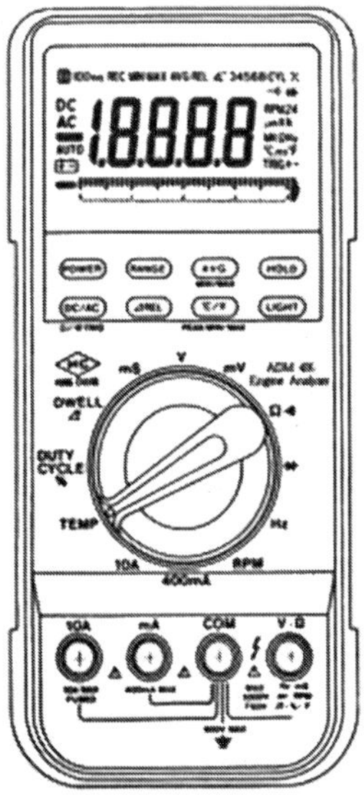

선택버튼을 누르시오. ℃ 또는 ℉

그림》 55. 온도측정

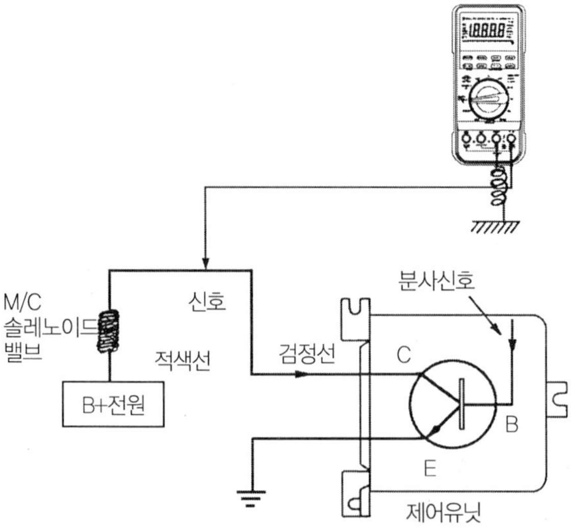

그림》 56. 솔레노이드밸브 듀티비 측정

② 빨간 테스트선을 V.Ω (21)단자에 연결하고, 검정 테스트선을 COM(22)단자에 연결한다.

③ 검정 악어 클립을 그라운드 또는 축전지 (-)단자에 연결하고 빨간 테스트선은 M/C (mixture control) 솔레노이드의 검정선에 찌른다.

④ 기관을 시동하면 듀티 사이클 값이 나타난다.

⑤ 정상적인 공회전 속도가 듀티 사이클 값보다 낮게 나타나는가를 보아 진공상태가 누설되는가를 점검하고 특정 듀티 값보다 높게 나타나면 고압에 의한 전기부하, 기관의 기계적인 문제 또는 공회전상태에서의 공전조절 모터가 고착되었는가를 점검하여야 한다.

⑥ 듀티 사이클은 정방파형의 특징을 갖는다. 낮은 듀티 사이클은 전기의 흐름이 빈약하다는 것을 말한다. 일반적으로 45~55%면 정상이다(정확한 값은 50%이다).

(9) 미소시간(ms)의 측정

연료 인젝터 등의 분사시간을 측정하는데 쓰인다.

① 다이얼을 mS(12)에 맞춘다.

② 빨간 테스트선을 V.Ω (21)단자와 측정하고자 하는 커넥터에 연결하고, 검정 테스트선은 COM(22)단자와 접지시킨다.

③ 기관 시동을 걸면 밀리세컨드 값이 나타난다.

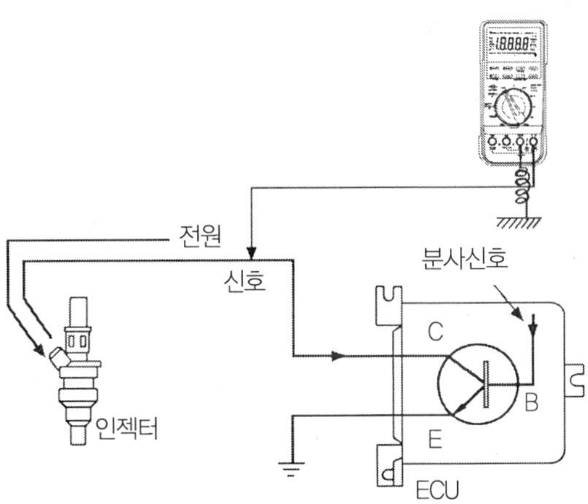

그림 57. 인젝터 연료분사 시간측정

④ 인젝터 분사시간 측정시 현대 차종의 경우 2.2~2.9mS이며, 대우 차종은 공회전시 0.8~3.0mS가 기준값이다.

2.3.2. 아날로그 멀티테스터

[1] 아날로그 멀티테스터의 외관 및 명칭

멀티테스터는 전압, 전류, 전기저항, 트랜지스터(TR), 배선 단선 유무 등 여러 가지의 측정기능을 결합한 전자 계측기이다. 멀티테스터는 기본적인 결점을 찾기 위하여 손으로 쓰는 유용한 장치이자 분야 업무작업 혹은 매우 높은 정확도로 측정할 수 있는 벤치 기구이다. 항상 측정하고자 하는 전압보다 높게 선택스위치를 선정하여야 한다.

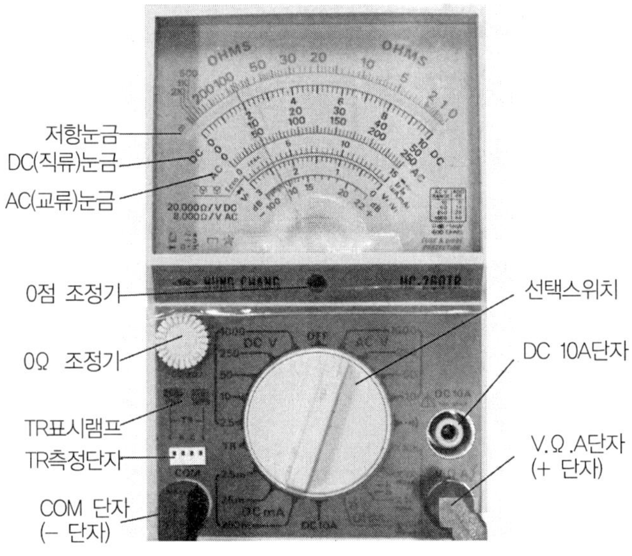

그림 58. 아날로그의 각부 명칭

[2] 아날로그 멀티테스터의 각부 기능

(1) 0점 조정기

지침의 눈금을 "0" 의 눈금으로 조정할 때 사용한다. 사용 전 지침이 "0" 이 아닌 곳에 있을 때는 "0" 으로 맞춘 후 사용해야 한다.

(2) 0Ω 조정기

정밀한 저항값을 측정하기 위해서 두 리드선을 맞대고 바늘이 0Ω 의 눈금으로 조정 후 저항을 측정한다. 만약 0Ω 으로 조절이 되지 않을 때는 건전지를 교체해야 한다.

(3) 선택스위치

DC V, DC A, AC V, Ω , TR 등 측정하고자 하는 범위에 놓고 측정한다.

(4) COM

공통 단자이다. 흑색단자를 연결해야 한다. 흑색은 (-), 적색은 (V, Ω , A)에 연결한다. 디지털 멀티테스터일 경우는 흑색과 적색을 바꾸어서 직류 전압을 측정했을 때는 (-)값으로 표시되지만, 아날로그 멀티테스터의 경우는 지침이 0방향으로 내려가 0점이 틀려질 수 있다. 이 점을 유의해야 한다. 교류전압은 흑색, 적색 구분 없이 사용해도 무방하나 될 수 있으면 리드선은 색깔에 맞게 꼽아서 사용하도록 한다.

(5) 리드선

흑색(-)과 적색(+)으로 구성되어 있고 측정하고자 하는 곳에 접촉하는 역할을 한다.

[3] 아날로그 멀티테스터의 사용법

(1) 저항값 측정법

① COM과 V·Ω ·A 단자에 연결 후 측정한다. 측정배수는 ×1, ×10, ×1K, ×10K

② 선택스위치를 OHM 레인지에 설정한다.

③ 테스터봉을 적색봉과 흑색봉을 서로 단락시킨 상태에서 0점 조정기를 돌려 0점을 조절한다. 이것을 하지 않으면 차후 저항 측정시 저항값 오차가 발생한다.

④ 그림 59는 160옴 저항을 제어본 것임(R ×10레인지)보이는 바늘 눈금에 10배를 한다. 만약, ×1K 레인지면 보이는 바늘눈금에 1,000배 또는 KΩ 으로 읽으면 된다.

(a) 레인지 설정 후 0점 조정

(b) 저항측정

그림 59. 저항 측정방법

(2) 교류 전압측정

COM과 V · Ω · A 단자에 연결 후 측정한다. 테스트 대상 장치 또는 회로에 테스트 선을 연결한다. 측정범위는 ~1000 AC V까지이다. 측정배수는 10, 50, 250, 1000이다. 측정 교류전압을 알 수 없을 때는 최고 높은 측정치인 AC V 1000에 맞추어놓는다. 그림 60(b)는 측정 레인지가 1000에 설정되어 있고, 지침이 2를 가리키므로 200V 이다. 이렇게는 상세하게 알 수 없기 때문에 좀더 정확히 몇 V 인지를 알아보기 위해 그림 60(c)처럼 250에 놓고 숫자가 있는 범위를 읽는다. 약 225V이다. 만약 AC 50, 10V 에 놓고 측정하면 눈금이 넘어가서 측정 자체가 안된다.

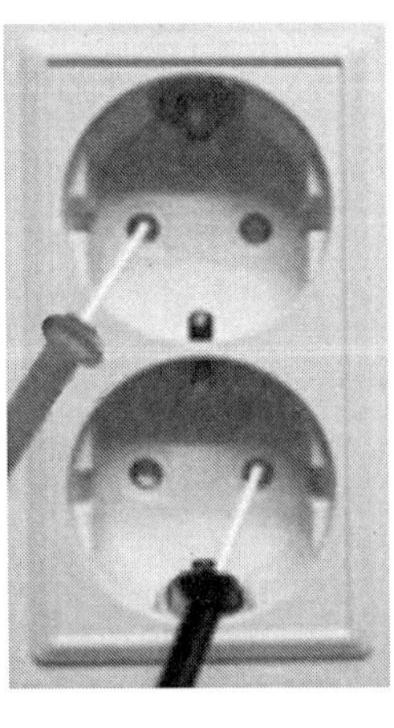

(a)

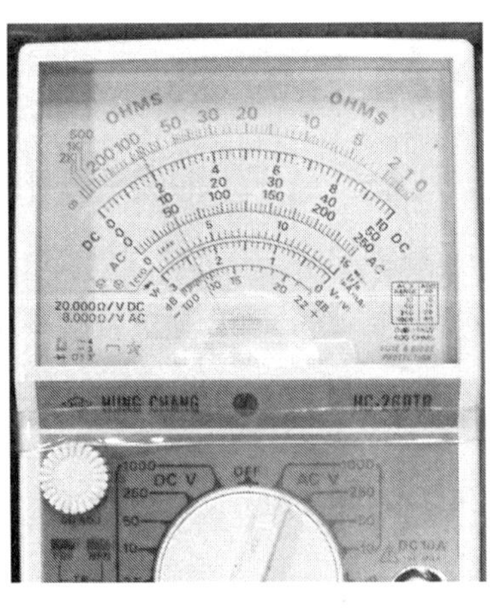

(b) 선택스위치 1000에 설정시

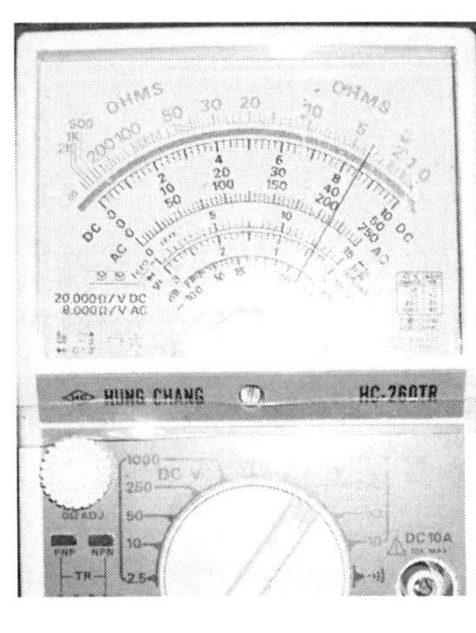

(c) 선택스위치 250에 설정시

그림 60. 교류 전압측정

(3) 직류 전압측정

COM과 V·Ω ·A 단자에 연결 후 측정한다. 테스터의 측정범위는 ~1000 DC V까지이다. 측정배수는 2.5, 10, 50, 250, 1000이다. 측정방법과 눈금 읽는 방법은 AC V와 똑같다. 아날로그 멀티테스터의 경우 (+), (-)단자를 바꾸어서 측정할 경우 0 이하의 값으로 지침이 더 떨어질 수 있으니 단자 극성에 주의해야 한다.

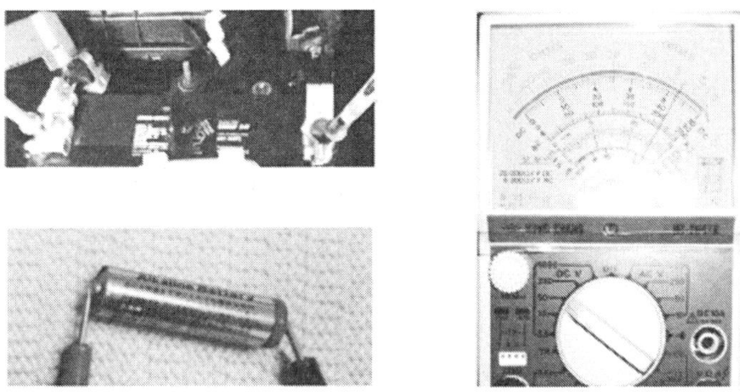

그림 61. 직류 전압측정

(4) 다이오드 측정법

① 레인지를 돌려 OHM ×1 자리에 설정한다.

② 다이오드 (+)측에 적색봉 반대편에 흑색봉을 접속시킨다. 역방향 측정법으로 바늘이 움직이지 않는다.

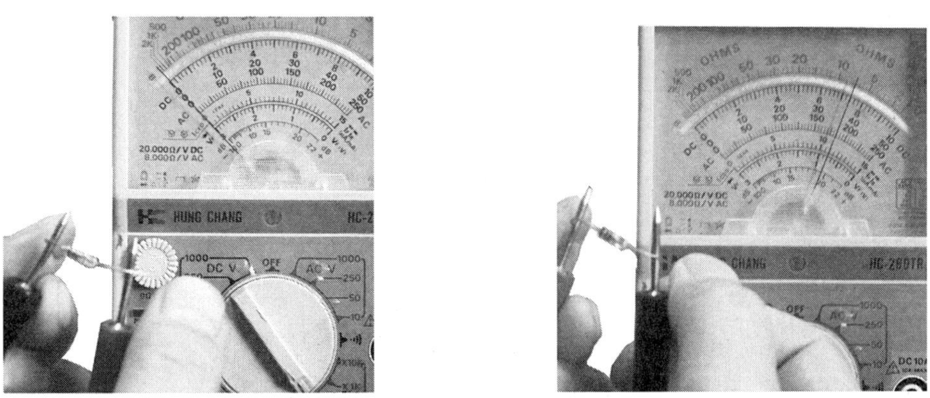

(a) 역방향 측정시 (b)순방향 측정시

그림 62. 다이오드 점검

③ 다이오드 (+)측에 흑색봉 반대편에 적색봉을 접속시킨다. 순방향 측정법으로 바늘이 움직인다(테스츠기 구조상 저항에 위치시 적색단자에는 (-)전기가 흑색단자에는 (+) 전기가 흐른다).

(5) 직류 전류측정

COM과 V · Ω · A단자에 연결 후 측정(작은 전류), COM과 10A단자에 연결 후 측정 하고자 하는 회로(부하)를 끊고 테스터를 직렬로 연결한다. 그림 63은 DC 10A에 맞추었으므로 측정값은 3.85A이다.

만약 DC 2.5m~DC 250m에 설정하고 측정값이 설정치수 보다 높으면 수치가 넘어가서 측정이 불가능하다. COM과 V · Ω · A단자에 연결 후 10A단자에 설정 후 측정하면 수치가 움직이지 않아 측정 불가능하며 너무 높은 A를 측정하면 테스터 회로가 손상된다. 따라서 테스터는 최대 DC 10A까지 측정 가능하므로 10A 이하범위를 잘 판단해서 사용해야 한다.

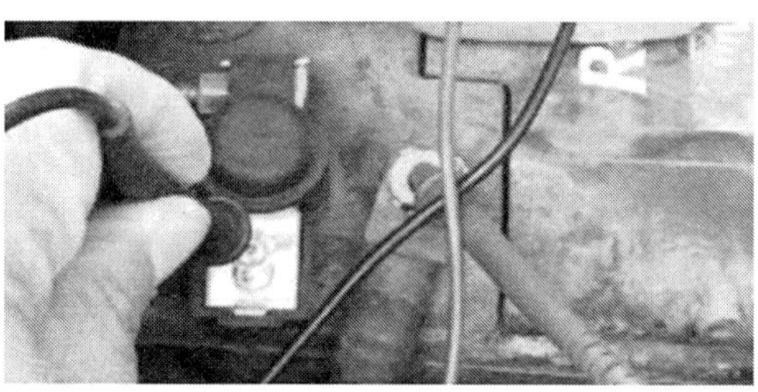

(a)

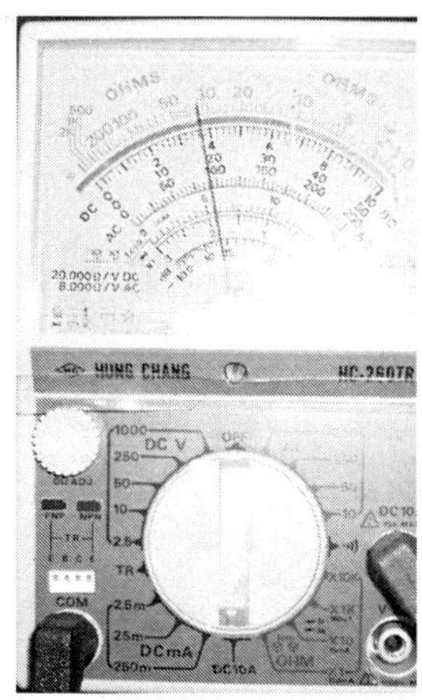

(b)

그림› 63. 직류 전류측정

(6) 통전시험(배선시험)

COM과 V · Ω · A단자에 연결 후 측정한다. 정확한 저항값은 필요하지 않고, 회로의 단선유무 및 전자부품의 불량 검사시 소리로 유용하게 사용되어 진다.

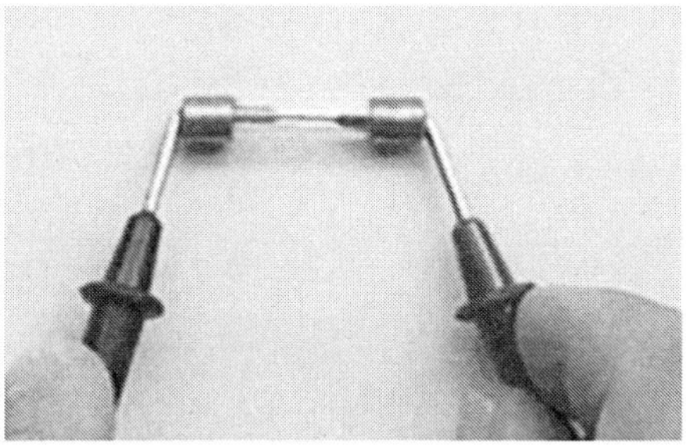

(a)

(b)

그림 64. 통전시험

(7) 트랜지스터(TR)시험

트랜지스터(TR)시험은 PNP형인지 NPN형인지 선택한 후 끼어보면 E, B, C가 측정이 되어 해당 램프에 불이 들어오거나 고장시에는 불이 두 곳 다 들어오지 않는다.

2.3.3. 테스트램프 사용법

테스트램프는 현장에서 주로 사용하고 있으며 단선측정, 접지검사 등을 별도의 장비 없이 일괄적으로 측정할 수 있다. 테스트램프에는 일반형식과 LED형식이 있다.

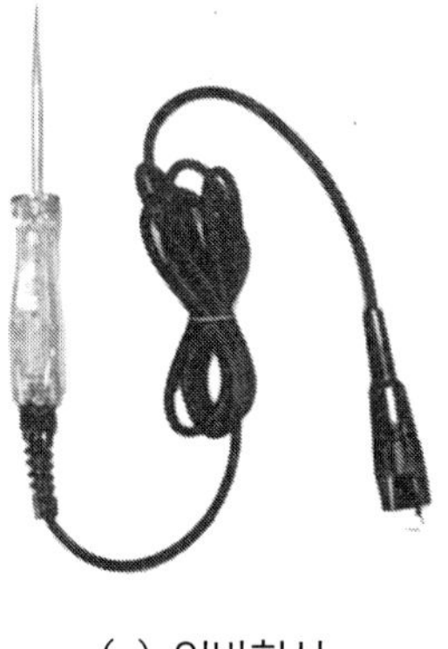

(a) 일반형식

(b) LED형식

그림 65. 테스트램프

[1] 테스트램프 사용법

① 먼저 축전지 연결단자(+ 또는 –)에 연결한다.

② 연결단자가 (–)일 경우 점검하려고 하는 신호선에 검침봉을 접촉시 점등이 될 경우 (+)의 단자에 출력이 됨을 의미하고, 연결단자가 (+)일 경우 점검하려고 하는 신호선에 검침봉을 접촉시 점등이 될 경우 (–)의 단자에 출력이 됨을 의미한다.

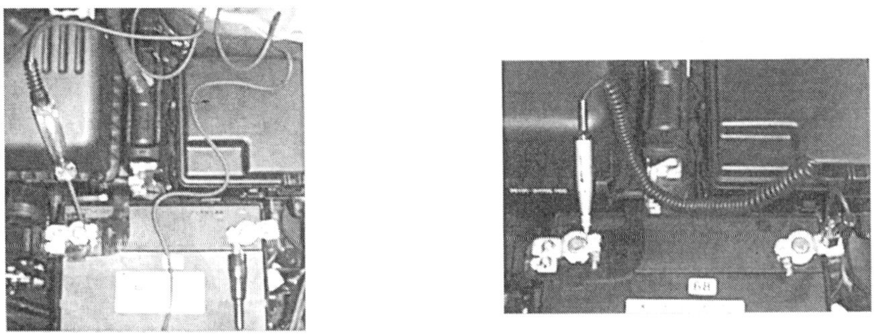

(a) 일반형식 (b) LED형식

그림 66. 테스트램프

[2] 일반 전구형식 테스트램프

일반 전구형식 테스트램프는 일반적으로 많이 사용하는 테스트램프이며 전구의 밝기에 따라 차이가 있지만 보통 12V/24W 전구를 사용하며 이때 회로에 흐르는 전류는 약 2A 소모된다. 이렇게 회로에 소모되는 전류가 2A 정도 흐를 경우 일반회로의 경우에는 문제가 없으나 반도체를 사용하는 회로(특히 전자회로, ECU)에는 흐르는 전류에 의해 반도체가 파손될 수 있으므로 반도체 관련 회로 점검시 각별히 주의해야 한다.

(a) (b)

그림 67. 일반 전구형식 테스트램프

[3] LED형식 테스트램프

LED형식 테스트램프는 회로의 극성에 따라 LED램프의 점등색이 다르게 점등 되므로서 회로의 극성을 아는데 도움이 되고 회로에 소모되는 전류가 mA 정도로 작은 전류가 흐르므로 테스터 램프에 의한 회로에 영향을 적게 주게 된다. 이러한 테스트램프는 정비시 유용하게 사용되는데 서로 고유의 특성이 있으므로 정비시 선별하여 사용하여야 한다.

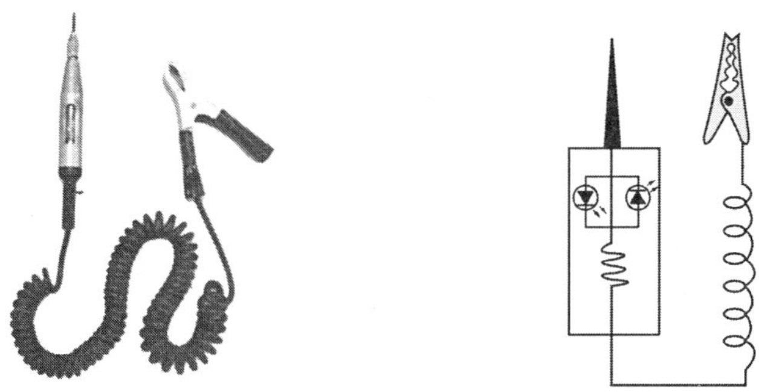

(a) (b)

그림 68. LED형식 테스트램프

2.3.4. 오실로스코프 사용방법

오실로스코프는 단위시간에 발생하는 전기적 현상들을 눈으로 볼 수 있게 해 주는 계기라 할 수 있다.

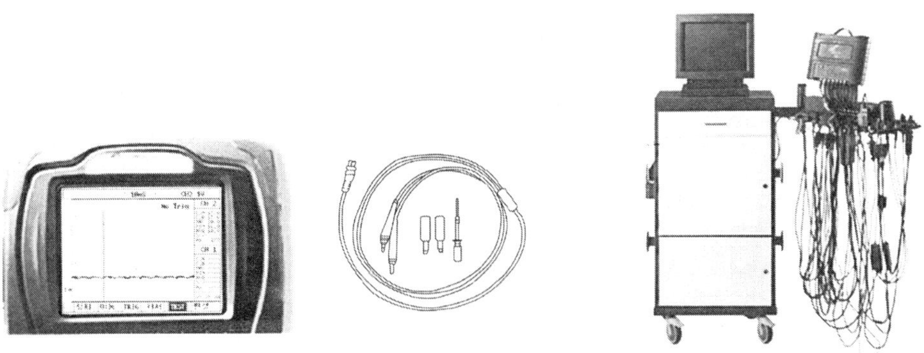

(a) 휴대용 (b) 장비형

그림 69. 오실로스코프의 종류

오실로스코프 화면의 구성은 수직축(Y축)은 전압의 변화, 수평축(X축)은 시간변화를 나타내며 디지털 오실로스코프의 경우 기종에 따라 차이는 있지만 듀티, 주파수, 커서 A, 커서 B, 최대값, 최소값 및 커서와 커서사이의 평균값을 볼 수 있다.

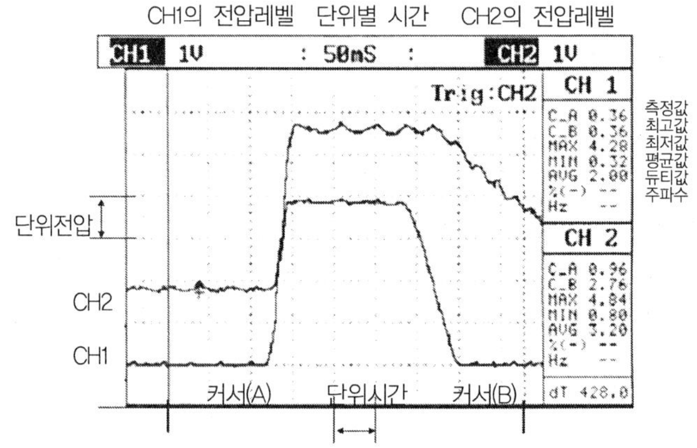

그림 70. 오실로스코프의 설정창

디지털 오실로스코프의 측정 프로브의 경우 기종에 따라 차이는 있지만 하나의 배선이 하나의 채널사용시 사용하는 프로브이고, 프로브 끝단에 파형을 측정할 수 있도록 연결집게와 탐침봉으로 구성되어 있다. 디지털 오실로스코프의 측정 프로브의 연결은 아래 그림과 같다.

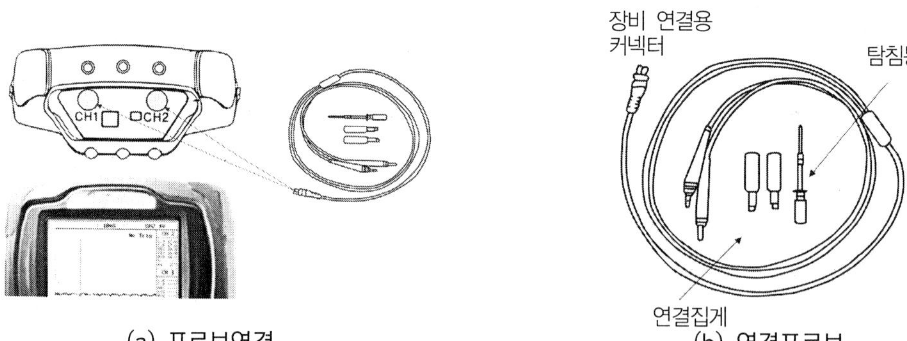

(a) 프로브연결 (b) 연결프로브

그림 71. 오실로스코 프로브 연결

[1] 디지털 오실로스코프의 환경설정

오실로스코프 환경설정을 하려면 오실로스코프의 기종에 따라 선택 채널의 형상과 선택 방법은 차이가 있고 사용방법이 틀리므로 자세한 설정방법은 장비의 사용설명서를 참고하여야 한다. 일반적인 환경설정을 하려면 채널별로 아래와 같은 설정을 할 수 있으며 측정하고자 하는 부위의 출력파형 형상을 고려하여 측정레벨을 변경시킬 수 있다.

(1) 전압단위와 시간단위의 설정

전압단위와 시간단위의 설정의 경우 장비마다 사용방법이 틀리고 장비의 특성에 따라 틀리므로 자세한 설정방법은 장비의 사용설명서를 참고한다.

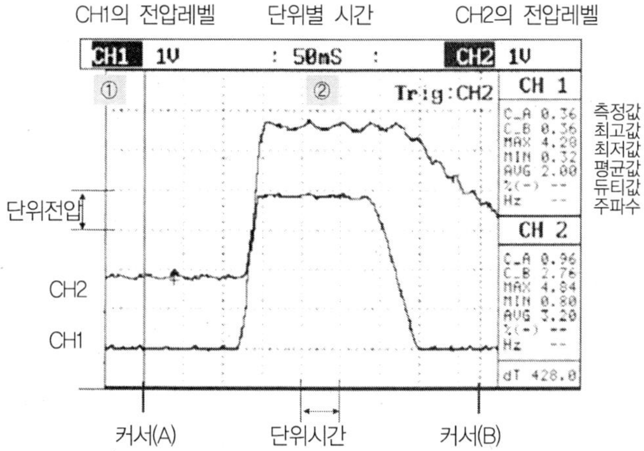

그림 72. 전압단위와 시간단위의 설정

1) CH1 1V

CH1의 밝은색 활성화는 CH1이 현재 사용되고 있음을 나타낸다. 우측에 표시된 1V 표시는 화면에 표시된 눈금 1개의 높이가 1V의 크기를 의미한다.

※CH1 파형의 높이가 눈금 4개 정도의 높이를 차지하고 있으며 약 4V의 크기이다.

2) 50mS

현재 화면의 시간단위를 나타내며 CH1, CH2에 동시에 적용된다. 전압과 유사하게 수평눈금 1칸에 해당하는 시간이 50mS 임을 의미한다.

(2) AC(alternate current)/DC(direct current)변환

자동차에서는 직류성분과 교류성분이 존재하는데 이에 따라 파형을 직류(DC)와 교류(AC)를 구분하여 측정할 수 있도록 변환해 주어야 하며, 교류(AC)측정시에는 전원 레벨을 0으로 다운시킨 후 파형을 확대하여 표시하게 된다. 교류의 측정은 발전기의 전원 중 발전기 다이오드 출력 전압측정시에 주로 사용한다.

(3) BI(bipolar)/UNI(unipolar)변환

BI는 0레벨을 기준으로 측정화면이 (+), (-)영역으로 출력되도록 하며 UNI는 0의 레벨을 기준으로 (+)영역만 출력되도록 한다. BI는 인덕티브방식 크랭크각센서 및 ABS 휠 스피드센서, 자동변속기 펄스 제너레이터 A/B, 점화 2차 파형 등의 신호를 측정할 때 활용하며 UNI는 대부분의 센서 파형이나 액추에이터 파형, 전원 등을 측정할 때 이용한다.

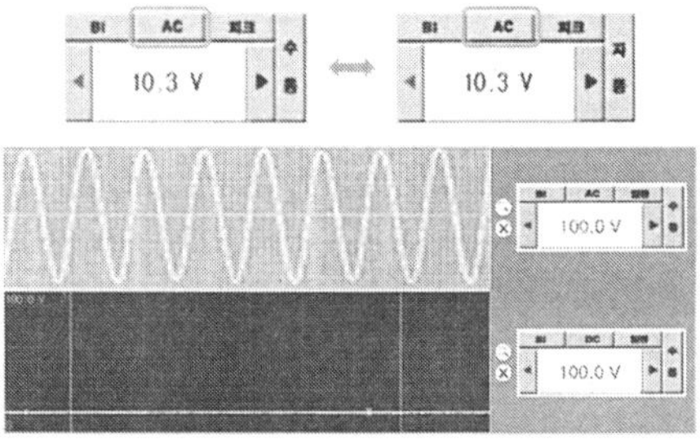

그림 73. AC/DC변환

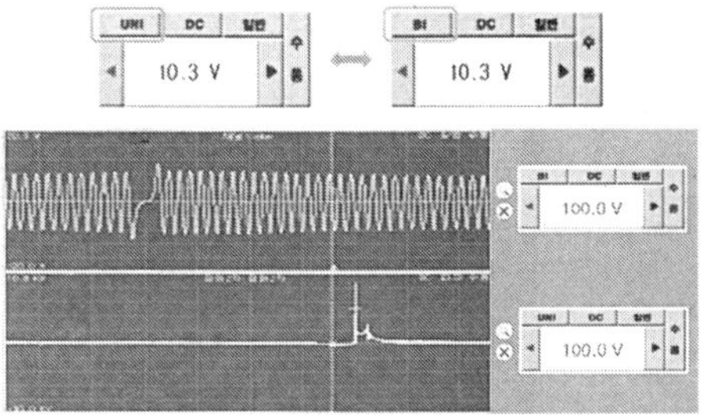

그림 74. BI/UNI 변환

(4) 일반/피크 변환

일반모드는 현재 설정되어 있는 샘플링 속도(time/div)에 따라 화면에 표시하기 위한 최소한의 데이터를 그리는 모드를 말하며, 피크모드의 경우는 서지전압과 같은 순간적인 최고 전압을 정확하게 측정할 때 사용한다.

일반모드의 경우 채널별 환경설정은 독립적으로 조정가능하며 해당 부품의 파형이 어떠한 형상으로 출력되는지 대략 알고 있어야만 환경설정 하기가 용이하고 분석도 쉽게할 수 있다. 피크(최고점)모드의 경우 인젝터, 점화코일, 각종 솔레노이드밸브 등 코일로 구성된 부품의 파형측정시에는 반드시 피크모드로 설정해야만 서지전압을 정확하게 측정할 수 있다.

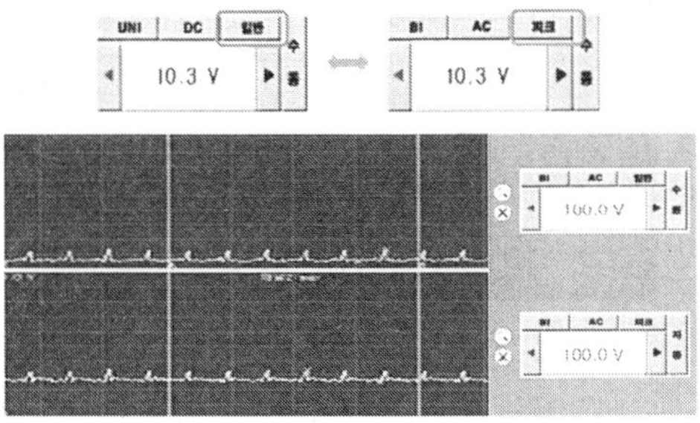

그림 75. 일반/피크 변환

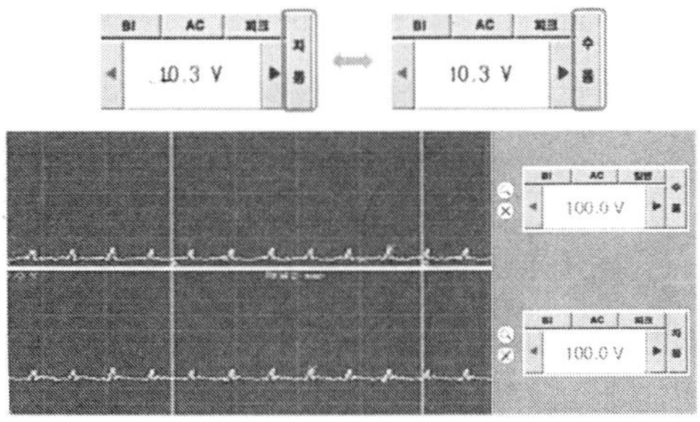

그림 76. 수동, 자동변환

(5) 수동, 자동변환

수동모드는 선택한 채널의 전압이나 전류의 최고 레벨을 수동으로 변경할 수 있는 모드로서 사용자가 파형을 정밀하게 확대하거나 축소하여 확인하고자 할 때의 임의적으로 레벨을 변경하여 측정할 때 사용하며 자동모드는 오실로스코프에 입력되는 파형신호의 레벨이 얼마인지 잘 모를 때 자동으로 설정해 놓고 파형을 측정하면 입력되는 파형은 레벨을 자동으로 맞추어 UNI로 출력된다.

2.4. 전기회로 분석요령

회로의 분석은 먼저 고장 발생된 회로에 대한 고장 내용을 제일 먼저 파악하는 것이 중요할 것이다. 그런 다음 분석의 절차를 밟아 수리하는 과정을 수행하게 된다. 이때 수리회로에 대한 기본적인 항목을 파악한 후 분석절차를 밟아 가면 될 것이다.

회로는 항상 전원회로와 제어회로 그리고 부하회로를 구성되게 되어 있으므로 이러한 구성에 의해 다음과 같은 질문을 할 수 있다.

① 회로가 가지고 있는 목적은 무엇인가 ?

② 회로(시스템)의 기능은 무엇인가 ?

③ 기능을 수행하기 위해 무엇을 작동하여야 하는가 ?

④ 회로가 작동하면 전류 흐름은 어떻게 되는가?

이런 질문을 통해 회로에서 먼저 생각해야 할 부분은 회로의 목적, 기능, 작동, 작동에 따른 전류의 흐름에 대한 구분을 하고 이에 따른 분석을 시작하면 될 것이다.

2.4.1. 직렬회로의 분석

[1] 축전지 전원 중심적 해석

그림과 같이 직렬회로에서 회로의 작동을 해석하는 축전지 전원 중심적 해석을 보면 ① 스위치가 OFF일 때 (+)전원은 축전지 → 램프 → 스위치까지 전원이 와있는 상태에서 ② 스위치가 ON되면 (+)전원이 스위치 → 접지 순으로 흘러 램프가 점등된다.

이러한 방식의 해석이 일반적으로 해온 회로에서의 전류 흐름의 해석방식이고, 보편적인 방식이다. 이렇게 회로 해석을 할 경우 한가지 고려해야 할 부분은 마이너스전원의 해석에 있어 어려운 점이 발생할 수 있다는 점에서 정비시 고려해야 할 부분이다.

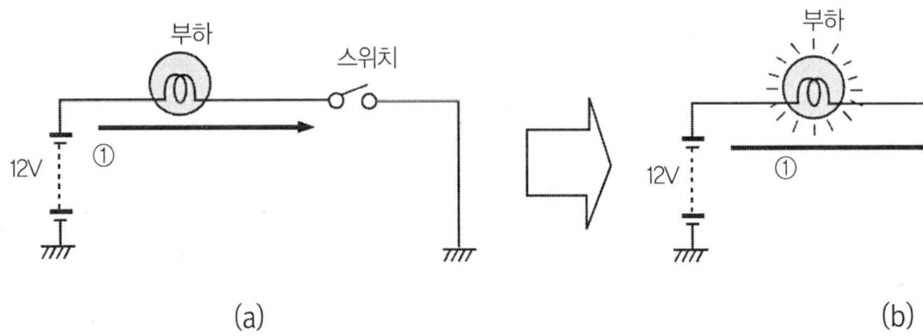

그림 77. 축전지 전원 중심적 해석

[2] 스위치 중심적 해석

직렬회로에서 회로의 작동을 해석하는 과정에서 스위치 중심적 해석을 보면 ① 스위치가 OFF일 때 (+)전원은 축전지 → 램프 → 스위치까지 전원이 가있는 상태에서 ② 스위치가 ON되면 (+)전원은 스위치의 접지전원과 만나고 전위차에 의해 → 접지 순으로 흘러 램프가 점등된다.

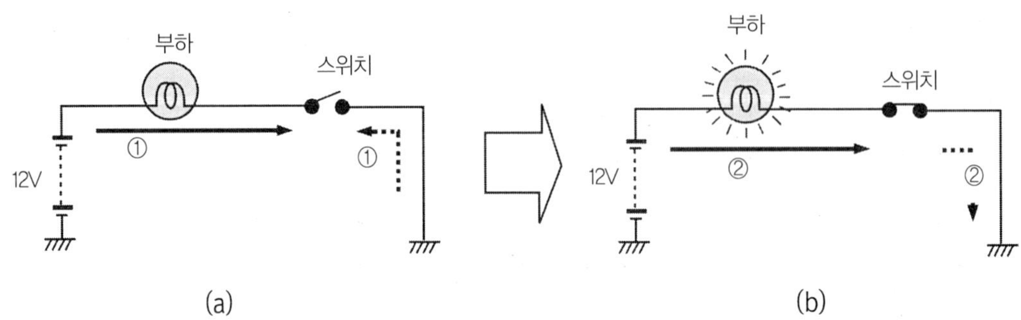

그림 78. 스위치 중심적 해석

스위치 중심적 해석을 할 경우 한가지 고려해야 할 부분은 스위치에서의 전원의 해석에 있어 (+)전원과 (-)전원이 만나게 되어 전류의 흐름으로 이어지는 부분에서 순간적인 단락의 발생으로 이어지게 되고 이러한 원인에 의해 접점의 손상이 되는 부분의 해석이 가능하게 된다. 이 점에서도 정비시 고려해야 할 부분이다.

[3] 부하 중심적 해석

그림과 같이 직렬회로에서 회로의 작동을 해석하는 과정에서 부하 중심적 해석을 보면 ① 스위치가 OFF일 때 (+)전원은 축전지 → 램프 → 스위치까지 전원이 가 있는 상태에서 ② 스위치가 ON되면 (-)전원이 부하로 오게되고 부하에서 (+)전원과 (-)전원이 만나서 램프가 점등된다.

부하 중심적 해석할 경우 고려해야 할 부분은 부하에서의 전원의 해석에 있어 (+)전원과 (-)전원이 만나게 되어 전류의 흐름으로 부하의 작동으로 이어지므로 부하의 작동을 해석하는데 에는 용이하나 회로에 있어 여러 개의 부하의 연결이 되어 있을 경우 각각의 부하를 확인해 봐야 한다는 점에서 볼 때 점검방법이 번거로울 수 있다. 이 점에서도 정비시 고려해야 할 사항이다.

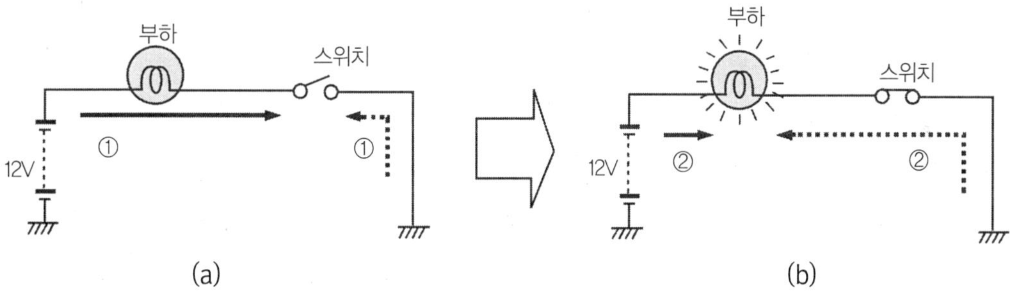

그림 79. 부하 중심적 해석

2.4.2. 직렬회로의 분석과 진단

[1] 스위치 ON시 램프가 점등되지 않는 경우의 점검

(1) 전압계를 이용한 방법

그림 80과 같이 각 지점의 전압을 측정하면 각 지점의 전압은 접지를 기준으로 몇 V인가 ?

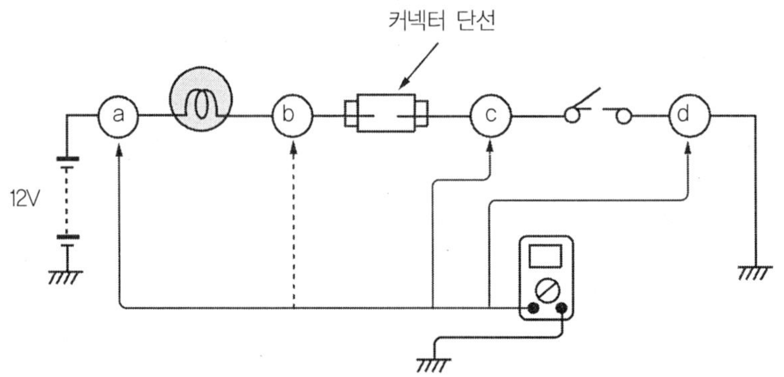

그림> 80. 전압계를 이용한 진단

조 건		a	b	c	d
회로정상시	스위치가 OFF	12V	12V	12V	0V
	스위치가 ON	12V	0V	0V	0V
회로단선시	스위치가 OFF	12V	12V	0V	0V
	스위치가 ON	12V	12V	0V	0V

회로에 대한 완벽한 분석 후 전압을 측정하면 고장부위를 알 수 있는데 위 회로에서 커넥터의 단선이 있다면 스위치 ON시 위 표처럼 커넥터 이전은 12V, 이후는 0V가 측정된다. 그러나 정상인 회로라면 램프이전은 12V, 이후는 0V가 측정된다.

(2) 테스트램프를 이용한 방법

그림 81의 회로에서 스위치 ON시 테스트램프를 이용하여 각 지점을 점검하면 어떻게 될까 ?

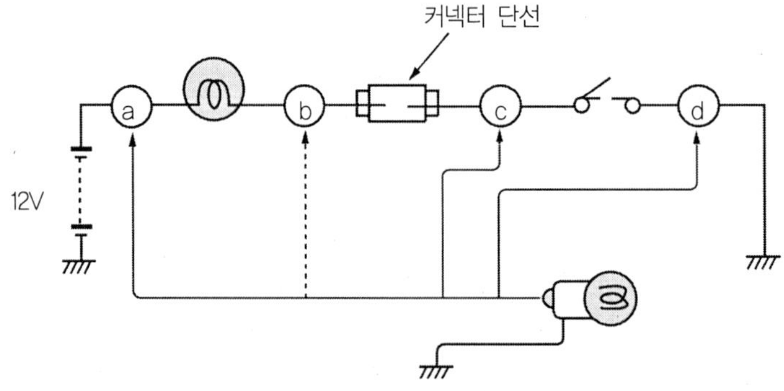

그림> 81. 테스트램프를 이용한 진단

조 건		a	b	c	d
회로정상시	스위치가 ON	점등	소등	소등	소등
회로단선시	스위치가 ON	점등	점등	소등	소등

위와 같이 점검하면 스위치 ON시 b점이 점등된다면 이는 b점과 c점사이의 단선을 의미한다. 일반 테스트램프를 이용하여 단선을 점검시에는 회로에 비교적 전류가 많이 흐르는 회로에서 유리하다. 만약 미세한 전류가 흐르는 회로의 경우 일반 테스트램프로 점검하면 램프가 점등되지 않으므로 단선 유무를 점검할 수 없다. 따라서 미세한 전류가 흐르는 회로의 단선 유무 점검시에는 LED 테스트램프를 이용한다.

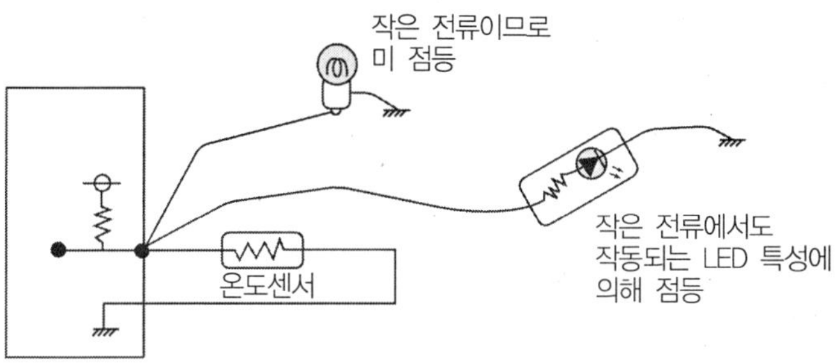

그림 82. 테스트램프 사용시 주의사항

(3) 전압강하를 이용한 방법

스위치 ON시 램프가 희미하게 점등된다는 것은 램프 단품불량을 제외한다면 회로의 어딘가에 저항(접촉저항)이 존재한다는 뜻이다. 따라서 이때는 저항계보다 전압계를 이용하여 전압 강하량을 측정하면 쉽게 고장부위를 찾을 수 있다.

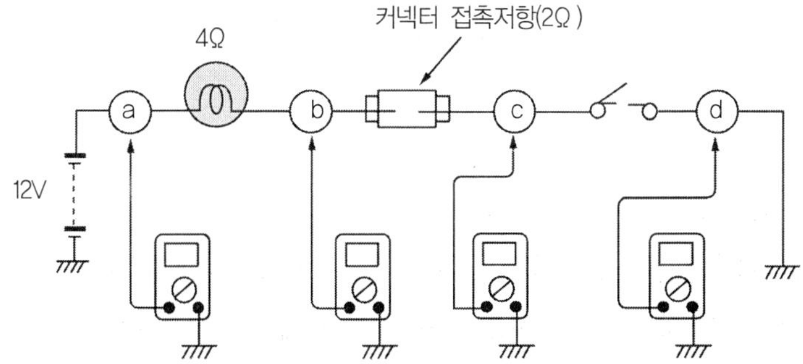

그림 83. 전압강하를 이용한 진단

위 회로에서 스위치 ON시 멀티테스터 전압계를 이용하여 각 지점을 점검하면 어떻게 될까 ?

조 건		a	b	c	d
저항 무	스위치가 ON	12V	0V	0V	0V
저항 유		12V	4V	0V	0V

회로에 위와 같은 커넥터에 저항이 존재할 때 옴의 법칙으로 계산해 보면 b점은 4V이다. 이는 램프 뒤쪽에 존재하는 2Ω 의 저항에 의한 것으로 램프가 흐리게 점등되는 요인이다.

2.4.3. 병렬회로 분석과 진단

스위치가 ON되면 축전지 (+)로부터 나온 전류는 분기점에서 램프 1과 2로 분류 → 합치는 지점에서 다시 합침 → 스위치 → 접지 순으로 흐른다. 따라서 두 램프 모두 점등된다.

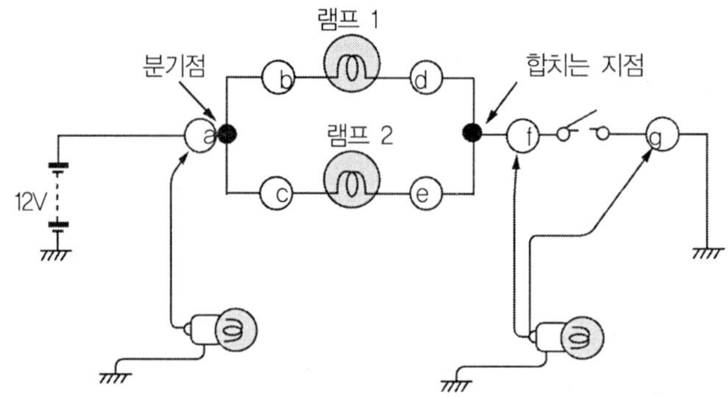

그림》 84. 병렬회로 진단

[1] 스위치 ON시 램프가 모두 점등하지 않는 경우 테스트램프를 이용하여 점검

이 경우는 회로분석만으로도 점검이 가능한데 2개의 램프 모두 점등되지 않는다면 먼저 램프 모두 불량, a구간 단선, f구간에서 접지까지 단선을 예상할 수 있다. 이때 고장부위의 점검은 테스트램프 및 전압계를 이용하여 간단하게 점검가능한데 직렬회로 점검에서 모두 설명하였으므로 여기서는 그림 84처럼 테스트램프를 이용하여 고장부위를 진단해 본다.

2.4.4. 릴레이 적용 회로분석과 진단

릴레이의 사용은 트랜지스터와 같이 작은 전류로 큰 전류를 제어하기 위해서 사용되며 릴레이를 사용하지 않고 회로를 구성하여 스위치 ON/OFF시 부하의 소모전류에 의해 스위치부에 접촉시 아크방전이 발생되어 부품의 수명에 지장을 주게 된다.

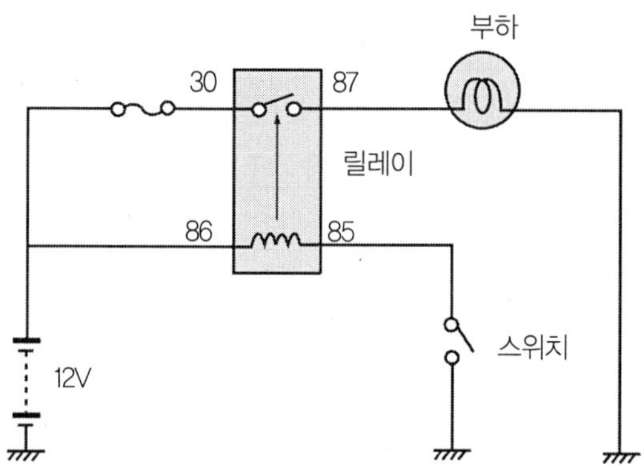

단자	30	85	86	87
기능	상시전원	코일제어	코일전원	부하전원

그림 85. 릴레이를 이용한 회로

이러한 이유로 자동차에서는 릴레이를 많이 시용하게 되었으며 릴레이의 설치 수가 늘어남으로 릴레이를 효율적으로 관리하기 위해 각종 릴레이를 한곳으로 모아서 설계하게 된다. 이렇게 한곳에 릴레이가 모여 있게 됨으로서 회로의 진단에 있어 릴레이를 많이 활용하게 된다.

회로의 진단에 있어 릴레이에서 해당회로의 진단이 가능하게 되는데 이는 릴레이가 제어의 특성인 입력과 출력의 관계를 가지므로 가능하게 된다. 다시 말해 어떠한 회로의 고장진단을 할 경우 릴레이에서 진단의 절차를 밟아갈 경우 고장부위의 방향을 찾을 수 있고 고장점검의 범위를 줄일 수 있으므로 고장진단시 효율적인 진단을 할 수 있다.

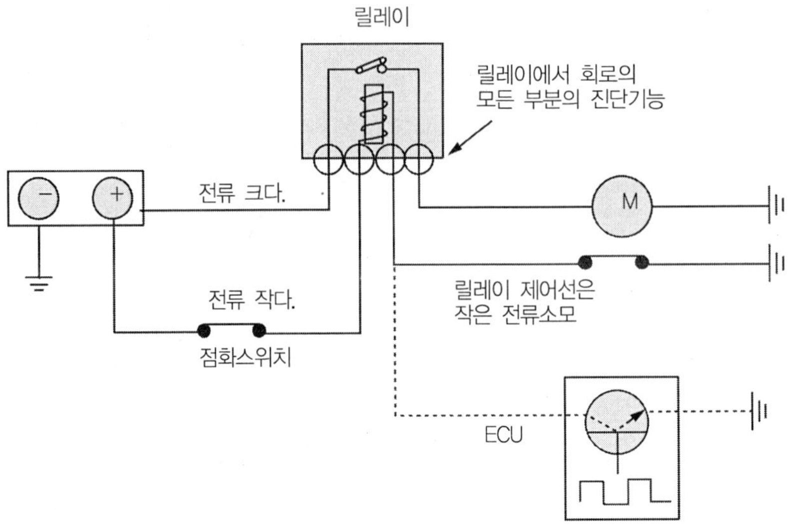

그림 86. 릴레이에서 회로진단

2.5. 릴레이의 단품점검

2.5.1. 릴레이 작동원리 이해

[1] 릴레이의 종류

① 3-pin 릴레이

② 4-pin 릴레이

③ 5-pin 릴레이

[2] 릴레이의 작용

직접 스위치를 사용하면 스파크에 의한 접점 손상이 발생하여 스위치의 수명이 단축되고, 스위치(다기능스위치)를 교체해야 하는 비용의 증가와 교환의 어려움이 따른다. 하지만 릴레이를 사용하면 전자석 코일의 저항 작용에 의해 작은 전류가 흐르게 되어 접점 손상이 적고, 릴레이 내부의 접점손상이 발생할 경우에는 교환이 용이하고, 비용도 적게된다.

[3] 릴레이의 작동원리

(1) 3-pin 릴레이

① 1번과 3번사이에 전류가 흐르게 되면 전자석 작용이 생긴다(연결할 때 "딸깍" 하는 소리가 들린다).

② 릴레이 내부의 두 접점이 붙는다.

③ 릴레이의 1번과 2번이 연결된다.

(2) 4-pin 릴레이

① 2번 단자와 4번 단자 사이에 전류가 흐르면 전자석 작용이 발생한다.

② 1번 단자와 3번 단자가 연결된다.

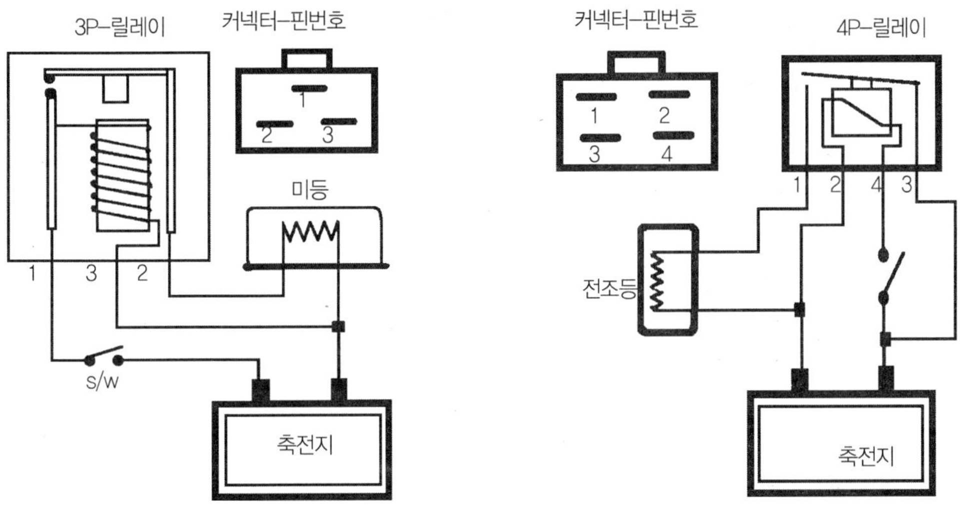

(a) 3-Pin (b) 4-Pin

그림 87. 릴레이를 이용한 회로

2.5.2. 릴레이 작동실습

[1] 3-pin 릴레이

① 3-pin 릴레이 1번 단자에 축전지 (+)단자를 연결하고, 3번 단자에 축전지 (-)단자를 연결한다.

② 릴레이의 1번 단자와 2번 단자사이에 저항을 측정하였을 때 저항값이 0Ω 이 나오면 정상이다.

[2] 4-pin 릴레이

① 4-pin 릴레이 2번 단자에 축전지 (+)단자를 연결하고, 4번 단자에 축전지 (-)단자를 연결한다.

② 릴레이의 1번 단자와 3번 단자사이에 저항을 측정하였을 때 저항값이 0Ω 이 나오면 정상이다.

[3] 회로시험

3-pin 릴레이와 4-pin 릴레이에 전구를 설치하고 스위치를 닫았을 때, 전구에 불이 들어오면 정상이다.

2.5.3. 점화스위치 회로 이해

[1] 점화스위치의 역할

(1) B단자-ACC(액세서리)단자 간의 연결

1단 스위치 작용은 시동이 걸리지 않은 상태에서 차량의 라디오, 시가라이터, 실내등에 전원을 공급한다.

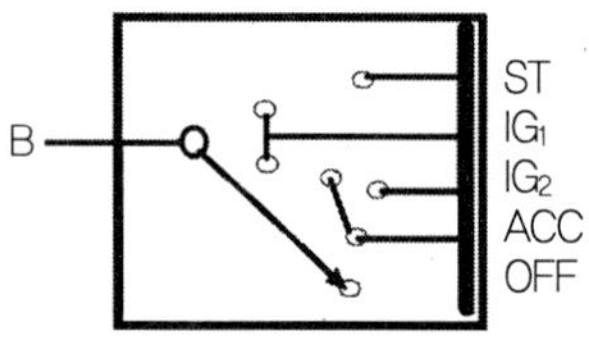

그림 88. 점화스위치 회로

(2) B단자 - IG1단자 - IG2단자사이 연결

2단 스위치작용(점화스위치 ON상태)은 key-on 상태라고 말하며, 차량의 모든 전기장치에 전원을 공급한다.

(3) B 단자 - IG1단자 - ST단자사이 연결

점화스위치 작용은 기관을 시동할 때에는 기동전동기의 원활한 시동을 위하여 시동에 필요한 전기장치(연료펌프, 인젝터 등)를 제외하고는 모든 전기장치를 차단한다.

2.5.4. 컨트롤 릴레이 회로 이해

[1] 컨트롤 릴레이의 역할

인젝터와 연료펌프를 작동시키기 위한 릴레이 작용.

① 점화스위치를 IG단자에 연결하면(8번 단자 – 4번 단자) 전자석 작용에 의해 7번 단자와 3번 단자가 연결되어 인젝터가 작동하게 된다.

② 점화스위치를 ST단자에 연결하면(6번 단자 – 4번 단자) 전자석 작용에 의해 7번 단자와 1번 단자가 연결되어 연료펌프가 작동하게 된다.

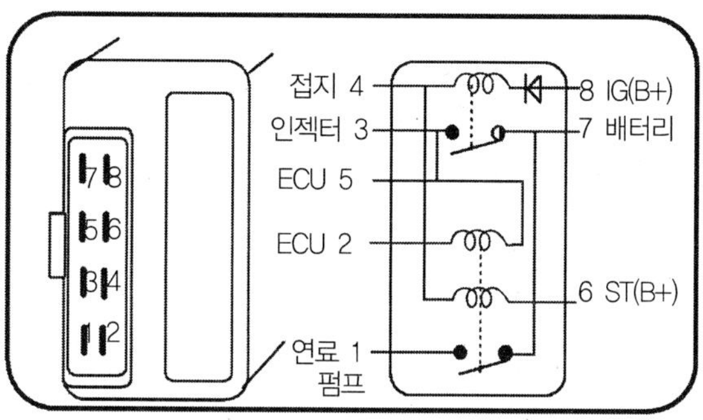

그림 89. 컨트롤 릴레이 회로

3 전기 · 전자회로의 분석점검

[1] 3-Pin 릴레이를 측정하고 판정을 하시오.

자동차 번호 :		비번호		지도교수 확 인	
항 목		측정값	판정(□에 "✔" 표)		득 점
1번-3번 단자 사이 코일저항			□ 양호 □ 불량		
1번-3번 단자 사이 축전지를 연결할 때	연결음 유·무	□ 유 □ 무	□ 양호 □ 불량		
	1번-2번 단자간 도통 시험(저항)		□ 양호 □ 불량		
회로를 연결할 때	전구의 점등 유·무	□ 유 □ 무	□ 양호 □ 불량		
	전구에 흐르는 전류		□ 양호 □ 불량		
불량 판정일 때 불량 원인					

[2] 4-pin 릴레이를 측정하고 판정을 하시오.

자동차 번호 :		비번호		지도교수 확 인	
항 목		측정값	판정(□에 "✔" 표)		득 점
2번-4번 단자간 코일의 저항			□ 양호 □ 불량		
2번-4번 단자간 축전지를 연결할 때	연결음 유·무	□ 유 □ 무	□ 양호 □ 불량		
	1번-2번 단자간 도통 시험(저항)		□ 양호 □ 불량		
회로를 연결할 때	전구의 점등 유·무	□ 유 □ 무	□ 양호 □ 불량		
	전구에 흐르는 전류		□ 양호 □ 불량		
불량 판정일 때 불량 원인					

[3] 컨트롤 릴레이를 측정하고 판정을 하시오.

자동차 번호 :		비번호		지도교수 확 인	
항 목		측정값	판정(□에 "✔" 표)		득 점
8번-4번 단자사이 코일의 저항			□ 양호 □ 불량		
6번-4번 단자사이 코일의 저항			□ 양호 □ 불량		
8번-4번 단자 사이에 축전지를 연결할 때	7번-3번 단자간 연결은 유무	□ 유 □ 무	□ 양호 □ 불량		
	1번-7번 단자간 도통시험(저항)		□ 양호 □ 불량		
6번-4번 단자 사이에 축전지를 연결할 때	연결음 유·무	□ 유 □ 무	□ 양호 □ 불량		
불량 판정일 때 불량 원인					

[4] 다음에 주어진 항목의 역할에 대하여 기술하시오.

자동차 번호 :	비번호		지도교수 확 인	
항 목	역 할			득 점
릴레이				
점화스위치의 IG1과 IG2 스위치				
컨트롤 릴레이				

[5] 멀티테스터를 이용하여 정류 다이오드를 점검하여 이상 유무를 판단하시오(저항계의 배율은 순방향 측정시 R×10, 역방향 측정시 R×10kΩ에 놓고 측정한다).

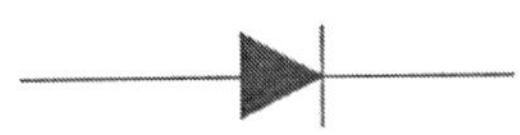

자동차 번호 :			비번호		지도교수 확 인	
측정 항목	① 측정(또는 점검)		② 판정 및 정비(또는 조치)사항			득점
	측정값	규정(정비한계)값	판정(□에 "✔" 표)	정비 및 조치할 사항		
순방향			□ 양호 □ 불량			
역방향						

[6] 다음 그림과 같이 NPN, PNP 트랜지스터를 점검하여 이상 유무를 판단하시오(저항계의 배율은 순방향 측정시 R×10, 역방향 측정시 R×10kΩ에 놓고 측정한다).

2SC 1741 AS

[SA(고주파) SB(저주파) : PNP, SC(고주파) SD(저주파) : NPN]

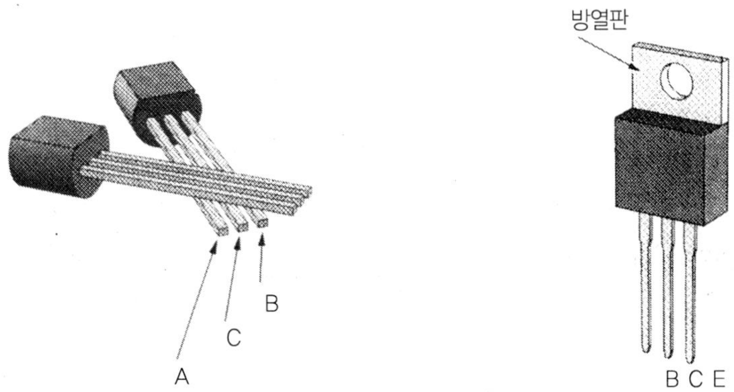

[트랜지스터 외관]

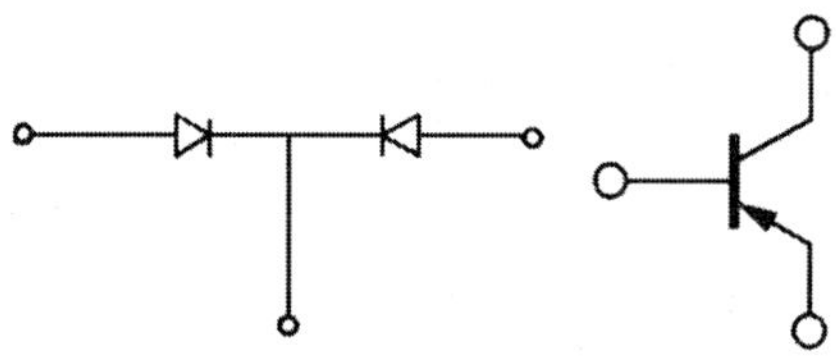

[PNP 트랜지스터]

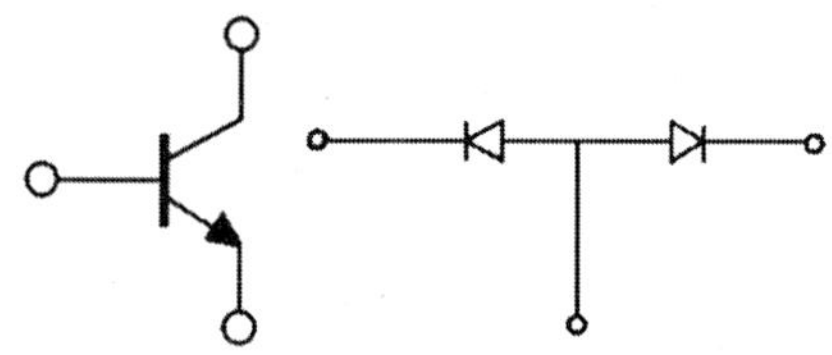

[NPN 트랜지스터]

자동차 번호 :

비번호		지도교수 확 인	

측정 항목		① 측정(또는 점검)		② 판정 및 정비(또는 조치)사항		득 점
		측정값	규정(정비한계)값	판정(□에 "✔" 표)	정비 및 조치할 사항	
E-B간 저항	순방향			□ 양호 □ 불량		
	역방향					
B-C간 저항	순방향					
	역방향					

[7] 다음 회로를 구성하고 A, B지점의 전류를 측정하고, Tr의 동작원리를 기록하고 판정 및 정비(또는 조치)사항을 기록하시오.

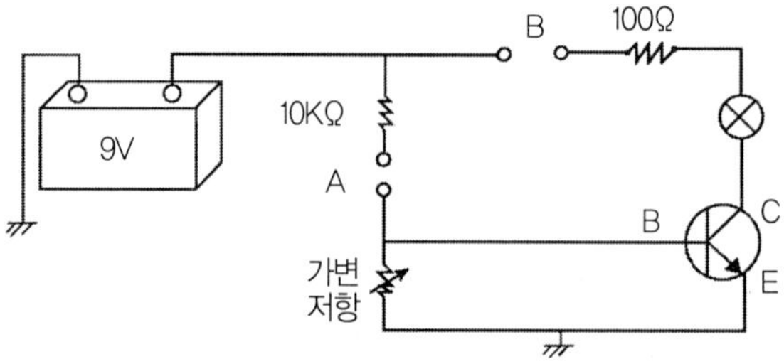

[트랜지스터 회로]

자동차 번호 :

비번호		지도교수 확 인	

측정 항목	① 측정(또는 점검)		② 판정 및 정비(또는 조치)사항		득 점
	측정값	동작원리	판정(□에 "✔" 표)	정비 및 조치할 사항	
A지점 전류			□ 양호 □ 불량		
B지점 전류					

[8] 다음 회로를 구성하고 A, B지점의 전류를 측정하여 다링톤 Tr의 동작원리를 기록하고 판정 및 정비(또는 조치)사항을 기록하시오.

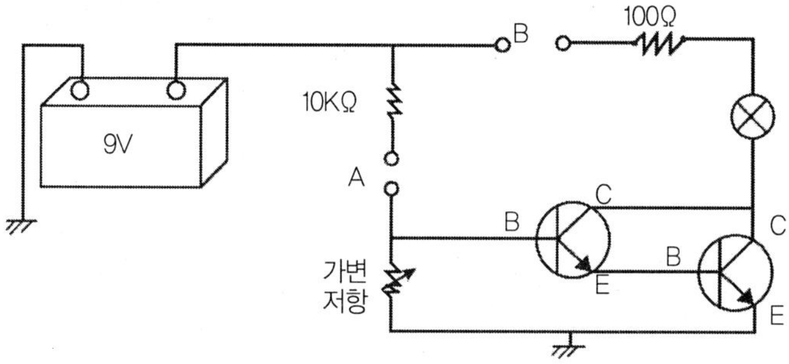

[다링톤 트랜지스터 회로]

자동차 번호 :	비번호		지도교수 확인	

측정 항목	① 측정(또는 점검)		② 판정 및 정비(또는 조치)사항		득 점
	측정값	동작원리	판정(□에 "✔" 표)	정비 및 조치할 사항	
A지점 전류			□ 양호 □ 불량		
B지점 전류					

[9] 다음 회로를 구성하여 가변저항을 변화시키면서 제너다이오드의 순방향 및 역방향 특성을 측정하고 판정 및 정비(또는 조치)사항을 기록하시오.

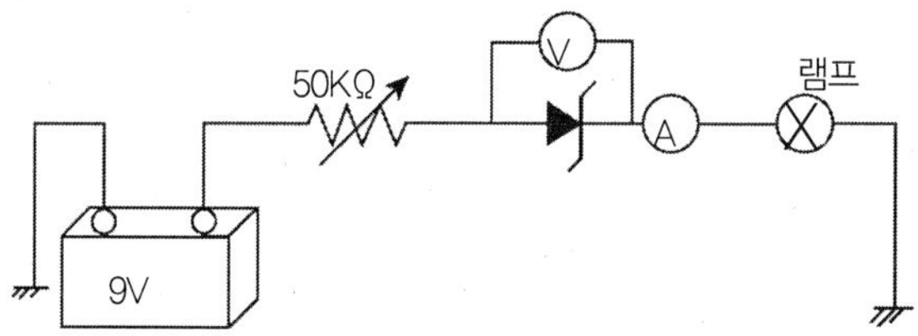

[제너다이오드의 순방향 특성]

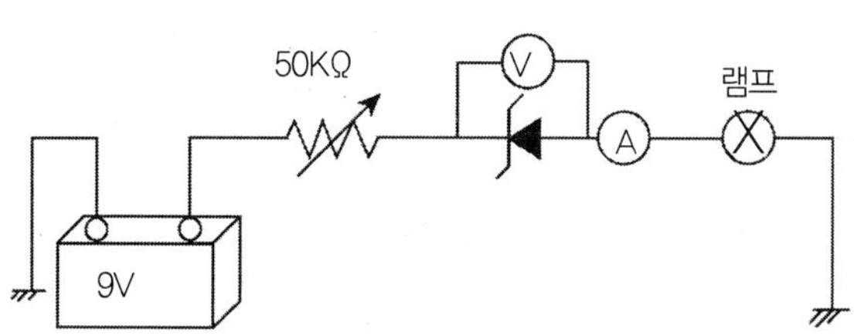

[제너다이오드의 역방향 특성]

자동차 번호 :			비번호		지도교수 확 인	
측정 항목	① 측정(또는 점검)		② 판정 및 정비(또는 조치)사항		득 점
	측정값	규정(정비한계)값	판정(□에 "✔" 표)	정비 및 조치할 사항	
순방향			□ 양호 □ 불량		
역방향					

[10] 다음 회로를 구성하여 수조를 가열하면서 온도변화에 따른 A에서 전류를 측정하고 판정 및 정비(또는 조치)사항을 기록하시오.

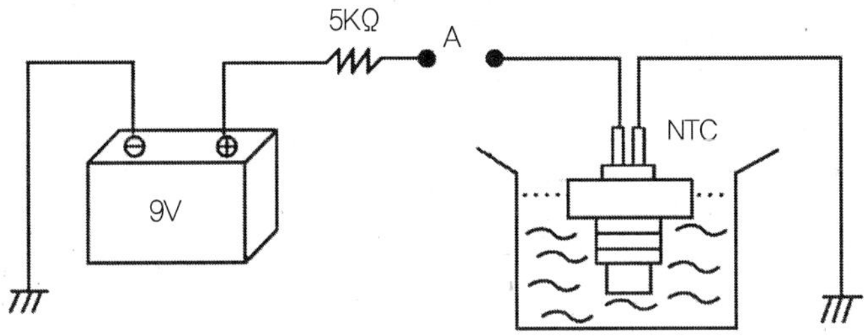

[NTC서미스터회로에서 전류측정]

자동차 번호 :			비번호		지도교수 확 인	
측정 항목	① 측정(또는 점검)		② 판정 및 정비(또는 조치)사항		득 점
	측정값	규정(정비한계)값	판정(□에 "✔" 표)	정비 및 조치할 사항	
20℃			□ 양호 □ 불량		
40℃					
60℃					
80℃					
100℃					

전기 · 전자회로 분석 자기진단 [1506030104_14v2]

진단영역	진 단 문 항	매우 미흡	미흡	보통	우수	매우 우수
전기 · 전자 회로 점검 · 진단하기	1. 나는 정비지침서에 따라 전기 · 전자회로도를 파악하고 관련 회로의 상태를 점검할 수 있다.	①	②	③	④	⑤
	2. 나는 정비지침서에 따라 전기 · 전자회로를 진단할 수 있다.	①	②	③	④	⑤
	3. 나는 정비지침서에 따라 전기 · 전자회로도를 이용한 세부점검목록을 확인하여 고장원인을 판단할 수 있다.	①	②	③	④	⑤
	4. 나는 전기 · 전자회로도에 따라 진단장비를 사용하여 고장원인을 분석할 수 있다.	①	②	③	④	⑤
전기 · 전자 회로 조정하기	1. 나는 정비지침서에 따라 장비를 선택할 수 있다.	①	②	③	④	⑤
	2. 나는 정비지침서에 따라 전기 · 전자장치를 규정값으로 조정할 수 있다.	①	②	③	④	⑤
	3. 나는 정비지침서에 따라 전기 · 전자장치를 조정할 수 있다.	①	②	③	④	⑤
전기 · 전자 회로 교환하기	1. 나는 부품들의 점검 · 진단결과에 따라 전기 · 전자장치 교환 부품을 선정할 수 있다.	①	②	③	④	⑤
	2. 나는 정비지침서에 따라 제조사의 전기 · 전자회로의 탈거 · 조립절차 계획을 수립할 수 있다.	①	②	③	④	⑤
	3. 나는 정비지침서에 따라 전기 · 전자회로를 교환하기 위한 장비 · 공구를 준비할 수 있다.	①	②	③	④	⑤
전기 · 전자 회로 수리하기	1. 나는 전기회로도에 따라 전기의 흐름을 파악하여 수리할 수 있다.	①	②	③	④	⑤
	2. 나는 정비지침서에 따라 전기 · 전자회로 교환 · 수리가능 여부를 판단할 수 있다.	①	②	③	④	⑤
	3. 나는 정비지침서에 따라 제조사의 전기 · 전자회로도를 이용하여 관련 회로를 수리할 수 있다.	①	②	③	④	⑤
전기 · 전자 회로 검사하기	1. 나는 정비지침서에 따라 수리 후, 진단장비를 이용하여 전기 · 전자회로를 검사하고 이상유무를 판단할 수 있다.	①	②	③	④	⑤
	2. 나는 정비지침서에 따라 전기 · 전자장치의 성능에 대한 검사를 할 수 있다.	①	②	③	④	⑤
	3. 나는 정비지침서에 따라 검사 후 상급자에게 보고할 수 있다.	①	②	③	④	⑤

[진단결과]

진단영역	문항 수	점 수	점수 ÷ 문항 수
전기・전자회로 점검・진단하기	4		
전기・전자회로 조정하기	3		
전기・전자회로 교환하기	3		
전기・전자회로 수리하기	3		
전기・전자회로 검사하기	3		
합 계	16		

☞ 자신의 점수를 문항 수로 나눈 값이 '3점' 이하에 해당하는 영역은 업무를 성공적으로 수행하는데 요구는 능력이 부족한 것으로 교육훈련이나 개인학습을 통한 개발이 필요함.

실험실습 보고서

<table>
<tr><td colspan="4">실험실습일지</td></tr>
<tr><td>과 목 명</td><td></td><td>학년- 반</td><td>-</td></tr>
<tr><td>학 번</td><td></td><td>성 명</td><td></td></tr>
<tr><td>실험실습
주 제</td><td colspan="3"></td></tr>
<tr><td colspan="4"></td></tr>
<tr><td>비 고</td><td colspan="3"></td></tr>
</table>

05 등화장치 정비

CHAPTER

Automotive Electric ● Electron Exercise

학 습 목 표

등화장치 정비란 야간이나 우천시 또는 터널 내를 주행할 때 안전을 위하여 등화장치의 정상적인 작동 이상 유・무를 정확하게 파악하고 등화장치를 수리, 조정, 교환하는 능력이다.

1. 등화장치의 구조와 작동원리를 파악할 수 있다.
2. 정비지침서에 따라 등화장치를 파악하고 관련 장치의 작동상태를 확인할 수 있다.
3. 정비지침서에 따라 등화장치의 고장원인을 분석할 수 있다.
4. 제조사별 등화장치 종류에 따라 규정값을 기준으로 점검・진단을 할 수 있다.
5. 정비지침서에 따라 등화장치의 세부점검목록을 확인하여 고장원인을 파악할 수 있다.
6. 정비지침서에 따라 고장 진단장비를 사용하여 등화장치의 고장원인을 분석할 수 있다.
7. 등화장치 관련 부품의 조정을 위해 관련 장비 및 공구를 선택 및 사용할 수 있다.
8. 정비지침서에 따른 교환・수리 가능여부를 확인하고 교환 및 수리 후 정상 상태를 확인할 수 있다.
9. 정비지침서에 따라 측정기·육안으로 등화장치를 검사할 수 있다.
10. 정비지침서에 따른 관련부품을 차량에서 탈·부착 및 분해・조립순서에 맞게 교환할 수 있다.
11. 정비지침서에 따라 등화장치의 전기흐름을 파악하여 수리할 수 있다.

1 등화장치(lighting system)의 개요

등화장치는 자동차가 야간이나 우천시 또는 터널 내를 주행할 때 안전운전을 위한 장치로 각종 램프가 여기에 속하며 등화장치의 종류는 아래 표와 같다.

[자동차 등화장치의 종류]

구 분	명 칭	주요기능
조명용	전조등(head light) 후퇴등(backward light) 안개등(fog light) 실내등(room lamp)	상향등(high beam) : 원거리 조명 하향등(low beam) : 근거리 조명 후진 시에 후방 조명 비정상 기후(안개, 눈, 비) 차 실내조명
신호용	제동등(brake lamp) 방향지시등(turm signal lamp) 비상등(emergency lamp)	주 제동장치 작동 중임을 알림 선회방향을 알림 비상상태, 또는 경고의 표시
외부표시용	차폭등(side lamp) 차고등(height lamp) 후미등(tail lamp) 번호판 등(license plate lamp) 주차등(parking lamp)	차체 폭 표시 차체 높이 표시 차체 후방임을 표시 번호판 조명 주차 중임을 표시

1.1. 미등 및 번호등

1.1.1. 미등의 개요

저녁에 또는 안개가 끼거나 비 또는 눈이 올 때, 도로에서 자동차를 운행하거나 터널 안을 운행하거나 터널 안 도로에서 고장이나 그 밖의 부득이한 사유로 자동차를 정차 또는 주차하는 경우 켜야 하며, 미등작동 시에는 번호등도 함께 작동된다.

그림 1. 미등 및 번호등

1.1.2. 미등회로 작동시

미등작동은 라이트 스위치 ①을 작동하면 라이트 스위치에 와있던 전원이 접지가 되어 미등 릴레이 ②가 작동하고 릴레이 접점 ③이 붙어 30번 단자에 와있던 상시전원이 87단자로 흘러 좌우측의 미등전구에 전원을 공급하게 되어 미등 및 번호등이 작동하게 된다.

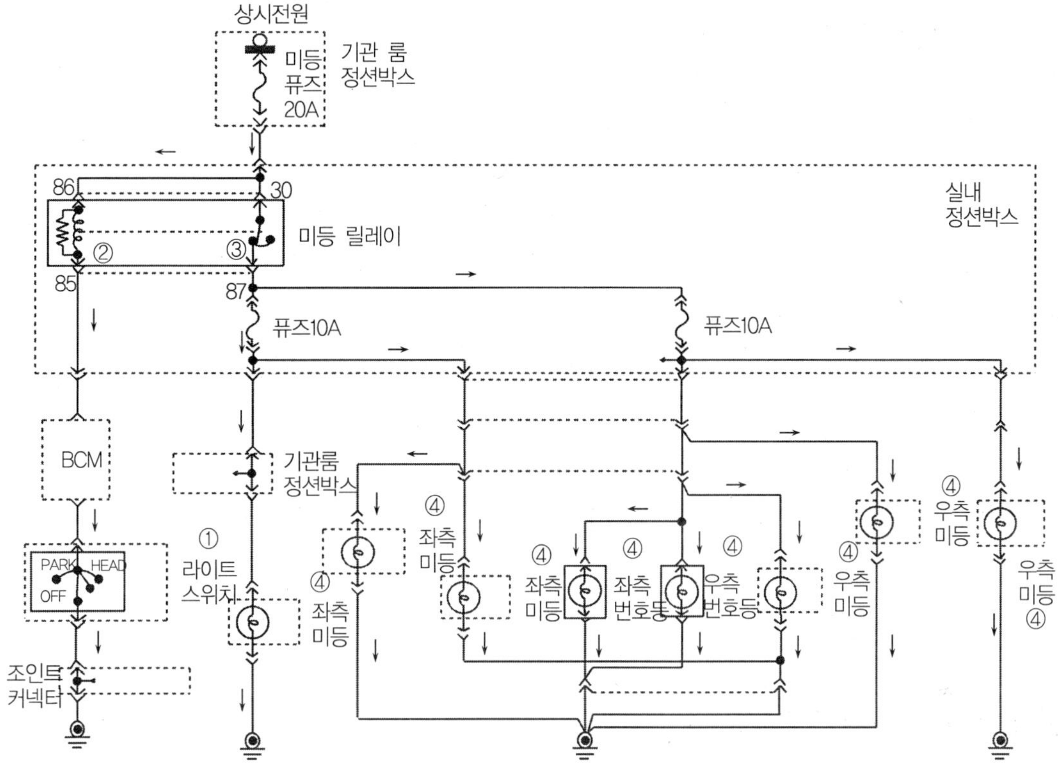

그림 2. 미등회로 작동시

1.1.3. 미등 자동소등제어의 개요

미등 자동소거 제어는 점화스위치 ON 후 미등을 ON한 경우 점화스위치가 OFF되고 운전석 도어가 열리면 미등을 자동으로 소등시켜 운전자 실수에 의한 축전지 방전을 방지하는 기능이다.

[1] 미등 자동소등제어 타임차트

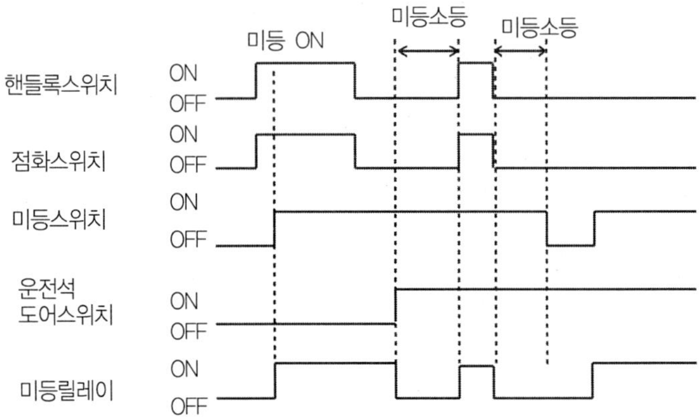

[2] 미등 자동소등 제어 다이어그램

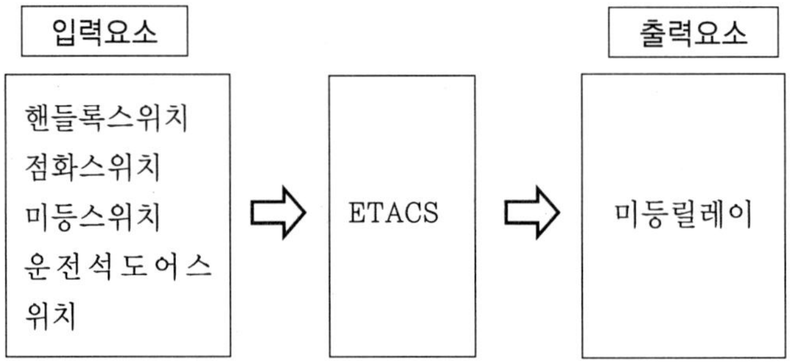

[3] 미등 자동소등제어 작동회로도

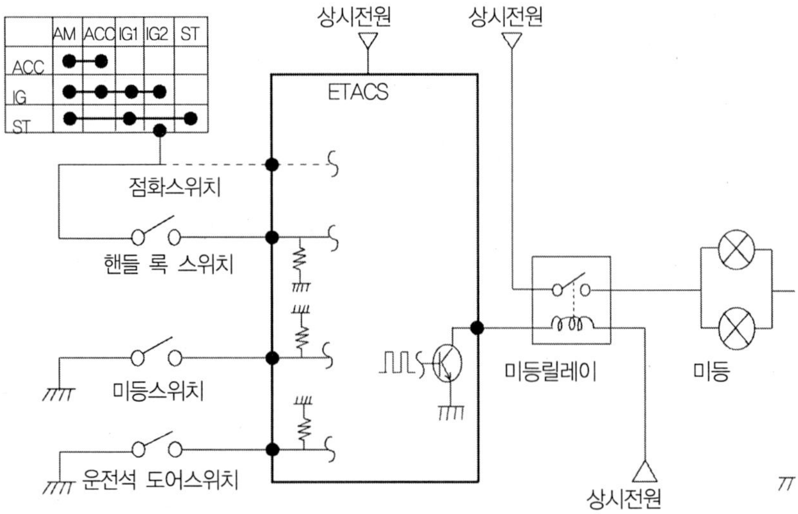

[4] 입・출력요소 단자특성

입・출력 요소		전압레벨	
입력	핸들록 스위치	점화스위치 삽입	12V
		점화스위치 탈거	0V
	미등스위치	OFF	5V
		ON	0V
출력	미등릴레이	점등시	0V(접지시킴)
		소등시	12V(접지해제)

1.2. 제동등

제동등은 주야간 모두 브레이크 페달을 밟는 순간 페달의 작동 또는 유압에 의하여 점등되는 적색등으로서 후속 자동차에 제동을 알리는 등이다. 전구는 보통 후미등과 겸용을 사용하고 있으며, 필라멘트가 2개 설치된 더블 필라멘트 형식이며 제동등 전구는 15~30W 정도이다.

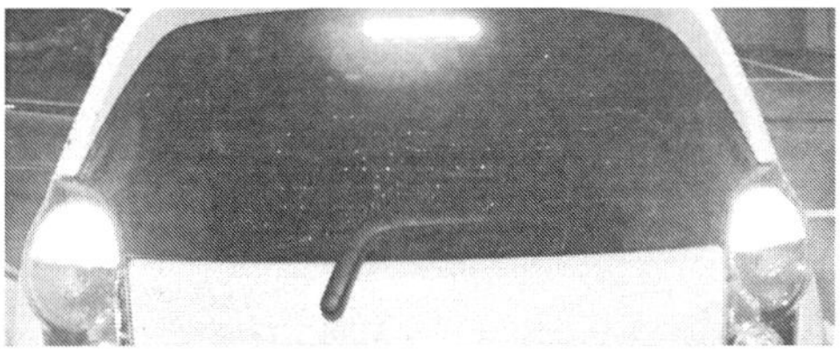

그림 3. 제동등

1.2.1. 제동등 회로 작동시

제동등의 작동은 평상시 제동등 스위치에 와있던 작동 전원이 브레이크 페달을 밟으므로 제동등 스위치가 작동하게 되고 제동등 스위치에 와있던 상시전원이 뒤 좌우 콤비네이션 램프의 제동등에 전원을 공급하게 되고 제동등은 상시 작동전원에 의해 제동등은 작동하게 된다. 제동등 스위치 Ⓐ는 브레이크 페달을 밟으면 close가 되고 정지등 스위치 Ⓑ는 open이 된다.

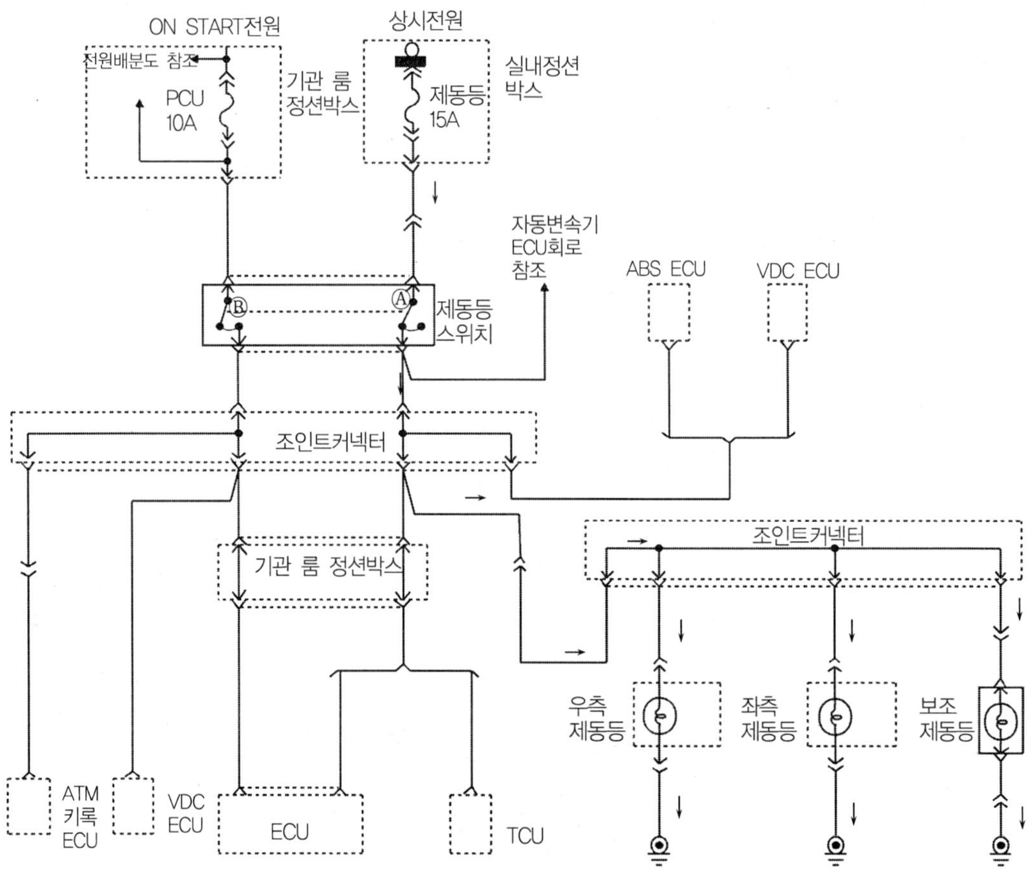

그림 4. 제동등 작동시

1.2.2. 제동등 스위치

브레이크 페달에 의해 ON, OFF되는 스위치이다. 브레이크 페달을 밟으면 페달에 눌려 있던 스위치 푸시로드가 해방되기 때문에 접점이 연결되어 제동등을 점등하고 브레이크 페달을 놓으면 푸시로드가 눌려 접점이 차단되어 제동등이 소등된다.

그림 5. 제동등 스위치 설치위치

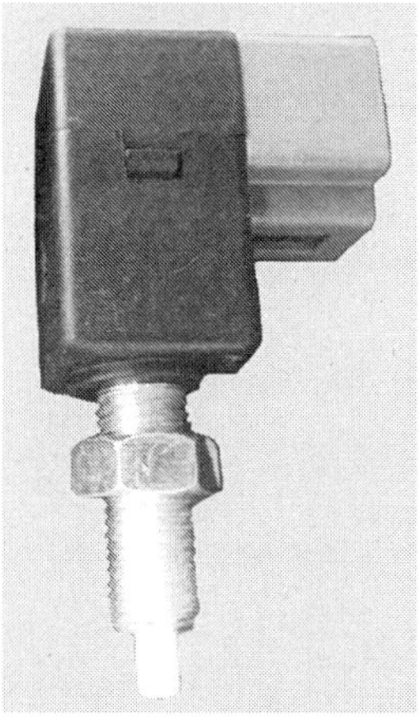

그림 6. 제동등 스위치

1.3. 후진등

변속기 레버를 후진 위치로 하였을 때 점등되는 후진 방향의 조명등이다. 후퇴등 이라고도 한다. 자동차가 후진하고 있음을 후속차에게 알리는 등으로 전구는 21~27W 정도이다.

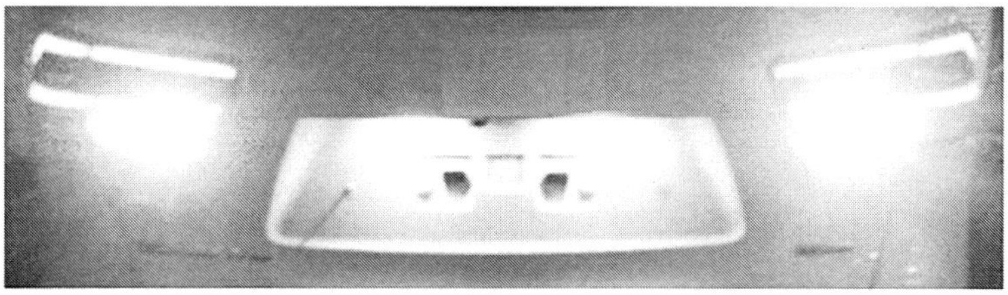

그림 7. 후진등

1.3.1. 후진등 회로 작동시

평상시에 후진등 스위치에 와있던 작동 전원이 변속 레버를 후진으로 하면 후진등 스위치가 작동하게 되고 후진등 스위치에 있던 상시전원은 뒤 좌우 콤비네이션 램프의 후진등에 전원을 공급하게 되고 후진등은 상시접지와 작동 전원에 의해 후진등은 작동하게 된다.

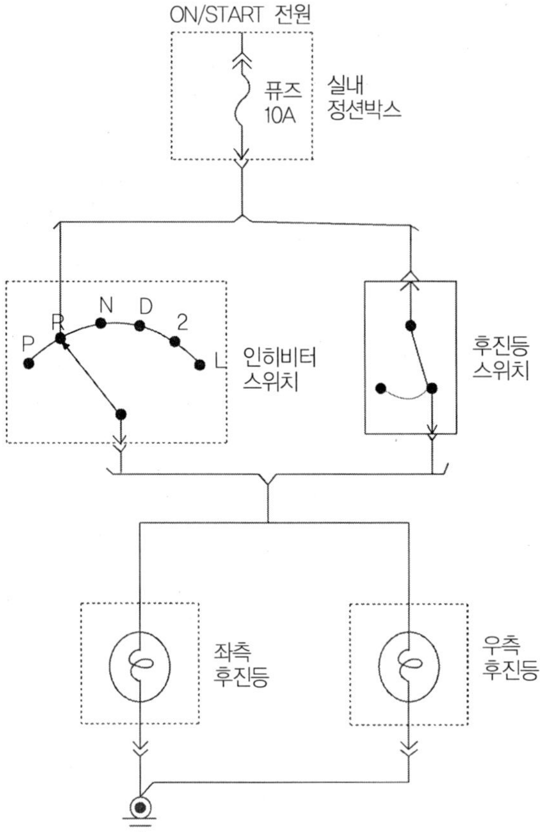

그림 8. 후진등 작동시

1.4. 방향지시등

방향지시등은 자동차의 진행방향을 바꿀 때 사용하는 것이며 플래셔 유닛(flasher unit)을 사용하여 램프에 흐르는 전류를 일정한 주기(자동차 안전기준상 매분 당 60회 이상 120회 이하)로 단속·점멸하여 전구를 점멸시키거나 광도를 증감시킨다. 또 긴급 정차 시에 전후, 좌우 모든 램프 점멸로 긴급상황을 경고하는 비상경고등 기능이 있다.

그림 9. 방향지시등

1.4.1. BCM(body control module : 차체 제어모듈) 제어기능

① 비상등 및 방향등을 BCM이 제어한다.

② 비상등 및 방향등 스위치를 BCM이 감지한다.

③ 비상등스위치 ON시 BCM내부 릴레이를 구동하여 4개의 방향등에 (+)전원을 공급한다.

④ L/H 또는 R/H방향등 스위치 ON시 BCM 내부 릴레이를 구동하여 해당되는 앞, 뒤 방향등에 (+)전원을 공급한다.

⑤ 스위치 감지 전압 : 12V

1.4.2. 방향지시등 회로 작동시

방향지시등 스위치를 작동하면 방향지시등 스위치까지 와있던 접지(해당방향의 작동 등의 필라멘트를 걸쳐서 오는 접지)에 의해 방향지시등 릴레이 L단자에 알려주게 된다. 이에 의해 방향지시등 릴레이 내에 있는 솔레노이드를 작동하고 작동에 의해 접점이 붙어 IG1전원이 좌측 또는 우측의 방향지시등 전구에 전원을 공급하게 되어 방향지시등을 작동하게 된다.

방향지시등 릴레이 코일 컨트롤단자에는 작동 전원이 입력되면 방향지시등 릴레이 내부 회로의 작동에 의해 작동하고 있던 방향지시등 코일을 작동하지 않도록 전원을 차단하게 되고 코일의 작동이 멈춤으로 연결되었던 접점이 끊어지게 된다. 접점이 끊어지게 되면 다시 방향지시등 L단자에 접지가 공급되어 다시 릴레이 내에 있는 솔레노이드가 작동한다. 이런 원리에 의해 방향지시등은 점멸하게 된다.

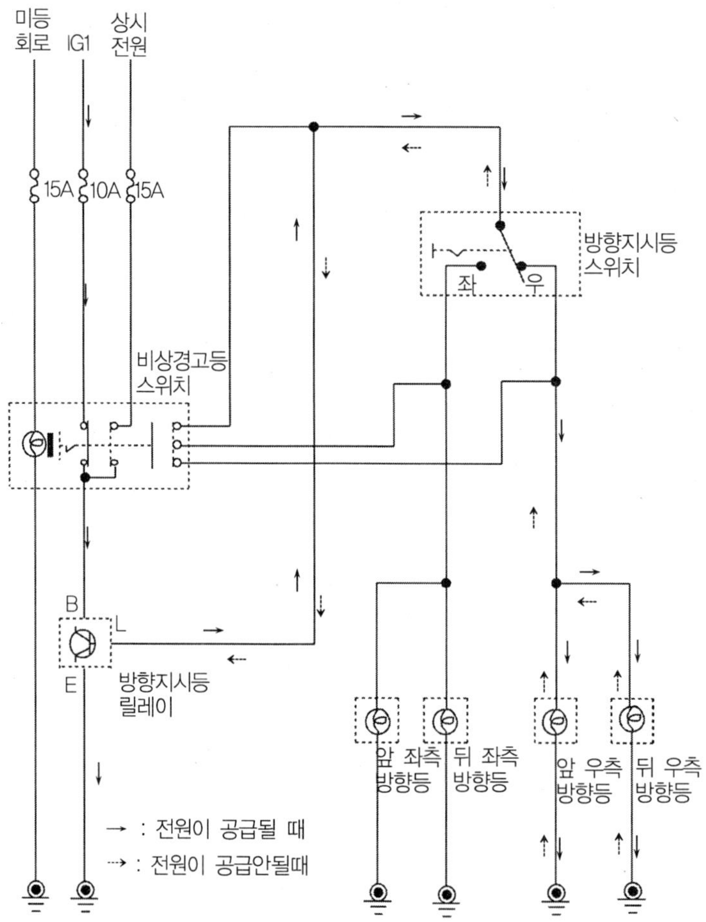

그림 10. 방향지시등 작동시

1.4.3. 비상 경고등 작동

비상 경고등 스위치를 작동하면 먼저 점화스위치 ON에 관계없이 비상 경고등은 작동하므로 비상 경고등 스위치에 의해 상시전원이 방향지시등 릴레이에 전원을 공급이 된 상태에서 전원공급용의 스위치와 다른 비상 경고등 스위치 즉, 비상 경고등 전구를 작동시키는 스위치에 와있던 접지(양쪽 방향의 작동 등의 필라멘트를 거쳐서 오는 접지)에 의해 방향지시등 릴레이의 L단자 코일 컨트롤 단자로 신호를 알려주게 된다.

이에 의해 방향지시등 릴레이는 유닛 내에 있는 솔레노이드를 작동하고 작동에 의해 접점이 붙여 상시전원이 비상 경고등 스위치의 좌우측 의 방향지시등 전구에 전원을 공급하게 되어 방향지시등이 작동하게 된다.

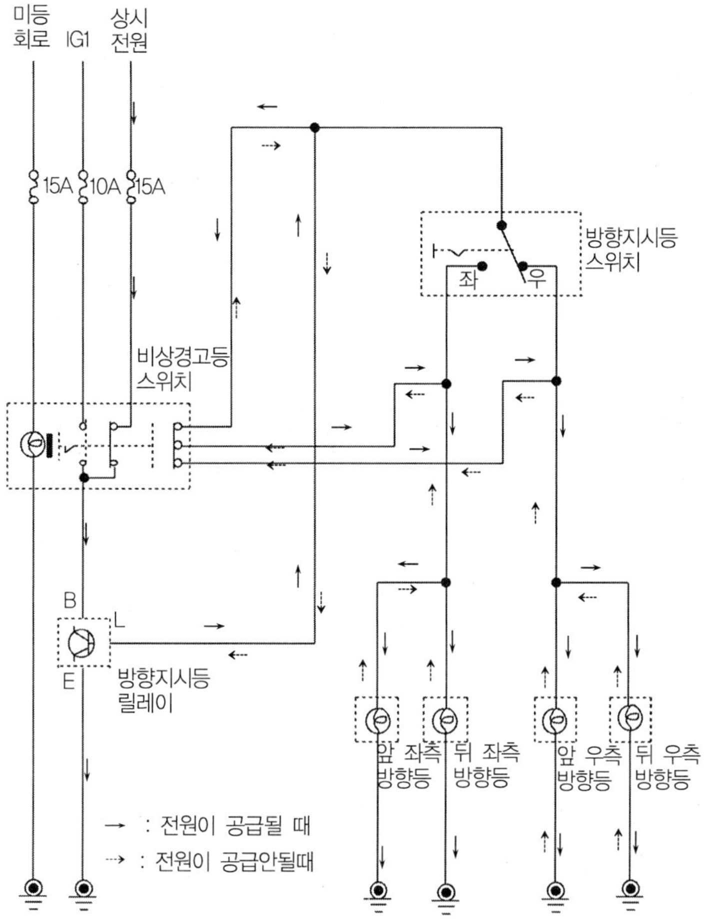

그림 11. 비상 경고등 작동시

(a) (b) (c)

그림 12. 방향지시등 릴레이

1.5. 전조등(head lamp)

전조등에는 실드빔방식과 세미 실드빔방식이 있다. 램프(lamp) 안에는 2개의 필라멘트가 있으며, 1개는 먼 곳을 비추는 상향빔(high beam)의 역할을 하고, 다른 하나는 시내를 주행할 때나 교행(郊行)할 때 대향 자동차나 사람이 현혹되지 않도록 광도를 약하게 하고, 동시에 빔을 낮추는 하향 빔(low beam)이 있다.

1.5.1. 전조등 종류

[1] 실드빔방식(sealed beam type)

이 방식은 반사경에 필라멘트를 붙이고 여기에 렌즈를 녹여 붙인 후 내부에 불활성 가스를 넣어 그 자체가 1개의 전구가 되도록 한 것이다. 즉, 반사경 · 렌즈 및 필라멘트가 일체로 된 형식이며 특징은 다음과 같다.

① 대기(大氣)의 조건에 따라 반사경이 흐려지지 않는다.

② 사용에 따르는 광도의 변화가 적다.

③ 필라멘트가 끊어지면 렌즈나 반사경에 이상이 없어도 전조등 전체를 교환하여야 한다.

[2] 세미 실드빔방식(semi sealed beam type)

이 방식은 렌즈와 반사경은 녹여 붙였으나 전구는 별개로 설치한 것이다. 필라멘트가 끊어지면 전구만 교환하면 된다. 그러나 전구 설치부분으로 공기 유통이 있어 반사경이 흐려지기 쉽다. 최근에는 전구를 할로겐램프를 주로 사용하고 있다.

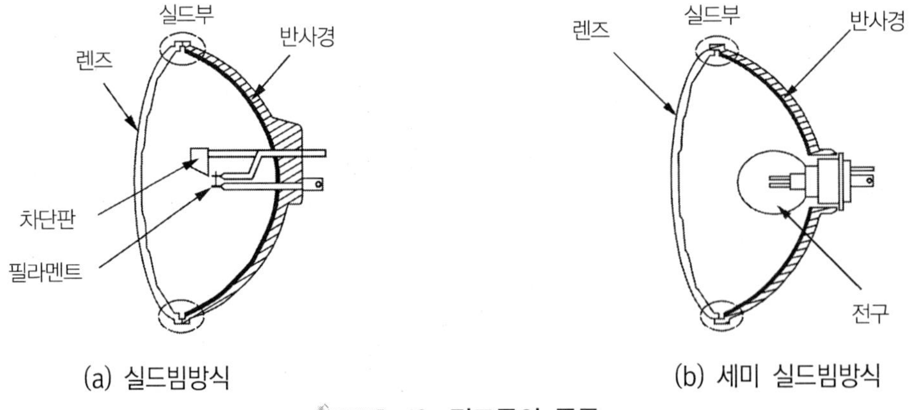

그림 13. 전조등의 종류

[3] HID(high intendity discharge) 전구

기존의 램프가 백열전구와 같이 니크롬선에 전류를 흘러 빛을 얻는 것과는 달리 마치 형광등처럼 방전효과를 이용하는 것으로 특정한 가스가 채워진 공간속으로 강력한 전기를 흘러 보내는 방식으로 얇은 캡슐 안에 제논가스, 수은, 메탈 핼리드 솔트가 양끝의 몰리브덴 전극이 방전을 하면 에너지화 되어 빛을 방출하는 램프를 말하며 전구에 안정된 전원을 공급, 제어하는 밸라스트(ballast)와 전구 전등을 위해 승압시키는 이그나이터(ignitor)로 구성되어 있다.

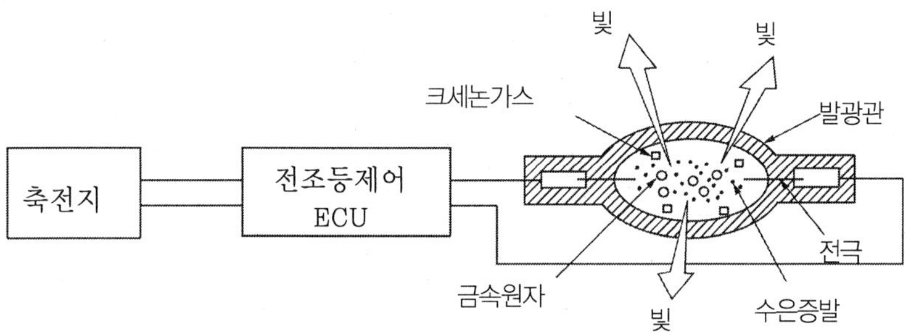

그림 14. HID전구

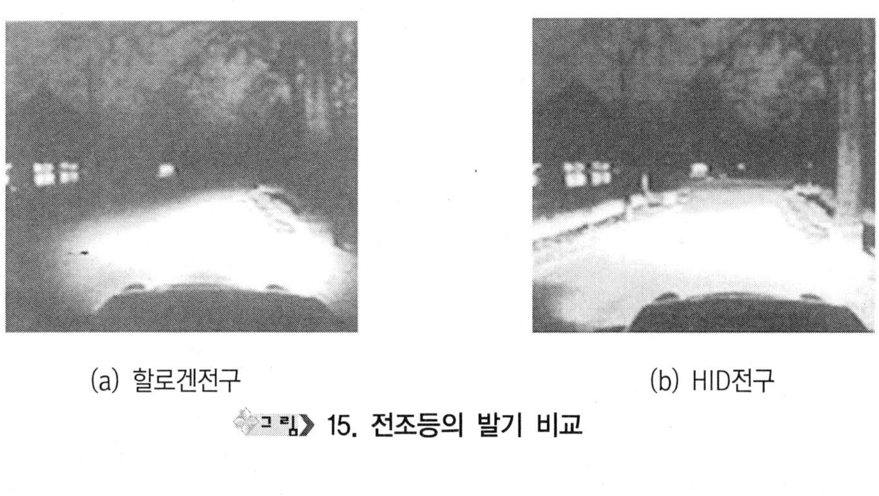

(a) 할로겐전구 (b) HID전구

그림 15. 전조등의 발기 비교

할로겐전구에 비해 약 2배 정도 밝으며 태양광선에 가까운 백색의 자연광선을 얻을 수 있을 뿐 아니라 소비전력은 할로겐전구의 약 1/2 정도이며 수명은 필라멘트 형식에 비해 약 2배 정도이다.

[4] 오토라이트시스템

오토라이트시스템은 주행 중 터널진입시나 눈, 비, 안개등으로 주위가 갑자기 어두워질 경우 운전자는 미등 또는 전조등을 작동하여 주행을 하게 된다. 터널을 통과 후 또는 주위가 다시 밝아지는 경우에는 다시 미등 또는 전조등을 소등하고 주행해야 한다.

이러한 불편을 해소하기 위하여 자동으로 라이트를 제어하는 시스템이 바로 오토라이트 시스템이다. 오토라이트 시스템은 운전자가 점등스위치를 조작할 필요 없이 오토모드에 위치하면 주위 밝기의 변화를 센서로 감지하여 미등 또는 전조등을 자동으로 점등·소등하여 주는 편리한 시스템이다.

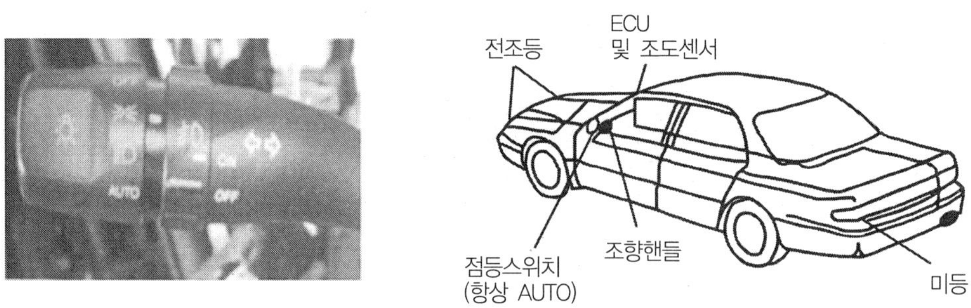

(a) (b)

그림 16. 오토라이트 시스템

(1) 오토라이트 시스템의 작동

오토라이트 시스템은 점등스위치 및 주위 밝기의 변화를 감지하는 조도센서 등의 입력신호를 받아 미등 또는 전조등을 자동으로 점등/소등시켜주는 시스템이다.

작동스위치 조도센서	→	제어장치	→	미등 점등/소등 전조등 점등/소등

구 분	미 등	전조등
점등조건 조도	23.1±1.4LUX 이하	6.2±1.4LUX 이하
소등조건 조도	48.1±1.4LUX 이상	12±1.4LUX 이상

(2) BCM 제어기능

① 다기능 스위치에서 AUTO 단자를 선택한다.

② 오토라이트 센서가 빛을 감지하고 500ms±100ms 후에 라이트가 OFF되어야 한다.

③ 빛이 차단되면 3초±1초 후에 라이트가 ON되어야 한다.

④ 빛이 밝아 라이트가 OFF될 때는 미등이 꺼지기 300ms전에 전조등이 먼저 꺼지고 난 후 미등이 꺼진다.

⑤ 오토라이트 센서의 출력 전압

	미등 램프	전조등
ON	1.77±0.08V	0.61±0.06V
OFF	3.47±0.10V	1.00±0.06V

1.5.2. 전조등 하향 작동시

전조등 하향 작동의 경우 라이트 스위치를 작동하면 라이트 스위치에 와있던 접지에 인해 전조등 하향 릴레이의 솔레노이드에 접지를 공급하게 되어 전조등 하향 릴레이가 작동하고 릴레이 접점에 와있던 상시전원이 좌우측의 전조등 하향 전구에 ON전원을 공급하게 되어 하향 전조등이 작동하게 된다. 또 릴레이로 공급하였던 접지는 디머/패싱 스위치를 접지를 공급하여하이 빔과 패싱 작동을 할 수 있도록 스위치 작동 접지를 공급하도록 되어 있다.

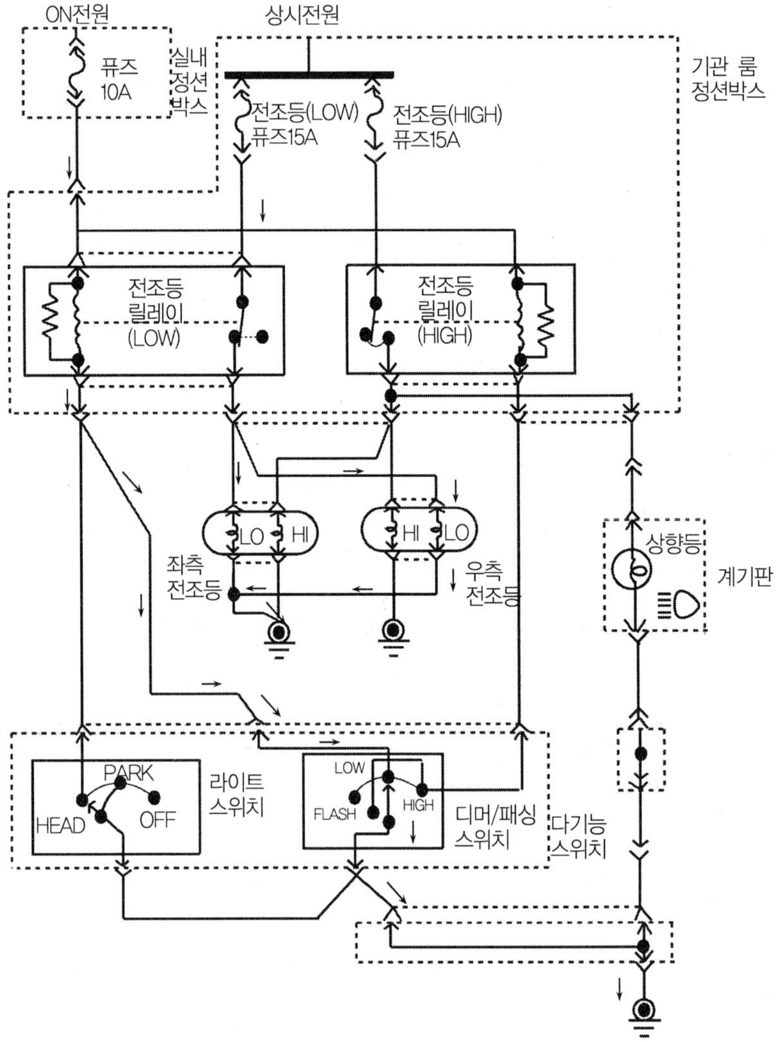

그림 17. 전조등 하향 작동시

1.5.3. 전조등 상향 작동시

디머/패싱 스위치를 이용하여 상향작동 위치에 놓으면 디머/패싱 스위치에 접지가 전조등 상향 릴레이에 접지를 공급하여 전조등 릴레이 상향이 작동하고 전조등 릴레이 상향 접점에 와있던 상시 전원이 좌우측의 전조등 상향 전구에 전원을 공급하게 되어 상향 전조등이 작동하게 된다.

또 상향등의 경우 계기판의 상향등 표시등을 작동하여 운전자에게 상향등의 작동여부를 알려준다.

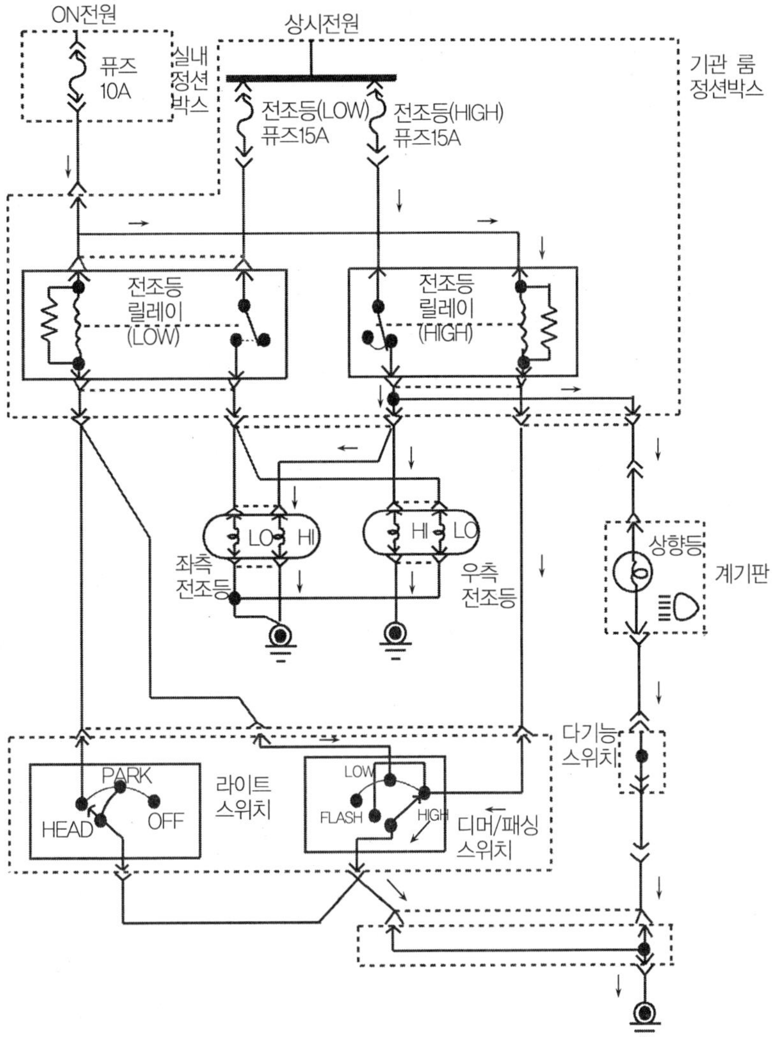

그림 18. 전조등 상향 작동시

1.5.4. 전조등 패싱 작동시

전조등 패싱 작동의 경우 라이트 스위치를 작동하지 않은 상태에서도 패싱은 작동 되도록 되어있다. 작동은 디머/패싱 스위치를 이용하여 패싱 작동 위치에 놓으면 디머/패싱 스위치에 패싱 작동 접지가 전조등 상향 릴레이에 접지를 공급하여 상향 릴레이를 작동시키고 상향 릴레이 접점에 와있던 상시전원이 좌우측의 상향 전구에 전원을 공급하게 되어 있어 상향 전조등이 작동하게 된다.

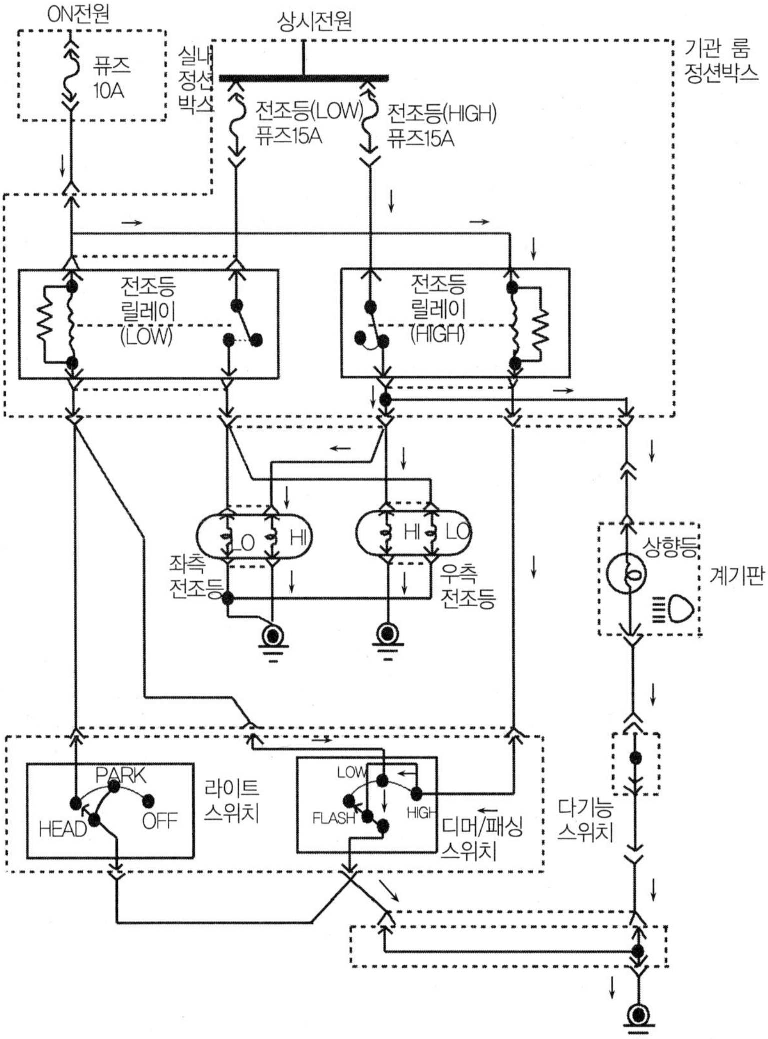

그림 19. 전조등 패싱 작동시

또 패싱의 작동은 상향등이 라이트 스위치 OFF시에 작동하고 이때 계기판에 상향등을 작동하여 운전자에게 패싱의 작동여부를 알려준다.

1.6. 실내등

가까운 실내 천장의 중앙이나 윈드실드 가까운 장소에 설치되어 차량의 어두운 실내를 환하게 조명하기 위한 등으로, 룸 라이트 또는 룸 램프라고도 한다.

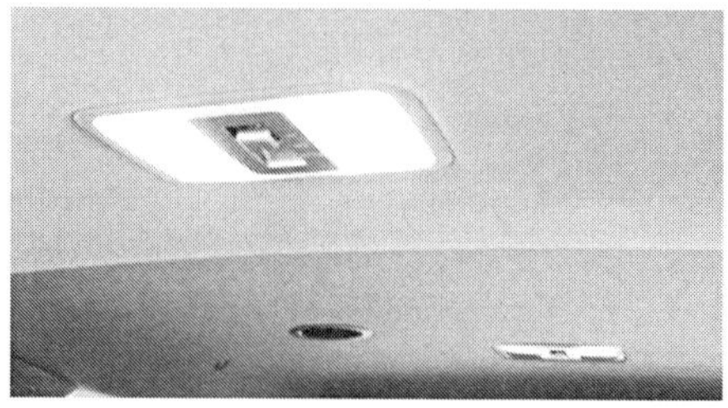

그림 20. 실내등

1.6.1. 감광식 룸램프 제어

감광식 룸램프제어는 도어를 연후 닫을 때 실내등이 즉시 소등되지 않고 서서히 소등될 수 있도록 하여 시동 및 출발 준비를 할 수 있도록 편의를 제공하는 기능이다.

[1] 감광식 룸램프 제어 타임차트

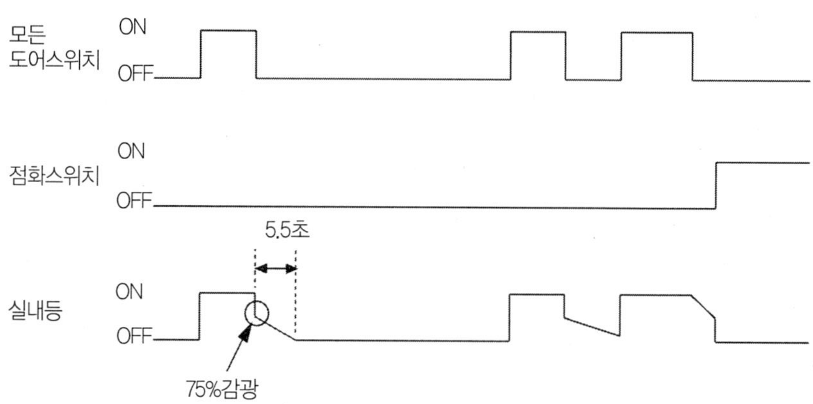

[2] 감광식 룸램프 제어 다이어그램

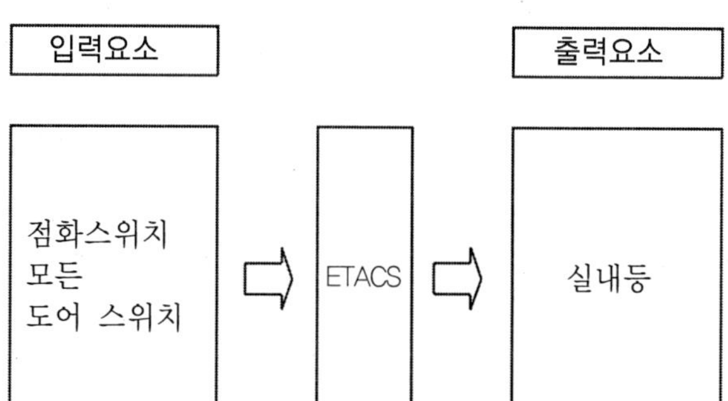

[3] 감광식 룸램프 제어회로

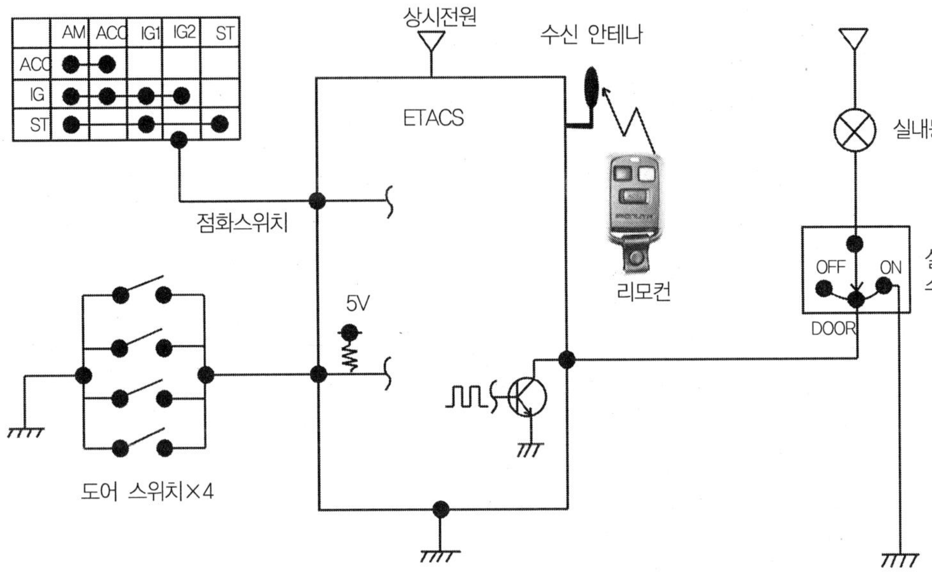

그림 21. 감광식 룸램프 회로도

[4] 입 · 출력요소 단자특성

입 · 출력요소		전압레벨	
입력	점화스위치	ON 시	12V
		OFF 시	0V
	모든 도어스위치	도어 열림시	0V
		도어 닫힘시	12V
출력	룸램프	점등시	0V(접지시킴)
		소등시	12V(접지해제)

2 등화장치 정비

안전 및 준비사항

① 등화장치 정비 전 정비 지침서를 숙지하여 실습순서를 정하고 공구 및 실습 기기와 재료 등을 충분히 준비한다.

② 실습장 및 주위를 깨끗이 정리정돈 하고 유류 등의 인화성 물질은 안전하게 별도로 보관하며 소화기를 비치하여 화재사고에 대비한다.
③ 등화장치 정비 시작 전 안전교육을 실시한다.
④ 복잡한 부분을 분해할 경우에는 조립작업을 쉽게 하기 위하여 기능상이나 외관상 악영향이 없는 부분에 각인(刻印) 또는 조립 표시등을 하여 둔다.
⑤ 부품을 탈거하면서 조립되었던 상태·변형·오작동부분 및 손상 등을 점검한다.
⑥ 탈거한 부품은 순서대로 잘 정리하여야 하며 또 교환하여야 하는 부품과 다시 사용할 부품을 구분하여 정리하고 다시 사용할 부품은 충분히 청소 및 세척을 한다.
⑦ 정비시 부품을 떨어지지 않도록 하며 작업장 바닥에 이물질이 있으면 즉시 닦아낸다.
⑧ 볼트 및 너트 체결시 적절한 공구를 사용하며, 정비지침서에 규정된 토크로 조인다.
⑨ 규정 이상의 퓨즈를 사용하지 않도록 한다.
⑩ 실습 종료 후 실습장 주위의 정리정돈을 깨끗이 한다.

실습기기 및 재료

공구 및 측정기기		실습 재료	기 타
* 일반 공구세트 * 특수공구 * 작업등 * 에어공구 * 전동공구 * 토크렌치 * 납땜인두 * 전압계 * 전류계	* 종합 진단기 * 오실로스코프 * 멀티테스터	* 퓨즈 * 하니스(배선, 커넥터) * 축전지 * 릴레이 * 일반전구, 할로겐전구 * 센서 * LED, HID * 절연테이프 * 스위치 * 가솔린 또는 디젤기관 차량	정비지침서

2.1. 미등 및 번호등 회로의 고장점검

멀티테스터 또는 테스트 램프를 사용하여 배선의 접속 상태와 회로의 접지상태 회로의 단선에 대하여 점검한다.

① 점화스위치를 ON시킨다.
② 라이트스위치 레버를 1단으로 돌려 미등 및 번호등을 작동시켜 본다.

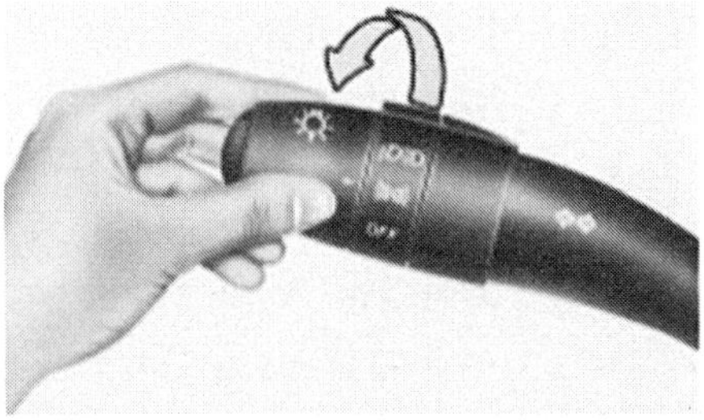

그림 22. 미등작동

(a)

(b)

그림 23. 미등 및 번호등 작동상태 확인

③ 미등과 번호등 모두 점등되지 않는다.

㉮ 축전지의 충전 상태 및 단자 연결상태가 불량한지 점검한다.

㉯ 콤비네이션 스위치점검 및 커넥터 연결상태를 점검한다.

㉰ 퓨즈 및 릴레이를 점검한다.

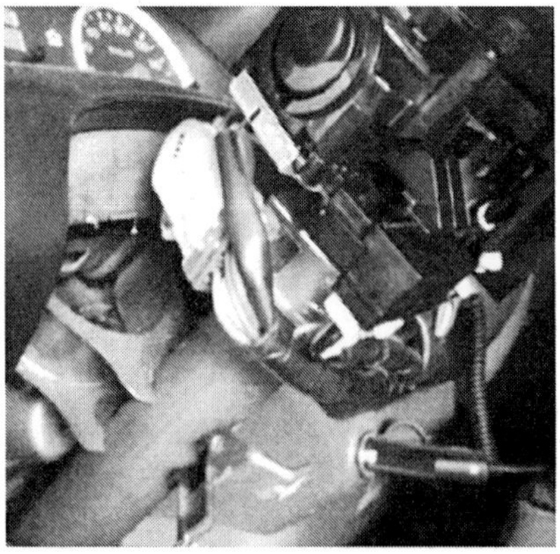

그림 24. 콤비네이션 스위치의 커넥터 확인

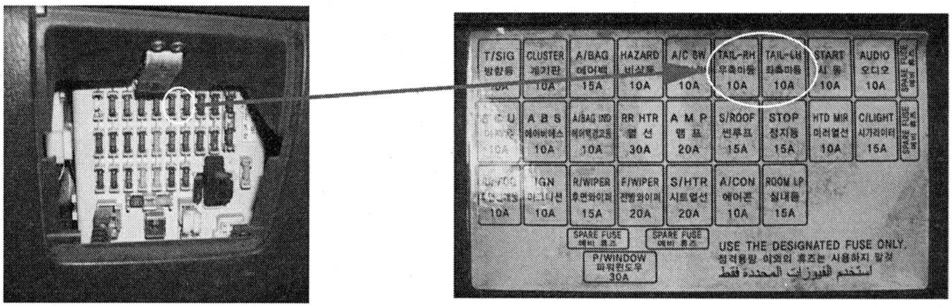

(a) 앞면 미등 퓨즈 점검

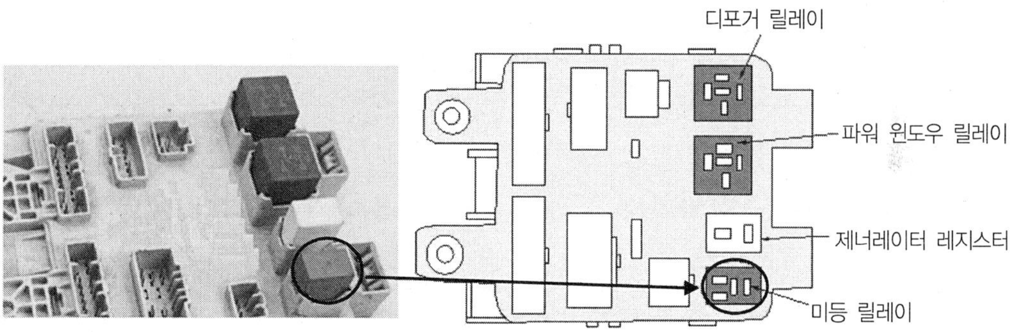

(b) 뒷면 미등 릴레이 점검

그림 25. 실내 정션박스 점검

㉣ 접지 상태 및 미등 커넥터 및 미등 전구의 손상여부를 점검한다.

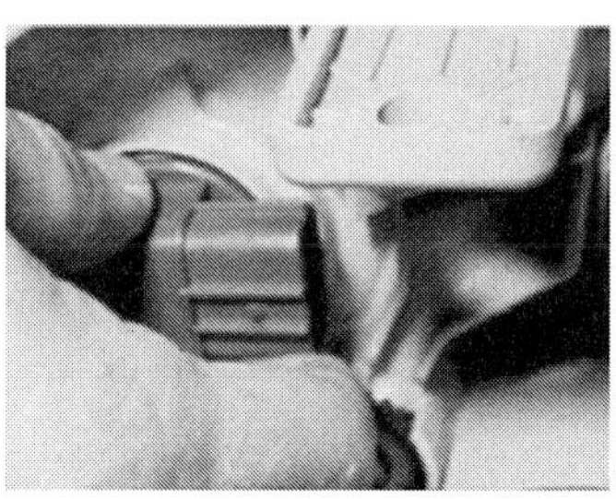

그림 26. 미등 커넥터 연결상태 확인

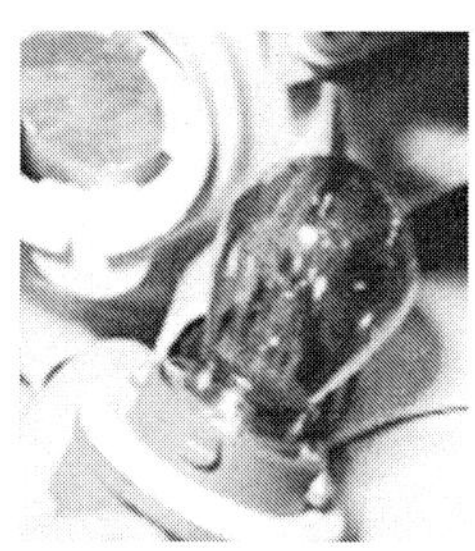

그림 27. 미등 전구상태 확인

④ 미등은 점등되나 번호등이 점등되지 않을 때는 번호등 커넥터 및 전구 상태, 접지 상태를 점검한다.

⑤ 미등 일부만 점등되지 않으면 점등되지 않는 커넥터 및 전구손상 여부를 점검한다.

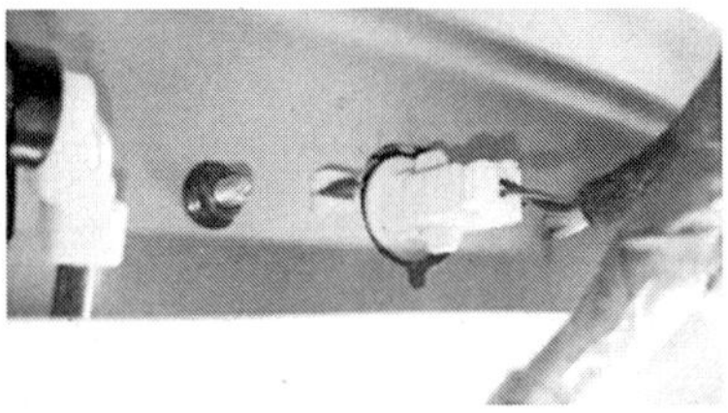

그림 28. 번호등 커넥터 및 전구 상태 확인

2.2. 제동등 회로의 고장점검

2.2.1. 제동등 교환

① 차량을 평탄한 곳에 주차시키고 트렁크 리드를 열어 드라이버를 사용하여 콤비네이션 램프 고정 피스를 탈거한다.

② 콤비네이션 램프를 탈거한다. 콤비네이션 램프는 키 형태로 홈(쿼터 패널에 꼽혀있는 조립키에 의해)에 박혀 있으므로 고정 피스를 탈거하여도 떨어지지 않으며 램프를 잡아당겨 탈거하며, 차종에 따라 고정 볼트를 탈거한 후 램프를 좌 또는 우측으로 밀어 키를 분해하여 탈거하는 경우도 있다.

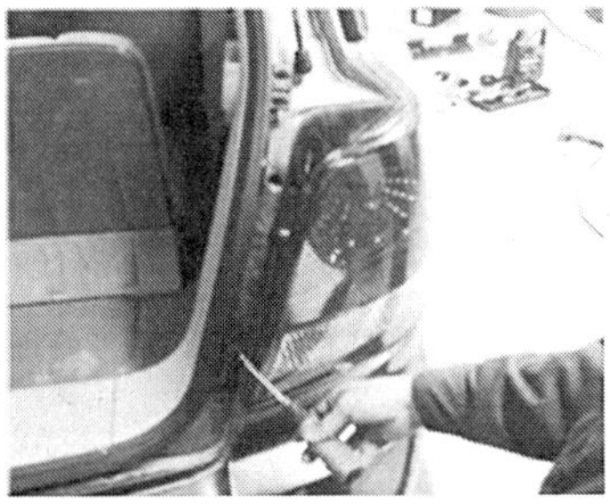

그림 29. 고정 피스 탈거

그림 30. 콤비네이션 램프 탈거

③ 제동등 소켓을 회전시켜 탈거한다.

④ 제동등을 커넥터에서 분리시키고 신품으로 교환한다. 일반적으로 후미등과 제동등은 더블전구를 사용함으로 전구의 조립방향에 주의한다.

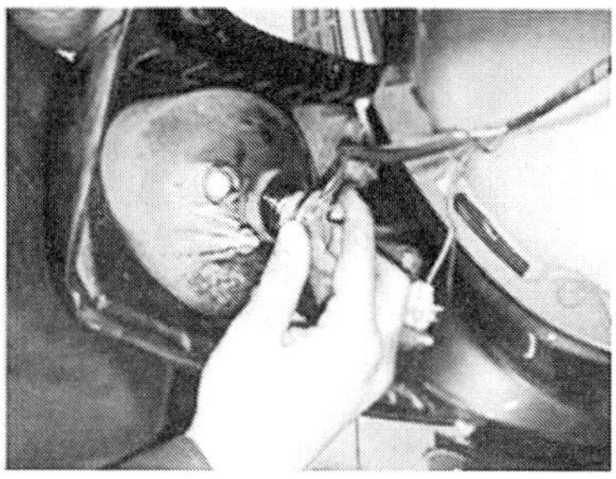

그림 31. 소켓 탈거

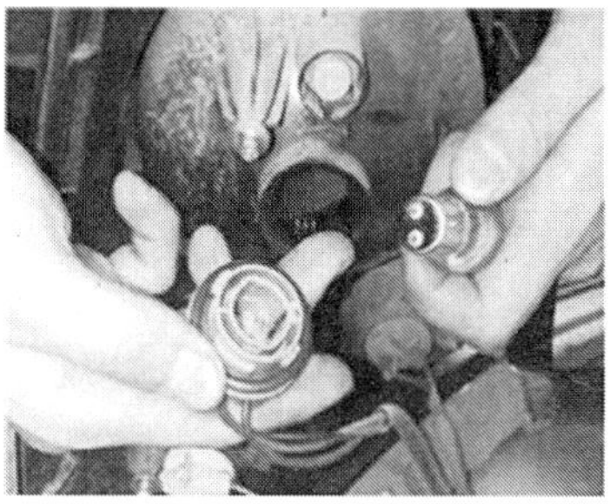

그림 32. 제동등 교환

⑤ 콤비네이션 램프 키 홈을 일치시킨다.

⑥ 콤비네이션 램프를 끼운다.

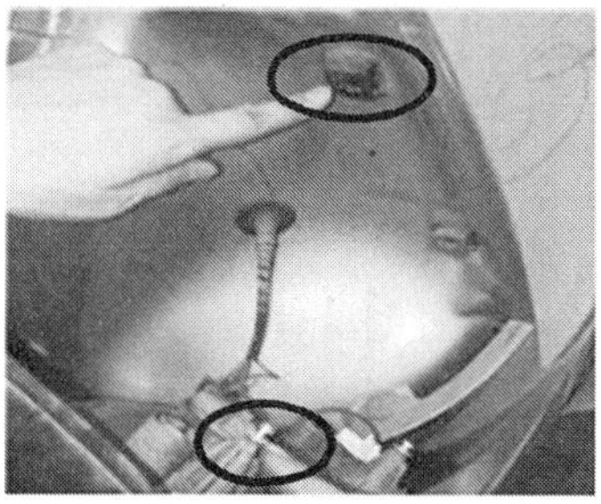

그림 33. 키 홈 일치

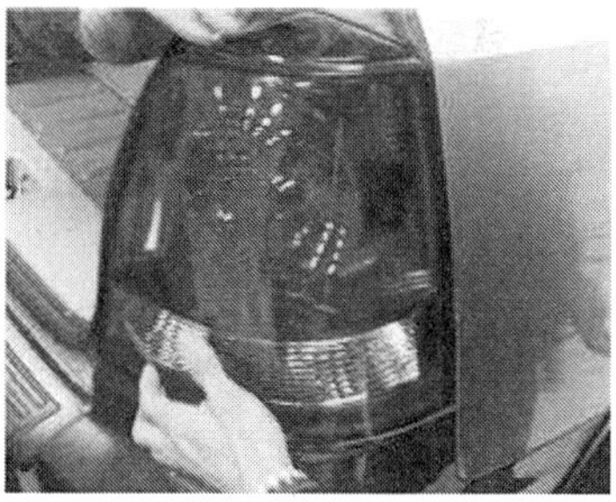

그림 34. 콤비네이션 램프 설치

⑦ 공구를 사용하여 콤비네이션 램프 고정 피스를 체결한다.

⑧ 조립이 끝나면 브레이크 페달을 밟아 정상적으로 제동등의 점등되는지 확인한다. 미등 스위치를 작동시켜 미등 점등상태도 확인한다.

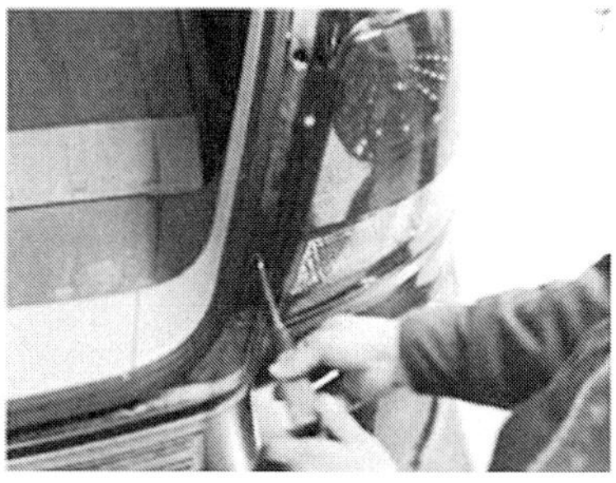

그림 35. 고정피스 체결

그림 36. 작동상태 확인

2.2.2. 제동등 스위치 점검

[1] 점검(1)

제동등 스위치는 브레이크 페달과 연결되어 있고 퓨즈 및 전구에는 이상이 없는데 제동등이 켜지지 않을 때는 제동등 스위치에 있는 배선 커넥터를 빼내어 짧은 전선을 이용하여 커넥터 내의 두 개의 단자에 직결시킨다. 이때 제동등이 점등되면 제동등 스위치 불량이므로 제동등 스위치를 교환한다.

[2] 점검(2)

멀티테스터를 이용하여 브레이크 페달을 밟으면 페달에 눌려 있던 스위치 푸시로드가 해방되기 때문에 ①과 ②의 접점이 연결되어 통전이 되고 브레이크 페달을 놓으면 푸시로드가 눌려 ①과 ②의 접점이 차단되어 통전이 안 되어야 한다. 통전 여부 점검시 둘 다 통전이 안 되거나 둘 다 통전이 되면 제동등 스위치를 교환한다.

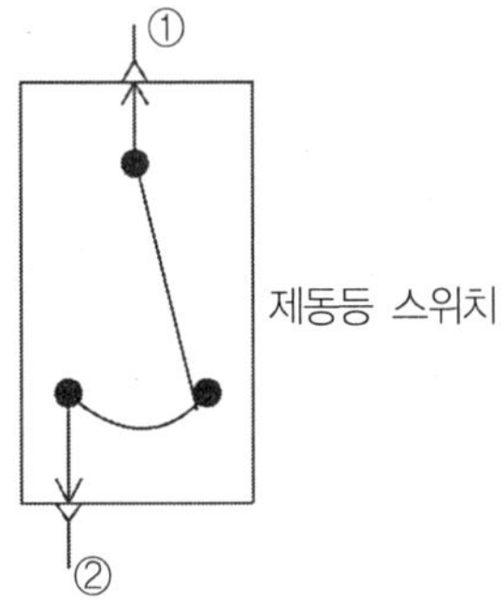

그림 37. 제동등 스위치회로

2.2.3. 제동등 회로점검

멀티테스터 또는 테스트 램프를 사용하여 배선의 접속상태와 회로의 접지상태 회로의 단선에 대하여 점검한다.

축전지 전압점검 단자 연결 상태 점검 → 메인퓨즈(50A) 단선점검 및 축전지 (+)단자 연결 상태 점검

→ 퓨저블링크 퓨즈(50A, 30A) 단선 및 접촉상태 점검 → 퓨즈박스 내 제동등 퓨즈 단선 점검

→ 제동등스위치 작동상태 점검, 커넥터 접촉상태 점검 → 제동등 전구(램프)단선 및 커넥터 접촉상태 점검

① 브레이크 페달을 밟아 제동등 작동상태를 점검한다.

그림 38. 제동등(브레이크등) 작동

② 제동등이 전부 작동을 하지 않을 때

㉮ 축전지 충전상태 및 단자 연결상태를 점검한다.

㉯ 메인퓨즈 및 제동등 관련 퓨즈를 점검한다.

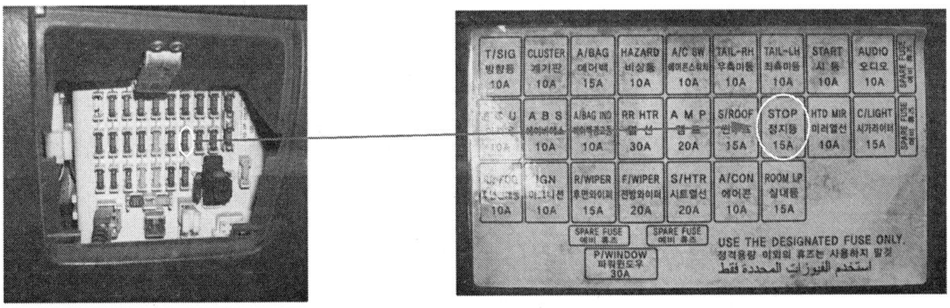

그림 39. 실내 정션 퓨즈박스에서 제동등 관련 퓨즈 위치

㉰ 제동등 전구 및 접지 상태를 점검한다.

㉱ 제동등 커넥터를 점검한다.

㉲ 제동등 스위치(브레이크 스위치)를 점검한다.

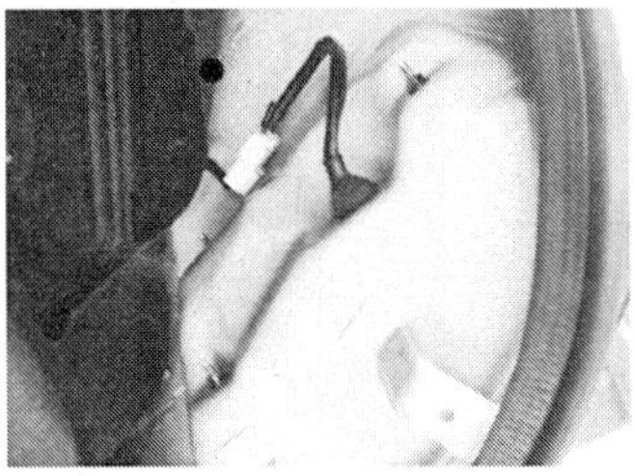

그림 40. 제동등 커넥터 점검

그림 41. 제동등 전구점검

그림 42. 제동등 스위치 점검

2.3. 후진등 점검

2.3.1. 후진등 스위치 점검

후진등 스위치는 스위치 내부의 접점 상태를 점검한다. 멀티테스터를 이용하여 후진등 스위치를 후진 위치에 놓고 ①과 ②의 통전여부를 점검한다. 통전 여부를 점검한 후 통전이 불량이면 후진등 스위치를 교환한다.

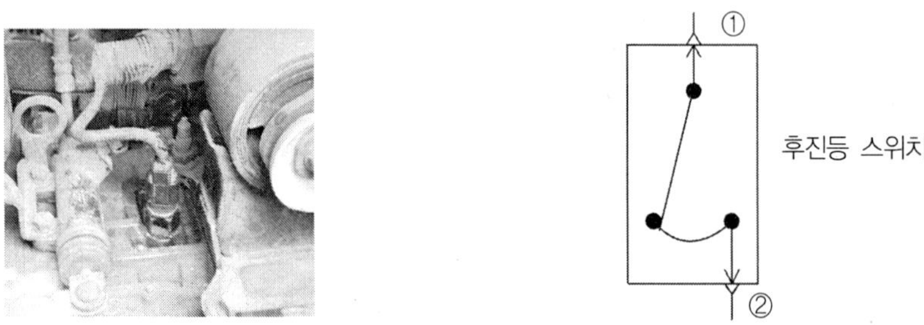

(a) (b)

그림 43. M/T 후진등 스위치 점검

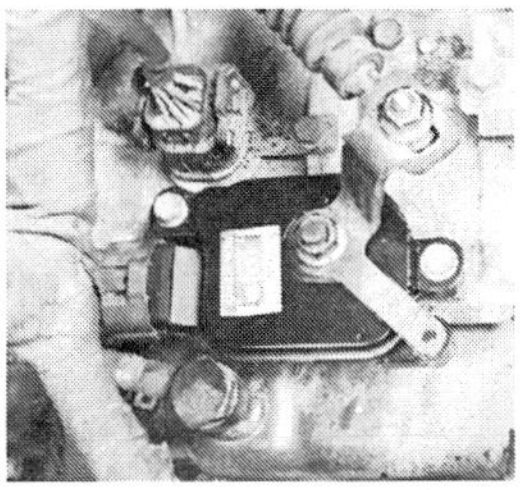

그림 44. 인히비터 스위치

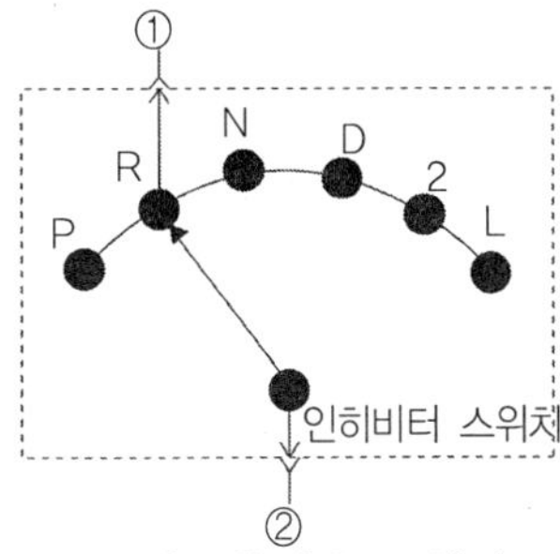

그림 45. A/T 후진등 스위치 점검

2.3.2. 후진등 회로점검

① 퓨즈의 상태를 점검한다.

② 후진등 회로의 단락 또는 단선 및 커넥터 연결 상태를 점검한다.

③ 후진등 스위치에서 전원 공급단자에 전원 공급 여부를 테스터램프 또는 멀티테스터로 점검한다.

④ 후진등 스위치의 통전 여부를 점검한다.

⑤ 좌우 후진등 단선상태 및 접촉상태를 점검한다.

2.4. 방향지시등 회로점검

2.4.1. 방향지시등 및 비상등 스위치

스위치를 작동하며 멀티테스터 또는 테스트램프에 의하여 단자사이의 통전을 점검한다.

[단자사이의 통전점검]

단자		TB	방향지시 좌측(TL)	방향지시 우측(TR)	PL	점화 전원(IG)	공통 (C)	축전지 전원(B+)
비상 스위치	방향 지시							
OFF	L	●	●		●		●	
	N					●	●	
	R	●		●		●	●	
ON	LNR	●	●	●	●		●	●

2.4.2. 전구의 필라멘트 및 퓨즈

멀티테스터나 테스트 램프로 배선의 접속 상태와 단선에 대해 점검한다.

2.4.3. 방향지시등 릴레이(플래셔 유닛)

① 멀티테스터를 이용하여 단자(B. L. E)간 통전상태를 점검한다(B. E단자 간 통전되면 정상이다).

② 실내 릴레이 박스에서 플래셔 유닛을 떼어내 축전지(+)를 B단자에 연결하고, (-)를 E단자에 연결한다.

③ 그림 46(a)과 같이 플래셔 유닛 L단자에 방향지시등 (+)을 연결하고, 방향지시등 (-)은 접지시켰을 때 전구가 일정 주기로 점멸하는가 점검한다.

④ 그림 46(b)과 같이 회로를 구성하고 멀티테스터로 플래셔 유닛 B. L단자간 통전하는가 점검한다(통전되면 정상이다).

⑤ 방향지시등은 1분 동안 60~120회 이하의 일정한 주기로 점멸하거나 광도가 증감하는 구조이어야 한다.

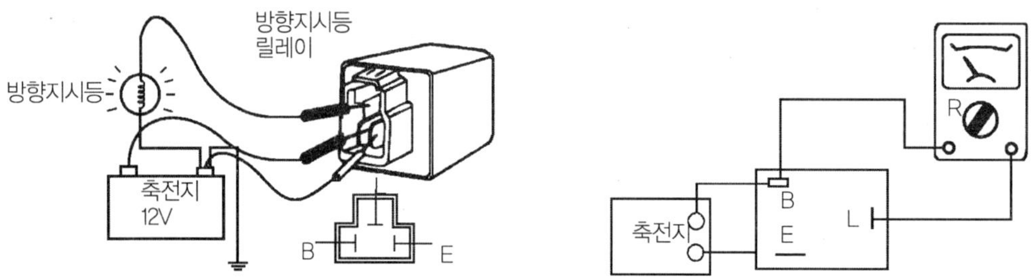

(a) 축전지에 의한 점검 (b) 멀티테스터에 의한 점검

그림 46. 방향지시등 릴레이의 점검

2.4.4. 방향지시등 회로의 고장점검

멀티테스터 또는 테스트 램프에 의하여 배선의 접속 상태와 회로의 접지상태 및 회로의 단선에 대하여 점검한다.

① 점화스위치를 ON 시킨다.

② 라이트 스위치 레버를 위쪽으로 밀어 우회전, 다시 아래쪽으로 내려 좌회전 방향지시등의 작동 상태 및 비상등 작동상태를 점검한다.

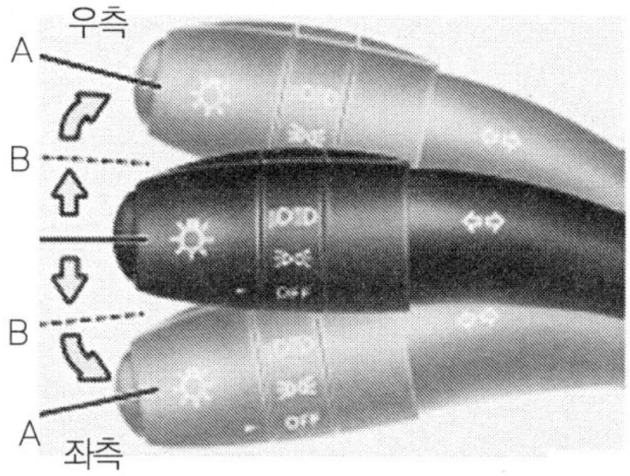

그림 47. 방향지시등 조작방법

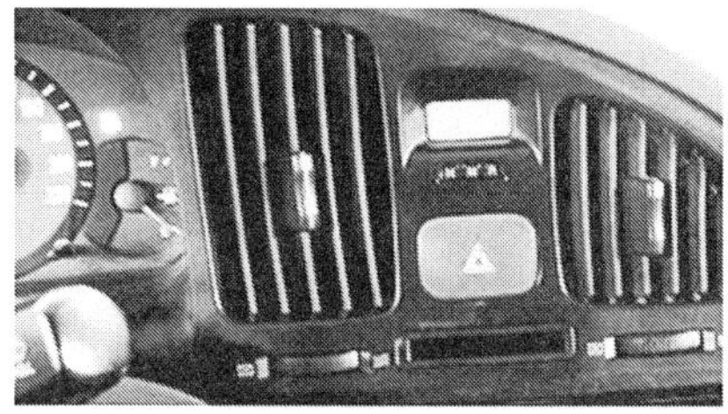

그림 48. 비상등 스위치

③ 방향지시등이 점등되지 않는다.

㉮ 축전지의 충전상태 및 단자 연결 상태를 점검한다.

㉯ 퓨즈 및 릴레이를 점검한다.

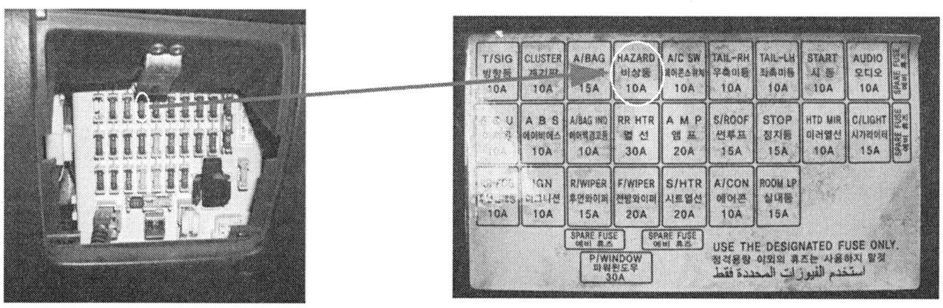

그림 49. 퓨즈 점검

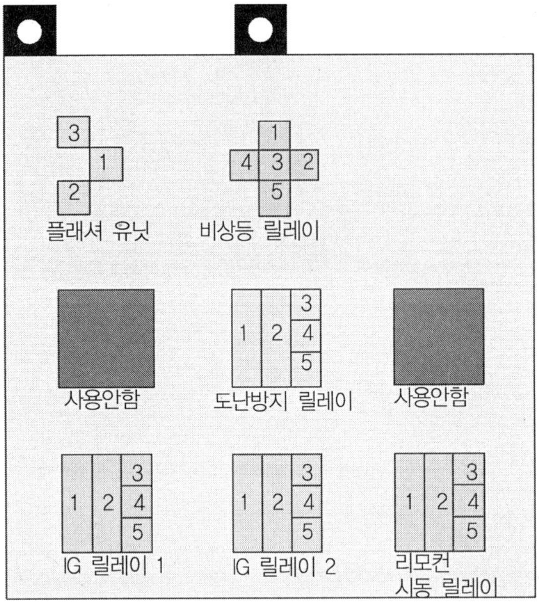

(a)

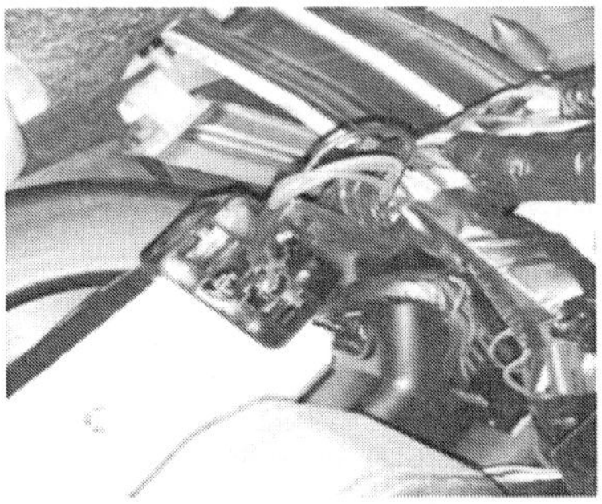

(b)

그림 50. 릴레이박스의 플래셔 유닛 위치

㉰ 다기능스위치 점검 및 커넥터 연결 상태를 점검한다.

㉱ 비상등스위치 상태 및 커넥터의 연결 상태를 점검한다.

㉲ 전구의 단선 여부를 점검한다.

그림 51. 방향지시등 전구 및 커넥터 점검

④ 좌, 우 점멸 횟수가 다르거나 한쪽만 점멸할 때는 전구의 용량을 확인하고 전구의 손상 및 접지상태를 확인한다.

⑤ 점멸이 느릴 경우에는 전구의 용량, 축전지상태, 플래셔 유닛 상태, 접지불량 상태를 점검한다.

2.5. 전조등 회로

전조등 회로는 퓨즈, 라이트 스위치, 디머 스위치(dimmer switch) 등으로 구성되어 있으며, 양쪽의 전조등은 상향등(high beam)과 하향등(low beam)별로 병렬(竝列)로 접속되어 있다.

라이트스위치는 2단으로 작동하며 스위치를 움직이면 내부의 접점이 미끄럼 운동하여 전원과 접속하게 되어 있다. 디머 스위치는 라이트 빔을 상향등과 하향등으로 바꾸는 스위치이다.

2.5.1. 전조등 교환방법

[1] 탈거

① 차량을 평탄한 노면에 주차시키고 보닛을 열어 놓는다.

② 축전지 (-)단자의 케이블을 탈거한다.

③ 전조등 우측 방향지시등 고정 너트를 탈거한다.

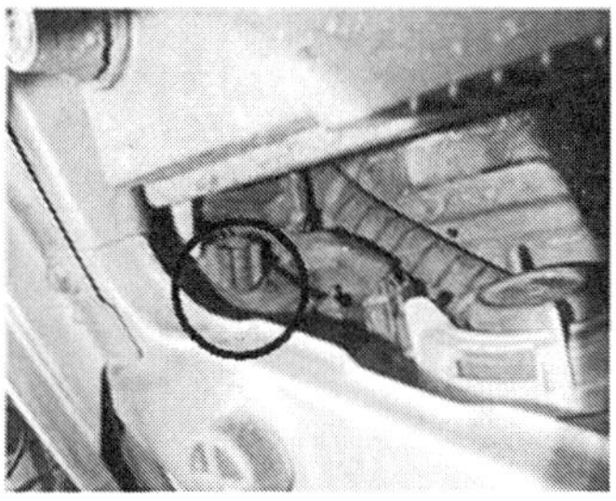

(a)

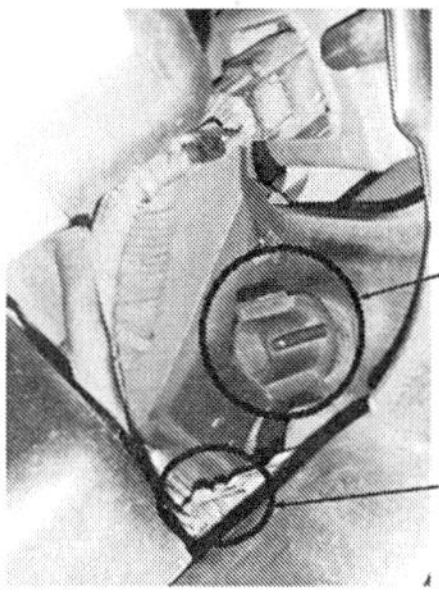

(b)

그림 52. 방향지시등 고정너트 탈거

④ 방향지시등 커넥터를 탈거한다.

⑤ 전조등 고정 볼트(10mm 소켓, 3개)를 탈거한다.

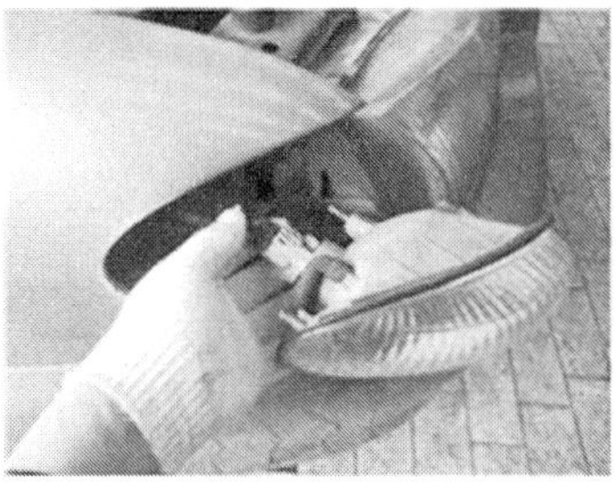

그림 53. 방향지시등 커넥터 탈거

그림 54. 전조등 탈거

⑥ 전조등 램프 커넥터를 탈거한다.

⑦ 하향 전조등 더스트(Dust) 커버를 돌려 탈거한다.

그림 55. 전조등 커넥터 탈거

그림 56. 하향 전조등 더스트 커버 탈거

⑧ 하향 전조등 커넥터를 탈거한다.

⑨ 하향 전조등 고정 스프링을 눌러 이격시킨다.

그림 57. 하향 전조등 커넥터 탈거

그림 58. 고정 스프링 이격

⑩ 하향 전조등을 탈거한다.

⑪ 상향 더스트 커버 및 커넥터를 탈거한다.

⑫ 상향 전조등 고정스프링을 눌러 이격시킨다.

⑬ 상향 전조등을 탈거한다.

그림 59. 하향 전조등 탈거

그림 60. 상향 커넥터 탈거

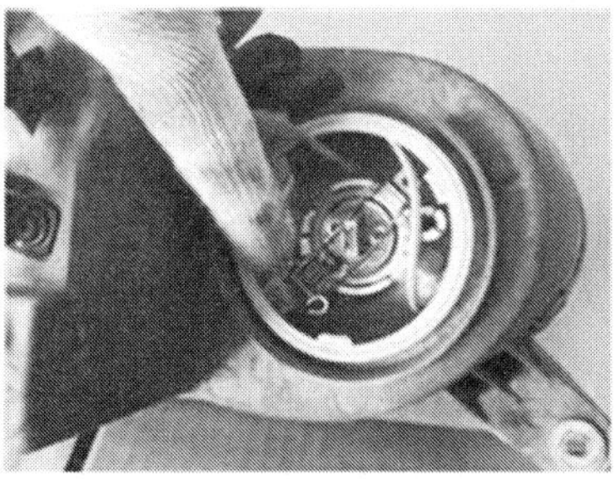

그림 61. 고정 스프링 이격

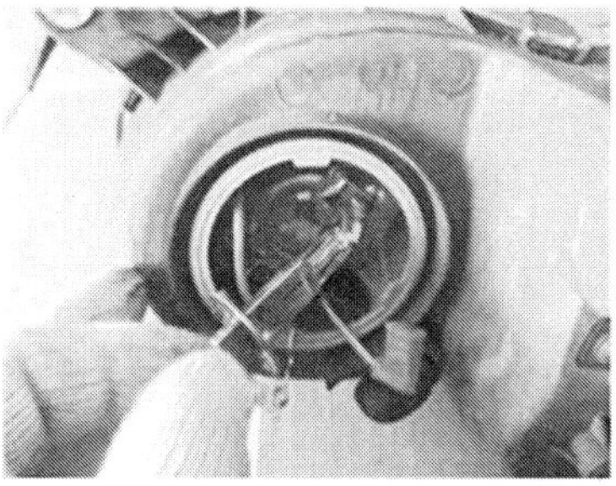

그림 62. 상향 전조등 탈거

[2] 조립

① 하향 전조등을 끼우고 커넥터를 연결한다.

② 상향 전조등을 끼우고 커넥터를 연결한다. 조립시 전구의 조립표식대로 정 위치에 조립되어야 밝기 및 조사각도가 정상적으로 작동한다.

③ 상·하향 전조등 더스트 커버를 조립한다. 차종에 따라 더스트 커버의 상·하위치가 표기되어 있는 경우 방향을 정확히 일치시켜 조립한다.

④ 전조등 커넥터를 연결한다.

그림 63. 하향 전조등 커넥터 연결

그림 64. 상향 전조등 커넥터 연결

그림 65. 더스트 커버 조립

그림 66. 전조등 커넥터 연결

⑤ 전조등 고정 볼트를 조립한다.

⑥ 방향지시등 커넥터를 연결한다.

⑦ 방향지시등 고정 너트를 체결한다.

⑧ 축전지 (-)단자의 케이블을 조립한다.

⑨ 조립이 완료되면 점화스위치를 ON하고 전조등을 작동시켜 정상작동 되는지를 확인한다.

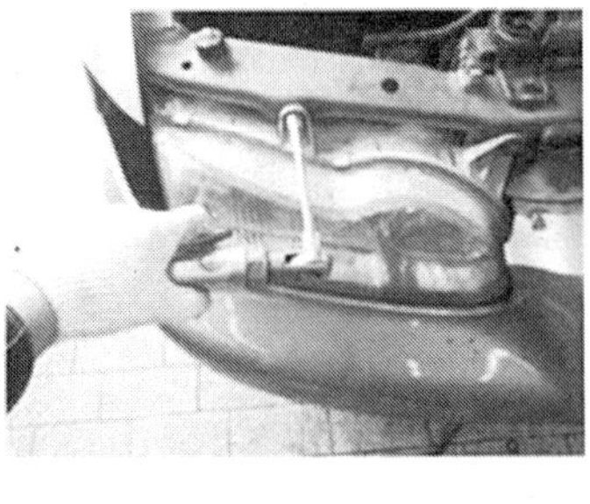

그림 67. 전조등 고정볼트 조립

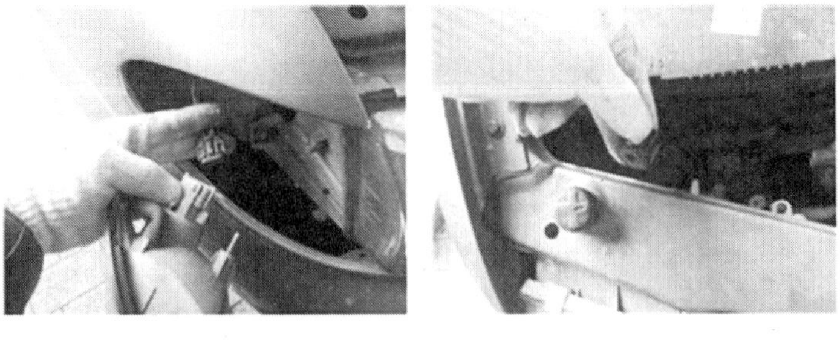

(a) 커넥터 연결 (b) 고정너트 체결

그림 68. 방향지시등 커넥터 및 고정너트 체결

2.5.2. 전조등 조사방향 확인

① 타이어를 규정 공기압으로 하고 운전자, 예비 타이어, 공구를 제외한 모든 부하를 제거한다.

② 평편한 지면에 자동차를 위치시킨다.

③ 수직선(각 전조등의 중앙을 통해 지나는 수직선)과 수평선(각 전조등의 중앙을 지나는 수평선)을 스크린에 그린다.

위 치	H1	H2	W1	W2	L
공차상태	589mm	339mm	1218mm	1105mm	3,000mm
1인 승차 상태	582mm	332mm	1218mm	1105mm	3,000mm

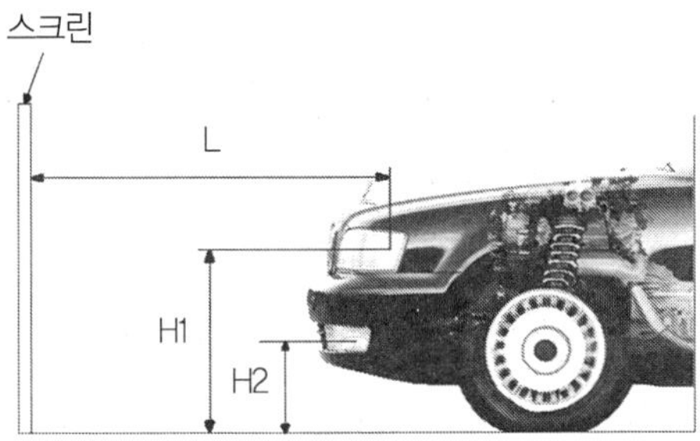

H1 : 전조등 지상고(상향)
H2 : 안개등 지상고
L : 전조등 중심과 스크린사이의 거리

그림 70. 전조등 지상고

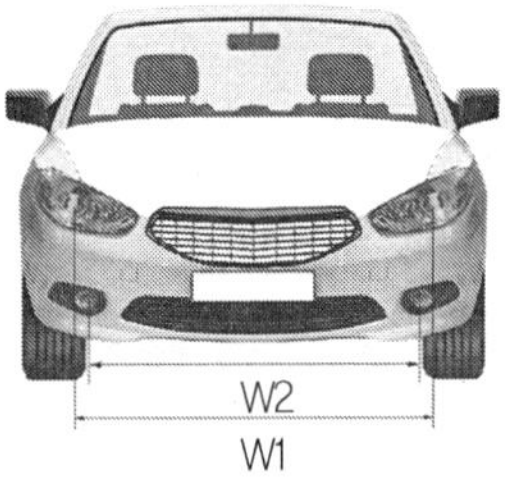

W1 : 전조등 사이의 폭(상향)
W2 : 안개등 사이의 폭

그림 71. 전조등사이의 폭

④ 전조등을 정렬시킨다.

⑤ 조정노브를 사용하여 로빔의 수평과 수직조정을 측정차량의 표준값으로 조정한다.

⑥ 상향등을 켠 상태에서 가장 밝은 부위가 아래 빗 금친 부분의 허용 범위 내에 들어오도록 조정한다.

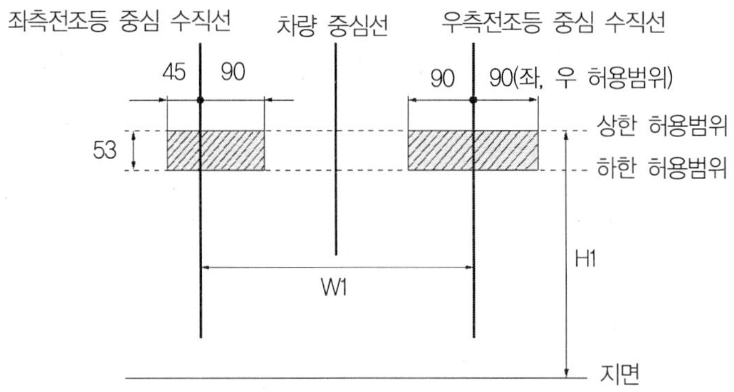

그림 72. 전조등 조사방향 허용범위

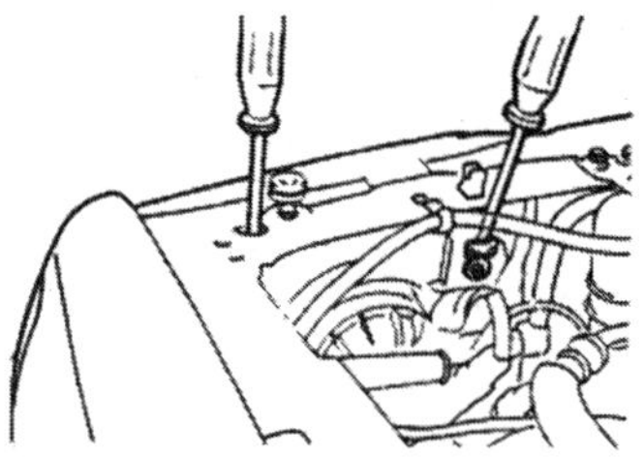

그림 73. 전조등 조사방향 조정

2.5.3. 전조등(헤드램프)회로의 구성부품(단품) 점검

[1] 전조등 릴레이

릴레이는 전자력에 의해 접점을 개폐하고, 각종 스위치의 접점을 보호한다.

① 아날로그 멀티테스터 또는 테스트 램프에 의하여 단자간의 통전을 점검한다.

② 축전지 (+)케이블을 S_2단자에, 축전지 (−)케이블을 S_1단자에 연결한다.

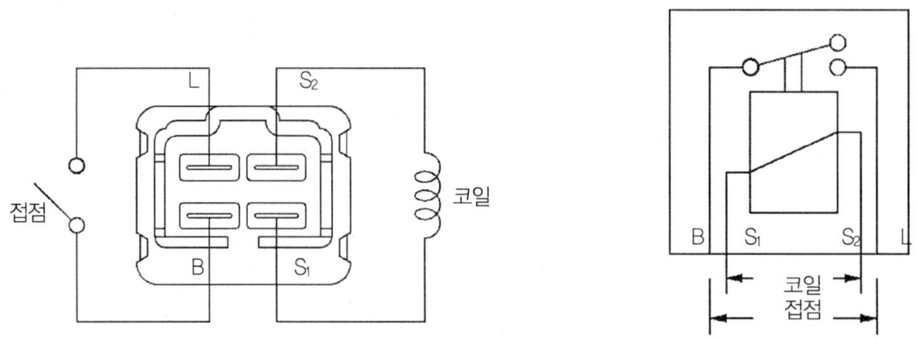

(a) 릴레이의 구성 (b) 릴레이 회로도

그림 74. 릴레이의 구성

③ L과 B단자사이가 통전 되고, 축전지 전원을 공급하지 않을 때(축전지 케이블 분리), L과 B단자 사이에 비통전되면 정상이다

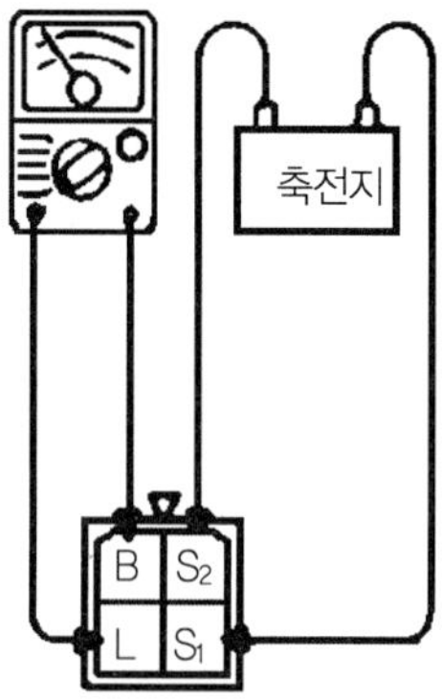

단 자 / 조 건	B	S_2	L	S_1
전원공급 안됨		⊕ ——	——	—— ⊖
전원 공급됨	○ ——	——	—— ⊖	

그림 75. 릴레이의 점검

[2] 전조등스위치

멀티테스터로 라이트스위치 1단(미등 및 차폭등)과 2단(전조등) 위치에서의 단자사이의 통전 여부를 점검한다.

[전조등 스위치 점검]

단 자 / 위치	TS	HS(1)	ES
OFF			
I	●——	——	——●
Ⅱ	●——	——●——	——●

●——● 통전

[3] 디머/패싱스위치

스위치를 작동하여 아날로그 멀티테스터 또는 테스트 램프에 의하여 단자사이의 통전을 점검한다.

[디머/패싱 스위치 점검]

단자 / 위치	Eb	HL	HU	HS(2)
HU	●——	——	——●	
HL	●——	——●		
P	●——	——	——●——	——●

●——● 통전

[4] 전구점검

전조등 단자(HU, HL, E) 중에서 임의의 한 개 단자를 선택하여 축전지 (+)선을 연결한다.

① HL(하향단자) : 전조등의 불빛이 어둡다(멀티테스터로 측정할 때 저항값이 크다).

② HU(상향단자) : 전조등의 불빛이 밝다(멀티테스터로 측정할 때 저항 값이 작다).

③ (E) : 접지단자

2.5.4. 전조등 회로 점검

① 점화스위치를 ON시킨다.

② 라이트스위치 레버를 Ⅱ단으로 돌려 전조등을 상향, 하향을 작동시켜 본다.

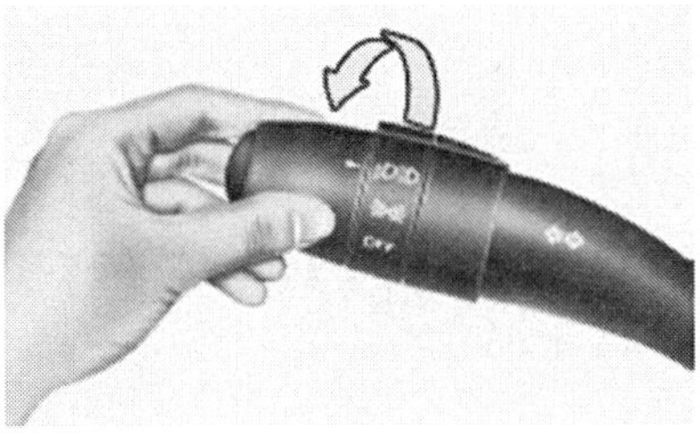

(a) 작동

(b) 확인

그림 76. 전조등 작동 및 확인

③ 전조등 상향, 하향 모두 점등되지 않는다.

㉮ 축전지의 충전상태 및 단자 연결 상태가 불량한지 점검한다.

㉯ 다기능스위치의 불량 및 커넥터 연결 상태를 점검한다.

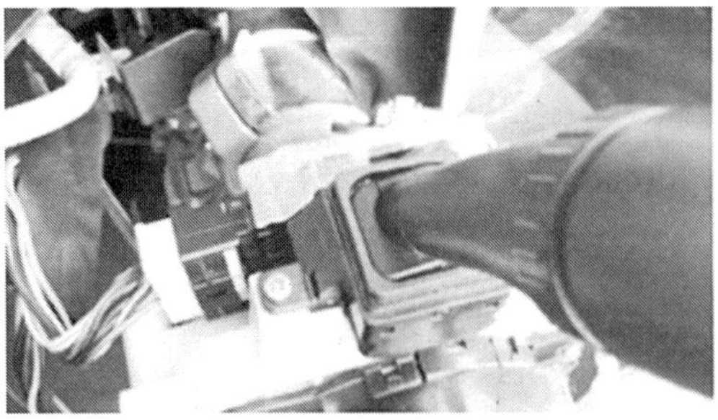

그림 77. 다기능 스위치 점검

㉰ 퓨즈 및 릴레이 상태를 점검한다.

㉱ 접지 상태 및 전조등 커넥터 및 전조등 전구의 손상여부를 점검한다.

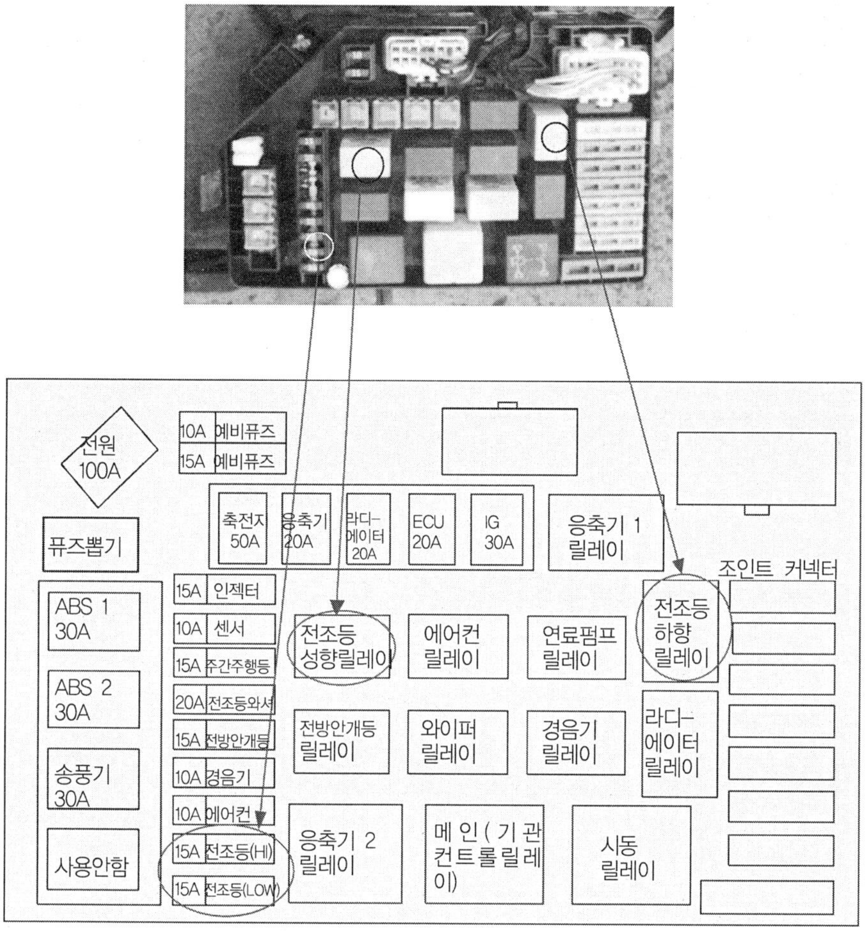

그림 78. 퓨즈 및 릴레이 상태 점검

④ 전조등 일부만 점등되지 않으면 점등되지 않는 커넥터 및 전구손상 여부를 점검한다.

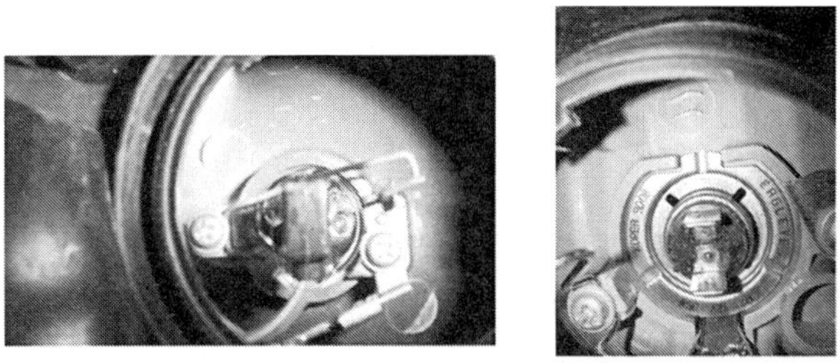

그림 79. 전구 커넥터상태 점검

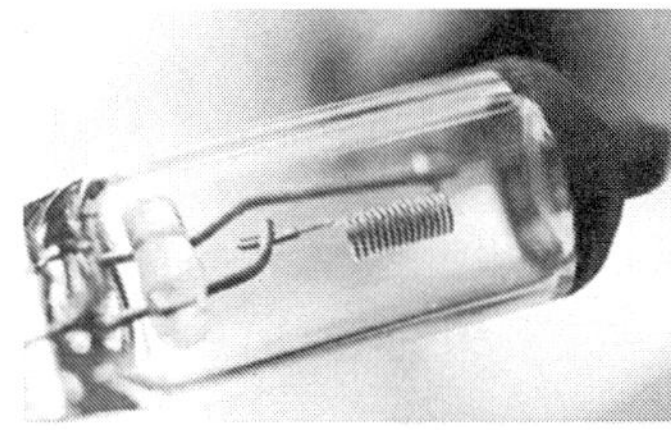

그림 80. 전구상태 점검

2.5.5. 오토라이트 컨트롤장치

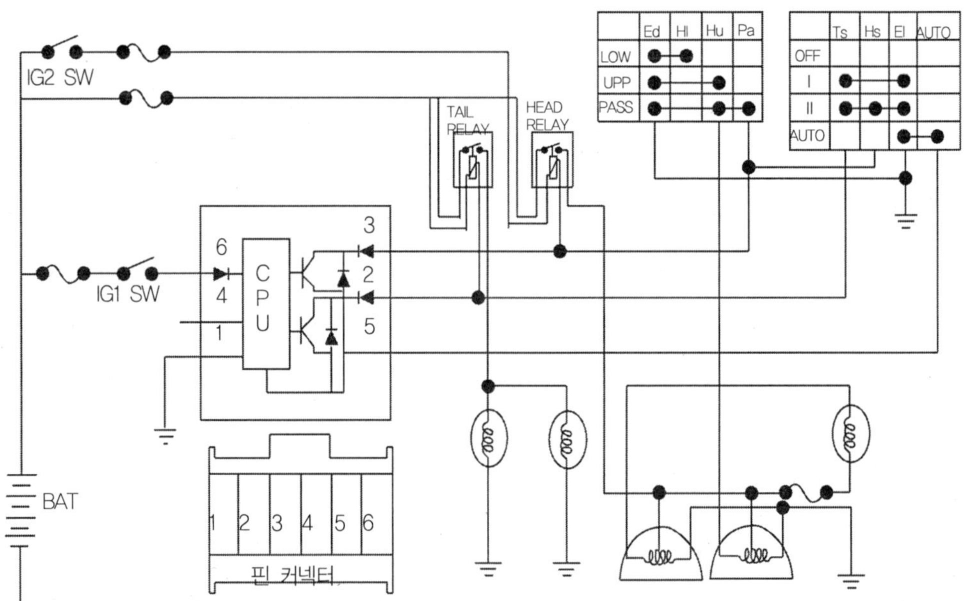

1. SYSTEM GRD 2. TAIL OUTPUT 3. HEAD OUTPUT 4. 검출조도 조정용 INPUT
5. AUTO LIGHT SW 6. IG SW(SYSTEM + 전원)

그림 81. 오토라이트 컨트롤 회로도

[1] 탈거

프런트 디프로스터 노즐 커버(조수석 위치)에서 공구를 사용하여 센서 유닛을 탈거한다.

[2] 점검

커넥터 단자 6번을 멀티테스터의 (+), 커넥터단자 1번을 멀티테스터 (-)단자에 접속하여 통전 여부를 확인한다.

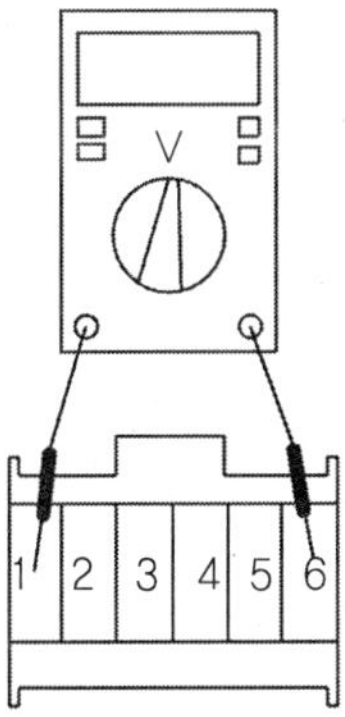

그림 82. 유닛 점검

2.5.6. 전조등시험기 사용방법

[1] 운행자동차 등화장치의 광도 및 광축 확인방법

① 자동차는 예비 운전되어 있는 공차상태에 운전자 1인이 승차한 상태로 한다.

② 자동차의 축전지는 충전한 상태로 한다.

③ 자동차 기관은 공회전상태로 한다.

④ 타이어 공기압력은 표준 값으로 한다.

⑤ 전조등 측정시 측정하지 아니하는 등화에서 발산하는 빛을 차단한 상태로 한다.

[2] 투영식 전조등시험기

(1) 사용설명

① 기둥(자) : 시험기 몸체를 지지하는 기둥이며, 옆면에는 높이를 표시하는 눈금이 그려져 있다.

② 상·하 이동 핸들 : 시험기 몸체를 상하로 이동시킬 때 사용한다.

③ 줄자(진척) : 시험기와 자동차 전조등사이의 거리를 측정할 때 사용한다.

④ 점검창 : 시험기와 자동차가 일치되었는가를 점검할 때 사용하는 것이며, 일치되지 않았을 경우에는 수평 조정기로 조정한다.

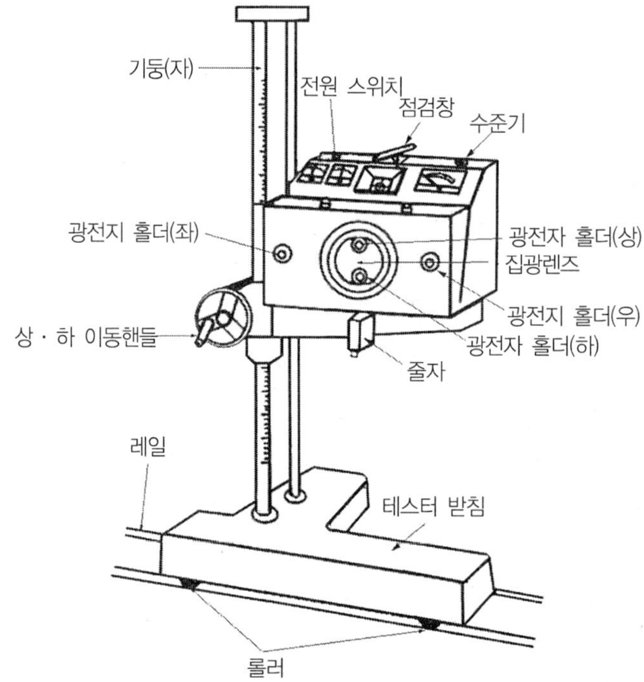

(a)

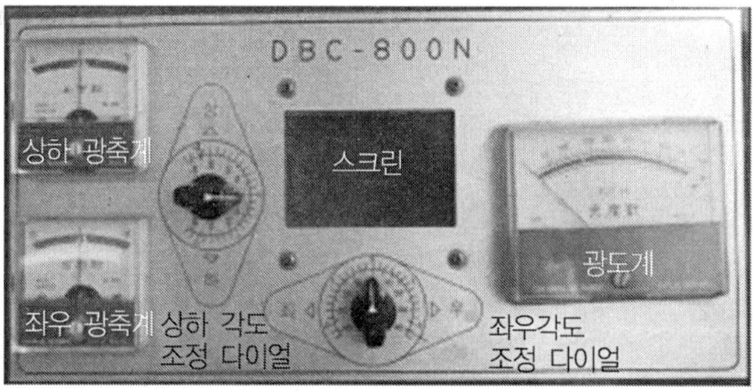

(b)

그림 83. 투영식 전조등시험기

⑤ 수준기 : 시험기가 수평으로 설치되었는지를 점검하는 수포가 들어 있다.

⑥ 전원 스위치

⑦ 집광 렌즈 : 전조등의 빛을 받아들이는 부분이다.

⑧ 좌·우 광축계 : 광축이 좌·우로 비추는 양을 각도 또는 cm로 나타낸다.

⑨ 상·하 광축계 : 광축이 상·하로 비추는 양을 각도 또는 cm로 나타낸다.

⑩ 광도계 : 광축의 광도(Cd)를 나타내는 계기이다.

⑪ 스크린 : 전조등 중심을 볼 수 있는 부분이다.

⑫ 좌·우 조정 다이얼 : 좌·우 각도 또는 cm를 맞추는 다이얼이다.

⑬ 상·하 조정 다이얼 : 상·하 각도 또는 cm를 맞추는 다이얼이다.

(2) 측정조건

① 타이어 공기압력을 규정 압력으로 한다.

② 축전지 성능이 정상이어야 한다.

③ 시험기가 수평인지를 수준기로 확인한다.

④ 전조등의 이상 유무를 점검한 후 운전자 1인 승차한다.

⑤ 시험하고자 하는 자동차를 시험기와 직각으로 3m가 되도록 진입시킨 다음 중심점 2개가 일직선상에 보이도록 수평 조정나사로 조정한다.

⑥ 점검창 정대용 파인더로 보닛 위에 중심점 2개가 일직선상에 보이도록 수평 조정나사로 조정한다.

⑦ 좌·우, 상·하 조정 다이얼을 0에 맞춘다.

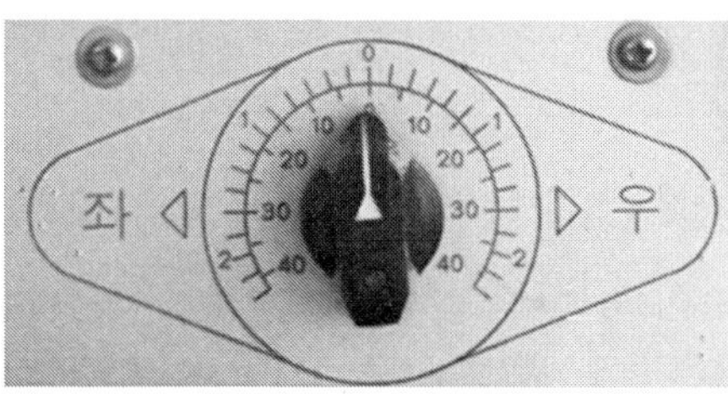

(a)

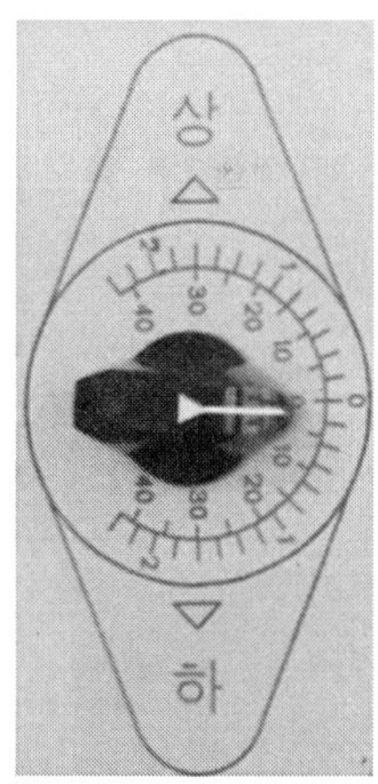

(b)

그림 84. 좌·우, 상·하 각도 조정 다이얼 0점

(3) 측정방법

① 전조등을 상향(하이 빔)으로 점등한다.

② 시험기 몸체를 좌·우로 조정하고, 상·하 이동 핸들을 돌린 후 스크린을 보아 전조등의 중심점(검은 색으로 보임)이 "+" (십자)의 중심에 오도록 조정한다. 가속페달을 밟아 기관의 회전속도를 2,000rpm 정도로 하여 광도계의 눈금을 읽고 기록한다.

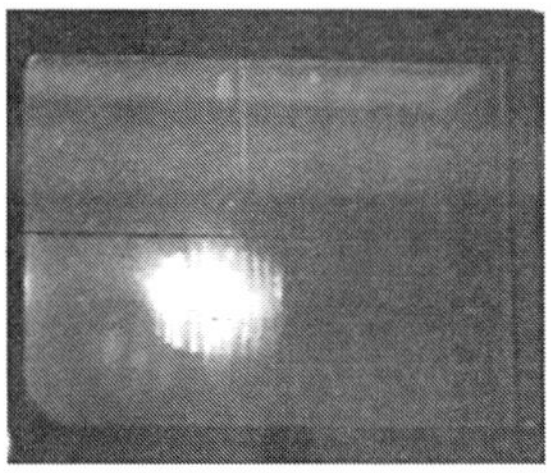

그림 85. 스크린 상의 +(십자) 중심점에 일치

그림 86. 광도계 눈금판독

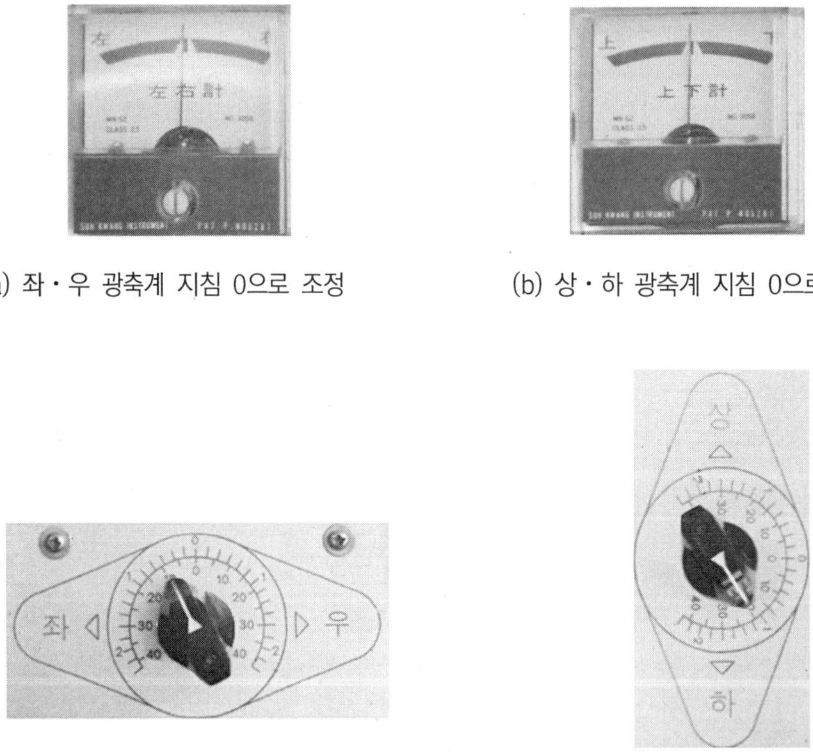

(a) 좌·우 광축계 지침 0으로 조정

(b) 상·하 광축계 지침 0으로 조정

(c) 좌·우 광축계 다이얼 값 판독

(d) 상·하 광축계 다이얼 값 판독

그림 87. 좌·우, 상·하 광축계 지침 0점 조정 후 다이얼 판독

③ 시험기 몸체를 좌·우로 밀고, 상·하 이동 핸들을 돌려 좌·우, 상·하 광축계의 지침이 "0" 에 오도록 조정한다.

④ 스크린을 보아 전조등의 중심점을 스크린 "+" (십자)의 중심에 오도록 좌·우, 상·하 조정 다이얼로 조정한다.

⑤ 좌·우 조정다이얼의 값과 상·하 조정다이얼의 값을 읽고 기록한다(cm로 기록).

[3] 집광식 전조등시험기

① 자동차를 전조등 시험용 레일에 직각으로 진입시켜 전조등과 수광부를 시험기의 측정 거리(1m)로 한다.

② 자동차 정대용 조준기로 시험기와 자동차를 정대시킨다. 이 때 스위치를 0점 위치로 놓는다. 0점 기능은 내부의 태양전지 소자를 시험기의 정 가운데로 위치시키는 작용을 하는데 만약 이를 시행하지 않으면 자동차를 정대하여도 뒷면의 정대경에는 전조등이 비춰지지 않는다.

③ 전조등을 점등시켜 전조등 정대용 조준기로 시험기와 전조등을 정대시킨다. 뒷면 정대경을 보고 전조등 광원을 정 가운데로 오도록 시험기를 이동시킨 후 고정한다.

④ 스위치를 "측정" 위치로 하고 자동차의 전조등을 조정한다.

㉮ 광도·광축 변환 스위치를 "광축" 쪽으로 선정한다.

㉯ 좌우, 상·하 광축 다이얼을 돌려 각각의 지침이 중심에 오도록 조정한 다음 좌우, 광축계를 읽고 기록한다. 이것이 광축의 진폭이 된다.

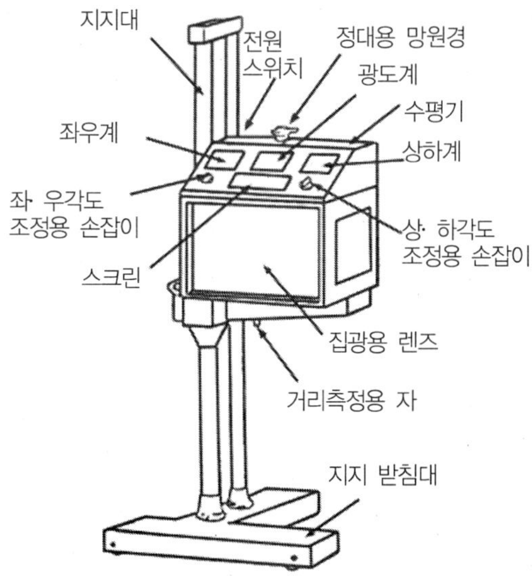

그림 88. 집광식 전조등시험기의 구조

㉰ 광축 다이얼을 그대로 두고, 변환 스위치를 광도 쪽으로 한다.

⑤ 광도계의 지시에 의해 광도를 측정한다. 광도의 표시는 4단의 디지털 표시기로 나타나는데 최소 단위는 100cd로 표시된다. 다만, 광량은 디지털로 표시되므로 수치의 변화가 민감하게 표현되는 문제점으로 인해 마치 수치가 불안전한 것처럼 느껴질 수도 있다.

⑥ 위의 ①~④를 반복하면 전조등 시험이 완료된다.

특히 ④의 경우 자동차의 전조등을 교정하면 교정 후 값의 변화가 연속하여 나타나므로 시험기를 일체 조작하지 아니하고도 교정 작업을 완료할 수 있다.

⑦ 광축의 진폭 조정은 광축 다이얼을 조정하려는 숫자로 설정하고 관축계의 지시 값이 0이 되도록 전조등의 방향을 조절한다.

[4] 검사기준

<table>
<tr><th colspan="2">구 분</th><th>2등식</th><th>4등식</th></tr>
<tr><td colspan="2">광 도</td><td>15,000cd~112,500cd</td><td>12,000cd~112,500cd</td></tr>
<tr><td rowspan="8">광축(상·하, 좌우 진폭)</td><td rowspan="4">좌측 전조등</td><td>상향 10cm 이하</td><td>상향 10cm 이하</td></tr>
<tr><td>하향 30cm 이하</td><td>하향 30cm 이하</td></tr>
<tr><td>좌향 15cm 이하</td><td>좌향 15cm 이하</td></tr>
<tr><td>우향 30cm 이하</td><td>우향 30cm 이하</td></tr>
<tr><td rowspan="4">우측 전조등</td><td>상향 10cm 이하</td><td>상향 10cm 이하</td></tr>
<tr><td>하향 30cm 이하</td><td>하향 30cm 이하</td></tr>
<tr><td>좌향 30cm 이하</td><td>좌향 30cm 이하</td></tr>
<tr><td>우향 30cm 이하</td><td>우향 30cm 이하</td></tr>
</table>

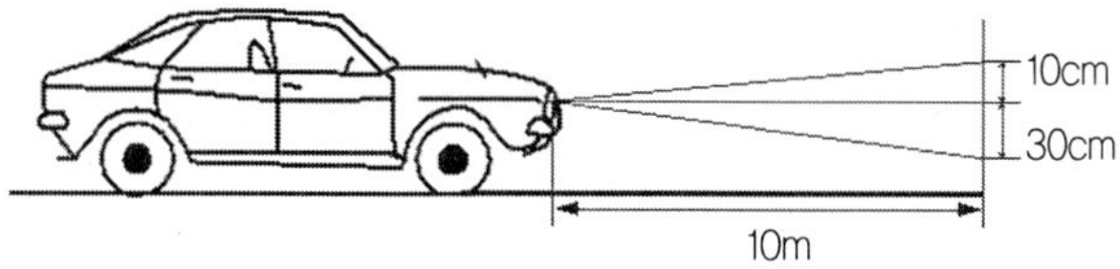

(a) 상·하 진폭

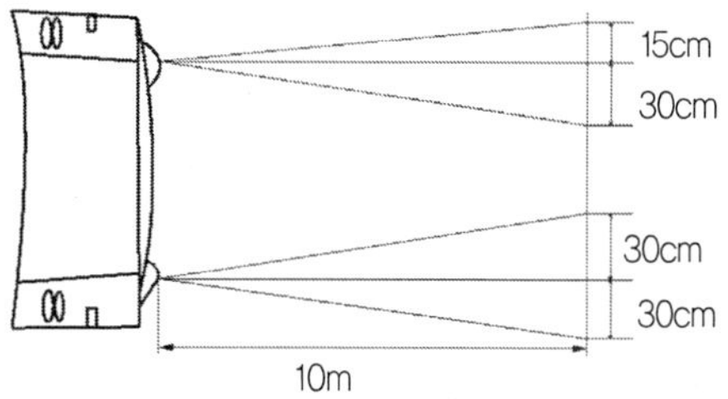

(b) 좌·우 진폭

그림 89. 전조등 상·하, 좌·우 진폭

2.6. 실내등회로 점검

① 실내등을 ON시켜 점검한다.

② 축전지의 충전상태 및 단자의 상태를 점검한다.

③ 실내등 퓨즈를 점검한다.

그림 90. 실내등 점검

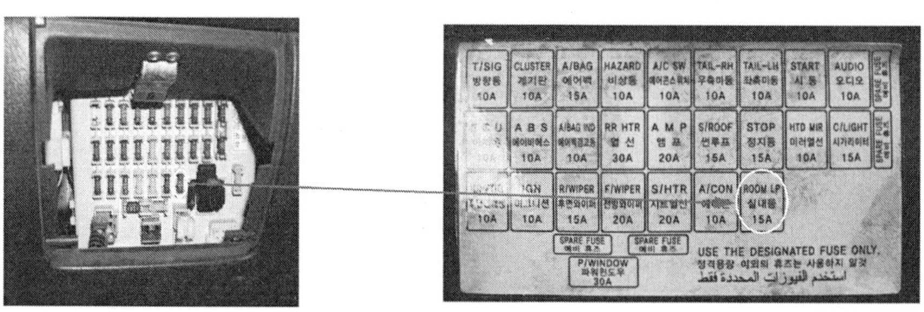

그림 91. 실내 정션 퓨즈박스에서 실내등 관련 퓨즈 위치

④ 실내등 전구를 점검한다.

⑤ 도어 스위치 통전 여부를 점검한다.

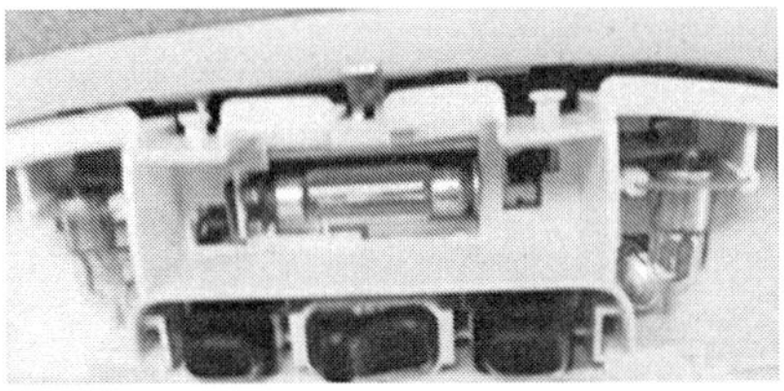

그림 92. 실내등 전구 점검

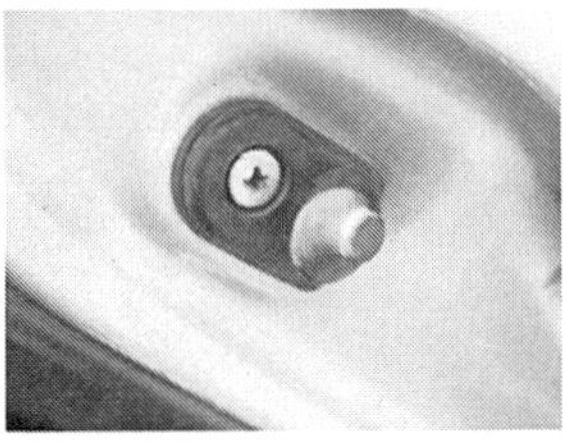

그림 93. 도어 스위치 점검

3 등화장치의 점검 및 수리방법

3.1. 등화장치의 점검

[1] 미등 및 번호등 회로를 점검하고 판정 및 정비(또는 조치)사항을 기록하시오.

자동차 번호 :			비 번호		지도교수 확 인	
측정 항목	① 점검(또는 측정)		② 판정 및 정비(또는 조치)사항			득 점
	고장 부분	내용 및 상태	판정(□에 "✔" 표)	정비 및 조치할 사항		
미등 및 번호등 회로			□ 양호 □ 불량			

[2] 제동등 회로를 점검하고 판정 및 정비(또는 조치)사항을 기록하시오.

자동차 번호 :			비 번호		지도교수 확 인	
측정 항목	① 점검(또는 측정)		② 판정 및 정비(또는 조치)사항			득 점
	고장 부분	내용 및 상태	판정(□에 "✔" 표)	정비 및 조치할 사항		
제동등 회로			□ 양호 □ 불량			

[3] 후진등 회로를 점검하고 판정 및 정비(또는 조치)사항을 기록하시오.

자동차 번호 :		비 번호		지도교수 확 인	

측정 항목	① 점검(또는 측정)		② 판정 및 정비(또는 조치)사항		득 점
	고장 부분	내용 및 상태	판정(□에 "✔" 표)	정비 및 조치할 사항	
후진등 회로			□ 양호 □ 불량		

[4] 방향지시등 회로를 점검하고 판정 및 정비(또는 조치)사항을 기록하시오.

자동차 번호 :		비 번호		지도교수 확 인	

측정 항목	① 점검(또는 측정)		② 판정 및 정비(또는 조치)사항		득 점
	고장 부분	내용 및 상태	판정(□에 "✔" 표)	정비 및 조치할 사항	
방향지시등 회로			□ 양호 □ 불량		

[5] 전조등 회로를 점검하고 판정 및 정비(또는 조치)사항을 기록하시오.

자동차 번호 :		비 번호		지도교수 확 인	

측정 항목	① 점검(또는 측정)		② 판정 및 정비(또는 조치)사항		득 점
	고장 부분	내용 및 상태	판정(□에 "✔" 표)	정비 및 조치할 사항	
전조등 회로			□ 양호 □ 불량		

[6] 오토 전조등 회로를 점검하고 판정 및 정비(또는 조치)사항을 기록하시오.

자동차 번호 :		비 번호		지도교수 확 인	

측정 항목	① 점검(또는 측정)		② 판정 및 정비(또는 조치)사항		득 점
	고장 부분	내용 및 상태	판정(□에 "✔" 표)	정비 및 조치할 사항	
오토 전조등 회로			□ 양호 □ 불량		

[7] 전조등 시험기로 전조등을 측정하고 판정 및 정비(또는 조치)사항을 기록하시오.

<table>
<tr><td colspan="6">자동차 번호 :</td><td>비번호</td><td></td><td>지도교수
확 인</td><td></td></tr>
<tr><td colspan="6">① 측정(또는 점검)</td><td colspan="3">② 판정</td><td rowspan="2">득 점</td></tr>
<tr><td colspan="2">등식 및 위치
(□에 "✔" 표)</td><td colspan="2">점검항목</td><td>측정값</td><td>기준값</td><td colspan="3">판정(□에 "✔" 표)</td></tr>
<tr><td>등식</td><td>위치</td><td colspan="2">측정광도</td><td></td><td></td><td colspan="3" rowspan="3">□ 양호
□ 불량</td><td rowspan="3"></td></tr>
<tr><td rowspan="2">□ 4등식
□ 2등식</td><td rowspan="2">□ 좌
□ 우</td><td rowspan="2">측정광축
(□에 "✔" 표)</td><td>□ 좌
□ 우</td><td></td><td></td></tr>
<tr><td>□ 상
□ 하</td><td></td><td></td></tr>
</table>

[8] 실내등 회로를 점검하고 판정 및 정비(또는 조치)사항을 기록하시오.

<table>
<tr><td colspan="3">자동차 번호 :</td><td>비 번호</td><td></td><td>지도교수
확 인</td><td></td></tr>
<tr><td rowspan="2">측정 항목</td><td colspan="2">① 점검(또는 측정)</td><td colspan="3">② 판정 및 정비(또는 조치)사항</td><td rowspan="2">득 점</td></tr>
<tr><td>고장 부분</td><td>내용 및 상태</td><td>판정(□에 "✔" 표)</td><td colspan="2">정비 및 조치할 사항</td></tr>
<tr><td rowspan="3">실내등 회로</td><td></td><td></td><td rowspan="3">□ 양호
□ 불량</td><td colspan="2" rowspan="3"></td><td rowspan="3"></td></tr>
<tr><td></td><td></td></tr>
<tr><td></td><td></td></tr>
</table>

3.2. 고장증상 점검 및 수리방법

[1] 방향지시등 점멸회수가 우회전시는 정상이나 좌회전시 빨라진다.

(1) 위 사항과 같은 고장증상이 발생되면 고장증상을 확인하고 고장증상에 대한 확인방법을 작성하시오.

고장증상	고장증상 확인방법	확 인

(2) 고장부위 고장원인 및 점검방법을 작성하시오.

고장부위	고장원인	점검방법	확 인

(3) 고장부분을 정비지침서 또는 관련 자료를 참고하여 수리하고 수리방법과 수리절차를 작성하시오.

수리방법	수리절차	확 인

[2] 방향지시등 점멸회수가 방향지시등 전구를 교환한 후 평상시 보다 느려졌다.

(1) 위 사항과 같은 고장증상이 발생되면 고장증상을 확인하고 고장증상에 대한 확인방법을 작성하시오.

고장증상	고장증상 확인방법	확 인

(2) 고장부위 고장원인 및 점검방법을 작성하시오.

고장부위	고장원인	점검방법	확 인

(3) 고장부분을 정비지침서 또는 관련 자료를 참고하여 수리하고 수리방법과 수리절차를 작성하시오.

수리방법	수리절차	확 인

[3] 자동변속기 차량에서 브레이크 페달을 밟고 시동을 걸어도 시동이 걸리지 않고 제동등도 들어오지 않는다.

(1) 위 사항과 같은 고장증상이 발생되면 고장증상을 확인하고 고장증상에 대한 확인방법을 작성하시오.

고장증상	고장증상 확인방법	확 인

(2) 고장부위 고장원인 및 점검방법을 작성하시오.

고장부위	고장원인	점검방법	확 인

(3) 고장부분을 정비지침서 또는 관련 자료를 참고하여 수리하고 수리방법과 수리절차를 작성하시오.

수리방법	수리절차	확 인

[4] 전조등을 오토모드로 하고 지하주차장에서 나오면 전조등이 소등되어야 하는데 소등이 되지 않는다.

(1) 위 사항과 같은 고장증상이 발생되면 고장증상을 확인하고 고장증상에 대한 확인방법을 작성하시오.

고장증상	고장증상 확인방법	확 인

(2) 고장부위 고장원인 및 점검방법을 작성하시오.

고장부위	고장원인	점검방법	확 인

(3) 고장부분을 정비지침서 또는 관련 자료를 참고하여 수리하고 수리방법과 수리절차를 작성하시오.

수리방법	수리절차	확 인

[5] 상향 전조등을 켜고 야간 주행시 전조등 불빛이 약하다.

(1) 위 사항과 같은 고장증상이 발생되면 고장증상을 확인하고 고장증상에 대한 확인방법을 작성하시오.

고장증상	고장증상 확인방법	확 인

(2) 고장부위 고장원인 및 점검방법을 작성하시오.

고장부위	고장원인	점검방법	확 인

(3) 고장부분을 정비지침서 또는 관련 자료를 참고하여 수리하고 수리방법과 수리절차를 작성하시오.

수리방법	수리절차	확 인

[6] 전조등 케이스 안에 습기가 생기더니 케이스 안에 물이 고여 있다.

(1) 위 사항과 같은 고장증상이 발생되면 고장증상을 확인하고 고장증상에 대한 확인방법을 작성하시오.

고장증상	고장증상 확인방법	확 인

(2) 고장부위 고장원인 및 점검방법을 작성하시오.

고장부위	고장원인	점검방법	확 인

(3) 고장부분을 정비지침서 또는 관련 자료를 참고하여 수리하고 수리방법과 수리절차를 작성하시오.

수리방법	수리절차	확 인

[7] 감광식 룸램프 차량에서 도어를 연후 닫을 때 실내등이 즉시 소등되지 않고 서서히 소등되어야 하는데 실내등이 소등되지 않는다.

(1) 위 사항과 같은 고장증상이 발생되면 고장증상을 확인하고 고장증상에 대한 확인방법을 작성하시오.

고장증상	고장증상 확인방법	확 인

(2) 고장부위 고장원인 및 점검방법을 작성하시오.

고장부위	고장원인	점검방법	확 인

(3) 고장부분을 정비지침서 또는 관련 자료를 참고하여 수리하고 수리방법과 수리절차를 작성하시오.

수리방법	수리절차	확 인

편의장치 정비 자기진단 [1506030105_14v2]

진단영역	진 단 문 항	매우 미흡	미흡	보통	우수	매우 우수
편의장치 점검 · 진단 하기	1. 나는 정비지침서에 따라 편의장치를 점검할 수 있다.	①	②	③	④	⑤
	2. 나는 정비지침서에 따라 편의장치의 회로를 점검하여 고장원인을 분석할 수 있다.	①	②	③	④	⑤
	3. 나는 정비지침서에 따라 진단장비를 사용하여 편의장치의 고장요소를 판단할 수 있다.	①	②	③	④	⑤
편의장치 조정하기	1. 나는 정비지침서에 따라 편의장비를 선택할 수 있다.	①	②	③	④	⑤
	2. 나는 정비지침서에 따라 편의장치를 규정값으로 조정할 수 있다.	①	②	③	④	⑤
	3. 나는 정비지침서에 따라 편의장치를 조정할 수 있다.	①	②	③	④	⑤
편의장치 교환하기	1. 나는 부품들의 점검 · 진단 결과에 따라 교환 부품을 선정할 수 있다.	①	②	③	④	⑤
	2. 나는 정비지침서에 따라 편의장치의 탈거 · 조립절차 계획을 수립할 수 있다.	①	②	③	④	⑤
	3. 나는 편의장치 관련 부품들의 점검 · 진단 결과에 따라 부품을 교환할 수 있다.	①	②	③	④	⑤
편의장치 수리하기	1. 나는 정비지침서에 따라 편의장치회로도를 분석하여 고장요소를 수리할 수 있다.	①	②	③	④	⑤
	2. 나는 정비지침서에 따라 편의장치를 수리할 수 있다.	①	②	③	④	⑤
	3. 나는 정비지침서에 따라 편의장치를 수리하여 정상으로 작동되는지 확인할 수 있다.	①	②	③	④	⑤
편의장치 검사하기	1. 나는 정비지침서에 따른 작업결과에 대하여 진단장비를 이용하여 편의장치를 검사하고 이상유무를 판단할 수 있다.	①	②	③	④	⑤
	2. 나는 정비지침서에 따라 편의장치의 성능에 대한 검사를 할 수 있다.	①	②	③	④	⑤
	3. 나는 정비지침서에 따라 검사 후 진단수리 절차를 계획할 수 있다.	①	②	③	④	⑤

[진단결과]

진단영역	문항 수	점 수	점수 ÷ 문항 수
편의장치 점검 · 진단하기	3		
편의장치 조정하기	3		
편의장치 교환하기	3		
편의장치 수리하기	3		
편의장치 검사하기	3		
합 계	15		

☞ 자신의 점수를 문항 수로 나눈 값이 '3점' 이하에 해당하는 영역은 업무를 성공적으로 수행하는데 요구는 능력이 부족한 것으로 교육훈련이나 개인학습을 통한 개발이 필요함.

실험실습 보고서

<table>
<tr><td colspan="4">실험실습일지</td></tr>
<tr><td>과 목 명</td><td></td><td>학년- 반</td><td>-</td></tr>
<tr><td>학 번</td><td></td><td>성 명</td><td></td></tr>
<tr><td>실험실습
주 제</td><td colspan="3"></td></tr>
<tr><td colspan="4"></td></tr>
<tr><td>비 고</td><td colspan="3"></td></tr>
</table>

06 편의장치 정비

CHAPTER

Automotive Electric Electron Exercise

학습목표

편의장치 정비란 각종 편의장치의 정상적인 작동을 위하여 진단장비를 활용하여 전원 및 컨트롤 모듈을 점검하고 수리, 조정, 교환하는 능력이다.

1. 편의장치의 구조와 작동원리를 파악할 수 있다.
2. 정비지침서에 따라 편의장치를 파악하고 관련 장치의 작동상태를 확인할 수 있다.
3. 정비지침서에 따라 편의장치의 고장원인을 분석할 수 있다.
4. 제조사별 편의장치 종류에 따라 규정값을 기준으로 점검·진단을 할 수 있다.
5. 정비지침서에 따라 편의장치의 세부점검목록을 확인하여 고장원인을 파악할 수 있다.
6. 정비지침서에 따라 고장 진단장비를 사용하여 편의장치의 고장원인을 분석할 수 있다.
7. 편의장치 관련 부품의 조정을 위해 관련 장비 및 공구를 선택 및 사용할 수 있다.
8. 정비지침서에 따른 교환·수리 가능여부를 확인하고 교환 및 수리 후 정상 상태를 확인할 수 있다.
9. 센서 입·출력 데이터를 통한 고장진단을 할 수 있다.
10. 정비지침서에 따른 관련부품을 차량에서 탈·부착 순서에 맞게 교환할 수 있다.
11. 정비지침서에 따라 편의장치의 전기흐름을 파악하여 수리할 수 있다.

1 편의장치의 개요

자동차를 더 쾌적하고 편안하게, 그리고 편리하게 이용할 수 있게 다양한 편의장비들은 운전자와 탑승자의 안락성이나 편의성을 위한 것이지만, 보다 근본적으로는 운전 집중도를 높여서 사고를 예방하기 위한 예방안전에 기여한다고 볼 수 있다.

1.1. 계기판(instrumental panel)

교통안전을 도모하고 쾌적한 운전할 수 있도록 하기 위하여 운전 중인 차량상황을 알기 쉽도록 계기판에 계기를 부착한다. 주요 계기에는 속도계, 전류계(또는 충전경고등), 유압계(또는 유압경고등), 연료계, 수온계 등이 있으며, 그밖에 차량 종류에 따라서는 기관 회전속도계, 운행기록계 등이 있다.

그림 1. 계기판

차량에 사용되는 유압계, 연료계, 온도계 등 대부분이 전기로 작동되며, 계기부분과 유닛부분으로 구성되어 있다.

1.1.1. 디스플레이장치

디스플레이(display, 표시)장치는 전자장치 중에서 가장 중요한 구성요소의 하나이며, 차량의 전자장치의 디스플레이는 측정결과를 운전자에게 읽기 쉽고 알기 쉬운 형태로 표시하여야 한다. 초기 차량의 디스플레이는 전기-기계적이었다. 즉, 속도계, 전류계 및 연료계 등이 형식의 것이다. 그 후 제작비 절감을 위해서도 계기 대신에 경고등을 쓰기 시작하게 되었고 경고등은 일종의 전기-광(光)방식의 디스플레이라 생각할 수 있다.

[1] 발광 다이오드(LED : light emission diode)

발광 다이오드는 전류가 흐르면 빛을 내도록 된 물질로 만들어진 반도체이다. 발광다이오드 표시기는 작은 도트 또는 장방형의 세그먼트를 늘어놓는 것으로 구성되어 있다. 도트(dot)나 세그먼트(segment)를 임의로 점멸하는 것에 의해 숫자나 문자가 형성된다.

[2] 액정표시(LCD : liquid crystal display)

LCD는 두 편광 필터사이에 위치한 액체 결정 물질로 만들어진다. 액정표시의 알맹이는 회전 네마틱 액정이라고 하는 특수한 액체이다. 전기가 LCD에 적용되면 전기장이 분자의 꼬임을 발생시키는데, 첫 번째 필터를 통과할 때 액체 결정 주위를 순환하며 두 번째 필터를 통과하면 반사 화면에 광점을 생성한다. 전기장이 없을 때에는 분자가 꼬이지 않아 빛이 통과할 수 없기 때문에 화면에 어두운 점이 발생한다.

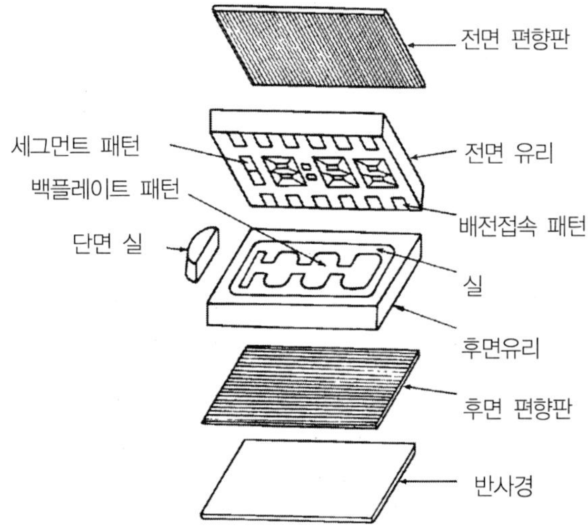

그림 2. 액정 표시(LCD)의 구성

각종장치에서 발생하는 여러 가지 전기적인 정보를 시각정보로 변화시켜 전달하는 전기소자이다. 자기발광성이 없어 후광이 필요하지만 소비전력이 적고 휴대용으로 편리해 널리 사용하는 평판 디스플레이이다.

[3] 형광 디스플레이(VFD)

차량의 디스플레이장치에 폭넓게 쓰이는 것으로 형광 디스플레이(VFD)가 있다. 이 디스플레이의 원리는 형광물질에 전자빔을 투사 충돌시킴으로써 발광한다. 이 디스플레이 속에는 필라멘트가 있고 이 필라멘트는 가열되면 자유전자를 방출하는 물질로 코팅되어 있다. 방출된 자유전자는 비교적 높은 전압으로 가속되어 애노드(anode : 양극)를 향해 튄다.

전자가 애노드에 닿으면 여기에 코팅된 형광물질이 발광하며 대부분의 형광 디스플레이에 쓰이는 형광물질은 청록색의 빛을 발생한다. 그 색깔과 빛의 양은 차량용으로 폭넓은 사용 환경 아래에서 양호한 시인성능을 갖는다.

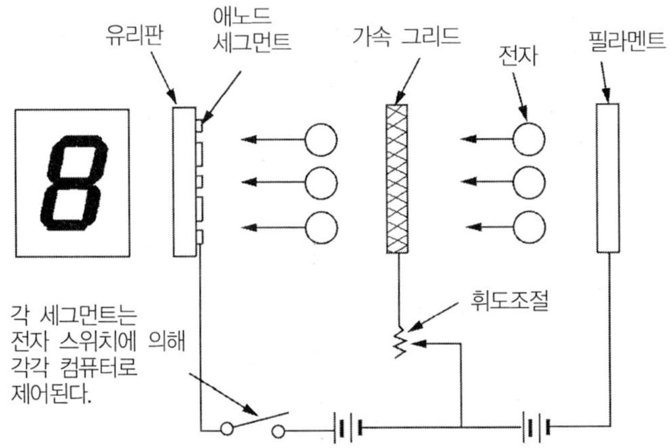

그림 3. 형광 디스플레이의 원리

1.1.2. 트립 정보 컴퓨터

차량의 전자장치 중 가장 널리 알려진 것으로 트립 정보장치가 있다. 이 장치는 대단히 많은 기능을 가지고 있으며 다음과 같은 유용한 정보를 표시할 수 있다.

① 현재 연료소비율 ② 평균 연료소비율
③ 평균 주행속도 ④ 현재 위치(전 여행거리에 대한)
⑤ 현재까지의 여행시간 ⑥ 연료 보유량
⑦ 주행 가능거리 ⑧ 도착 예상시간
⑨ 현재 시각 ⑩ 기관 회전속도
⑪ 기관 냉각수 온도 ⑫ 주행거리 당 평균 연료비용

1.2. IMS(Integrated memory system)

운전자 자신이 설정한 최적의 시트(seat)위치를 메모리 스위치(memory switch)와 포지션 센서(position sensor)에 의해 컴퓨터에 기억시켜 시트위치가 변화하여도 1회의 스위치 조작으로 자신이 설정한 시트위치로 재생시킬 수 있는 기능으로 운전자가 편안한 운전자세를 유지할 수 있도록 해주는 운전석 파워시트(power seat) 기억장치를 IMS라 한다.

1.2.1. 메모리 파워시트(memory power seat)

[1] 메모리 파워시트 구성도

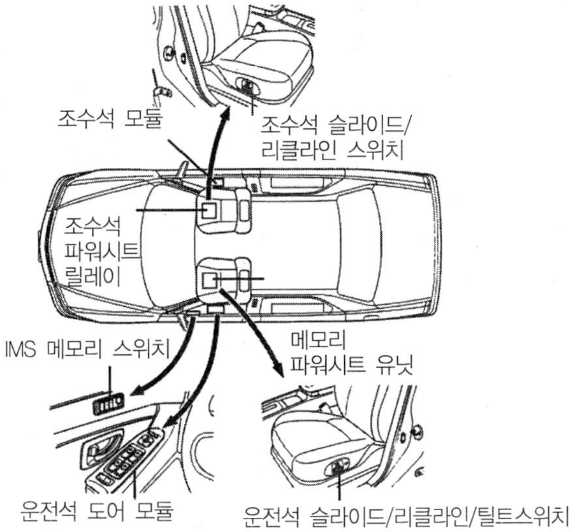

그림 4. 메모리 파워시트 구성도

[2] 입 · 출력 다이어그램

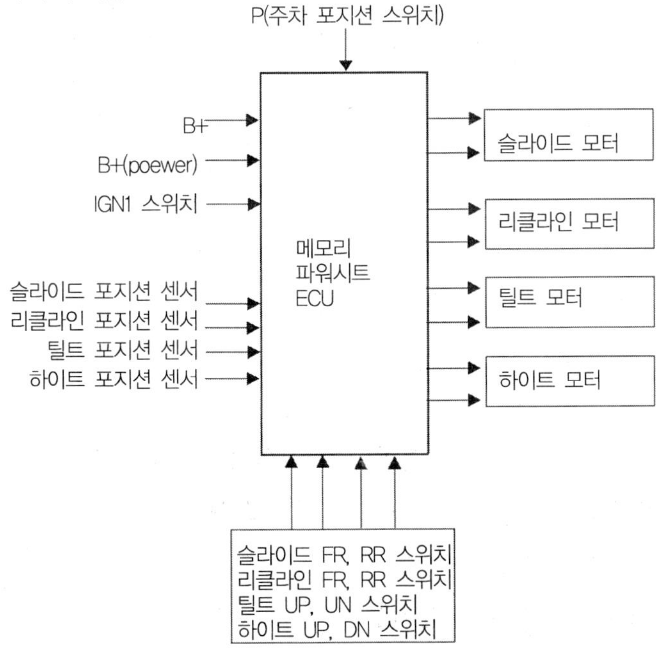

그림 5. 입 · 출력 다이어그램

[3] 메모리 파워시트의 기능

(1) 메모리스위치

① 슬라이드스위치 : 시트를 앞쪽 또는 뒤쪽으로 이동시켜 주는 스위치

② 리클라인스위치 : 시트 백(seat back)을 앞쪽 또는 뒤쪽으로 기울려 주는 스위치

③ 틸트스위치 : 시트 앞쪽의 상하위치를 조정하기 위한 스위치

④ 하이트스위치 : 시트 뒤쪽의 상하위치를 조정하기 위한 스위치

(2) 포지션 센서

포지션 센서는 시트의 슬라이드, 리클라인, 상하위치의 이동량을 감지하기 위한 가변 저항방식이다.

(3) 속도센서

속도센서는 주행속도 3km/h 이상에서 작동되는 것을 방지하기 위하여 차량의 주행상태를 감지하는 것이다.

(4) "P" 포지션 센서

"P" 포지션 센서는 자동변속기의 주차(parking)에서는 자동 조정을 금지하기 위하여 주차상태를 감지하는 것이다.

(5) 메모리 스위치

① 위치 스위치 1, 2 : 운전자가 설정한 시트, 조향 휠, 밀러의 위치를 기억하거나 재생하는 스위치

② 메모리 스위치 : 운전자가 설정한 시트, 조향핸들, 밀러의 위치를 기억하기 위한 스위치

③ 오토(auto)스위치 : 승차 및 하차 연동작동을 허가 또는 금지하는 모드로 전환하는 스위치이며, 허가모드와 금지모드를 반복적으로 조작할 수 있다.

㉮ auto ON : 승하차 연동제어 가능

㉯ auto OFF : 승하차 연동제어 불가능

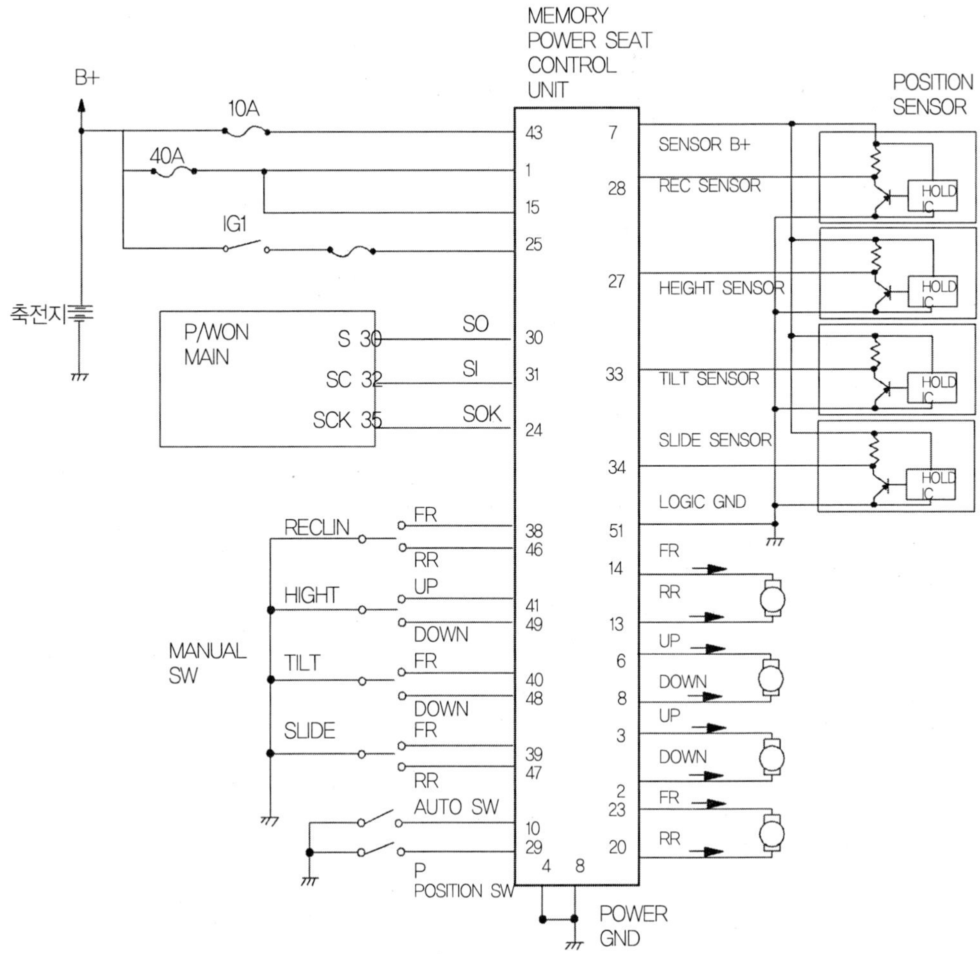

그림 6. 메모리 파워시트 ECU회로

1.2.2. 룸미러 · 전동 틸트 및 텔레스코프

[1] 룸미러 · 전동 틸트 및 텔레스코프의 개요

운전자 자신이 설정한 최적의 룸미러 및 조향핸들의 위치를 메모리 스위치와 포지션 센서에 의해 컴퓨터(ECU)에 기억시켜 미러 및 조향핸들 위치가 변화하여도 1번에 자신이 설정한 위치로 재생시킬 수 있다. 그리고 안전상 주행상태에서의 재생 작동을 금지하는 재생 작동금지 기능이 있다.

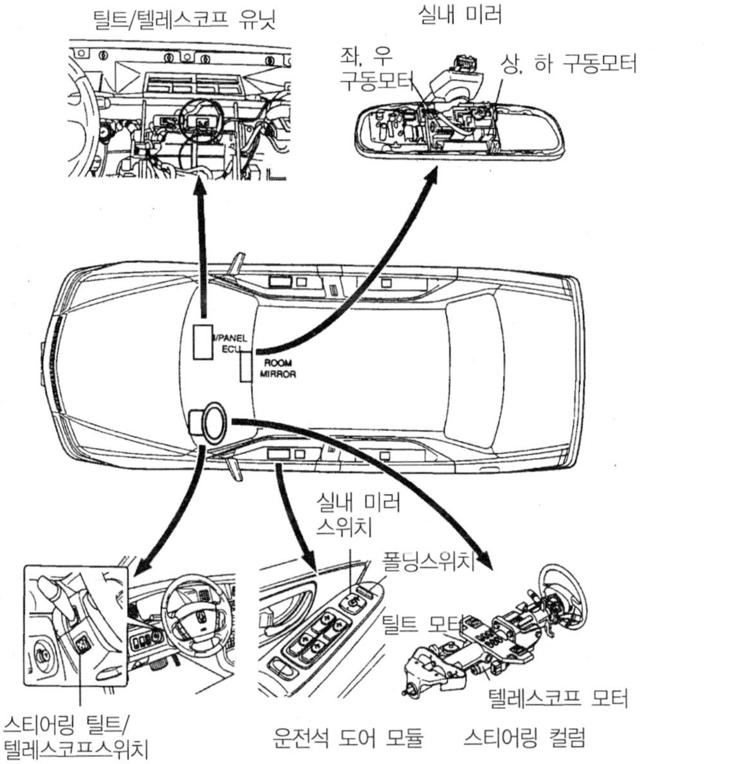

그림 7. 룸미러 · 전동 틸트 및 텔레스코프의 구성도

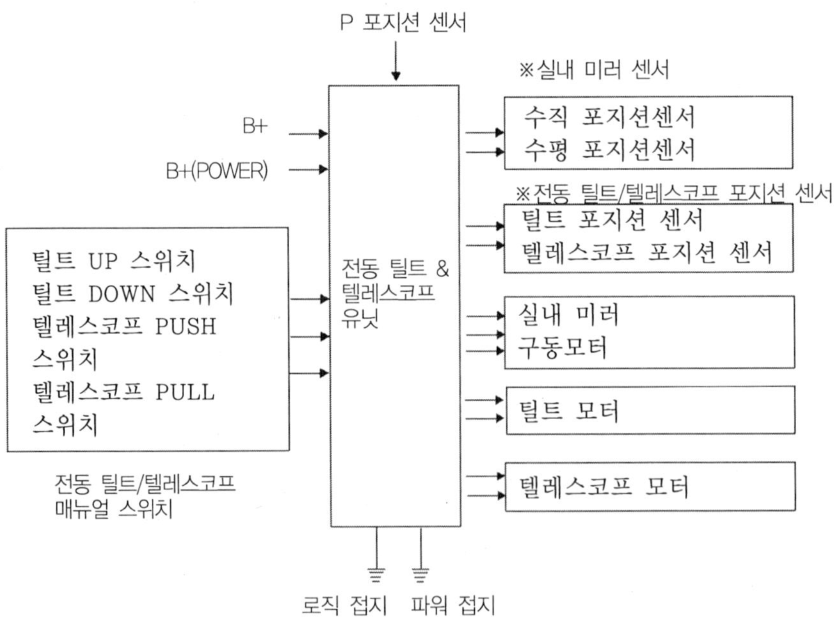

그림 8. 입 · 출력 다이어그램

[2] 룸미러 · 전동 틸트 및 텔레스코프의 기능 및 제어

(1) 룸미러 · 전동 틸트 및 텔레스코프의 기능

1) 입력기능

① 틸트 수동스위치(Tilt manual switch) : 조향핸들을 상하방향으로 조정하기 위한 스위치

② 텔레스코프 수동스위치(Telescope manual switch) : 조향핸들을 앞 뒤 방향으로 조정하기 위한 스위치

③ 틸트 포지션 센서(Tilt position sensor) : 조향핸들의 틸트위치를 감지하기 위한 센서

④ 텔레스코프 포지션 센서(Telescope position sensor) : 조향핸들의 텔레스코프 위치를 감지하기 위한 센서

2) 작동특성

틸트 및 텔레스코프 포지션 센서는 가변 저항방식으로 틸트 포지션 센서는 위쪽으로 이동시킬 경우에는 저항값이 낮고, 아래쪽으로 이동시킬 때에는 저항값이 높다. 그리고 텔레스코프 포지션 센서는 뒤쪽으로 이동시킬 때 저항 값이 낮고, 앞쪽으로 이동시킬 때에는 저항값이 높다.

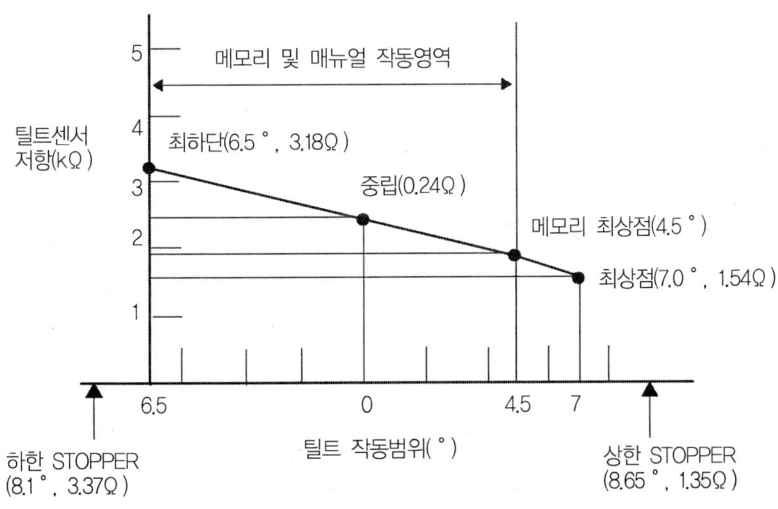

그림 9. 틸트 포지션 센서의 특징

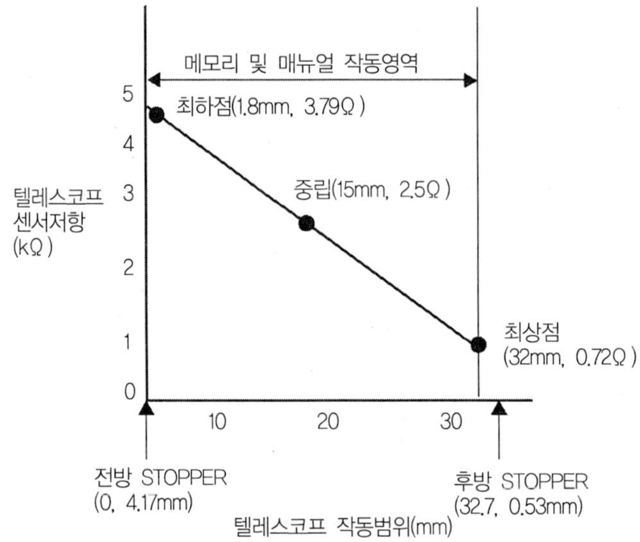

그림 10. 텔레스코프 포지션센서의 특징

(2) 룸미러·전동 틸트 및 텔레스코프의 제어

1) 수동작동

수동스위치에 의하여 룸미러의 상하·좌우 및 조향핸들의 상하 각도와 앞뒤의 길이를 제어할 수 있다.

2) 재생작동

① 메모리의 기억작동 : 점화스위치 ON과 동시에 수동스위치가 모두 OFF인 경우 룸미러 및 조향핸들의 위치를 기억한다.

② 룸미러 메모리 재생제어

㉮ 시야 범위의 결정 : 시야 범위는 미러 단품에서 기계적으로 제한을 받지 않는 미러 제어범위 또는 센서특성에 영향을 주지 않는 미러 제어범위를 말한다.

제어방향	제어 범위
수직방향	25.5～32.0° (1.5～3.5V)
수평방향	0～5.0° (1.5～3.5V)

㉯ 록(lock) 검출 : 록을 검출하기 위해 타이머를 사용하여 모터 구동시간을 감시한다.

㉰ 모터 구동시간 감시 : 구동방향마다 각각 같은 방향으로 구동시간을 감시한다. 같은 방향으로 구동이 20초를 경과하는 경우 모터 출력을 정지시키고 재생제어를 완료한다.

㉱ 재생 실행시간 감시 : 재생제어 시작으로부터 40초 이내에 재생작동이 완료되지 않을 경우 모터의 출력을 정지시키고 재생제어를 완료한다.

③ 틸트·텔레스코프 재생제어 : 점화스위치 ON과 동시에 수동스위치 모두가 OFF인 경우 직렬통신 데이터로부터 위치 재생신호를 수신하면 기억된 틸트 및 텔레스코프 위치에 조향핸들을 자동으로 조정한다.

3) 승·하차 연동제어

① 승·하차 연동작동 : IMS 컴퓨터에서 승·하차 연동 후퇴신호가 발생하면 틸트 위치를 위쪽으로 하고 텔레스코프 위치를 앞쪽상태로 자동 조정한다.

② 승·하차 연동조건

㉮ 틸트 위쪽위치, 텔레스코프 앞쪽위치는 원칙적으로 각 포지션 센서 특징의 "위쪽" 제한위치와 "앞쪽" 제한위치에 있지만 포지션 센서가 고정난 경우 백업처리로서 모터 작동시간에 의한 자동 정지처리를 실시한다.

㉯ 승·하차 연동작동 중에 직렬통신 데이터로부터 자동조정 금지 또는 수동스위치가 ON으로 된 경우에는 승·하차 연동작동을 중지한다.

4) 그 밖의 제어

① 반전구동 : 구동 중에 전동기를 반대방향으로 구동하는 경우에는 순방향 릴레이를 OFF하고 나서 50m/sec 이후에 반대방향의 릴레이를 구동한다.

② 틸트 및 텔리스코프 동시작동 : 틸트와 텔레스코프를 동시에 구동하는 경우에는 틸트 작동시작으로부터 50m/secgn에 텔레스코프 작동을 시작한다.

③ 위치제어 : 각 모터의 위치 변화량을 포지션 센서로 항상 감시한다. 위치의 기억은 실행명령이 기억명령인 경우에 실행한다. 위치 재생은 재생 실행명령인 경우 기억위치 데이터와 현재 데이터와의 차이가 0으로 될 때까지 실행한다. 위치의 수동제어는 수동 제어입력을 받아 실행하며 기억, 재생제어에 우선한다.

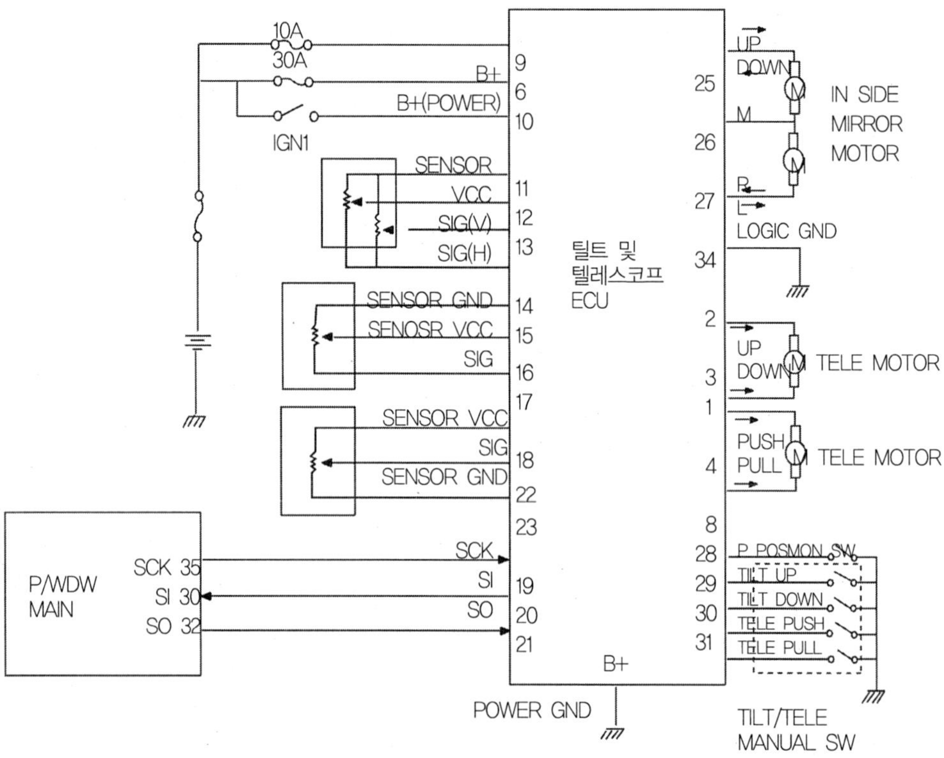

그림 11. 틸트 및 텔레스코프 컴퓨터 회로

1.3. 음성 경보장치(VAS : Voice alarm system)

1.3.1. 음성 경보(VAS)장치의 개요

음성 경보장치(VAS : voice alarm system)는 운전자의 안전과 편의를 돕기 위하여 차량의 상태를 운전자에게 음성 메시지(message)로 알려줌으로서 차량 운행의 안전성을 추구하는 장치이다.

1.3.2. 음성 경보장치(VAS)의 작동원리

음성 경보장치는 차량신호를 종합경보장치로부터 수신하여 음성 출력하는 것이다.

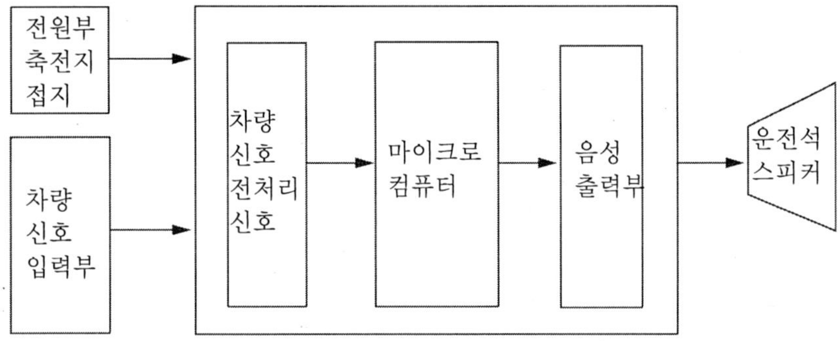

그림 12. 음성 경보장치의 입·출력도

1.3.3. 음성 경보장치(VAS)의 기능

[1] 도어 열림경보

① 기관시동(AC발전기 L단자 입력) 직후 도어상태를 점검하여 도어가 열려 있으면 우선순위에 따라서 경보 문을 1회 출력한다(차량 정지상태).

② 차량이 주행할 때 도어상태를 점검하여 도어가 열려 있으면 우선순위에 따라서 경보 문을 1회 출력한다.

③ 경보주기는 차량이 주행할 때 30(±2)초 간격으로 도어상태를 점검하여 도어가 열려 있으면 경보문을 1회 출력한다.

④ 도어가 닫혔다가 다시 열렸을 때는 30(±2)초 전이라도 경보 문을 출력한다.

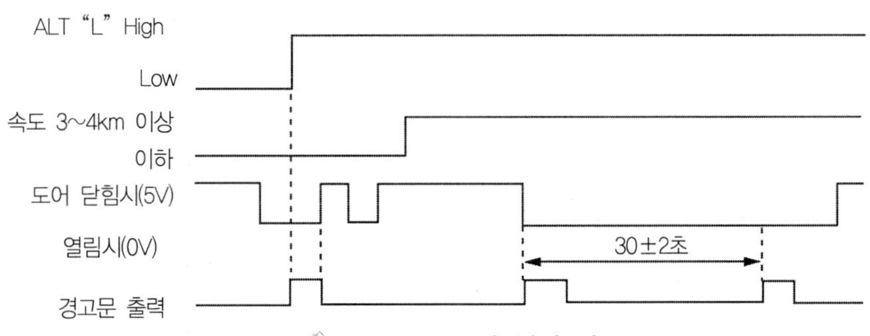

그림 13. 도어 열림 경고

[2] 주차 브레이크 경보

① 경보조건은 주행속도가 3~4Km/h 이상일 때 주차 브레이크가 잠겨져 있는 경우 경고문을 1회 출력한다.

② 경보주기는 차량 주행 중 30(±2)초 간격으로 주차 브레이크를 점검하여 잠겨져 있는 경우 다시 경고한다.

③ 주차 브레이크가 풀렸다가 다시 잠기게 될 경우 30(±2)초 이전이라도 경보 문을 출력한다.

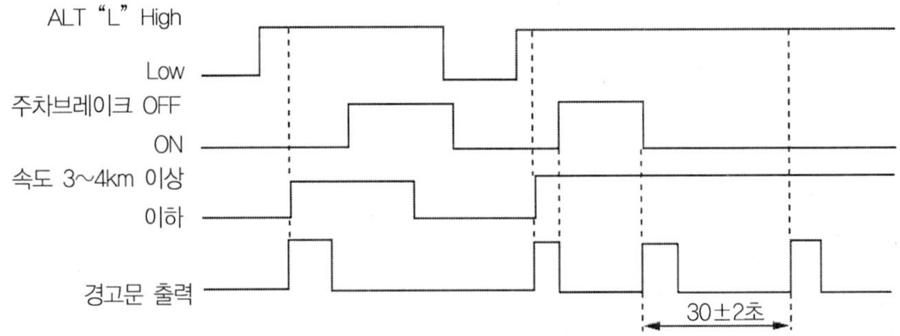

그림 14. 주차 브레이크의 경고 주기

[3] 트렁크 열림경보

경보조건은 기관 시동직후 트렁크 상태를 점검하여 트렁크가 열려 있으면 우선순위에 따라서 경보 문을 1회 출력한다. 그리고 차량이 주행할 때도 트렁크 상태를 점검하여 트렁크가 열려 있으면 우선순위에 따라서 경보 문을 1회 출력한다. 경보주기는 차량이 주행할 때 30(±2)초 간격으로 트렁크상태를 점검하여 트렁크가 열려 있으면 경보 문을 1회 출력하며 트렁크가 닫혔다가 열렸을 때는 30(±2)초 전이라도 경보 문을 출력한다.

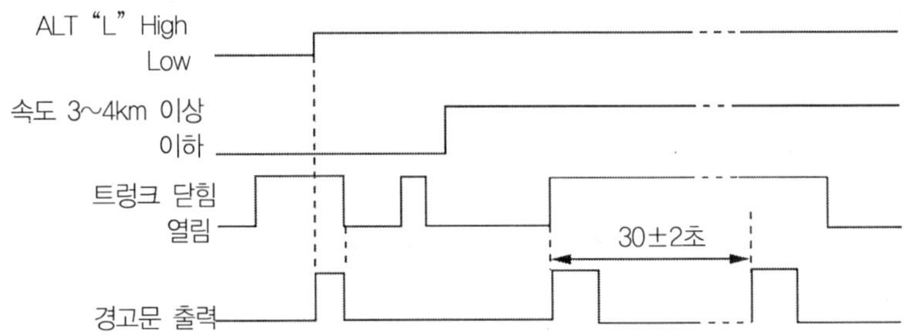

그림 15. 트렁크 열림 경보

[4] 상향등(High bean) 경보

경보조건은 점화스위치가 ON상태이고, 상향등 경고등 ON후 5분(±5초) 동안 계속 하이 빔이 켜져 있는 경우 경고문을 1회 출력한다. 경보주기는 상향등 ON후 5분(±5초)주기로 점검하여 상향등이 켜져 있는 경우 경고문을 1회 출력한다.

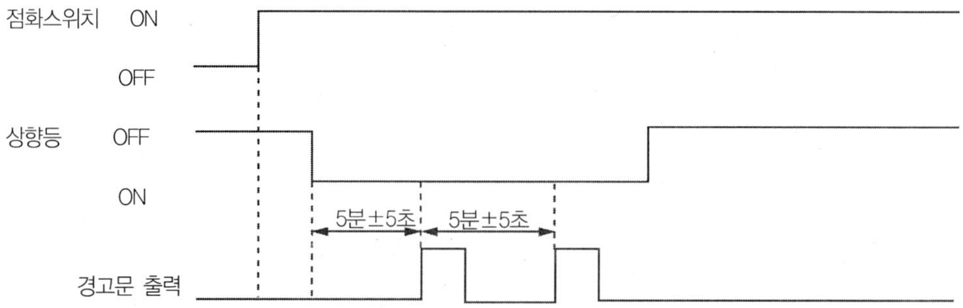

그림 16. 상향등 경보

[5] 연료 보유량 경보

경보조건은 기관 시동 후 연료 보유량 부족 경고등이 점등하면 경고문을 1회 출력한다. 경보주기는 10분(±5초)마다 경고문을 출력하며 고장조치 후 다시 고장 상황이 발생되면 10분 이전이라도 경보한다.

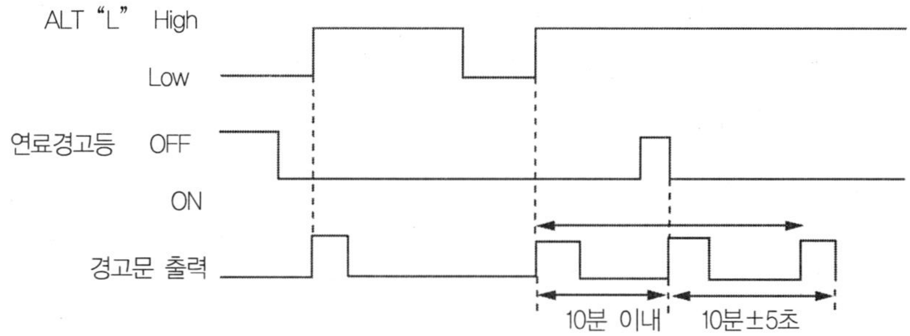

그림 17. 연료 보유량 경보

[6] 기관오일 경보

경보조건은 기관 시동 후 기관오일 경고등 점등하면 경고문을 1회 출력한다. 경보주기는 5분(±5초)마다 경고문을 출력한다. 고장조치 후 다시 고장 상황이 발생하면 5분 이전이라도 경보를 발생한다.

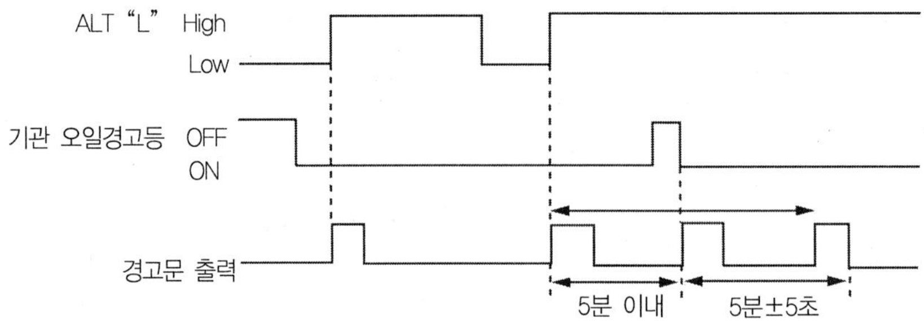

그림 18. 기관오일 경보

[7] 시트벨트(안전띠) 경보

경보조건은 기관 시동 후 주행속도가 1Km/h 이상일 경우 경고문을 1회 출력하고 재시동 이전에는 출력이 없다.

[8] 축전지 방전 경보

경보조건은 기관 시동 후 AC발전기 L단자 전압이 9.5V(±0.5) 이하로 3초를 경과하면 경고문을 1회 출력한다. 경보주기는 경보 출력 후 5분(±5초)간격으로 신호를 점검하여 고장 경고문을 1회 출력한다.

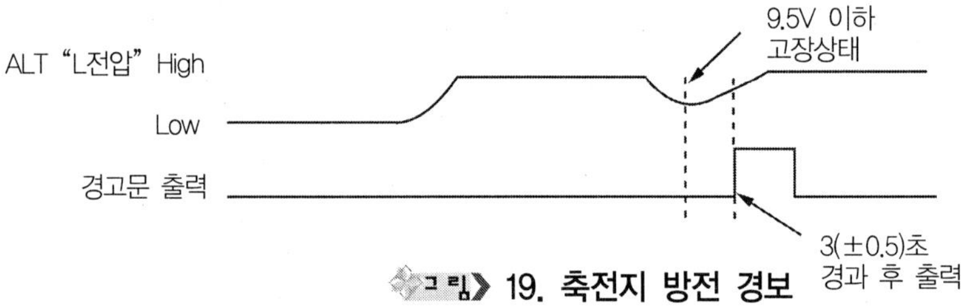

그림 19. 축전지 방전 경보

[9] 점화스위치(키) 회수 경보기능

경보기능은 점화스위치 ON상태에서 차량의 주행속도가 3~4km/h 이하의 경우 점화 스위치가 꽂혀 있는 상태에서 운전석 쪽 도어를 열었을 경우 1회 출력한다. 또한 점화 스위치 OFF이후 30(±2)초 이내에 경고조건이 발생하면 경고문을 1회 출력한다.

슬립(sleep)조건은 점화스위치 OFF 이후 30(±2)초를 경과하면 슬립모드에 들어가며 30초 이내라도 점화스위치를 빼면 슬립모드로 들어간다.

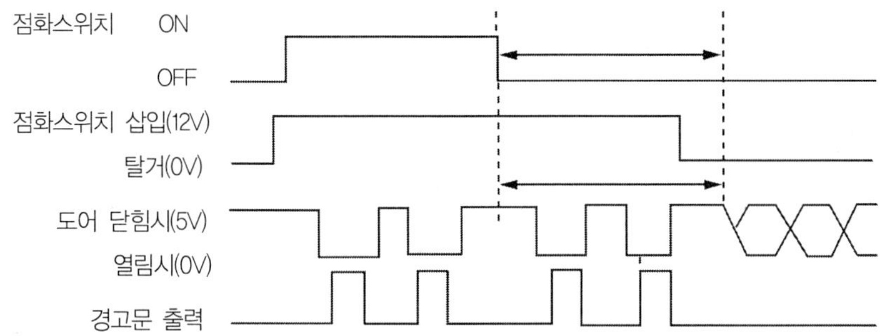

그림 20. 점화스위치(키) 회수 경보기능 슬립 조건

[10] 스피커 입력

오디오/비디오 또는 오디오 운전석(FL) 스피커 출력 선을 음성경보 유닛으로 입력시켜 경고조건이 없을 때에는 바이패스(bypass)시키고, 경보조건일 경우는 릴레이로 스위칭하여 경보 메시지를 운전석(FL) 스피커로 출력시킨다.

1.3.4. 음성 경보장치의 출력사양

[1] 스피커 출력

운전석(FL) 스피커로 경보조건이 발생하면 음성으로 경보음을 송출한다.

[2] 리모트 출력

오디오/비디오 또는 오디오가 동작 중일 경우는 리모트 출력(12V)을 통과시킴으로 스피커 구동에 문제가 없으나, 오디오/비디오 또는 오디오를 사용하지 않을 때는 VAS 유닛에서 리모트 신호를 발생시킨다. 단, VAS 유닛 출력 리모트 신호는 5(±5)V이다.

[3] 스위치 인디케이터

차량의 상태에 따라서 경보기를 해제 또는 설정해 줄 필요가 있다. 스위치에 인디케이터 램프를 설치하여 경보기의 상태를 운전자에게 알려준다. 경보기를 설정할 때 램프 ON, 해제할 때 등에는 램프가 OFF된다.

1.3.5. 음성 경보장치의 경보문

음성 경보장치의 기능과 경보문은 아래 표와 같다.

[음성 경보장치의 기능과 경보문]

NO.	기 능	상세내역	경 보 문	우선순위
1	도어 열림	FL	운전석 문이 열려 있습니다.	1
		FR	조수석 문이 열려 있습니다.	2
		RL	뒤좌석 왼쪽 문이 열려 있습니다.	3
		RR	뒤좌석 오른쪽 문이 열려 있습니다.	4
2	시트벨트 착용		안전벨트를 착용하셨습니까?	
3	주차브레이크 잠김		주차 브레이크가 잠겨 있습니다.	5
4	기관오일		기관오일을 점검하십시오.	6
5	연료부족		연료가 부족합니다.	7
6	트렁크 열림	트렁크	트렁크가 열려 있습니다.	8
7	축전지 방전		축전지가 방전되고 있습니다.	9
8	상향등 작동		상향등이 켜져 있습니다.	10
9	점화스위치(키) 회수		키가 꽂혀 있습니다.	11

1.4. 종합 경보장치(ETACS)

1.4.1. 종합 경보장치의 개요

ETACS는 electronic time alarm control system의 머리글자를 하나씩 따서 만들어진 합성어이며 이 합성어를 소리 나는 대로 읽으면 에탁스라는 말이 된다. 이 단어들을 그대로 풀이하면 전자(electronic), 시간(time), 경보(alarm), 제어(control), 장치(system)란 뜻이 되며, 여기서 알 수 있듯이 차량 전기장치 중 시간에 의하여 동작하는 장치 또는 경보를 발생시켜 운전자에게 알려주는 통합장치라 할 수 있다.

그림 21. ETACS의 역할

[종합 경보장치의 종류 및 기능]

종 류	경보 및 제어기능	세부 제어기능
ETWIS (electronic time warning indicated system)	점화스위치 관련 정보기능	① 점화스위치 회수 잊음 및 도어 록 해제 기능 ② 점화스위치 키 홀 조명기능(약 10~20초)
	도어 록 및 도어 열림 경보 기능	① 일정속도(약 20km/h) 이상 주행할 때 자동도어 록 작동 기능 ② 주행할 때 도어 열림 상태 경보
	안전띠 미착용 경보	안전띠 미착용 경보(약 10초)
CPU (central processing unit)	전조등, 실내등 제어기능	① 전조등 ON, 점화스위치 OFF 후 도어 열었을 때 경보 ② 도어 스위치와 연계, 일정시간(약 5초) 조명 후 서서히 감광기능
	와이퍼 와셔 제어기능	와이퍼를 작동할 때 와셔 연동 기능
	파워 윈도 제어기능	점화스위치 OFF 후 일정시간(약 1분) 작동 지연기능
	뒤 유리 열선 제어기능	열선 시간(10~30분) 작동기능
DECS (daewoo electronic control system)	점화스위치 회수 경보 기능	점화스위치 회수 잊음 경보기능
	안전띠 미착용 기능	안전띠 미착용 경보(약 10초)
	전조등 소등 경보	전조등 ON, 점화스위치 OFF 후 도어를 열 때 경보기능
	와이퍼 작동시간 제어	와이퍼 간헐 제어기능

종 류	경보 및 제어기능	세부 제어기능
ICU (integrated control unit)	파워 윈도 시간 제어	파워 윈도 작동 지연기능
	뒤 유리 열선시간 제어	열선시간(약 20분) 작동 제어
ETACS (electronic time & alarm control system)	점화스위치 관련 정보기능	점화스위치 회수 잊음 및 키홀 조명기능
	도어 열림 경보기능	주행 중 도어 열림 경보기능
	시트벨트 경보기능	안전띠 미착용 경보(약 10초)
	와셔 연동 와이퍼 제어기능	와이퍼와 와셔 연동 제어기능
	실내등 감광기능	실내등 약 5초간 감광 기능
	파워 윈도 제어기능	점화스위치 OFF 후 파워 윈도 작동기능
	도어 록 제어기능	중앙 집중방식 도어 록 제어기능
	열선 타이머 제어기능	뒤 유리 및 외부 밀러 열선 작동시간 제어
	트렁크 및 후드 제어기능	트렁크 및 후드 열림 제어
	키 리스 엔트리 기능	점화스위치를 사용하지 않고 도어 록을 제어

1.4.2. 종합 경보장치의 기능 및 작동조건

[종합 경보장치의 입 · 출력 다이어그램]

입력요소		제어요소		출력요소
·와이퍼, 와셔 스위치 ·뒤 유리 열선 ·시트벨트 스위치 ·각종 도어스위치 ·차속 센서 ·미등 스위치 ·AC 발전기 L 단자 ·트렁크 열림 스위치 ·점화스위치 삽입 스위치 ·파워 윈도우 스위치	➡	ETACS ECU	➡	·와셔 연동와이퍼 ·뒤 유리 열선 타이머 ·시트벨트 경고 ·감광 실내등 ·점화스위치 키 홀 조명 ·파워 윈도우 타이머 ·도어 열림 차임벨 ·속도감응 간헐와이퍼 ·램프 자동 소등 ·도난 경보 릴레이 ·점화스위치 OFF후 도어언록

[1] 와셔 연동 와이퍼 제어

점화스위치를 ON으로 한 후 와셔스위치를 작동하면 와셔액에 나오며 0.6초 후에 와이퍼가 작동하고 와셔스위치를 OFF로 하면 약 2.5~3.8초 후에 와이퍼 모터가 정지한다.

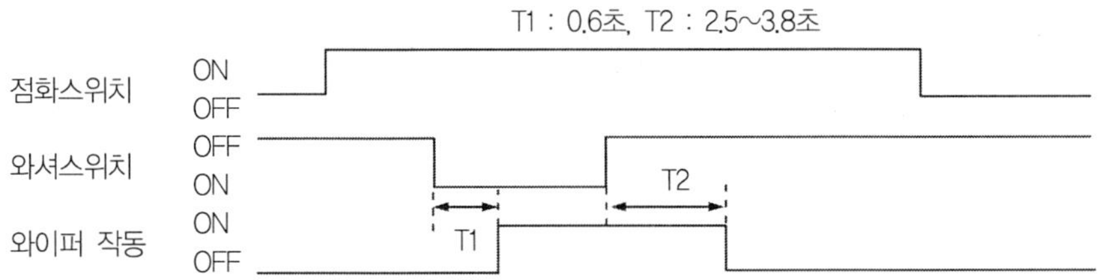

그림 22. 와셔 연동 와이퍼 작동

[2] 간헐 와이퍼 제어기능

와이퍼 스위치를 간헐(INT)에 놓으면 1~13초 사이에서 간헐적으로 작동되며 약 0.6초 뒤에 와이퍼 모터 작동출력이 1초 단위로 발생한다. 간헐 와이퍼 작동속도 조정을 위해서는 볼륨 손잡이를 돌려야 하며 또 주행속도가 증가하면서 간헐주기가 주행속도에 비례하여 응답하는 차속 간헐와이퍼와 빗물의 굵기 정도에 따라 작동되는 레인센서 와이퍼기능도 있다. 그리고 간헐(INT) 와이퍼작동 중에 와셔 스위치를 0.6초 이상 ON하면 와셔 연동와이퍼 출력을 행하여 와이퍼가 작동된다. 그러나 와셔스위치 ON시간이 0.2~0.6초로 짧으면 와이퍼작동을 1회만 작동시킨다.

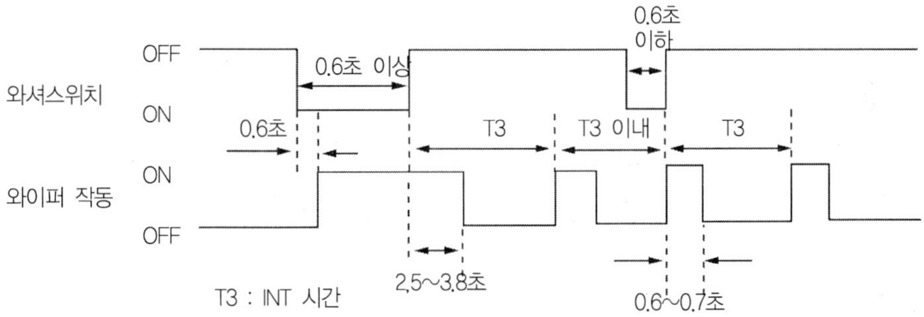

그림 23. 간헐와이퍼를 작동할 때 와셔 연동 와이퍼 작동

[3] 열선 타이머제어(외부 밀러 열선제어 포함)

① AC 발전기 "L" 단자 ON 후 열선스위치를 ON하면 열선이 약 15분간 작동된다.

② 열선스위치는 원터치 방식이기 때문에 열선 출력 중 다시 열선스위치를 ON시킬 경우 열선작동은 정지된다.

③ 열선 출력 중 점화스위치를 OFF할 경우에도 열선작동은 정지된다.

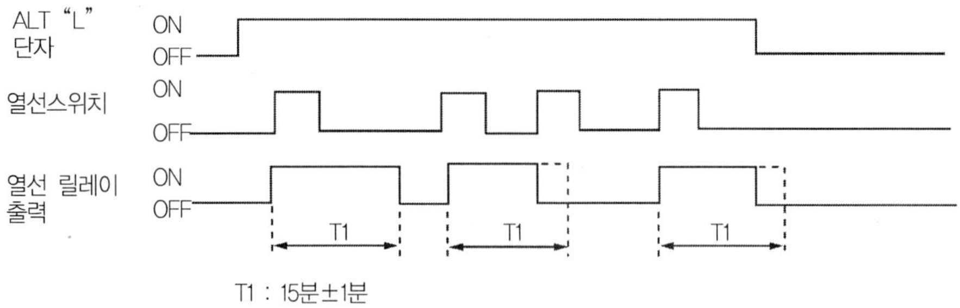

그림 24. 열선 타이머제어

[4] 안전벨트 경고제어(seat belt warning control)

① 점화스위치를 ON으로 하면 종합 경보장치는 안전벨트 경고램프를 0.6초 주기로 차임벨은 0.9초 주기로 듀티율이 50%로 6초간 경고등을 작동한다.

② 6초 이내에 점화스위치는 OFF했을 때 경고램프와 차임벨은 정지된다.

③ 6초 이내에 안전벨트 스위치가 OFF되면 즉, 안전벨트를 착용했을 때 차임벨은 즉시 멈추고 계기판의 안전벨트 경고램프는 잔여시간 동안 점등 후 소등된다.

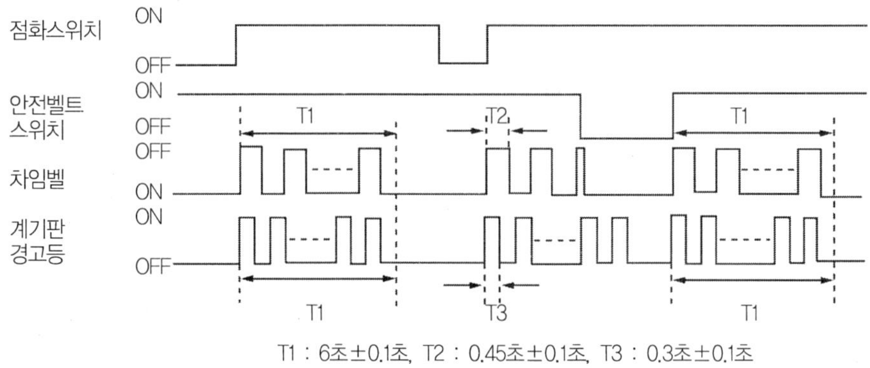

그림 25. 안전벨트 경고 제어

[5] 감광 실내등 제어

① 도어가 열리면 도어스위치가 ON되고, 실내등이 점등된다.

② 실내등 점등상태에서 도어가 닫히면 도어 스위치는 OFF되고, 즉시 75% 정도 서서히 감광하여 5~6초 후에 소등된다.

③ 감광 동작 중 점화스위치를 ON시키면 실내등은 즉시 꺼지게 된다.

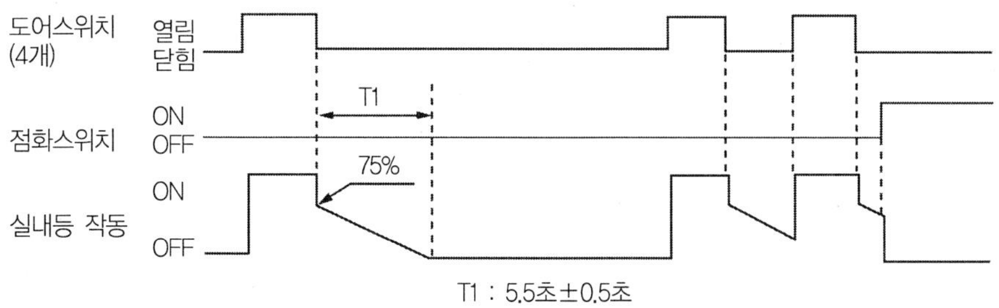

그림 26. 감광 실내등 제어

[6] 점화스위치 키 홀 조명

① 점화스위치를 OFF한 상태에서 운전석 도어를 열면 키 홀에 조명등이 작동된다.

② 키 홀 조명이 작동된 상태에서 운전석 도어를 닫으면 10초간 키 홀 조명 후 소등된다.

③ 상기 ①, ② 작동 중 점화스위치를 ON하면 즉시 키 홀 조명을 OFF시킨다.

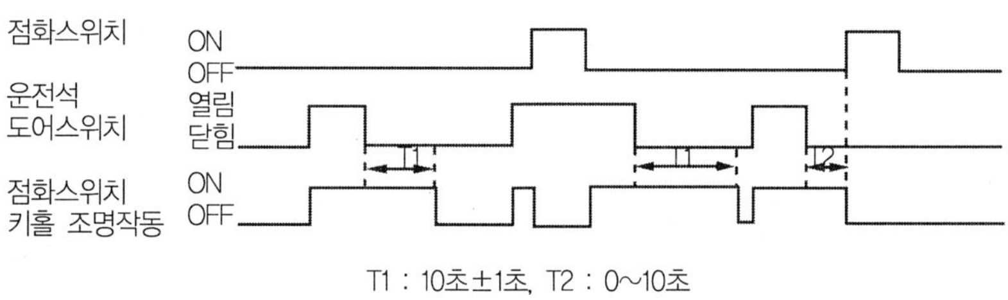

그림 27. 점화스위치 키 홀 조명 제어

[7] 파워 윈도우 제어

① 점화스위치를 ON하면 파워 윈도우 릴레이에 출력을 보낸다.

② 점화스위치를 OFF하면 파워 윈도우 릴레이 출력을 30초간 유지하여 점화스위치를 빼낸 후에도 파워 윈도우를 작동시킬 수 있다.

③ 상기 조건 내에서 운전석 도어 또는 조수석 도어를 열면 파워 윈도우 릴레이 출력을 30초간 연장한다.

④ 작동 중 운전석 도어 또는 조수석 도어를 닫을 경우 파워 윈도우 릴레이 출력을 즉시 정지시킨다.

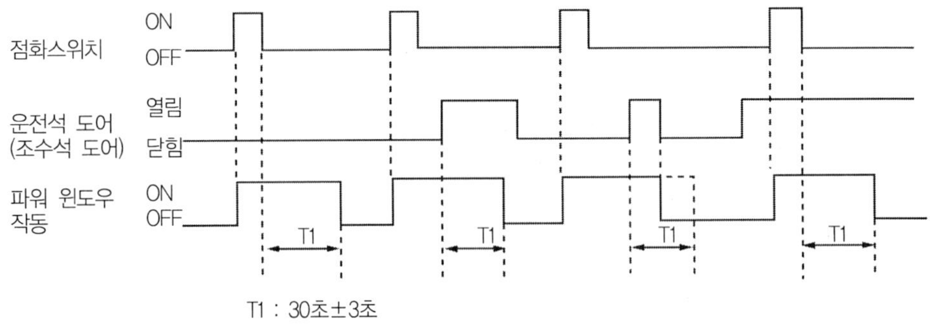

그림 28. 파워 윈도우 제어

[8] 주행속도 감응형 간헐 와이퍼 제어

차속센서 신호를 입력받아 주행속도의 변화에 따라 간헐 와이퍼의 간헐시간을 제어하여 주행 중 빗물의 제어를 정확히 제어한다. 그리고 주행 중 와이퍼 스위치를 간헐(INT) 상태에 두고 주행하면 주행속도에 따라 간헐시간을 연산하여 와이퍼 작동시간을 변화시킨다.

[9] 도어 록 제어(door lock control)

(1) 자동 도어 록 제어

① 점화스위치 ON에서 주행속도 40Km/h 이상의 상태를 2~3초 이상 계속 유지하고 전체 도어 중 하나라도 언록(unlock, 해제)상태일 경우 모든 도어를 록 시킨다.

② 40Km/h 이상으로 주행 중 언록(unlock) 조작을 하여도 자동적으로 도어를 록 시킨다.

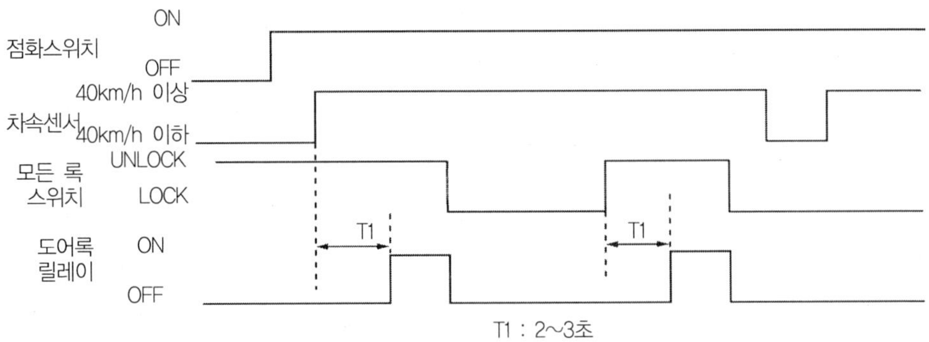

그림 29. 자동 도어 록 제어

(2) 점화스위치 OFF후 해제(unlock) 제어

점화스위치를 OFF하면 모든 도어 중 하나라도 록 상태일 경우 전 도어를 해제(unlock) 시킨다.

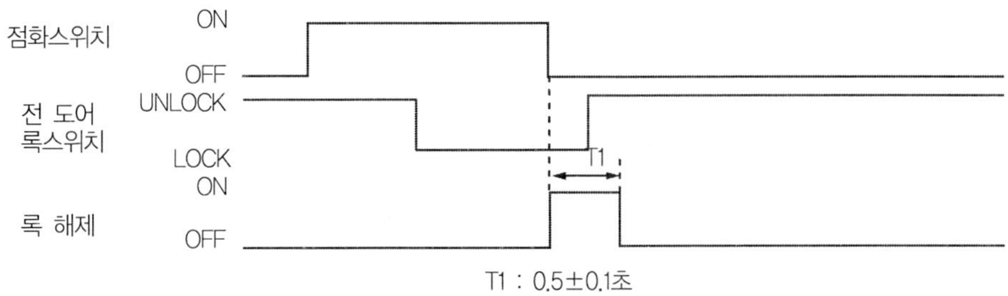

그림 30. 점화스위치 OFF 후 해제 제어

(3) 자동 도어 록 해제기능

차량이 주행 중 도어 록상태에서 충돌이 발생할 경우 자동으로 UNLOCK(해제)시켜 신속하게 부상자를 구호할 수 있게 하는 기능이다

① 차량에서 충돌이 발생하였을 때 에어백 ECU로부터 에어백 전개신호를 입력받아 즉시 해제(UNLOCK) 출력을 행한다.

② 오토 도어 UNLOCK 기능은 모든 도어 LOCK 조건에 우선하여 처리한다.

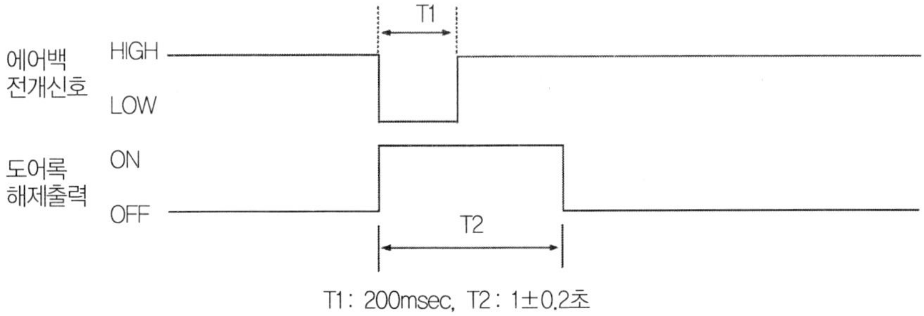

그림 31. 자동 도어 록 해제기능

[10] 미등 자동소등(lamp auto cut)

운전자가 미등을 점등시킨 상태에서 점화스위치를 OFF한 후 차량을 이탈할 때 자동적으로 미등을 소등시켜 축전지가 방전되는 것을 방지해주는 기능이다.

① 미등스위치가 ON된 상태에서 점화스위치를 OFF하고, 운전석 도어를 열게되면 미등은 자동적으로 소등된다.

② 점화스위치가 ON된 상태에서 운전석 도어를 연후 점화스위치를 OFF시키면 미등은 자동적으로 소등된다.

③ 자동 소등 후 다시 미등스위치를 OFF 후 ON하면 미등은 점등이 되고 자동 소등 기능은 해제된다.

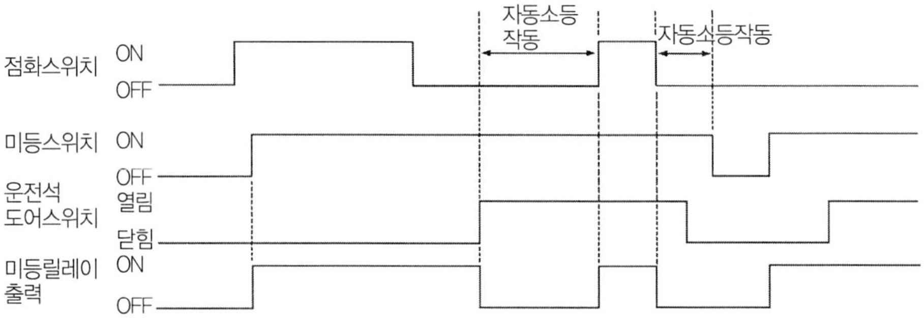

그림 32. 미등 자동소등 제어

[11] 점화스위치 회수기능(reminder control)

① 점화스위치를 실린더에 삽입한 상태에서 운전석 도어를 열고 LOCK할 경우 5초간 언록(UNLOCK) 출력을 만들어 도어 록이 불가능하게 하여 점화스위치를 꽂은 상태에서 도어 록을 작동시키는 것을 방지한다.

② 작동해제는 점화스위치를 빼거나 운전석 도어를 닫으면 출력은 정지한다.

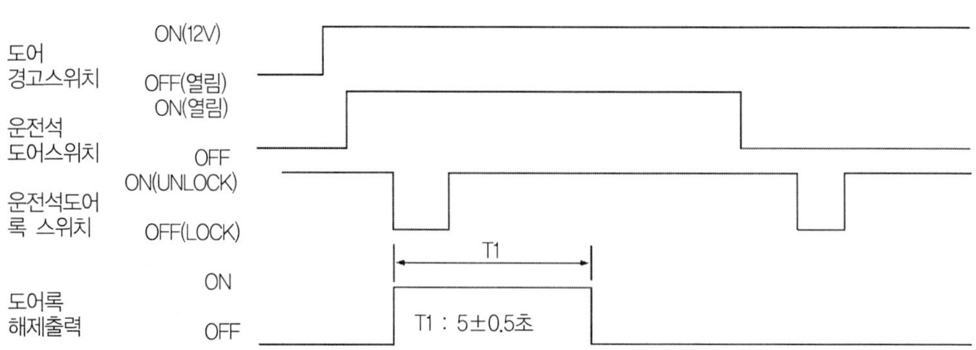

그림 33. 점화스위치 회수기능

[12] 도어 열림 경고제어

① 점화스위치를 실린더에 삽입한 채 운전석 도어를 열면 차임벨 출력이 0.9초 주기로 계속 출력을 발생한다.

② 점화스위치를 실린더로부터 빼내거나 운전석 도어를 닫으면 출력은 즉시 멈춘다.

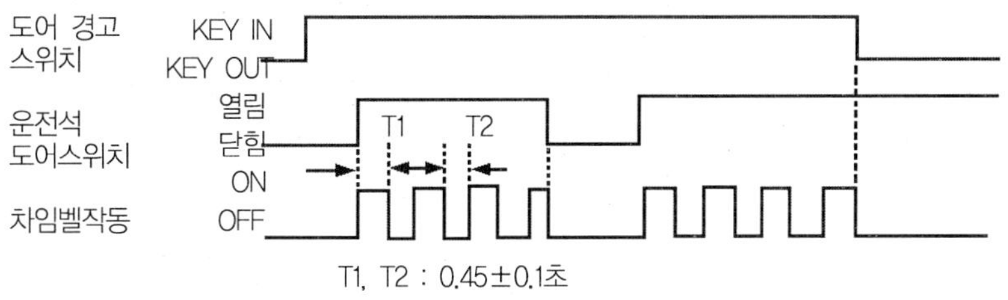

그림 34. 도어 열림 경고제어

[13] 도난 경보장치 제어

(1) 경계(ARM) 기능

① 점화스위치가 키 실린더로부터 분리되고 각종 출입구가 닫힘 상태에서 리모콘의 LOCK신호를 수신하면 도어 록 출력을 ON하고, 도어 록 확인 후 비상 경고등 2회 점멸 및 사이렌을 0.1초로 1회 출력하면서 경계상태로 된다.

② 도어 후드, 트렁크 중 어느 하나라도 열림 상태에서 리모콘의 록 신호를 수신한 경우 도어 록 출력만 ON하고, 비상 경고등 및 사이렌 출력은 발생하지 않는다.

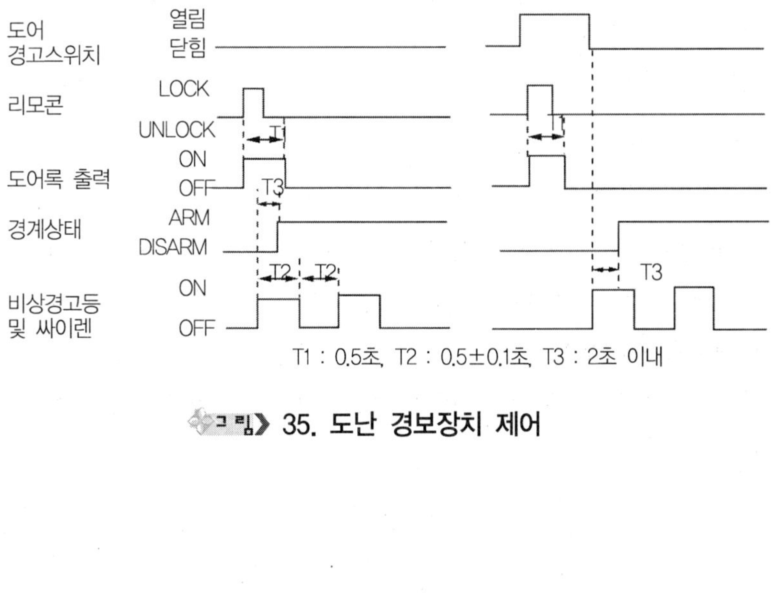

그림 35. 도난 경보장치 제어

③ 상기 ②항 후 열림 상태에 있는 것을 닫을 경우 비상 경고등을 2회 출력 및 사이렌 1회 출력한 후 경계상태로 된다.

④ 경계상태 진입은 리모콘의 록 신호를 수신한 경우에만 가능하고 도어 키에 의해 록한 경우에는 경계상태로 되지 않는다.

(2) 경계 해제(disarm)기능

리모콘의 언록 신호를 수신한 경우 도어 언록 출력을 ON하고, 비상 경고등을 1회 출력한 후 경계 해제상태가 된다.

(3) 경보(alarm)기능

① 경계 모드에서 각종 출입구 중에 1개 이상이 열림이 발생할 경우 도난 경보 릴레이를 ON하여 점화스위치에 의한 시동을 금지하고, 비상 경고등 및 사이렌 출력을 27초 ON, 10초 OFF를 3회 작동한다.

② 경보 중에 출입구가 닫힘 상태가 되어도 잔여 시간동안 계속 경보하며 재 침입이 있는 경우에는 다시 3회 경보한다.

(4) 경보조건

① 경보 중 새로운 경보조건이 발생한 경우 : 도난 경보 릴레이는 ON상태를 유지하면서 비상 경고등 및 사이렌 경보는 기존 잔여 시간만 출력한다.

② 경보 중 리모콘에 의한 언록할 경우 : 도어 언록 출력을 0.5초 ON하고 비상 경고등, 사이렌 및 도난 경보 릴레이 출력을 OFF하고 경계 해제상태로 된다.

③ 경보 중 침입 당한 출입구를 닫힘 상태에서 리모콘으로 록할 경우 경계상태 진입하는 조건과 동일하게 경계상태로 진입한다.

④ 경보 중 도어 열림 상태에서 리모콘으로 LOCK할 경우

㉮ 경보 중 침입 당한 도어가 열림 상태에서 리모콘의 록을 수신한 경우 록 출력을 0.5초 ON한 후 도어 록 상태를 확인하고 비상 경고등, 사이렌 및 도난 경보 릴레이 출력을 OFF한다.

㉯ 열려있는 도어를 닫을 경우 비상 경고등 2회, 사이렌 음을 1회 출력 후 경계상태로 된다.

⑤ 경보 중 점화스위치를 ON하면 30초 후에 경보를 해제한다.

⑥ 경보 3회 출력 후 각종 출입구가 닫힘 상태, 도어 록 상태에서 출입구가 다시 열릴 때에는 사이렌경보 3회 다시 출력하고 도난경보 릴레이는 ON상태를 유지한다.

⑦ 경보 3회 출력 후 각종 출입구가 닫힘 상태에 있고 도어 언록 상태에서 출입구가 열릴 때에는 비상 경고등, 사이렌 출력은 하지 않으나 도난 경보 릴레이는 ON 상태를 유지한다.

⑧ 축전지를 떼어낼 경우

㉮ 후드 열림 상태에서 축전지를 떼어낸 후, 다시 설치할 경우 도난 경보 릴레이는 ON되며 사이렌 경보 3회 출력한다.

㉯ 후드 닫힘 상태에서 축전지를 설치할 경우 도난 경보 릴레이는 ON상태를 유지하고 사이렌 경보 출력은 하지 않는다.

[14] 키 리스 엔트리(keyless entry)기능

점화스위치를 사용하지 않고 리모콘으로 도어를 록/언록시키는 기능이다.

(1) 작동조건

점화스위치가 키 실린더로부터 제거된 상태에서 리시버의 기억 위치스위치가 OFF의 위치에 있는 상태로서 송신기로부터 록/언록신호를 수신하여 도어록/언록출력을 한다.

(2) 송신기로부터의 신호

송신기의 스위치를 누르면 송신신호(송신 FRAME)를 6회 송신한다.

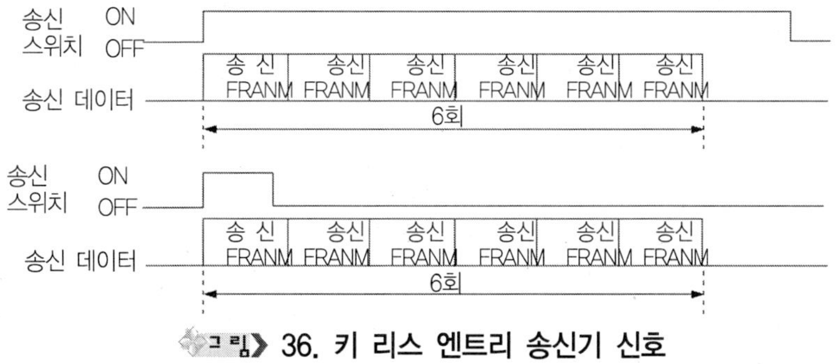

그림 36. 키 리스 엔트리 송신기 신호

(3) 송신기(TX) 스위치별 신호

도어의 록/언록 스위치를 동시에 작동할 경우에는 록 스위치를 우선적으로 한다.

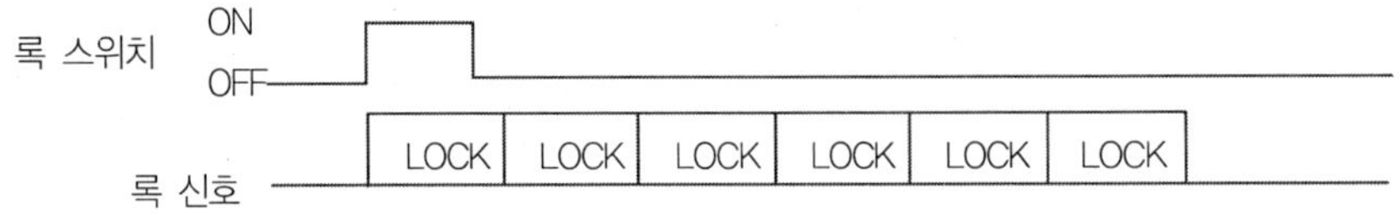

(a) 록 스위치조작

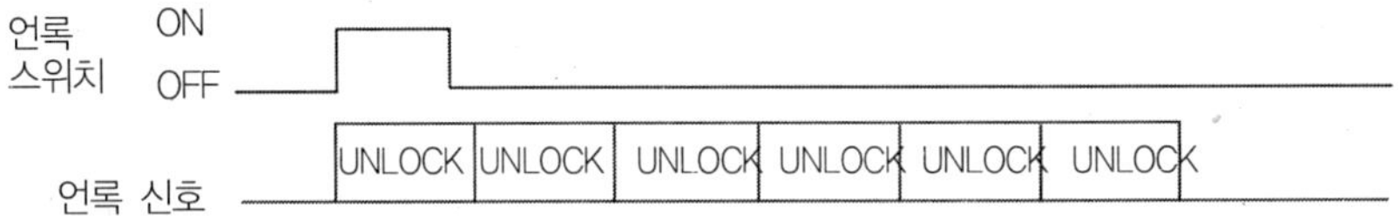

(b) 언록 스위치 조작

그림 37. 키 리스 엔트리 송신기 스위치별 신호

1.5. 내비게이션

내비게이션장치는 자립항법과 위성항법(GPS : global positioning system)을 병용한 방식으로 명령세트와 컴퓨터(RISC : reduced instruction set computer)를 사용하여 차량을 보다 효율적인 이동수단으로 진화시킴과 동시에 쾌적한 운전환경과 즐거움을 제공하여 운전 스트레스의 해소를 도모하고 있다.

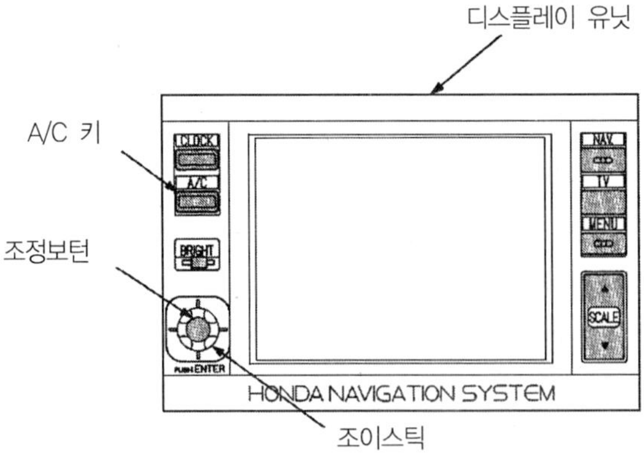

그림 38. 디스플레이 유닛

1.5.1. 내비게이션의 기능 및 특징

[1] 자기 차량위치 표시기능

① LCD(액정 디스플레이)로 화면을 표시한다.

② 진행방향을 실시간으로 직접 화면에 표시하여 전방의 도로형상 등을 인식하기 쉽도록 자동적으로 싱크 업 해준다.

③ 진행방향을 넓게 잡아 전방의 정보를 보다 많이 표시해 준다.

④ 매초 150dot 이상의 지도 고속 스크롤에 의해 스피디한 지도를 표시한다.

[2] 목적지까지 정확한 경로 유도기능

① 목적지를 설정하면 목적지까지의 추정 루트를 신속히 찾아내는 경로자동 설정기능과 전 행로를 최대 3가지로 나누어 화면에 표시하는 루트 확인기능이 있다.

② 추천루트 이외의 루트로 주행하였을 때 자동적으로 나머지의 루트를 다시 계산해 화면에 표시하는 오토 리루트 표시기능이 있다.

③ 좌우로 꺾인 도로나 고속도로의 진입을 사전에 안내하는 음성안내 기능이 있다.

④ 좌우로 꺾인 도로, 예정 교차점 및 분기점 등 도로현상을 확대 표시하는 교차점 확대 표시 기능이 있다.

[3] 정보검색기능

① 지명검색, 레저시설이나 교통시설 등의 시설검색 등 약 13만 건에 이르는 데이터베이스와 전국을 10단계의 축척으로 망라한 디지털 지도를 1매에 수록한 CD- ROM이 있다.

② 음악 겸용의 CD-ROM 체인저를 장착하여 CD-ROM에서도 정보의 검색이나 목적지가 설정되는 멀티 정보검색 기능이 있다.

1.5.2. 내비게이션의 구성

[1] 요레이트 센서

요레이트 센서는 차량의 방향변화를 검출하는 것으로, 소형·경량으로 생산성이 우수한 진동 자이로를 사용하며 NAV 유닛에 내장되어 있다.

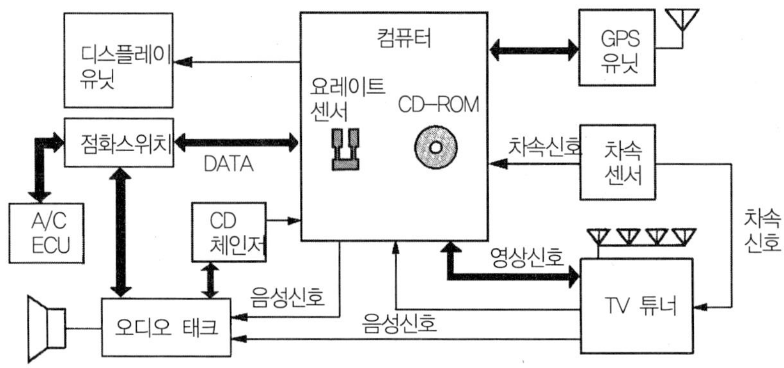

그림 39. 장치의 구성

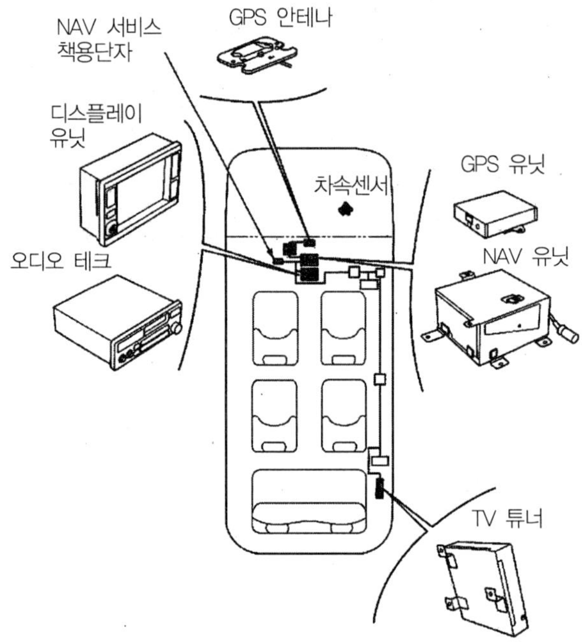

그림 40. 구성부품의 배치

[2] 차속센서

트랜스액슬 내의 차동장치에서 출력한 회전속도를 자석과 홀 소자에 의해 전기펄스(1회전으로 4펄스)로 변환하여 NAV 유닛으로 보내어 주행속도 및 주행거리를 감지한다.

[3] NAV 유닛

요레이트 센서와 차속 센서에서의 방향변화 및 주행속도 신호를 근거로 차량의 현재 위치를 계산하고, 지도와 자기차량 위치 데이터를 처리하여 NAV 화면신호를 디스플레이 유닛으로 보낸다. 또 머프매틱 보정, GPS 보정, 지도 스크롤, 지도 축적 변환, 지도 이동, 지도 검색 메뉴내 기능, CD-ROM 구동 등의 제어를 실행한다.

[4] GPS유닛

GPS유닛은 GPS 안테나에서의 신호를 받아 측위 위치를 계산한다. 측위위치나 수신 상태 등의 정보는 GPS유닛에서 NAV 유닛에 송신되어 자기 차량위치의 보정에 사용된다.

GPS마크	수신 위성수	상태	설 명
 위성마크 무	2개 이하	측위 불량	GPS 기능에 이상 없다. 수신 위성수가 적으므로 현재 위치를 구할 수 없다.
 위성마크 황	3개	2차원 측위 가능	현재 위치의 경도, 위도를 안다(3차원 측위보다 정도가 낮다).
 위성마크 선	4개 이상	3차원 측위 가능	현재 위치의 경도, 위도, 고도를 안다(2차원 측위보다 정도가 높다).
GPS 마크 표시 않는다.	–	고장상태	GPS 유닛 고장. 하니스 단선 등에 의해 GPS를 이용 안 된다.

[5] GPS 안테나

GPS 안테나는 인공위성에서 전파를 수신하고 증폭하여 GPS 유닛으로 보낸다.

[6] GPS의 정밀도

GPS는 수신되는 인공위성의 수나 제어상태에 의해 정밀도가 변화하는 수도 있다. 정밀도는 디스플레이 유닛의 화면의 좌상에 표시되는 GPS 마크에서 확인할 수 있다.

[7] 오디오 데크

오디오 데크는 NAV 유닛에서의 음성유도 신호를 받아 라디오, TV 등의 음성을 출력 중에라도 프론트 스피커의 출력을 음성유도로 변환한다.

[8] 디스플레이 유닛

디스플레이 유닛의 화면은 LCD로 22만 화소 TFT 스트라이프형을 사용한다. 또 액정필름의 이면에 칼라필름과 형광등을 배치한 칼라 액정 디스플레이다. LCD 앞면의 터치센서는 전회선 방식을 사용하고 있으며 세로 9본, 가로 9본의 적외선이 통하고, 81포인트의 센싱(스위칭)이 가능하다. 디스플레이 유닛은 통신회로를 지니고 있어 각 조작키 및 터치스위치의 신호를 NAV 유닛으로 보낸다.

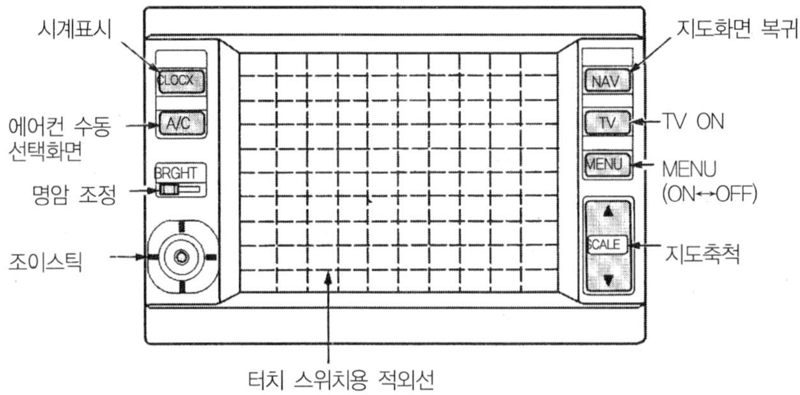

그림》 41. 조작스위치

[9] A/C스위치

A/C스위치를 누르면 수동선택(manual selects) 화면이 표시되고 취출구와 풍량의 조정 및 에어컨 압축기의 ON, OFF를 선택할 수가 있다.

[10] TV 튜너

VHF 및 UHF 방송을 수신하고 영상신호는 디스플레이 유닛에 음성신호는 오디오 데크로 출력한다. 음성신호는 스테레오 방송을 수신할 수가 있다(모노와 스테레오 수신은 자동 변환으로 실행한다).

온 스크린화면(선국 화면)과 선국 프리 세트 데이터를 기억한다. 주행 중에는 TV 화면을 차단하기 때문에 주행속도 신호, 변속레버의 P 또는 N 위치신호 및 주차 브레이크 신호를 입력한다. 비디오 입력단자(영상입력 음성입력 R, L)가 설치되어 있다.

1.6. 후진 및 코너 경고장치

후진 및 코너 경고장치는 도로상의 장애물을 검출하고 경보를 울려 충돌을 방지하는 것이다. 이 장치의 센서는 소형, 낮은 소비전력의 레이더장치가 사용된다. 레이더 빔의 주사 각도와 커브의 반지름이 주어지면, ECU는 곧 레이더 빔을 반사하는 물체가 차량과 같은 차로 상에 있는지를 판단하도록 계산을 실행한다.

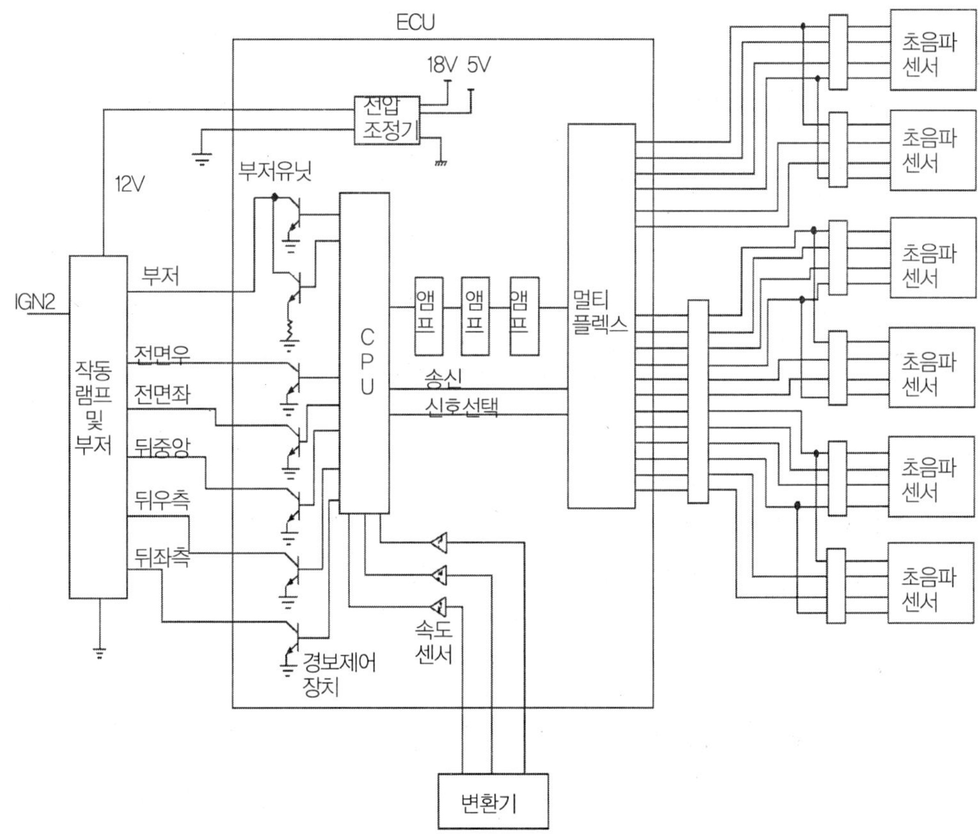

그림 42. 후진 및 코너 경고장치의 다이어그램

1.6.1. 후진 및 코너 경고장치의 구성

후진 및 코너 경고장치(back corner warning system)는 초음파의 특성(초당 340m/s의 전송속도로 이동)을 이용하여 주차할 때 또는 저속으로 주행할 때 운전자의 육안으로 감지할 수 없는 사각지대를 감지하여 물체의 근접 정도에 따라 경보(인디케이터, 부저)로 알려줌으로서 사전에 일어날 수 있는 사고를 미연에 방지한다.

이 장치의 구성은 초음파센서, ECU와 경보기 및 부저로 구성한다. 장치의 제어는 6개의 초음파센서가 입력되어 ECU에서 제어되어 작동램프와 부저를 작동시키는 구조로 되어 있다.

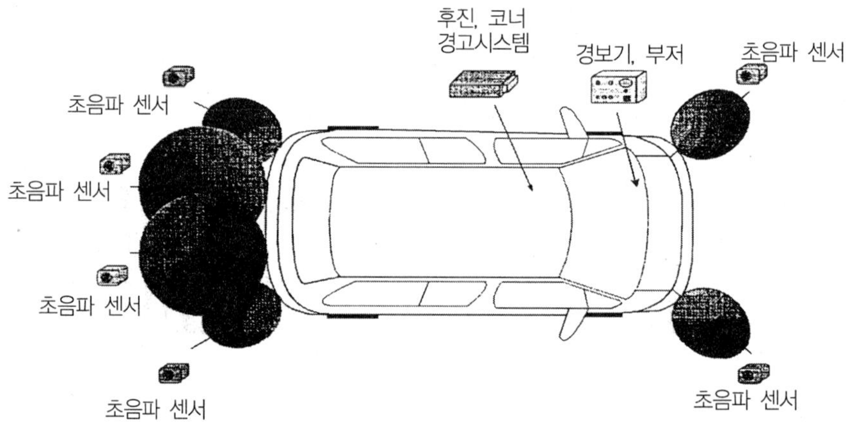

그림 43. 후진 및 코너 경고장치의 구조

1.6.2. 작동신호 및 경고방법

차량을 후진할 때에는 변속레버를 후진위치로 하였을 때, 전진할 경우에는 주차브레이크를 풀고 변속레버를 전진위치에 놓았을 때 작동한다.

[1] 코너 감지

약 30~50cm 이내에 장애물을 감지하며 표시등과 부저를 연동 작동시킨다.

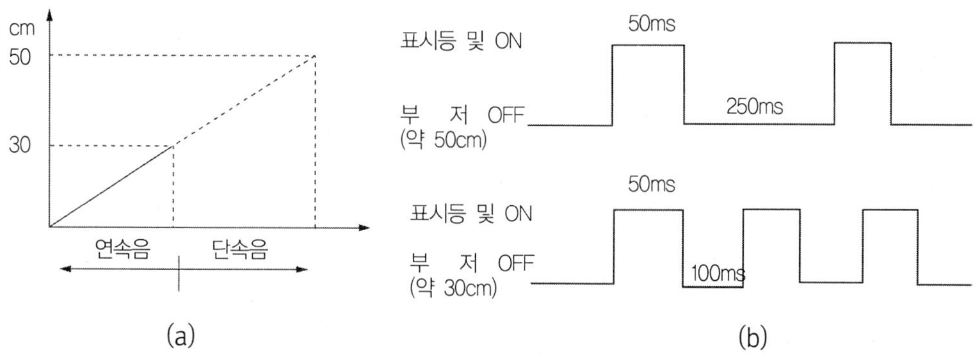

그림 44. 코너를 감지할 때 표시등과 부저작동

[2] 후진 감지

후진할 때 장애물이 150~100cm에 있으면 1차 경보를 나타내고 장애물이 100~50cm에 있으면 2차 경보를 장애물이 50~30cm에 있으면 코너 경보조건과 같은 경보음을 나타낸다.

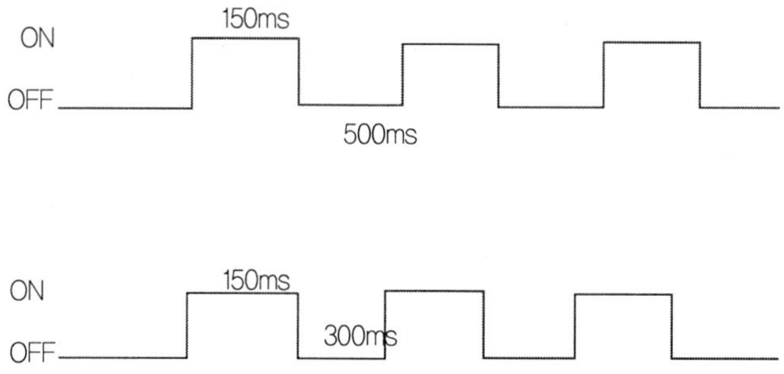

그림 45. 후진을 감지할 때 표시등과 부저작동

1.6.3. 후진 및 코너 경고장치의 작동

이 경고장치는 초음파의 전송속도와 초음파의 이동시간을 이용하여 차량후방 및 전방의 장애물을 감지하여 정해진 영역 이내에 물체가 있으면, 작동램프 및 부저음으로 운전자에게 경고를 하여주는 보조장치이다.

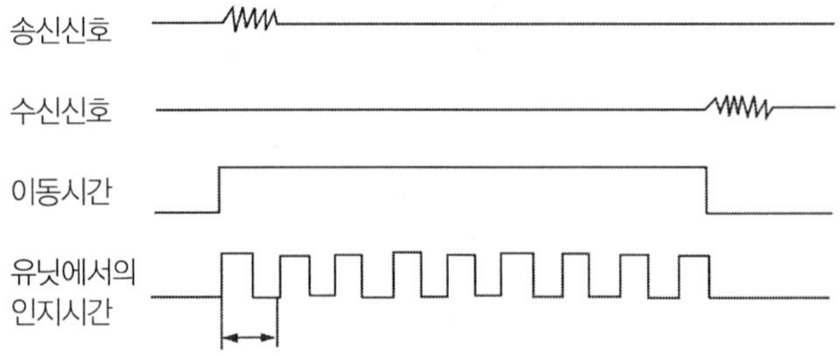

그림 46. 후진 및 코너 경고장치의 작동

1.6.4. 후진 및 코너 경고장치의 감지범위

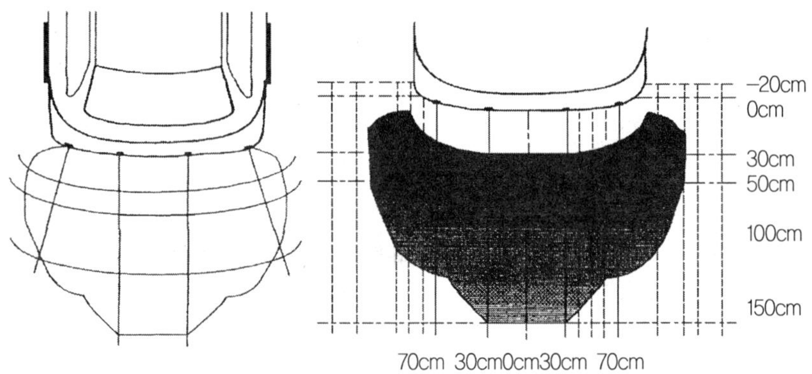

(a) 후진

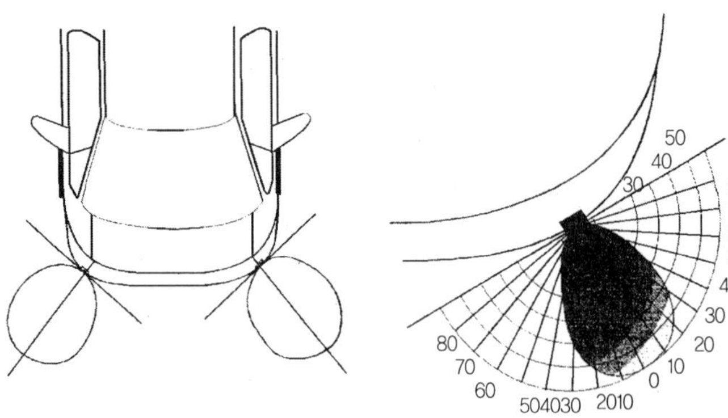

(b) 전면

그림 47. 수평감시 범위

1.6.5. 자동 주차시스템

① 주차 보조시스템 : 후방영상에 예상 경로를 표시하고, 장애물까지 거리를 소리로 경보한다.

② 주차 안내시스템 : 음성 또는 화면을 통하여 조향조작을 안내한다.

③ 반자동 주차 보조시스템 : 지정한 주차 장소에 주차하도록 조향제어 자동화한다.

④ 전자동 주차 보조시스템 : 지정한 주차 장소에 주차하도록 조향·제동제어 자동화하고 있다.

⑤ 안전 주차시스템 : 지정한 주차 장소에 전자동으로 주차하면서, 전후 좌우방향의 충돌사고 방지한다.

그림 48. 자동주차 버튼

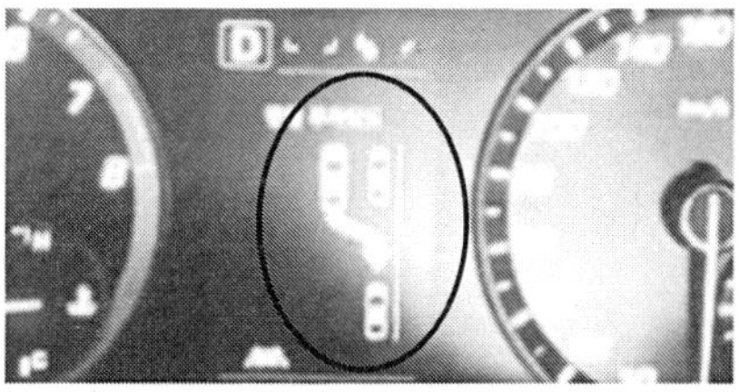

그림 49. 자동주차 계기판 화면

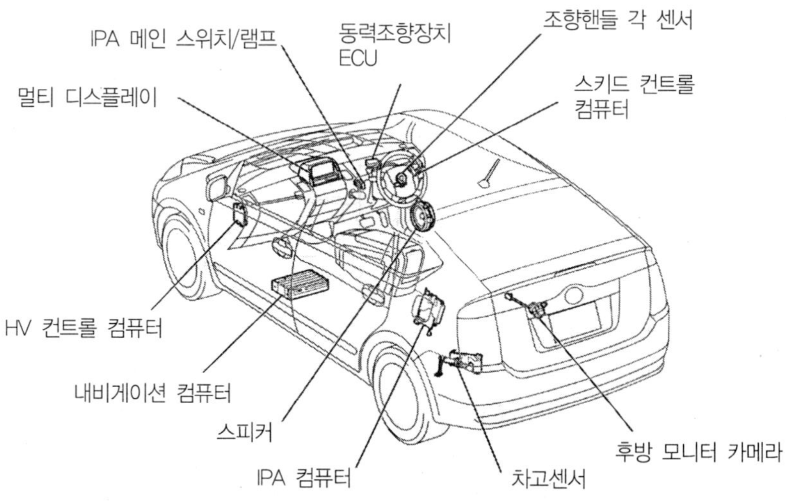

그림 50. 시스템 구성도

⑥ 주차보조 주차장 : GPS정보, 감시 영상 등을 제공하는 주차장 관리시스템과 통신으로 전달된 정보를 표시할 수 있는 차량이다.

⑦ 자동 주차장 : 자동으로 차량을 주차시켜주는 주차장 관리시스템과 통신으로 전달된 조향·제동명령을 수행할 수 있는 차량이다.

⑧ HDRC(High dynamic range cmos) : 다양한 빛 조건(주간, 야간, 실내 주차장등)시 시야를 확보한다.

⑨ 거리감지 센서 : 초음파 센서, SRR(short range radar) 등의 거리 감지 센서를 이용한 주차장 장애물 거리 감지를 통한 주차 신뢰성 확보 및 주차 중 충돌 위험방지한다.

⑩ 고속 영상처리/제어 ECU : 주차시의 복잡한 주위환경을 카메라 및 거리감지 센서로 인식하고, 인식 정보를 이용한 주차제어를 H/W 고속화를 통해 단일 ECU로 통합한다.

⑪ 능동적 조향시스템 : 능동적 조향장치의 제어를 통한 주차 경로 추적 수행한다.

⑫ 능동적 제동시스템 : 능동적 제동장치의 제어를 통한 전자동 주차기능으로 확대하고 있다.

1.7. 레인센서 와이퍼 제어장치

종합제어장치가 와이퍼 모터를 제어하는 방식에서는 와이퍼 모터 구동시간을 다기능 스위치의 간헐(INT) 위치에 놓으면 간헐 볼륨 저항 입력신호에 따라 종합제어장치 와이퍼 구동시간을 제어하였다. 그러나 강우량에 따라 운전자가 구동시간을 조절해 주어야 하는 번거로움이 있었다.

레인센서 와이퍼 제어장치(rain sensor wiper control system)는 와이퍼 모터 구동제어를 종합제어장치 대신 앞창 유리의 상단 안쪽부분에 설치된 레인센서 및 유닛에서 강우량을 감지하여 운전자가 스위치를 조작하지 않고도 와이퍼 작동시간 및 저속·고속으로 자동으로 와이퍼를 제어하는 장치이다.

1.7.1. 레인센서 와이퍼 제어장치의 구성

레인센서 와이퍼 제어장치는 레인센서 및 유닛과 와이퍼 모터 다기능 스위치로 구성된다.

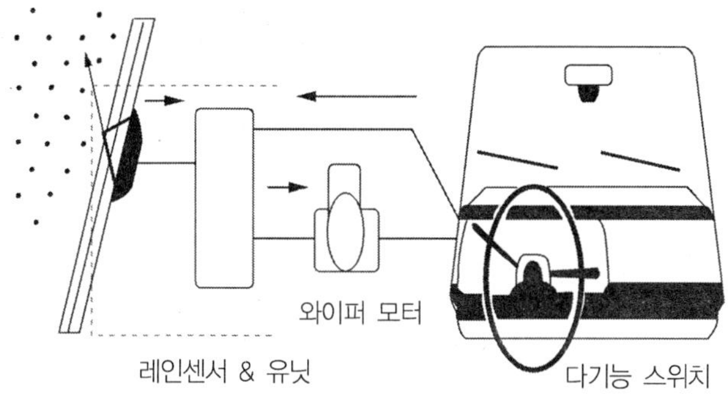

그림 51. 레인센서 와이퍼 제어장치 구성도

1.7.2. 레인센서의 작동원리

레인센서는 발광 다이오드(LED)와 포토 다이오드가 비(雨)의 양을 감지하며 발광 다이오드로부터 적외선이 방출되면 유리 표면에 빗물에 의해 반사되어 돌아오는 적외선을 포토 다이오드가 이를 검출하여 비의 양을 감지한다. 레인센서는 유리 투과율을 스스로 보정하는 서보회로를 지니고 있으며, 앞 창유리의 투과율에 상관없이 일정하게 빗물을 감지를 하는 기능을 지니고 있다. 앞 창유리의 투과율은 발광 다이오드와 포토 다이오드와의 중앙점 바로 위에 있는 유리 영역에서 결정된다.

1.7.3. 레인센서 와이퍼 제어장치의 작동모드

레인센서 와이퍼 제어장치는 기존의 와이퍼 기능 즉, OFF, MIST, LOW, HIGH, 와셔(washer) 기능에 자동 모드(기존의 INT위치)가 있어 이 자동위치에 놓으면 레인센서에서 유리에 떨어지는 비의 양을 감지하여 와이퍼 작동시간 및 와이퍼 작동속도를 LOW 또는 HIGH로 자동 제어한다.

[장치 작동모드]

와이퍼 스위치의 위치	레인센서 동작모드	장치 동작모드
MIST	MIST	스위치가 MIST 위치에 있는 한 와이퍼 모터는 저속으로 구동 와이퍼 블레이드는 회전 후 정위치(Park)로 복귀
OFF	OFF	와이퍼가 정위치에 있지 않을 때에는 와이퍼가 정위치로 갈 때까지는 와이퍼 모터는 저속회전

와이퍼 스위치의 위치	레인센서 동작모드	장치 동작모드
AUTO	AUTO	AUTO(운전자 성향에 따라 조절가능) AUTO 모드는 1~16단계로 감지조절 가능 자동지연(delay)/자동속도제어 유리창에 쌓이는 빗물의 감지는 와이퍼 스위치로써 감지 조절된다.
LOW	MANUAL	와이퍼 모터가 45회/분의 저속으로 연속적으로 동작
HI	MANUAL	와이퍼 모터가 70회/분의 고속으로 연속적으로 동작
WASH-DEMAND	WASH	버튼이 눌려 있는 동안 워셔액이 나오고 미리 지정된 회수만큼 와이퍼가 회전 와이퍼는 워셔 모드 선택전에 동작 모드로 돌아온다.
WASH-PROGRAMMED	WASH	미리 지정된 시간동안 워셔액이 나오고, 지정된 회수만큼 와이퍼가 회전. 와이퍼는 워셔 모드 선택 전에 동 모드로 돌아온다.

[1] OFF모드

레인센서 & 유닛은 OFF모드 동안에 앞창 유리의 상태를 감시해서 와이퍼 스위치가 어느 단계의 감지로 설정되어야 할지를 알 수 있도록 한다. 이로써 OFF모드로 전환할 때 센서의 성능이 최적화 된다.

[2] AUTO모드

OFF에서 AUTO모드로 전환하면 즉각 와이퍼를 1회 작동하여 운전자에게 와이퍼 장치가 시작되었음을 알리고 와이퍼가 시작 1회 작동하고 나면 휴지시간이 유리에 떨어지는 비의 양에 적합한지가 결정될 때까지 와이퍼는 정위치에서 머문다. 단, 이 동작은 운전자가 설정한 볼륨에 따라 달라진다.

[3] 와셔모드

레인센서 & 유닛은 와셔스위치 신호를 입력받아 스위치를 작동할 때 와이퍼 모터를 저속으로 구동하여 유리를 세척한다(와이퍼 연동 와이퍼 제어).

[4] LOW/HIGH

운전자의 스위치 조작에 따라 와이퍼 모터를 저속, 고속으로 작동시킨다. 이때의 와이퍼작동은 레인센서 & 유닛에서 제어하는 것이 아니라 다기능 스위치에서 직접 접지에 의해 작동된다.

1.7.4. 레인센서 및 유닛 동작특성

[1] 전원 안정시간

전원이 공급되고 250msec 이내에 레인센서는 유효출력이 나올 때까지 OFF신호를 출력한다. 유효출력은 전원공급 후 2초 후에 가능해진다.

[2] 와이퍼의 속도와 회전빈도(frequency) 제어

레인센서의 주된 기능은 와이퍼 속도와 와이퍼 구동간 지연시간을 조절하고 운전자가 선택한 강우량(즉, 빗물이 유리창을 덮는 정도)을 유지하는 것이다. 설정된 감지와 빗물의 측정량에 따라 레인센서 알고리즘은 동작모드, 즉, automatic delay, automatic low speed, automatic high speed를 결정한다. 일단 감지가 설정되면 운전자가 스위치 조작을 하지 않고도 지속적인 와이퍼 동작이 이루어진다.

[3] 모드간 전환

레인센서 & 유닛은 AUTO DELAY, AUTO LOW, AUTO HIGH사이의 전환을 원활히 수행한다. 따라서 와이퍼 동작의 시작과 정지가 덜컹거리지 않는다. 속도의 전환은 와이퍼가 “내측 영역” 위치를 통과할 때에만 일어난다.

[4] 조절기능 감지성능

레인센서 감지가 와이퍼 스위치에 의해 설정될 수 있다. 감지는 구현된 장치에 따라 1단계에서 16단계까지 설정 가능하다. 센서 감지를 1단계 이상으로 설정할 수 있는 장치에서 각 단계는 충분히 구별되어서 빗물의 축적에 대한 모든 운전자들의 취향을 만족시킬 수 있다. 조절범위는 짧은 지연시간(1~5초)에서 긴 지연(20초 이상)까지 넓은 범위로 조절될 수 있어야 약하게 내리는 비에도 대응할 수 있다. 그러나 비가 많이 올 때에는 센서 감지설정에 상관없이 고속으로 연속동작 된다.

[5] Auto Low의 응답특성

강우량이 0에서 Auto Low모드로 와이퍼를 작동시켜야 할 정도로 바뀔 때 레인센서 & 유닛이 Low 요구신호를 출력하는 시간은 1초 이하의 휴지기간을 포함하여 8초를 넘지 않는다.

[6] Auto High의 응답특성

강우량이 0에서 Auto High모드로 와이퍼를 작동시켜야 할 정도로 바뀔 때 레인센서가 High Speed 요구신호를 출력하는 시간은 9초를 넘지 않는다.

[7] Auto Low에서 Auto High로의 응답특성

강우량이 Auto Low모드로 와이퍼를 작동시켜야 할 정도에서 Auto High 모드로 와이퍼를 작동시켜야 할 정도로 바뀔 때 레인센서가 High Speed 요구 신호를 출력하는 시간은 6초를 넘지 않는다.

[8] Auto High에서 OFF로의 응답특성

강우량이 Auto High모드로 와이퍼를 작동시켜 할 정도에서 0으로 바뀔 때에는 장치가 고속일 때와 저속일 때의 와이퍼 횟수를 카운트하여 총 와이퍼 회수가 12회를 넘지 않는다.

[9] 와이퍼의 즉각 구동(Instant wiper)

와이퍼장치가 와이퍼스위치에 의해 작동될 때, 이 장치는 와이퍼 블레이드로 하여금 내측 영역/정위치에 돌아가기 전에 유리창을 한 번 닦도록 한다. 이렇게 한 번 와이퍼를 구동하는 것은 더 높은 단계의 감지를 설정하기 위하여 와이퍼위치를 조작할 때마다 일어난다.

그러나 이는 와이퍼 스위치가 더 낮은 감지위치로 바뀔 때에는 일어나지 않는다. 점화스위치가 OFF이고, 와이퍼 스위치가 임의의 감지 설정 값으로 되어 있는 상태에서 점화스위치가 ON되면 와이퍼의 즉각 구동이 한 번 일어나 운전자에게 와이퍼장치가 시작되었음을 알린다. 비의 양이 부족하여 자동모드로 와이퍼를 동작시킬 수 없을 때에는 레인센서는 auto delay mode에 길게 머문다.

2 자동차 전기회로 작동 및 분석

2.1. 파워 윈도우회로

2.1.1. 파워 윈도우회로의 작동

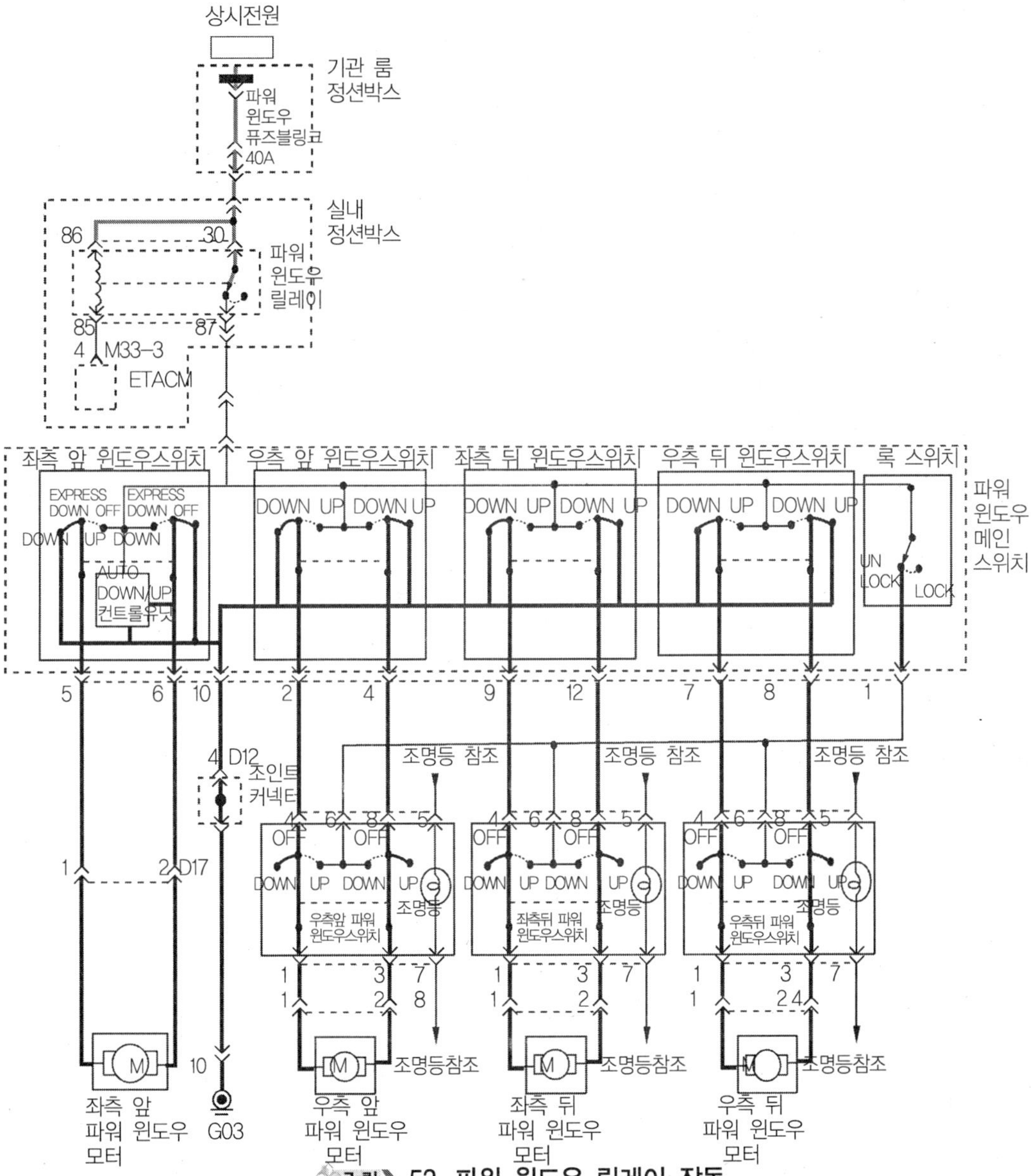

그림 52. 파워 윈도우 릴레이 작동

[1] 평상시

평상시 파워 윈도우회로의 경우는 점화스위치 “ON” 과 관계없이 작동할 수 있도록 상시 전원을 파워 윈도우 릴레이로 작동 전원을 공급하지만 파워 윈도우의 일반적인 작동은 점화스위치 “ON” 상태에서 작동하여야 하므로 파워 윈도우 릴레이의 작동은 에탁스에 의해 작동하도록 되어있다.

접지의 경우 파워 윈도우 메인스위치 내부회로와 각 도어의 윈도우 스위치 내부회로를 거쳐 전 파워 윈도우 모터의 양단에 접지를 공급하여 작동대기하고 있다.

[2] 점화스위치 ON일 때 에탁스에 의한 파워 윈도우 릴레이 작동

점화스위치 ON일 때 에탁스에 의한 파워 윈도우 릴레이 작동은 기존의 파워 윈도우 회로에서 파워 윈도우 릴레이는 점화스위치 “ON” 일 때 파워 윈도우 릴레이가 작동하도록 되어 있었으나 파워 윈도우 타이머 기능이 추가됨으로 인해 파워 윈도우 릴레이의 작동이 에탁스에 의해 작동하도록 되어 있다.

파워 윈도우 회로의 작동은 점화스위치 “ON” 일 때 상시전원을 파워 윈도우 릴레이로 작동 전원이 공급되고 있는 상태에서 에탁스에 의해 작동 접지가 공급되고 릴레이가 작동하게 되어 파워 윈도우 메인 스위치의 각 도어 스위치로 전원을 공급하게 된다. 또 록 스위치의 상태에 따라 다른 도어에 설치되어 있는 파워 윈도우 스위치로 전원을 공급하도록 되어 있다.

[3] 파워 윈도우 메인스위치를 작동할 때

파워 윈도우 메인스위치에서 작동할 경우 파워 윈도우스위치를 작동하는 동안에 계속 눌러 운전자가 선택하는 위치까지 파워 윈도우를 이동시키는 기능을 사용한다.

파워 윈도우 메인스위치에서 작동은 평상시에 파워 윈도우 릴레이에서 공급받은 전원이 각 스위치의 접점 ❶에 전원을 공급하고 또 다른 한쪽 스위치접점 ❷에 접지를 공급한다. 이때 메인스위치를 운전자에 의해 UP 또는 DOWN으로 스위치를 작동하게 되면 UP 또는 DOWN스위치의 접점이 ❸과 연결을 하게 되어 해당 모터로 전원이 ❹에 공급하며 해당 모터는 파워 윈도우 스위치에 의해 양단에 접지가 공급되어 있는 상태에서 한쪽으로 전원이 공급되는 형태이므로 이에 해당하는 방향으로 모터가 회전하여 파워 윈도우를 작동시킨다.

또 다른 방향의 파워 윈도우의 작동도 이와 같이 작동하게 된다. 즉 파워 윈도우의 UP 또는 DOWN의 작동은 파워 윈도우 스위치에 의해 작동 모터의 극성을 바꾸어 UP 또는 DOWN의 작동을 할 수 있도록 되어 있다.

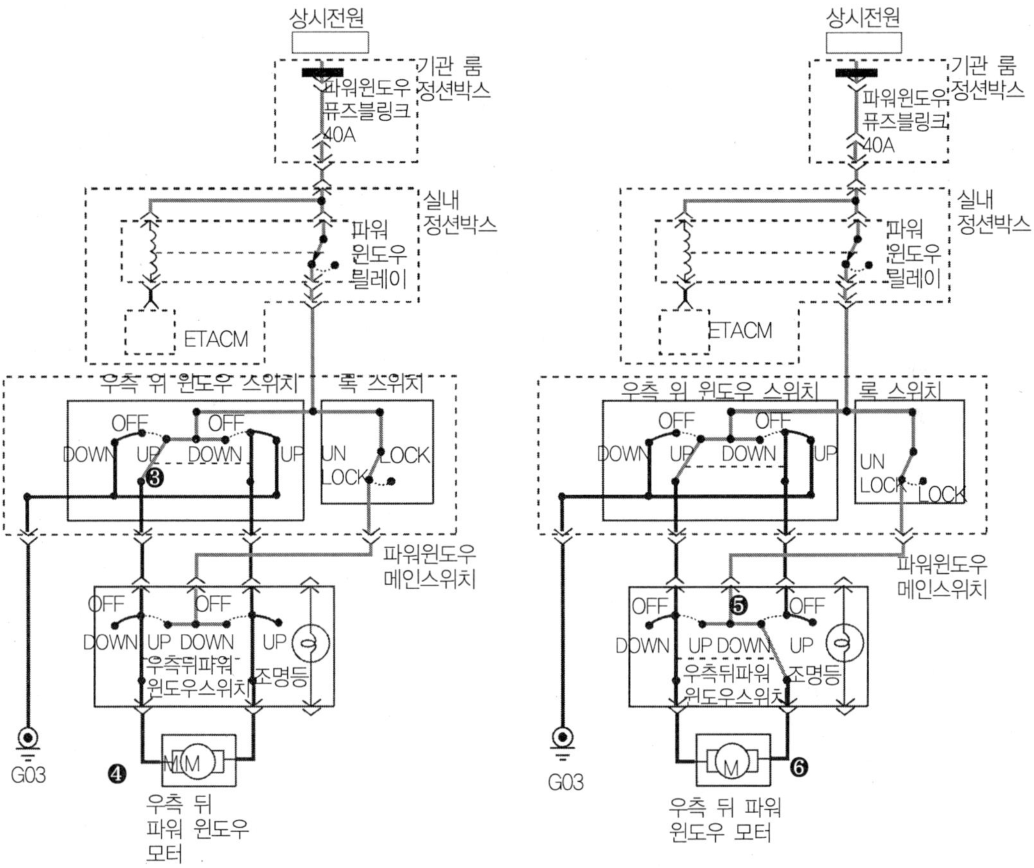

(a) 메인스위치 작동시 (b) 각도어 스위치 작동시

그림 53. 파워 윈도우 작동

[4] 파워 윈도우 각 도어 스위치에서 작동할 때

파워 윈도우 각 도어 스위치에서 작동할 때에도 같은 원리로 탑승자에 의해 각 도어의 파워 윈도우 스위치를 UP 또는 DOWN으로 스위치를 작동하게 되면 UP 또는 DOWN스위치의 접점이 전원이 와있던 접점 ❺와 연결을 하게 되어 해당 모터로 전원 ❻으로 공급하게 되고 해당 모터는 파워 윈도우 스위치에 의해 양단에 접지가 공급되어 있는 상태에서 한쪽으로 전원이 공급되는 형태이므로 이에 해당하는 방향으로 모터가 회전하게 되어 파워 윈도우를 작동시킨다.

단, 각 도어의 파워 윈도우 스위치의 경우 파워 윈도우 메인스위치의 록(LOCK)스위치에 의해 전원을 공급받으므로 록 스위치에서 전원을 공급하지 않으면 운전석을 뺀 다른 도어의 파워 윈도우 스위치는 작동하지 않는다. 이것은 다른 탑승자에 의해 위험의 요소가 있을 때 작동하기 위함이다.

[5] 파워 윈도우 자동스위치를 작동할 때

파워 윈도우 자동 작동의 경우 파워 윈도우 스위치를 작동하는 동안에 계속 눌려야 하는 불편을 덜어 주기 위해 사용되는 스위치이며 차종에 따라 그 기능이 조금씩 다를 수 있으며 여기서는 가장 일반적으로 사용되는 운전석 자동 하강(auto down)기능이며 윈도우가 자동으로 올라가는 경우도 있기는 하지만 사고의 위험성 때문에 사용을 하지 않고 있으며 장애물이 걸릴 경우 자동으로 다운하는 기능이 있는 세이프티 파워 윈도우의 경우에만 자동 상승(auto up)기능을 사용한다.

운전석 자동하강의 작동은 평상시에 파워 윈도우 릴레이에서 공급받은 전원이 스위치 접점에 오고 또 AUTO DOWN/UP제어 유닛으로 전원 ❶이 공급되고 또 다른 한쪽 스위치 접점에 접지와 AUTO DOWN/UP제어 유닛으로 접지 ❷를 공급하게 된다. 이때 스위치를 운전자에 의해 DOWN으로 스위치를 작동하게 되면 DOWN스위치의 접점 이 전원이 와있던 접점 ❸과 연결을 하게 되어 해당 모터로 전원 ❹를 공급하게 되고 해당 모터는 파워 윈도우 스위치에 의해 양단에 접지가 공급되어 있는 상태에서 한쪽으로 전원이 공급되는 형태이므로 이에 해당하는 방향으로 모터가 회전하게 되어 파워 윈도우를 작동시킨다.

이때 스위치 작동에 의해 작동전원을 공급하면서 AUTO DOWN/UP제어 유닛의 작동여부를 알려주는 단자 ❺로 전원이 공급하게 되어 AUTO DOWN/UP제어 유닛은 AUTO DOWN 제어를 실행하도록 할 수 있도록 한다. 이때 DOWN으로 누르고 있던 스위치를 놓게 되면 전원을 공급하던 스위치 접점이 떨어지게 되어 모터로 공급하던 전원이 차단되지만 AUTO DOWN/UP제어 유닛에서 작동 전원을 계속 공급하여 모터가 계속 작동할 수 있도록 한다.

그러나 모터가 계속회전을 하게 되면 윈도우는 최대로 다 내려오게 될 것이다. 그런데도 모터의 회전을 계속하게 된다면 모터의 손상 및 관련 배선이 손상되는 현상이 발생될 수 있다.

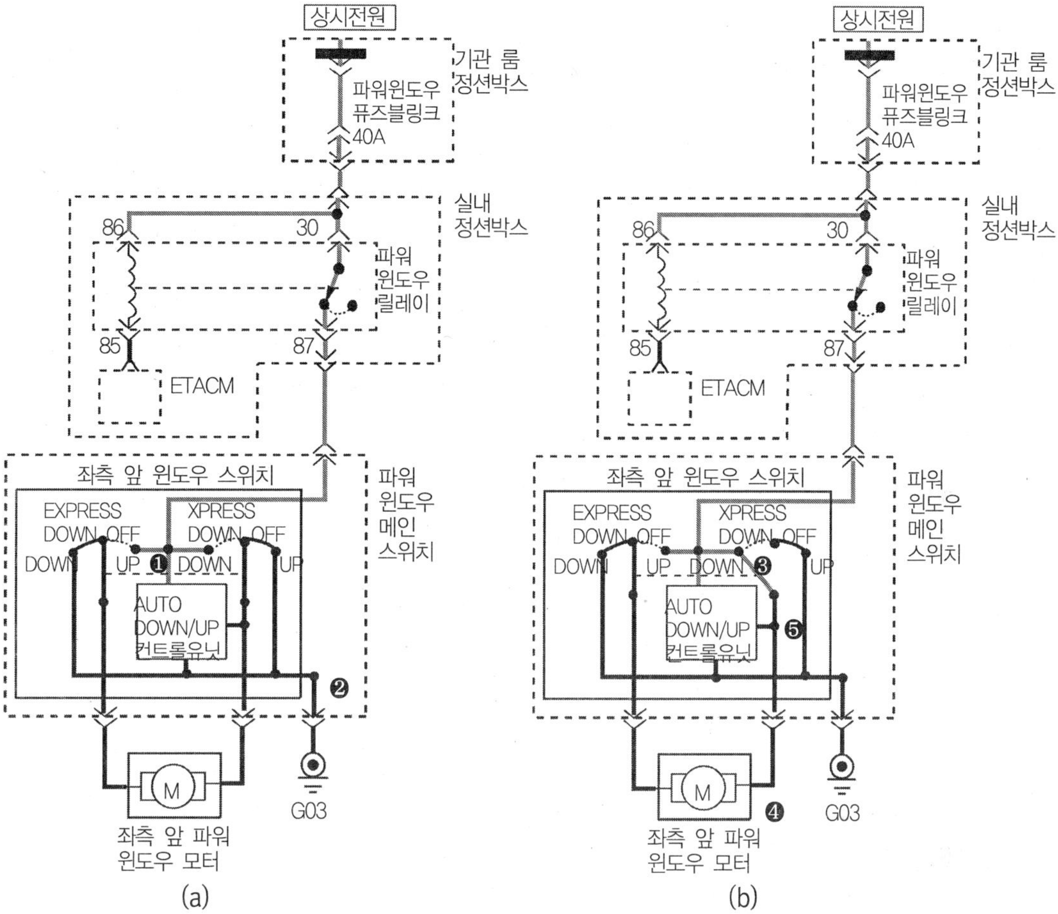

그림 54. 파워 윈도우 자동스위치 작동

이런 손상을 방지하기 위해 일반적으로 AUTO DOWN/UP 제어 유닛에서는 윈도우는 최대 회전하였을 경우 전류의 상승을 이용하여 기존의 작동에 소모되던 전류보다 상승할 경우 최대로 작동하였다고 판단하여 AUTO DOWN 제어를 멈추게 된다.

[6] 록 스위치가 작동할 때

록 스위치의 작동은 운전석을 뺀 다른 도어의 파워 윈도우 스위치에서 윈도우 작동이 되지 않도록 하기 위해 있는 스위치이다. 이것은 운전 중 파워 윈도우 스위치 작동으로 인해 발생되는 위험성(어린이의 장난 등)을 방지하기 위해서 사용된다.

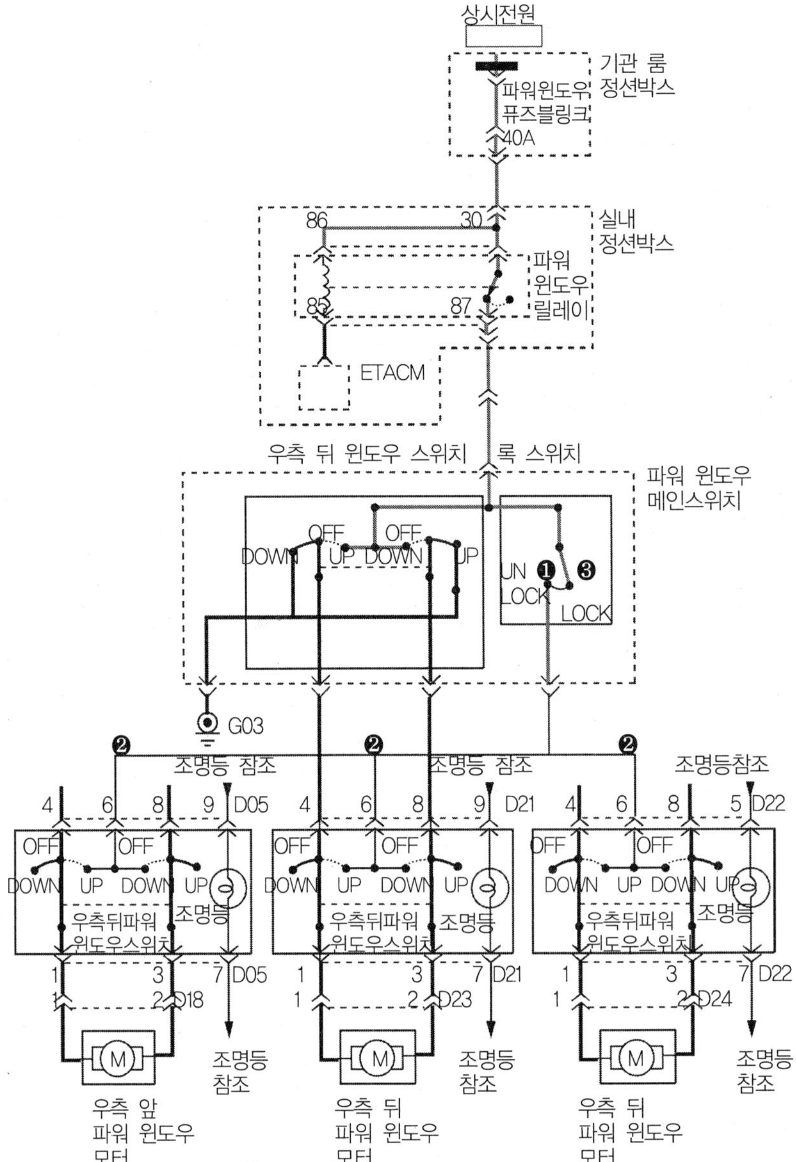

그림 55. 록 스위치 작동

일반적으로 운전석을 뺀 다른 도어의 파워 윈도우 스위치에서 윈도우 작동은 파워 윈도우 메인스위치에 록 스위치 ❶에 의해 각 도어의 파워 윈도우 스위치로 작동전원 ❷를 공급하도록 되어있다. 이 상태에서 록 스위치 ❸을 작동하여 각 도어의 파워 윈도우 스위치로 공급되는 ❷의 작동전원을 차단함으로서 운전석을 뺀 다른 도어의 파워 윈도우 스위치에서 윈도우 작동이 되지 않도록 한다.

2.2. 도어 록, 언록 회로

2.2.1. 도어 록, 언록 회로의 구성 및 작동

도어를 잠그는 장치로서 도어 록 스위치에 의해 전체의 도어를 록, 언록을 할 수 있으며 운전석 또는 조수석 로브를 이용하여 전체의 도어를 록, 언록 할 수 있고 또 리모컨에 의해 전체의 도어를 록, 언록 할 수 있다.

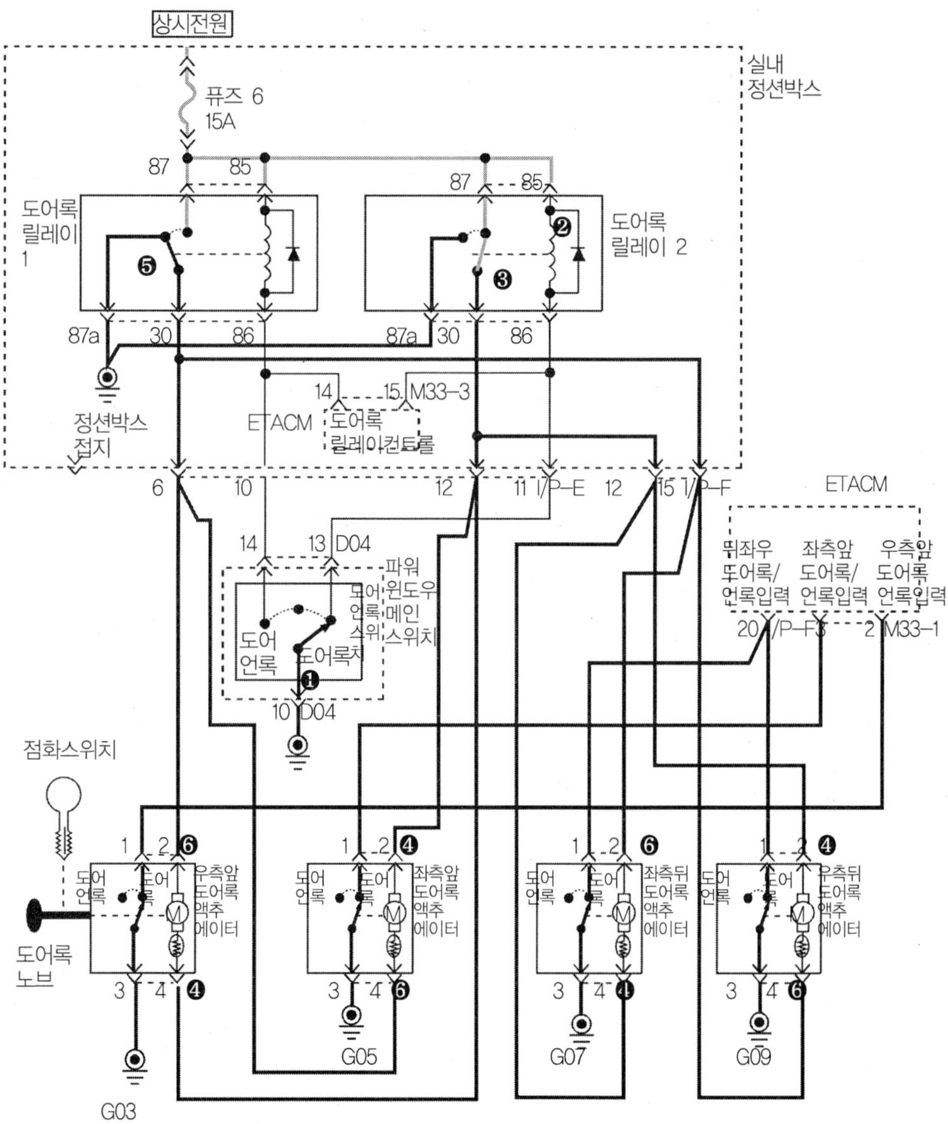

그림 56. 메인스위치 록 작동회로

[1] 평상시 도어 록, 언록회로 작동

평상시 도어 록, 언록회로의 경우는 점화스위치 "ON" 과 관계없이 작동하여야 하므로 상시 전원이 도어 록 릴레이 1, 2에 코일 전원과 릴레이 접점전원을 공급하고 있고 록 릴레이 1, 2는 3웨이 릴레이이므로 한쪽의 접점은 접지와 연결되어 있는 구조로 되어있다.

[2] 메인스위치 록이 작동할 때

메인스위치 록이 작동할 때 파워 윈도우 메인스위치에서 록 위치 ❶로 작동하면 록 스위치에 연결된 릴레이 작동접지가 도어 록 릴레이 2의 솔레노이드 ❷를 작동하게 되고 도어 록 릴레이 2의 접점이 작동 전원 쪽의 접점 ❸과 연결하게 되어 작동전원이 각각의 도어 액추에이터로 전원을 록 방향쪽에 해당하는 전원 ❹를 연결하게 되어 도어 록이 작동하게 된다.

이때 접지는 도어 록 릴레이 1이 노멀상태에서 접지 ❺와 연결되어 있어 접지가 작동접지를 각각의 도어 액추에이터로 접지 ❻를 공급하게 된다.

[3] 메인스위치 언록이 작동할 때

메인스위치 언록이 작동할 때에는 록이 작동할 때와 같이 파워 윈도우 메인스위치에서 언록 위치 ❶로 작동하면 언록 위치에 연결된 릴레이 작동 접지가 도어 록 릴레이 1의 솔레노이드 ❷를 작동하게 되고 도어 록 릴레이 1의 접점이 작동 전원 쪽의 접점 ❸과 연결하게 되어 작동전원이 각각의 도어 액추에이터로 전원을 언록방향 쪽에 해당하는 전원 ❹를 연결하게 되어 도어 언록이 작동하게 된다.

이때 접지는 도어 록 릴레이 2가 노멀상태에서 접지 ❺와 연결되어 있어 접지가 작동접지를 각각의 도어 액추에이터로 접지 ❻을 공급하게 된다.

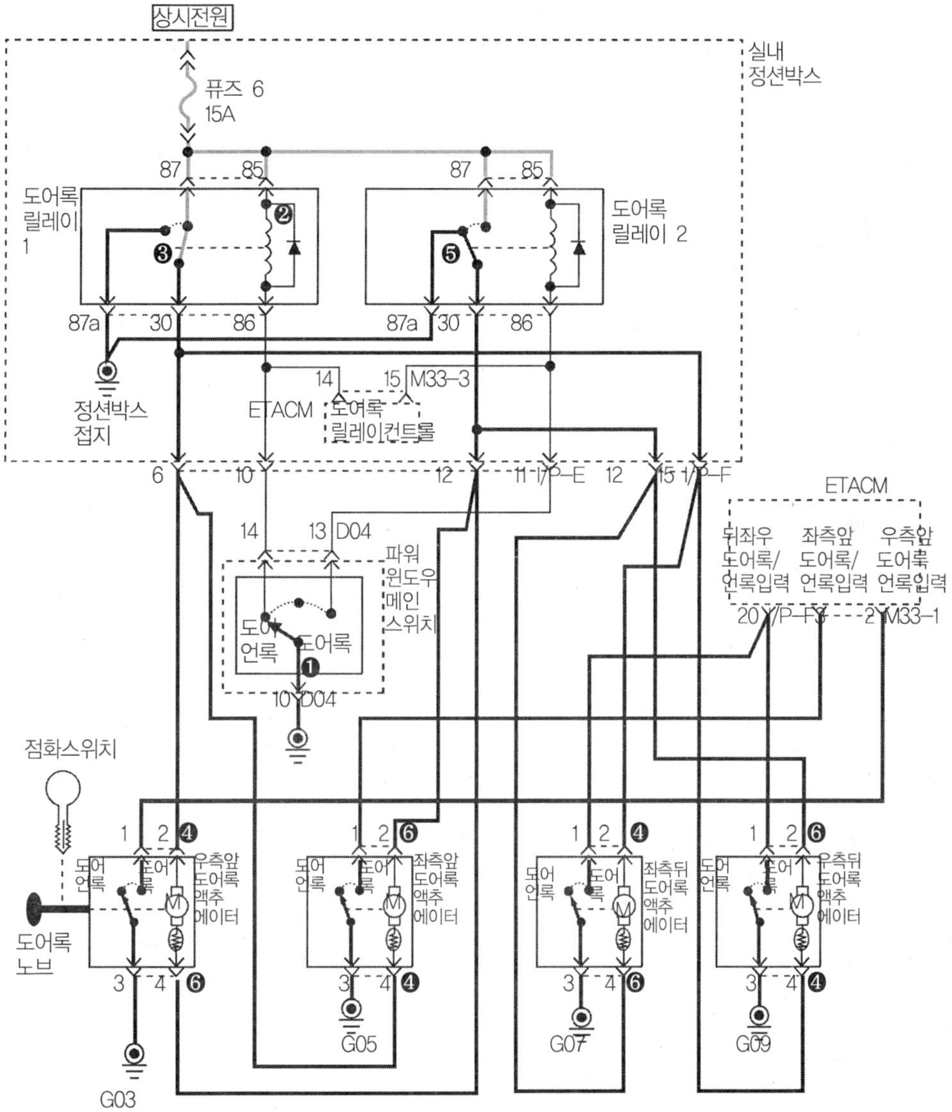

그림 57. 메인스위치 언록 작동회로

[4] 에탁스에 의해 록이 작동할 때

에탁스에 의해 록 작동은 일반적으로 리모컨에 의해 록이 될 경우나 에탁스에서 자동 도어 록 기능에 의해 작동하게 되고 록의 작동은 기존의 도어 록 스위치에서 릴레이의 솔레노이드를 작동하던 과정을 에탁스에서 수행하는 것으로 생각하면 이해가 쉬울 것이다.

그럼 다시한번 그 과정을 살펴보면 에탁스에서 도어 록을 수행을 해야 할 경우 에탁스의 도어 록 릴레이 컨트롤에서 도어 록 릴레이 2의 솔레노이드로 접지를 공급하여 작동하게 되고 도어 록 릴레이 2의 접점이 작동전원 쪽의 접점과 연결하게 되어 작동전원이 각각의 도어 액추에이터로 전원을 록 방향 쪽에 해당하는 전원을 연결하게 되어 도어 록이 작동한다. 이때 접지는 도어 록 릴레이 1이 노멀 상태에서 접지와 연결되어 있어 접지가 작동 접지를 각각의 도어 액추에이터로 접지에 공급하게 된다.

[5] 에탁스에 의해 언록이 작동할 때

에탁스에 의해 언록작동의 경우도 리모컨에 의해 록이 될 경우나 에탁스에서 충돌이 발생하였을 때 언록기능에 의해 작동하게 되고 언록의 작동의 경우도 기존의 도어 록 스위치에서 릴레이의 솔레노이드를 작동하던 과정을 에탁스에서 수행하는 것으로 생각하면 이해가 쉬울 것이다.

그럼 다시 한번 그 과정을 살펴보면 에탁스에서 도어 언록을 수행을 해야 할 경우 에탁스의 도어 록 릴레이 컨트롤에서 릴레이 작동 접지가 도어 록 릴레이 1의 솔레노이드를 작동하게 되고 도어 록 릴레이 1의 접점이 작동 전원 쪽의 접점과 연결하게 되어 작동전원이 각각의 도어 액추에이터로 전원을 언록방향 쪽에 해당하는 전원를 연결하게 되어 도어 언록이 작동하게 된다. 이때 접지는 도어 록 릴레이 2이 노멀 상태에서 접지와 연결되어 있어 접지가 작동 접지를 각각의 도어 액추에이터로 접지를 공급하게 된다.

3 편의장치 정비

안전 및 준비사항

① 편의장치 정비 전 정비지침서를 숙지하여 실습순서를 정하고 공구 및 실습 기기와 재료 등을 충분히 준비한다.

② 실습장 및 주위를 깨끗이 정리정돈하고 유류 등의 인화성물질은 안전하게 별도로 보관하며 소화기를 비치하여 화재사고에 대비한다.

③ 편의장치 정비 시작 전 안전 교육을 실시한다.

④ 복잡한 부분을 분해할 경우에는 조립작업을 쉽게 하기 위하여 기능상이나 외관상 악영향이 없는 부분에 각인(刻印) 또는 조립 표시등을 하여 둔다.

⑤ 부품을 분해하면서 조립되었던 상태 · 변형 · 오작동부분 및 손상 등을 점검한다.

⑥ 분해한 부품은 순서대로 잘 정리하여야 하며 또 교환하여야 하는 부품과 다시 사용할 부품을 구분하여 정리하고 다시 사용할 부품은 충분히 청소 및 세척을 한다.

⑦ 정비시 부품을 떨어지지 않도록 하며 작업장 바닥에 이물질이 있으면 즉시 닦아낸다.

⑧ 볼트 및 너트 체결시 적절한 공구를 사용하며, 정비지침서에 규정된 토크로 조인다.

⑨ 규정이상의 퓨즈를 사용하지 않는다.

⑩ 실습 종료 후 실습장 주위의 정리정돈을 깨끗이 한다.

실습기기 및 재료

공구 및 측정기기		실습 재료	기 타
* 일반 공구세트 * 특수공구 * 작업등 * 에어공구 * 전동공구 * 토크렌치 * 납땜인두 * 오실로스코프 * 전류계, 전압계 * 종합진단기	* 퓨즈 * 하니스(배선, 커넥터) * 축전지 * 릴레이 * 액추에이터 * 센서 * 계기판 * IMS * 음성인식	* 경보장치 * 내비게이션 * 자동주차장치 * 와이퍼 * 가솔린 또는 디젤기관 차량(편의장치 장착 차량)	정비지침서

3.1. 계기판의 탈·부착

① 축전지 (-)케이블을 탈거한다.

② 조향핸들의 옆 부분의 틸트(조향핸들 올리고 내리는 것)를 이용해 조향핸들을 아래로 내려놓는다.

③ 우드몰딩 전용 탈착공구를 이용하여 우드몰딩을 탈거한다.

④ 좌측 우드몰딩도 탈거한다.

(a) 우측 (b) 좌측

그림 58. 우드몰딩 탈거

⑤ 리셋 스위치 달린 바닥판을 당겨서 탈거하고 커넥터를 탈거한다.

⑥ 계기판 하단 고정나사 2개를 탈거한다.

그림 59. 바닥판 커넥터 탈거

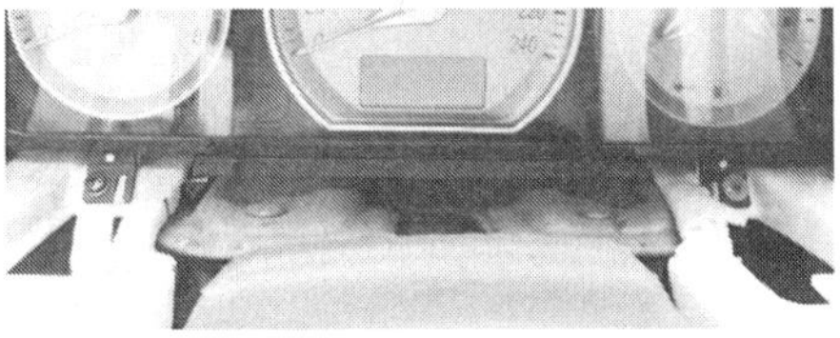

그림 60. 하단 고정나사 탈거

⑦ 계기판 뒤편 위 양쪽에 플라스틱 키로 고정되어 있기 때문에 당기면 탈거된다.

⑧ 조립은 탈거의 역순으로 한다.

⑨ 조립 후 계기판이 정상적으로 작동하는지 확인한다.

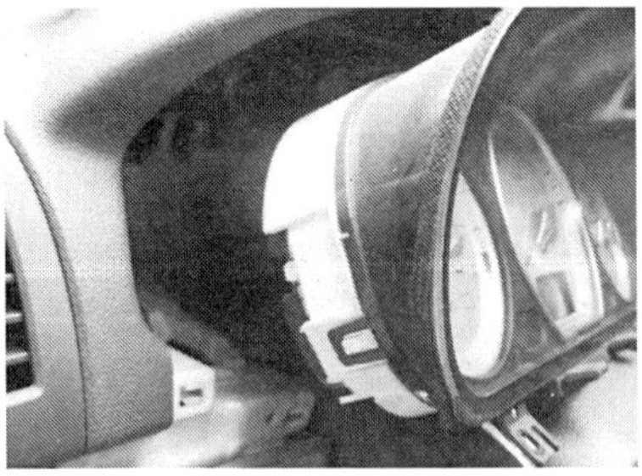

그림 61. 계기판 탈거

3.2. IMS(integrated memory system) 제어

3.2.1. 수동(manual)스위치에 의한 수동작동

수동 스위치에 의해 시트의 전동기를 직접 구동하는 것으로 시트의 슬라이드, 리클라이닝, 틸트, 하이트를 조정할 수 있다.

3.2.2. 메모리 스위치에 의한 시트위치 기억 및 재생작동

점화스위치 ON과 동시에 수동스위치가 모두 OFF의 경우 메모리 스위치를 누른 후 5초 이내에 포지션 스위치를 누르면 현재의 시트위치를 기억한다. 그리고 메모리 허가상태의 해제는 다음 조건 중 하나라도 성립되는 경우에 실행한다.

① 메모리스위치를 ON으로 한 후 4초가 경과된 경우
② 시트 수동스위치가 ON으로 된 경우
③ 자동 조정이 금지로 된 경우

3.2.3. 메모리 재생동작

① 점화스위치를 ON으로 한 후 메모리 스위치가 OFF인 경우 각 스위치를 누름에 따라 기억되어 있는 위치로 조정한다.
② 기억되어 있지 않은 포지션 스위치의 재생동작은 실행하지 않는다.
③ 동시에(50m/sec) 1개의 포지션 스위치를 누를 경우 재생 동작을 하지 않는다.
④ 재생 금지조건
  ㉮ 인히비터 "P" 스위치 OFF
  ㉯ 주행속도 2km/h 이상
  ㉰ 수동 스위치 조작이 있는 경우

3.2.4. 부저(buzzer)출력

① 기억 허가상태가 되었을 경우(메모리 스위치 ON)에는 1회 출력한다.
② 기억이 완료(포지션 스위치 ON)되었을 경우 2회 출력한다.
③ 기억 재생 작동(포지션 스위치 ON)을 할 때 1회 출력한다.
④ 센서 고장으로 인한 이상을 검출하였을 때 10회 출력한다.

3.3. 경보장치의 고장진단

[1] 정전압방식

5V가 출력되며 5V와 0V로 스위치 동작여부를 알 수 있다. 멀티테스터로 전압 변화를 쉽게 볼 수 있다. 초기 차량부터 EF소나타 차량까지 적용되어 있다.

[2] 스트로브방식

5V펄스(PULSE)가 출력되며 5V와 0V로 스위치 동작 여부를 알 수 있다. 40ms 동안 0V 강하되면 스위치가 동작 했다고 인식한다. 멀티테스터는 전압의 변화를 알기 매우 힘들다. 따라서 하이스캔을 사용하여 파형측정 후 파형의 변화를 살펴야 한다. 이 방식은 그랜저XG부터 현재 생산되는 차량에 주로 적용되고 있다.

전장제어 ECU 입력스위치의 전압레벨은 아래 표에 나타내었다. 자동차 입력스위치에 사용되는 IC는 CMOS이며 전압은 5V이다. 5V CMOS IC의 “1” 은 3.5V 이상 “0” 은 1.5V 이하 이지만 에탁스 내부회로에 의해서 커넥터 앞단에 측정되는 전압 레벨은 “1” 이 2.5V 이상 “0” 이 0.8V 이하로 측정되면 정상이다.

[입력스위치의 전압 레벨]

사용 IC	전압레벨	1(통상적으로 스위치 OFF)	0(통상적으로 스위치 ON)	비고
TTL IC	5V	2.5V 이상	0.8V 이하	업 체 마 다 차이 발생
CMOS IC	12V	V×2/3 이하(4V 이상)	V×1/3 이하(4V 이하)	

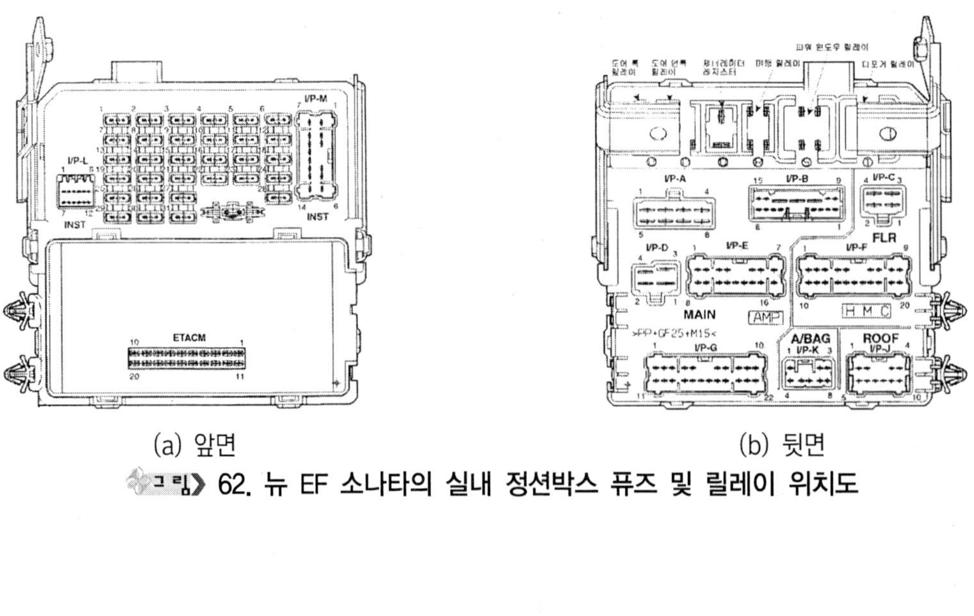

(a) 앞면 (b) 뒷면

그림> 62. 뉴 EF 소나타의 실내 정션박스 퓨즈 및 릴레이 위치도

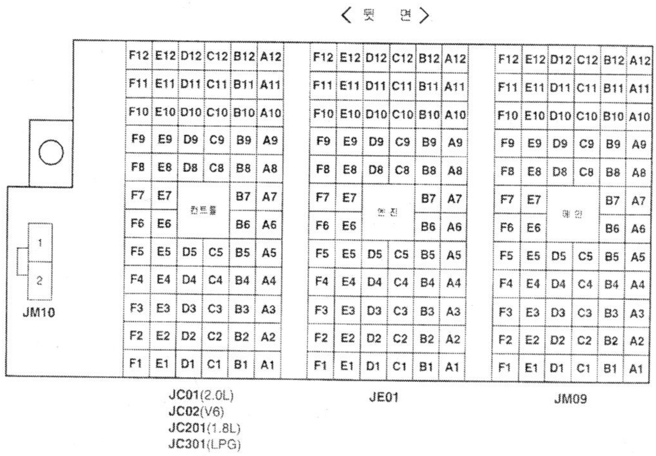

그림 63. 뉴 EF 소나타의 기관룸 정션박스 위치도

3.3.1. 간헐 와이퍼의 고장진단

[1] 액추에이터 검사

간헐 와이퍼 작동 불량 시에 와이퍼가 동작하지 않는다면 먼저 와이퍼 LOW(와이퍼 2단 스위치)나 HIGH(와이퍼 3단 스위치)를 구동시켜 와이퍼 모터의 정상 유무를 알아본다. 와이퍼 LOW, HIGH는 전장제어 ECU(ETACM)과 관계없이 동작하므로 전장제어 ECU가 고장인지 액추에이터 자체의 고장인지 알기 위해서는 와이퍼 LOW, HIGH를 작동시키면 쉽게 알 수가 있다.

[2] 전장제어 ECU의 출력점검

와이퍼가 구동된다면 와이퍼 모터 자체는 문제없는 것으로 판단하고 전장제어 ECU 입·출력을 점검한다. 먼저 출력을 점검하고 와이퍼 모터 릴레이를 점검한다. 와이퍼 모터 릴레이 접지단자를 접지와 연결시키면 와이퍼가 작동되어야 한다.

뉴 EF소나타 차량은 와이퍼 & 워셔(3) 회로도(레인센서 미적용)에서 M33-1 커넥터의 8번 단자를 차체에 연결시켰을 때 와이퍼가 구동되면 와이퍼 모터 릴레이는 정상이므로 전장제어 ECU의 입력요소를 확인하고 구동되지 않으면 와이퍼 모터 릴레이를 교환하여 점검한다.

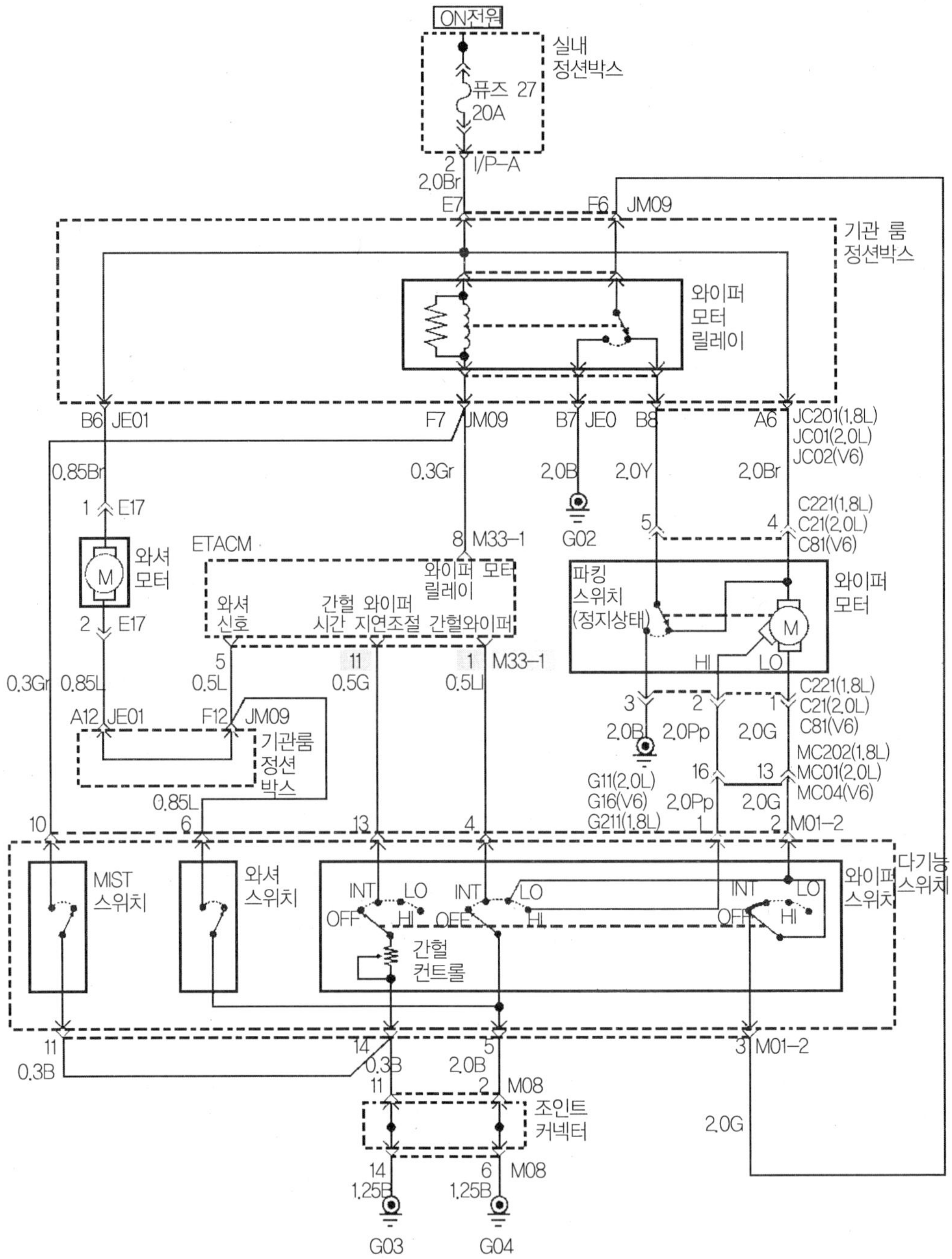

그림 64. 뉴 EF 소나타의 와이퍼 & 워셔(3) 회로도

[3] 전장제어 ECU의 입력점검

(1) 간헐 와이퍼 스위치

와이퍼가 원활하게 구동되었다면 입력스위치 중 INT(간헐) 스위치를 점검한다. 와이퍼의 INT 스위치가 입력되는 전장제어 ECU(ETACM)의 단자를 살펴본다. 뉴 EF소나타는 와이퍼 & 워셔(3) 회로도에서 M33-1의 1번 단자를 살펴보면 된다.

와이퍼 INT스위치가 OFF시에는 5V가 출력되고 INT스위치 ON시에는 0V로 강하된다. 만일 0V로 강하되지 않는다면 배선 단선 및 다기능스위치 불량이고 5V 자체가 출력되지 않는다면 전장제어 ECU 불량으로 볼 수 있다.

(2) 간헐 와이퍼 볼륨스위치

간헐 와이퍼 볼륨 스위치가 입력되는 전장제어 ECU의 단자는 뉴 EF 소나타의 경우 와이퍼 & 워셔(3) 회로도의 M33-1 커넥터의 11번 단자이다. 이 단자에 멀티테스터나 오실로스코프, HI-SCAN 등을 사용하여 전압을 점검하여 본다. 간헐 와이퍼 볼륨 전압은 0V~3.8V까지 원활하게 움직이면 정상이나 와이퍼 제어시간에만 영향을 주는 요소이므로 불량 시 와이퍼 구동에 문제는 없다.

[4] 전장제어 ECU 점검

액추에이터도 이상이 없고, 전장제어 ECU의 출력요소와 입력요소가 모두 정상인데도 간헐 와이퍼가 정상이 아니라면 마지막으로 전장제어 ECU(ETACM) 자체의 고장이므로 교환 후에 작동 여부를 확인한다.

3.3.2. 워셔 연동 와이퍼 제어의 고장진단

워셔 연동 와이퍼 제어도 간헐 와이퍼와 마찬가지로 레인센서가 적용된 차량과 레인센서 미적용 차량이 서로 다르게 되어 있다. 레인센서 적용 차량의 경우는 간헐와이퍼 제어 및 워셔 연동 와이퍼 제어를 레인센서가 기능을 담당하고 있으나 레인센서 미적용 차량의 경우는 전장제어 ECU(ETACM)가 기능을 담당하고 있다. 이번 실습도 레인센서 미적용 차량을 대상으로 실습을 하여보자.

[1] 액추에이터 검사

워셔 연동 와이퍼 제어에 작동하는 액추에이터는 워셔 모터와 와이퍼 모터가 있으므로 각 액추에이터의 상태를 살펴본다.

(1) 워셔 모터

워셔 모터의 정상 작동 여부를 알기 위해서는 워서 스위치를 작동시키면서 워셔 모터의 소리를 들어본다. 모터 소리가 들리면 워셔 모터는 정상적으로 작동하는 것이다.

(2) 와이퍼 모터

와이퍼 모터의 작동상태를 알아보기 위해서는 먼저 와이퍼 LOW(와이퍼 2단 스위치)나 HIGH(와이퍼 3단 스위치)를 구동시켜 와이퍼 모터의 정상 유무를 알아본다. 와이퍼 LOW, HIGH는 전장제어 ECU(ETACM)과 관계없이 동작하므로 전장제어ECU가 고장인지 액추에이터 자체의 고장인지 알기 위해서는 와이퍼 LOW, HIGH를 작동시키면 쉽게 알 수가 있다.

[2] 전장제어 ECU의 출력점검

액추에이터는 정상인데도 와이퍼가 작동하지 않으면 전장제어 ECU 입·출력을 점검한다. 먼저 출력을 점검한다. 와이퍼 모터 릴레이를 점검한다. 와이퍼 모터 릴레이 접지단자를 접지와 연결시키면 와이퍼가 작동되어야 한다. 뉴 EF소나타 차량에서는 와이퍼 & 워셔(3) 회로도에서 M33-1 커넥터의 8번 단자를 차체 접지와 연결시켰을 때 와이퍼가 구동되면 와이퍼 모터 릴레이는 정상이므로 전장제어 ECU의 입력요소를 확인하고 구동되지 않으면 와이퍼 모터 릴레이를 교환하여 점검한다.

[3] 전장제어 ECU 입력점검

입력스위치 중 와셔 스위치를 점검한다. 워셔 스위치가 입력되는 전장제어 ECU (ETACM)의 단자를 살펴본다. 뉴 EF소나타는 와이퍼 & 워셔(3) 회로도에서 M33-1의 5번 단자를 살펴본다.

워셔 스위치가 OFF시에는 12V가 출력되고 워셔 스위치 ON시에는 0V로 강하된다. 만일 0V 로 강하되지 않는다면 배선 단선 및 다기능 스위치 불량이다.

[4] 전장제어 ECU 점검

액추에이터도 이상이 없고, 전장제어 ECU의 출력요소와 입력요소가 모두 정상인데도 워셔 연동 와이퍼가 정상이 아니라면 마지막으로 전장제어 ECU(ETACM) 자체의 고장이므로 교환 후에 작동 여부를 확인한다.

3.3.3. 열선 타이머 제어의 고장진단

[1] 액추에이터 검사(그림 65 참조)

우선 열선이 동작하려면 기관의 시동이 걸려 있어야 하고 열선 스위치를 누르면 열선이 동작한다. 열선이 동작하지 않는다면 기본적으로 충전전압이 충분히 나오는지를 확인한다. 뉴 EF소나타의 경우 충전회로도(1)의 I/P-G의 5번 단자를 통해 전장제어 ECU (ETACM)으로 들어오는 충전전압을 확인 한다.

충분한 충전전압이 나오면 뉴 EF 소나타의 경우에는 뒷유리 & 아웃사이드 미러 열선 회로도의 I/P-C의 3번(그림 66 참조) 단자를 접지시킨다. 열선이 작동하면 열선 자체에는 문제가 없는 것이고 열선이 작동하지 않으면 배선, 접지, 열선의 순서로 점검을 한다.

[2] 전장제어 ECU 출력점검

열선 스위치를 작동시키면서 열선 릴레이가 정상적으로 작동하는지를 확인한다. 뉴 EF 소나타의 경우 열선릴레이와 전장제어 ECU는 실내 정션박스 안에서 연결되어 있으므로 열선 스위치를 작동시켰을 때 실내 정션박스를 통해 나오는 열선 릴레이의 출력을 확인한다. 이것은 뒷유리 & 아웃사이드 미러 디포거 회로도의 I/P-C의 3번 단자와 I/P-B의 2번 단자에서 12V 전압이 나오면 열선 릴레이는 정상으로 작동하는 것이고 그렇지 않으면 열선릴레이가 고장이므로 교환 후에 다시한번 점검하여 본다.

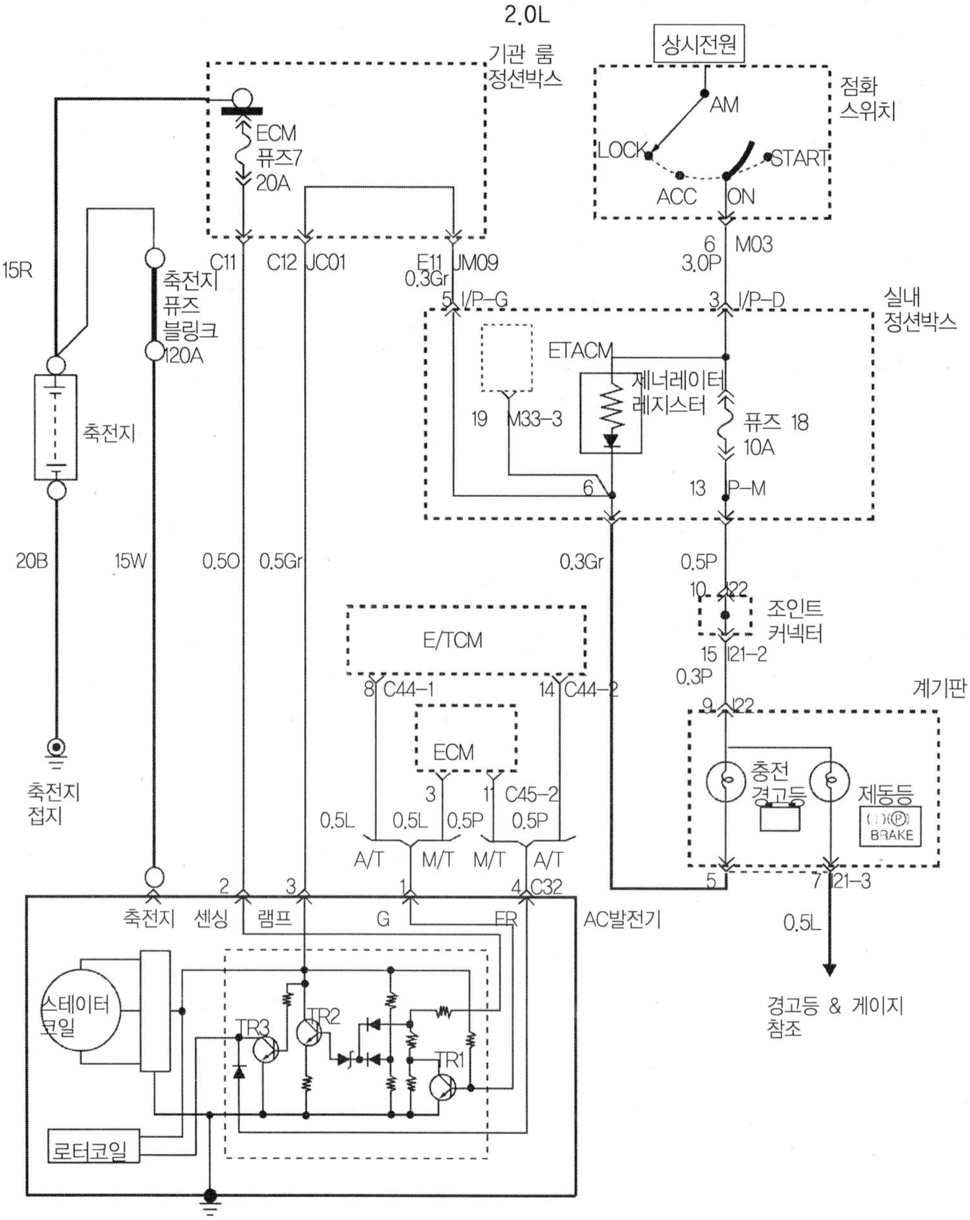

그림 65. 뉴 EF 소나타의 충전회로(1) 회로도

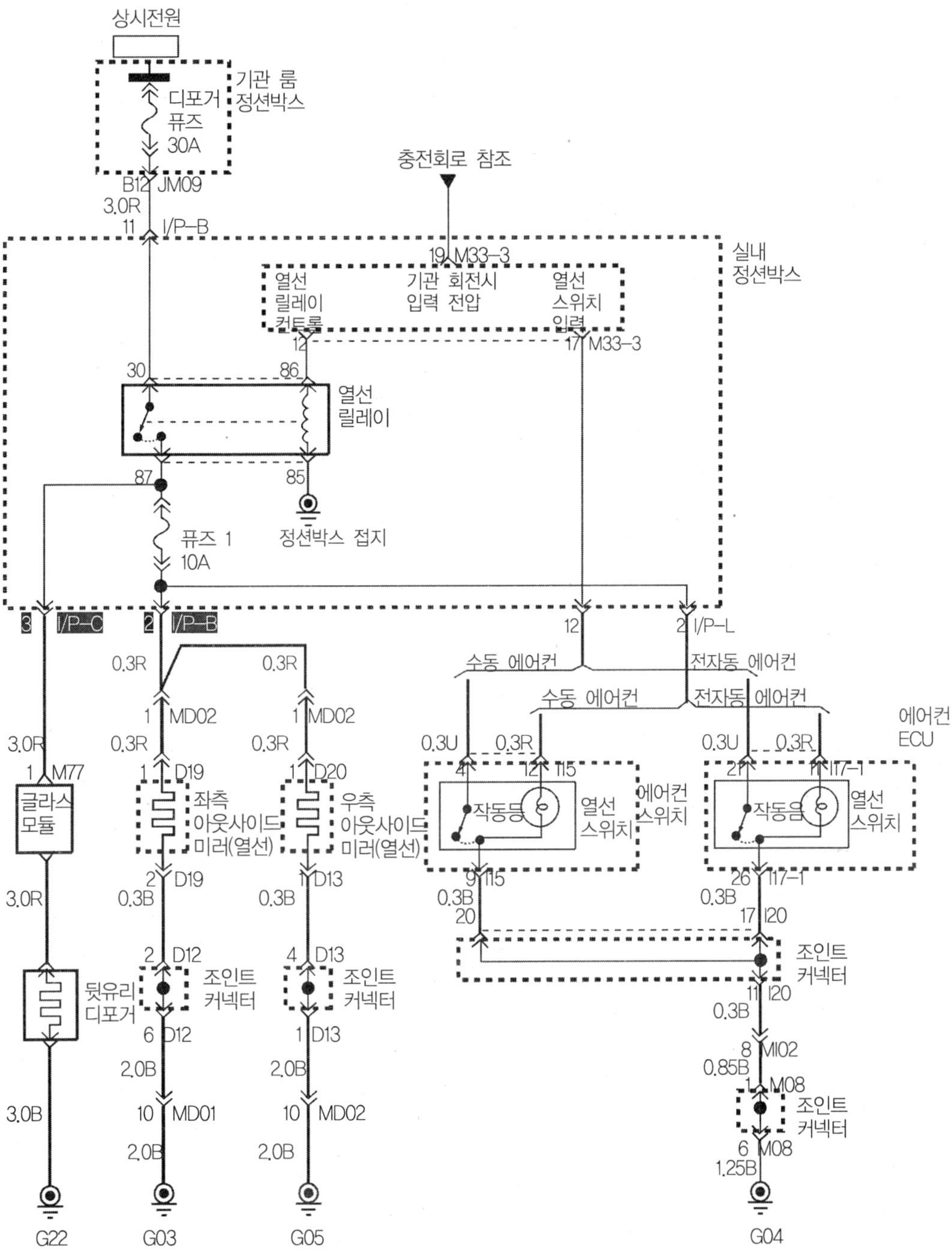

그림 66. 뉴 EF 소나타의 뒷유리 & 아웃사이드 미러 열선 회로도

[3] 전장제어 ECU 입력 점검(그림 66 참조)

(1) 발전기 L단자

열선회로에는 문제가 없다면 입력단자인 발전기 "L" 단자를 점검한다. 발전기단자에서 점화스위치 OFF시 0V, 점화스위치 ON시 2~3V, 기관의 시동 시에는 충전전압이 입력되면 정상이고 최소한 시동시 5V 이상은 입력되어야 한다.

(2) 열선 스위치

발전기 단자의 입력이 정상이라면 열선 스위치를 점검한다. 열선 스위치는 5V 전압으로 감지하며 열선 스위치를 누르면 0V로 강하된다. 열선 스위치는 PUSH 타입의 스위치이므로 계속 누르고 있어야만 전압이 강하되는 것을 확인할 수 있다. 차종에 따라서 정전압방식과 스트로브방식으로 나누어진다. 전압강하가 잘 이루어지면 전장제어 ECU 문제이고 그렇지 않으면 열선스위치와 배선을 점검한다.

[4] 전장제어 ECU 점검

액추에이터도 이상이 없고, 전장제어 ECU의 출력요소와 입력요소가 모두 정상인데도 열선 타이머 제어가 정상이 아니라면 마지막으로 전장제어 ECU(ETACM) 자체의 고장이므로 교환 후에 작동 여부를 확인한다.

3.3.4. 감광식 실내등(룸 램프) 제어의 고장진단

[1] 액추에이터검사

우선 실내등이 동작하려면 실내등 스위치를 ON으로 하여서 실내등이 켜지는지 확인한다. 만약 실내등이 켜지지 않으면 실내등 전구를 확인하여 전구 고장이 아닌지 확인한다. 만약 실내등 전구가 정상이라면 실내등 커넥터를 점검하여 전원 단자에 12V가 공급되고 있는지 확인한다. 뉴 EF소나타는 M88 커넥터의 3번 단자(그림 75)를 테스터 램프 등으로 확인하여 12V가 공급되고 있는지 확인한다.

[2] 전장제어 ECU 출력검사(그림 67 참조)

전장제어 ECU가 실내등을 제어하는 단자를 확인한다. 뉴 EF소나타의 경우에는 실내등 (1) 회로도(그림 67)을 보면 M33-3 커넥터의 11번 단자가 실내등을 제어하는 단자이다.

[선루프 미적용]

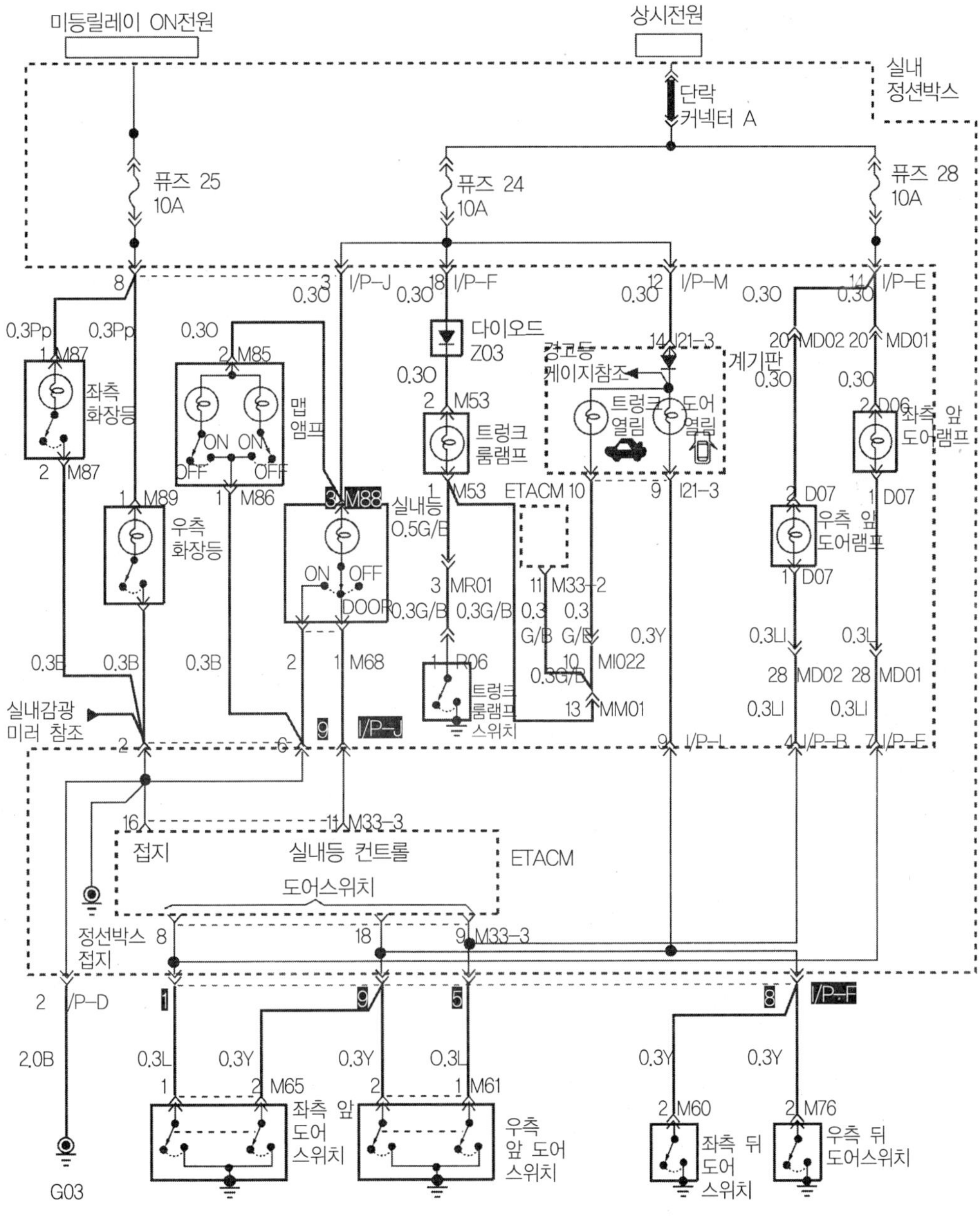

그림 67. 뉴 EF 소나타의 실내등(1) 회로도

그런데 이 단자는 실내 정션박스 내부에 있으므로 외부에서 확인할 수 없다. 따라서 이 단자와 연결된 I/P-J 커넥터의 9번 단자를 통해서 확인하여야 한다. 확인하는 방법은 실내등 스위치를 "DOOR"의 위치에 놓고 시동키는 탈거한 상태에서 임의의 도어 하나를 열었다가 닫았을 때 I/P-J 커넥터의 9번 단자가 0V로 강하되는지 확인한다.

[3] 전장제어 ECU 입력검사(그림 67 참조)

전장제어 ECU에 입력되는 4개 도어 스위치의 정상여부를 확인한다. 뉴 EF소나타의 경우에 실내등(1) 회로도(그림 67)을 보면 운전석 도어 스위치는 "좌측 앞 도어 스위치"로, 조수석 도어 스위치는 "우측 앞 도어 스위치"로, 운전석 뒤 도어 스위치는 "좌측 뒤 도어 스위치", 그리고 조수석 뒤 도어 스위치는 "우측 뒤 도어 스위치"로 표기 되어 있다. 또한 모든 도어 스위치는 문이 열리면 스위치가 닫혀서 접지와 연결되므로 도어 스위치와 연결된 배선은 0V로 강하된다.

그림 67의 회로도를 잘 살펴보면 운전석 도어스위치는 M33-3 커넥터의 8번과 18번 단자에 연결되어 있고, 조수석 도어스위치는 M33-3 커넥터의 9번과 18번 단자에 연결되어 있으며 운전석과 조수석 뒤 도어스위치는 M33-3 커넥터의 18번 단자에 함께 연결되어 있는 것을 알 수 있다. 따라서 4개 도어스위치 중 어느 한 개 이상의 도어 스위치가 열려 있으면 M33-3 커넥터의 18번 단자가 무조건 0V로 강하된다.

뉴 EF소나타는 M33-3 커넥터의 18번 단자가 실내 정션박스의 내부에 있으므로 이 단자와 연결된 I/P-F 커넥터의 9번 단자가 0V로 되는지 확인하면 된다.

[4] 전장제어 ECU 점검

액추에이터도 이상이 없고, 전장제어 ECU의 출력요소와 입력요소가 모두 정상인데도 감광식 실내등 제어가 정상이 아니라면 마지막으로 전장제어 ECU(ETACM) 자체의 고장이므로 교환 후에 작동 여부를 확인한다.

3.3.5. 파워 윈도우 타이머 제어의 고장진단

[1] 액추에이터 검사

우선 파워 윈도우가 동작하려면 운전석 도어에 있는 파워 윈도우 메인 스위치를 작동시켜서 4개 도어의 윈도우를 작동시켜 본다.

UP, DOWN방향으로 모두 작동시키면서 4개 윈도우가 정상적으로 작동되는지 살펴보자. 만약 4개 윈도우가 모두 작동되지 않으면 파워 윈도우 릴레이 또는 전원공급 라인을 점검하여야 하고 4개 윈도우 중 한, 두개의 윈도우만 작동되지 않으면 작동되지 않는 윈도우 모터 자체의 문제이므로 윈도우 모터를 점검하여야 한다.

[2] 전장제어 ECU 출력검사(그림 68)

파워 윈도우 릴레이가 점화스위치를 OFF시킨 후에도 일정시간 동안 동작하고 있는 지 확인하여야 한다.

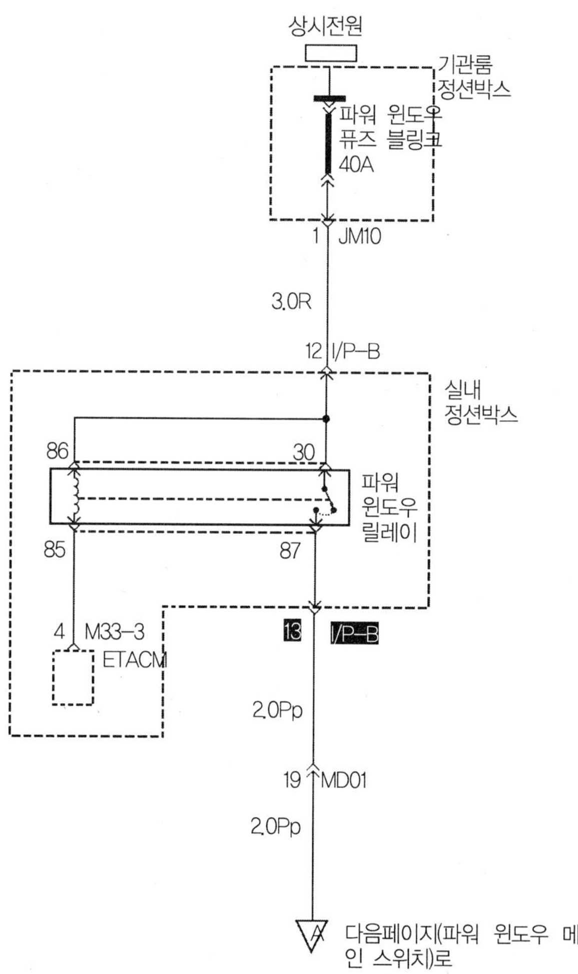

그림 68. 뉴 EF 소나타의 파워 윈도우(1) 회로도

뉴 EF소나타의 파워 윈도우(1) 회로도를 보면 전장제어 ECU (ETACM)와 파워 윈도우 릴레이가 연결되는 단자는 M33-3 커넥터의 4번 단자인데 이 단자는 실내 정션박스의 내부에 있으므로 I/P-B 커넥터의 13번 단자를 사용하여 파워 윈도우 릴레이의 동작여부를 확인하여야 한다.

검사방법은 점화스위치를 OFF시킨 후에 I/P-B 커넥터의 13번 단자가 몇 초 동안 12V 출력이 나오는 지 확인한다. 운전석 도어를 열어 놓은 상태에서 점화스위치를 OFF시킨 후에도 파워 윈도우 릴레이가 작동하는 지 확인한다.

[3] 전장제어 ECU 입력검사

파워 윈도우 타이머제어를 위한 입력신호는 점화스위치 신호와 운전석 및 조수석 도어 스위치이다. 운전석 및 조수석 도어 스위치는 실내등 회로도에 나타나 있으며 점화스위치는 전원 배분도에 나타나 있다.

뉴 EF소나타의 경우 점화스위치 회로는 전원배분도의 점화스위치와 실내 정션박스에서 퓨즈5(ETACM)에 연결된 커넥터이므로 I/P-D 커넥터의 1번 단자(그림 69)이다. 키 ON상태에서 12V 점화스위치 OFF상태에서 0V가 되는지 확인하면 된다. 운전석 및 조수석 도어 스위치는 실내등(1) 회로도(그림 67)에서 알 수 있다. 뉴 EF소나타에서는 M33-3 커넥터의 8번과 18번이 운전석 도어 스위치와, M33-3 커넥터의 9번과 18번이 조수석 도어 스위치와 연결되어 있다.

이 단자 역시 실내 정션박스의 내부에 있으므로 M33-3 커넥터의 8번 단자는 I/P-F 커넥터의 1번 단자로 확인할 수 있고 M33-3 커넥터의 18번 단자는 I/P-F커넥터의 9번 단자로 확인할 수 있으며 M33-3 커넥터의 9번 단자는 I/P-F의 5번 단자로 각각 연결되어 확인할 수 있다. 운전석과 조수석의 도어를 각각 열었다 닫았다 하면서 각 단자의 변화를 살펴본다.

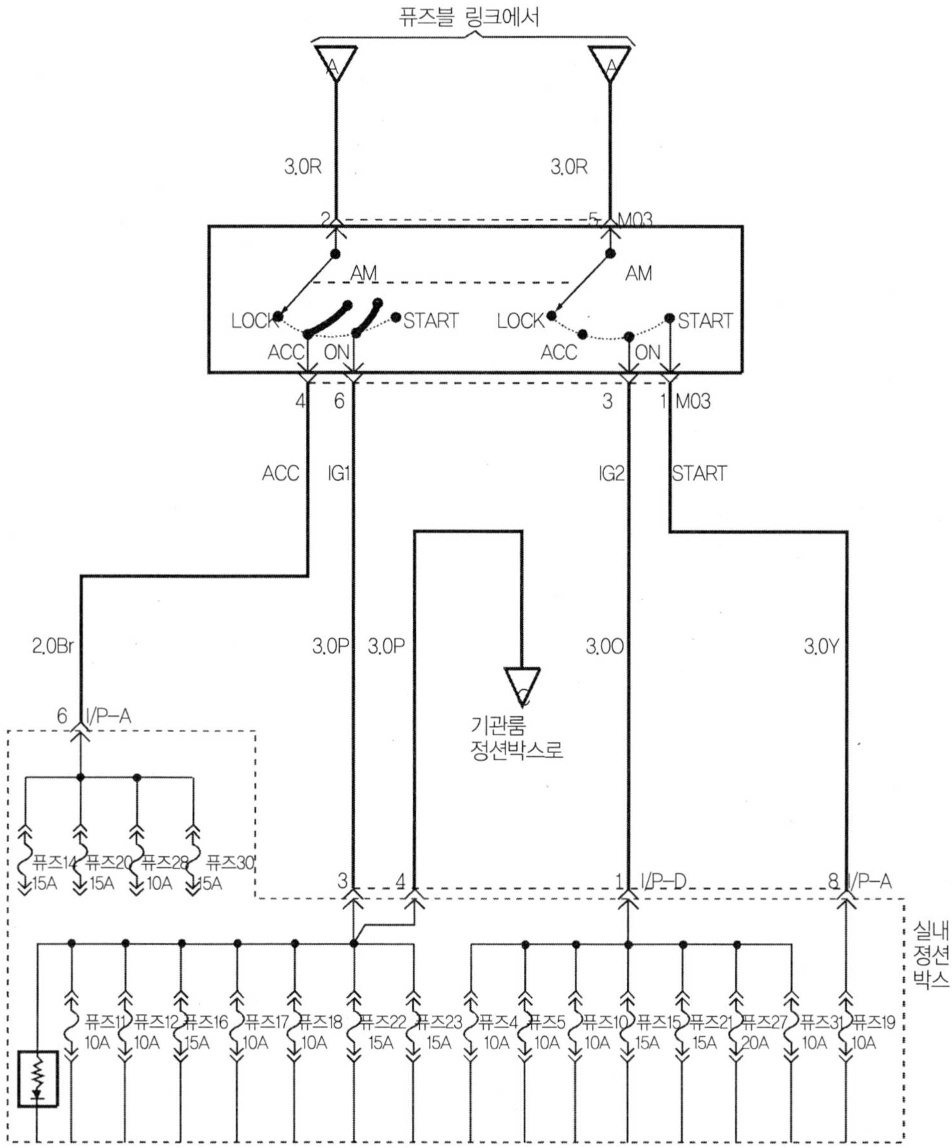

그림 69. 뉴 EF 소나타의 전원배분도 회로도

[4] 전장제어 ECU 점검

액추에이터도 이상이 없고, 전장제어 ECU의 출력요소와 입력요소가 모두 정상인데도 파워 윈도우 타이머 제어가 정상이 아니라면 마지막으로 전장제어 ECU(ETACM) 자체의 고장이므로 교환 후에 작동 여부를 확인한다.

3.3.6. 점화스위치 회수 제어의 고장진단

[1] 액추에이터 검사

점화스위치 회수 제어를 위해서는 도어 언록 액추에이터가 정상적으로 작동하여야 한다. 따라서 파워 윈도우 메인 스위치의 도어 록/언록 스위치를 작동시키면서 4개 도어의 도어 록/언록 액추에이터가 정상적으로 작동하는지 검사하면 된다.

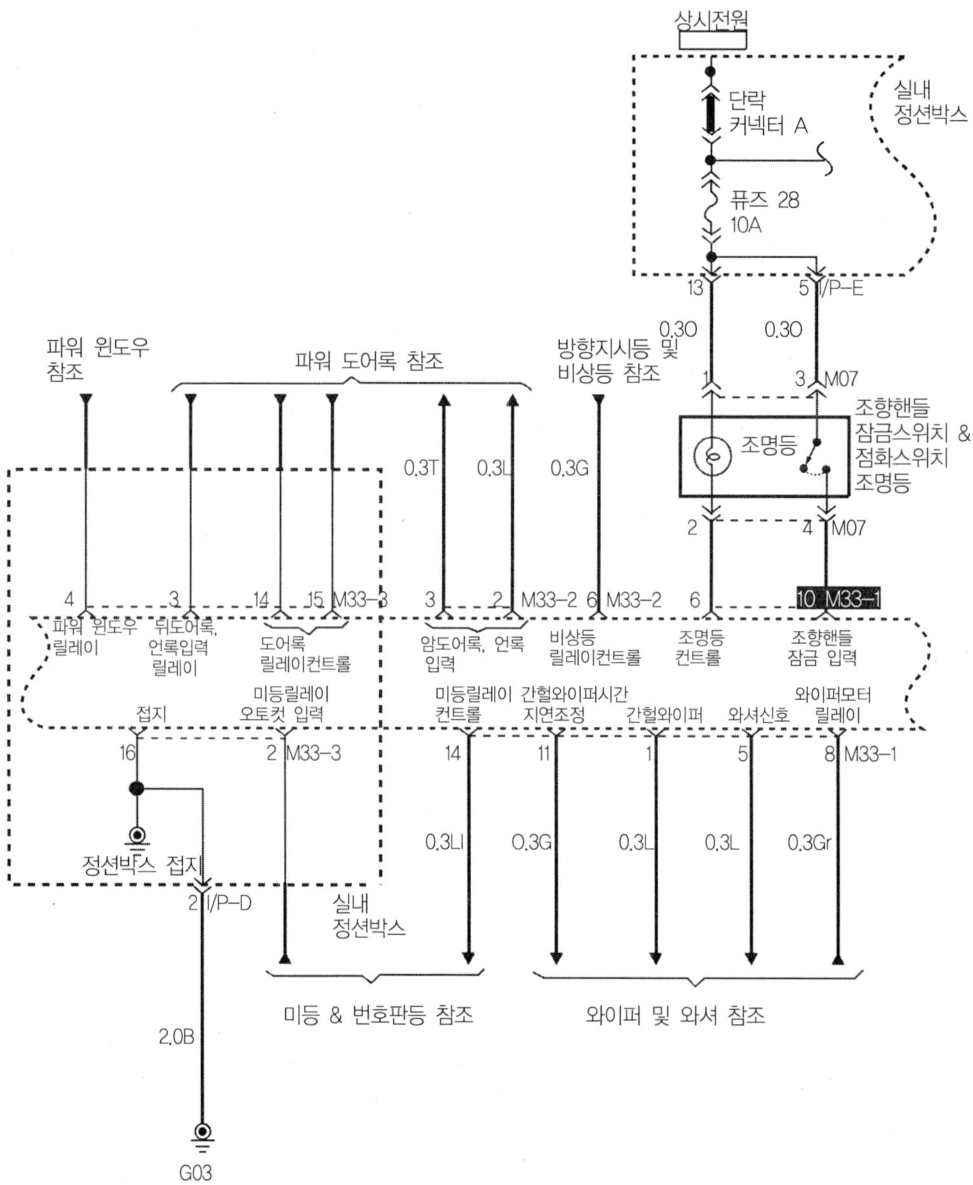

그림 70. 뉴 EF 소나타 ETACS 회로도

[2] 전장제어 ECU 출력검사(그림 71 참조)

점화스위치 회수 제어의 출력단자는 도어 언록 릴레이이다. 차종마다 언록 릴레이의 위치가 조금씩 다르게 되어 있으나 대부분의 경우 실내 정션박스에 위치해 있다. 뉴 EF소나타에서도 도어 언록 릴레이는 실내 정션박스에 있으며 전장제어 ECU (ETACM)와 M33-3 커넥터의 14번 단자와 연결되어 있다.

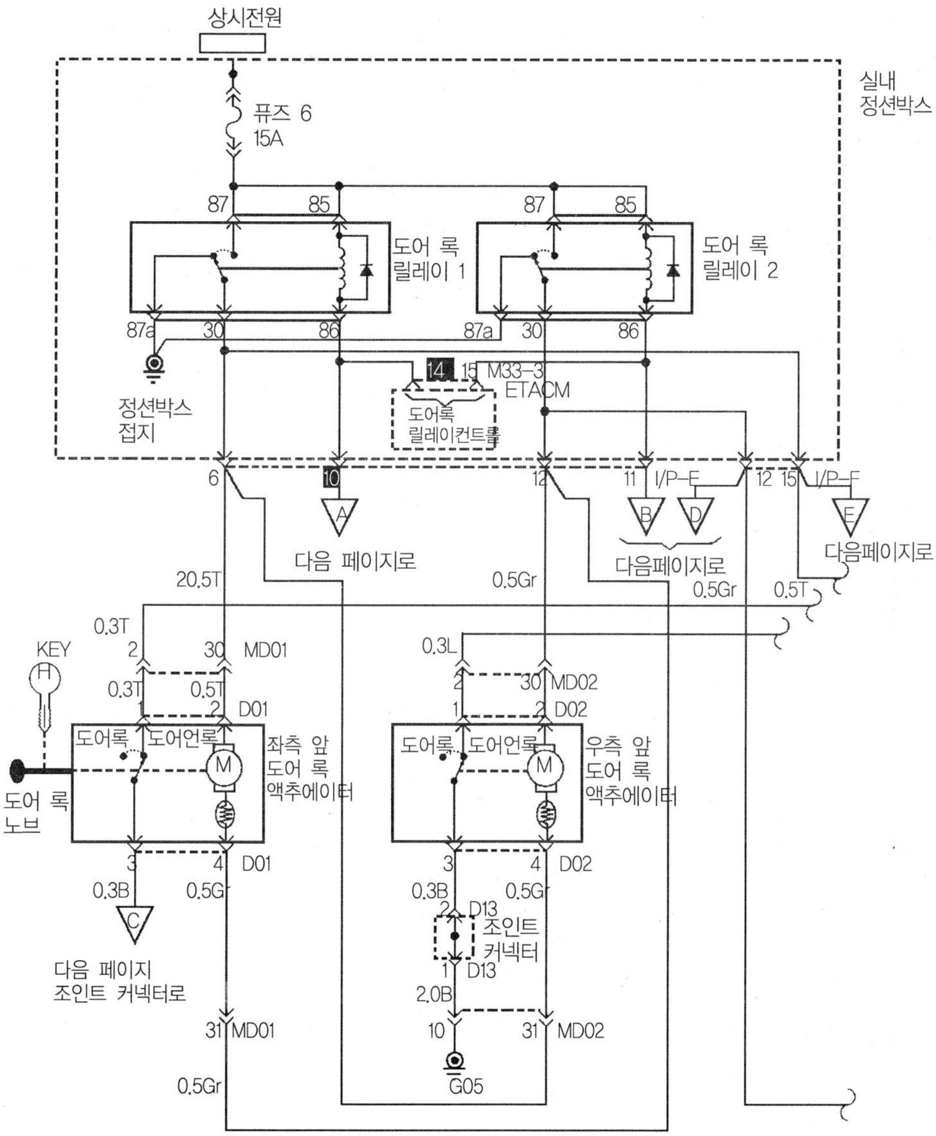

그림 71. 뉴 EF 소나타 파워 도어록(1) 회로도

그런데 이 단자도 실내 정션박스의 내부에 위치해 있으므로 이 단자의 확인을 위해서는 실내 정션박스의 I/P-E 커넥터의 10번 단자를 사용할 수 있다. 점화스위치 회수 제어 조건을 만들어 놓은 후에 이 단자가 0V로 강하가 되는 지 확인한다. 즉 점화스위치를 키박스에 꽂아 놓은 상태에서 운전석 문을 열고 운전석 도어 노브를 작동시켜서 문을 잠근다. 이 조건이 되면 전장제어 ECU(ETACM)은 점화스위치 회수 제어를 위해서 언록 출력을 내보내야 하므로 M33-3 커넥터의 14번 단자를 접지시킨다. 이렇게 되면 실내 정션박스의 I/P-E 커넥터의 10번 단자도 접지가 되어 도어가 언록작동을 하게 된다.

[3] 전장제어 ECU 입력검사

점화스위치 회수 제어를 위한 입력은 점화스위치 삽입 스위치(조향핸들 잠금 스위치, 조향핸들 잠금 입력), 운전석 도어 스위치, 운전석 도어 록 스위치이다.

(1) 점화스위치 삽입 스위치(그림 70 참조)

점화스위치가 키박스에 꽂혀 있는 지의 여부를 알기위한 스위치이다. 보통 조향핸들 잠금스위치, 조향핸들 잠금 입력이라고 부르기도 한다. 뉴 EF소나타에서는 M33-1 커넥터의 10번 단자로 신호가 입력된다. 점화스위치를 키박스에 꽂지 않은 상태에서는 0V가 검지되고 점화스위치를 키박스에 꽂은 상태에서는 12V가 검출되면 정상이다.

(2) 운전석 도어 스위치(그림 72 참조)

운전자가 문을 열고 나가려는 것을 검출하기 위한 스위치이다. 또한 점화스위치 회수 제어는 운전석 도어가 열려있는 상태에서만 제어를 한다. 즉 열었다 닫으면 점화스위치 회수 제어는 작동하지 않는다. 뉴 EF소나타에서는 실내등(1) 회로도(그림 67)에서 M33-3 커넥터의 8번과 18번 단자가 0V로 되면 정상이다.

마찬가지로 M33-3 커넥터는 실내 정션박스 내부에 있으므로 그 대신에 I/P-F 커넥터의 1번과 9번 단자를 사용해서 점검할 수 있다. 문이 열렸을 경우에는 0V 닫혔을 경우에는 12V가 출력되면 정상이다.

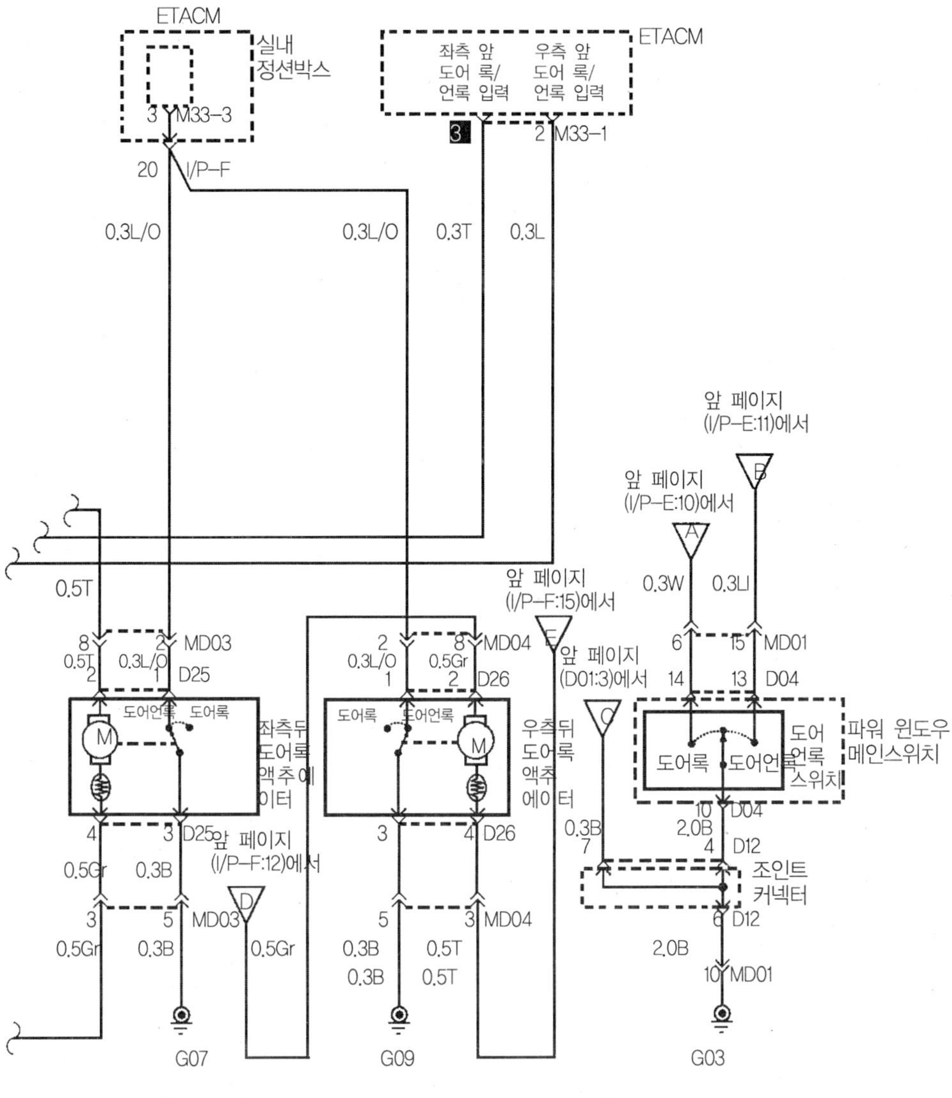

그림 72. 뉴 EF 소나타 파워 도어록(2) 회로도

(3) 운전석 도어 록 스위치(그림 72 참조)

운전자가 점화스위치를 키박스에 꽂아 두고 운전석 도어를 열어 놓은 상태에서 운전석 도어 노브를 눌러서 운전석 도어를 잠그려는 것을 검출하기 위한 것이다. 뉴 EF소나타의 파워 도어 록(1), (2) 회로도에서 전장제어 ECU(ETACM)에 입력되는 단자는 M33-1 커넥터의 3번 단자이다. 도어 언록 상태에서는 0V가 검지되고 도어 록 상태에서는 5V가 검출되면 정상이다.

[4] 전장제어 ECU 점검

액추에이터도 이상이 없고, 전장제어 ECU의 출력요소와 입력요소가 모두 정상인데도 점화스위치 회수 제어가 정상이 아니라면 마지막으로 전장제어 ECU(ETACM) 자체의 고장이므로 교환 후에 작동 여부를 확인한다.

3.3.7. 안전벨트 경고등 타이머 제어의 고장진단

[1] 액추에이터 검사

우선 안전벨트 경고등이 동작하려면 점화스위치를 OFF상태에서 돌려서 기관시동을 걸어야 한다. 이 때 경고등이 점멸한다. 만약 경고등이 점멸하지 않으면 경고등의 입력단자와 출력단자를 점검해야 한다.

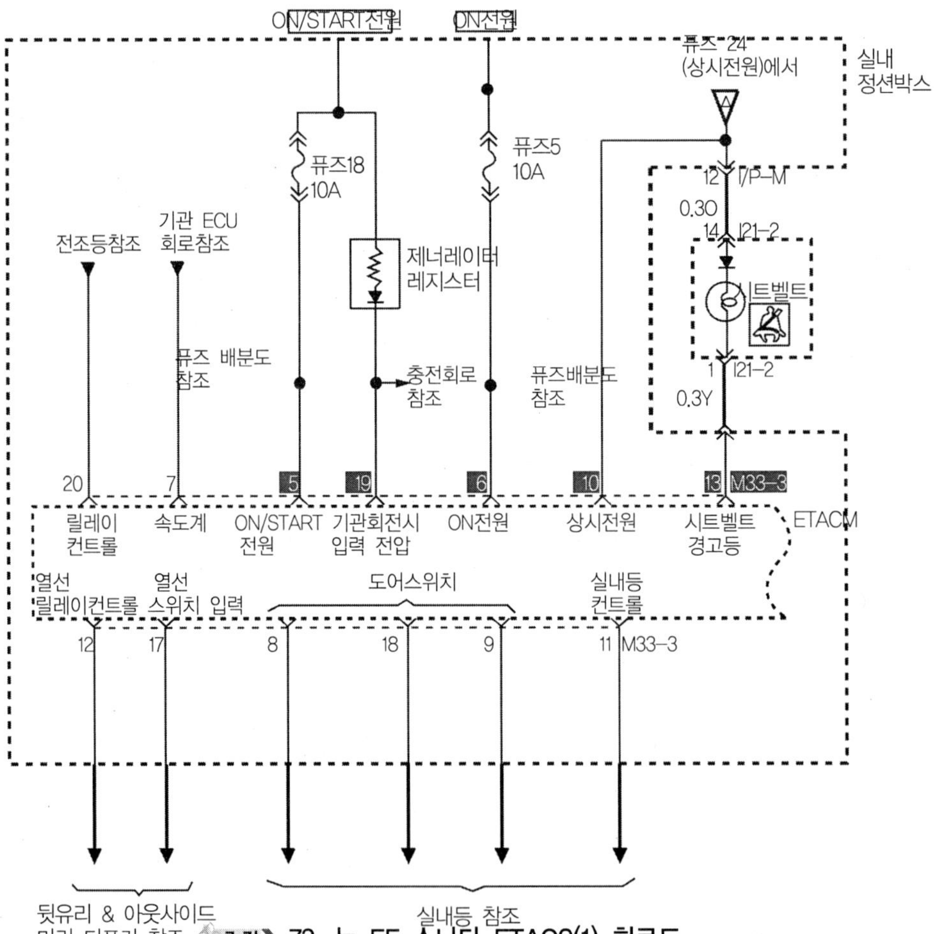

그림 73. 뉴 EF 소나타 ETACS(1) 회로도

[2] 전장제어 ECU 출력검사(그림 73 참조)

경고등의 입·출력단자를 점검하기 위해서는 먼저 경고등에 전원이 공급되는지 살펴본다. 뉴 EF소나타에서는 ETACM회로(1)에 보면 I/P-M 커넥터의 1번 단자에 축전지 전압 12V가 공급되면 경고등과 전장제어 ECU(ETACM)에 상시 전원이 공급됨을 알 수 있다.

경고등의 출력단자는 ETACM회로(1)에 보면 전장제어 ECU(ETACM)의 M33-3 커넥터의 13번 단자로서 실내 정션박스의 내부에 있으므로 이 단자를 대신하여 I/P-L 커넥터의 10번 단자가 0V로 접지되는지 확인한다.

[3] 전장제어 ECU 입력검사(그림 74 참조)

안전벨트 경고등 제어의 입력신호인 IG1 신호가 정상적으로 입력되고 있는지 확인하여야 한다.

뉴 EF소나타에서는 ETACM회로(1)에 보면 M33-3 커넥터의 5번 단자에 IG1 신호가 입력되는데 이것은 실내 정션박스의 내부 단자이므로 다시 전원배분 회로도(그림 74)를 살펴보면 실내 정션박스의 I/P-D 커넥터의 3번 단자에서 IG1 신호를 확인할 수 있다. 점화스위치를 OFF상태에서 기관 시동을 걸면서 단자 전압이 0V에서 12V로 변하면 정상이다.

[4] 전장제어 ECU 점검

액추에이터도 이상이 없고, 전장제어 ECU의 출력요소와 입력요소가 모두 정상인데도 안전벨트 경고등 타이머 제어가 정상이 아니라면 마지막으로 전장제어 ECU (ETACM) 자체의 고장이므로 교환 후에 작동 여부를 확인한다.

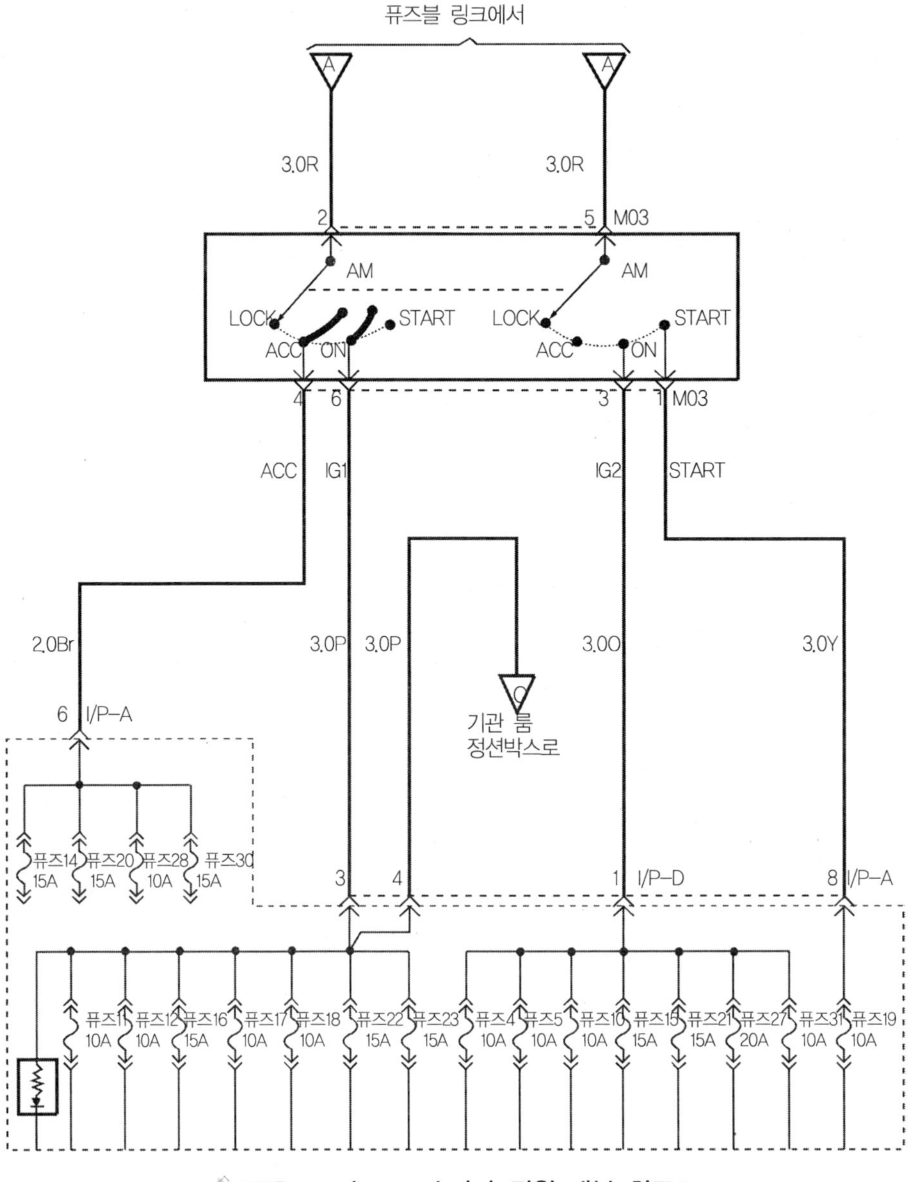

그림 74. 뉴 EF 소나타 전원 배분 회로도

3.3.8. 중앙 집중식 도어 록 제어의 고장진단

[1] 액추에이터 검사

중앙 집중식 도어 록 제어를 위해서는 도어 록/언록 액추에이터가 정상적으로 작동하여야 한다. 따라서 파워 윈도우 메인 스위치의 도어 록/언록 스위치를 작동시키면서 4개 도어의 도어 록/언록 액추에이터가 정상적으로 작동하는지 검사하면 된다.

이렇게 하면 ETACM의 문제가 있어서 도어록/언록이 되지 않는 것인지 아니면 액추에이터에 문제가 있는 것인지 알 수가 있게 된다.

운전석 도어에 있는 이 파워 윈도우 메인 스위치의 도어 록/언록 스위치는 다음 페이지의 회로도를 잘 살펴보면 알 수 있는 것처럼 전장제어 ECU(ETACM)과 관계없이 4개의 도어를 록 또는 언록시킬 수 있도록 되어 있다. 즉 전장제어 ECU(ETACM)이 고장이 나도 파워 윈도우 메인 스위치의 도어 록/언록 스위치를 작동시키면 4개 도어는 록/언록이 된다.

[2] 전장제어 ECU 출력검사(그림 75 참조)

중앙 집중식 도어 록 제어의 출력단자는 도어 록 릴레이와 도어 언록 릴레이이다. 차종마다 언록 릴레이의 위치가 조금씩 다르게 되어 있으나 대부분의 경우 실내 정션박스에 위치해 있다.

뉴 EF소나타에서도 도어 록 릴레이와 도어 언록 릴레이는 실내 정션박스에 있으며 전장제어 ECU(ETACM)와 M33-3 커넥터의 15번 단자는 도어 록 릴레이와 연결되어 있고 M33-3 커넥터의 14번 단자는 도어 언록 릴레이와 연결되어 있다. 그런데 이 단자도 실내 정션박스의 내부에 위치해 있으므로 이 단자의 확인을 위해서는 실내 정션박스의 I/P-E 커넥터의 12번 단자와 10번 단자를 사용할 수 있다. 운전석에서 도어 록 노브를 사용하여 도어를 록 시키면서 I/P-E 커넥터의 12번 단자가 0V로 변하는지 확인하여 본다.

다시 도어 록 노브를 사용하여 도어를 언록시키면서 I/P-E 커넥터의 10번 단자가 0V로 변하는지 확인한다. 이번에는 차량 바깥에서 시동키를 사용하여 운전석 또는 조수석의 도어를 록 시키면서 I/P-E커넥터의 12번과 10번 단자가 0V로 변하는지 확인한다. 강제구동시험을 위해서는 I/P-E커넥터의 12번과 10번 단자를 차체에 접지시키면서 4개 도어가 록/언록이 되는지 살펴보면 된다.

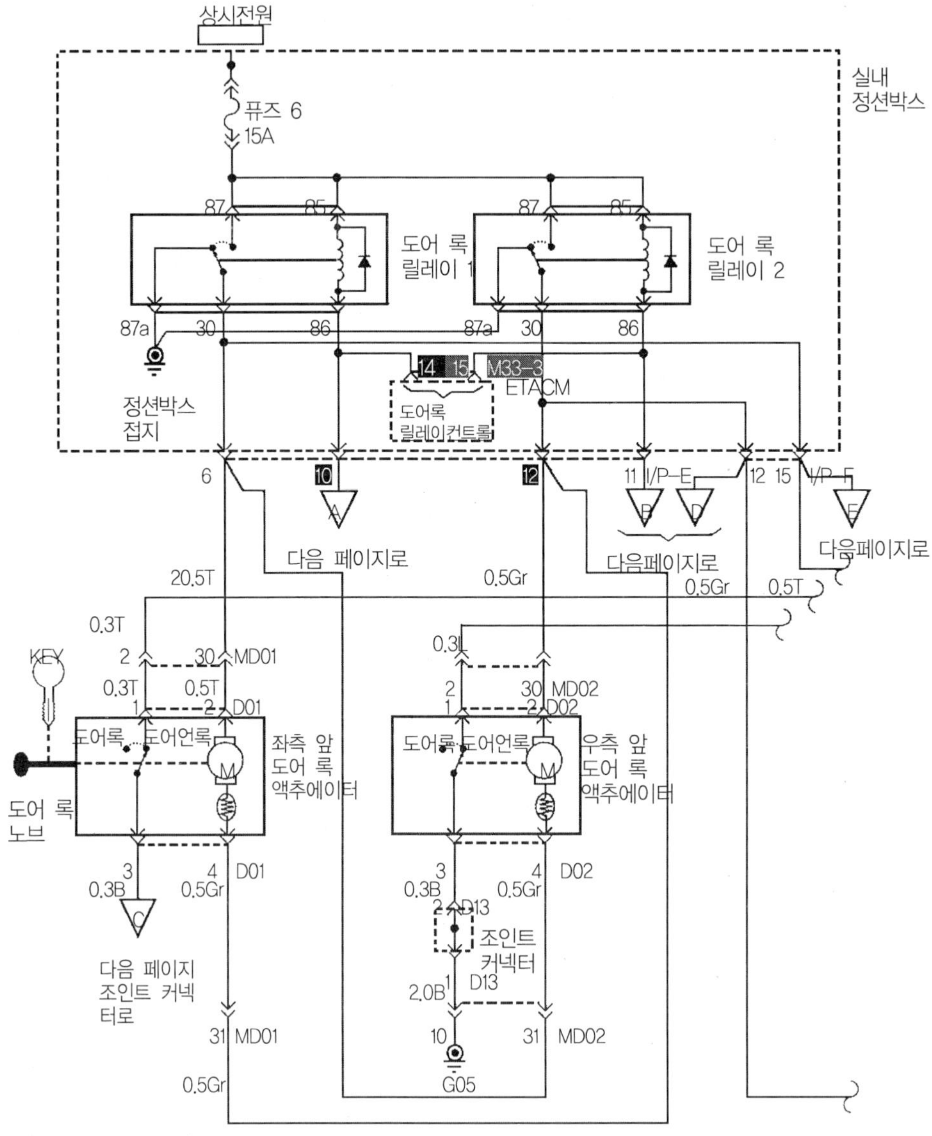

그림 75. 뉴 EF 소나타 파워 도어록(1) 회로도

[3] 전장제어 ECU 입력검사

중앙 집중식 도어 록 제어를 위한 입력은 운전석 도어 록 스위치, 조수석 도어 록 스위치이다.

(1) 운전석 도어 록/언록 스위치(그림 76 참조)

운전석 도어 노브를 눌러서 4개 전체 도어를 록/언록시키려는 것을 검출하기 위한 것이다. 뉴 EF소나타의 파워 도어록(1), (2) 회로도에서 전장제어 ECU (ETACM)에 입력되는 단자는 M33-1 커넥터의 3번 단자이다. 도어 언록 상태에서는 0V가 검지되고 도어 록 상태에서는 5V가 검출되면 정상이다.

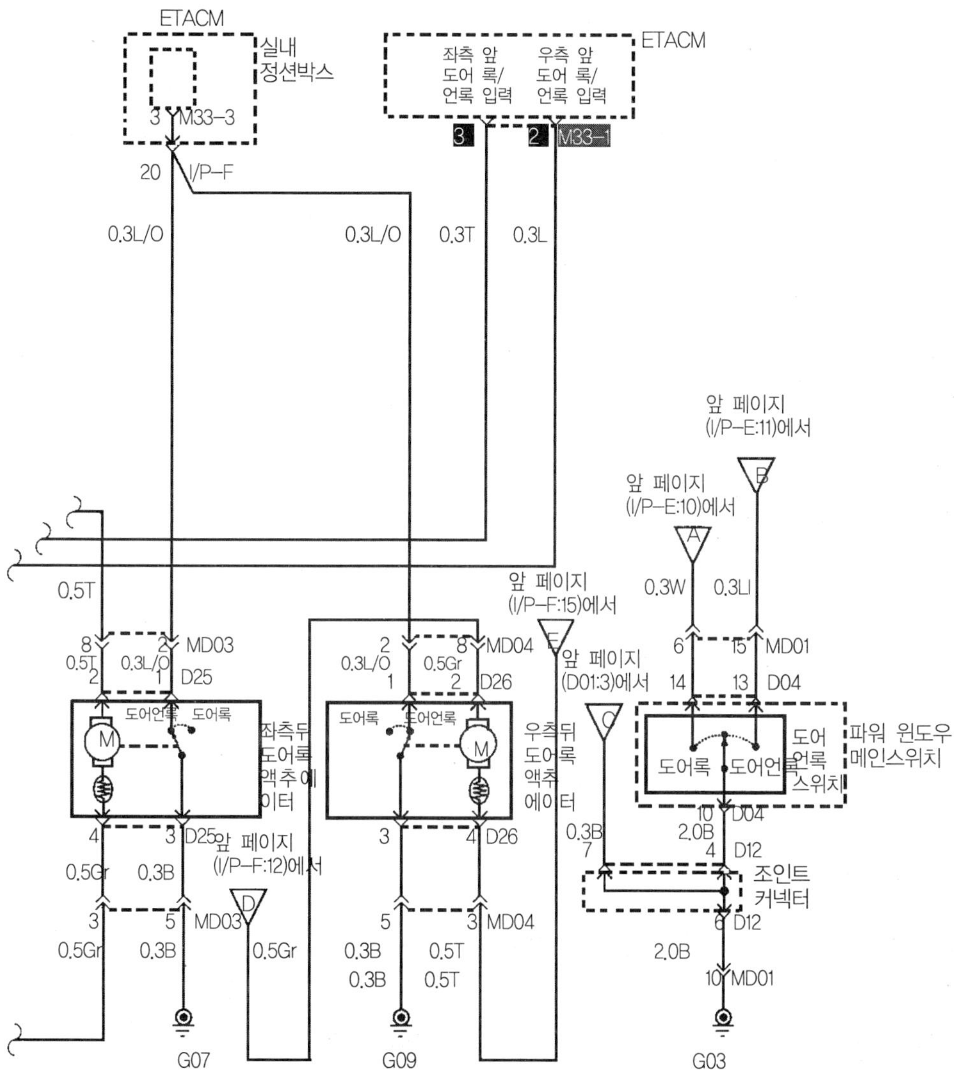

그림 76. 뉴 EF 소나타 파워 도어록(2) 회로도

(2) 조수석 도어 록, 언록 스위치(그림 76 참조)

조수석 도어 노브를 눌러서 4개 전체 도어를 록/언록 시키려는 것을 검출하기 위한 것이다. 뉴 EF소나타의 파워 도어록(1), (2) 회로도에서 전장제어 ECU(ETACM)에 입력되는 단자는 M33-1 커넥터의 2번 단자이다. 도어 언록 상태에서는 0V가 검지되고 도어 록 상태에서는 5V가 검지되면 정상이다.

(3) 전장제어 ECU 점검

액추에이터도 이상이 없고, 전장제어 ECU의 출력요소와 입력요소가 모두 정상인데도 중앙 집중식 도어 록 제어가 정상이 아니라면 마지막으로 전장제어 ECU(ETACM) 자체의 고장이므로 교환 후에 작동 여부를 확인한다.

3.3.9. 미등 자동 소등제어의 고장진단

[1] 액추에이터 검사

우선 미등이 정상적으로 동작하는지 확인하려면 미등 스위치(라이트 1단)를 ON/ OFF 하면서 미등이 정상적으로 동작시켜본다. 만약 차량의 모든 미등이 켜지지 않으면 전체 미등 퓨즈, 전원 공급 라인을 점검하고 임의의 미등 한 두개가 켜지지 않으면 그 켜지지 않는 미등의 전구, 회로도의 부분 미등 퓨즈 등을 확인한다.

[2] 전장제어 ECU 출력검사

미등 자동 소등조건을 설정한 후 미등 릴레이가 정상적으로 제어되는지 확인한다. 즉 미등을 켜놓은 상태에서 점화스위치를 OFF시키고 키 박스에서 뽑은 후에 운전석도어를 열면 미등 릴레이가 OFF로 작동하는지 확인하면 된다.

뉴 EF소나타에서는 미등 & 번호판등(1)에서 전장제어 ECU(ETACM)과 미등릴레이가 실내 정션박스에서 내부적으로 연결되어 있으므로 미등 릴레이의 접지 단자의 변화를 확인할 수는 없다. 따라서 미등 릴레이의 출력단자를 확인하면 된다. 예를 들어 실내 정션박스의 I/P-E 커넥터의 15번 단자가 미등 릴레이가 OFF 상태로 변할 때 0V로 변하는 지 확인하면 된다.

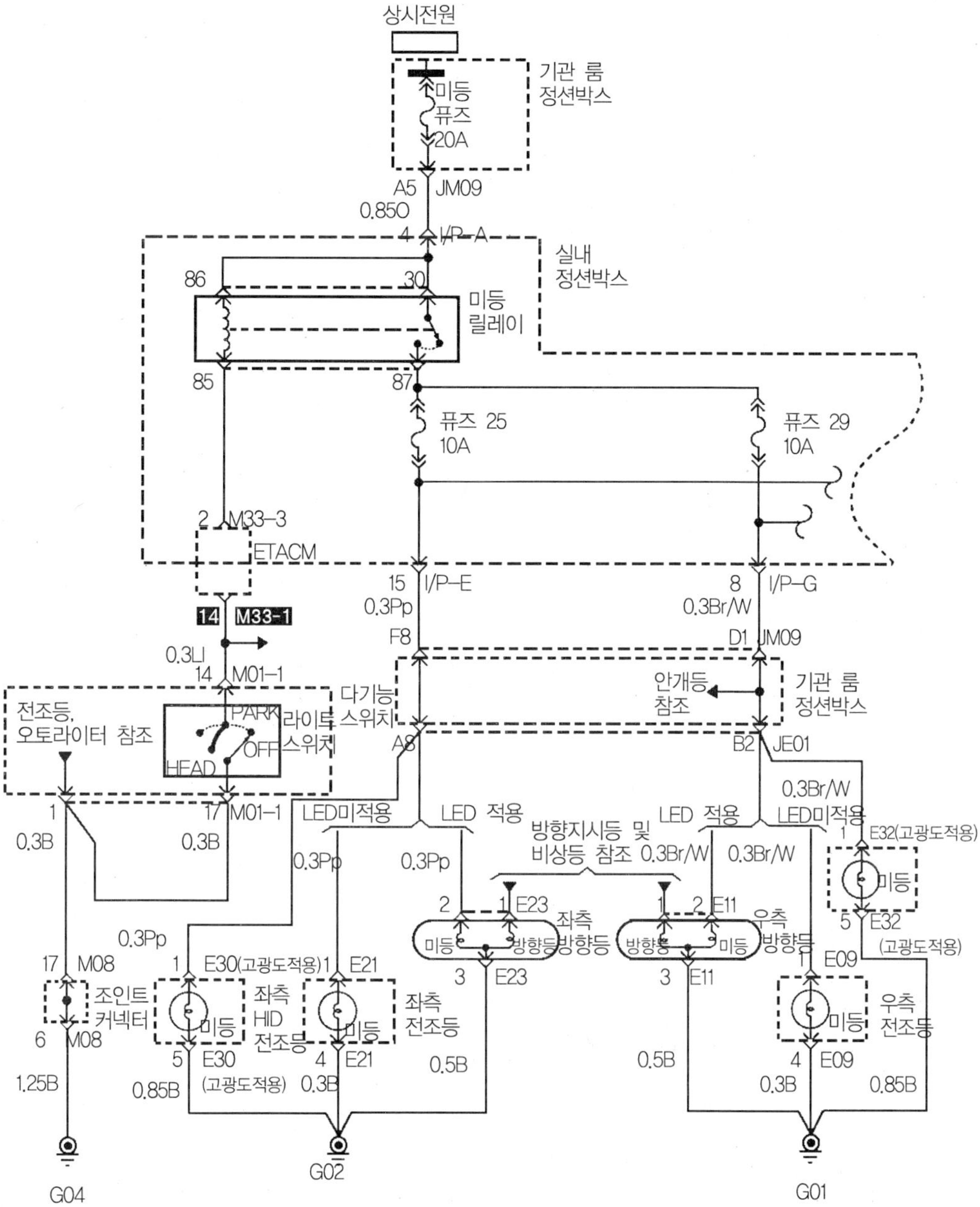

그림 77. 뉴 EF 소나타 미등 & 방향지시등(1) 회로도

[3] 전장제어 ECU 입력검사

(1) 점화스위치(그림 78 참조)

점화스위치는 전원배분도 회로도를 참고하여 IG1 신호가 입력되는 실내 정션박스의 단자를 확인하면 된다. 점화스위치를 OFF시켰다가 기관시동을 걸면서 단자 전압의 변화를 살펴본다. OFF상태에서는 0V, 시동을 걸면 12V가 되면 정상이다.

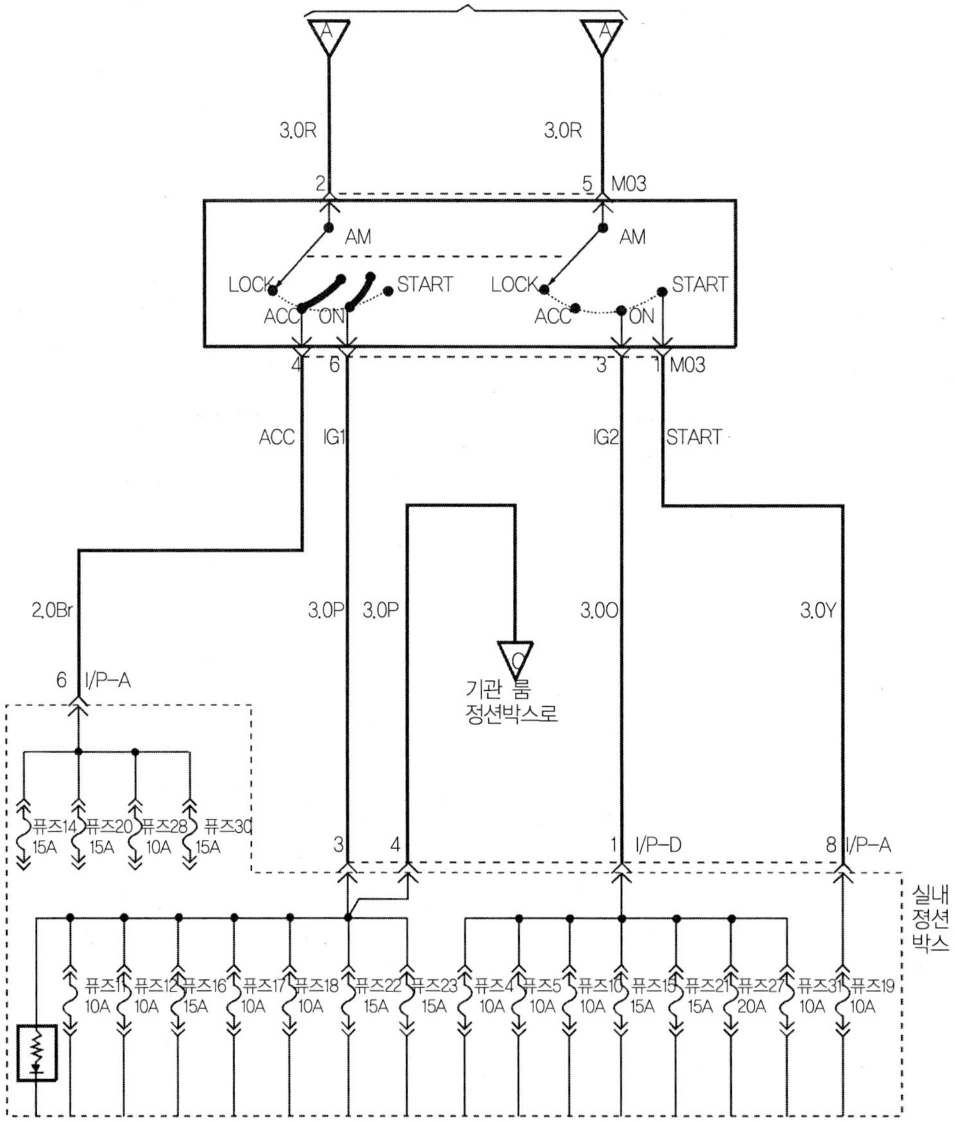

그림 78. 뉴 EF 소나타 전원 배분 회로도

뉴 EF소나타에서는 전원배분도 회로도에서 실내 정션박스의 I/P-A의 3번 단자를 통해서 퓨즈를 통한 후 전장제어 ECU(ETACM)으로 IG1 신호가 들어오므로 실내 정션박스의 I/P-A의 3번 단자를 확인하면 된다.

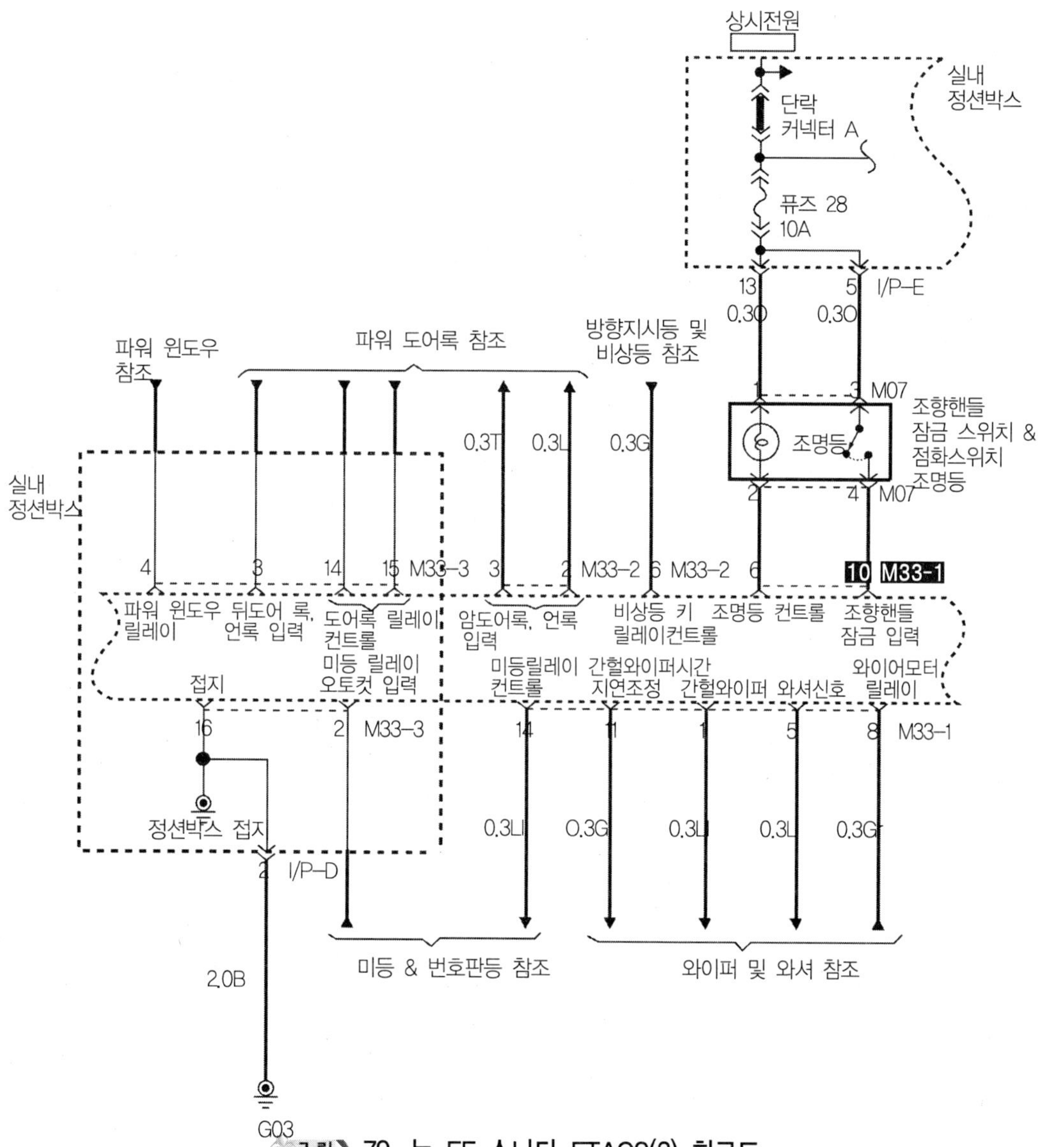

그림 79. 뉴 EF 소나타 ETACS(2) 회로도

(2) 점화스위치 삽입 스위치(그림 79 참조)

이것은 점화스위치가 키 박스에 꽂혀 있는 지의 여부를 알기위한 스위치이다. 보통 조향핸들 잠금 스위치, 조향핸들 잠금 입력 이라고 부르기도 한다. 뉴 EF소나타에서는 전장제어 ECU(ETACM) 회로도(2)에서 보면 M33-1 커넥터의 10번 단자로 신호가 입력된다.

점화스위치를 키 박스에 꽂지 않은 상태에서는 0V가 검지되고 점화스위치를 키 박스에 꽂은 상태에서는 12V가 검출되면 정상이다.

(3) 미등 스위치(그림 77 참조)

다기능 스위치에서 미등스위치를 올리면 이 신호가 전장제어 ECU(ETACM)으로 입력된다. 미등 스위치를 ON시키면 0V, OFF시켰을 때 5V로 변화되면 정상이다. 뉴 EF소나타에서 미등 & 번호판등(1) 회로도에서 보면 M33-1 커넥터의 14번 단자로 신호가 입력된다. 따라서 미등 스위치를 ON, OFF시키면서 M33-1 커넥터의 14번 단자가 0V에서 5V로 변화되는지 확인하면 된다.

(4) 운전석 도어 스위치(그림 67 참조)

운전자가 문을 열고 나가려는 것을 검출하기 위한 스위치이다. 뉴 EF소나타에서는 실내등(1) 회로도에서 M33-3 커넥터의 8번과 18번 단자가 0V로 되면 정상이다. 마찬가지로 M33-3 커넥터는 실내 정션박스 내부에 있으므로 그 대신에 I/P-F 커넥터의 1번과 9번 단자를 사용해서 점검할 수 있다. 문이 열렸을 경우에는 0V 닫혔을 경우에는 12V가 출력되면 정상이다.

[4] 전장제어 ECU 점검

액추에이터도 이상이 없고, 전장제어 ECU의 출력요소와 입력요소가 모두 정상인데도 미등 자동 소등제어가 정상이 아니라면 마지막으로 전장제어 ECU(ETACM) 자체의 고장이므로 교환 후에 작동 여부를 확인한다.

3.3.10. 오토 도어록 제어의 고장진단

[1] 액추에이터 검사

오토 도어 록 제어를 위해서는 도어 록/언록 액추에이터가 정상적으로 작동하여야 한다. 따라서 파워 윈도우 메인 스위치의 도어 록/언록 스위치를 작동시키면서 4개 도어의 도어 록/언록 액추에이터가 정상적으로 작동하는지 검사하면 된다. 이렇게 하면 ETACM의 문제가 있어서 도어록/언록이 되지 않는 것인지 아니면 액추에이터에 문제가 있는 것인지 알 수가 있게 된다.

운전석 도어에 있는 이 파워 윈도우 메인 스위치의 도어 록/언록 스위치는 전장제어 ECU(ETACM)과 관계없이 4개의 도어를 록 또는 언록 시킬 수 있도록 되어 있다. 즉 전자제어 ECU(ETACM)이 고장이 나도 파워 윈도우 메인 스위치의 도어 록/언록 스위치를 작동시키면 4개 도어는 록/언록이 된다.

[2] 전장제어 ECU 출력검사(그림 80 참조)

오토 도어 록 제어의 출력단자는 도어 록 릴레이이다. 차종 마다 록 릴레이의 위치가 조금씩 다르게 되어 있으나 대부분의 경우 실내 정션박스에 위치해 있다.

뉴 EF소나타에서도 도어 록 릴레이는 실내 정션박스에 있으며 전장제어 ECU (ETACM)와 M33-3 커넥터의 15번 단자는 도어 록 릴레이와 연결되어 있다. 그런데 이 단자도 실내 정션박스의 내부에 위치해 있으므로 이 단자의 확인을 위해서는 실내 정션박스의 I/P-E 커넥터의 12번 단자를 사용할 수 있다.

운전석에서 도어 록 노브를 사용하여 도어를 록 시키면서 I/P-E 커넥터의 12번 단자가 0V로 변하는지 확인하여 본다. 이번에는 차량 바깥에서 시동키를 사용하여 운전석 또는 조수석의 도어를 록 시키면서 I/P-E커넥터의 12번가 0V로 변하는지 확인한다. 강제 구동시험을 위해서는 I/P-E커넥터의 12번 단자를 차체에 접지시키면서 4개 도어가 록/언록이 되는지 살펴보면 된다.

[3] 전장제어 ECU 입력검사

오토 집중식 도어 록 제어를 위한 입력은 운전석 도어 록 스위치, 조수석 도어 록 스위치이다. 운전석 뒤 도어 록 스위치, 조수석 뒤 도어 록 스위치, 차속센서이다.

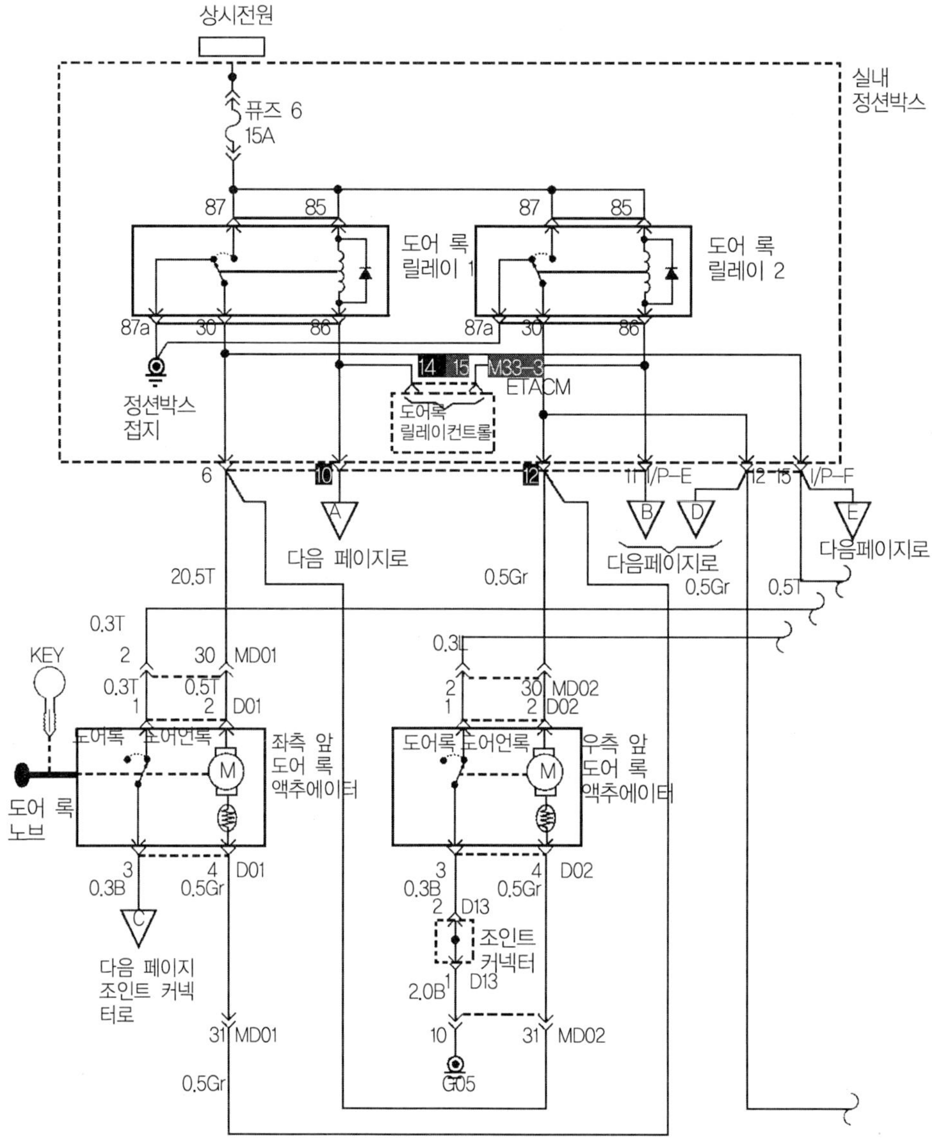

그림》 80. 뉴 EF 소나타의 파워 도어록(1) 회로도

(1) 운전석 도어 록/언록 스위치(그림 81 참조)

운전석 도어가 록 상태인지, 언록 상태인지를 검출하기 위한 것이다. 뉴 EF소나타의 파워 도어록(1), (2) 회로도에서 전장제어 ECU(ETACM)에 입력되는 단자는 M33-1 커넥터의 3번 단자이다. 도어 언록 상태에서는 0V가 검출되고 도어 록 상태에서는 5V가 검출되면 정상이다.

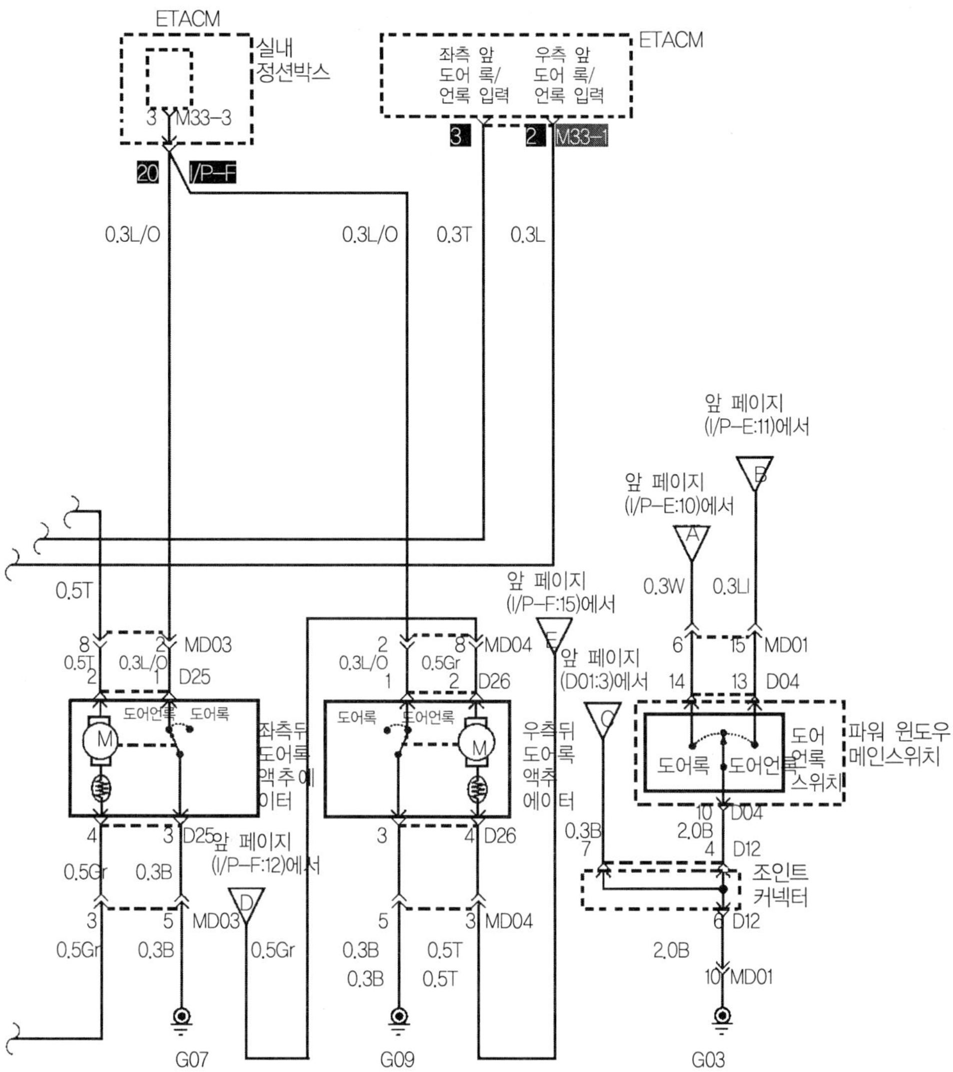

그림 81. 뉴 EF 소나타의 파워 도어록(2) 회로도

(2) 조수석 도어 록/언록 스위치(그림 81 참조)

조수석 도어가 록 상태인지, 언록 상태인지를 검출하기 위한 것이다.

뉴 EF소나타의 파워 도어록(1), (2) 회로도에서 전장제어 ECU(ETACM)에 입력되는 단자는 M33-1 커넥터의 2번 단자이다. 도어 언록 상태에서는 0V가 검출되고 도어 록 상태에서는 5V가 검출되면 정상이다.

(3) 운전석 뒤 도어 록/언록 스위치(그림 81 참조)

운전석 뒤 도어가 록 상태인지, 언록 상태인지를 검출하기 위한 것이다.

뉴 EF소나타의 파워 도어록(1), (2) 회로도에서 전장제어 ECU(ETACM)에 입력되는 단자는 M33-3 커넥터의 3번 단자이다. 이 단자는 실내 정션박스의 내부에 설치되어 있어서 점검할 수 없으므로 실내 정션박스의 I/P-F의 20번 단자를 통해서 점검할 수 있다. 도어 언록상태에서는 0V가 검출되고 도어 록 상태에서는 5V가 검출되면 정상이다.

(4) 조수석 뒤 도어 록/언록 스위치(그림 81 참조)

조수석 뒤 도어가 록 상태인지, 언록 상태인지를 검출하기 위한 것이다. 운전석 뒤도어 록/언록 스위치와 병렬로 연결되어 있으며 보통 한 개의 단자에서 운전석 뒤 도어 록 스위치와 조수석 뒤 도어 록 스위치를 함께 검출하고 있다.

뉴 EF소나타의 파워 도어록(1), (2) 회로도에서 전장제어 ECU(ETACM)에 입력되는 단자는 M33-3 커넥터의 3번 단자이다. 이 단자는 실내 정션박스의 내부에 설치되어 있어서 점검할 수 없으므로 실내 정션박스의 I/P-F의 20번 단자를 통해서 점검할 수 있다. 도어 언록 상태에서는 0V가 검출되고 도어 록 상태에서는 5V가 검출되면 정상이다.

(5) 차속 센서(그림 82 참조)

차량의 속도를 전장제어 ECU(ETACM)이 입력받기 위한 것으로 차량의 속도에 따라서 펄스 파형이 다르게 변화한다. 차속이 증가할수록 차속센서의 주파수가 높이지면 정상이다.

뉴 EF소나타의 차속센서(1) 회로도를 보면 차속센서의 입력이 M33-3 커넥터의 7번 단자로 입력이 되나 이 단자는 실내 정션박스의 내부에 있는 단자이므로 실내 정션박스의 I/P-G의 16번 단자를 통해서 확인할 수 있다. 입력신호가 펄스파 이므로 멀티테스터 등으로는 검출하기가 어려우므로 HI- SCAN, HI-DS 등의 진단 장비를 사용하여 오실로스코프 파형으로 측정하여야 한다.

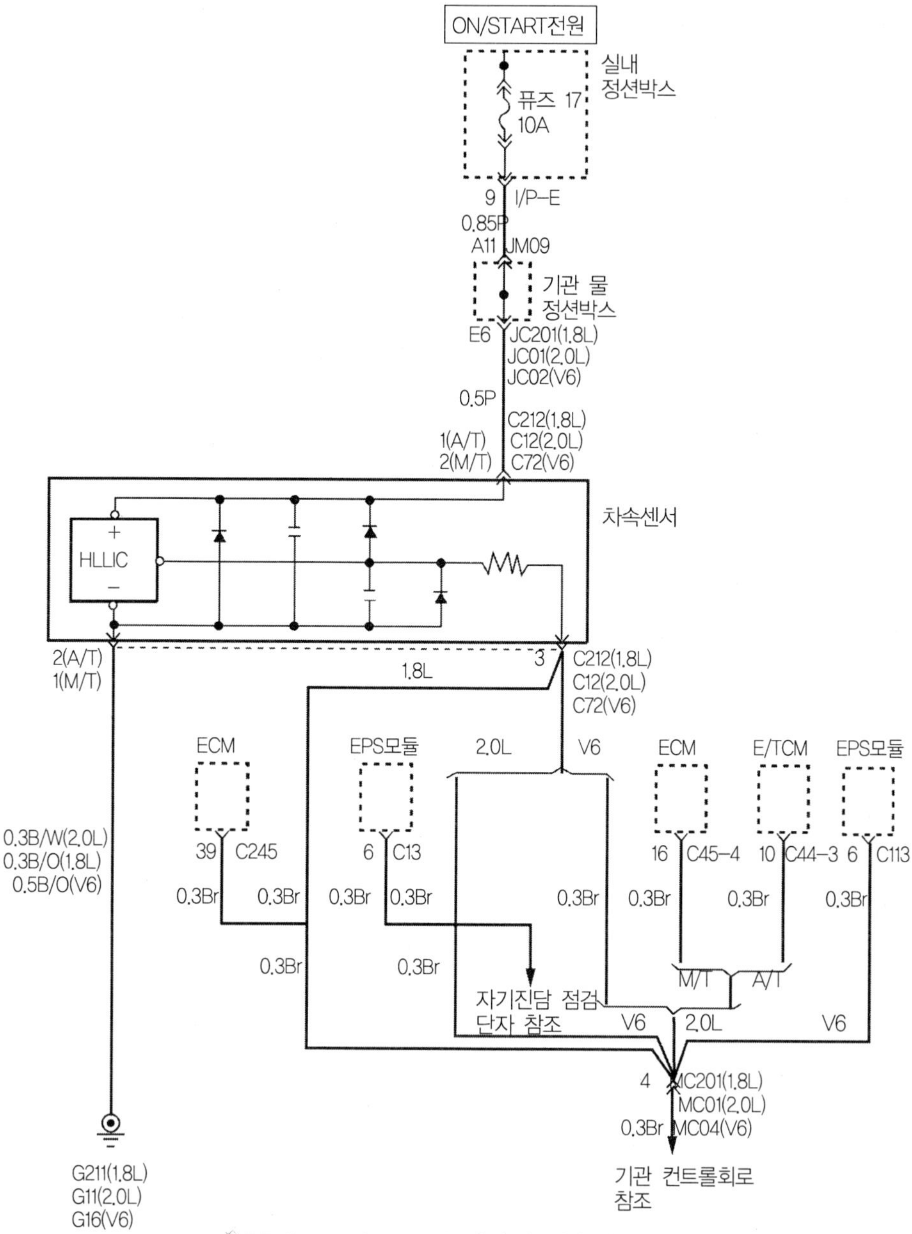

그림 82. 뉴 EF 소나타의 차속센서 회로도

[4] 전장제어 ECU 점검

액추에이터도 이상이 없고, 전장제어 ECU의 출력요소와 입력요소가 모두 정상인데도 차속 감응 도어 록 제어가 정상이 아니라면 마지막으로 전장제어 ECU (ETACM) 자체의 고장이므로 교환 후에 작동여부를 확인한다.

3.3.11. 점화스위치 홀 조명제어의 고장진단

[1] 액추에이터 검사

우선 키 홀 조명등의 동작여부를 확인하기 위해서 점화스위치를 OFF상태에 놓은 후 운전석 도어를 열었다가 닫는다. 이때 점화스위치 홀 조명이 작동하는지 살펴본다.

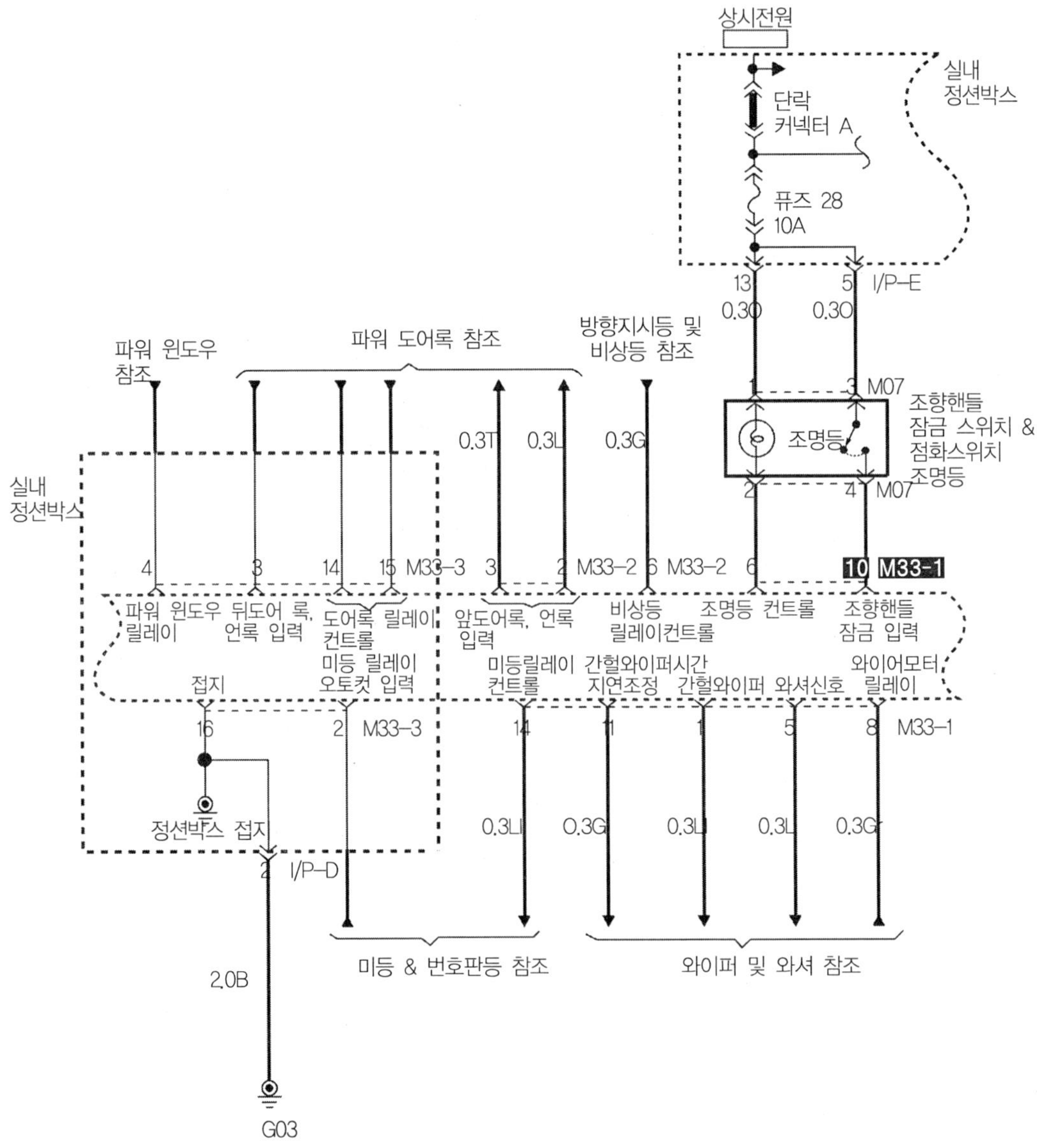

그림 83. 뉴 EF 소나타 ETACS(2) 회로도

[2] 전장제어 ECU 출력검사(그림 83 참조)

점화스위치 홀 조명등제어를 위한 전장제어 ECU(ETACM)의 출력요소는 키 홀 조명등이다. 만약 조명등이 작동하지 않으면 조명등의 전원입력 라인과 전장제어 ECU(ETACM)의 접지 라인을 검사한다.

뉴 EF소나타에서는 ETACM회로(2)에서 보면 점화스위치 조명등회로의 전원 입력라인은 실내 정션박스의 I/P-E 커넥터의 13번 단자를 점검하면 되고, 접지 라인은 M33-1 커넥터의 6번 단자를 확인하면 된다. M33-1 커넥터의 6번 단자가 키 홀 조명등 점등시에는 0V로 되고 소등시에는 12V로 되면 정상이다.

[3] 전장제어 ECU 입력검사

점화스위치 키 홀 조명등 제어를 위한 전장제어 ECU의 입력요소는 점화스위치, 운전석 도어 스위치이다.

(1) 점화스위치(그림 84 참조)

점화스위치는 전원배분도 회로도를 참고하여 IG1 신호가 입력되는 실내 정션박스의 단자를 확인하면 된다. 점화스위치를 OFF시켰다가 기관 시동을 걸면서 단자 전압의 변화를 살펴본다. OFF상태에서는 0V, 시동을 걸면 12V가 되면 정상이다.

뉴 EF소나타에서는 전원배분도 회로도에서 실내 정션박스의 I/P-A의 3번 단자를 통해서 퓨즈를 통한 후 전장제어 ECU(ETACM)으로 IG1 신호가 들어오므로 실내 정션박스의 I/P-A의 3번 단자를 확인하면 된다.

(2) 운전석 도어 스위치(그림 85 참조)

운전자가 문을 열고 나가려는 것을 검지하기 위한 스위치이다.

뉴 EF소나타에서는 실내등(1) 회로도에서 M33-3 커넥터의 8번과 18번 단자가 0V로 되면 정상이다. 마찬가지로 M33-3 커넥터는 실내 정션박스 내부에 있으므로 그 대신에 I/P-F 커넥터의 1번과 9번 단자를 사용해서 점검할 수 있다. 문이 열렸을 경우에는 0V 닫혔을 경우에는 12V가 출력되면 정상이다.

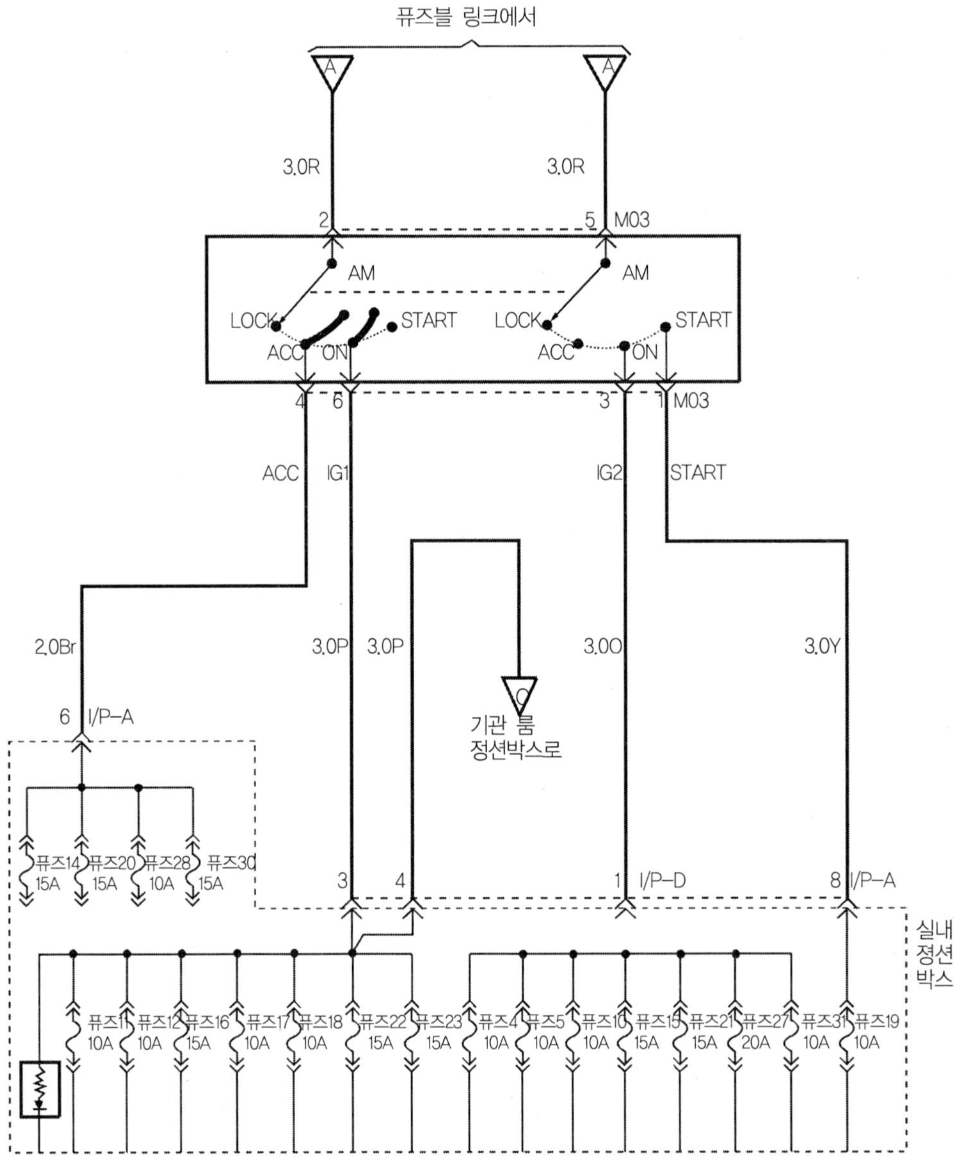

그림 84. 뉴 EF 소나타 전원 배분 회로도

[4] 전장제어 ECU 점검

액추에이터도 이상이 없고, 전장제어 ECU의 출력요소와 입력요소가 모두 정상인데도 시동 키 홀 조명등 제어가 정상이 아니라면 마지막으로 전장제어 ECU(ETACM) 자체의 고장이므로 교환 후에 작동 여부를 확인한다.

[선루프 미적용]

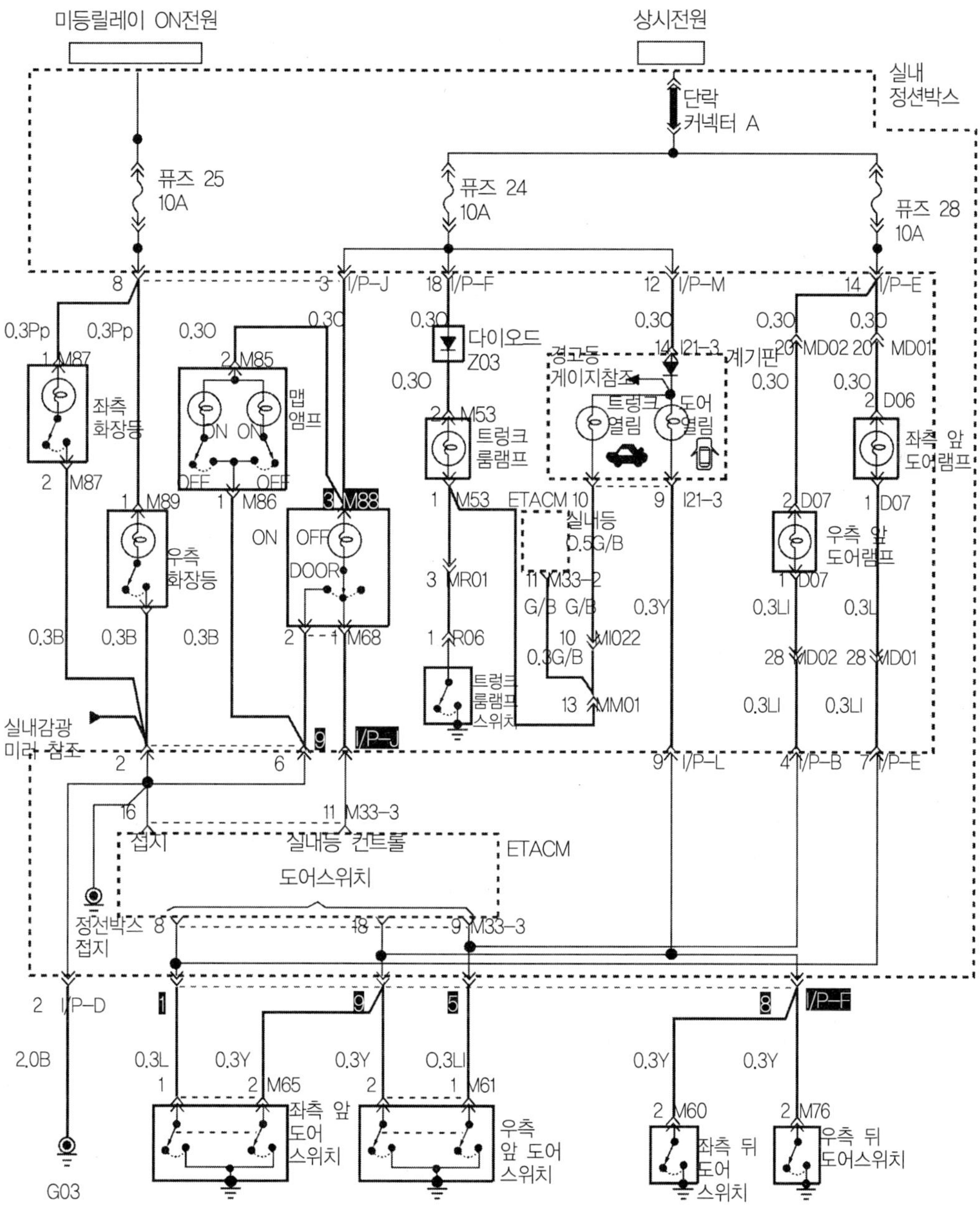

그림 85. 뉴 EF 소나타의 실내등(1) 회로도

3.3.12. 점화스위치 탈거시 전도어 언록 제어의 고장진단

[1] 액추에이터 검사

점화스위치 탈거시 전도어 언록 제어 위해서는 도어 언록 액추에이터가 정상적으로 작동하여야 한다. 따라서 파워 윈도우 메인 스위치의 도어 언록 스위치를 작동시키면서 4개 도어의 도어 언록 액추에이터가 정상적으로 작동하는지 검사하면 된다. 이렇게 하면 ETACM의 문제가 있어서 도어 언록이 되지 않는 것인지 아니면 액추에이터에 문제가 있는 것인지 알 수가 있게 된다.

운전석 도어에 있는 이 파워 윈도우 메인 스위치의 도어 언록 스위치는 그림 89의 회로도를 잘 살펴보면 알 수 있는 것처럼 전장제어 ECU(ETACM)과 관계없이 4개의 도어를 언록 시킬 수 있도록 되어 있다. 즉 전장제어 ECU(ETACM)이 고장이 나도 파워 윈도우 메인 스위치의 도어 언록 스위치를 작동시키면 4개 도어는 언록이 된다.

[2] 전장제어 ECU 출력검사(그림 86 참조)

점화스위치 탈거시 전도어 언록 제어의 출력 단자는 도어 언록 릴레이이다. 차종 마다 언록 릴레이의 위치가 조금씩 다르게 되어 있으나 그랜져 XG의 경우 운전석 도어 모듈에 위치해 있다.

운전석에서 도어 록 노브를 사용하여 도어를 언록시키면서 D03 커넥터의 10번 단자가 12V로 변하는지 확인한다. 강제 구동시험을 위해서는 D03커넥터의 10번 단자를 차체에 12V를 인가시키면서 4개 도어가 언록이 되는지 살펴보면 된다.

[3] 전장제어 ECU 입력검사

점화스위치 탈거시 전도어 언록 제어의 입력요소는 시동키 스위치와 4개 도어의 록/언록 스위치이다.

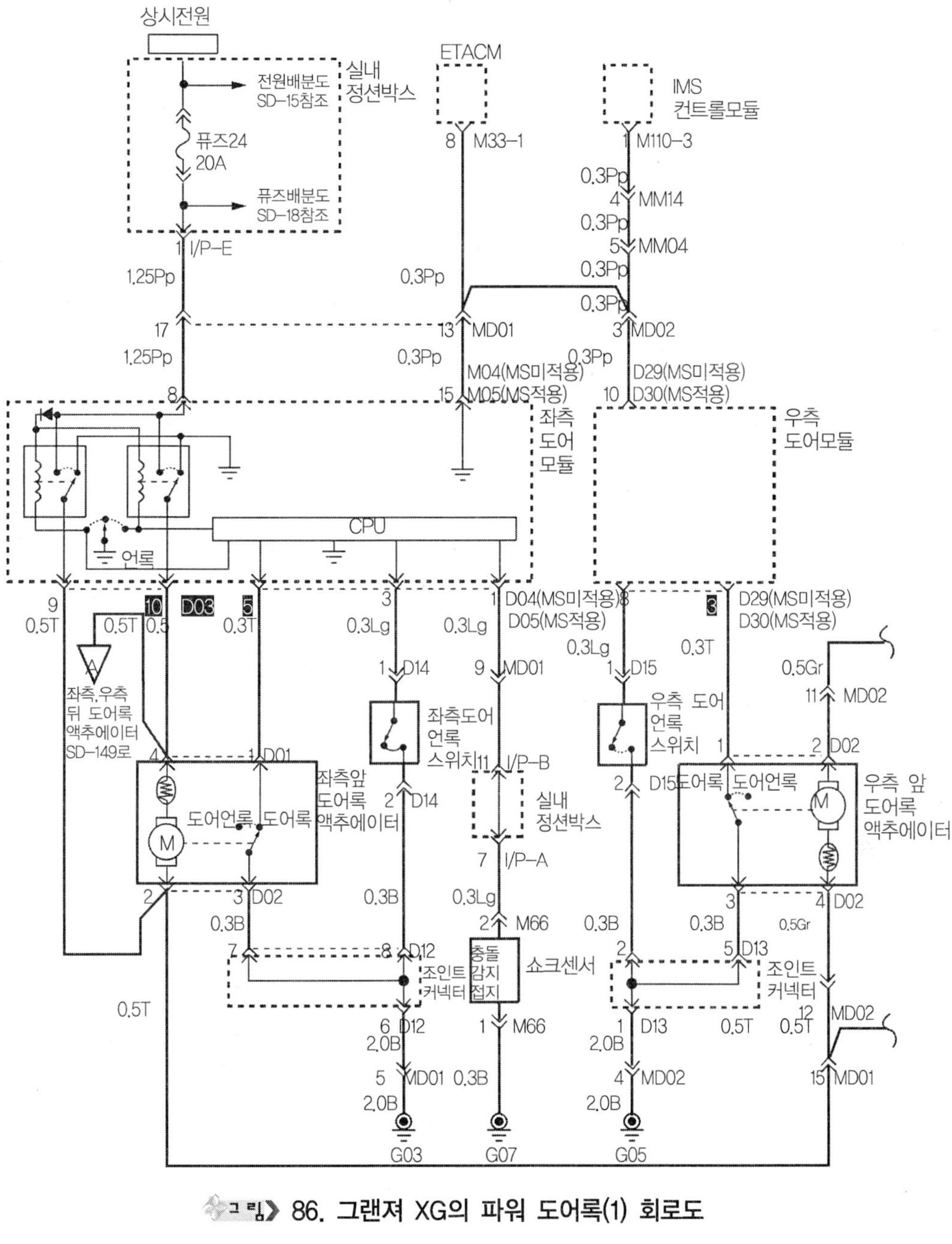

그림 86. 그랜져 XG의 파워 도어록(1) 회로도

(1) 점화스위치 삽입 스위치(그림 88 참조)

이것은 점화스위치가 키 박스에 꽂혀 있는 지 탈거한 지의 여부를 알기위한 스위치이다. 보통 조향핸들 잠금 스위치, 조향핸들 잠금 입력이라고 부르기도 한다.

그랜져 XG는 M33-2 커넥터의 6번 단자로 신호가 입력된다. 점화스위치를 키 박스에 꽂지 않은 상태에서는 0V가 검지되고 점화스위치를 키 박스에 꽂은 상태에서는 12V가 검지되면 정상이다.

(2) 운전석 도어 록 스위치(그림 86 참조)

운전석 도어가 록 상태인지 언록 상태인지를 검지하기 위한 것이다.

그랜져 XG의 파워 도어록(1) 회로도에서 운전석 도어 모듈(좌측 도어 모듈)에 입력되는 단자는 D04의 5번 단자이다. 도어 언록 상태에서는 0V가 검지되고 도어 록 상태에서는 5V가 검출되면 정상이다.

(3) 조수석 도어 록/언록 스위치(그림 86 참조)

조수석 도어가 록 상태인지, 언록 상태인지를 검출하기 위한 것이다.

그랜져 XG의 파워 도어록(1) 회로도에서 조수석 도어 모듈(우측 도어 모듈)에 입력되는 단자는 D29 3번 단자이다. 도어 언록 상태에서는 0V가 검지되고 도어 록 상태에서는 5V가 검출되면 정상이다.

(4) 운전석 뒤 도어 록/언록 스위치(그림 87 참조)

운전석 뒤 도어가 록 상태인지, 언록 상태인지를 검출하기 위한 것이다.

그랜져 XG의 파워 도어록(2) 회로도에서 전장제어 ECU(ETACM)에 입력되는 단자는 M33-3 커넥터의 2번 단자이다. 이 단자는 실내 정션박스의 내부에 설치되어 있어서 점검할 수 없으므로 실내 정션박스의 I/P-B의 19번 단자를 통해서 점검할 수 있다. 도어 언록 상태에서는 0V가 검지되고 도어 록 상태에서는 5V가 검출되면 정상이다.

(5) 조수석 뒤 도어 록, 언록 스위치(그림 87 참조)

조수석 뒤 도어가 록 상태인지, 언록 상태인지를 검출하기 위한 것이다. 운전석 뒤 도어 록, 언록 스위치와 병렬로 연결되어 있으며 보통 한 개의 단자에서 운전석 뒤 도어 록 스위치와 조수석 뒤 도어 록 스위치를 함께 검출하고 있다.

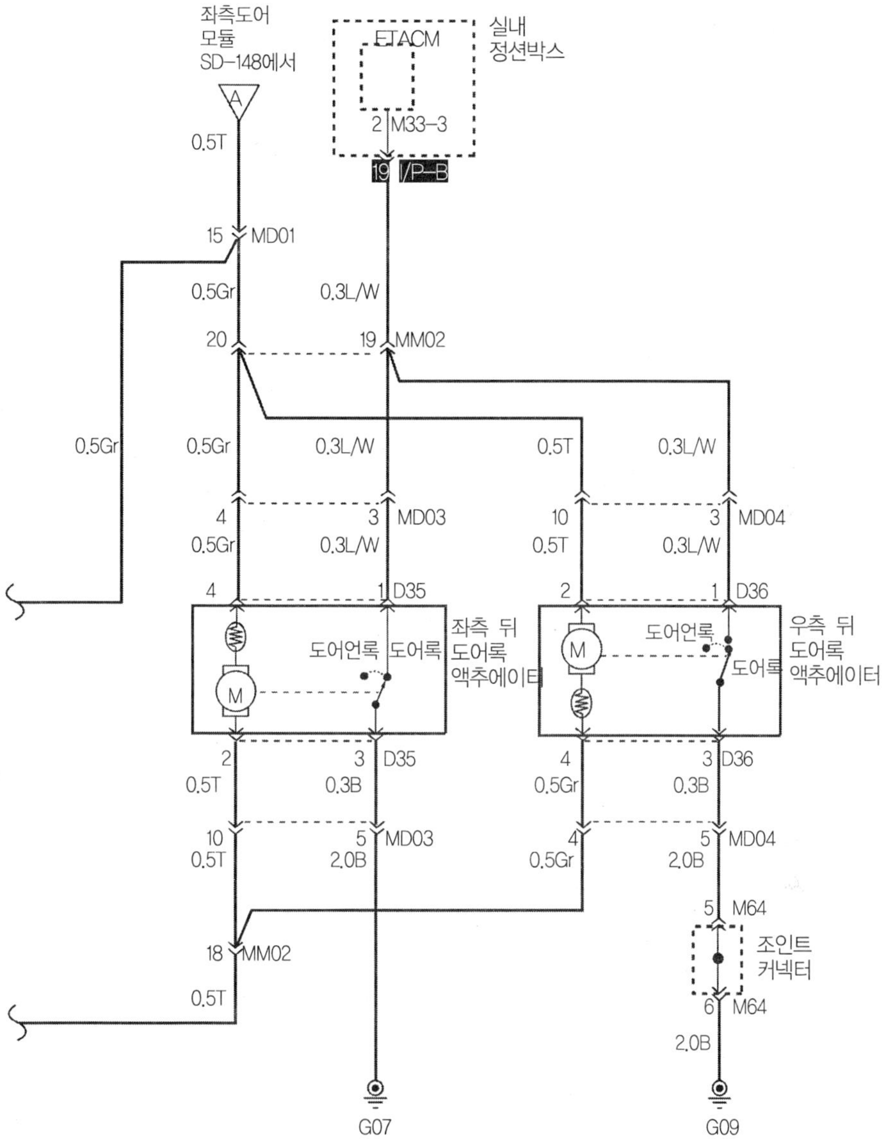

그림 87. 그랜저 XG의 파워 도어록(2) 회로도

그랜저 XG의 파워 도어록(2) 회로도에서 전장제어 ECU(ETACM)에 입력되는 단자는 M33-3 커넥터의 2번 단자이다. 이 단자는 실내 정션박스의 내부에 설치되어 있어서 점검할 수 없으므로 실내 정션박스의 I/P-B의 19번 단자를 통해서 점검할 수 있다. 도어 언록 상태에서는 0V가 검지되고 도어 록 상태에서는 5V가 검지되면 정상이다.

[4] 전장제어 ECU 점검

액추에이터도 이상이 없고, 전장제어 ECU의 출력요소와 입력요소가 모두 정상인데도 점화스위치 OFF 후 전 도어 언록 제어가 정상이 아니라면 마지막으로 전장제어 ECU(ETACM) 자체의 고장이므로 교환 후에 작동여부를 확인한다.

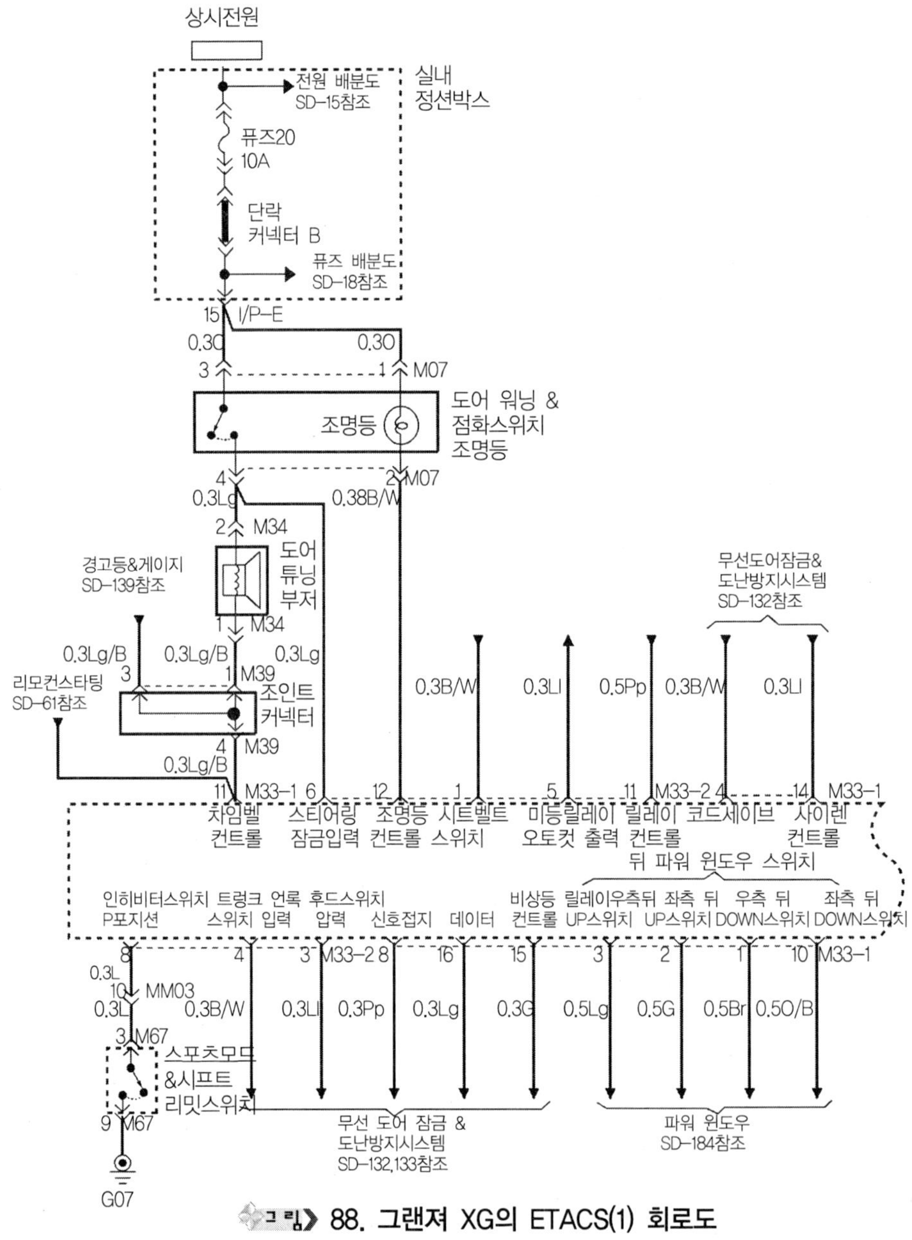

그림 88. 그랜져 XG의 ETACS(1) 회로도

3.3.13. 충돌 감지 언록 제어의 고장진단

[1] 액추에이터 검사

충돌 감지 언록 제어를 위해서는 도어 언록 액추에이터가 정상적으로 작동하여야 한다. 따라서 파워 윈도우 메인스위치의 도어 언록 스위치를 작동시키면서 4개 도어의 도어 언록 액추에이터가 정상적으로 작동하는지 검사하면 된다. 렇게 하면 ETACM의 문제가 있어서 도어 언록이 되지 않는 것인지 아니면 액추에이터에 문제가 있는 것인지 알 수가 있게 된다.

운전석 도어에 있는 이 파워 윈도우 메인 스위치의 도어 언록 스위치는 다음 페이지의 회로도를 잘 살펴보면 알 수 있는 것처럼 전장제어 ECU(ETACM)과 관계없이 4개의 도어를 언록시킬 수 있도록 되어 있다. 즉 전장제어 ECU(ETACM)이 고장이 나도 파워 윈도우 메인스위치의 도어 언록 스위치를 작동시키면 4개 도어는 언록이 된다.

[2] 전장제어 ECU 출력검사(그림 89 참조)

충돌 감지 언록제어의 출력요소는 도어 언록 릴레이이다. 차종마다 언록 릴레이의 위치가 조금씩 다르게 되어 있으나 그랜져 XG의 경우 운전석 도어 모듈에 위치해 있다. 운전석에서 도어 록 노브를 사용하여 도어를 언록시키면서 D03 커넥터의 10번 단자가 0V로 변하는지 확인한다. 강제 구동시험을 위해서는 D03 커넥터의 10번 단자를 차체에 접지시키면서 4개 도어가 언록이 되는지 살펴보면 된다.

[3] 전장제어 ECU 입력검사(그림 89 참조)

충돌 감지 언록 제어의 전장제어 ECU의 입력요소는 에어백 전개 신호와 충돌감지 센서 신호이다. 에어백 전개 신호는 평상시에는 0V이나 에어백 전개 신호가 발생하였을 때는 12V로 변화된다. 충동감지센서 신호도 평상시에는 0V이지만 충돌 발생시에는 5V로 변화한다.

[4] 전장제어 ECU 점검

액추에이터도 이상이 없고, 전장제어 ECU의 출력요소와 입력요소가 모두 정상인데도 충돌감지 언록제어가 정상이 아니라면 마지막으로 전장제어 ECU(ETACM) 자체의 고장이므로 교환 후에 작동여부를 확인한다.

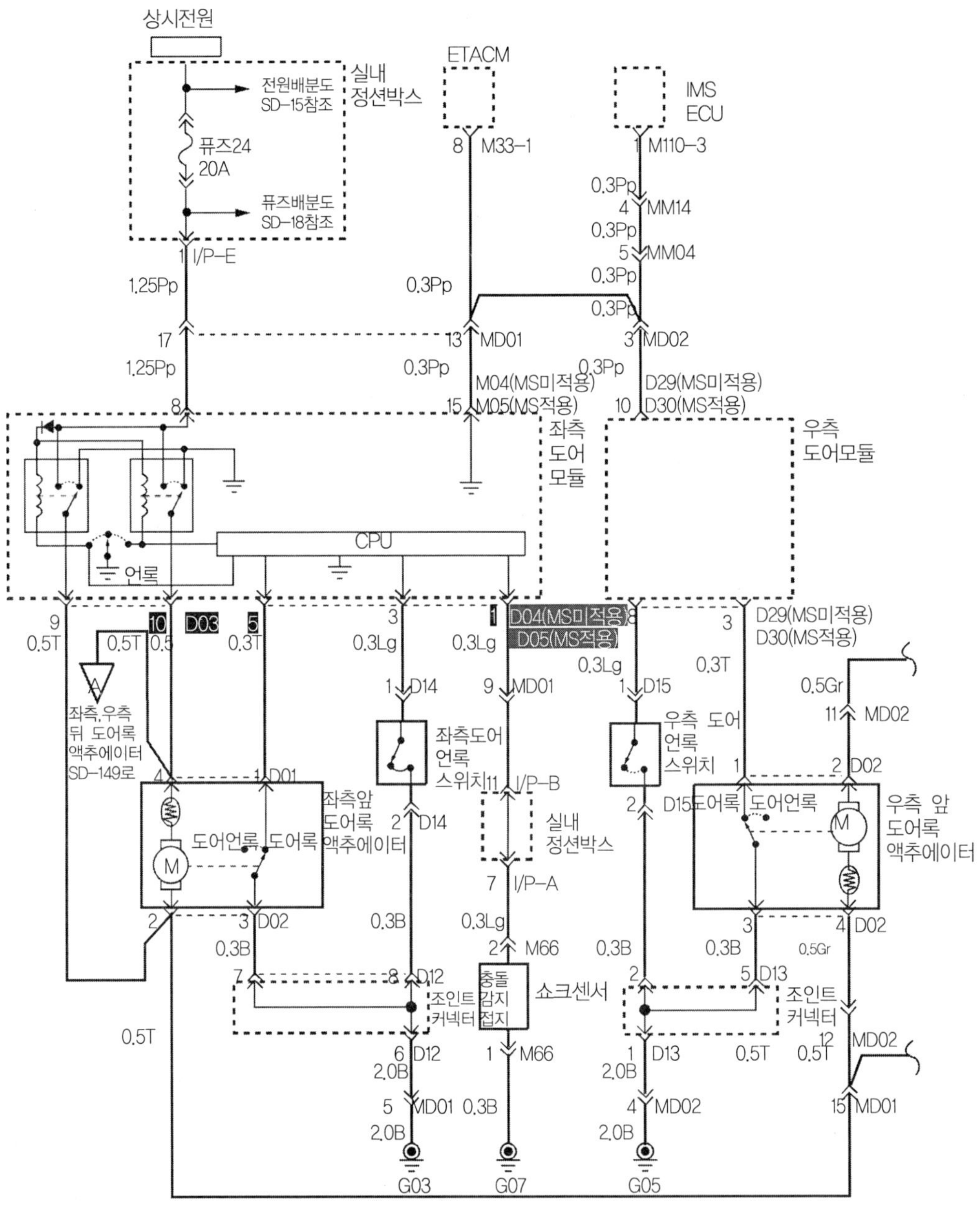

그림 89. 그랜져 XG 파워 도어록(1) 회로도

3.3.14. 도난 경보 제어의 고장진단

[1] 액추에이터 검사

도난 경보 제어에 사용되는 액추에이터는 도어 록/언록 액추에이터, 사이렌, 비상등, 리모컨의 네 가지이다.

(1) 도어 록, 언록 액추에이터

오토 도어 록 제어를 위해서는 도어 록, 언록 액추에이터가 정상적으로 작동하여야 한다. 따라서 파워 윈도우 메인 스위치의 도어 록, 언록 스위치를 작동시키면서 4개 도어의 도어 록, 언록 액추에이터가 정상적으로 작동하는지 검사하면 된다. 이렇게 하면 ETACM의 문제가 있어서 도어록, 언록이 되지 않는 것인지 아니면 액추에이터에 문제가 있는 것인지 알 수가 있게 된다.

운전석 도어에 있는 이 파워 윈도우 메인 스위치의 도어 록, 언록 스위치는 다음 페이지의 회로도를 잘 살펴보면 알 수 있는 것처럼 전장제어 ECU(ETACM)과 관계없이 4개의 도어를 록 또는 언록시킬 수 있도록 되어 있다. 즉 전장제어 ECU(ETACM)이 고장이 나도 파워 윈도우 메인 스위치의 도어 록, 언록 스위치를 작동시키면 4개 도어는 록, 언록이 된다.

(2) 사이렌

도난 경보조건을 발동시켜서 사이렌이 정상적으로 작동하는지 알아본다. 만약 작동하지 않으면 사이렌으로 전원 입력단자와 접지단자를 확인하여 본다.

(3) 비상등

비상등 스위치를 작동시켜서 비상등이 작동하는지 알아본다. 작동하지 않으면 좌우측 방향지시등을 작동시켜서 방향지시등 전구가 고장인지 비상등릴레이 고장인지 알아본다.

(4) 리모컨

리모컨의 록, 언록 스위치를 누르면서 리모컨 LED의 밝기를 확인한다. 만약 밝기 가 흐리거나, 켜지지 않으면 리모컨 건전지 불량이므로 건전지를 교환한다.

[2] 전장제어 ECU 출력검사

도난 경보제어를 위해서 사용되는 전장제어 ECU의 출력요소는 도어 록 릴레이, 도어 언록 릴레이, 사이렌, 비상등릴레이, 도난방지 릴레이 이다.

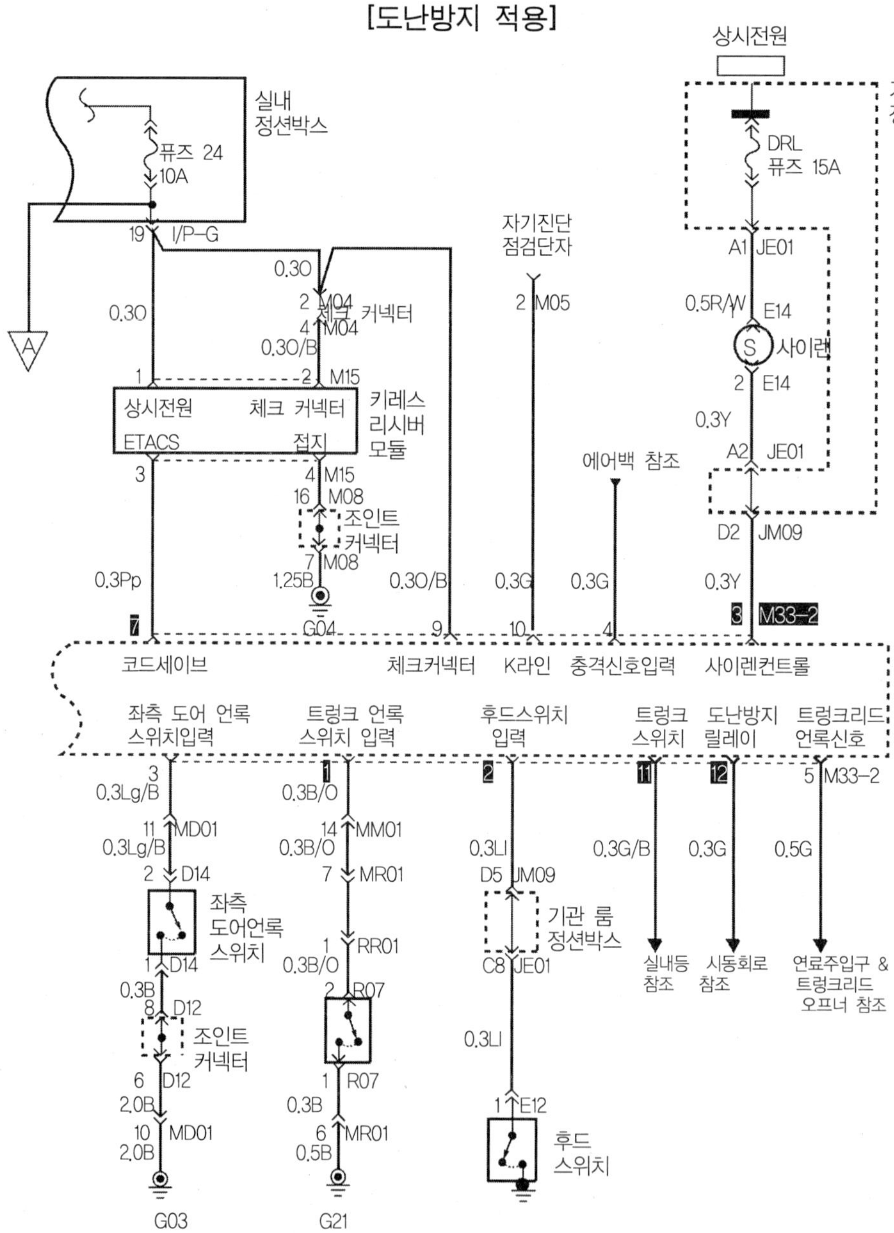

그림 90. 뉴 EF 소나타의 ETACS(3) 회로도

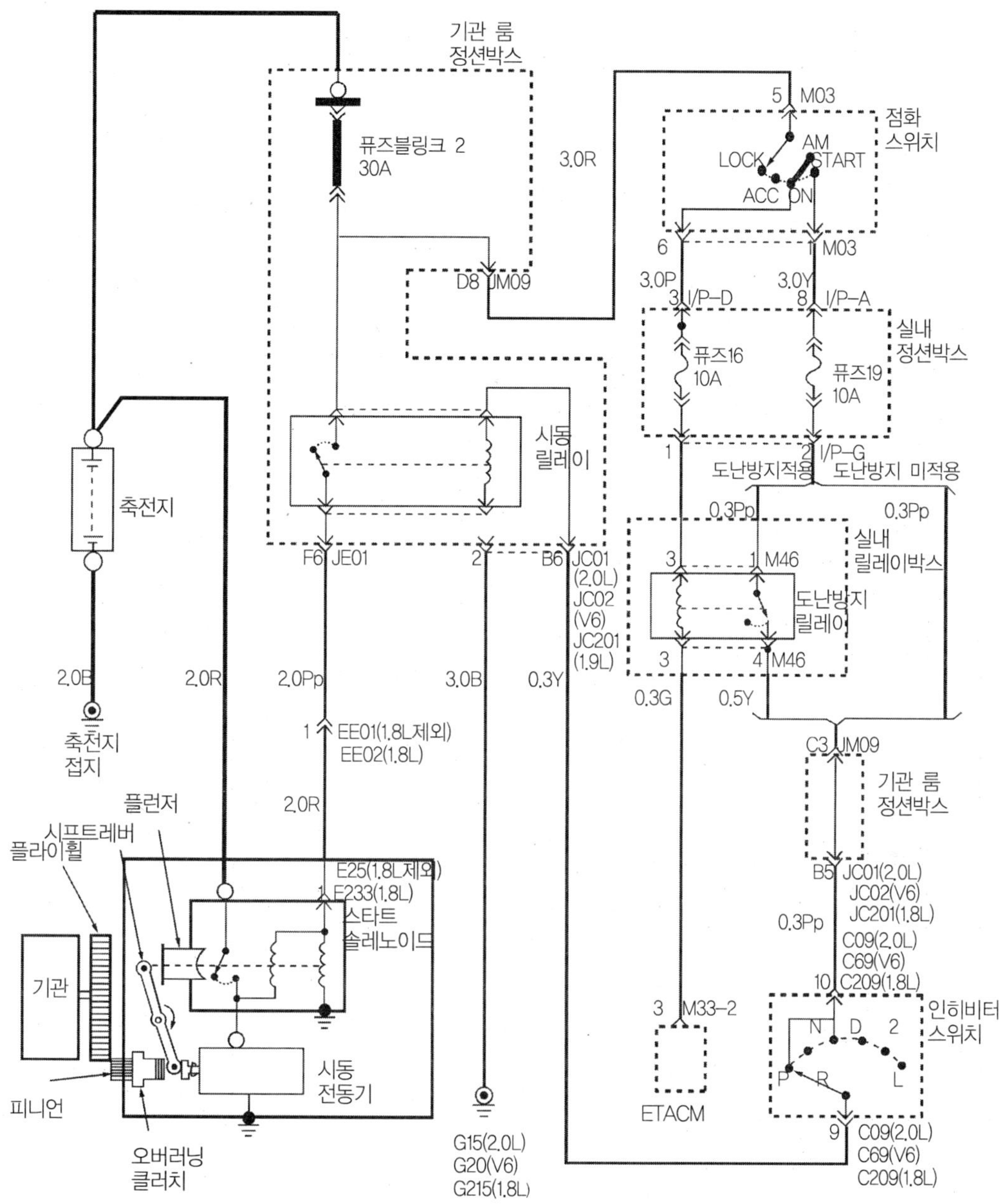

그림 91. 뉴 EF 소나타의 시동 회로도

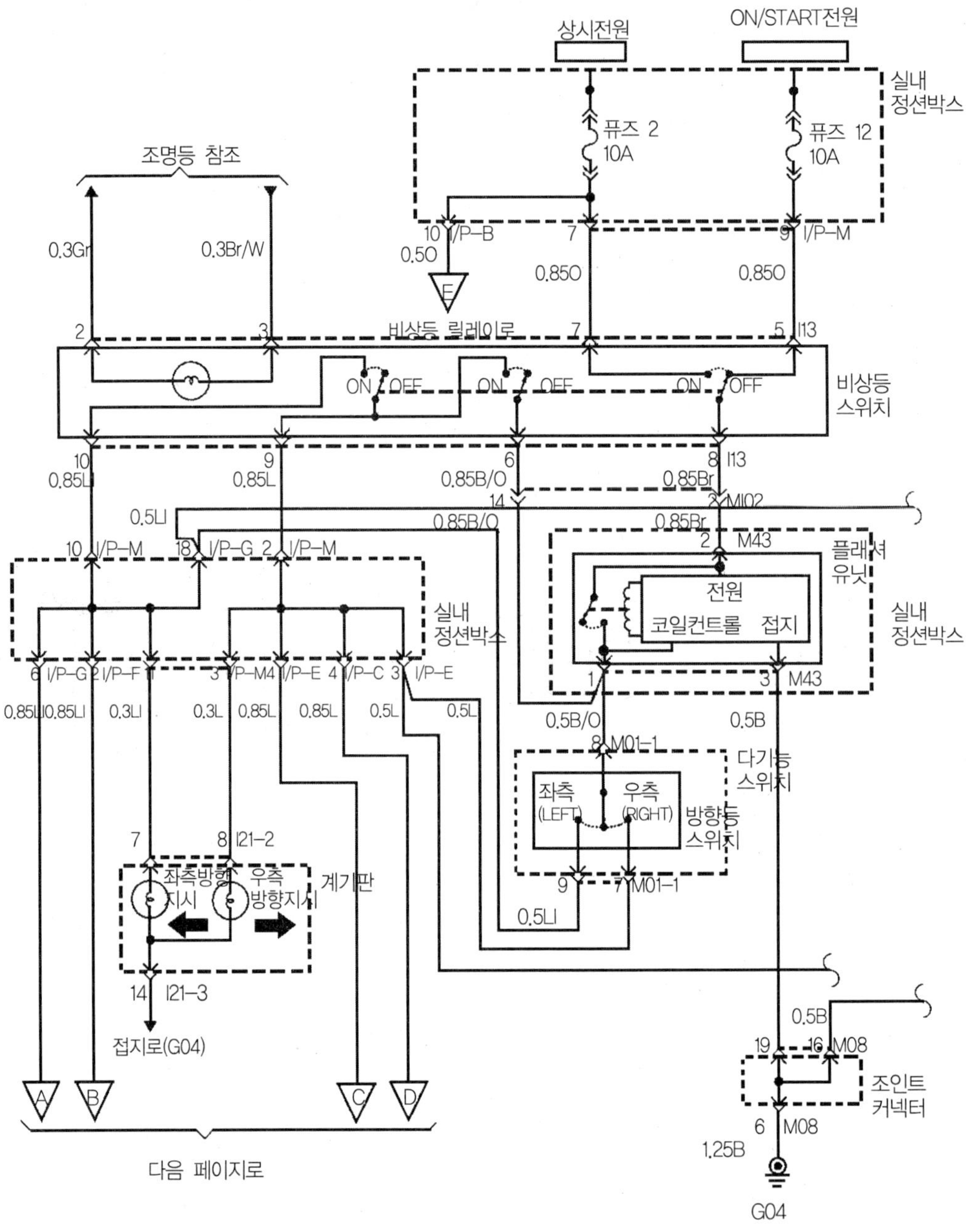

그림 92. 뉴 EF 소나타의 방향지시등(1) 회로도

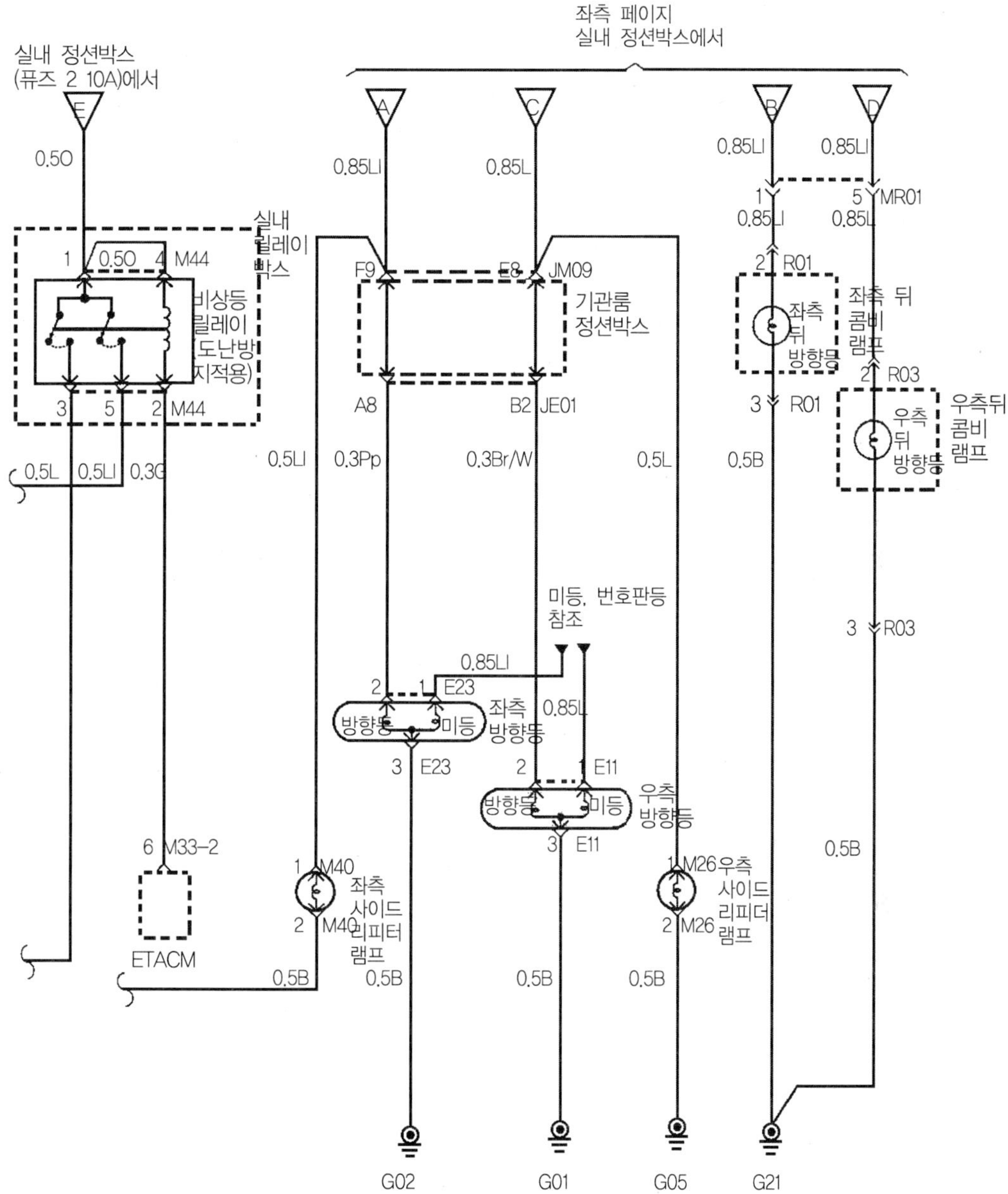

그림 93. 뉴 EF 소나타의 방향지시등(2) 회로도

(1) 도어 록 릴레이(그림 94 참조)

도난 경보제어의 출력단자 중의 하나는 도어 록 릴레이이다. 차종마다 록 릴레이의 위치가 조금씩 다르게 되어 있으나 대부분의 경우 실내 정션박스에 위치해 있다.

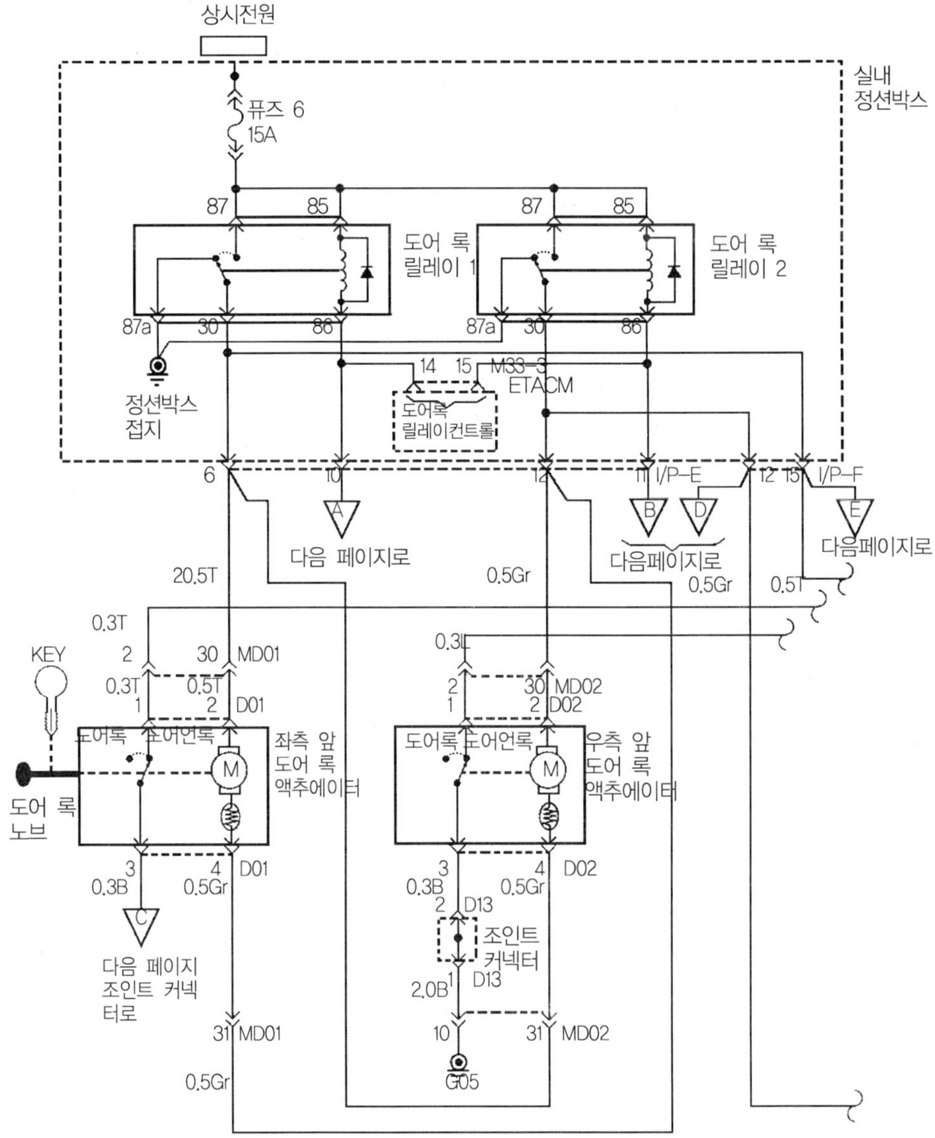

그림 94. 뉴 EF 소나타의 파워 도어록(1) 회로도

뉴 EF소나타에서도 도어 록 릴레이는 실내 정션박스에 있으며 전장제어 ECU(ETACM)와 M33-3 커넥터의 15번 단자는 도어 록 릴레이와 연결되어 있다. 그런데 이 단자도 실내 정션박스의 내부에 위치해 있으므로 이 단자의 확인을 위해서는 실내 정션박스의 I/P-E 커넥터의 12번 단자를 사용할 수 있다.

(2) 도어 언록 릴레이(그림 94 참조)

도난 경보 제어의 출력단자의 또 다른 하나는 도어 언록 릴레이이다. 이것도 실내 정션박스에 위치해 있다. 뉴 EF소나타에서도 도어 록 릴레이는 실내 정션박스에 있으며 전장제어 ECU (ETACM)와 M33-3 커넥터의 14번 단자는 도어 언록 릴레이와 연결되어 있다. 그런데 이 단자도 실내 정션박스의 내부에 위치해 있으므로 이 단자의 확인을 위해서는 실내 정션박스의 I/P-E 커넥터의 10번 단자를 사용할 수 있다.

(3) 사이렌(그림 90 참조)

도난 경보시 사이렌 제어를 위해서 사이렌이 정상적으로 작동하는지 점검하여야 한다. 사이렌은 기관 룸의 좌측 헤드램프 후방에 위치해 있으며 이 사이렌의 제어를 전장제어 ECU가 하고 있다.

뉴 EF소나타의 경우 ETACS회로(3)를 보면 M33-2 커넥터의 8번 단자를 통해 전장제어 ECU(ETACM)이 제어하고 있다. 따라서 이 단자전압이 경보 발생시 12V에서 0V로 변하는지 점검한다. 만약 사이렌 입력전압이 12V가 되고, M33-2커넥터의 8번 단자가 0V 변하는데도 사이렌이 동작하지 않으면 사이렌 자체의 고장이므로 사이렌 교환 후 다시 점검하면 된다.

(4) 비상등 릴레이(그림 93 참조)

도난 경보 제어시 비상등이 1회 혹은 2회 깜박여서 운전자에게 도난 경계 상태로 진입 또는 해제되었음을 알려 준다. 뉴 EF소나타의 경우에 비상등 릴레이 제어 출력은 방향등 & 비상등(1), (2) 회로도를 보면 M33-2 커넥터의 6번 단자에서 제어한다.

도난 경계상태로 진입시키기 위해서 4개 도어 및 후드, 트렁크를 모두 닫은 후에 리모컨 록 버튼을 누르면 도난 경계상태로 진입되고 이 때 M33-2 커넥터 6번 단자가 0V로 변하게 된다. HI-SCAN, HI-DS 등의 진단 장비를 사용하여 단자 전압이 0V로 변하는 것을 점검하여 본다.

(5) 도난방지 릴레이(그림 91 참조)

도난 방지 릴레이는 도난 경보가 발생시에 차량의 도난방지를 위해서 기관 시동을 금지시키는 릴레이이다.

뉴 EF소나타의 시동회로(1)를 보면 도난방지 릴레이에 연결된 전장제어 ECU(ETACM) 단자는 M33-2 커넥터의 12번 단자이다. 도난경보가 발생하게 되면 ETACM은 M33-2 커넥터의 12번 단자를 0V로 변환시킨다. 이렇게 되면 도난방지 릴레이가 구동하게 되어 기관의 시동이 안 되는 것이다.

도난 경계상태에서 점화스위치로 운전석 도어를 열면 도난경보가 발생한다. 이 때 HI-DS, HI-SCAN 등을 사용해서 M33-2 커넥터의 12번 단자가 0V로 변환되는지 점검한다.

[3] 전장제어 ECU 입력검사

도난 경보제어에 사용되는 전장제어 ECU의 입력요소는 수신기, 4개의 도어 스위치, 4개 도어의 록, 언록 스위치, 후드 스위치, 트렁크스위치이다.

(1) 수신기(그림 90 참조)

수신기가 리모컨 신호를 받으면 수신기에 등록된 코드와 맞는지 확인하고 맞으면 입력된 신호에 따라서 ETACM로 도어 록 또는 도어 언록신호를 보내게 된다. 따라서 수신기가 ETACM에 보내는 신호를 HI-DS, HI-SCAN 등으로 확인하여 보면 수신기가 정상적으로 작동하는 지를 확인할 수 있다. 뉴 EF소나타에서 ETACM회로(3)에서 보면 수신기는 M33-2 커넥터의 7번 단자로 신호를 보내 준다. 따라서 HI-DS, HI-SCAN 등을 사용하여 이 단자의 전압 변화를 오실로스코프파형으로 점검하면 된다.

(2) 도어 스위치(4개)(그림 67 참조)

차량의 도어가 열려 있는지 닫혀있는지를 검지하기 위한 스위치이다. 만약 1개 도어라도 열려 있으면 도난 경계상태로 진입하지 않는다.

1) 운전석 도어 스위치

뉴 EF소나타에서는 실내등(1) 회로도에서 보면 운전석 도어 스위치는 M33-3 커넥터의 8번과 18번 단자가 0V로 되면 정상이다. 마찬가지로 M33-3 커넥터는 실내 정션박스 내부에 있으므로 그 대신에 I/P-F 커넥터의 1번과 9번 단자를 사용해서 점검할 수 있다. 문이 열렸을 경우에는 0V 닫혔을 경우에는 12V가 출력되면 정상이다.

2) 조수석 도어스위치

뉴 EF소나타에서는 실내등(1) 회로도에서 보면 운전석 도어스위치 신호는 M33-3 커넥터의 9번과 18번 단자가 0V로 되면 정상이다. 마찬가지로 M33-3 커넥터는 실내 정션박스 내부에 있으므로 그 대신에 I/P-F 커넥터의 5번과 9번 단자를 사용해서 점검할 수 있다. 문이 열렸을 경우에는 0V 닫혔을 경우에는 12V가 출력되면 정상이다.

3) 운전석 뒤 도어스위치

뉴 EF소나타에서는 실내등(1) 회로도에서 보면 운전석 도어 스위치 신호는 M33-3 커넥터의 18번 단자로 입력된다. 단자전압이 0V로 되면 정상이다. 마찬가지로 M33-3 커넥터는 실내 정션박스 내부에 있으므로 그 대신에 I/P-F 커넥터의 8번 단자를 사용해서 점검할 수 있다. 문이 열렸을 경우에는 0V 닫혔을 경우에는 12V가 출력되면 정상이다.

4) 조수석 뒤 도어스위치

조수석 뒤 도어스위치는 운전석 뒤 도어스위치와 마찬가지로 M33-3 커넥터의 18번 단자가 0V로 되면 정상이다. 마찬가지로 M33-3 커넥터는 실내 정션박스 내부에 있으므로 그 대신에 I/P-F 커넥터의 8번 단자를 사용해서 점검할 수 있다. 문이 열렸을 경우에는 0V 닫혔을 경우에는 12V가 출력되면 정상이다.

(3) 도어 록/언록 스위치(그림 95 참조)

1) 운전석 도어 록 스위치

운전석 도어가 록 상태인지 언록 상태인지를 검출하기 위한 것이다.

EF소나타의 파워 도어록(2) 회로도에서 전장제어 ECU(ETACM)에 입력되는 단자는 M33-1 커넥터의 3번 단자이다. 도어 언록 상태에서는 0V가 검지되고 도어 록 상태에서는 5V가 검출되면 정상이다.

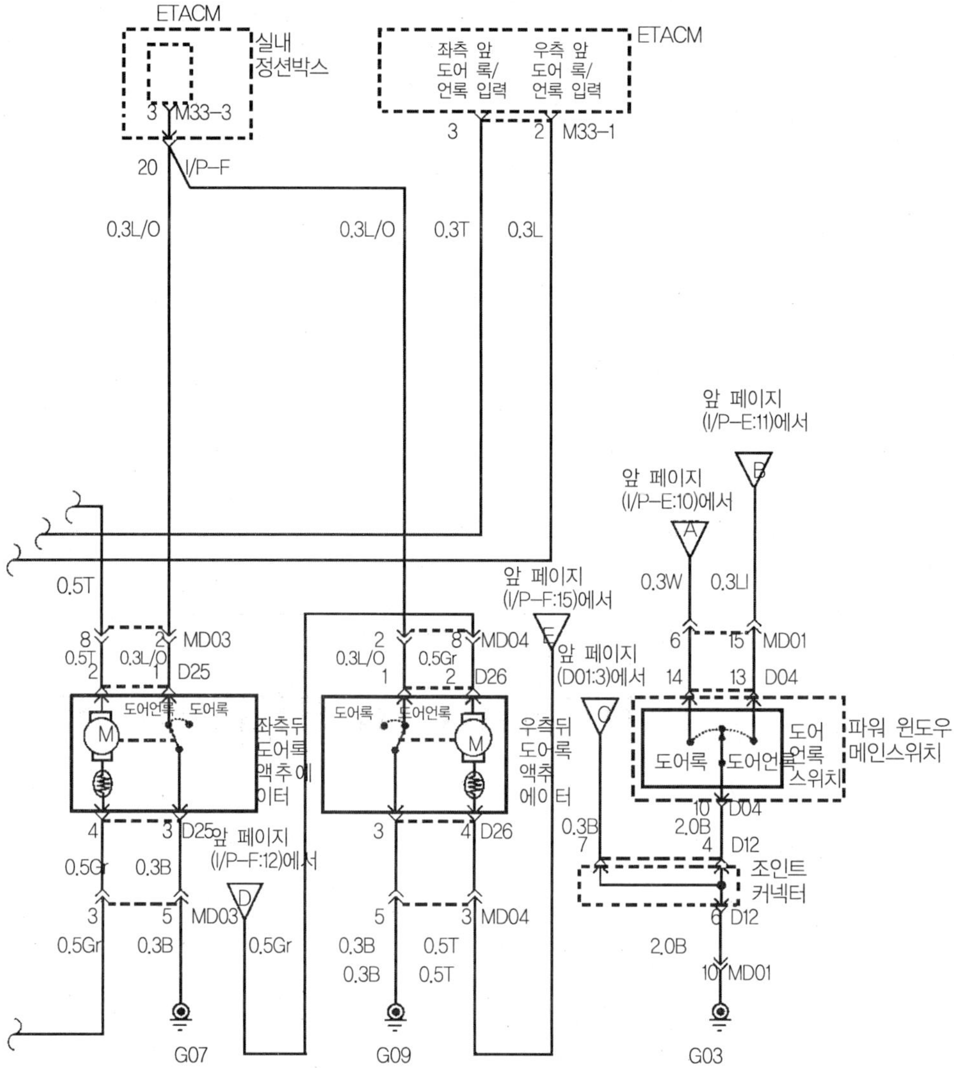

그림》 95. 뉴 EF 소나타의 파워 도어록(2) 회로도

2) 조수석 도어 록, 언록 스위치

조수석 도어가 록 상태인지, 언록 상태인지를 검출하기 위한 것이다.

뉴 EF소나타의 파워 도어록(1), (2) 회로도에서 전장제어 ECU(ETACM)에 입력되는 단자는 M33-1 커넥터의 2번 단자이다. 도어 언록 상태에서는 0V가 검출되고 도어 록 상태에서는 5V가 검출되면 정상이다.

3) 운전석 뒤 도어 록, 언록 스위치

운전석 뒤 도어가 록 상태인지, 언록 상태인지를 검출하기 위한 것이다.

뉴 EF소나타의 파워 도어록(1), (2) 회로도에서 전장제어 ECU(ETACM)에 입력되는 단자는 M33-3 커넥터의 3번 단자이다. 이 단자는 실내 정션박스의 내부에 설치되어 있어서 점검할 수 없으므로 실내 정션박스의 I/P-F의 20번 단자를 통해서 점검할 수 있다. 도어 언록 상태에서는 0V가 검지되고 도어 록 상태에서는 5V가 검출되면 정상이다.

4) 조수석 뒤 도어 록, 언록 스위치

조수석 뒤 도어가 록 상태인지, 언록 상태인지를 검출하기 위한 것이다. 운전석 뒤도어 록, 언록 스위치와 병렬로 연결되어 있으며 보통 한 개의 단자에서 운전석 뒤 도어 록 스위치와 조수석 뒤 도어 록 스위치를 함께 검출하고 있다.

뉴 EF소나타의 파워 도어록(1), (2) 회로도에서 전장제어 ECU(ETACM)에 입력되는 단자는 M33-3 커넥터의 3번 단자이다. 이 단자는 실내 정션박스의 내부에 설치되어 있어서 점검할 수 없으므로 실내 정션박스의 I/P-F의 11번 단자를 통해서 점검할 수 있다. 도어 언록 상태에서는 0V가 검지되고 도어 록 상태에서는 5V가 검출되면 정상이다.

(4) 후드 스위치(그림 90 참조)

후드는 기관 룸 덮개인 후드가 열려 있는지 닫혀있는 지를 검지하는 스위치이다. 후드가 열려 있으면 도난 경계상태의 진입이 불가능하게 된다. 뉴 EF소나타에서 ETACS회로(3)를 보면 후드스위치 입력은 M33-2 커넥터의 2번 단자로 입력된다. 후드가 열려 있으면 0V이고 닫혀 있으면 5V가 된다.

(5) 트렁크 스위치(그림 90 참조)

트렁크 스위치는 트렁크가 열려 있는지 닫혀있는 지를 검출하는 스위치이다. 트렁크가 열려 있으면 도난 경계상태의 진입이 불가능하게 된다. 뉴 EF소나타에서 ETACS회로(3)를 보면 후드스위치 입력은 M33-2 커넥터의 11번 단자로 입력된다. 트렁크가 열려 있으면 0V이고 닫혀 있으면 5V가 된다.

[4] 전장제어 ECU 점검

액추에이터도 이상이 없고, 전장제어 ECU의 출력요소와 입력요소가 모두 정상인데도 도난 경보제어가 정상이 아니라면 마지막으로 전장제어 ECU(ETACM) 자체의 고장이므로 교환 후에 작동 여부를 확인한다.

3.4. 내비게이션장치의 점검 · 정비

장치의 특성상 아래와 같은 경우엔 고장이라고 생각이 들게 화면표시가 되기도 하기 때문에 아래의 내용을 참고로 진단한다.

3.4.1. 관성항법에 관한 것

① 자기 차량위치(현재위치와 방향)를 정확히 맞추지 않고 주행하면 어긋남을 일으키는 경우가 있다. 내비게이션장치는 자립관성 항법을 기본으로 자기 차량위치를 계산하므로 주행 전에 자기 차량위치를 정확히 맞추지 않으면 자기 차량위치가 어긋나는 일이 있다.

② 아래와 같이 기관이 정지된 상태로 차량을 이동하는 경우는 차량의 현재 위치, 방향에 어긋남이 발생한다.

㉮ 선박(카페리 등), 기차, 레커 등으로 이동하는 경우

㉯ 턴테이블로 방향전환을 하였을 경우

③ 아래와 같은 경우엔 실제 주행거리와 주행거리 신호와의 사이에 오차가 발생하고 거리표시에 어긋남이 발생한다.

㉮ 낮은 마찰계수의 노면에서 슬립이 계속되었을 때

㉯ 타이어체인을 장착하고 주행했을 때

㉰ 맞지 않은 타이어 공기압력으로 주행했을 때

㉱ 외형이 다른 타이어를 장착하고 주행했을 때

㉲ 도로 폭이 넓은 도로에서 빈번하게 변속하면서 주행했을 때

㉳ 고속도로와 같은 직선 또는 완만한 커브가 길게 계속된 도로를 주행했을 때

④ 아래와 같은 경우엔 정밀도상 자기 차량위치에서 어긋남이 발생할 수 있다.

㉮ 자기 차량위치가 지도상의 도로에 대해 자기 차량위치 마크의 범위 내에서 어긋난다.

㉯ 자기 차량위치 마크 이상으로 어긋나지만 머프 매틱 보정 또는 GPS 보정될 때(요레이트센서와 차속센서 및 GPS에는 허용오차가 있다. 또 지도상의 도로에도 실제의 도로에 대해서도 오차가 있다. 이런 것에서 자기 차량위치가 지도상의 도로에서 조금 어긋나는 상태는 이상한 것이 아니다).

㉰ 루프나 인터체인지 또는 빌딩의 입체 주차장과 같이 동일방향으로 선회하는 도로를 주행했을 때

㉱ 급한 헤어핀 상태의 커브가 계속된 도로를 주행했을 때

㉲ 평행한 도로나 평행한 도로에 가까운 Y자로 주행했을 때

㉳ 기반의 눈 모양의 도로를 주행했을 때

위의 내용은 요레이트 센서와 차속 센서에 의한 자기 차량위치 검출에 관한 내용이지만 만일 자기 차량위치에 어긋남이 발생하여도 GPS에 의해 보정이 작동할 때는 자동적으로 자기 차량위치의 위치수정을 실행한다. 또한 GPS의 전파가 수신되지 않는 도로환경일 때에는 GPS 보정이 되지 않으므로 수동으로 위치수정을 할 필요가 있다.

3.4.2. GPS에 관한 것

① 아래와 같은 경우엔 GPS 위치측정이 안 된다.

㉮ 기관을 시동하고부터 최초 2~3분간(최초로 위치를 측정할 때까지 전파를 끊어지지 않게 연속적으로 수신할 필요가 있으므로 2~3분간은 위치측정이 되지 않는다. 또 기관을 시동하고 바로 주행하면 위치를 측정할 때까지의 시간이 길어진다).

㉯ 빌딩사이, 산의 음지, 터널 내, 가로수 및 고가도로 및 트럭 등으로 GPS의 전파가 차단됐을 때

㉰ 인퍼내 중앙 내에 레이 아웃된 안테나의 위, 및 주변에 물체를 놓아 GPS의 전파가 차단됐을 때

㉱ 인공위성이 전파를 내지 않고 있을 때(인공위성은 추적관리 센터에서 제어되고 있으며 개량이나 수리 때문에 전파가 정지되는 경우가 있다).

㉲ GPS 안테나 부근에 휴대전화(1.5GHZ)를 ON상태로 두었을 때 및 통화중일 때

② 아래와 같은 경우에는 GPS의 정밀도가 저하한다.

㉮ 2차원 측위일 때(2차원 위치측정은 3차원으로 위치 측정한 최후의 표고 값을 사용하여 위치 측정을 계산하기 때문에 산이나 구름이 오르거나 내린 다음에는 정밀도가 저하한다. 또 GPS는 인공위성이 24개 운용되어 24시간의 3차원 위치 측정이 가능하지만 위치 측정이 가능한 위성 중에 1개의 위성의 전파가 장해물로 차단되었을 때나 1개의 위성이 고장 또는 수리 중일 때는 2차원 위치 측정으로 된다).

㉯ 인공위성의 정도를 추적관리 센터에서 저하시키고 있을 때

3.4.3. 디스플레이 유닛의 LCD에 관한 것

① 낮은 온도에서 NAV 화면을 기동하면 백라이트에 형광등을 사용하고 있기 때문에 2~3분 동안 화면이 어두울 때가 있다.

② LCD가 여름철 직사 일광 등으로 높은 온도가 되면 NAV 화면을 기동해도 새까만 채 비치지 않는 경우가 있다. 이 경우 LCD의 온도가 저하하면 정상으로 돌아온다.

3.4.4. 전파의 수신에 관한 것.

아래의 요인에 의해 TV의 영상 및 음성의 상태가 나쁠 수가 있다.

[1] 외란의 요인

① 송전선

② 철도의 가선

③ 네온사인

④ 위법무선

[2] 전파요인

① 방송국이나 중계국의 근처

② 약한 전파지역에서의 수신

③ 산, 터널, 철교 및 빌딩의 주위

④ 주위 건물에 의한 전파의 반사

3.4.5. 내비게이션장치의 고장진단

내비게이션장치에는 자기진단기능이 갖추어져 있기 때문에 고장이 생긴 경우엔 다음의 표를 참고로 한다.

이상증상	관련 유닛, 그 외의 이상 항목							자기진단 항목					
	NAV 유닛	TV 튜너	디스프레이유닛	GPS 유닛	하네스	CD-ROM	오디오덱	유닛 진단	모니터 진단	거리 보정	장치 접속	요레이트 센서	하네스 도통
화면이 비치지 않는다.	0		0		0								0
지도가 표시되지 않는다.	0		0		0	0		0					0
디스플레이 유닛의 조작스위치가 듣지 않는다.			0		0			0	0		0		0
자기 차량위치 마크의 거리 흐트러짐	0									0			
자기차량 위치 마크가 구부러지지 않는다. 똑바로 진행되지 않는다.	0											0	
GPS마크가 표시되지 않는다.	0			0	0			0			0		
GPS마크 중의 위성마크가 표시 안 된다.				0				0			0		
안내음성이 나오지 않는다.	0				0		0				0		0
TV 화면이 비치지 않는다.		0			0			0			0		0
TV 화면 색깔이 나쁘다.		0			0								0
TV 음성이 나지 않는다.		0			0		0				0		0

3.5. 윈드 실드 와이퍼 모터

3.5.1. 탈거 및 조립

[1] 탈거

① 보닛을 열고 축전지 (-)케이블을 탈거한다.

② 와이퍼 블레이드 암 고정너트 캡을 탈거한다.

③ 와이퍼 블레이드 암 고정너트를 탈거한다.

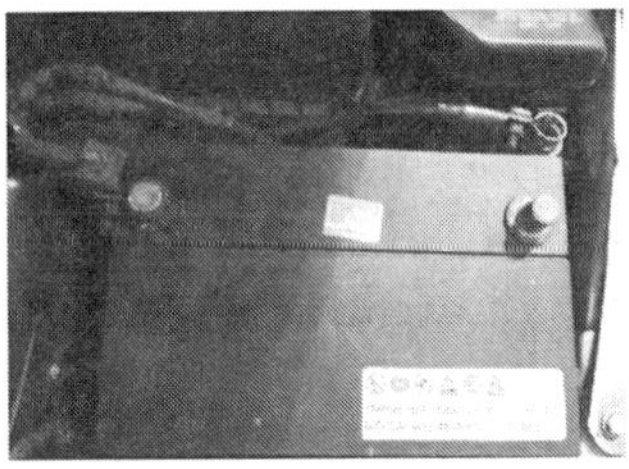

(a) 축전지 (-)케이블

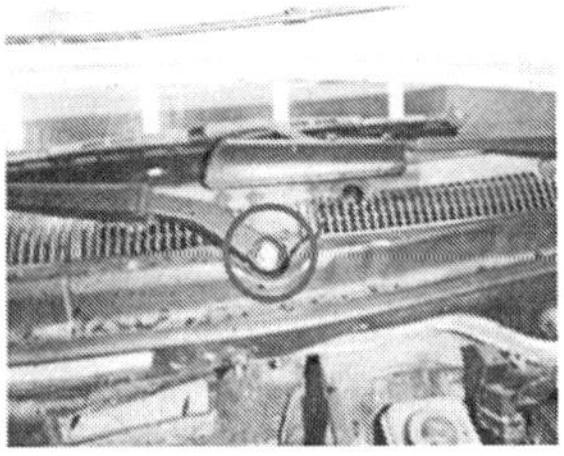

(b) 캡 탈거

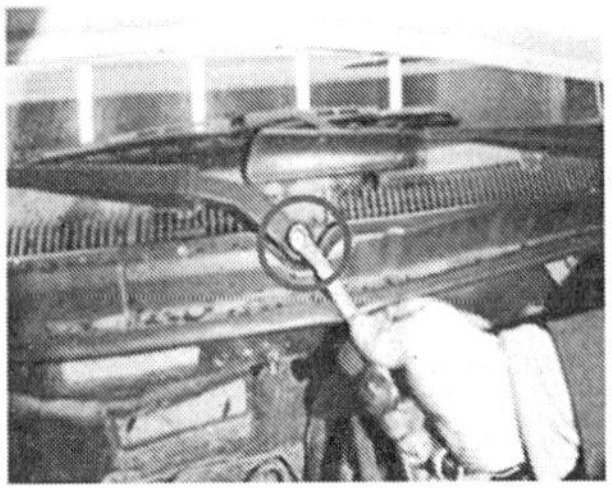

(c) 고정너트

그림 96. 탈거

④ 그림 97처럼 해당부위를 눌러 와이퍼 블레이드 암을 탈거한다.

⑤ 고무 패드를 탈거한다.

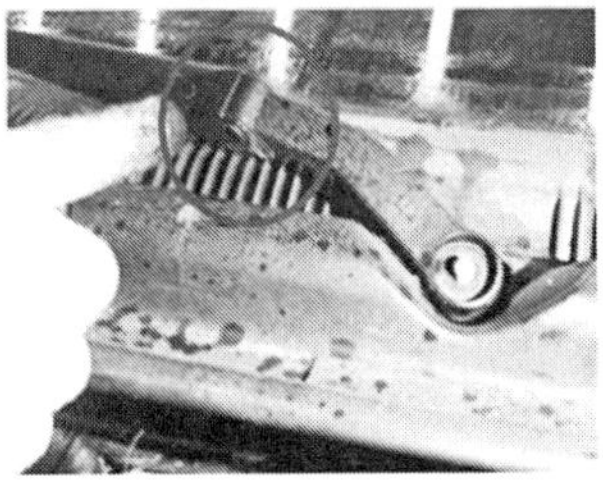

그림 97. 블레이드 암 탈거

그림 98. 고무패드 탈거

⑥ 카울 커버를 고정하고 있는 플라스틱 고정 핀 및 고정피스를 탈거한다.

⑦ 카울 커버를 탈거한다.

그림 99. 고정 핀 및 피스 탈거

그림 100. 카울 커버 탈거

⑧ 와이퍼 모터 커넥터를 탈거한다.

⑨ 와이퍼 모터 고정 볼트를 풀고 링키지와 모터를 분리하여 모터를 탈거한다.

그림 101. 커넥터 탈거

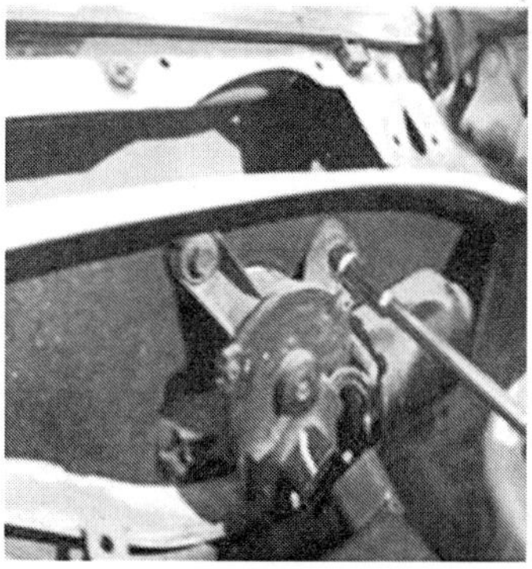

그림 102. 고정 볼트 탈거

⑩ 와이퍼 모터 링키지 고정너트를 탈거한다.

⑪ 와이퍼 모터 링키지를 탈거한다.

그림 103. 링키지 고정너트 탈거

그림 104. 링키지 탈거

[2] 조립

① 와이퍼 모터 링키지를 끼우고 고정너트를 조립한다.

② 와이퍼 모터와 링키지를 결합하고 와이퍼 모터 고정 볼트를 조립한다.

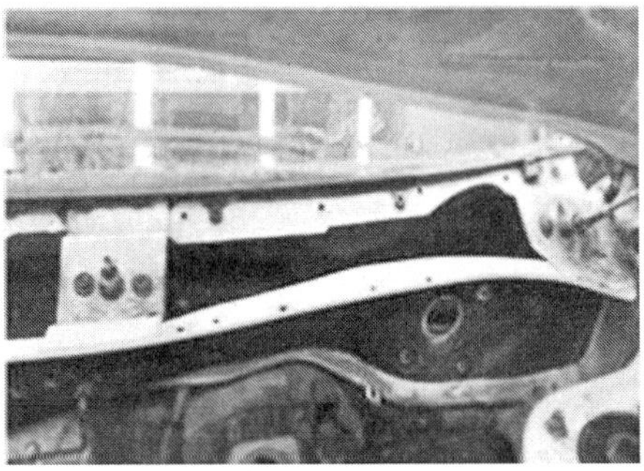

그림 105. 고정너트 조립

그림 106. 고정 볼트 조립

③ 와이퍼 모터 커넥터를 조립한다.

④ 카울 커버 고정 피스 및 플라스틱 키를 끼운다.

⑤ 고무패드를 조립한다.

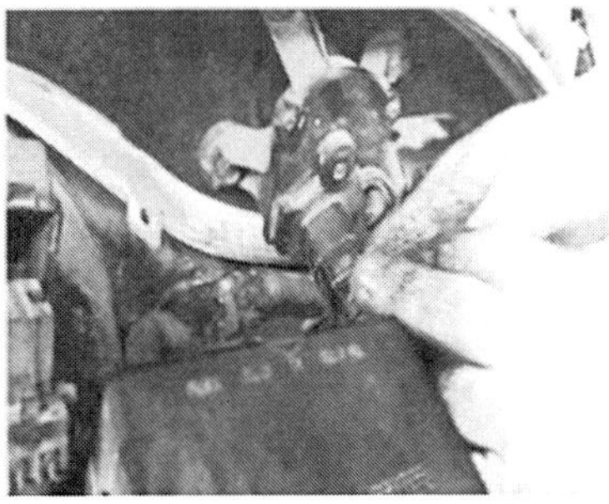

그림 107. 커넥터 조립

그림 108. 고무패드 조립

⑥ 와이퍼 블레이드 암을 정확한 위치를 선정하여 조립하고 고정너트를 조립한다.

⑦ 축전지 (-)케이블을 연결한다.

⑧ 와이퍼를 작동시켜 정상작동 여부를 확인한다.

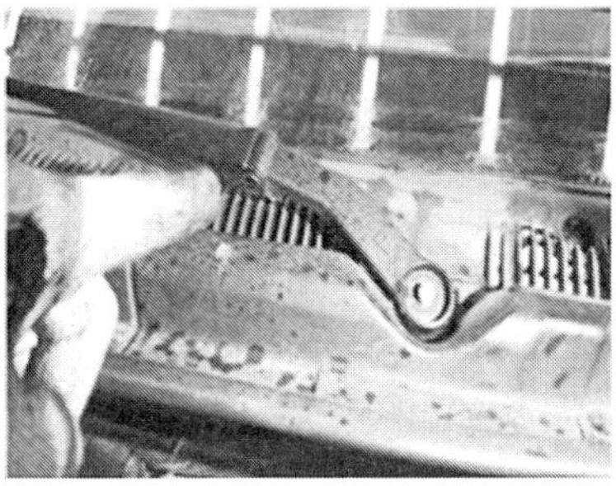

그림> 109. 블레이드 암 조립

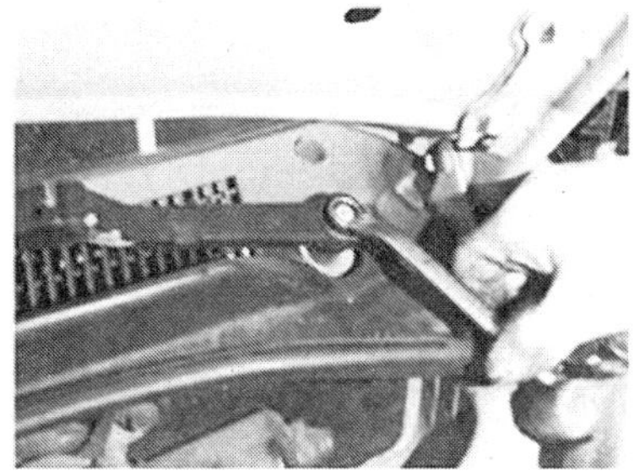

그림> 110. 고정너트 조립

3.5.2. 와이퍼 작동속도 점검

① 와이퍼 모터에서 커넥터를 분리한다.

② 아래 표와 같이 축전지를 연결한 다음 정상속도로 작동하는 지를 점검한다.

축전지 단자 연결		와이퍼 모터 작동속도
(+)단자	(−)단자	
1	5	저속
1	6	고속

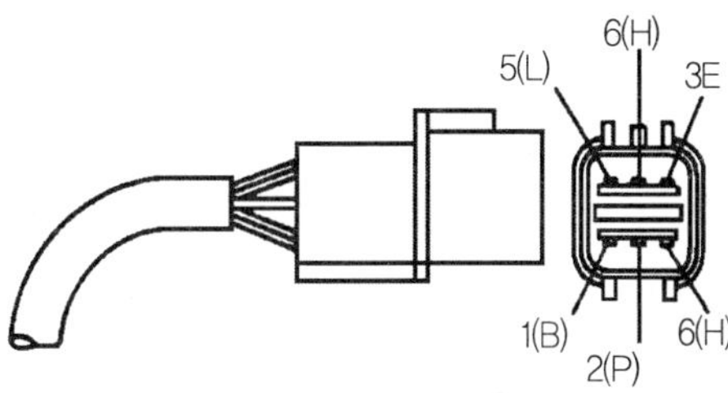

그림> 111. 와이퍼 모터 커넥터

3.5.3. 자동 정지 작동점검

① 와이퍼 모터를 저속으로 작동시킨다.

② OFF 이외의 위치에서 단자 5를 분리시켜 모터의 작동을 정지시킨다.

③ 단자 2와 단자 5를 연결한다.

④ 축전지 (+)단자를 와이퍼 모터 단자 1에 접속한다.

⑤ 와이퍼 모터를 다시 작동시켜 모터가 OFF위치에서 정지하는지 확인한다.

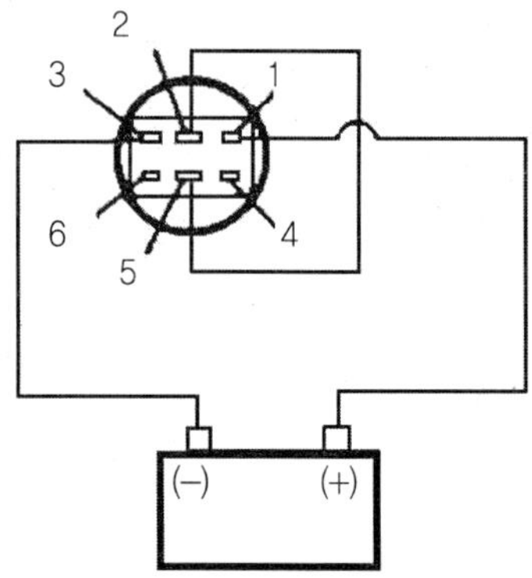

그림 112. 자동 정지 작동점검

3.5.4. 와이퍼 모터의 작동점검

① 점화스위치를 OFF한다.

② 와이퍼 모터 커넥터를 분리한다.

③ 와이퍼 모터 커넥터를 다음 그림과 같이 연결하여 작동시험을 한다.

④ 본선(B단자)을 고정시키고 축전지 (-)선을 나머지 단자에 연결하여 돌아가는 속도를 보고 확인한다(HI, LOW).

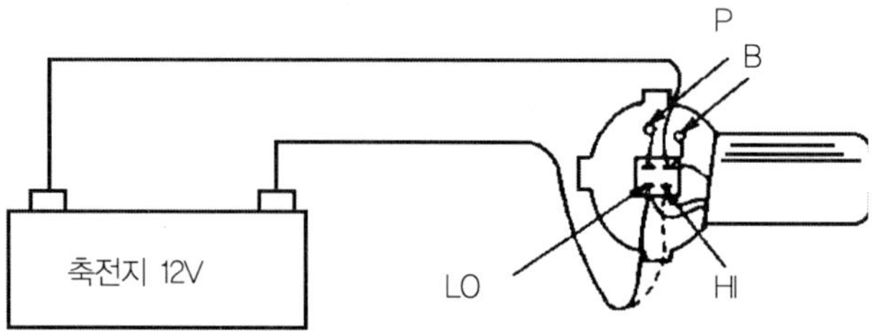

그림 113. 와이퍼 모터의 작동점검

[와이퍼스위치 단자 점검]

위치 \ 단자	LO	HI	P	IM	EW	INT(T)
OFF	●——	———	——●			
INT	●——	———	——●	●——	——●——	——●
LO	●——	———	———	———	——●	
HI		●——	———	———	——●	

3.6. 윈도우 레귤레이터(파워 윈도우 모터)

3.6.1. 탈거

① 도어를 열어 사이드미러 안쪽 커버를 탈거한다.

② 사이드미러 안쪽 커버의 커넥터를 탈거한다.

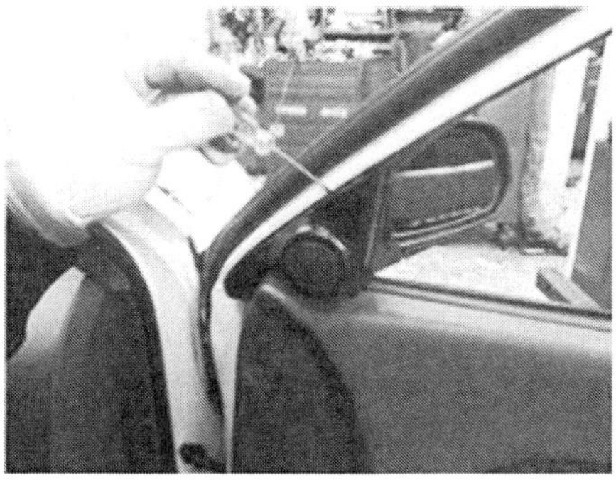

그림 114. 사이드 미러 커버 탈거

그림 115. 사이드 미러 커넥터 탈거

③ 도어 내측 트립의 플라스틱 고정 핀을 제거한다.

④ 도어 내측 트립의 고정 피스를 드라이버를 이용하여 탈거한다.

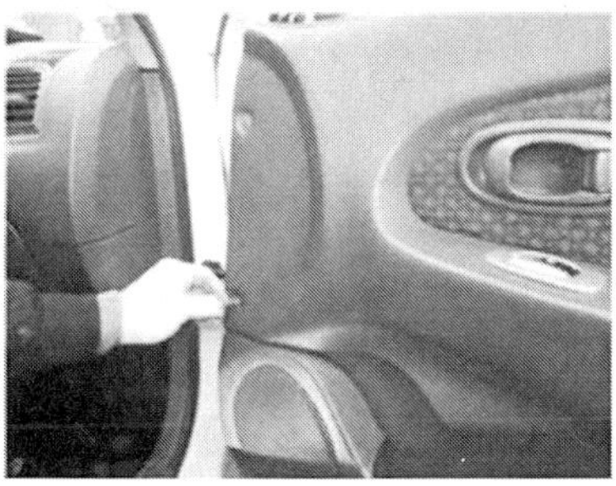

그림 116. 플라스틱 고정 핀 제거

그림 117. 트립 고정 피스 탈거

⑤ 드라이버를 이용하여 도어 내측 트립의 손잡이 고정 피스를 탈거한다.

⑥ 도어 내측 트립의 도어 열림 캐치 고정 피스를 드라이버를 이용하여 탈거한다.

그림》 118. 손잡이 고정 피스 탈거

그림》 119. 캐치 고정 피스 탈거

⑦ 인사이드 핸들(내캐치) 링크 키를 분리하고 캐치를 탈거한다.

⑧ 도어 내측 트립의 하단을 손으로 잡아당겨 이격시키고 위쪽으로 밀어 올려 트립을 탈거한다.

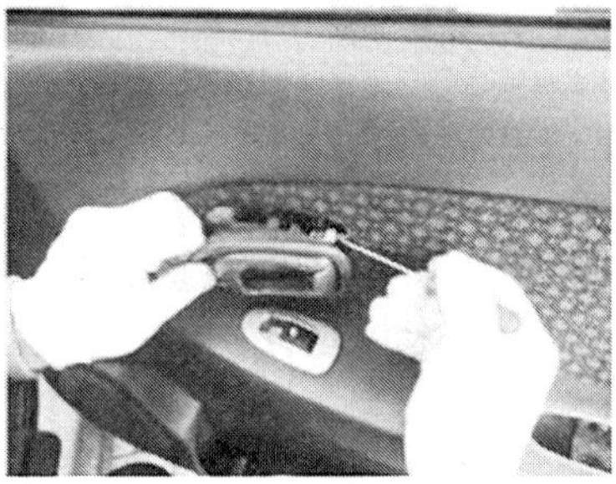

그림》 120. 내 캐치 링크 키 분리

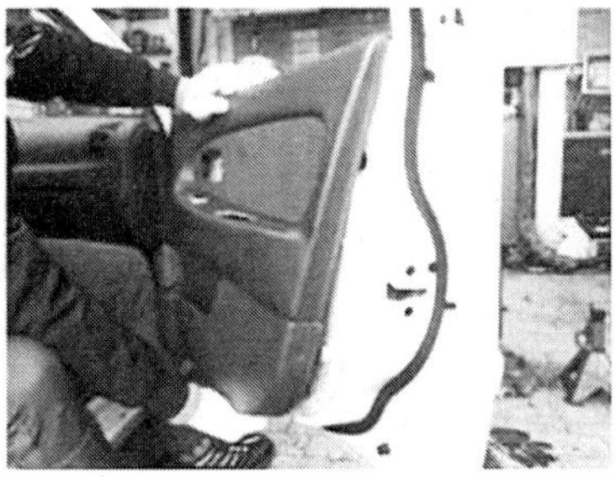

그림》 121. 트립 탈거

⑨ 트립 안쪽의 커넥터를 탈거한다.

⑩ 트립을 제거하고 드라이버를 이용하여 트립과 고정하는 브래킷(bracket)을 탈거한다.

그림》 122. 커넥터 탈거

그림》 123. 트립 고정 브래킷 탈거

⑪ 더스트(dust) 커버를 탈거한다.

⑫ 도어유리 고정 볼트(2개)를 탈거한다. 볼트를 풀면 유리가 떨어져 깨질 수 있으니 유리가 떨어지지 않도록 고정 장치를 끼우고 작업한다.

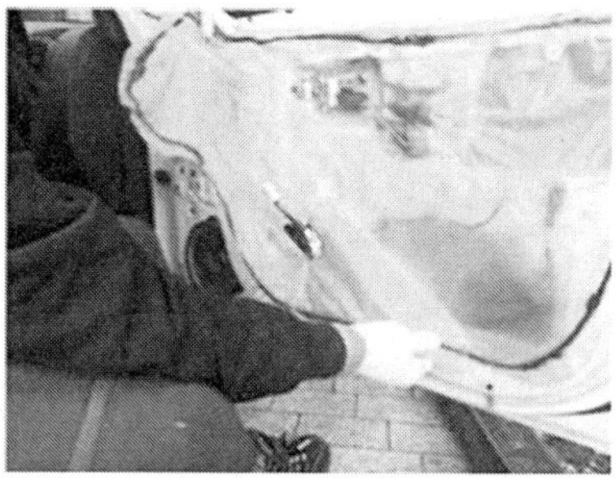

그림 124. 더스트 커버 탈거

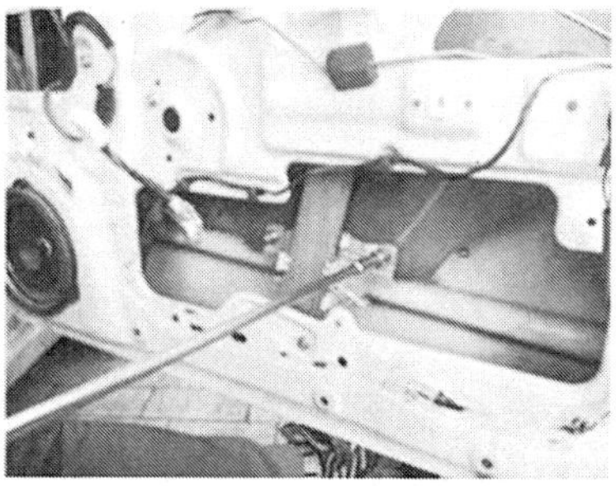

그림 125. 도어유리 고정볼트 탈거

⑬ 파워 윈도우 레귤레이터 고정 너트(4개)를 탈거한다.

⑭ 파워 윈도우 모터 커넥터를 탈거한다.

그림 126. 레귤레이터 고정너트 탈거

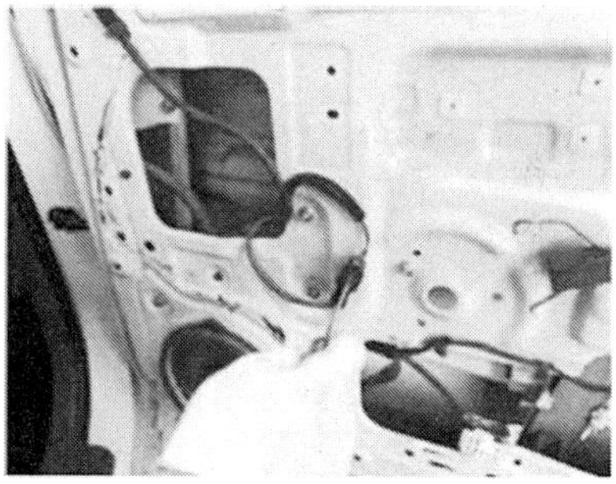

그림 127. 모터 커넥터 탈거

⑮ 파워 윈도우 모터 고정 너트(3개)를 탈거한다.

⑯ 파워 윈도우 모터 링키지를 빼낸다.

⑰ 탈거한 파워 윈도우 모터와 레귤레이터

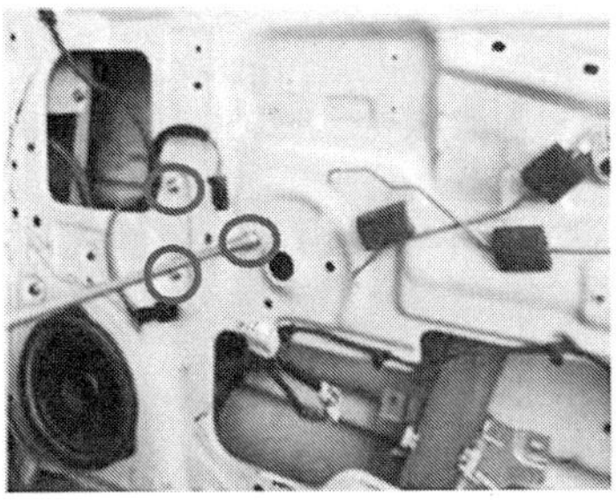

그림 128. 모터 고정너트 탈거

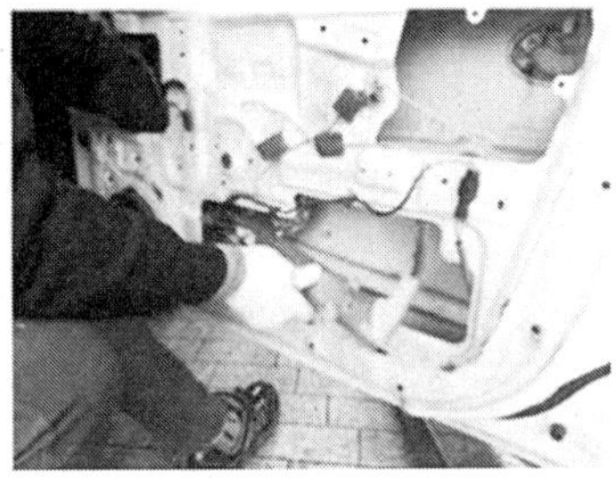

그림 129. 링키지 탈거

그림 130. 윈도우 레귤레이터

3.6.2. 조립

① 파워 윈도우 모터와 레귤레이터를 끼운다.

② 파워 윈도우 모터 고정 너트를 손으로 충분히 돌려 고정한다.

그림 131. 링키지 조립

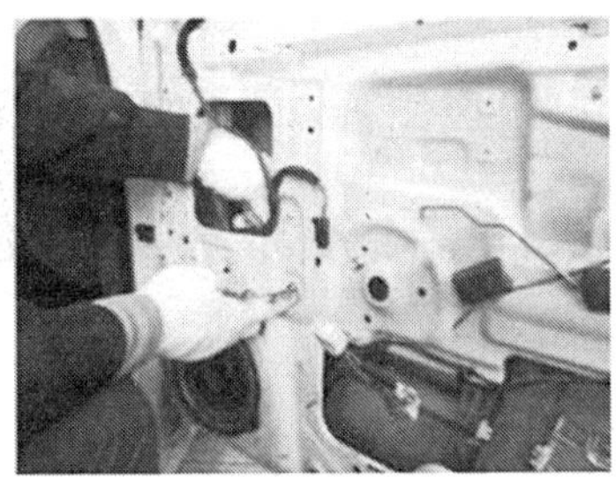

그림 132. 모터 고정 너트 조립

③ 파워 윈도우 레귤레이터 고정 너트를 손으로 충분히 돌려 고정한다.

④ 고정 너트를 조인다.

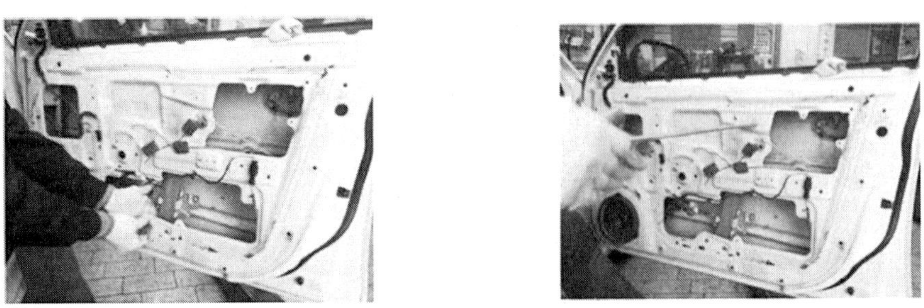

(a) (b)

그림 133. 레귤레이터 고정너트 조립

⑤ 파워 윈도우 모터 커넥터를 연결한다.

⑥ 도어유리를 정 위치에 맞추고 고정 볼트(2개)를 고정한다.

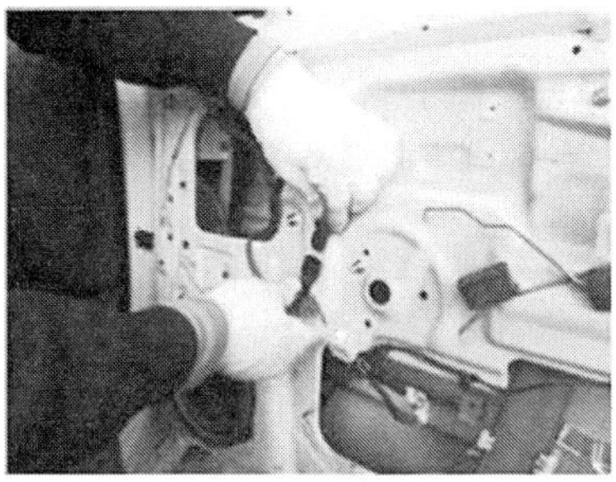

그림 134. 커넥터 조립

그림 135. 도어유리 고정볼트 조립

⑦ 더스트(dust) 커버를 붙인다.

⑧ 트립과 고정하는 브래킷(bracket)을 조립한다.

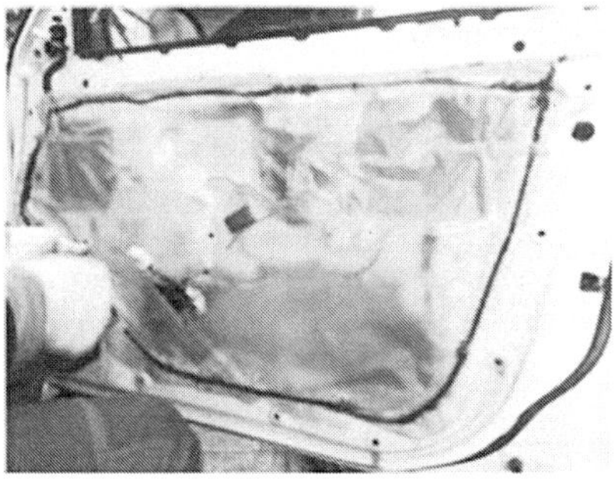

그림 136. 더스트 커버 조립

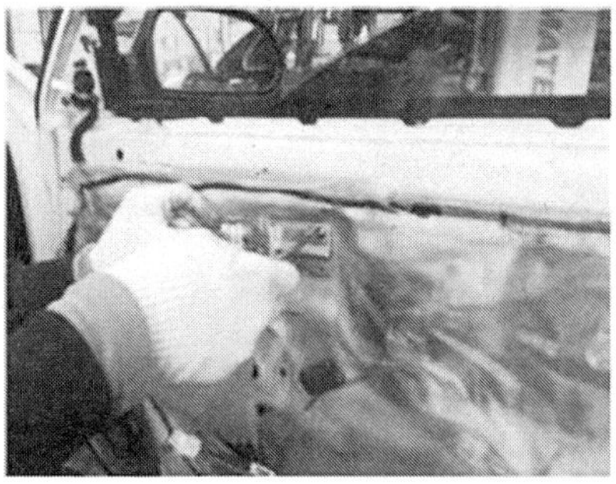

그림 137. 트립 브래킷 조립

⑨ 트립 안쪽의 커넥터를 연결한다.

⑩ 도어 내측 트립을 위쪽에서 아래방향으로 눌러 끼우고 트립과 도어의 키를 맞추어 체결한다.

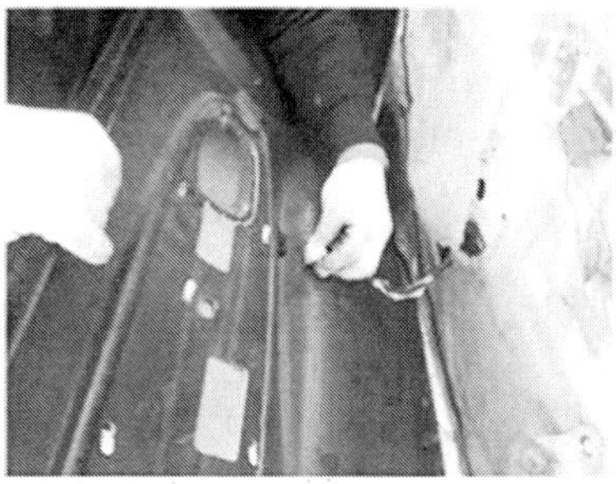

그림 138. 트립 안쪽 커넥터 조립

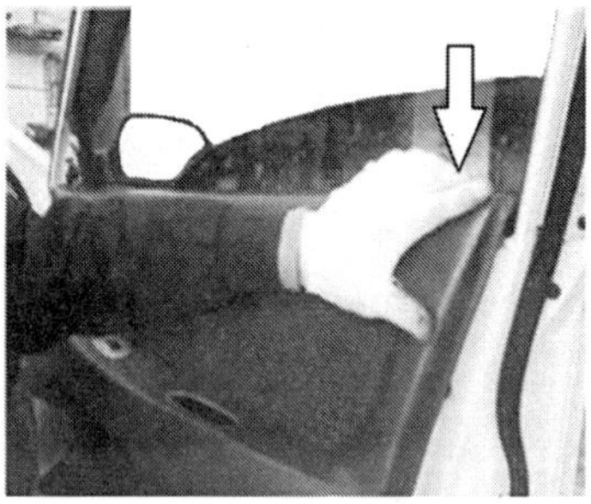

그림 139. 트립 조립

⑪ 인사이드 핸들(내캐치)의 링크키를 끼우고 캐치를 조립한다.

⑫ 드라이버를 이용하여 인사이드 핸들(내캐치)의 손잡이 고정 피스를 조립한다.

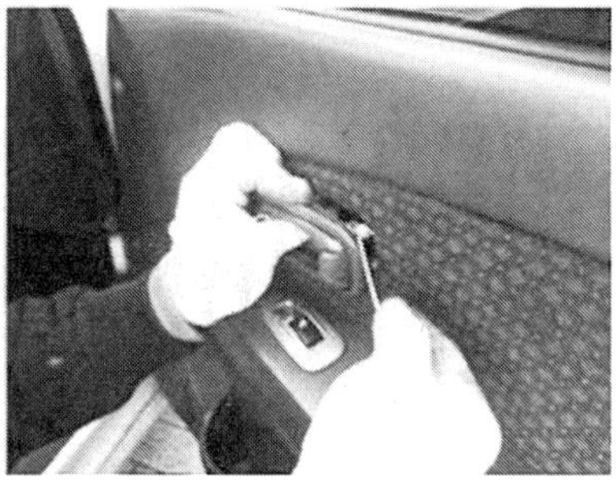

그림 140. 내캐치 조립

그림 141. 내캐치 고정피스 조립

⑬ 드라이버를 이용하여 도어 내측 트립의 손잡이 고정 피스를 조립한다.

⑭ 드라이버를 이용하여 도어 내측 트립의 고정 피스를 조립한다.

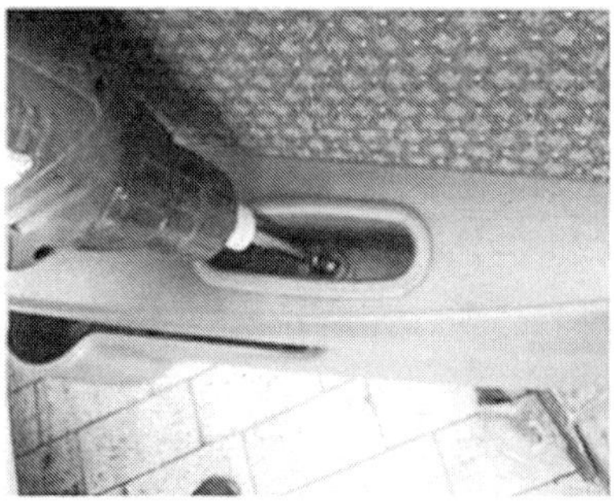

그림 142. 손잡이 고정피스 조립

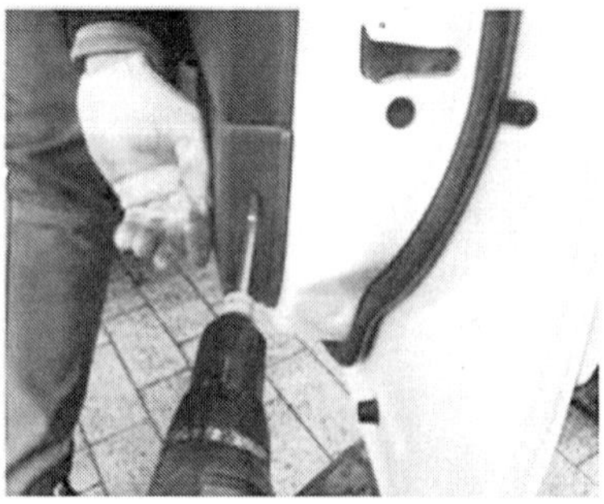

그림 143. 내측 트립 고정피스 조립

⑮ 도어 내측 트립의 플라스틱 고정 핀을 조립한다.

⑯ 사이드미러 안쪽 커버의 커넥터를 조립한다.

그림 144. 플라스틱 고정 핀 조립

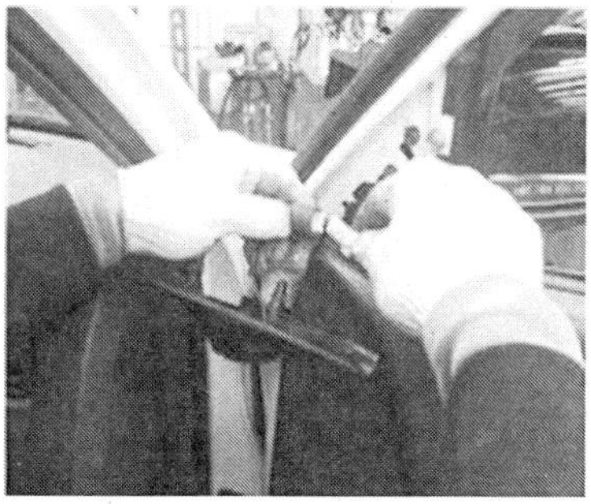

그림 145. 사이드미터 커넥터 조립

⑰ 사이드미러 안쪽 커버의 키홈을 일치시켜 눌러 조립한다.

⑱ 파워 윈도우 모터 스위치를 작동시켜 정상 작동상태를 확인한다.

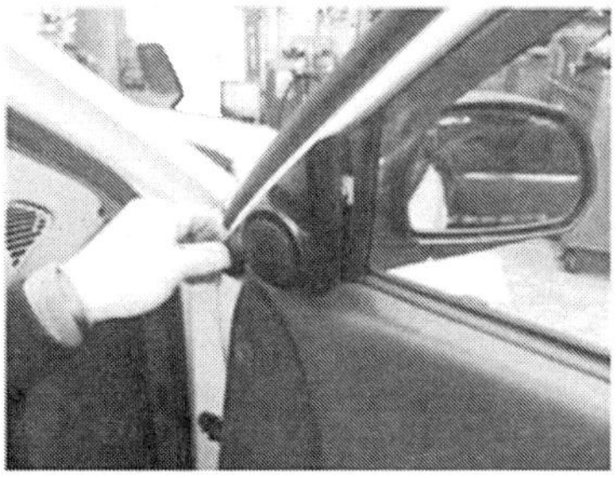

그림 146. 사이드미러 안쪽 커버 조립

3.7. 파워 윈도우 레귤레이터 전류 소모시험

① 축전지가 정상상태인가 확인한다.

② 전류 측정기(후크미터)의 레인지를 Ā(DC A)에 선택한다.

③ 전류 측정기(후크미터)를 0점 조정을 한 후 모터 커넥터 연결 상태에서 한선에 전류 측정기(후크미터)를 설치한다.

④ 파워 윈도우 스위치를 조작하여 측정한다.

4 편의장치의 단품점검

[1] 주어진 자동차에서 IMS 작동상태를 점검하고, 이상이 있으면 이상 내용을 기록표에 기록하시오.

<table>
<tr><td colspan="3">자동차 번호 :</td><td>비 번호</td><td></td><td>지도교수
확 인</td><td></td></tr>
<tr><td rowspan="2">측정 항목</td><td colspan="2">① 점검(또는 측정)</td><td colspan="3">② 판정 및 정비(또는 조치)사항</td><td rowspan="2">득 점</td></tr>
<tr><td>고장 부분</td><td>내용 및 상태</td><td>판정(□에 "✔" 표)</td><td colspan="2">정비 및 조치할 사항</td></tr>
<tr><td rowspan="3">IMS 작동상태</td><td></td><td></td><td rowspan="3">□ 양호
□ 불량</td><td colspan="2" rowspan="3"></td><td rowspan="3"></td></tr>
<tr><td></td><td></td></tr>
<tr><td></td><td></td></tr>
</table>

[2] 간헐 와이퍼제어에서 스위치 등을 조작하면서 각 단자 전압의 변화를 멀티미터로 점검하시오.

<table>
<tr><td colspan="4">자동차 번호 :</td><td>비번호</td><td></td><td>지도교수
확 인</td><td></td></tr>
<tr><td>측정항목</td><td>단자번호</td><td>핀 번호</td><td>배선컬러</td><td>ON 전압</td><td>OFF전압</td><td>판정(□에 "✔" 표)</td><td>득 점</td></tr>
<tr><td>INT 스위치
작동신호</td><td></td><td></td><td></td><td>V
ON 전압
(FAST)</td><td>V
OFF전압
(SLOW)</td><td rowspan="2">□ 양호
□ 불량</td><td rowspan="2"></td></tr>
<tr><td>INT
가변 조절</td><td></td><td></td><td></td><td>V
ON 전압
(FAST)</td><td>V
OFF전압
(SLOW)</td></tr>
</table>

[3] 간헐 와이퍼제어에서 와이퍼 모터 릴레이 코일과 전장제어 ECU(ETACM)에 연결되는 단자를 테스터 램프 등을 사용하여 와이퍼릴레이 접지 단자를 접지시켜서 강제 구동시켜 와이퍼 모터 릴레이를 점검하시오.

<table>
<tr><td colspan="4">자동차 번호 :</td><td>비번호</td><td></td><td>지도교수
확 인</td><td></td></tr>
<tr><td>측정항목</td><td>단자번호</td><td>핀 번호</td><td>배선컬러</td><td colspan="2">구동 결과</td><td>판정(□에 "✔" 표)</td><td>득 점</td></tr>
<tr><td rowspan="2">와이퍼 모터
릴레이</td><td rowspan="2"></td><td rowspan="2"></td><td rowspan="2"></td><td>와이퍼
작동</td><td>와이퍼
비작동</td><td rowspan="2">□ 양호
□ 불량</td><td rowspan="2"></td></tr>
<tr><td>□ 양호
□ 불량</td><td>□ 양호
□ 불량</td></tr>
</table>

[4] 워셔 연동 와이퍼에서 스위치 등을 조작하면서 각 단자 전압의 변화를 멀티미터로 점검하시오.

자동차 번호 :				비번호		지도교수 확 인	
측정항목	단자번호	핀 번호	배선컬러	ON전압	OFF전압	판정(□에 "✔" 표)	득 점
와셔 스위치				V	V	□ 양호 □ 불량	

[5] 워셔 연동 와이퍼에서 와이퍼 모터 릴레이 코일과 전장제어 ECU(ETACM)에 연결되는 단자를 테스터 램프 등을 사용하여 와이퍼릴레이 접지 단자를 접지시켜서 강제 구동시켜 점검하시오.

자동차 번호 :				비번호		지도교수 확 인	
측정항목	단자번호	핀 번호	배선컬러	구동 결과		판정(□에 "✔" 표)	득 점
와이퍼 모터 릴레이				와이퍼 작동	와이퍼 비작동	□ 양호 □ 불량	
				□ 양호 □ 불량	□ 양호 □ 불량		

[6] 열선 타이머 제어에서 스위치 등을 조작하면서 각 단자 전압의 변화를 멀티미터로 점검하시오.

자동차 번호 :				비번호		지도교수 확 인	
측정항목	단자번호	핀 번호	배선컬러	ON 전압	OFF전압	판정(□에 "✔" 표)	득 점
뒷유리 열선스위치				V ON 전압 (기관시동)	V OFF전압 (기관정지)	□ 양호 □ 불량	
발전기 충전전압				V ON 전압 (기관시동)	V OFF전압 (기관정지)		

[7] 감광식 실내등 제어에서 스위치 등을 조작하면서 각 단자 전압의 변화를 멀티미터로 점검하시오.

자동차 번호 :				비번호		지도교수 확 인	
측정항목	단자번호	핀 번호	배선컬러	OPEN 전압	CLOSE전압	판정(□에 "✔" 표)	득점
운전석 도어				V	V	□ 양호 □ 불량	
				V	V		
조수석 도어				V	V		
				V	V		
운전석 뒤 도어				V	V		
조수석 뒤 도어				V	V		

[8] 열선 타이머 제어에서 뉴 EF소나타의 경우 I/P-C 커넥터의 3번 단자에 테스터 램프 등을 사용하여 축전지 전압을 인가하면서 열선 릴레이 작동상태를 점검하시오.

자동차 번호 :				비번호		지도교수 확 인	
측정항목	단자번호	핀 번호	배선컬러	강제구동 TEST 방법	구동 결과	판정(□에 "✔" 표)	득점
열선릴레이					□ 양호 □ 불량	□ 양호 □ 불량	

[9] 감광식 실내등 제어에서 테스트 램프 등을 사용하여 뉴 EF소나타는 I/P-J 커넥터의 9번 단자를 차체에 접지시키며 강제 구동시켜 점검하시오.

자동차 번호 :				비번호		지도교수 확 인	
측정항목	단자번호	핀 번호	배선컬러	강제구동 TEST 방법	구동 결과	판정(□에 "✔" 표)	득점
실내등 (룸램프)					□ 양호 □ 불량	□ 양호 □ 불량	

[10] 파워 윈도우 타이머 제어에서 스위치 등을 조작하면서 각 단자 전압의 변화를 멀티미터로 점검하시오.

자동차 번호 :				비번호		지도교수 확 인	
측정항목	단자번호	핀 번호	배선컬러	ON 전압	OFF전압	판정(□에 "✔" 표)	득점
키 ON전원				V ON 전압 (키 ON)	V OFF전압 (키 OFF)	□ 양호 □ 불량	
상시전원				V	상시전압		
운전석 도어				V ON 전압 (OPEN)	V OFF전압 (CLOSE)		
				V ON 전압 (OPEN)	V OFF전압 (CLOSE)		
조수석 도어				V ON 전압 (OPEN)	V OFF전압 (CLOSE)		
				V ON 전압 (OPEN)	V OFF전압 (CLOSE)		

[11] 파워 윈도우 타이머 제어에서 뉴 EF소나타는 강제 구동이 불가능 하므로 시동키를 OFF시킨 후에도 파워 윈도우 릴레이가 몇 초 동안 동작하는지 I/P-B 커넥터의 13번 단자로 파워 윈도우 릴레이를 점검하시오.

자동차 번호 :				비번호		지도교수 확 인	
측정항목	단자번호	핀 번호	배선컬러	강제구동 TEST 방법	구동 결과	판정(□에 "✔" 표)	득점
파워윈도우 릴레이					□ 양호 □ 불량	□ 양호 □ 불량	

[12] 키 회수제어에서 스위치 등을 조작하면서 각 단자 전압의 변화를 멀티미터로 점검하시오.

자동차 번호 :				비번호		지도교수 확 인	
측정항목	단자 번호	핀 번호	배선컬러	ON 전압	OFF전압	판정(□에 "✔" 표)	득점
키 ON전원				V ON 전압 (키 ON)	V OFF전압 (키 OFF)	□ 양호 □ 불량	
시동 키 스위치(핸들록 스위치)				V (키 삽입)	V (키 탈거)		
운전석 도어				V ON 전압 (OPEN)	V OFF전압 (CLOSE)		
				V ON 전압 (OPEN)	V OFF전압 (CLOSE)		
운전석 도어 록 스위치				V ON 전압 (도어 록)	V OFF전압 (도어언록)		

[13] 키 회수제어에서 도어 언록 릴레이 접지 단자를 접지시켜서 구동시켜본다. 뉴 EF소나타는 I/P-E 커넥터의 10번 단자를 차체와 접지시켜 점검하시오.

자동차 번호 :				비번호		지도교수 확 인	
측정항목	단자번호	핀 번호	배선컬러	강제구동 TEST 방법	구동 결과	판정(□에 "✔" 표)	득점
도어 언록 릴레이					□ 양호 □ 불량	□ 양호 □ 불량	

[14] 안전벨트 경고등 타이머 제어에서 스위치 등을 조작하면서 각 단자 전압의 변화를 멀티미터로 점검하시오.

자동차 번호 :				비번호		지도교수 확 인	
측정항목	단자번호	핀 번호	배선컬러	키 ON전압	키 OFF전압	판정(□에 "✔" 표)	득점
키 ON전원				V	V	□ 양호 □ 불량	

[15] 안전벨트 경고등 타이머 제어에서 테스터 램프를 사용하여 경고등 접지 단자를 접지시켜서 작동시켜본다. 뉴 EF소나타에서 ETACS 회로(1)에서 I/P-L 커넥터의 10번 단자를 차체에 접지시키면서 안전벨트 경고등이 작동하는지 확인한다.

자동차 번호 :				비번호		지도교수 확 인	
측정항목	단자번호	핀 번호	배선컬러	강제구동 TEST 방법	구동 결과	판정(□에 "✔" 표)	득점
안전벨트 경고등					□ 양호 □ 불량	□ 양호 □ 불량	

[16] 주어진 자동차에서 후방 경보시스템 작동상태를 점검하고, 이상이 있으면 이상 내용을 기록표에 기록하시오.

자동차 번호 :			비 번호		지도교수 확 인	
측정 항목	① 점검(또는 측정)		② 판정 및 정비(또는 조치)사항			득 점
	고장 부분	내용 및 상태	판정(□에 "✔" 표)	정비 및 조치할 사항		
후방 경보시스템 작동상태			□ 양호 □ 불량			

[17] 주어진 자동차에서 와이퍼 작동시 소모전류를 측정 및 점검하고, 이상이 있으면 이상 내용을 기록표에 기록하시오.

자동차 번호 :				비번호		지도교수 확 인	
측정 항목		① 측정(또는 점검)		② 판정 및 정비(또는 조치)사항			득점
		측정값	규정(정비한계)값	판정 (□에 "✔" 표)	정비 및 조치할 사항		
소모 전류	Low모드			□ 양호 □ 불량			
	High모드						

[18] 주어진 자동차에서 윈도우 모터 작동시 소모전류를 측정 및 점검하고, 이상이 있으면 이상 내용을 기록표에 기록하시오.

자동차 번호 :			비번호		지도교수 확 인	
측정 항목	① 측정(또는 점검)		② 판정 및 정비(또는 조치)사항			득점
	측정값	규정(정비한계)값	판정(□에 "✔" 표)	정비 및 조치할 사항		
전류소모 시험	올림:		□ 양호 □ 불량			
	내림:					

등화장치 정비 자기진단 [1506030106_14v2]

진단영역	진 단 문 항	매우 미흡	미흡	보통	우수	매우 우수
등 화 장 치 점검 · 진단하기	1. 나는 정비지침서에 따라 등화장치를 점검할 수 있다.	①	②	③	④	⑤
	2. 나는 등화장치 회로도에 따라 점검, 진단하여 고장요소를 파악할 수 있다.	①	②	③	④	⑤
	3. 나는 정비지침서에 따라 진단장비를 사용하여 관련부품을 진단하고 고장원인을 파악할 수 있다.	①	②	③	④	⑤
등화장치 교환하기	1. 나는 정비지침서에 따라 진단장비 · 교환여부를 판단할 수 있다.	①	②	③	④	⑤
	2. 나는 정비지침서에 따라 진단장비를 수리할 수 있다.	①	②	③	④	⑤
	3. 나는 정비지침서에 따라 관련 법규 · 지식과 안전절차를 준수하며 분해, 조립 순서에 맞게 교환 할 수 있다.	①	②	③	④	⑤
등화장치 수리하기	1. 나는 정비지침서에 따라 등화장치 진단 · 점검장비를 선택할 수 있다.	①	②	③	④	⑤
	2. 나는 정비지침서에 따라 등화장치를 규정값으로 조정할 수 있다.	①	②	③	④	⑤
	3. 나는 정비지침서에 따라 등화장치 회로를 분석하여 고장요소를 수리할 수 있다.	①	②	③	④	⑤
등화장치 검사하기	1. 나는 정비지침서에 따라 측정기 · 육안으로 등화장치를 검사할 수 있다.	①	②	③	④	⑤
	2. 나는 정비지침서에 따라 측정기 · 육안으로 등화장치 양 · 부를 판단할 수 있다.	①	②	③	④	⑤
	3. 나는 정비지침서에 따라 등화장치의 검사를 통해 정상 작동 상태를 확인할 수 있다.	①	②	③	④	⑤

[진단결과]

진단영역	문항 수	점 수	점수 ÷ 문항 수
등화장치 점검 · 진단하기	3		
등화장치 교환하기	3		
등화장치 수리하기	3		
등화장치 검사하기	3		
합 계	12		

☞ 자신의 점수를 문항 수로 나눈 값이 '3점' 이하에 해당하는 영역은 업무를 성공적으로 수행하는데 요구는 능력이 부족한 것으로 교육훈련이나 개인학습을 통한 개발이 필요함.

실험실습 보고서

<table>
<tr><td colspan="4">실험실습일지</td></tr>
<tr><td>과 목 명</td><td></td><td>학년- 반</td><td>-</td></tr>
<tr><td>학 번</td><td></td><td>성 명</td><td></td></tr>
<tr><td>실험실습
주 제</td><td colspan="3"></td></tr>
<tr><td colspan="4"></td></tr>
<tr><td>비 고</td><td colspan="3"></td></tr>
</table>

07 CHAPTER 하이브리드 고전압장치 정비

Automotive Electric·Electron Exercise

학 습 목 표

하이브리드 고전압장치 정비란 HEV차량의 고전압장치의 에너지 흐름을 파악하여 각 작동모듈별 관련된 장치의 진단·점검을 하여 관련 부품을 수리, 조정, 교환하는 능력이다.

1. 하이브리드 고전압장치의 구조와 작동원리를 이해할 수 있다.
2. 정비지침서에 따라 하이브리드 고전압장치를 파악하고 관련 장치의 작동상태를 확인할 수 있다.
3. 정비지침서에 따라 하이브리드 고전압장치의 고장원인을 분석할 수 있다.
4. 제조사별 하이브리드 고전압장치 종류에 따라 규정값을 기준으로 점검·진단을 할 수 있다.
5. 정비지침서에 따라 하이브리드 고전압장치의 세부점검목록을 확인하여 고장원인을 파악할 수 있다.
6. 정비지침서에 따라 고장 진단장비를 사용하여 하이브리드 고전압장치의 고장원인을 분석할 수 있다.
7. 하이브리드 고전압장치 관련 부품의 조정을 위해 관련 장비 및 공구를 선택 및 사용할 수 있다.
8. 정비지침서에 따른 교환·수리 가능여부를 확인하고 교환 및 수리 후 정상 상태를 확인할 수 있다.
9. 센서 입·출력 데이터를 통한 고장진단을 할 수 있다.
10. 정비지침서에 따른 관련부품을 차량에서 탈·부착 및 분해·조립순서에 맞게 교환할 수 있다.
11. 정비지침서에 따라 하이브리드 고전압장치의 전기흐름을 파악하여 수리할 수 있다.

1 하이브리드 고전압장치

1.1. 전기 동력시스템의 구성

① HEV(hybrid electric vehicle)는 차량 내 다른 시스템(HCU : hybrid control unit), MCU(motor control unit) 등)과의 통신을 통하여 축전지 SOC(state of charge), 파워제한, 자기진단, 셀 밸런싱, 냉각제어 등을 수행한다.

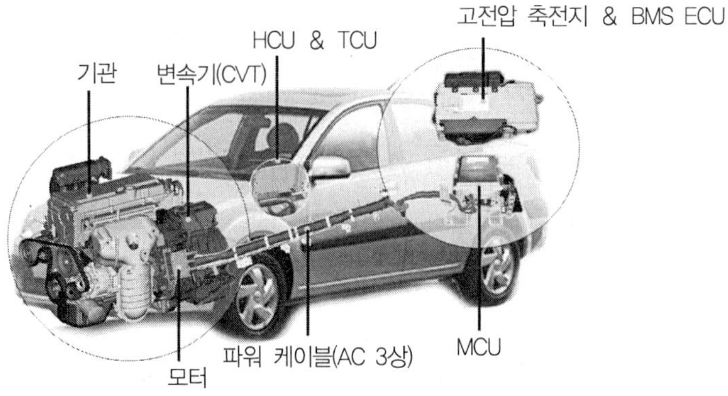

그림 1. 고전압 축전지시스템의 구성도

② 전기 동력시스템은 DC 180V의 고전압 축전지와 AC 180V/15kW급 3상 교류 동기모터, 인버터(모터 제어기), LDC(low DC-DC converter), 파워 케이블 등으로 구성되어 있다.

③ 기존의 DC 12V 축전지는 HEV 차량에서는 일반 바디전장이나 각종 제어 ECU 동작을 위한 보조 축전지이다.

1.2. 고전압 축전지시스템의 구성

1.2.1. 하이브리드 전기자동차 제어

하이브리드 전기자동차(hybrid electric vehicle)는 차량내의 다른 제어시스템(하이브리드 차량제어기, 모터 제어기 등)과의 통신을 통하여 아래의 항목을 제어한다.

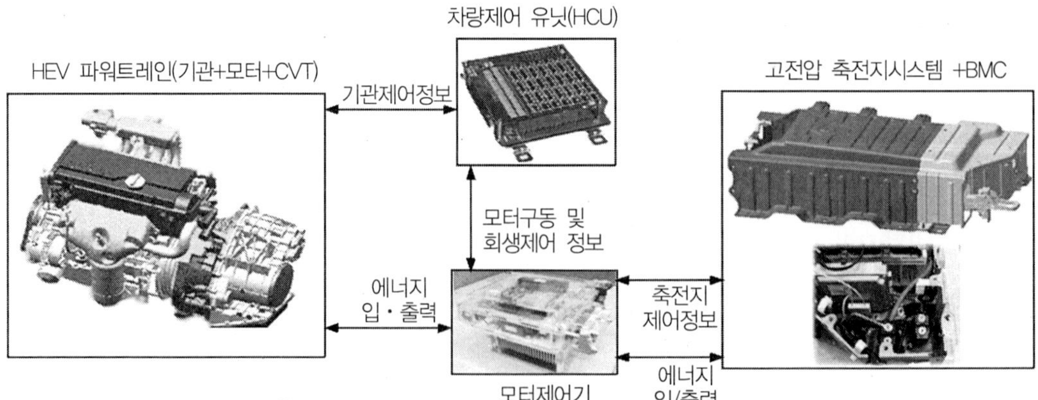

그림 2. 고전압 축전지시스템 제어 구성도

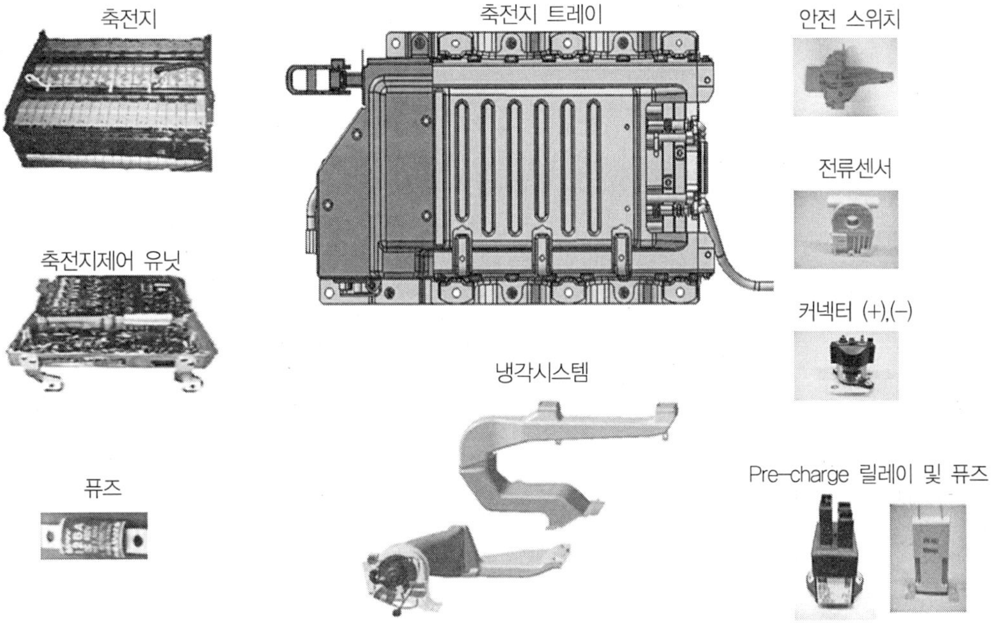

그림 3. 고전압 축전지의 구성도

① 에너지의 입·출력 제어 : 에너지 잔량 정보표시(SOC), 가용 입·출력 파워 제한

② 안전 제어 : 축전지 손상 및 폭발 등의 위험성 방지를 위한 제어

③ 축전지의 최적 동작 환경조성 : 냉각 제어 등

1.2.2. 고전압 축전지

[1] 구성

DC 144V 리튬폴리머(Li-PB) 축전지는 DC 1.2V의 셀 6개가 1개의 모듈(7.2V)로 구성되어 있으며 2개의 모듈을 1개의 블록(14.4V)이 직렬로 10개가 연결되어 144V 축전지이다. 즉, DC7.2V의 축전지를 모듈 총 20개가 직렬로 연결되어있는 구조이다.

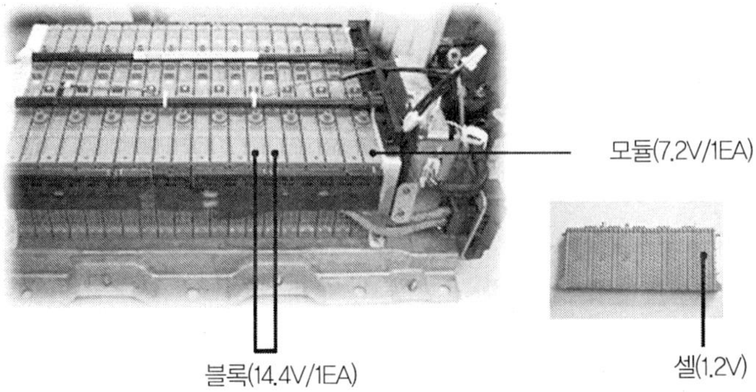

그림 4. 블록, 모듈, 셀

[2] 축전지 팩(pack) 어셈블리

(1) 외기 온도센서

① 축전지 Pack 상단에 장착되어 있다.

② 부특성 NTC소자이다.

③ 축전지 주변온도를 감지하여 BMS ECU(축전지 제어 유닛)로 정보를 입력한다.

④ 외기온도센서 규정 저항값 : 1kΩ ±1%(25℃ 기준)

(2) 축전지 내부 모듈 온도센서

총 4개의 센서가 일정 간격을 두고 모듈에 삽입되어 있다.

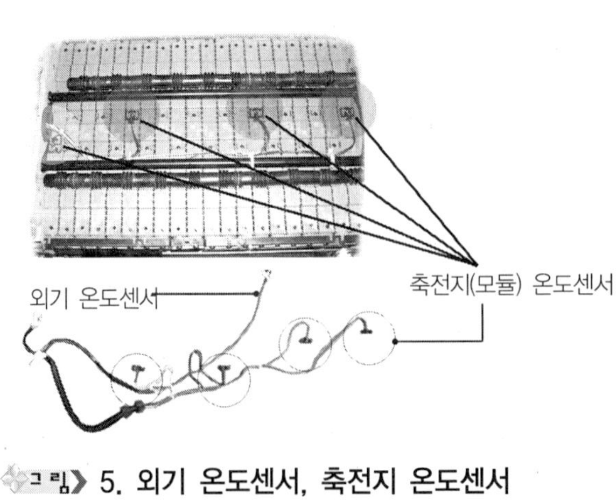

그림 5. 외기 온도센서, 축전지 온도센서

1.2.3. 축전지 제어기(BMS ECU : battery managemant system ECU)

① 입·출력 에너지 제한 및 안전제어 그리고 에너지 잔존 용량계산 등을 한다.

② 고전압 축전지 제어를 위한 컴퓨터이다.

③ 축전지 성능유지를 위한 전류 온도전압 사용시간 등 각종 정보를 모니터링 한다.

④ 종합적으로 연산된 축전지 에너지 상태 정보를 HCU 또는 MCU로 송신한다.

⑤ BMS는 축전지의 총 10개의 블록으로부터 전압을 모니터링 하여 각각의 블록 전압을 확인할 수 있다.

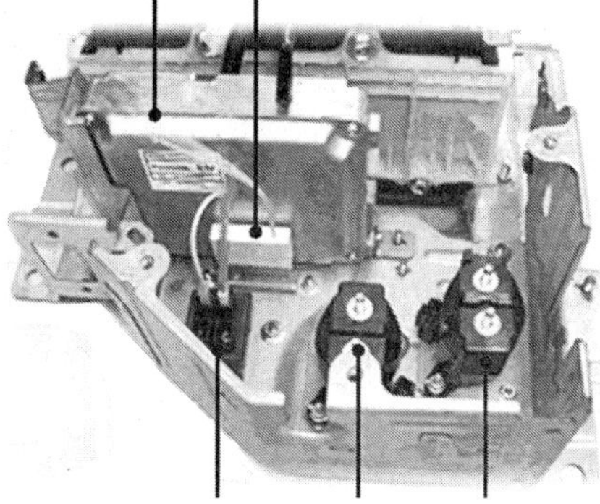

그림 6. BMS, 프리차저 레지스터, 프리차저 릴레이, 메인릴레이

1.2.4. 메인릴레이

① 고전압 축전지의 DC144V 전원을 MCU(motor control unit)측으로 공급한다.

② 점화스위치가 ON되고 고전압 전기 동력시스템이 정상일 경우 MCU는 메인릴레이를 작동시키고 고전압 축전지 전원을 MCU내부에 설치된 인버터로 공급하여 모터를 이용한 기관 시동을 한다.

③ 메인 릴레이 저항값은 약 25Ω 정도이다.

1.2.5. 프리차저 릴레이 및 레지스터

① 프리차저 릴레이는 메인 릴레이(+)와 병렬회로로 되어있다.

② MCU는 프리차저 릴레이를 먼저 동작하여 (+)전원을 공급한다.

③ 프리차저 레지스터는 인버터 손상을 방지한다.

④ MCU는 프리차저 릴레이 작동 직후 완만한 전압 상승을 완료하고 메인 릴레이(+)를 작동시켜 정상적인 144V전원 공급을 완료 즉시 프리차저 릴레이를 OFF한다.

⑤ 프리차저 릴레이 저항값은 약 110Ω 정도이고 프리차저 레지스터는 약 10Ω 정도이다.

1.2.6. 전류센서

① 고전압 축전지 (-)케이블 측에 설치되어있다.

② 홀 효과를 이용해 전류량을 검출한다.

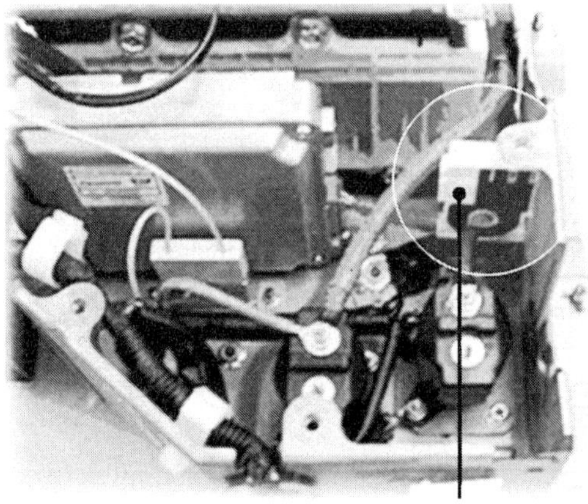

그림 7. 전류센서

1.2.7. 세이프티(안전) 플러그

① 고전압 축전지 전원을 임의로 차단시킬 수 있는 전원 분리 장치로 과전류 방지용 퓨즈를 포함하고 있다.

② 고전압 전기 동력시스템과 관련된 부품을 탈·부착하거나 정비 점검시 세이프티 플러그를 탈거하면 114V 고전압을 차단시킬 수 있다.

③ 기관 시동상태 또는 점화스위치 ON상태에서는 세이프티 플러그를 탈거하지 말아야 한다.

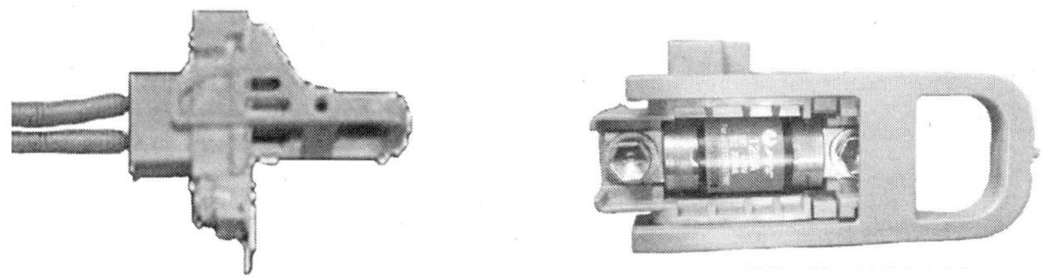

(a) (b)

그림 8. 세이프티 플러그

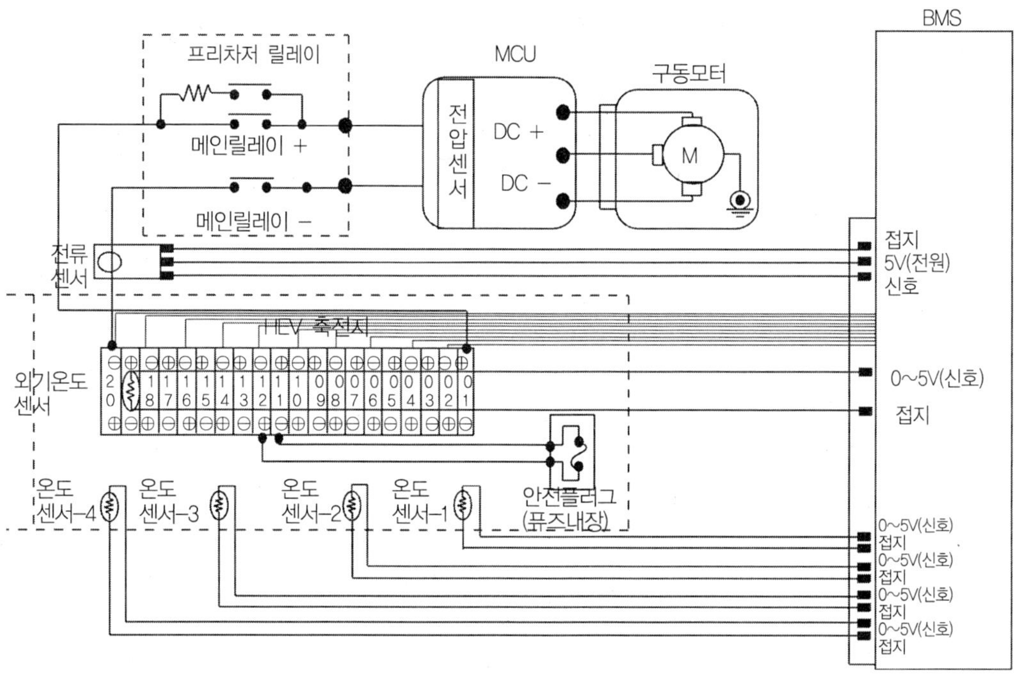

그림 9. 축전지 회로도

1.3. 고전압 축전지의 주요 제어특성

1.3.1. SOC 제어특성

하이브리드 모드제어를 위한 최적의 축전지사용 영역에서의 제어한다.

SOC 영역	제어 내용
고 SOC 영역 :	방전 지향, 충전금지
동작 SOC 영역 : ~70%	방전 지향, 충전허용
최적 SOC 영역 : 55%~65%	충 · 방전 제어
동작 SOC 영역 : 20%~	충전 지향, 방전허용
저 SOC 영역 :	충전 지향, 방전금지

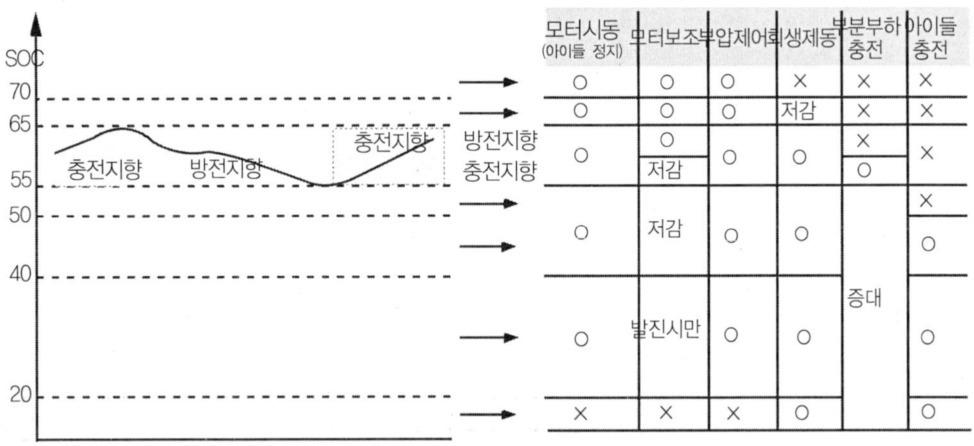

그림 10. SOC 제어특성

1.3.2. SOC(state of charge)게이지

게이지수	SOC(%)	게이지수	SOC(%)
28	≥ 77	13	56
27	75	12	55
26	73	11	54
25	71	10	53
24	69	9	52
23	67	8	51
22	65	7	50
21	64	6	47.5
20	63	5	45
19	62	4	42.5
18	61	3	40
17	60	2	37.5
16	59	1	35
15	58	0	〈 35
14	57		

그림 11. 게이지

1.3.3. HEV모터 게이지

게이지수	모터상태(100%=12Kw)		게이지수	모터상태(100%=12Kw)	
	Assist(%)	Charge(%)		Assist(%)	Charge(%)
24	95.9~100	95.9~100	11	41.3~45.8	41.3~45.8
23	91.8~95.8	91.8~95.8	10	37.6~41.2	37.6~41.2
22	87.6~91.7	87.6~91.7	9	33.4~37.5	33.4~37.5
21	83.4~87.5	83.4~87.5	8	29.3~33.3	29.3~33.3
20	79.3~83.3	79.3~83.3	7	25.1~29.2	25.1~29.2
19	75.1~79.2	75.1~79.2	6	20.9~25.0	20.9~25.0
18	70.9~75.0	70.9~75.0	5	16.8~20.8	16.8~20.8
17	66.8~70.8	66.8~70.8	4	12.6~16.7	12.6~16.7
16	62.6~66.7	62.6~66.7	3	8.4~12.5	8.4~12.5
15	58.4~62.5	58.4~62.5	2	4.3~8.3	4.3~8.3
14	54.3~58.3	54.3~58.3	1	1.0~4.2	1.0~4.2
13	50.1~54.2	50.1~54.2	0	0.0~0.9	0.0~0.9
12	45.9~50.0	45.9~50.0			

1.3.4. BMS(battery management system) ECU 제어기능

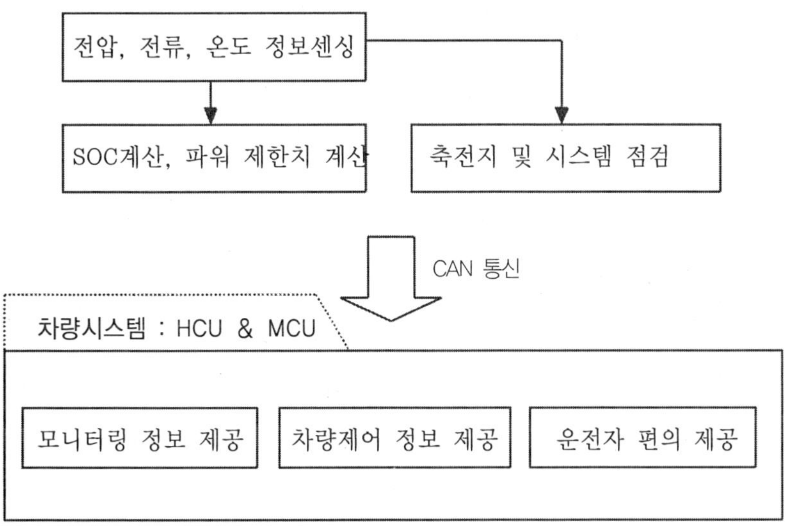

1.3.5. BMS 냉각팬

[1] 팬 제어 구성부품

① 냉각팬 어셈블리

② 팬 컨트롤러

③ 블로워 릴레이

④ 파워 트랜지스터

⑤ BMS ECU

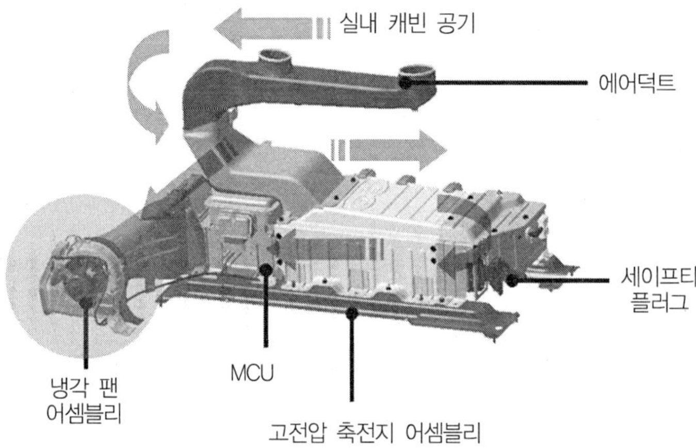

그림 12. BMS 쿨링팬 구조

[2] BMS 냉각팬 제어

① 강제 통풍방식(송풍기 모터 이용)

② 축전지의 효율 최적화하기 위해 온도 다운시킴

③ 외기와 실내공기를 축전지측을 통과시켜 냉각시킨다.

④ 축전지 온도를 BMS가 감지하여 팬 컨트롤러에게 구동신호를 출력한다.

⑤ 블로워 모터의 속도제어는 팬 컨트롤러가 파워 TR 게이트 신호에 출력하여 제어한다.

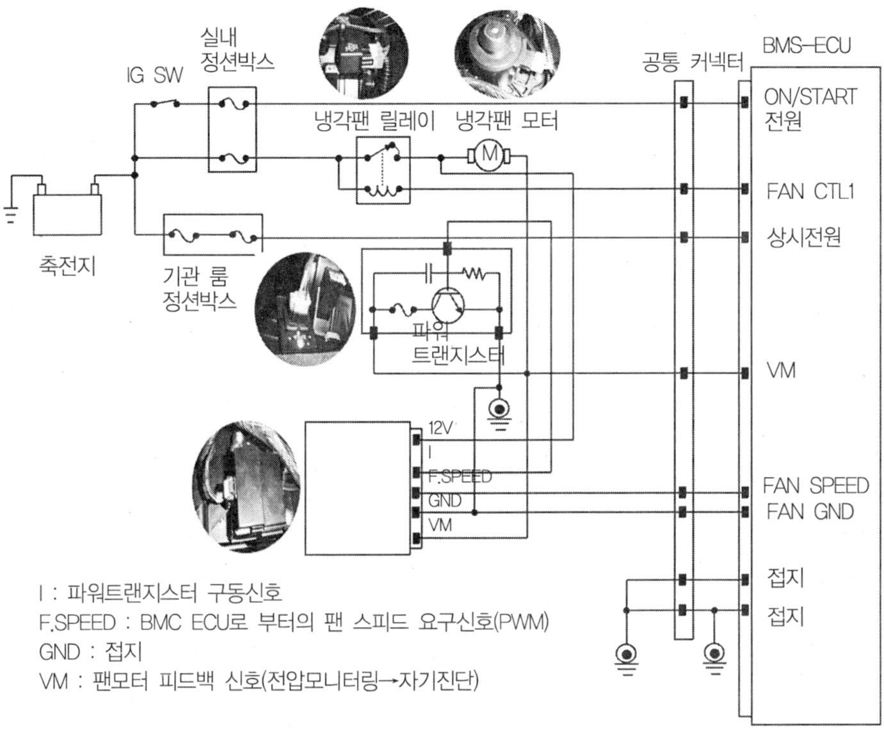

(a) 회로도

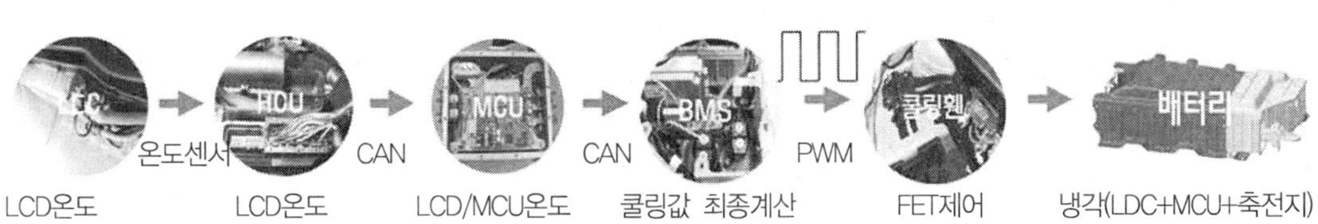

(b) 제어 흐름도

그림 13. BMS 쿨링팬 제어 흐름도

[3] 냉각팬 제어값

NO	단 계	냉각팬 제어값	제어듀티율(%)
1	1단계(저속)	3.25V 〈 VB-VM 〈 4.9V	20%
2	2단계	4.15V 〈 VB-VM 〈 5.8V	30%
3	3단계(중속)	4.75V 〈 VB-VM 〈 6.4V	40%
4	4단계	5.75V 〈 VB-VM 〈 7.4V	50%
5	5단계(고속)	7.55V 〈 VB-VM 〈 9.2V	70%

1.4. 고전압 축전지 취급시 유의사항

1.4.1. 축전지시스템 화재 발생시

① 점화스위치 OFF : 에너지 입·출력 금지

② SAFETY PLUG 분리(화재 초기에는 신속 분리, 화재 진행 중 에는 불가)

③ 차량 위치가 실내 일 경우 수소가스 방출을 위하여 문을 열어 환기한다.

④ 화재 진압을 위하여 액체 물질 사용을 금지하고 분말소화기 또는 모래를 이용한다.

1.4.2. 가스 및 전해질 유출시

① 차량 점화스위치 OFF : 에너지 입·출력 금지

② SAFETY PLUG 분리(화재초기 또는 유출량이 적을 때 신속 분리, 화재 진행 중 에는 불가)

③ 가스 발생시 가스는 수소 및 알칼리성 증기이므로 만일 차량 위치가 실내일 경우 즉각 환기를 시키고 안전한 장소로 대피한다.

④ 만일 누출된 액체가 피부에 접촉시에는 즉각 붕산 용액으로 중화 시키고, 흐르는 물 혹은 소금물로 환부를 세척한다.

⑤ 누출된 증기나 액체가 눈에 접촉시에는 즉각 흐르는 물에 세척 후 의사의 진료를 받아야 한다.

⑥ 만일 고온에 의한 가스 누출일 경우 축전지가 완전히 상온으로 식을 때까지 사용을 금지한다.

1.4.3. 차량 장기 방치시

① 차량 점화스위치 분리 : 암 전류 등에 의한 축전지 방전방지

② 장기 방치가 필요할 때에는 방치 초기 축전지 SOC가 30% 이상 되어야 한다(클러스터내의 축전지 SOC 게이지가 적색구간 이상).

③ 2달 이상의 장기 방치 시에는 축전지 보호 및 관리를 위하여 균등 충전 실시한다.

④ 보조 축전지 방전 여부 점검 및 교체 시 SOC 초기화에 따른 문제점을 점검한다.

2 하이브리드 고전압장치 정비

안전 및 준비사항

① 하이브리드 고전압장치 정비 전 정비지침서를 숙지하여 실습순서를 정하고 공구 및 실습 기기와 재료 등을 충분히 준비한다.

② 실습장 및 주위를 깨끗이 정리정돈하고 유류 등의 인화성물질은 안전하게 별도로 보관하며 소화기를 비치하여 화재사고에 대비한다.

③ 하이브리드 고전압장치 정비 시작 전 안전 교육을 실시한다.

④ 복잡한 부분을 분해할 경우에는 조립작업을 쉽게 하기 위하여 기능상이나 외관상 악영향이 없는 부분에 각인(刻印) 또는 조립 표시등을 하여 둔다.

⑤ 부품을 분해하면서 조립되었던 상태・변형・오작동부분 및 손상 등을 점검한다.

⑥ 분해한 부품은 순서대로 잘 정리하여야 하며 또 교환하여야 하는 부품과 다시 사용할 부품을 구분하여 정리하고 다시 사용할 부품은 충분히 청소 및 세척을 한다.

⑦ 정비시 부품을 떨어지지 않도록 하며 작업장 바닥에 이물질이 있으면 즉시 닦아낸다.

⑧ 하이브리드시스템 취급시 심각한 누전, 감전 등에 주의한다.

⑨ 볼트 및 너트 체결시 적절한 공구를 사용하며, 정비지침서에 규정된 토크로 조인다.

⑩ 실습 종료 후 실습장 주위의 정리정돈을 깨끗이 한다.

실습기기 및 재료

공구 및 측정기기		실습 재료	기 타
* 일반 공구세트 * 특수공구 * 작업등 * 에어공구 * 전동공구 * 토크렌치 * 오실로스코프 * 전류계 * 전압계	* 메가옴 테스터 * 종합진단기 * 레졸버 보정기 * 비접촉식 온도계 * 안전보호구(방독면, 방진마스크, 보안경, 보호장갑, 방진 보호복, 작업복)	* 퓨즈 * 하니스(배선, 커넥터) * 하이브리드 모터 * 고전압 축전지 * HPCU * 하이브리드 자동차	정비지침서

2.1. 고전압 차단

① 점화스위치를 OFF하고 보조 축전지 12V의 (-)케이블을 탈거한다.

② 트렁크 내 고전압 축전지에서 장착 볼트를 풀고 안전스위치 커버를 탈거한다.

③ 잠금 후크를 들어 올린 후 레버를 잡아당겨 안전 스위치를 탈거한다.

그림 14. 고전압 차단 안전스위치

(a) 스위치 ON

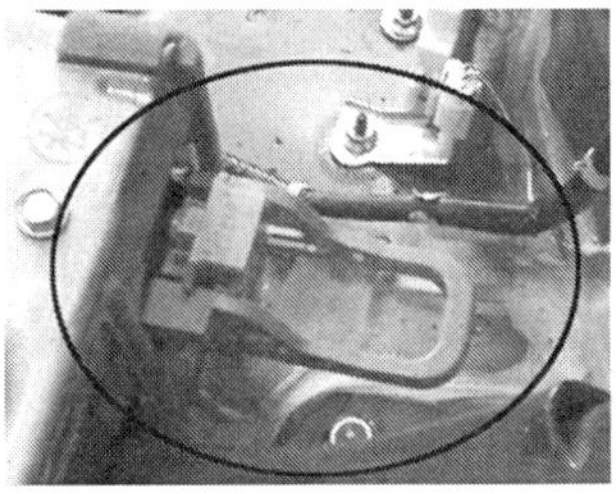

(b) 스위치 OFF

그림 15. 안전스위치 탈거

2.2. 고전압 축전지 팩 커버 탈거

① 고전압 회로를 차단한다.

② 트렁크 트림(A)을 탈거한다.

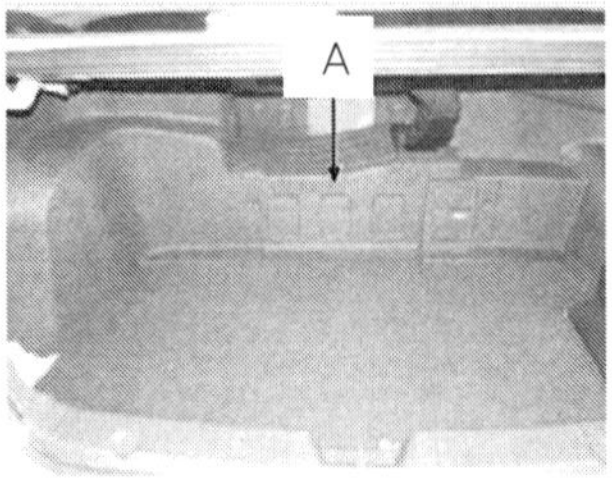

그림 16. 트림 탈거

③ 장착너트(A)를 풀고 흡기 냉각 덕트(B)를 탈거한다.

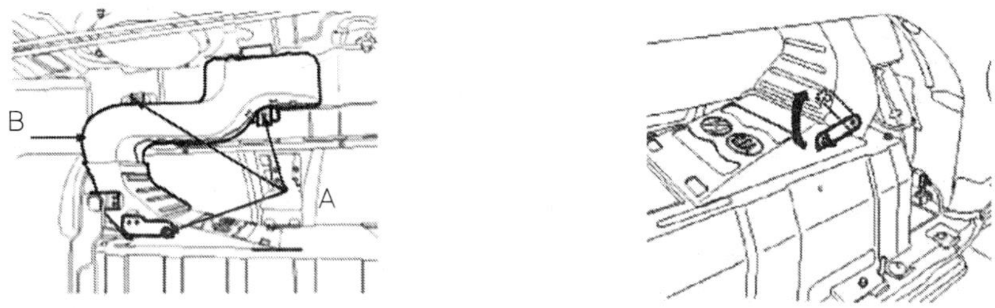

그림 17. 흡기 냉각 덕트 탈거

④ 장착 너트(A)를 풀고 배출 냉각 덕트(B)를 탈거한다.

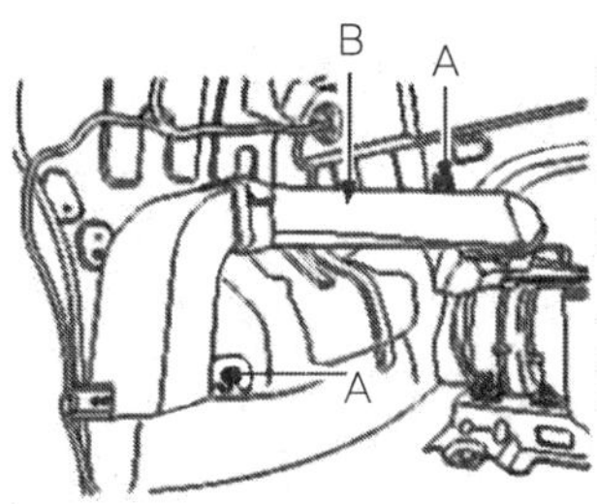

그림 18. 배출 냉각 덕트 탈거

⑤ 고전압 프런트 및 리어 커버를 탈거한다.

⑥ 냉각팬을 탈거한다.

⑦ 냉각팬 브래킷(A)를 탈거한다.

⑧ 장착 볼트와 너트를 풀고 고전압 축전지 팩 커버(B)를 탈거한다.

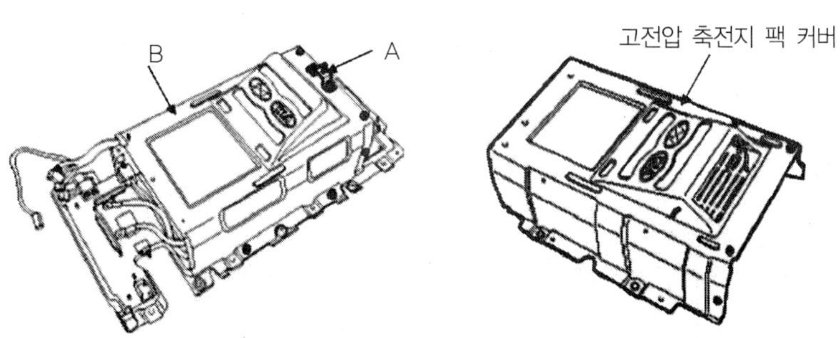

그림 19. 고전압 축전지 팩 커버 탈거

2.3. 고전압 프런트 커버 탈거

① 고전압 회로를 차단한다.

② 장착 볼트(A)를 풀고, 고전압 프런트 커버(B)를 탈거한다.

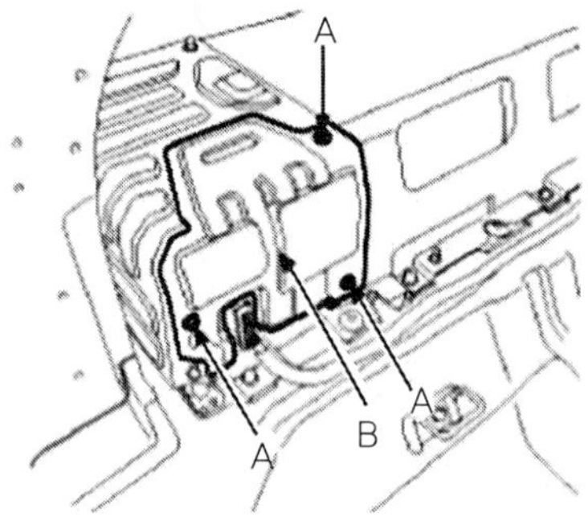

그림 20. 고전압 프런트 커버 탈거

2.4. 고전압 리어커버 탈거

① 고전압 프런트 커버를 탈거한다.

② 장착 볼트(A)와 너트(B)를 풀고, 고전압 리어커버(C)를 탈거한다.

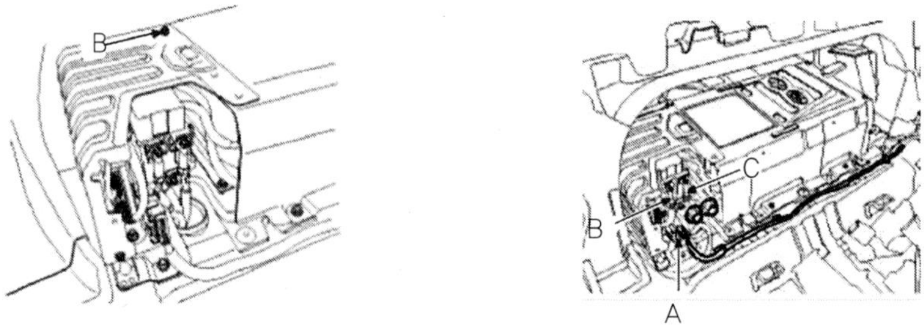

(a) (b)

그림 21. 고전압 리어커버 탈거

2.5. 고전압 축전지 교환

① 고전압 회로를 탈거한다.

② 트렁크 트림을 탈거한다.

③ 냉각팬 커넥터(A)를 탈거한다.

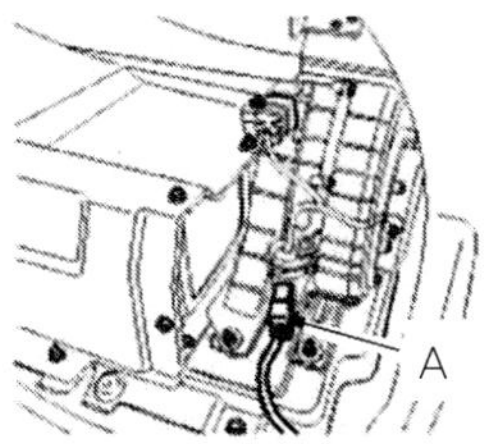

그림 22. 냉각팬 커넥터

④ 장착 너트를 풀고 냉각팬을 탈거한다.
⑤ 장착볼트와 너트를 풀고, 고전압 축전지 팩 커버를 탈거한다.
⑥ PRA 커넥터 (A)를 탈거한다.
⑦ 고전압 프로텍션 (B)를 탈거한다.

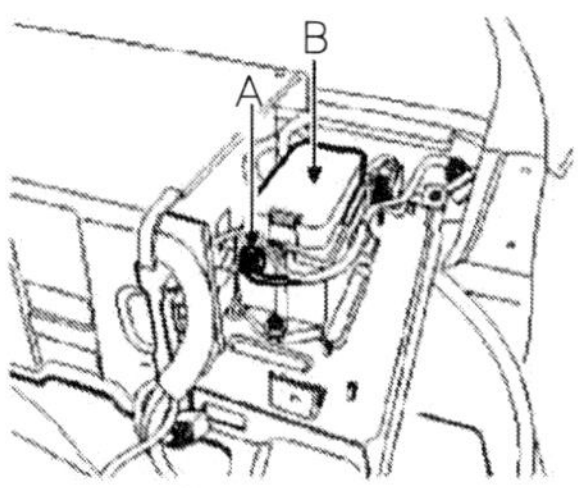

그림 23. PRA 커넥터 및 고전압 프로텍션 탈거

⑧ 인버터 파워 케이블의 (+)커넥터 (A)와 (-)커넥터 (B)를 탈거한다.
⑨ 조임 너트를 풀고, 고전압 파워 케이블의 (+)단자(C)와 (-)단자(D)를 탈거한다.
⑩ 장착 너트(E)를 풀고, PRA를 고전압 축전지 팩 어셈블리로부터 탈거한다.

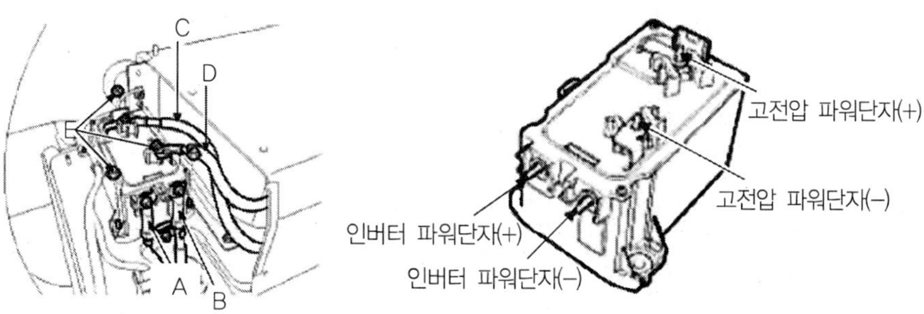

그림 24. 인버터 파워케이블 및 고전압 파워케이블

⑪ BMS 커넥터를 분리한다.

⑫ 장착너트를 푼 후 BMS를 탈거한다.

⑬ 장착볼트를 푼 후 접지를 탈거한다.

⑭ 장착 볼트(A)를 풀고 고전압 축전지 팩 어셈블리를 탈거한다.

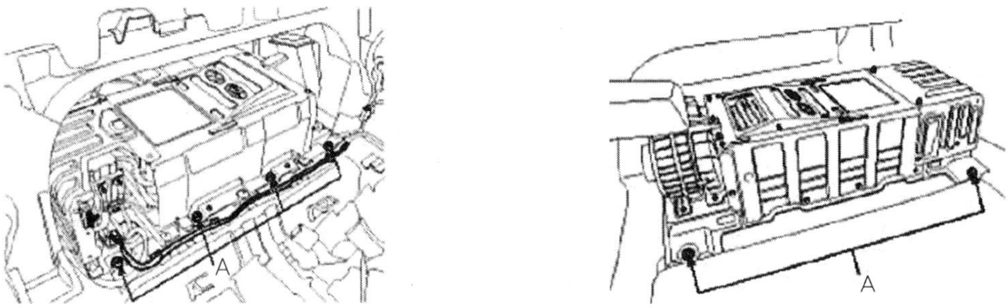

(a) (b)

그림 25. 고전압 축전지 팩 어셈블리 탈거

2.6. 고전압 축전지시스템 점검

2.6.1. 고전압 축전지

[1] 전압 점검

① 고전압 축전지 측의 안전 플러그 상단(+) 단자와 [고전압 축전지- PRA] 연결케이블 (-)단자 간 전압을 측정한다.

- 정상 전압값 : 약 150V 이상

② 고전압 축전지 측의 안전플러그 하단(-) 단자와 [고전압 축전지-PRA]연결 케이블 (+) 단자 간 전압을 측정한다.

- 정상 전압값 : 약 150V 이상

[2] 온도이상 점검(비접촉식 온도계 이용)

① 축전지 팩 케이스의 외부 온도 확인

② 최초 온도 30분 후 온도 측정 후 온도변화 확인

③ 정상기준 : 온도변화 3℃ 이하, 최대온도 30℃ 이하

④ 최대온도 35℃ 이상시 : 건냉한 장소에 자연방전 후 35℃ 부근에서 온도 점검 진행
⑤ 최초 온도와 30분 후 온도 차이가 3℃ 이상 상승할 경우 즉시 염수침전 실시
⑥ 30분 간격으로 온도측정 결과 온도 지속 상승시 즉시 염수침전 실시

[3] 절연저항 점검(메가옴 테스터사용)

① 파워 릴레이 (+)단자와 축전지 팩 커버 간 절연저항 측정
② 파워 릴레이 (-)단자와 축전지 팩 커버 간 절연저항 측정
③ 정상기준 : 절연저항 5MΩ 이하(500V 전압 적용시)
④ 절연저항 불량시 절연처리 및 외부 절연체 포장

[4] 염수 침전 방전방법

① 대형 용기에 약 200리터의 물을 붓는다.
② 소금물의 농도가 약 35% 정도가 되도록 소금을 부어 소금물을 만든다.
③ 코끼리형 리프트 잭을 이용하여 고전압 축전지를 소금물에 담근다.
④ 소금물에 약 12시간 이상 방치한 후 고전압 축전지를 용기에서 꺼내어 건조한다.
⑤ 2개 이상의 고전압 축전지를 절대로 염수에 함께 넣지 말 것.

2.6.2. 메인퓨즈 점검

① 안전 플러그 레버를 탈거한다.
② 안전 플러그 커버를 탈거한 후 메인 퓨즈를 탈거한다.

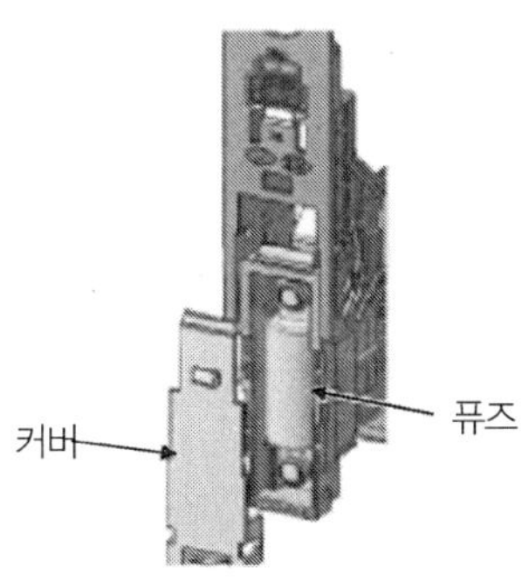

(a) 커버 및 퓨즈 탈거

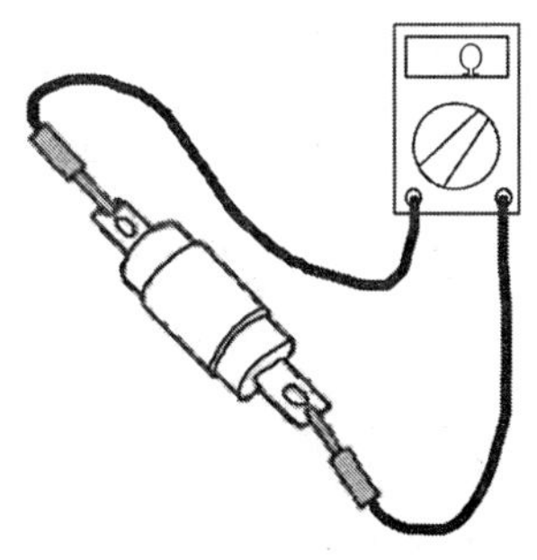

(b) 퓨즈 점검

그림 26. 메인퓨즈 점검

③ 메인 퓨즈 끝 단자사이의 저항을 측정한다.

④ 규정값 : 1Ω 이하(20℃)

⑤ 규정값을 벗어나면 메인 퓨즈를 교환한다.

2.6.3. 프리 차지 릴레이 점검

[1] 회로점검(릴레이 OFF)

① 고전압 전원단자 (+)와 인버터 전원단자 (+)사이의 저항을 측정한다.

② 규정값 : 단선

③ 규정값을 벗어나면 정비지침서에 따라 파워 릴레이 어셈블리(PRA)를 교환한다.

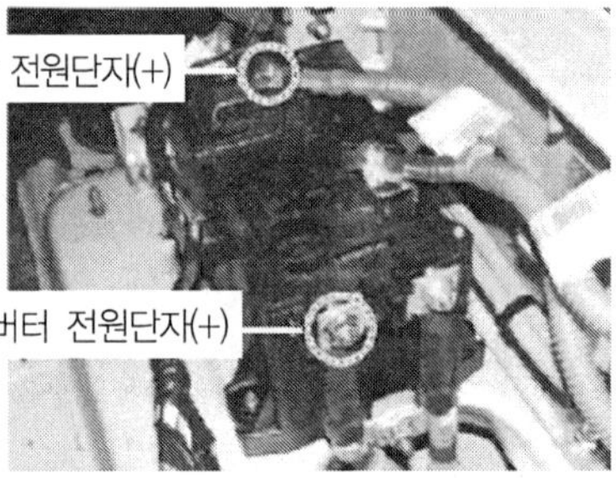

그림 27. 프리차지 릴레이 고전압 전원단자 (+)와 인버터 전원단자(+)

[2] 회로점검(릴레이 ON)

① 점화스위치를 ON한다.

② GDS강제 구동 기능을 이용하여 프리 차지 릴레이를 작동한다. 릴레이 ON시 릴레이 음이 발생한다.

③ 고전압 전원단자 (+)와 인버터 전원단자 (+)사이의 저항을 측정한다.

④ 규정값 : 약 40Ω (20℃)

⑤ 규정값을 벗어나면 정비지침서에 따라 파워 릴레이 어셈블리(PRA)를 교환한다.

2.6.4. 메인 릴레이(-) 점검

[1] 회로 점검(릴레이 OFF)

① 고전압 전원단자 (-)와 인버터 전원단자 (-)사이의 저항을 측정한다.

② 규정값 : 단선

③ 규정값을 벗어나면 정비지침서에 따라 파워 릴레이 어셈블리(PRA)를 교환한다.

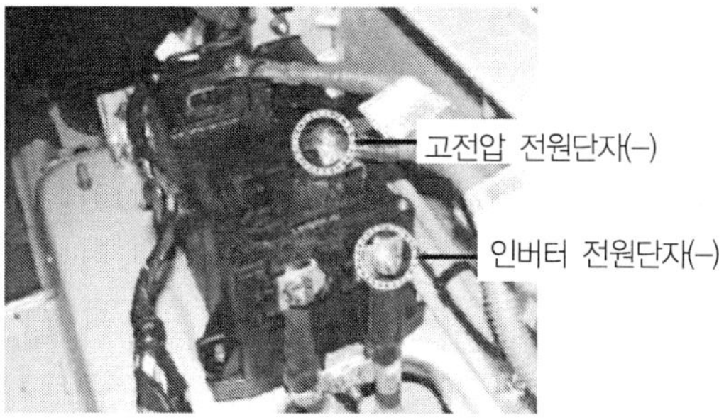

그림 28. 프리차지 릴레이 고전압 전원단자 (–)와 인버터 전원단자(–)

[2] 회로점검(릴레이 ON)

① 점화스위치를 ON한다.

② GDS강제 구동기능을 이용하여 메인릴레이(-)를 활성화시킨다.

③ 고전압 전원단자 (-)와 인버터 전원단자 (-)사이의 저항을 측정한다.

④ 규정값 : 1Ω 이하(20℃)

⑤ 규정값을 벗어나면 정비지침서에 따라 파워 릴레이 어셈블리(PRA)를 교환한다.

2.6.5. 콘덴서 용량점검

① 인버터 또는 전동식 에어컨 압축기의 콘덴서 정전 용량 측정시 1000㎌ 이상을 측정할 수 있는 테스터를 사용한다.

② 정확한 정전 용량 측정을 위해 테스터의 프로브를 단자에 30초 이상 접촉한다.

③ 콘덴서 회로를 분리하기 위해 장착볼트를 푼 후, 흡기 에어덕트를 탈거한다.

④ 전동식 에어컨 압축기의 고전압 전원 커넥터를 탈거한다.

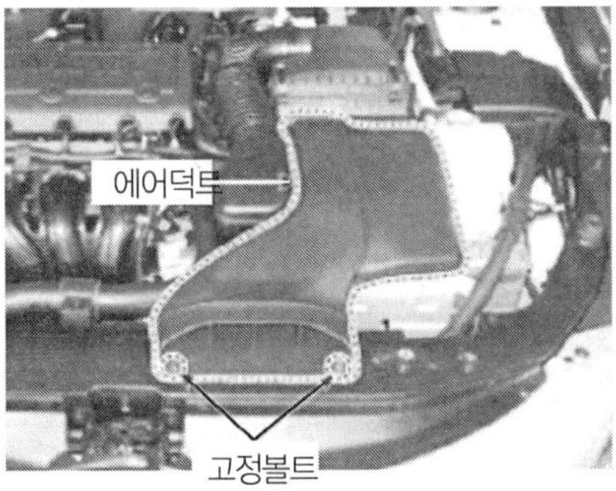

그림 29. 덕트 탈거

그림 30. 커넥터 탈거

[1] 인버터 콘덴서

① 인버터 전원단자 (+)와 인버터 전원단자 (-)에 정전용량을 측정한다.

② 규정값 : 659~714㎌

③ 규정값을 벗어나면 정비지침서에 따라 HPCU를 교환한다.

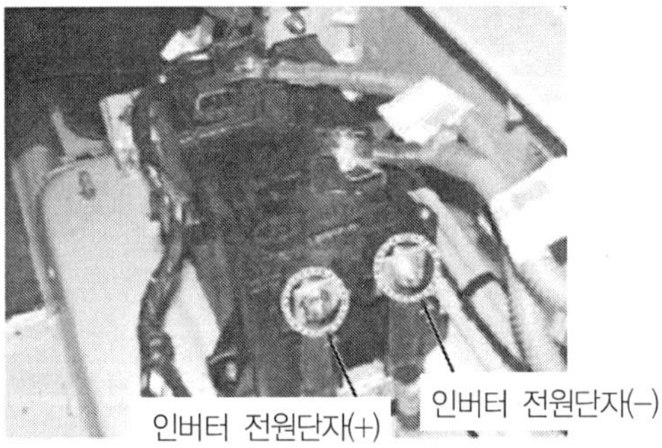

그림 31. 인버터 콘덴서 단자

[2] 에어컨 압축기 콘덴서

① 분리된 커넥터의 두 단자를 이용하여 전동식 에어컨 압축기의 콘덴서 정전용량을 측정한다.

② 규정값 : 80~120㎌

③ 규정값을 벗어나면 정비지침서에 따라 전동식 에어컨 압축기를 교환한다.

2.7. 고전압 축전지의 고장진단

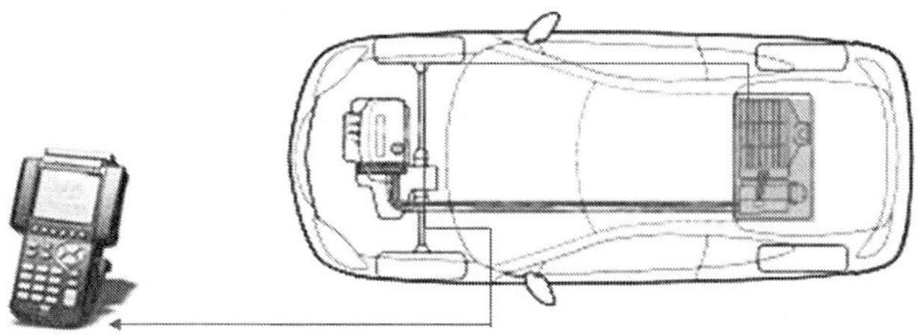

그림 32. 스캔 툴 연결

2.7.1. 고전압 축전지의 고장진단 기능

① 축전지시스템 진단 통신기능
  ㉮ 진단 및 고장 환경 데이터 저장
  ㉯ 고장 이력 저장
② 고전압 축전지 & MCU 냉각팬 작동 점검
③ 소프트웨어 버전 관리 및 업그레이드(upgrade)
  ㉮ 축전지 제어기 초기화 기능
  ㉯ 축전지 제어기 SOC setting 기능
  ㉰ 축전지 제어기 S/W update 기능

2.7.2. BMS 자기진단 고장항목

(a)

차　　종 : MC/JB
제어장치 : HYBRID
사　　양 : 축전지제어(BMS)

01. 자기진단
02. 센서출력
03. 액추에이터 검사
04. 시스템 사양정보
05. 센서출력 & 자기진단
06. 센서출력 & 액추에이터
07. 센서출력 & 미터/출력

(b)

P1B00 HVBS 온도 초과
P1B01 HVBS 고온 경고
P1B02 보조 축전지 개방
P1B05 HVBS 충전 파워 초과
P1B06 HVBS 방전 파워 초과
P1B07 HVBS 절연파괴 검출회로 이상
P1B08 HVBS 절연파괴 검출
P1B08 HVBS 절연파괴 검출
P1B10 HVBS 과전류

고장코드 갯수 : 50개

[소거] [상태] [도움]

그림 33. 자기진단 고장항목(1)

P1B11 보조 축전지 과전압
P1B12 HVBS 내부저항 과다
P1B14 HVBS 저온 경고
P1B18 보조 축전지 저전압
P1B20 HVBS 블록 전압센서 개방
P1B21 HVBS 전체 블록 전압센서 개방
P1B25 HVBS 안전 플러그 개방
P1B30 HVBS 전체 전압 높음
P1B31 HVBS 전체 전압 낮음

고장코드 갯수 : 50개

소거 상태 도움

(a)

P1B32 HVBS 블록 전압 높음
P1B33 HVBS 블록 전압 낮음
P1B40 HVBS 블록 온도센서 1 신호 높음
P1B41 HVBS 블록 온도센서 1 신호 낮음
P1B42 HVBS 전체 온도센서 신호 높음
P1B43 HVBS 외기 온도센서 신호 높음
P1B44 HVBS 외기 온도센서 신호 낮음
P1B49 HVBS 온도 편차
P1B50 HVBS 블록 온도센서 2 신호 높음

고장코드 갯수 : 50개

소거 상태 도움

(b)

P1B51 HVBS 블록 온도센서 1 신호 낮음
P1B52 HVBS 블록 온도센서 3 신호 높음
P1B53 HVBS 블록 온도센서 3 신호 낮음
P1B54 HVBS 블록 온도센서 4 신호 높음
P1B55 HVBS 블록 온도센서 4 신호 낮음
P1B56 HVBS 전체 온도센서 신호 낮음
P1B60 HVBS 전류센서 개방
P1B62 HVBS 전류센서 회로이상
P1B64 HVBS 전류센서 편차 이상

고장코드 갯수 : 50개

소거 상태 도움

(c)

P1B67 HVBS 전류센서 오프셋 이상
P1B84 HVBS 셀 전압 편차
P1B85 HVBS 내부저항 편차
P1B87 HVBS 블록 전압 편차
P1B90 HVBS 충전상태 매우 높음
P1B91 HVBS 충전상태 높음
P1B92 HVBS 충전상태 낮음
P1B93 HVBS 충전상태 매우 낮음
P1BA0 HVBS &MCU 냉각팬 릴레이 이상

고장코드 갯수 : 50개

소거 상태 도움

(d)

그림 34. 자기진단 고장항목(2)

2.7.3. BMS 액추에이터 검사항목

전단기능 선택 3/11

차　　종 : MC/JB
제어장치 : HYBRID
사　　양 : 축전지제어(BMS)

01. 자기진단
02. 센서출력
03. 액추에이터 검사
04. 시스템 사양정보
05. 센서출력 & 자기진단
06. 센서출력 & 액추에이터
07. 센서출력 & 미터/출력

(a)

액추에이터 1/5

축전지 냉각팬 1단계 구동

구동시간	5초 구동
검사방법	강제구동
검사조건	시동키 ON, 기관 정지상태

준비되면 [시작] 키를 누르시오.

[시작]

(b)

액추에이터 2/5

축전지 냉각팬 2단계 구동

구동시간	5초 구동
검사방법	강제구동
검사조건	시동키 ON, 기관 정지상태

준비되면 [시작] 키를 누르시오.

[시작]

(c)

액추에이터 3/5

축전지 냉각팬 3단계 구동

구동시간	5초 구동
검사방법	강제구동
검사조건	시동키 ON, 기관 정지상태

준비되면 [시작] 키를 누르시오.

[시작]

(d)

그림 35. 액추에이터 검사항목(1)

(a)

액추에이터 4/5

축전지 냉각팬 4단계 구동

구동시간	5초 구동
검사방법	강제구동
검사조건	시동키 ON, 기관 정지상태

준비되면 [시작] 키를 누르시오.

[시작]

(b)

액추에이터 5/5

축전지 냉각팬 5단계 구동

구동시간	5초 구동
검사방법	강제구동
검사조건	시동키 ON, 기관 정지상태

준비되면 [시작] 키를 누르시오.

[시작]

그림 36. 액추에이터 검사항목(2)

2.7.4. BMS ECU 초기화

BMS ECU를 초기화 하면 SOC값은 60%고정, A/S 공급 축전지 초기 SOC 60% 공급(시간에 따라 변함)

(a)

전단기능 선택 8/11

차 종 : MC/JB
제어장치 : HYBRID
사 양 : 축전지제어(BMS)

01. 자기진단
02. 센서출력
03. 액추에이터 검사
04. 시스템 사양정보
05. 센서출력 & 자기진단
06. 센서출력 & 액추에이터
07. 센서출력 & 미터/출력
08. ECU 초기화

(b)

전단기능 선택 8/11

차 종 : MC/JB
제어장치 : HYBRID
사 양 : 축전지제어(BMS)

계속 진행하시겠습니까?
실행 : ENTER 취소 : ESC

04. 시스템 사양정보
05. 센서출력 & 자기진단
06. 센서출력 & 액추에이터
07. 센서출력 & 미터/출력
08. ECU 초기화

그림 37. BMS ECU 초기화

3 하이브리드 고전압장치의 단품점검

[1] 고전압 축전지 전압을 측정 및 점검하시오.

자동차 번호 :			비번호		지도교수 확 인	
측정 항목	① 측정(또는 점검)		② 판정 및 정비(또는 조치)사항			득 점
	측정값	규정(정비한계)값	판정(□에 "✔" 표)	정비 및 조치할 사항		
전압			□ 양호 □ 불량			

[2] 고전압 축전지 절연저항을 측정 및 점검하시오.

자동차 번호 :			비번호		지도교수 확 인	
측정 항목	① 측정(또는 점검)		② 판정 및 정비(또는 조치)사항			득 점
	측정값	규정(정비한계)값	판정(□에 "✔" 표)	정비 및 조치할 사항		
절연저항			□ 양호 □ 불량			

[3] 고전압 축전지 메인퓨즈를 측정 및 점검하시오.

자동차 번호 :			비번호		지도교수 확 인	
측정 항목	① 측정(또는 점검)		② 판정 및 정비(또는 조치)사항			득 점
	측정값	규정(정비한계)값	판정(□에 "✔" 표)	정비 및 조치할 사항		
저항			□ 양호 □ 불량			

[4] 프리차지 릴레이를 측정 및 점검하시오.

자동차 번호 :			비번호		지도교수 확 인	
측정 항목	① 측정(또는 점검)		② 판정 및 정비(또는 조치)사항			득 점
	측정값	규정(정비한계)값	판정(□에 "✔" 표)	정비 및 조치할 사항		
릴레이 OFF			□ 양호 □ 불량			
릴레이 ON						

[5] 메일 릴레이 (-)를 측정 및 점검하시오.

<table>
<tr><td colspan="3">자동차 번호 :</td><td>비번호</td><td></td><td>지도교수
확　인</td><td></td></tr>
<tr><td rowspan="2">측정 항목</td><td colspan="2">① 측정(또는 점검)</td><td colspan="3">② 판정 및 정비(또는 조치)사항</td><td rowspan="2">득 점</td></tr>
<tr><td>측정값</td><td>규정(정비한계)값</td><td>판정(□에 “✔” 표)</td><td colspan="2">정비 및 조치할 사항</td></tr>
<tr><td>릴레이 OFF</td><td></td><td></td><td rowspan="2">□ 양호
□ 불량</td><td colspan="2" rowspan="2"></td><td rowspan="2"></td></tr>
<tr><td>릴레이 ON</td><td></td><td></td></tr>
</table>

[6] 인버터 콘덴서 용량을 측정 및 점검하시오.

<table>
<tr><td colspan="3">자동차 번호 :</td><td>비번호</td><td></td><td>지도교수
확　인</td><td></td></tr>
<tr><td rowspan="2">측정 항목</td><td colspan="2">① 측정(또는 점검)</td><td colspan="3">② 판정 및 정비(또는 조치)사항</td><td rowspan="2">득 점</td></tr>
<tr><td>측정값</td><td>규정(정비한계)값</td><td>판정(□에 “✔” 표)</td><td colspan="2">정비 및 조치할 사항</td></tr>
<tr><td>용량</td><td></td><td></td><td>□ 양호
□ 불량</td><td colspan="2"></td><td></td></tr>
</table>

[7] 에어컨 압축기 콘덴서 용량을 측정 및 점검하시오.

<table>
<tr><td colspan="3">자동차 번호 :</td><td>비번호</td><td></td><td>지도교수
확　인</td><td></td></tr>
<tr><td rowspan="2">측정 항목</td><td colspan="2">① 측정(또는 점검)</td><td colspan="3">② 판정 및 정비(또는 조치)사항</td><td rowspan="2">득 점</td></tr>
<tr><td>측정값</td><td>규정(정비한계)값</td><td>판정(□에 “✔” 표)</td><td colspan="2">정비 및 조치할 사항</td></tr>
<tr><td>용량</td><td></td><td></td><td>□ 양호
□ 불량</td><td colspan="2"></td><td></td></tr>
</table>

하이브리드 고전압장치 정비 자기진단 [1506030109_14v2]

진단영역	진 단 문 항	매우 미흡	미흡	보통	우수	매우 우수
하이브리드 전기장치 점검 · 조정하기	1. 나는 정비지침서에 따라 하이브리드전기장치 · 작동상태를 파악할 수 있다.	①	②	③	④	⑤
	2. 나는 정비지침서에 따라 세부점검 목록 확인 · 진단장비를 사용을 통하여 고장원인을 파악할 수 있다.	①	②	③	④	⑤
	3. 나는 정비지침서에 따라 고전압장치 작업 후 규정값으로 조정할 수 있다.	①	②	③	④	⑤
	4. 나는 정비지침서에 따라 정비 시 위험성을 인지하고 안전장비를 착용하고 작업을 수행할 수 있다.	①	②	③	④	⑤
하이브리드 전기장치 교환하기	1. 나는 전기자동차의 전기관련 부품들의 점검 · 진단결과에 따라 부품교환여부를 결정할 수 있다.	①	②	③	④	⑤
	2. 나는 정비지침서에 따라 탈거조립절차 계획을 수립하고 장비 · 공구를 준비할 수 있다.	①	②	③	④	⑤
	3. 나는 정비지침서에 따라 이상부품을 교환할 수 있다.	①	②	③	④	⑤
	4. 나는 정비지침서에 따라 안전수칙을 준수하면서 작업을 실시할 수 있다.	①	②	③	④	⑤
하이브리드 전기장치 수리하기	1. 나는 전기회로도에 따라 전기자동차 장치를 파악하여 수리할 수있다.	①	②	③	④	⑤
	2. 나는 정비지침서에 따라 교환 · 수리가능여부를 판단하여 수리부품 · 문제가 되는 부품을 수리할 수 있다.	①	②	③	④	⑤
	3. 나는 정비지침서에 따라 하이브리드 차량 수리 안전수칙을 준수하여 작업을 실시한다.	①	②	③	④	⑤
하이브리드 전기장치 검사하기	1. 나는 정비지침서에 따라 진단장비를 활용하여 장치를 검사하고 양 · 부 판단할 수 있다.	①	②	③	④	⑤
	2. 나는 정비지침서에 따라 작동상태와 성능검사를 수행할 수 있다.	①	②	③	④	⑤
	3. 나는 정비지침서에 따라 안전장비를 착용하여 차량의 정상적인 작동을 검사할 수 있다.	①	②	③	④	⑤

[진단결과]

진단영역	문항 수	점 수	점수 ÷ 문항 수
하이브리드 전기장치 점검 · 진단하기	4		
하이브리드 전기장치 교환하기	4		
하이브리드 전기장치 수리하기	3		
하이브리드 전기장치 검사하기	3		
합 계	14		

☞ 자신의 점수를 문항 수로 나눈 값이 '3점' 이하에 해당하는 영역은 업무를 성공적으로 수행하는데 요구는 능력이 부족한 것으로 교육훈련이나 개인학습을 통한 개발이 필요함.

실험실습 보고서

<table>
<tr><td colspan="4">실험실습일지</td></tr>
<tr><td>과 목 명</td><td></td><td>학년- 반</td><td>-</td></tr>
<tr><td>학 번</td><td></td><td>성 명</td><td></td></tr>
<tr><td>실험실습
주 제</td><td colspan="3"></td></tr>
<tr><td colspan="4"></td></tr>
<tr><td>비 고</td><td colspan="3"></td></tr>
</table>

08 CHAPTER 네트워크 통신장치 정비

Automotive Electric Electron Exercise

1 통신의 기초

자동차에는 운행의 안정성 및 운전자의 편의성을 향상시키기 위하여 전자제어시스템을 적용하고 있다. 전자제어시스템은 기본적으로 마이컴(ECU)을 기본으로 하는 제어시스템이고, 이것들은 각각의 필요에 의해 독립적으로 사용되어져 왔다. 자동차에 적용되는 전자제어시스템의 수요가 급증하면서, 독립적으로 운용되던 어느 전자제어시스템에서 만들어진 정보가 다른 전자제어시스템의 구동에 필요한 정보가 되는 경우가 발생하게 되고 반대로 필요한 정보는 다른 전자제어시스템에서 만들어지는 경우가 발생되었다. 즉 각 독립적인 전자제어시스템들이 유기적으로 서로 정보를 교류해야 할 필요성이 대두되었다.

전자제어시스템의 적용 급증에 따른 배선과 사용부품의 수가 증가하면서 차체의 중량이 늘고, 접속부에서의 고장도 많이 나타나게 된다. 따라서 이러한 문제점을 해결하기 위해 자동차에 통신을 적용하게 되었다.

자동차에 통신을 적용하게 되었을 때의 이점으로는 사용 배선의 수를 줄일 수 있어 차체의 중량을 감소시킬 수 있고, 고장의 감소로 시스템의 신뢰성을 향상시킬 수 있음은 물론 진단 장비를 이용하여 정비성을 향상시킬 수 있다. 또 전기장치의 설치장소 확보가 수월하게 되고 소프트웨어의 변경 등이 용이하게 된다는 점이다.

1.1. 전송매체의 종류와 특성

통신 데이터를 전송하기 위해서는 전송매체가 필요하다. 전송매체는 전기적인 신호를 전송하는 것으로 유선 통신매체와 무선 통신 매체로 구분한다.

유선 통신매체는 나선로, 꼬임선, 동축 케이블, 광섬유 케이블 등이 있으며, 무선 통신매체로는 마이크로웨이브, 라디오, 위성통신 등이 있다.

1.1.1. 나선(two-wire open line)

그림 1과 같이 나선은 가장 간단한 형태의 전송매체로, 두 줄의 나선으로 구성된다. 상대적으로 저속(약 19.2kbps)이며 50m 이내의 근거리 통신에 적합하다. 초기의 전화선이나 전송 회선으로 많이 사용되었으며, DTE(data terminal equipment, 데이터 단말장비)를 DCE(data communications equipment, 데이터 통신장치)에 연결하는데 사용한다. 나선은 외부영향에 약하고 선로 자체의 손실이 커서 많은 문제점이 있었다.

1.1.2. 꼬임선(twisted pair line)

나선의 단점을 보완해 개량형으로 나온 것이 꼬임선이다. 그림 2와 같이 꼬임선은 두 개의 절연된 구리선을 한 단위로 하여 균일하게 꼬아 만든 통신회선으로, 전선간의 전자기적 유도현상을 줄여주는 효과가 있다. 여러 개의 꼬임선을 다발로 묶어 하나의 케이블을 형성한다. 다발로 묶여진 꼬임선의 각 쌍은 서로 꼬여있으므로 인접한 다른 선들과의 간섭을 줄일 수 있다.

꼬임선은 차폐 여부에 따라 비차폐 꼬임선(UTP: unshielded twisted pairs)과 차폐 꼬임선(STP: shielded twisted paris)으로 구별하며, UTP는 전화망 또는 많은 데이터통신 응용분야에도 사용되며, STP는 차폐물질을 사용하여 신호간섭의 영향을 줄인다.

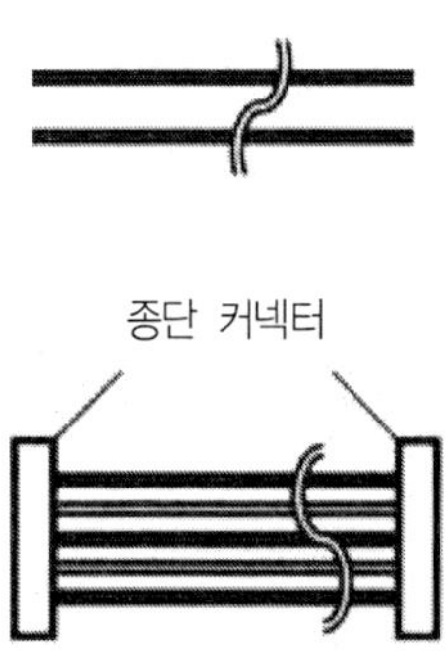

그림 1. 단일 나선과 평면 리본 케이블

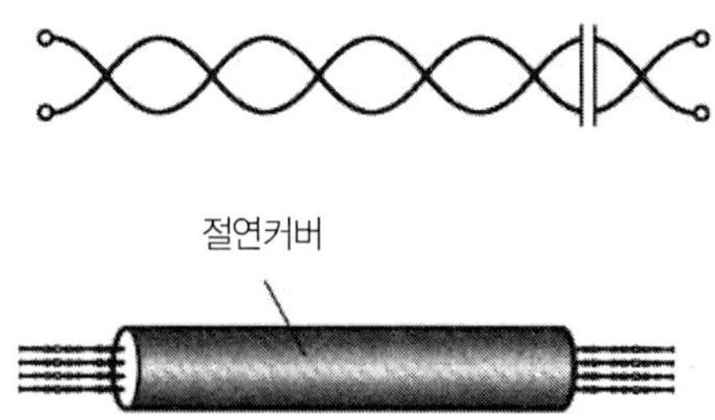

그림 2. 단일 꼬임선과 UTP

꼬임선은 100m 이내의 단거리에서 1Mbps 이상의 전송속도를 100m 이상에서는 1Mbps 이하의 전송속도를 갖는다. 통신데이터 신호의 간섭현상을 줄이기 위해 차폐된 꼬임선을 사용한다.

1.1.3. 동축 케이블(coaxial cable)

그림 3과 같이 동축 케이블은 내부도체와 외부도체로 구성되어 있다. 내부도체는 연필심 형태로 케이블의 가운데에 위치하며 외부 도체는 밖을 감싸는 형태이다. 따라서 외부와의 차폐성이 우수하며 간섭현상이 적다. 동축 케이블은 근거리 통신망이나 근거리 통신에 사용되며, 수백 m 이상의 거리에서 10Mbps 이상의 전송속도를 갖는다.

1.1.4. 광섬유(optical fiber)

그림 4와 같이 광섬유는 전기신호(전파)가 아니라 빛을 이용하여 정보를 전송한다. 인간의 머리카락 굵기의 광섬유 한 가닥으로 동축 케이블의 수십~수백 배의 데이터를 손실없이 초고속으로 전송할 수 있기 때문에 대용량의 데이터 전송에 유리하다. 또한 광섬유는 직경이 가늘고 가벼워서 휘어짐이 좋아 취급이 용이하다.

이와 같은 장점으로 대용량의 데이터를 고속으로 전송해야하는 광대역 ISDN 구축에 필수 기술이다. 광섬유를 사용하는 광통신은, 전기신호를 발광소자인 반도체 레이저와 LED에 의해 전광 변환하여 광파를 만들고, 광신호로 변환된 것을 광섬유 케이블로 수신측에 전송하면 수광소자인 포토다이오드와 APD(Avalanche 포토다이오드)에 의해 광전 변환한 다음 원래의 전기신호로 재생하는 원리이다.

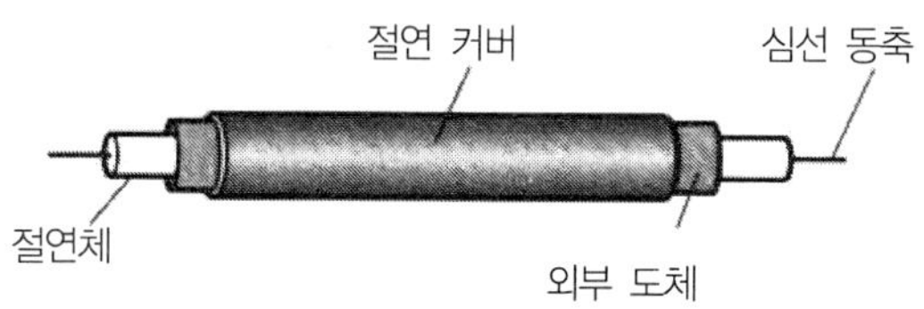

그림 3. 동축 케이블

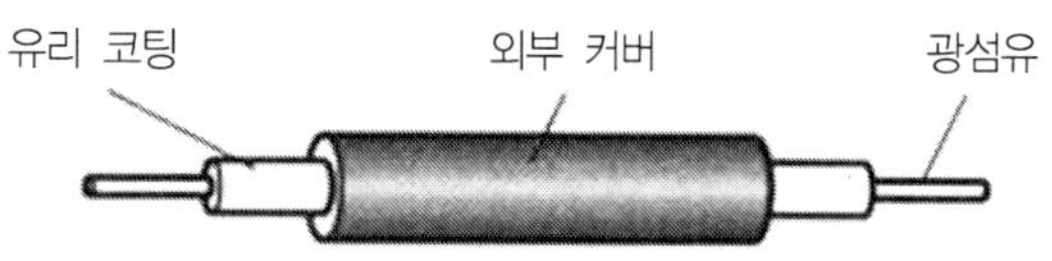

그림 4. 광섬유 케이블

1.1.5. 마이크로파(microwave)

지구의 대기는 전자기파를 효과적으로 전송할 수 있는 매체이다. 주파수 범위에 따라 마이크로파와 라디오파, 두 가지로 구분할 수 있다.

마이크로파는 첫 번째가 2~ 40GHz의 주파수 범위를 가지며, 송신신호는 매우 높은 정도의 방향성을 갖는다. 마이크로파는 점 대 점(point-to-point) 통신에 적합하다. 마이크로파는 지상마이크로파와 위성 마이크로파로 분류된다. 지상 마이크로파는 동축 케이블 대신에 많이 사용하며, 중간에 산이나 건물 등의 장애물이 없어야 한다. 장거리 통신 시에 높은 데이터 전송률이 가능하며, TV나 음성 전송, 빌딩 간의 통신 등에 많이 사용된다.

위성 통신시스템에서 통신위성은 지상에 설치된 두 개 이상의 송수신국을 연결해주는 마이크로파의 중계국 역할을 하며, 어떤 주파수 대역을 수신하여 증폭하거나 재생하여 다른 주파수로 송신한다. 주로 장거리 전화, TV방송중계, 장거리 데이터 통신용으로 이용된다. 그림 5는 위성통신의 방법을 보여준다.

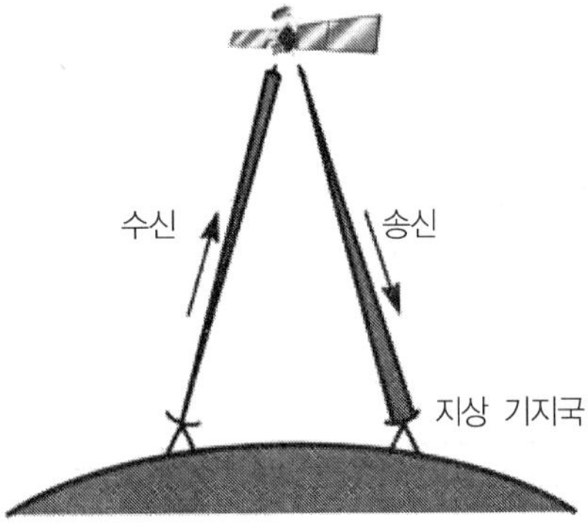

(a) 점대점 연결

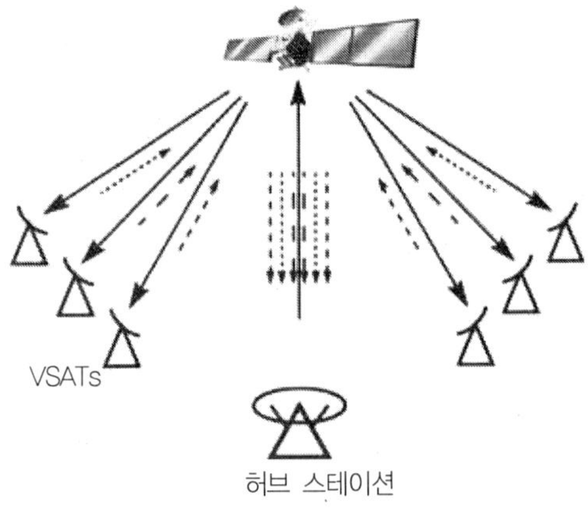

(b) 다중 연결

그림 5. 위성 통신

1.1.6. 라디오파(radio wave)

라디오파는 30MHz~1GHz의 주파수 범위를 가지며, 송신신호에 방향성이 없는 다방향성을 가지므로 방송용으로 많이 이용된다. 라디오파는 AM(amplitude modulat ion), FM(frequency modulation) 라디오와 VHF(very high frequency), UHF(ultra high frequency) TV방송에 이용되며, 패킷 라디오 네트워크 등 데이터 통신분야에서도 이용하고 있다.

1.1.7. 무선통신

무선통신은 유선통신과 달리 공간을 전송로로 하여 전자파에 데이터를 실어서 전송하는 방식으로, 라디오, TV, 무전기 등으로 사용하고 있으며, 최근에는 휴대폰, 노트북, 스마트폰 등의 이동통신이 있다.

그림 6은 이동 통신에 사용되는 셀 구성을 보여준다. 원으로 표시된 부분을 셀이라고 하는데, 각 셀에는 하나의 기지국이 있으며 여기에서 사용자의 셀 폰을 중계하는 역할을 한다. 인접 셀에서 같은 주파수를 사용하면 혼선이 일어나므로, 예를 들어 어느 셀에서 주파수 F1을 사용한다면 인접하는 셀에서는 다른 주파수 F2와 F3를 사용하여 혼선을 방지한다. 즉 반복 영역이 3셀로 되어있는 경우에는 3개의 주파수를 사용한다.

무선 통신은 사용 주파수가 중요한 의미를 갖는데, 주파수가 같으면 신호를 식별할 수 없게 되고 주파수대에 따른 전송특성이 많이 다르기 때문이다. 다음 표에 전파의 주파수 대역과 용도를 보여준다.

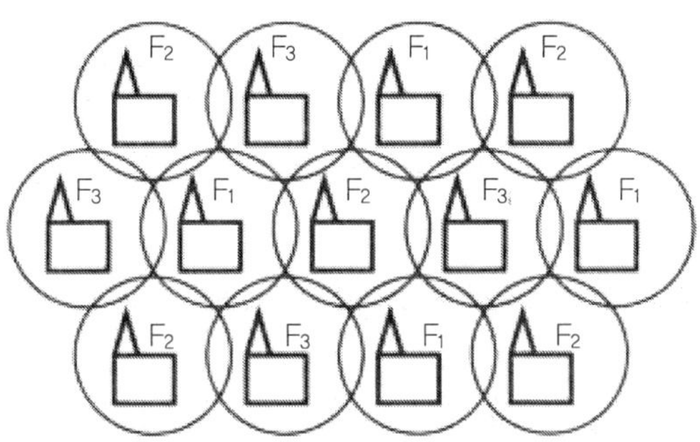

F_1, F_2, F_3= 셀에서 이용되는 주파수

그림 6. 이동 통신에 사용되는 3셀 구성

[전파의 주파수 대역과 용도]

분 류	기 호	주파수	용 도
장파	VLF(very low frequency)	3~30kHz	선박, 장거리 통신
	LF(low frequency)	30~300kHz	
중파	MF(medium frequency)	300~3,000kHz	선박, 항공, 중파방송
단파	HF(high frequency)	3~30MHz	단파방송, 국제통신
초단파	VHF(very high frequency)	30~300MHz	TV방송, 이동통신
극초단파	UHF(ultra high frequency)	300~3,000MHz	TV방송, 이동통신
	SHF(super high frequency)	3~30GHz	레이더
	EHF(extra high frequency)	30~300GHz	구내 무선

1.2. 데이터 전송

1.2.1. 단방향 통신과 양방향 통신

데이터를 전송하는 경우 데이터의 흐름에 따라 단방향 통신과 양방향 통신으로 구분하며, 양방향 통신은 반이중 통신과 전이중 통신으로 분류한다.

[1] 단방향 통신(simplex communication)

그림 7과 같이 단방향 통신은 데이터의 흐름이 항상 한 쪽 방향으로만 되는 통신방식으로, 한 쪽은 송신, 다른 쪽은 수신전용의 장치가 필요하다. 즉 송신측이 수신측으로 데이터를 전송할 수는 있지만, 반대로 수신측에서 송신측으로의 데이터 전송은 불가능하다. 단방향 통신은 데이터 수집 시스템이나 위성통신시스템에서 채용하나 일반적인 데이터 통신시스템에서는 거의 사용되지 않는다. 예로서 TV나 라디오 방송이 있다.

그림 7. 단방향 통신

[2] 양방향 통신(duplex communication)

그림 8과 같이 양방향 통신은 양쪽에서 데이터를 주고받을 수 있는 방식이다.

(a) 반이중 통신 (b) 전이중 통신

그림 8. 양방향 통신

(1) 반이중 통신(half-duplex communication)

반이중 통신은 양방향으로 데이터의 전송이 가능하나, 한 쪽에서 송신을 하고 있을 때에는 다른 쪽에서는 수신만 가능하고 송신이 불가능한 방식이다. 예로서 휴대용 무전기 등이 있다.

(2) 전이중 통신(full-duplex communication)

전이중 통신은 동시에 양방향으로 데이터 전송이 가능하며, 2개의 채널을 이용한다(4선식 회선). 서로가 송신하면서 수신이 가능하므로 데이터 통신의 각 분야에서 널리 사용된다.

1.2.2. 직렬통신과 병렬통신

통신회선에 실어 보내는 데이터의 전송단위에 따라 직렬통신과 병렬통신으로 구분할 수 있다.

[1] 직렬통신(serial communication)

직렬통신은 하나의 통신 회선을 통하여 1비트 씩 순서대로 전송하는 방식으로, 데이터를 전송하는 시간은 많이 걸리지만 경비는 저렴하게 든다. 현재의 데이터 통신에는 거의 대부분이 직렬통신을 사용한다. 일반적으로 데이터 단말장치(DTE)들은 문자(바이트) 단위로 데이터를 처리하므로, 송신측에서는 병렬신호를 직렬신호로 변환하여 전송하고 수신측에서는 직렬신호를 병렬신호로 변환하여야 한다.

[2] 병렬통신(parallel communication)

병렬통신은 여러 개의 통신회선을 이용하여 전송할 데이터를 동시에 한꺼번에 전송하는 방식으로, 단위시간에 많은 양의 데이터를 전송할 수 있지만 통신 회선이 그 비트 수만큼 확보되어야 하므로 비용이 높아진다. 만약 8비트로 구성된 문자를 병렬 전송하려면 기본적으로 8개의 회선이 필요하고, 송신측과 수신측의 타이밍을 맞추는 제어정보와 패리티 비트 정보를 전송하기 위해서는 추가의 통신회선이 필요하게 된다. 병렬통신은 컴퓨터 내부회로나 주변 단말장치와의 연결 등 근거리 통신 또는 동일 건물 내에 주로 이용하고 있다.

그림 9는 1바이트 데이터인 데이터 A(01000101)와 데이터 B(00101010)를 각각 직렬전송과 병렬전송을 하였을 경우의 전송 모양을 보여준다. 직렬통신은 8비트 데이터가 1비트씩 순차적으로 전송되나, 병렬통신은 8비트 데이터가 동시에 전송됨을 알 수 있다.

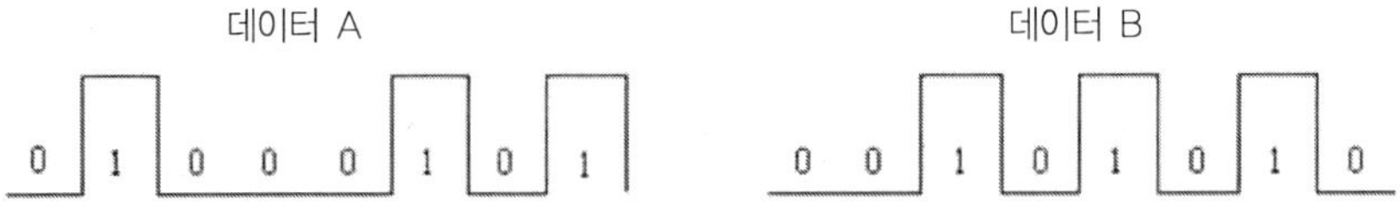

(a) 직렬 전송

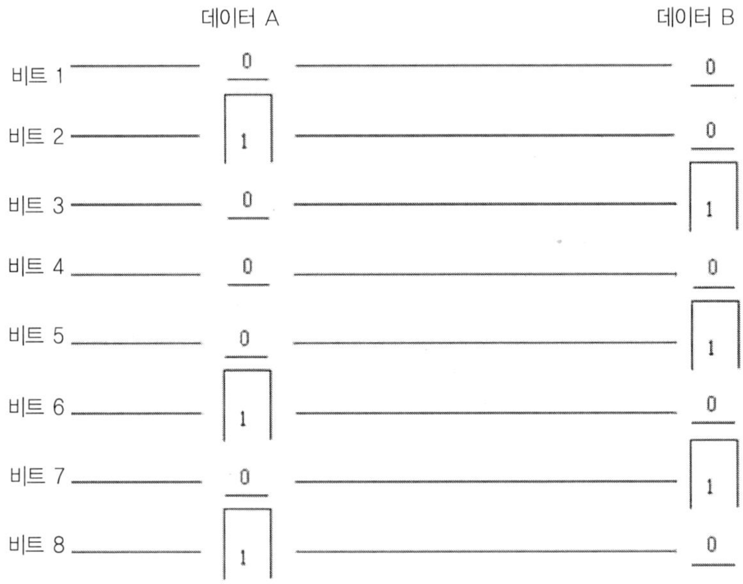

(b) 병렬 전송

그림> 9. 데이터의 직렬전송과 병렬전송

1.2.3. 비동기식 전송과 동기식 전송

송신측에서 수신측으로 연속적인 데이터 비트들을 전송하는 경우에 수신측에서 수신되는 데이터의 정보를 파악하여야 한다. 수신측에서 정상적으로 수신 데이터를 읽기 위해서는 송신측과 수신측의 클럭 속도가 동일해야 하나 일반적으로 송신측과 수신측의 클럭은 각기 독립적으로 동작한다. 이 경우에는 여러 가지 문제들이 발생할 수 있으며, 이러한 문제를 해결하기 위하여 데이터의 전송 동기화가 필요하게 된다. 데이터의 전송 동기화에 따라 비동기식 전송과 동기식 전송으로 구분한다.

[1] 비동기식 전송(asynchronous transmission)

비동기식 전송은 데이터의 전송을 7비트 또는 8비트의 문자 단위로 전송하는데, 문자의 앞뒤에 1~2개의 시작 비트(start bit)와 정지 비트(stop bit)를 추가하여 데이터를 전송한다. 한 데이터 비트를 연속적으로 전송하고 일정한 휴지기간(idle time)을 둔 뒤에 다음 데이터 비트를 전송하면, 휴지기간으로 송신측과 수신측의 클럭차이를 극복할 수 있게 된다.

10에 비동기식 전송방식의 전송 문자형식을 보여준다. 비동기식 전송은 특성 상 짧은 거리의 데이터 전송에 주로 사용된다. 이 방식은 구현이 용이하고 비용이 저렴하다는 장점이 있으나 데이터 비트 이외의 비트가 추가 되므로 많은 오버헤드(overhead)가 발생하게 된다는 단점도 있다.

시작 비트	데이터 1	정지 비트	휴지기간	시작 비트	데이터 2	정지 비트

그림 10. 비동기식 전송방식의 전송문자 형식

[2] 동기식 전송(synchronous transmission)

동기식 전송은 블록(block)이나 프레임(frame) 단위로 데이터를 전송하는 방식으로 클럭(clock)에 의해 동기를 맞추어 데이터를 전송한다. 이때 전송하는 데이터는 길이가 긴 바이트로 구성된다. 송신측과 수신측의 클럭 속도 차이를 극복하기 위하여, 송신측에서 전송할 데이터를 전송에 적합한 형태로 코딩할 때 데이터에 클럭 정보를 추가하는 동기화 작업이 이루어진다.

동기식 전송방식에서는 송신측이 데이터 블록을 전송할 때 수신측이 데이터 블록의 시작과 끝을 확인할 수 있는 비트 패턴과 제어정보를 포함하는 부분이 추가된다. 데이터 블록의 시작부분을 프리엠블(preamble)이라 하고 끝부분을 포스트엠블(post amble)이라 한다.

이와 같이 전송 데이터에 프리엠블, 포스트엠블, 제어정보 등이 추가된 데이터 블록을 프레임이라 하며, 프레임을 구성하는 형식은 데이터 링크 프로토콜에 따라 상이한 형태를 취하게 된다. 프레임을 구성하는 방법에 따라 문자 지향 방식과 비트 지향 방식이 있다.

문자 지향 방식은 모든 처리를 문자 단위로 하기 때문에 데이터 블록을 구성하는 각 부분이 문자로 구성되는 반면, 비트 지향 방식은 모든 처리가 비트로 이루어진다. 그림 11 동기식 전송 방식의 프레임 구성을 보여준다. 그림 11(a)는 문자 지향방식의 프레임으로 문자를 동기화 시킬 목적으로 SYC를 사용하고, 전송 데이터의 시작과 끝은 STX(Start-of-TeXt)와 ETX(End-of-TeXt)와 같은 특수 제어문자들이 사용된다.

그림 11(b)는 비트 지향 방식의 프레임으로 데이터의 앞뒤에 특수한 비트 구성 형태의 1옥테트의 플래그(flag)가 사용된다. 동기식 전송은 고속 통신에 사용되며, 데이터 통신 회선을 통하여 전달되는 속도와 출력되는 속도를 맞추기 위하여 버퍼 기억 장치가 반드시 필요하다.

SYC	SYC	STX	데이터	EXT	오류검출

(a) 문자 지향방식의 프레임

시작 플래그	주소	제어	데이터	오류검출	종료 플레그

(b) 비트 지향방식의 프레임

그림 11. 동기식 전송 방식의 프레임 구성

1.2.4. 통신속도의 단위

데이터 전송의 통신 속도는 단위시간에 전송되는 데이터의 양으로 표시하는데 전송되는 기본 단위는 2진수, 즉 비트이다. 전송 속도의 단위로는 bps와 baud(보오)가 널리 쓰인다.

[1] bps

bps(bits per second)는 1초 동안에 전송할 수 있는 비트의 수를 나타내는 전송 속도 단위이다. 14400bps의 경우, 1초 동안에 14400개의 비트를 전송할 수 있음을 의미한다.

[2] baud(보오)

보오는 1초 동안의 신호 개수 또는 1초 동안에 상태 변환의 수를 나타내는 신호 속도의 단위이다. 1개의 비트가 한 신호로 사용되는 경우에는 보오 속도와 bps가 동일하다. 2개의 비트가 한 개의 신호 단위를 이룬다면 보오 속도는 bps 속도의 1/2가 된다. 이때 신호 단위는 디비트(double bit)이며, 00, 01, 10, 11의 네 가지 비트 조합 형태가 된다. 만약 3개의 비트가 한 신호 단위로 사용되었다면 보오 속도는 1/3이 되며, 신호 단위는 트리비트(tribit)가 된다. bps와 보오의 관계는 다음과 같다.

$$\text{보오 속도} = \frac{bps}{\text{단위 속도 당 비트 수}}$$

1.3. 통신 네트워크

통신 네트워크(통신망, communication network)는 단말 장치들이 서로 유기적으로 결합하여 컴퓨터 시스템에 연결되어 있는 상태를 말한다. 네트워크의 전형적인 기능을 수행하기 위해서는, 전기적인 신호가 전송될 수 있는 경로, 다른 형태를 갖는 신호간의 상호변환, 비트열의 그룹화로 프레임 또는 패킷의 구성, 잘못 전송된 전기적인 신호의 검출 및 복구, 통신 네트워크를 통해서 위와 같은 기능을 수행할 수 있는 경로의 유지 및 선택 기능 등이 요구된다.

1.3.1. 네트워크의 구조

통신 네트워크는 컴퓨터와 컴퓨터, 컴퓨터와 터미널, 터미널과 터미널 간을 통신 회선을 이용하여 공간적으로 구성한 것으로 대략 5가지로 나뉜다.

[1] 성형(star) 구조

성형구조는 방사형 구조라고도 하며, 그림 12와 같이 중앙에 하나의 컴퓨터 시스템을 두고 네트워크 구성에 참여하는 나머지 모든 시스템들은 중앙의 컴퓨터 시스템에 연결하는 중앙 집중형 방식이다. 한 시스템에서 다른 시스템으로의 통신은 중앙의 컴퓨터를 거쳐야 하므로 비교적 통신경로가 길어지고 중앙의 컴퓨터에 부하가 집중된다는 단점이 있다.

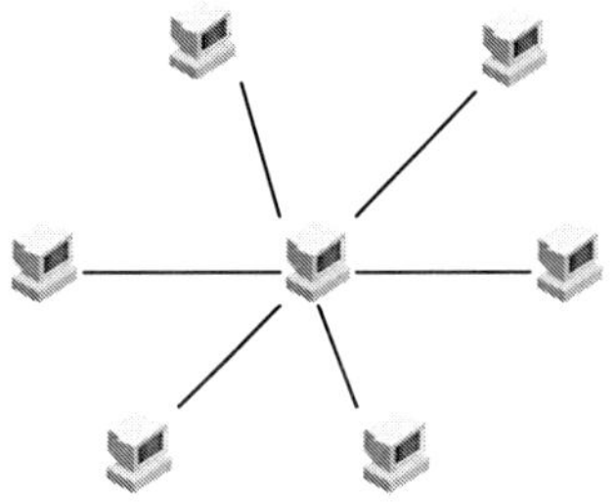

그림 12. 성형 구조

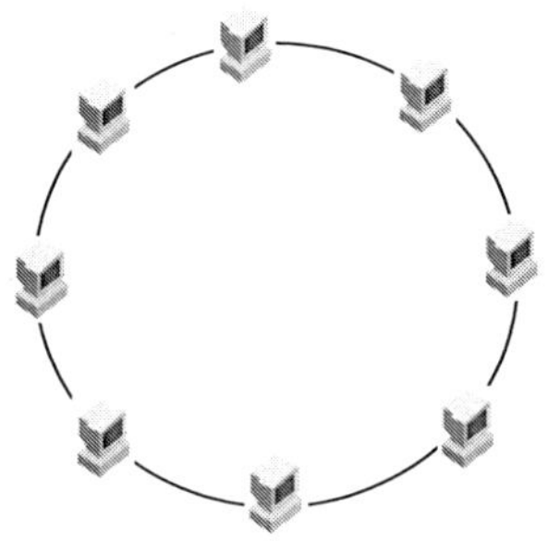

그림 13. 원형 구조

[2] 원형(ring) 구조

원형구조는 루프형(loop) 구조라고도 하며, 그림 13과 같이 모든 시스템이 원형으로 연결되어, 양쪽 방향으로 모두 접근이 가능한 구성이다. 한 쪽 방향의 시스템에 장애가 발생하더라도 다른 경로로 접근이 가능하나, 구성 크기가 커지게 되면 통신 접근 경비가 커지는 단점이 있다. 주로 근거리 통신 네트워크에 이용한다.

[3] 버스형(bus) 구조

버스형 구조는 분기형(branch) 구조라고도 하며, 그림 14와 같이 하나의 공용 통신 회선에 모든 시스템을 연결하는 구성이다. 전송형태가 방송모드인 것이 특징으로 버스 상의 모든 터미널이 데이터를 수신할 수 있으나, 송수신된 데이터의 맨 앞의 터미널 식별번호에 의해 해당하는 터미널만 수신하게 된다. 주로 근거리 통신망에 사용된다.

[4] 나무형(tree) 구조

나무형 구조는 허브형(hub) 또는 계층형(hierarchical) 구조라고도 하며, 그림 15와 같이 중앙에 컴퓨터가 있고 조직적으로 하부 구조에 속하는 시스템들이 하위 시스템들로 연결하는 구성이다. 성형보다는 통신 회선이 많이 필요하지 않으며, 하부 구조에 설치된 중간 컴퓨터를 통하여 분산 처리가 용이하다는 장점이 있다.

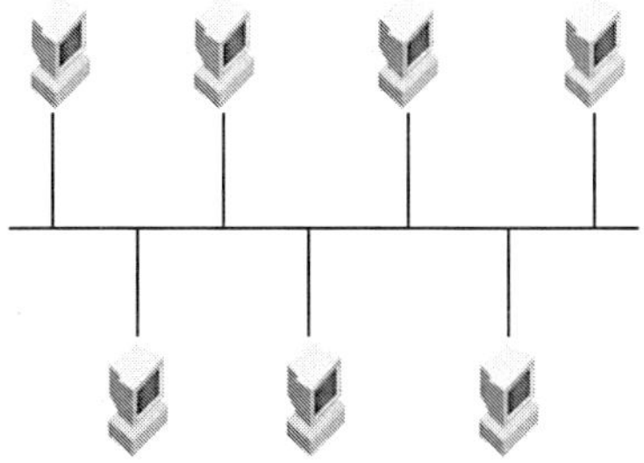

그림 14. 버스형 구조

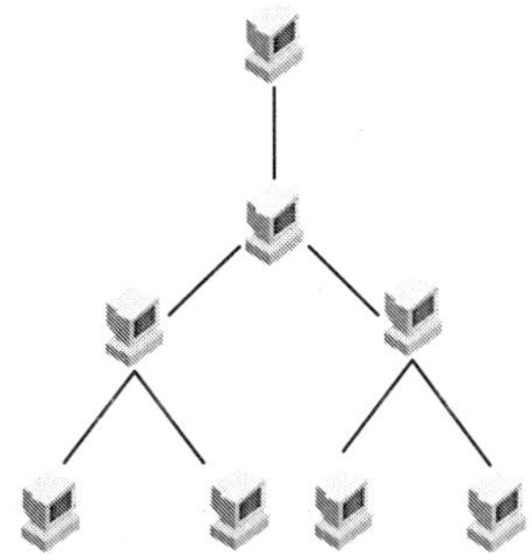

그림 15. 나무형 구조

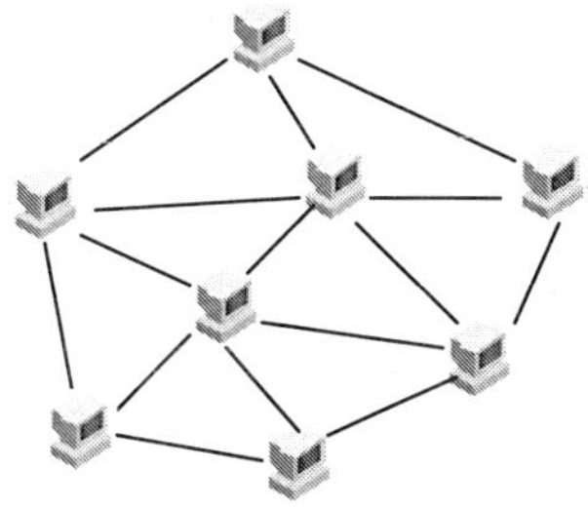

그림 16. 그물형 구조

[5] 그물형(mesh) 구조

그물형 구조는 공중 통신망과 공중 데이터 통신망 등 대규모의 네트워크를 구성할 때 많이 이용하며, 그림 16과 같이 모든 터미널과 터미널을 통신회선으로 연결시킨 구성이다. 많은 통신회선이 필요하나, 한 통신회선이 장애 시 다른 경로를 통하여 데이터 전송이 가능하다는 장점이 있다.

1.3.2. 통신 네트워크의 종류

통신 네트워크를 구성하는 크기와 기능에 따라 여러 가지로 분류하며 그 내용은 다음과 같다.

[1] 근거리 통신망(LAN; local area network)

근거리 통신망은 거리적으로 제한하는 것으로, 통신망의 크기가 수[m]에서 수[km] 정도의 거리 내에서 컴퓨터와 부가 장비들을 설치하여 독립적으로 동작하는 통신망이다. LAN은 지역적으로 독립된 기관에서 같은 조직들을 통신망으로 연결하는 것이다.

[2] 광대역 통신망(MAN; metropolitan area network)

광대역 통신망은 대도시 지역을 연결하는 통신망으로, LAN보다는 크기가 크고(보통 수백[km] 정도) 독립적으로 설치된 LAN을 연결하는 기간망(backbone network)으로 사용한다. MAN은 빠른 전송속도를 요구하므로 고속 통신 프로토콜을 사용한다.

[3] 광역 통신망(WAN; wide area network)

광역 통신망은 통신망 구성 거리에 제한을 두지 않으며 한 국가, 국가와 국가, 대륙과 대륙 등에 독립적으로 구축된 네트워크를 연결하는 것이다.

[4] 전화망(PSTN; public switched data network)

전화망은 음성정보의 교환을 주목적으로 하며, 이전에는 정보 통신망으로 이용되었다.

[5] 패킷 교환 데이터 통신망(PSDN; packed switched data network)

패킷 교환 데이터 통신망은 데이터 통신을 위하여 전송할 정보를 특정 데이터 크기인 패킷 단위로 분리하여 전송하는 것으로, 신뢰성이 높고 데이터의 전송속도가 빨라서 데이터 통신망으로 널리 사용한다.

[6] 종합 정보 통신망(ISDN; integrated service digital network)

종합 정보 통신망은 여러 종류의 미디어를 통합하여 디지털신호 방식을 이용하여 전송하는 것으로 광섬유 케이블을 전송 매체로 이용한다.

[7] 무선 통신망(microwave communication network)

무선 통신망은 라디오 통신망이라고도 하며, 유선 통신망의 구축이 어려운 경우 설치하여 사용한다. 이동 중에도 양질의 서비스의 제공이 가능하며, 단일 홉(single hop) 통신망과 다중 홉(multi hop) 통신망으로 분류한다. 단일 홉 통신망은 모든 통신시스템이 가시권 내에 존재하는 방식이고, 다중 홉 통신망은 지리적인 문제로 시스템의 연결이 제한을 받는 곳에서 사용하는 방식이다.

[8] 위성 통신망(satellite communication network)

위성 통신망은 정지 통신위성과 지상의 중계점 간의 전파를 중계하는 통신망으로, 중계점이 우주에 있으므로 대규모 통신망의 형태이다. 인터넷과 같은 전 세계를 연결하는 광역 네트워크의 데이터 통신을 위해 사용된다.

[9] 이동 통신망(mobile communication network)

이동 통신망은 사용자가 휴대용 단말기를 이용하여 이동하면서 정보를 교환할 수 있는 정보 통신망이다. 크게 이동전화기(cellular phone), 개인용 통신망(PCN; personal communication network)과 서비스(PCS; personal communication service) 등이 있으며, 전 세계 이동 통신망을 하나로 연결하는 차세대 이동 통신 서비스가 있다.

[10] 케이블 TV망(CATV; cable TV network)

케이블 TV망은 TV 방송국과 가입자들 사이를 동축 케이블로 연결하여 가입자가 원하는 정보를 방송국으로부터 전송받는데 사용된다. 기타 기존의 전력선을 이용하여 정보를 전송하는 기술인 전력선 통신 등이 있다.

2 자동차 통신시스템

자동차에서 사용하는 전자제어 시스템의 중심은 ECU(컴퓨터)이다. 사용되는 전자제어 시스템의 증가로 각각 독립적으로 사용되던 전자제어 모듈(ECM; electronic control module)간에 서로 유기적인 정보 교환이 필요하게 되었다.

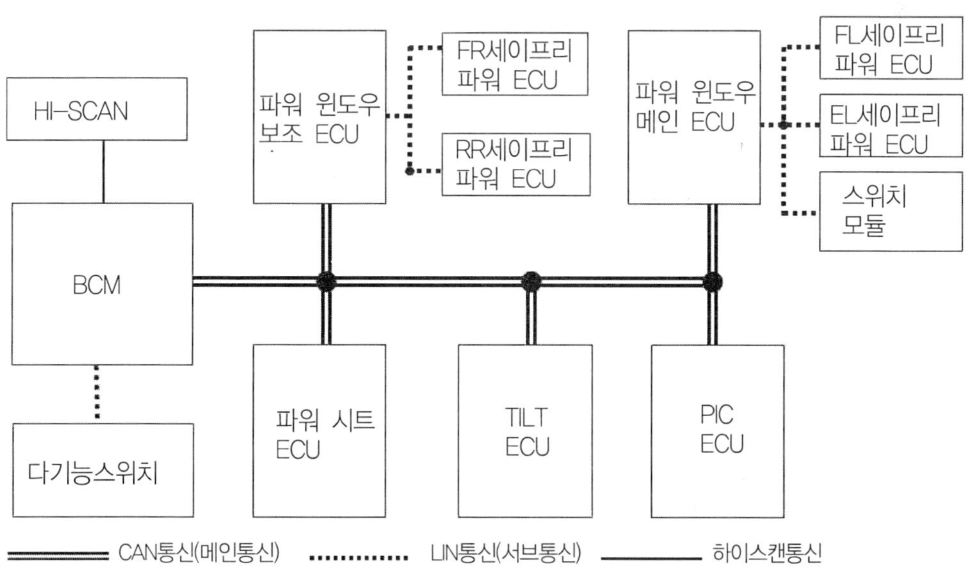

그림 17. 자동차 통신시스템의 예

그림 17은 BCM(보디제어 모듈, body control module)을 중심으로 구성된 통신시스템을 보여준다. BCM은 기존의 편의장치인 ETACS 제어기능에 운전석 안전벨트 경고등제어, 안전벨트 리마인더, 앞 유리 성애제거, 오토라이트 컨트롤, 도난방지 경고등, 패닉, 혼 응답기능 등을 확장시킨 편의장치로, 독립적으로 사용하는 각종 전자제어 편의장치를 통신을 통해 통합하여 제어하는 통합 편의장치 제어모듈이다. 통합제어하는 부분은 MPS(memory power seat)제어 모듈, SPW(safety power window)제어 모듈 및 PIC(personal identification card) 모듈 등을 들 수 있다.

그림 17과 같이 자동차 통신시스템에 사용하는 각 ECM의 메인통신에는 CAN통신, CAN통신의 말단부 시스템의 분산화를 위해 사용되는 LIN통신과 자기진단을 위한 HI-SCAN통신 등으로 구성된다. 아래 표는 자동차에 사용되는 통신과 CAN통신과 LIN통신의 주요 특성을 비교하였다.

[자동차 통신의 종류]

통신 방식	적용 분야	전송 속도	비 고
CAN	P/T제어기 및 보디전장 간의 데이터전송	중저속	독립 ECM 통합 통신
KWP 2000	고장진단 장비(하이스캔 등)와의 통신	저속	
TTP/ Flex Ray	X-By-Wire시스템의 고속, 고신뢰성 통신	고속	고급 차종에 적용
LIN	윈도우스위치/액추에이터 등 서브통신	저속	소규모 지역 통신
MOST	AV시스템, 내비게이션 등의 멀티미디어 통신	초고속	광통신

[CAN통신과 LIN통신의 주요 특성 비교]

구 분	CAN통신	LIN통신
사용범위	파워 트레인, 섀시, 바디 전장사이의 통신	각종 편의 사양 및 센서 간 통신
사용목적	REAL-TIME 제어	단순한 ON/OFF 장치들에 사용
구 성	TWISTED PAIR WIRE 5V	SINGLE WIRE 12V
제어방법	MULTI MASTER	SINGLE MASTER
통신속도	최대 256Kbps(Class B)	최대 20Kbps
통신방식	병렬 통신	직렬 통신
개발사	로버트 보쉬	BMW, 볼보, 다임러클라이슬러, 폭스바겐, 모토롤라 등 합작

2.1. CAN통신

Bosch사에서 차량 네트워크용으로 CAN(controller area network)통신을 처음으로 개발하였다. 자동차 업계에서 신속하게 CAN통신을 도입하였으며, 1993년에는 ISO에 국제 표준 규격으로 제정하였다. 그 후 CAN에 대한 여러 가지 상위 레벨 프로토콜이 표준화되었다.

CAN통신은 처음에 차량용으로 개발되었지만 안정성과 장점이 입증되어, 지하철과 경전철 등 철도, 항공기, 의료기, 승강기 등 다른 분야에서도 광범위하게 적용되고 있다. CAN통신은 독립적인 자동차 내에서 각 ECU 간의 정보 교류가 이루어지므로 근거리 통신망인 LAN통신을 기반으로 차량에 맞게 발전시킨 것으로 볼 수 있다.

CAN통신은 각각의 ECU에 저장되어 있는 데이터를 연속적으로 다른 ECU에 보내고 또한 상대 ECU에서 보내주는 데이터를 우선순위에 따라 받아서 처리하는 방식으로, 다량의 정보를 공유할 수 있다는 장점이 있다. BUS A와 BUS B라고 하는 2개의 통신회선을 사용하는데, 네트워크 구조는 버스 구조로 통신 회선 상에 데이터를 띄워놓고 필요한 데이터를 가져다 이용하는 방식이다. CAN통신은 BUS A와 BUS B의 전압 차이로 데이터를 읽기 때문에 2개의 선 중 1개라도 단선이 되면 통신이 불가능하게 된다. 또 어떤 ECM에 추가로 정보가 필요할 때 하드웨어의 변경이 없이 소프트웨어의 변경만으로 대응할 수 있다는 장점이 있다. 엔진 ECU, TCM, ESP, TCS, ABS, ECS와 4WD 모듈은 CAN통신을 통하여 엔진 회전수, APS (accelerator position sensor), 변속단, 토크 저감 등의 신호를 공유하여 능동적인 제어를 할 수 있다.

CAN통신의 주요 특성은 위 표와 같으며, 그 외에 각 메세지당 최대 8Bytes까지 데이터 전송 가능하고, 파워 트레인이나 안전장치 등 실시간 제어에 사용되는 Class C는 전송속도가 최대 250[Kbps]~1[Mbps] 정도이며, 신뢰성, 유연성, 안전성 등이 우수하여 현재 자동차 통신의 표준으로 채용하고 있다는 점을 들 수 있다.

2.1.1. CAN통신 시스템의 구성

그림 18은 CAN통신시스템의 기본 구성을 보여준다. 구성의 특징은 CAN버스와 유닛간의 거리는 0.3[m] 이내이고, 각 유닛(ECU)간 CAN버스의 길이는 1[m] 이내로 CAN버스의 전체 길이는 40[m] 이하로 한다. 또 CAN버스 양단에는 108~132[Ω] 크기의 저항을 설치하여 CAN 특성을 만족시킨다.

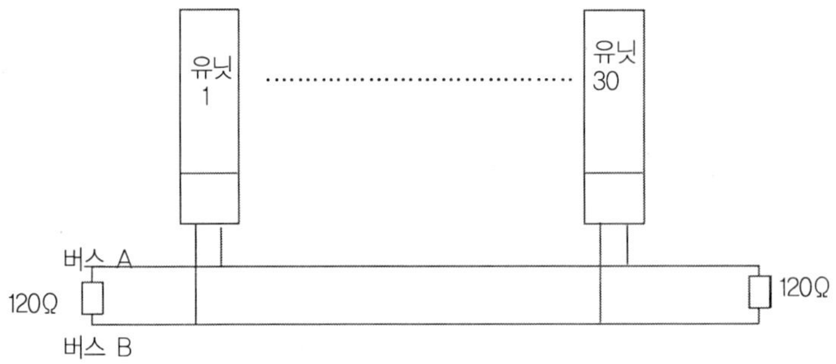

그림 18. CAN통신시스템의 기본구성

그림 19는 CAN통신시스템의 내부 구성을 보여준다. CAN통신시스템에는 CAN 컨트롤러가 사용되는데, CAN컨트롤러는 입력 데이터를 필터링하여 수신하고자하는 데이터만 받아들이고, 입력 데이터에 대하여 수신확인 신호, 에러신호, 지연신호 등을 자동으로 전송하는 역할을 한다. 또한 CPU에 입력 메시지와 버스상태 및 CAN컨트롤러의 상태를 전달하며, CPU로부터 전송할 데이터를 받아 CAN버스에 전송하는 역할도 한다.

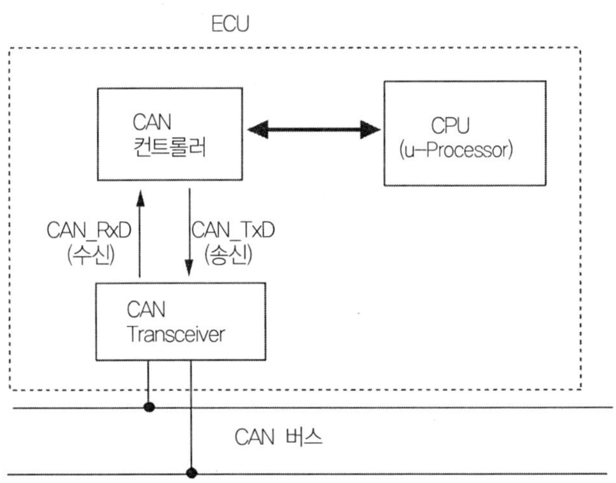

그림 19. CAN통신 시스템의 내부 구성

2.1.2. CAN통신의 전압 레벨

CAN통신은 BUS A와 BUS B의 전압차이로 데이터를 읽는다. 그림 20과 같이 CAN통신은 고속 CAN과 저속 CAN의 두 종류가 있다.

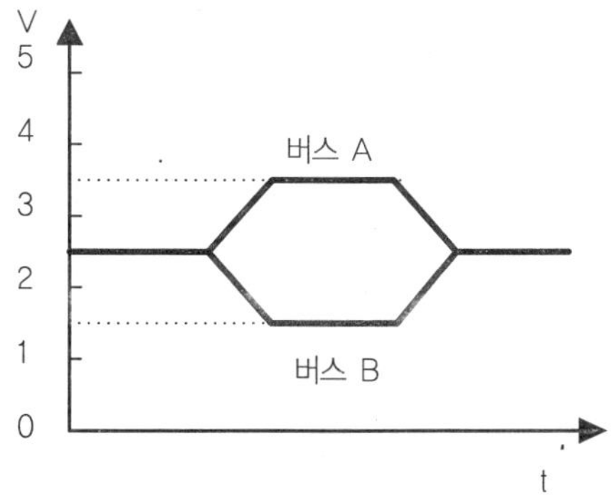

(a) 고속 CAN

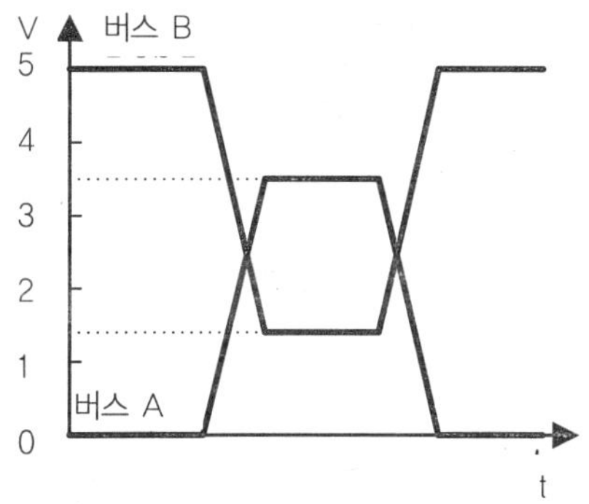

(b) 저속 CAN

그림 20. CAN버스의 전압 레벨

고속 CAN은 CAN C 또는 ISO 11898-2라고도 하며, BUS A와 BUS B의 전압이 2.5[V]의 전압을 기준으로 상승 또는 하강하는 방식으로 데이터를 전송하는 속도나 ECU가 데이터를 처리하는 속도가 매우 빠르고 정확하다. 고속 CAN은 엔진 ECM, ABS ECM, 안전장치 등에 사용한다.

저속 CAN은 CAN B 또는 ISO 11898-3라고도 하며, BUS B에 5[V]의 전압이 걸려 있다가 데이터가 출력이 되면 약 1.4[V]의 전압으로 하강하고 BUS A에는 약 0[V]로 있다가 데이터가 출력이 되면 약 3.5[V]의 전압으로 상승한다. 데이터의 전송 및 처리속도가 약간 느리지만 잡음 발생이 적어 편의장치 ECM 간의 통신에 많이 사용한다.

2.1.3. CAN통신의 데이터 프레임

CAN통신에서 데이터는 데이터 프레임을 사용하여 CAN 네트워크상에서 전송된다. 그림 21은 CAN통신 시 데이터 프레임의 기본구성을 보여준다. 하나의 데이터 프레임의 길이는 대략 110비트~140 비트정도의 크기를 갖는다.

그림 21에서 SOF(Start-of-Frame)은 메시지의 시작을 표시하며 1개의 '0' 비트이다. Arbitration Field 는 중재 ID로 메시지를 식별하고 메시지의 우선순위를 지정한다. 프레임은 표준 포맷과 확장 포맷 두 가지가 있으며, 표준 포맷은 11비트의 중재 ID를 사용하고, 확장 포맷은 29비트의 중재 ID를 사용한다.

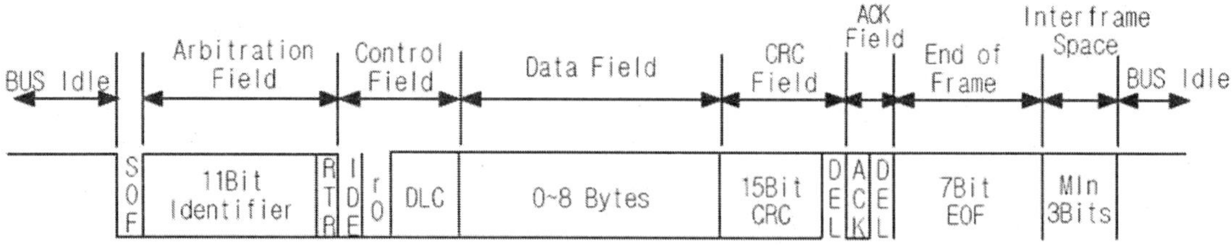

그림 21. CAN통신 시 데이터 프레임의 기본 구성

RTR(remote transmission request)는 리모트 프레임과 데이터 프레임을 구별하는 역할을 하며, RTR 비트가 로직 '0' 이면 데이터 프레임을 나타내고 로직 '1' 이면 리모트 프레임을 나타낸다. Control Field의 IDE(identifier extension)는 표준과 확장 프레임을 구분한다. r0는 예비 비트이며, DLC(data length code)는 데이터 필드의 바이트 수를 나타내고 4비트로 구성된다. 다음이 Data field인데 운전자의 윈도우 열림이나 조수석의 도어 록 등과 같은 모든 신호를 표시하는 데이터가 0~8바이트로 구성된다.

CRC Field에서 CRC(cyclic redundancy check)는 15비트의 주기적인 중복 체크 코드와 열성의 구분문자(DELimiter) 비트로 구성되며, SOF에서 Data Field까지 에러가 있는지를 검출하는데 사용된다.

ACK(acknowledgement) Field는 메시지를 정확하게 수신했는지를 검사하는 코드로, 정확하게 수신이 되었으면 로직 '0' 을 표시한다. 메시지를 정확하게 수신한 모든 CAN 컨트롤러는 메시지의 끝에 ACK 비트를 전송하며, 전송노드는 버스 상에 ACK 비트의 유무를 확인하여 ACK 비트가 발견되지 않으면 재전송을 시도한다.

EOF(end of frame)은 프레임의 끝을 알리는 코드로 7개의 연속적인 '1' 비트로 구성된다. IFS(Inter Frame Space)는 프레임간의 간격을 나타내며, 최소 3개의 연속적인 '1' 비트로 구성된다.

2.2. LIN(local interconnect network)통신

LIN(local interconnect network)통신은 CAN통신을 베이스로 개발된 통신으로 CAN 통신의 말단부 시스템의 분산화에 이용한다. 즉 파워 트레인과 차체, 섀시부분에서 각 ECU가 센서나 스위치, 액추에이터 등의 전기장치들을 제어하기 위한 용도로 사용하며, 적은 비용으로 네트워크를 구성할 수 있다.

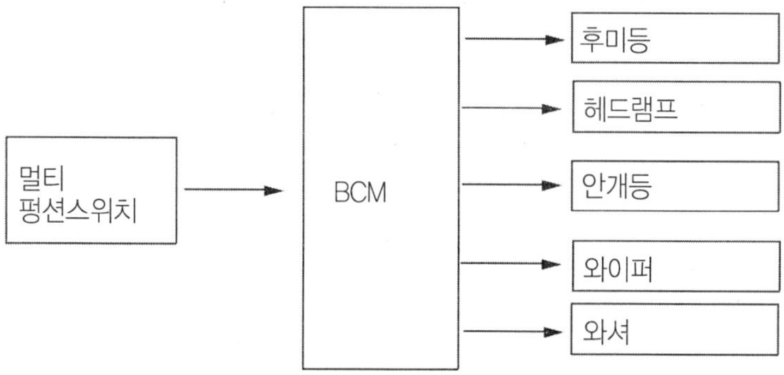

그림 22. LIN통신의 기능 예

LIN통신의 주요 특성은 앞의 표와 같으며, 그 외에 사용하기 쉽고, CAN통신보다 비용이 저렴하며, Single Master/Multiple Slaves 방식이고, 데이터 충돌을 방지하기 위한 조정이 필요 없다는 점을 들 수 있다. 그림 22는 LIN통신의 기능 예이다.

Consultation CAN통신의 구조

■ 자동차 네트워크 통신구조

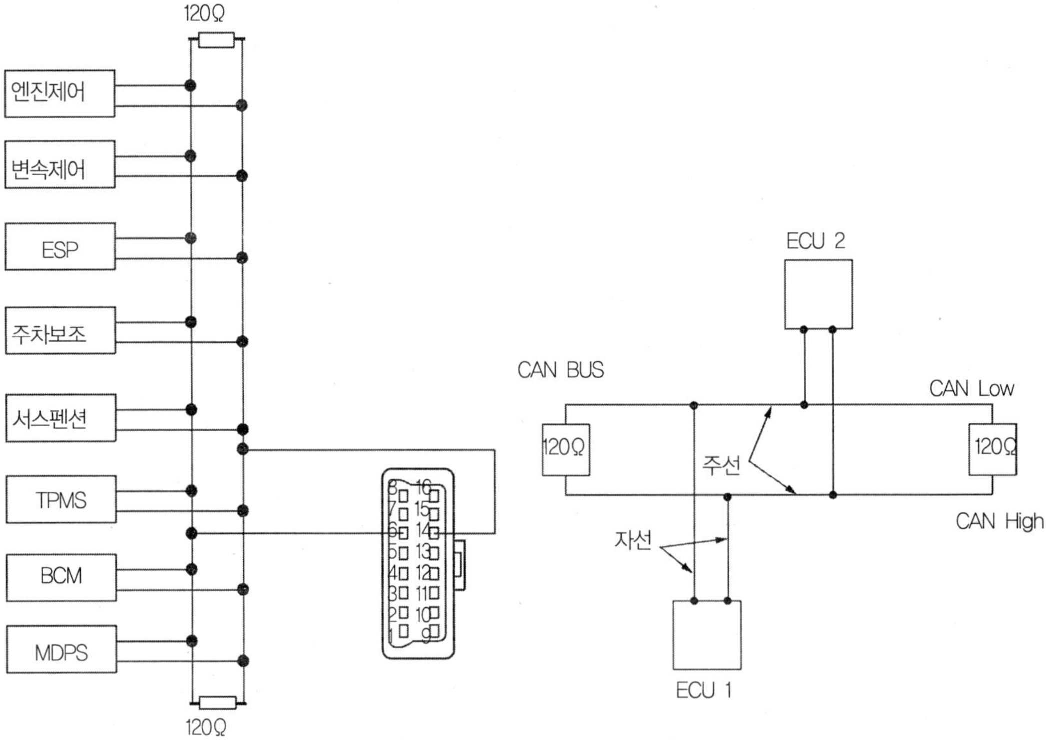

■ 자기진단 단자 핀 배열

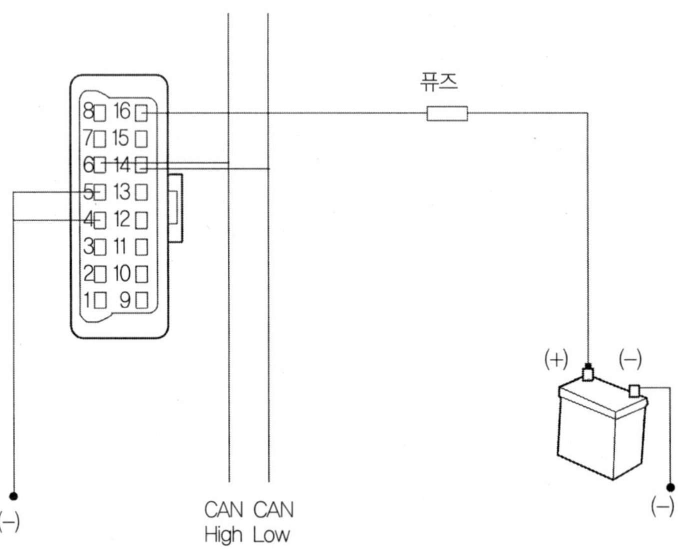

■ 고장진단 플로차트

-진단이 전혀 안되거나 진단이 불안하다.

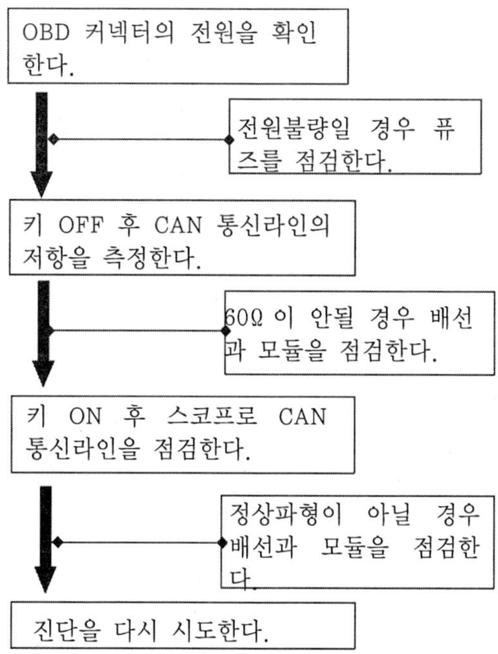

■ 종단저항(Termination resistor)

CAN 통신선의 양쪽 끝단모듈(내부)에 각각 연결되어 있는 120Ω의 저항을 일컫는다. 종단저항을 설치하는 목적은 데이터의 송·수신 통신과정에서 발생되는 반사파를 흡수하여 전파 Noise가 선로에 발생하지 않도록 함으로써, 안정적 통신이 이루어질 수 있도록 하기 위함이다.

■ 주선

CAN 통신선에서 120Ω의 저항이 걸려있는 끝단을 기준으로 직렬로 연결되어 있는 와이어링을 말한다.

■ 지선

CAN 통신선의 주선을 기준으로 각 시스템 모듈과 병렬구조로 연결되어 있는 통신라인을 말한다.

3 네트워크 통신시스템 점검

3.1. 저항을 이용한 점검

아래 조건에서 CAN 통신라인의 저항을 측정시오.

① 진단 커넥터의 핀 6번, 핀 14번을 측정한다.

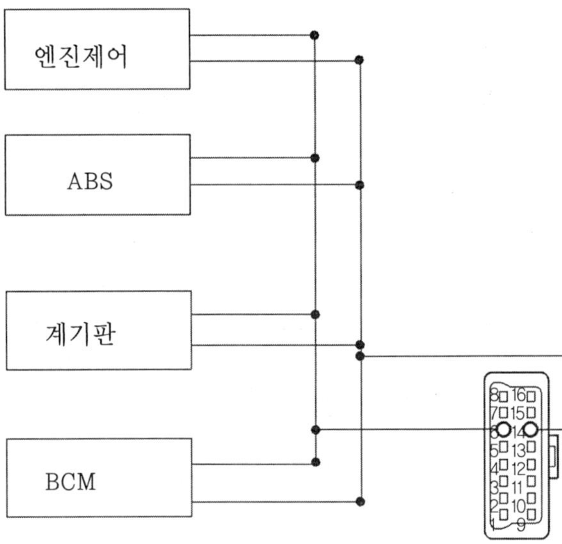

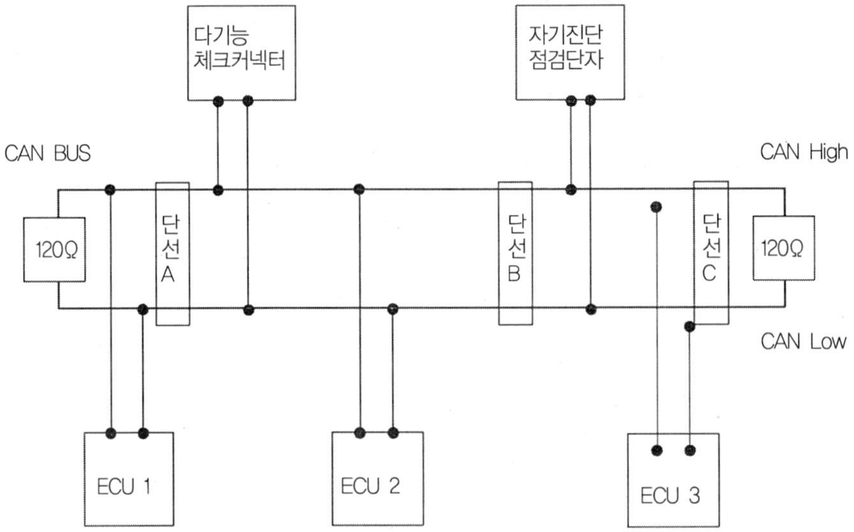

② 엔진제어 모듈(ECM)의 저항을 측정한다.

③ 엔진제어 모듈배선의 저항을 측정한다.

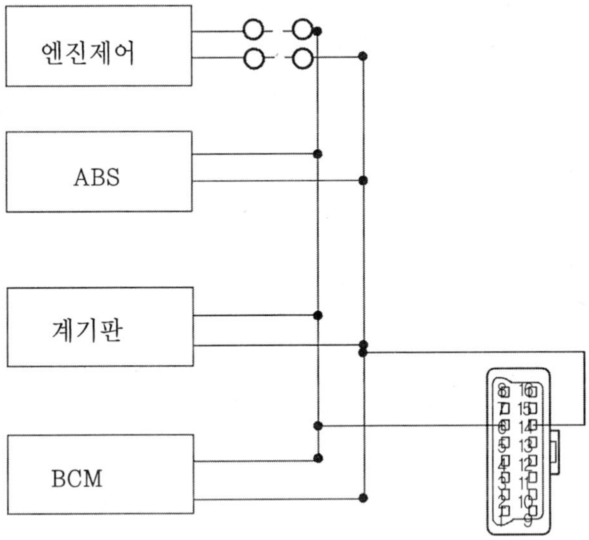

④ ABS 모듈의 저항을 측정한다.

⑤ ABS 모듈배선의 저항을 측정한다.

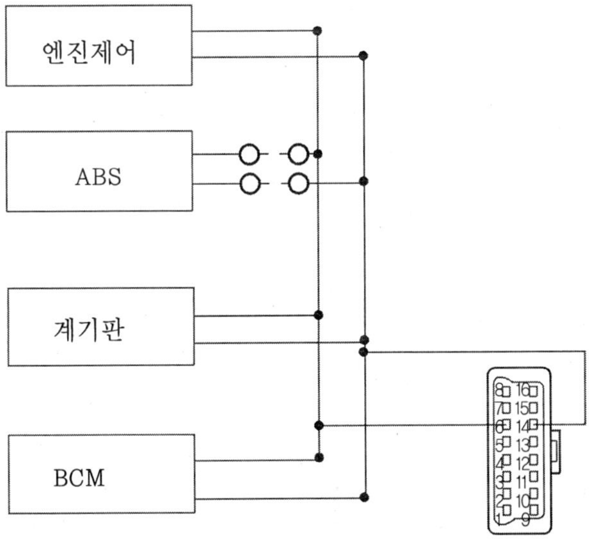

⑥ 계기판 모듈의 저항을 측정한다.

⑦ 계기판 모듈배선의 저항을 측정한다.

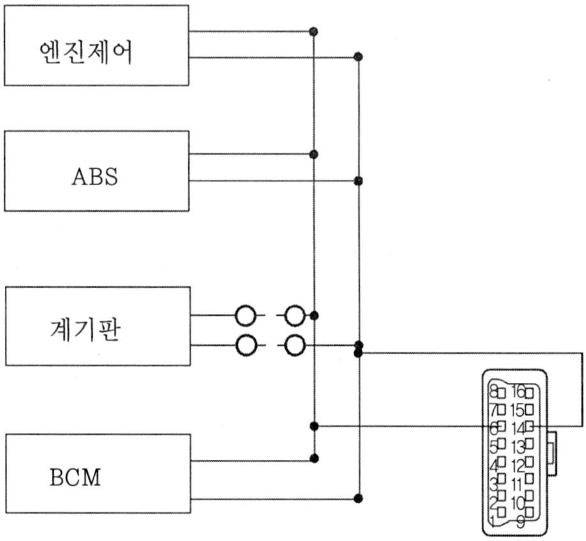

⑧ BCM 모듈의 저항을 측정한다.

⑨ BCM 모듈배선의 저항을 측정한다.

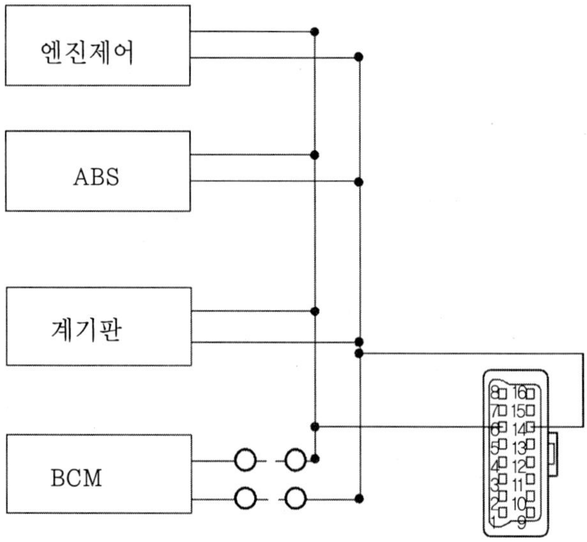

3.2. 전압을 이용한 점검

아래 조건에서 CAN 통신라인의 전압을 측정하세요.

① 진단 커넥터의 핀 6번, 핀 14번의 전압을 측정한다.

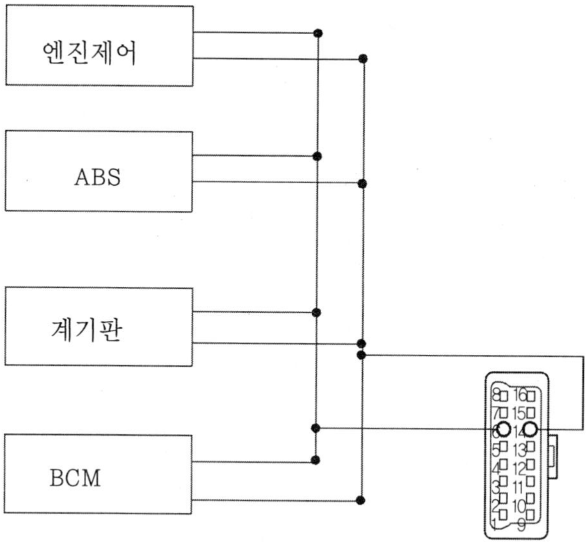

② 엔진제어 모듈(ECM)의 전압을 측정한다.

③ 엔진제어 모듈배선의 전압을 측정한다.

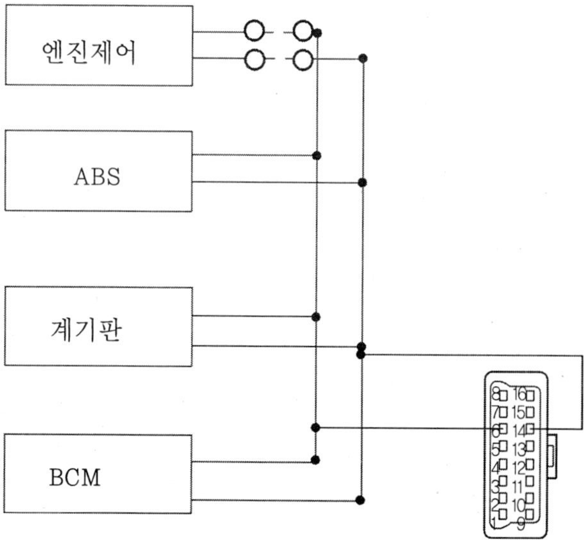

④ ABS 모듈의 전압을 측정한다.

⑤ ABS 모듈배선의 전압을 측정한다.

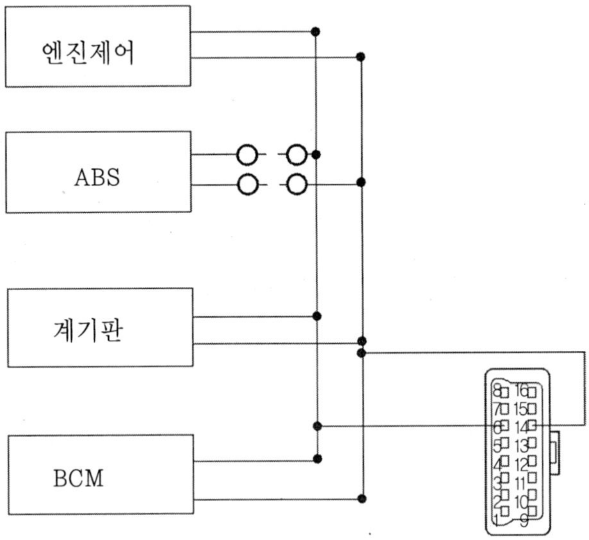

⑥ 계기판 모듈의 전압을 측정한다.

⑦ 계기판 모듈배선의 전압을 측정한다.

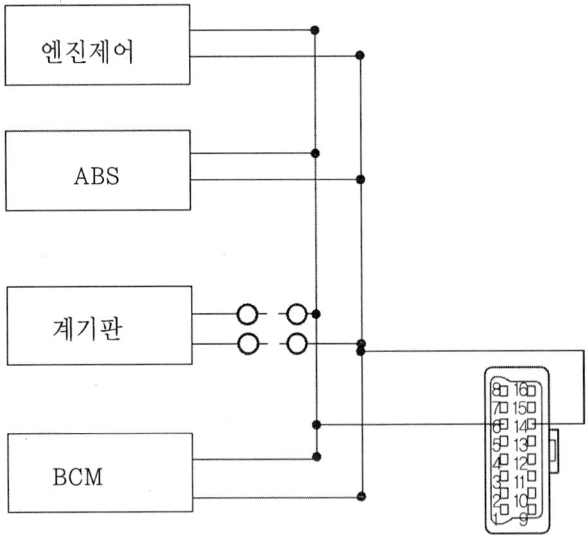

⑧ BCM 모듈의 전압을 측정한다.

⑨ BCM 모듈배선의 전압을 측정한다.

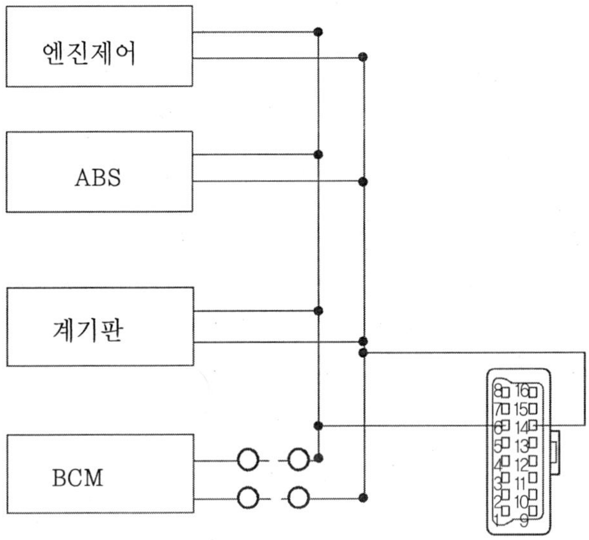

3.3. 파형을 이용한 점검

아래 조건에서 CAN 통신라인의 파형을 측정하세요.

① 진단 커넥터의 핀 6번과 핀 14번의 파형을 측정한다.

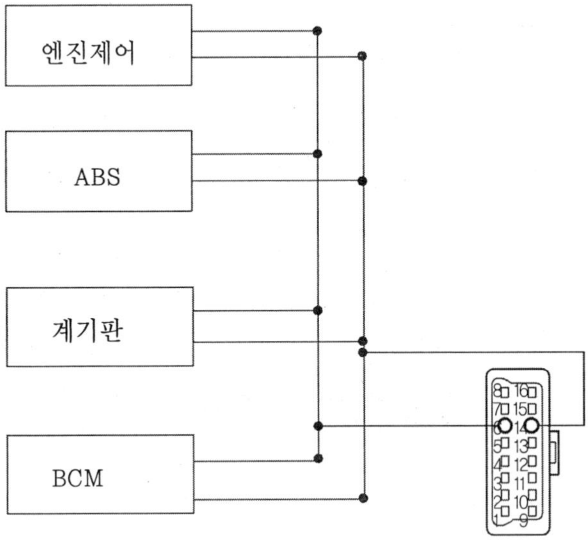

Consultation can 통신파형

■ CAN통신 정상파형

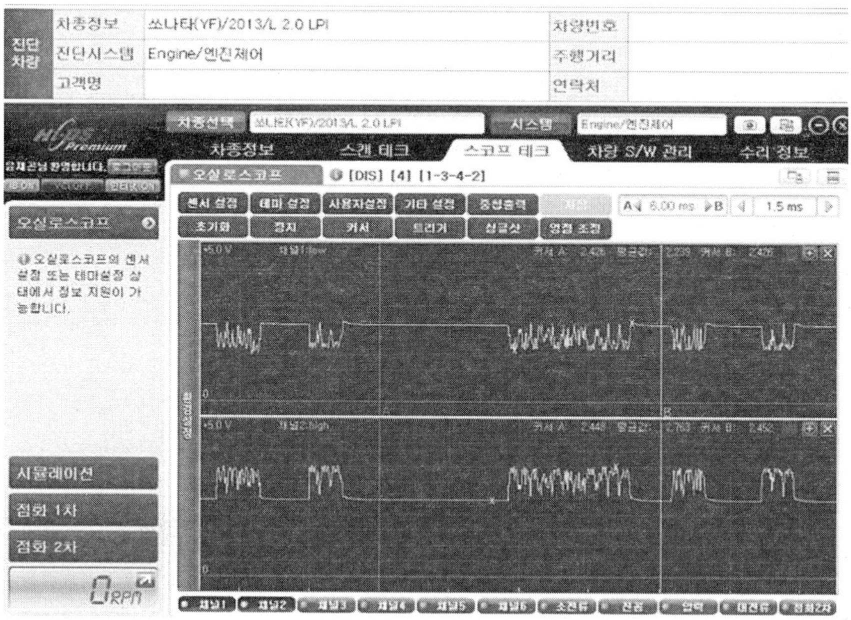

■ CAN통신 비정상(단락)파형

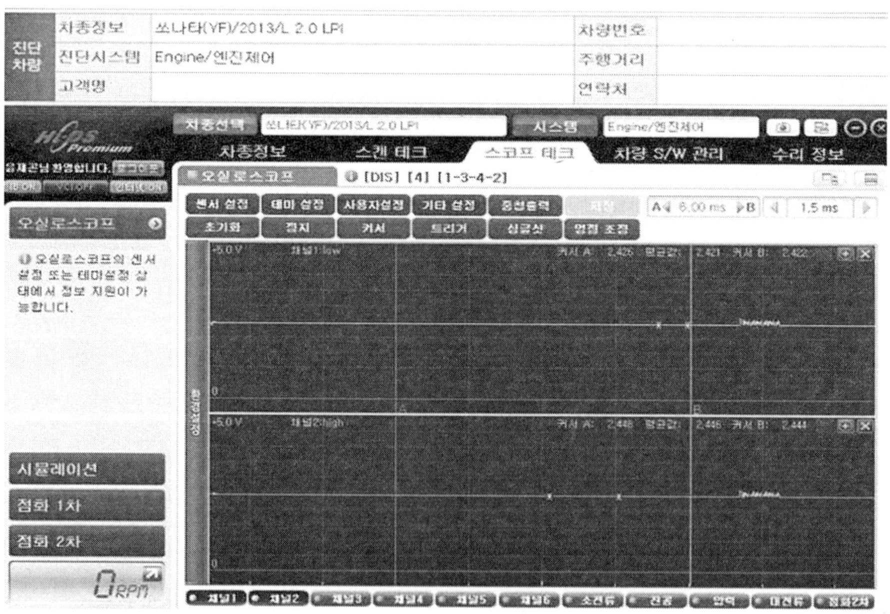

② 엔진제어 모듈(ECM)의 파형을 측정한다.

③ 엔진제어 모듈배선의 파형을 측정한다.

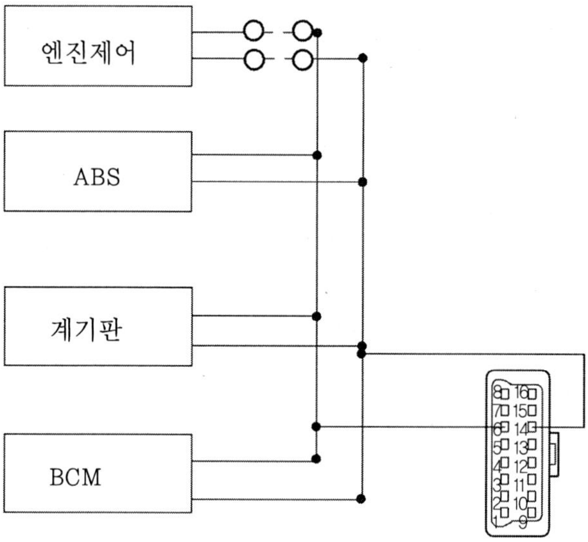

④ ABS 모듈의 파형을 측정한다.

⑤ ABS 모듈배선의 파형을 측정한다.

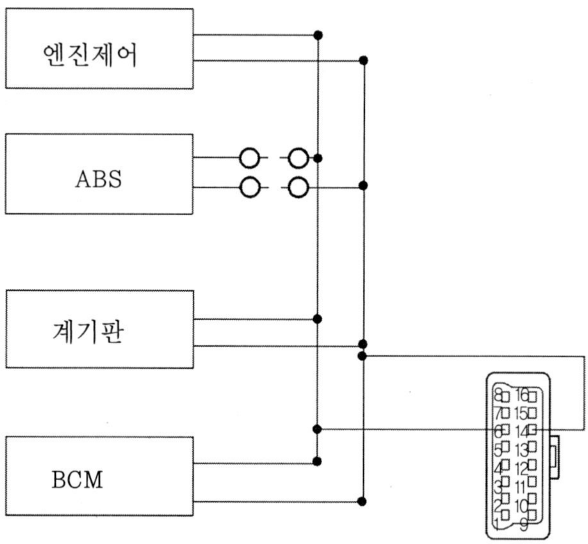

⑥ 계기판 모듈의 파형을 측정한다.

⑦ 계기판 모듈배선의 파형을 측정한다.

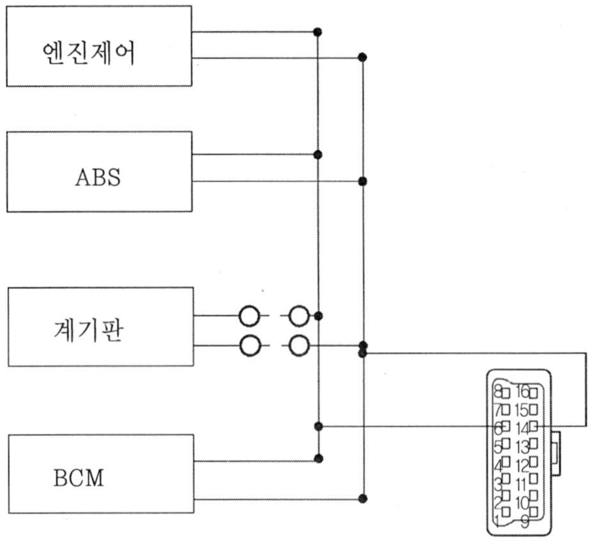

⑧ BCM 모듈의 파형을 측정한다.

⑨ BCM 모듈배선의 파형을 측정한다.

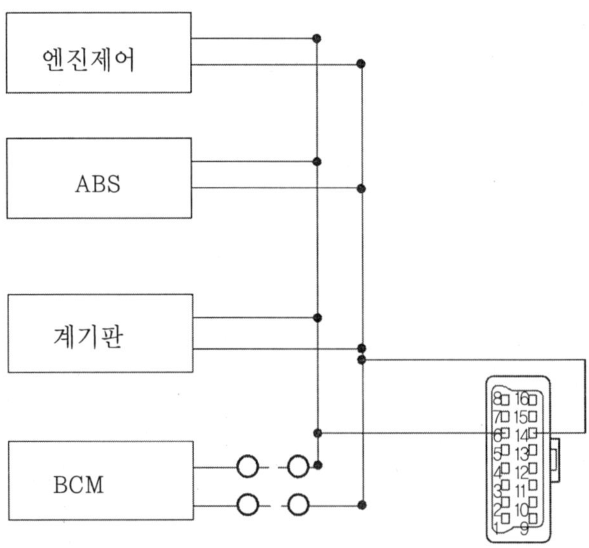

네트워크 통신장치 정비 자기진단 [1506030108_14v2]

진단영역	진 단 문 항	매우 미흡	미흡	보통	우수	매우 우수
네트워크 통신장치 점검 · 조정하기	1. 나는 정비지침서에 따라 통신별 장치 · 네트워크 특성 · 작동상태를 파악할 수 있다.	①	②	③	④	⑤
	2. 나는 정비지침서에 따라 네트워크 통신장치를 점검할 수 있다.	①	②	③	④	⑤
	3. 나는 정비지침서에 따라 세부점검 목록을 확인하여, 고장원인을 파악할 수 있다.	①	②	③	④	⑤
	4. 나는 정비지침서에 따라 진단장비를 사용하여 고장원인을 분석할 수 있다.	①	②	③	④	⑤
네트워크 통신장치 교환하기	1. 나는 관련 부품들의 점검 · 진단결과에 따라 부품 교환여부를 결정할 수 있다.	①	②	③	④	⑤
	2. 나는 정비지침서에 따라 탈거조립절차 계획을 수립하여 장비 · 공구를 준비할 수 있다.	①	②	③	④	⑤
	3. 나는 정비지침서에 따라 이상부품들의 단품을 교환할 수 있다.	①	②	③	④	⑤
	4. 나는 단선 · 단락에 따른 배선의 결선작업을 실행할 수 있다.	①	②	③	④	⑤
네트워크 통신장치 수리하기	1. 나는 네트워크 회로도에 따라 통신의 흐름을 파악하여 수리할 수 있다.	①	②	③	④	⑤
	2. 나는 정비지침서에 따라 교환 · 수리가능여부를 판단하여 수리부품 · 문제가 되는 통신선을 수리할 수 있다.	①	②	③	④	⑤
	3. 나는 정비지침서에 따른 진단내용에 따라 네트워크통신장치를 수리할 수 있다.	①	②	③	④	⑤
네트워크 통신장치 검사하기	1. 나는 정비지침서에 따라 진단장비를 활용하여 장치를 검사할 수 있다.	①	②	③	④	⑤
	2. 나는 정비지침서에 따라 진단장비의 양 · 부를 판단할 수 있다.	①	②	③	④	⑤
	3. 나는 정비지침서에 따라 작동상태 · 성능검사를 절차에 맞게 수행할 수 있다.	①	②	③	④	⑤

[진단결과]

진단영역	문항 수	점 수	점수 ÷ 문항 수
네트워크 통신장치 점검 · 진단하기	4		
네트워크 통신장치 교환하기	4		
네트워크 통신장치 수리하기	3		
네트워크 통신장치 검사하기	3		
합 계	14		

☞ 자신의 점수를 문항 수로 나눈 값이 '3점' 이하에 해당하는 영역은 업무를 성공적으로 수행하는데 요구는 능력이 부족한 것으로 교육훈련이나 개인학습을 통한 개발이 필요함.

실험실습 보고서

<table>
<tr><td colspan="4">실험실습일지</td></tr>
<tr><td>과 목 명</td><td></td><td>학년- 반</td><td>-</td></tr>
<tr><td>학 번</td><td></td><td>성 명</td><td></td></tr>
<tr><td>실험실습
주 제</td><td colspan="3"></td></tr>
<tr><td colspan="4"></td></tr>
<tr><td>비 고</td><td colspan="3"></td></tr>
</table>